PLC与变频器从入门到精通

岂兴明◎编著

人民邮电出版社
北京

图书在版编目（CIP）数据

PLC与变频器从入门到精通 / 岂兴明编著. -- 北京 ：
人民邮电出版社，2019.2（2020.6重印）
ISBN 978-7-115-50707-5

Ⅰ. ①P… Ⅱ. ①岂… Ⅲ. ①PLC技术②变频器 Ⅳ.
①TM571.61②TN773

中国版本图书馆CIP数据核字(2019)第013516号

内 容 提 要

本书介绍了变频器调速、控制等基础知识，讲解了 PLC 功能指令、模块和变频器调速系统设计方法，并结合具体工程实例讲解了 PLC 和变频器控制系统的设计方法。

本书内容全面、条理清晰、实例丰富，可供 PLC 自学者阅读，也可作为大专院校相关专业的参考用书。本书有助于读者快速掌握 PLC 和变频器控制原理，完成高质量的控制系统设计。

◆ 编　　著　岂兴明
责任编辑　黄汉兵
责任印制　彭志环

◆ 人民邮电出版社出版发行　　北京市丰台区成寿寺路 11 号
邮编　100164　　电子邮件　315@ptpress.com.cn
网址　http://www.ptpress.com.cn
涿州市京南印刷厂印刷

◆ 开本：787×1092　1/16
印张：26　　2019 年 2 月第 1 版
字数：617 千字　　2020 年 6 月河北第 6 次印刷

定价：89.00 元

读者服务热线：(010) 81055493　印装质量热线：(010) 81055316
反盗版热线：(010) 81055315

前言

随着工业自动化技术的不断发展，各种生产设备对控制性能的要求不断提高；以 PLC 和变频器为代表的控制器技术不断完善与成熟，越来越多的设计者使用 PLC 来完成控制任务，可以说，PLC 已经成为工业控制系统中的一个组成部分。目前，市场上 PLC 与变频器的生产厂家众多，同系列的产品型号繁多，本书以主流的西门子、三菱和欧姆龙品牌 PLC 作为讲解重点。本书有丰富而有代表性的应用实例，并且对每个细致挑选的实例进行了生动的图解说明，能够起到举一反三的作用。同时，还提供了实例的程序源代码，读者可以登录人民邮电出版社网站下载，对相应程序进行模拟仿真，以便能尽快地掌握 PLC 与变频器的使用方法。

本书系统地阐述了 PLC 与变频器的基本概念、原理、设计方法，还介绍了综合应用实例。基础篇介绍了 PLC 的技术发展历程、工作原理、功能特点以及结构组成，还介绍了变频器的发展历程、工作原理、基本构成与分类情况；并阐述了异步电动机工作的基本原理、电动机调速的 7 种方法、调速电动机工作原理、PWM 控制原理、变频调速 4 种基本控制方式、变频器运行过程中的参数设定及与 PLC 的硬件连接；提高篇以西门子 S7-200 系列 PLC 常用的基本指令为例讲解 PLC 的功能指令及功能模块，并介绍了部分品牌通用变频器产品的特点和性能，变频器的主要控制功能、变频器周边设备及变频器的安装；实践篇进行内容调整和整合，通过欧姆龙、三菱、西门子系统 PLC 与变频器的工程实例，重点阐述了 PLC 和变频器的选型、PLC 与变频器的硬件连接以及 PLC 程序开发。

本书层次清楚、内容翔实、图文并茂、由浅入深，适合作为 PLC 和变频器初、中级读者的自学教材，可以使初学者在较短的时间内学会 PLC 控制系统和变频器调速系统的设计方法。

本书由岂兴明编著。同时参与编写的还有中国船舶重工集团公司第七〇一研究所的孙锋、程小亮、陈砚、蒋磊、余国虎、姚思楠、翁方龙、赵江坤、安一峰、裴悦、卢杰、翁方龙、董冠华。

编者

2018 年 8 月

目 录

基础篇

实践篇

基础篇

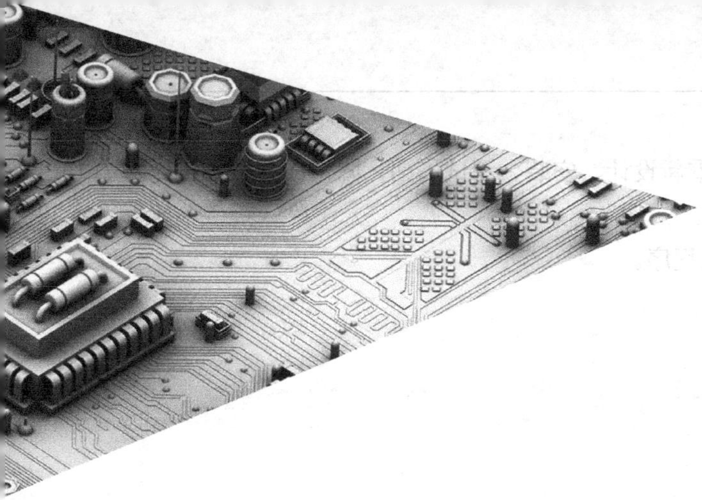

第1章 可编程控制器概述

可编程控制器简称 PLC，是在继电器控制基础上，将计算机技术、控制技术及通信技术融为一体，应用到工业控制领域的一种高可靠性控制器。PLC 采用可编程的存储器，用于其内部存储程序、执行逻辑运算、顺序控制、定时、计数等面向用户的指令，并通过数字或模拟式输入输出控制各类机械或生产过程，是当代工业生产自动化的重要支柱。本章将主要介绍 PLC 的发展历史以及相关技术的发展历程，进而概述 PLC 的工作原理，并详细讨论 PLC 的功能特点以及结构组成，最后简单介绍部分品牌的 PLC 型号和性能。

|1.1 PLC 的发展|

可编程控制器（Programmable Logic Controller，PLC）是一种数字运算操作的电子系统，即计算机。不过 PLC 是专为在工业环境下应用而设计的工业计算机。PLC 具有很强的抗干扰能力、广泛的适应能力和应用范围，这也是其区别于其他计算机控制系统的一个重要特征。这种工业计算机采用“面向用户的指令”，因此编程更方便。PLC 能完成逻辑运算、顺序控制、定时、计数和算术运算等操作，PLC 具有数字量和模拟量输入输出能力，并且非常容易与工业控制系统连成一个整体，易于“扩充”。由于 PLC 引入了微处理器及半导体存储器等新一代电子器件，并用规定的指令进行编程，所以 PLC 是通过软件方式来实现“可编程”的，程序修改灵活、方便。

1.1.1 PLC 技术的产生

20 世纪 20 年代，继电器控制系统开始盛行。继电器控制系统就是将继电器、定时器、接触器等电器件按照一定的逻辑关系连接起来而组成的控制系统。由于继电器控制系统结构简单、操作方便、价格低廉，所以在工业控制领域一直占据着主导地位。但是继电器控制系统具有明显的缺点：体积大，噪声大，能耗大，动作响应慢，可靠性差，维护性差，功能单一，采用硬连线逻辑控制，设计安装调试周期长，通用性和灵活性差等。

1968 年，美国通用汽车公司（GM）为了提高竞争力，更新汽车生产线，以便将生产方式从少品种、大批量转变为多品种、小批量，公开招标一种新型工业控制器。为尽可能减少更换继电器控制系统的硬件及连线，缩短重新设计、安装、调试周期，降低成本，GM 提出了 10 条技术指标。

① 编程方便，可现场编辑及修改程序。

② 维护方便，采用插件式结构。

③ 可靠性高于继电器控制系统。

④ 体积小于继电器控制系统。

⑤ 数据可直接送入管理计算机。

⑥ 成本低于继电器控制系统。

⑦ 输入电压可以为交流 115V。

⑧ 输出电压可以为交流 115V，电流大于 2A，可直接驱动接触器、电磁阀等。

⑨ 扩展时，系统改变少。

⑩ 用户程序存储器容量能扩展到 4KB。

1969 年，美国数字设备公司（DEC）根据上述要求，研制出了世界上第一台 PLC：型号为 PDP-14 的一种新型工业控制器。它把计算机的完备功能、灵活及通用等优点和继电器控制系统的简单易懂、操作方便、价格便宜等优点结合起来，制成了一种适合于工业环境的通用控制装置，并把计算机的编程方法和程序输入方式加以简化，用“面向控制过程、面向对象”的“自然语言”进行编程，使不熟悉计算机的人也能方便地使用。它在 GM 公司的汽车生产线上首次应用成功，取得了显著的经济效益，开创了工业控制的新局面。

1.1.2 PLC 技术的发展趋势

PLC 诞生不久就在工业控制领域占据了主导作用，日本、法国、德国等国家相继研制成各自的 PLC。PLC 技术随着计算机和微电子技术的发展而迅速发展，由最初的 1 位机发展到现在的 16 位、32 位高性能微处理器，而且实现了多处理器的多通道处理，通信技术使 PLC 的应用得到了进一步的发展。PLC 技术的发展趋势是向高集成化、小体积、大容量、高速度、使用方便、高性能和智能化方向发展，具体表现在以下几个方面。

1. 小型化、专用化、低成本

微电子技术的发展，大幅度提高了新型器件的功能并降低成本，使 PLC 结构更为紧凑，一些 PLC 只有手掌大小，PLC 的体积越来越小，使用起来越来越方便灵活。同时，PLC 的功能不断提升，将原来大、中型 PLC 才具有的功能移植到小型 PLC 上，如模拟量处理、数据通信和其他更复杂的功能指令，而价格却在不断下降。

2. 大容量、高速

大型 PLC 采用多处理器系统，有的采用了 32 位微处理器，可同时进行多任务操作，处理速度大幅提高，特别是增强了过程控制和数据处理功能。另外存储容量大大增加。所以 PLC 的另一个发展方向是大型 PLC 具有上万个输入输出量，广泛用于石化、冶金、汽车制造等领域。

3. 模块化

PLC的扩展模块发展迅速，大量特定的复杂功能由专用模块来完成，主机仅仅通过通信设备箱模块发布命令和测试状态。PLC的系统功能进一步增强，控制系统设计进一步简化，比如计数模块、位置控制和位置检测模块、闭环控制模块、称重模块等。尤其是PLC与个人计算机技术相结合后，PLC的数据存储、处理功能大大增强；计算机的硬件技术也越来越多地应用于PLC上，并可以使用多种语言编程，可以直接与个人计算机相连进行信息传递。

4. 多样化和标准化

各个PLC生产商均在加大力度开发新产品，以求更大的市场占有率。因此，PLC产品正在向多样化方向发展，出现了欧、美、日等多个流派。与此同时，为了避免各种产品间的竞争而导致技术不兼容。国际电工委员会（IEC）不断为PLC的发展制定一些新的标准，对各种类型的产品进行归纳或定义，为PLC的发展制定方向。目前越来越多的PLC生产厂家均能提供符合IEC 1131-3标准的产品，甚至还推出了按照IEC 1131-3标准设计的“软件PLC”在个人计算机上运行。

5. 人机交互

PLC可以配置操作面板、触摸屏等人机对话手段，不仅为系统设计开发人员提供了便捷的调试手段，还为用户提供了一个掌控PLC运行状态的窗口。在设计阶段，设计开发人员可以通过计算机上的组态软件，方便快捷地创建各种组件，设计效率大大提高；在调试阶段，调试人员可以通过操作面板、状态指示灯、触摸屏等反馈的报警、故障代码，迅速定位故障源，分析排除各类故障；在运行阶段，用户操作人员可以方便地根据反馈的数据和各类状态信息掌控PLC的运行情况。

6. 网络通信

目前PLC可以支持多种工业标准总线，使联网更加简单。计算机与PLC之间以及各个PLC之间的联网和通信能力不断增强，使工业网络可以有效节省资源、降低成本，提高系统的可靠性和灵活性。

1.2 PLC的功能、特点及分类

1.2.1 PLC的功能

PLC是一种专门为当代工业生产自动化而设计开发的数字运算操作系统。可以把它简单理解为专为工业生产领域而设计的计算机。目前，PLC已经广泛应用于钢铁、石化、机械制造、汽车、电力等各个行业，并取得了可观的经济效益。特别是在发达的工业国家，PLC已广泛应用于所有工业领域。随着性能价格比的不断提高，PLC 的应用领域还将不断扩大。因此，PLC 不仅拥有现代计算机所拥有的全部功能，PLC 还具有一些为适应工业生产而特有的功能。

1. 开关量逻辑控制功能

开关量逻辑控制是 PLC 的最基本功能，PLC 的输入/输出信号都是通/断的开关信号，而且输入/输出的点数可以不受限制。在开关量逻辑控制中，PLC 已经完全取代了传统的继电器控制系统，实现了逻辑控制和顺序控制。目前，用 PLC 进行开关量控制遍及许多行业，如机场电气控制、电梯运行控制、汽车装配、啤酒灌装生产线等。

2. 运动控制功能

PLC 可用于直线运动或圆周运动的控制。目前制造商已经提供了拖动步进电动机或伺服电动机的单轴或多轴位置控制模块，即把描述目标位置的数据送给模块，模块移动单轴或多轴到目标位置。当每个轴运动时，位置控制模块保持适当的速度和加速度，确保运动平稳。PLC 还提供了变频器控制的专用模块，能够实现对变频电机的转差率控制、矢量控制、直接转矩控制、*U*/*f* 控制方式。

3. 闭环控制功能

PLC 通过模块实现 A/D、D/A 转换，能够实现对模拟量的控制，包括对稳定、压力、流量、液位等连续变化模拟量的 PID 控制，广泛应用于锅炉、冷冻、核反应堆、水处理、酿酒等领域。

4. 数据处理功能

现代的 PLC 具有数学运算（包括函数运算、逻辑运算、矩阵运算）、数据处理、排序和查表、位操作等功能；可以完成数据的采集、分析和处理，也可以和存储器中的参考数据相比较，并将这些设计传递给其他智能装备。有些 PLC 还具有支持顺序控制与数字控制设备紧密结合，实现 CNC 功能。数据处理一般用于大、中型控制系统中。

5. 联网通信功能

PLC 的通信包括 PLC 与 PLC 之间、PLC 与上位计算机及其他智能设备之间的通信。PLC 与计算机之间具有串行通信接口，利用双绞线、同轴电缆将它们连成网络，实现信息交换。PLC 还可以构成“集中管理，分散控制”的分布式控制系统。联网可以增加系统的控制规模，甚至可以实现整个工厂生产的自动化控制。

1.2.2 PLC的特点

PLC 是由继电器控制系统和计算机控制系统相结合发展而来的。与传统的继电器控制系统相比，PLC 具有诸多特点，详见表 1-1。

表 1-1 PLC与传统继电器控制系统比较

类型 / 比较项目	PLC	传统继电器控制系统
结构	紧凑	复杂
体积	小巧	大
扩展性	灵活，逻辑控制由内存中的程序实现	困难，需用硬线连接来实现逻辑控制功能
触点数量	无限对（理论上）	4～8 对继电器
可靠性	强，程序控制无磨损现象，寿命长	弱，硬器件控制易磨损、寿命短
自检功能	有，动态监控系统运行	无
定时控制	精度高，范围宽，从 0.001s 到若干天甚至更长	精度低，定时范围窄，易受环境湿度、温度变化影响

PLC 和工业 PC、DCS、PID 等其他工业控制器相比，市场份额超过 55%。其主要原因是 PLC 具有继电器控制、计算机控制及其他控制不具备的显著特点。

1. 运行稳定、可靠性高、抗干扰能力强

PLC 是专为工业环境下应用而设计的工业计算机，内部采用集成电路，各种控制功能由软件编程实现，外部接线大大减少；PLC 的使用寿命一般在 40 000～50 000h 以上，西门子、ABB 等品牌的微小型 PLC 寿命可达 10 万小时以上。在机械结构设计与制造工艺上，为使 PLC 更安全、可靠地工作，采取了很多措施以确保 PLC 耐振动、耐冲击、耐高温（有些产品的工作环境温度达 80～90℃）。有些 PLC 模块可热备，一个主机工作，另一个主机也运转，但不参与控制，仅作为备份。一旦工作主机出现故障，热备的主机可自动接替其工作。另外软件与硬件采取了一系列提高可靠性和抗干扰的措施，如系统硬件模块冗余、采用光电隔离、掉电保护、对干扰的屏蔽和滤波、在运行过程中运行模块热插拔、设置故障检测与自诊断程序以及其他措施等。

2. 设计、使用和维护方便

用 PLC 实现对系统的各种控制是非常方便的。首先，PLC 控制逻辑的建立是通过程序实现的，而不是硬件连线，更改程序比更改接线方便得多；其次，PLC 的硬件高度集成化，已集成为各种小型化、系列化、规格化、配套的模块。各种控制系统所需的模块，均可在市场上选购到各 PLC 厂家提供的丰富产品。因此，硬件系统配置与建造同样方便。

用户可以根据工程控制的实际需要，选择 PLC 主机单元和各种扩展单元进行灵活配置，提高系统的性价比，若生产过程对控制功能要求提高，则 PLC 可以方便地对系统进行扩充，如通过 I/O 扩展单元来增加输入/输出点数，通过多台 PLC 之间或 PLC 与上位机的通信来扩展系统的功能；利用 CRT 屏幕显示进行编程和监控，便于修改和调试程序，易于诊断故障，缩短维护周期。设计开发在计算机上完成，采用梯形图（LAD）、语句表（STL）和功能块图（FBD）等编程语言，还可以利用编程软件相互转换，满足不同层次工程技术人员的需求。

3. 体积小、重量轻、能耗低

采用机电一体化设计思想，PLC 的体积小、重量轻、能耗低，可以安装在各类机械设备

的内部。例如，西门子公司 S7-200 系列主机单元 CPU221 的外形尺寸仅为 90mm×80mm× 62mm，重量 270g，能耗 4W。

4. 功能强大，灵活通用

目前 PLC 的功能全面，几乎可以满足大部分工程生产自动化控制的要求。这主要是与 PLC 具有丰富的处理信息的指令系统及存储信息的内部器件有关。PLC 的指令多达几十条、几百条，可处理各式各样的逻辑问题，还可以进行各种类型数据的运算。PLC 内存中的数据存储器，种类繁多，容量宏大。I/O 继电器可以存储 I/O 信息，少则几十、几百，多达几千、几万，甚至十几万条。PLC 内部集成了继电器、计数器、计时器等功能，并可以设置成失电保持或失电不保存，即通电后予以清零，以满足不同系统的使用要求。PLC 还提供了丰富的外部设备，可建立友好的人机界面，进行信息交换。PLC 可送入程序、送入数据，也可读出程序、读出数据。

PLC 不仅精度高，而且可以选配多种扩展模块、专用模块，功能几乎涵盖了工业控制领域的所有需求。随着计算机网络技术的迅速发展，通信和联网功能在 PLC 上迅速崛起，将网络上层的大型计算机的强大数据处理能力和管理功能与现场网络中 PLC 的高可靠性结合起来。利用这种新型的分布式计算机控制系统，可以实现远程控制和集散系统控制。

1.2.3 PLC 的分类

目前，PLC 的品种很多，性能和型号规格也不统一，结构形式、功能范围各不相同，一般按外部特性进行如下分类。

1. 按结构形式分类

根据结构形式的不同，PLC 可分为整体式和模块式两种。

（1）整体式 PLC

整体式 PLC 将 I/O 接口电路、CPU、存储器、稳压电源封装在一个机壳内，统称为主机。主机两侧分装有输入、输出接线端子和电源进线端子，并有相应的发光二极管指示输入/输出的状态。通常小型或微型 PLC 常采用这种结构，如西门子的 S7-200 系列、松下的 FP1 系列、三菱的 FX 系列产品，适用于简单控制的场合。

（2）模块式 PLC

模块式 PLC 为总线结构，在总线板上有若干个总线插槽，每个插槽上可安装一个 PLC 模块，不同的模块实现不同的功能，根据控制系统的要求来配置相应的模块，如 CPU 模块（包括存储器）、电源模块、输入模块、输出模块以及其他高级模块、特殊模块等。大型的 PLC 通常采用这种结构，如西门子的 S7-300/400 系列、三菱的 Q 系统产品，一般用于比较复杂的控制场合。

2. 按 I/O 点数分类

（1）小型 PLC

小型 PLC 的 I/O 点数一般在 128 以下，其中 I/O 点数小于 64 的为超小型或微型 PLC。

其特点是体积小、结构紧凑，整个硬件融为一体，除了开关量 I/O 以外，还可以连接模拟量 I/O 以及其他各种特殊功能模块。它能执行包括逻辑运算、计时、计数、算术运算、数据处理和传送、通信联网以及各种应用指令，结构形式多为整体式。小型 PLC 产品应用的比例最高。

（2）中型 PLC

中型 PLC 的 I/O 点数一般为 256～2 048，采用模块化结构，程序存储容量小于 13KB，可完成较为复杂的系统控制。I/O 的处理方式除了采用 PLC 一般通用的扫描处理方式外，还能采用直接处理方式，通信联网功能更强，指令系统更丰富，内存容量更大，扫描速度更快。

（3）大型 PLC

大型 PLC 的 I/O 点数一般在 2 048 以上，采用模块化结构，程序存储容量大于 13KB。大型 PLC 的软、硬件功能极强，具有极强的自诊断功能。通信联网功能强，可与计算机构成集散型控制，以及更大规模的过程控制，形成整个工厂的自动化网络，实现工厂生产管理自动化。

3. 按功能分类

（1）低档 PLC

低档 PLC 主要以逻辑运算为主，具有逻辑运算、定时、计数、移位以及自诊断、监控等基本功能，还可有少量的模拟量输入/输出、算术运算、数据传送和比较、通信等功能，一般用于单机或小规模过程。

（2）中档 PLC

中档 PLC 除了具有低档 PLC 的功能以外，还加强了对开关量、模拟量的控制，提供了数字运算能力，如算术运算、数据传送和比较、数值转换、远程 I/O、子程序等，加强了通信联网功能。可用于小型连续生产过程的复杂逻辑控制和闭环调节控制。

（3）高档 PLC

高档 PLC 除了具有中档 PLC 的功能以外，还增加了带符号算术运算、矩阵运算、位逻辑运算、平方根运算、其他特殊功能函数运算、制表、表格传送等。高档 PLC 进一步加强了通信网络功能，适用于大规模的过程控制。

1.3　PLC 的工作原理与性能指标

1.3.1　PLC 的基本工作原理

一般来说，当 PLC 开始运行后，其工作过程可以分为输入采样阶段、程序执行阶段和输出刷新阶段。完成上述三个阶段即称为一个扫描周期，如图 1-1 所示。

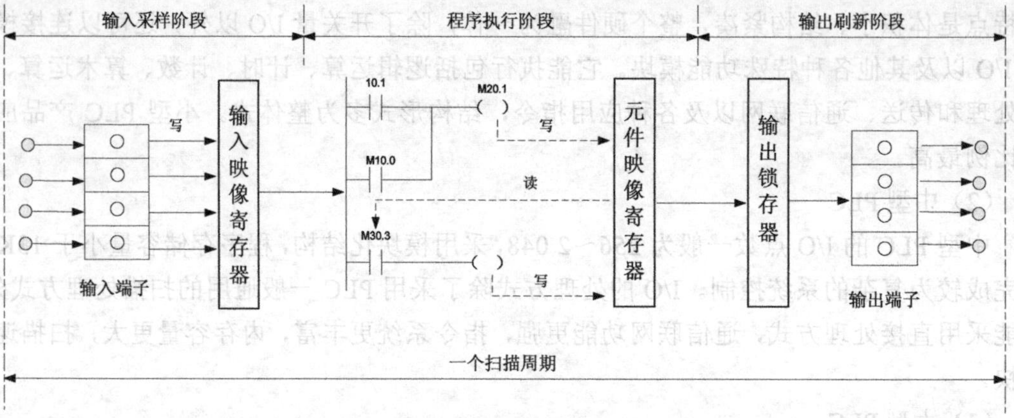

图1-1　PLC的扫描工作过程

1. 输入采样阶段

PLC 将各输入状态存入对应的输入映像寄存器中，此时，输入映像寄存器被刷新，接着进入程序执行阶段。在程序执行阶段或输出刷新阶段，输入元件映像寄存器与外界隔绝，无论输入信号如何变化，其内容均保持不变，直到下一个扫描周期的输入采样阶段才将输入端的新内容重新写入。

2. 程序执行阶段

PLC 根据最新读入的输入信号，按先左后右、先上后下的顺序逐行扫描，执行一次程序。结果存入元件映像寄存器中。对于元件映像寄存器，每个元件（除输入映像寄存器外）的状态会随着程序的执行而发生变化。

3. 输出刷新阶段

在所有指令执行完毕后，输出映像寄存器中所有输出继电器的状态（“1”或“0”）在输出刷新阶段被转存到输出锁存器中，再通过一定的方式输出驱动外部负载。

1.3.2　PLC 的扫描工作方式

PLC 的工作原理是建立在计算机工作原理基础之上，即通过执行反映控制要求的用户程序来实现的。PLC 控制器程序的执行是按照程序设定的顺序依次完成相应的电器的动作，PLC 采用不断循环的顺序扫描工作方式。每一次扫描所用的时间称为扫描周期或工作周期。CPU 从第一条指令执行开始，按顺序逐条地执行用户程序直到用户程序结束，然后返回第一条指令，开始新的一轮扫描，PLC 就是这样周而复始地重复上述循环扫描。

如图 1-2 所示，从第一条程序开始，在无中断或跳转控制的情况下，按照程序存储的地址序号递增的顺序逐条执行程序，即按顺序逐条执行程序，直到程序结束；然后再从头开始扫描，并周而复始地重复进行。

PLC 工作时的扫描过程包括 5 个阶段：内部处理、通信处理、输入扫描、程序执行、输出处理。PLC 完成一次扫描周期的时间长短与用户程序的长短和扫描速度有关。

在内部处理阶段，CPU 检查内部各硬件是否正常，在 RUN 模式下，还要检查用户程序存储器是否正常，如果发现异常，则停机并显示报警信息。

在通信处理阶段，CPU 自动检测各通信接口的状态，处理通信请求，如与编程器交换信息、与计算机通信等。在 PLC 中配置了网络通信模块时，PLC 还将与网络进行数据交换。

在 PLC 处于停机状态时，只完成内部处理和通信服务工作。当 PLC 处于运行状态时，除完成内部处理和通信服务的操作外，还要完成输入扫描、程序执行和输出处理。

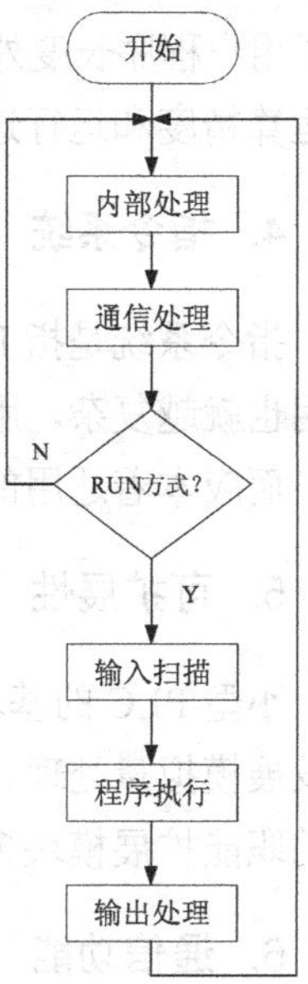

图1-2 PLC的扫描工作方式

1.3.3 PLC 的输入/输出原则

根据 PLC 的工作原理和工作特点，可以归纳出 PLC 在处理输入/输出时的一般原则如下。

① 输入映像寄存器的数据取决于输入端子板上各输入点在上一刷新周期的接通和断开状态。

② 程序执行结果取决于用户所编程序和输入/输出映像寄存器的内容及其他各元件映像寄存器的内容。

③ 输出映像寄存器的数据取决于输出指令的执行结果。

④ 输出锁存器中的数据，由上一次输出刷新期间输出映像寄存器中的数据决定。

⑤ 输出端子的接通和断开状态，由输出锁存器决定。

1.3.4 PLC 的性能指标

PLC 目前相关产品种类繁多，厂家竞争激烈。用户可以根据控制系统的要求来选择不同技术性能指标的 PLC。PLC 的技术性能指标主要包括以下几个。

1. I/O 点数

PLC 的 I/O 点数是指外部输入/输出端子数量的总合，又称主机的开关量 I/O 点数。I/O 点数是描述 PLC 大小的一个重要参数。

2. 存储容量

PLC 的存储器由系统程序存储器、用户程序存储器和数据存储器三部分组成。PLC 存储容量通常是指用户程序存储器和数据存储器容量之和，表示系统提供给用户的可用资源。存储容量是选择 PLC 的一项重要技术指标。

3. 扫描速度

PLC 采用循环扫描方式工作，扫描速度与扫描周期成反比。而影响扫描速度的主要因素除了用户程序长度外，还取决于 PLC 产品的性能。PLC 的 CPU 类型、字长等都直接影响 PLC 的运算精度和运行速度。因此，扫描速度也是选择 PLC 的一项重要技术指标。

4. 指令系统

指令系统是指 PLC 所有指令的总和。PLC 的编程指令越多，软件功能就越强，但是掌握应用也就越复杂。用户应根据实际控制要求来选择合适的指令功能的 PLC，并不是越强大越好，而应本着适用的原则来选择。

5. 可扩展性

小型 PLC 的基本单元（主机）多为开关量 I/O 接口。各厂家在 PLC 基本单元的基础上大量发展模拟量处理、高速处理、温度控制、变频器、通信等职能扩展模块。厂家所能提供备选的职能扩展模块多少及其性能也是衡量 PLC 产品性能的指标之一。

6. 通信功能

通信功能包括 PLC 之间的通信和 PLC 与计算机或其他设备之间的通信。通信主要涉及通信模块、通信接口、通信协议和通信指令等内容。PLC 的组网通信能力也已成为衡量 PLC 产品性能的重要指标之一。

7. 基本物理性能指标

基本物理性能指标包括：PLC 的外形尺寸、重量、保护等级、适用温度、相对湿度、大气压等性能指标参数。这些参数也是选择 PLC 的重要指标，选择原则还是根据实际工程需要，本着适用的原则来选取。

|1.4　PLC 系统的基本组成|

1.4.1　PLC 的硬件结构

PLC 的种类繁多，但是其结构和工作原理基本相同。PLC 虽然专为工业现场应用而设计，但是其依然采用了典型的计算机结构，主要是由中央处理器（CPU）、储存器（RAM、ROM）、输入/输出单元（I/O 接口）、电源及编程器几大部分组成，如图 1-3 所示。

1. 中央处理器

中央处理器（CPU）在 PLC 中大多以模块的方式出现，而其由控制器、运算器和寄存器组成，这些电路都集中在一个芯片内。CPU 通过数据总线、地址总线和控制总线与存储单元、输入输出接口电路相连接。与一般计算机一样，CPU 是 PLC 的核心，它按 PLC 中系统程序赋予的功能指挥 PLC 有条不紊地工作。用户程序和数据事先存入存储器中，当 PLC 处于运行方式时，CPU 按循环扫描方式执行用户程序。

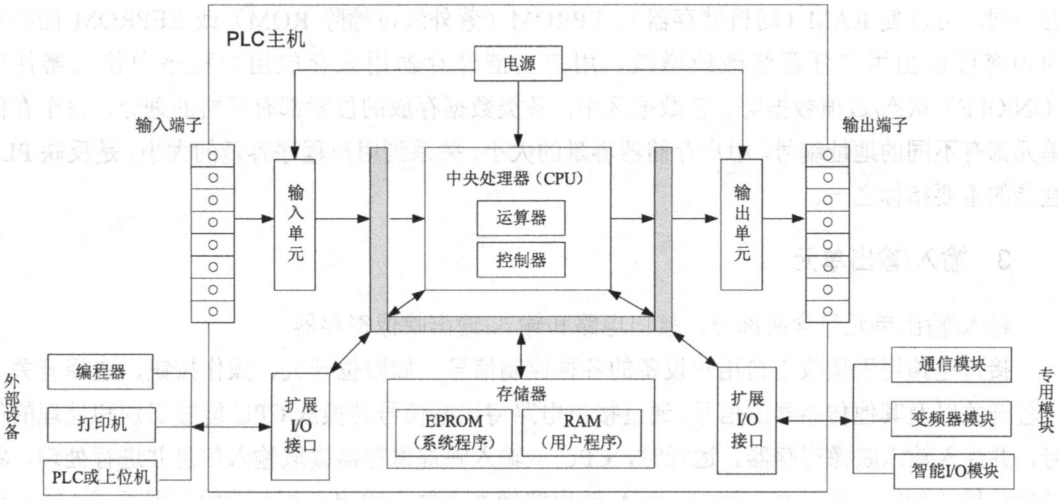

图1-3　PLC硬件结构框图

CPU 的主要任务包括：控制用户程序和数据的接收与存储；用扫描的方式通过 I/O 部件接收现场的状态或数据，并存入输入映像寄存器中；诊断 PLC 内部电路的工作故障和编程中的语法错误等；PLC 进入运行状态后，从存储器中逐条读取用户指令，经过命令解释后，按指令规定的任务进行数据传递、逻辑或算术运算等；根据运算结果，更新有关标志物的状态和输出映像存储器的内容，再经输出部件实现输出控制、制表打印、数据通信等功能。

不同型号 PLC 的 CPU 芯片是不同的，有些采用通用的 CPU 芯片，有些采用厂家自行设计的专用 CPU 芯片。CPU 芯片的性能关系到 PLC 处理控制信号的能力和速度，CPU 位数越高，系统处理的信息量越大，运算速度越快。PLC 的功能随着 CPU 芯片技术的发展而提高和增强。

2. 存储器

PLC 的存储器由系统程序存储器、用户程序存储器和数据存储器三部分组成。

系统存储器用来存放由 PLC 生产厂家编写的系统程序，并固化在 ROM（只读存储器）内，用户不能直接更改。它使 PLC 具有基本的功能，能够完成规定的各项工作。系统程序质量的好坏，在很大程度上决定了 PLC 的运行，使整个 PLC 按部就班地工作。

（1）系统管理程序，它主要控制 PLC 的运行，使整个 PLC 按部就班地工作；

（2）用户指令解释程序，通过用户指令解释程序，将 PLC 的编程语言变为机器语言指令，再由 CPU 执行这些指令。

（3）标准程序模块与系统调用，包括许多不同功能的子程序及其调用管理程序，如完成输入输出及特殊运算等的子程序，PLC 的具体工作都是由这部分程序来完成的，这部分程序的多少也决定了 PLC 性能的高低。

用户程序储存器（程序区）和功能储存器（数据区）总称为用户储存器。用户程序储存器用来存放用户根据控制任务而编写的程序。用户程序储存器根据所选用的储存器单元类型的不同，可以使 RAM（随机储存器）、EPROM（紫外线可擦除 ROM）或 EEPROM 储存器的内容可以由用户任意修改或增减。用户功能储存器用来存放用户程序中使用器件的（ON/OFF）状态/数值数据等。在数据区中，各类数据存放的位置都有严格的划分，每个存储单元都有不同的地址编号。用户存储器容量的大小，关系到用户程序容量的大小，是反映 PLC 性能的重要指标之一。

3. 输入/输出单元

输入/输出单元包含两部分：接口电路和输入/输出映像寄存器。

接口电路用于接收来自用户设备的各种控制信号，如限位开关、操作按钮、选择开关、行程开关以及其他传感器的信号。通过接口电路将这些信号转换成 CPU 能够识别和处理的信号，并存入输入映像寄存器。运行时，CPU 从输入映像寄存器读取输入信息并进行处理，将处理结果放到输出映像寄存器中。输入/输出映像寄存器由输出点相对的触发器组成，输出接口电路将其由弱电控制信号转换成现场需要的强电信号输出，以驱动电磁阀、接触器、指示灯等被控设备的执行元件。

由于在工业生产现场工作，PLC 的输入/输出接口必须满足两个基本要求：抗干扰能力强、适应性强。输入/输出接口必须能够不受环境的温度、湿度、电磁、振动等因素的影响；同时又能够与现场各种工业信号相匹配。目前，PLC 能够提供的接口包括以下几种。

（1）开关量输入接口

开关量输入接口把现场的开关量信号转换成 PLC 内部处理的标准信号。为防止各种干扰信号和高电压信号进入 PLC，影响其可靠性或造成设备损坏，现场输入接口电路一般都有滤波电路和耦合隔离电路。滤波有抗干扰的作用，耦合隔离有抗干扰及产生标准信号的作用。耦合隔离电路的管径器件是光耦合器，一般由发光二极管和光敏晶体管组成。

开关量输入接口按可接纳的外信号电源的类型不同分为直流输入接口、交流/直流输入接口和交流输入接口，如图 1-4～图 1-6 所示，输入电路的电源可由外部提供，也可由 PLC 内部提供。

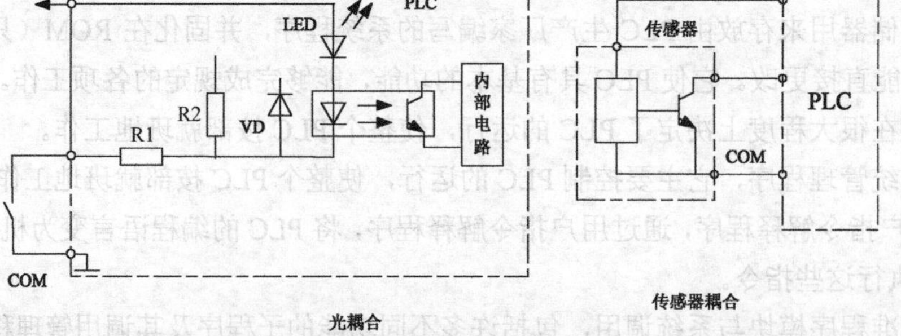

图1-4　开关量直流输入接口电路

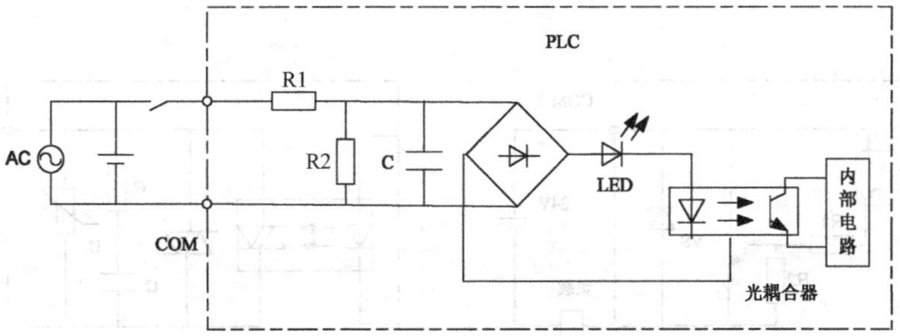

图1-5　开关量交流/直流输入接口电路

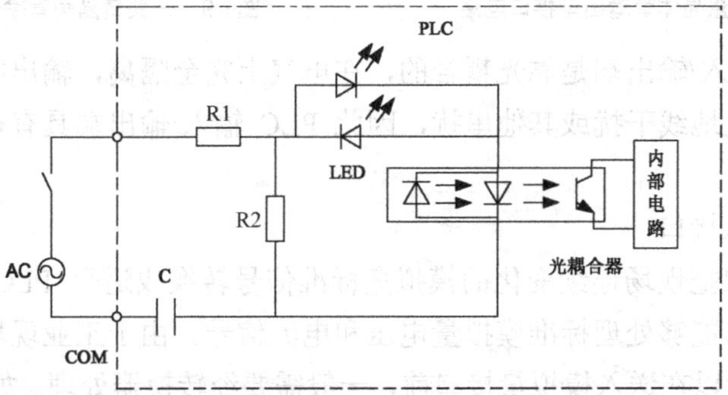

图1-6　开关量交流输入接口电路

（2）开关量输出接口

开关量输出接口把 PLC 内部的标准信号转换成执行机构所需的开关量信号。开关量输出接口按 PLC 内部使用电器件可分为继电器输出型、晶体管输出型和晶闸管输出型。每种输出电路都采用电气隔离技术，输出接口本身不带电源，电源由外部提供，而且在考虑外接电源时，还需考虑输出器件的类型。3 种开关量输出接口电路分别如图 1-7～图 1-9 所示。

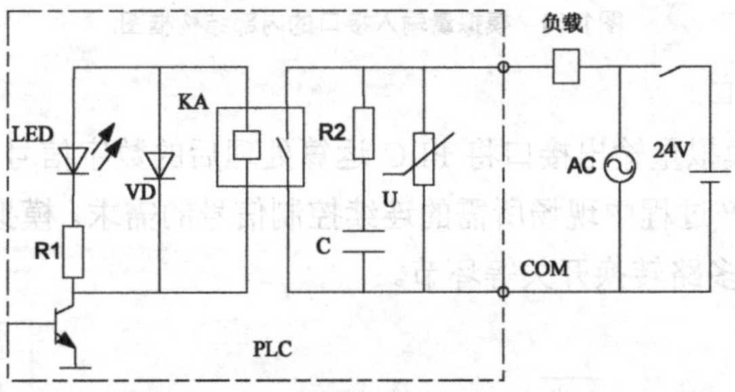

图1-7　开关量继电器输出型接口电路

从图 1-7～图 1-9 中可以看出，各类输出接口中也都有隔离耦合电路。继电器型输出接口（见图 1-7）可用于直流及交流两种电源，但接通断开的频率低；晶体管型输出接口（见图 1-8）有较高的通断频率，但是只适用于直流驱动的场合，晶闸管型输出接口（见图 1-9）却仅适用于交流驱动场合。

为了使 PLC 避免瞬间大电流冲击而损坏，输出端外部接线必须采取保护措施：在输入/输出公共端设置熔断器保护；交流感性负载一般用阻容吸收回路，对直流感性负载使用续流二极管。

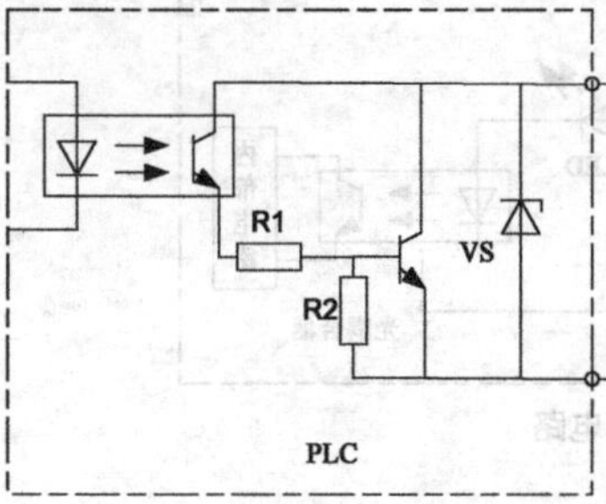

图1-8 开关量晶体管输出型接口电路

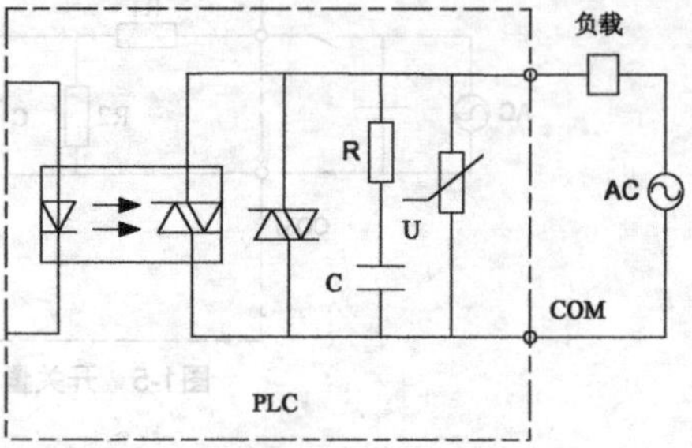

图1-9 开关量晶闸管输出型接口电路

由于 PLC 的输入/输出端是靠光耦合的，在电气上完全隔离，输出端的信号不会反馈到输入端，也不会产生地线干扰或其他串扰，因此 PLC 输入/输出端具有很高的可靠性和极强的抗干扰能力。

（3）模拟量输入接口

模拟量输入接口把现场连续变化的模拟量标准信号转换成适合 PLC 内部处理的数字信号。模拟量输入接口能够处理标准模拟量电压和电流信号。由于工业现场中模拟量信号的变化范围并不标准，所以在送入模拟量接口前，一般需要经转换器处理。如图 1-10 所示，模拟量信号输入后一般经滤波、转换开关后，再进行 A/D 转换，再经光耦合传给数据总线。

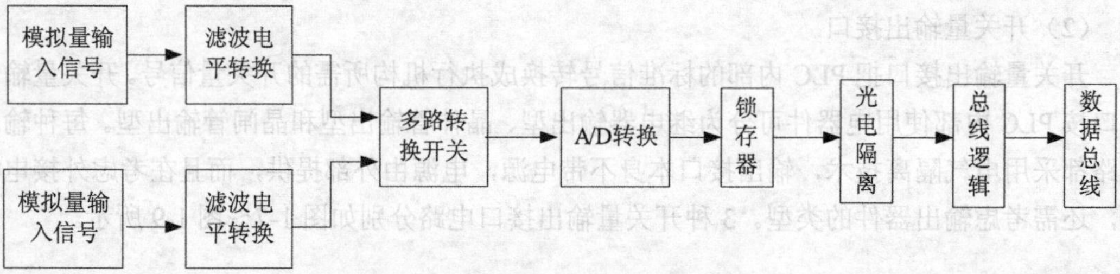

图1-10 模拟量输入接口的内部结构框图

（4）模拟量输出接口

如图 1-11 所示，模拟量输出接口将 PLC 运算处理后的数字信号转换成相应的模拟量信号输出，以满足工业生产过程中现场所需的连续控制信号的需求。模拟量输出接口一般包括：光电隔离、D/A 转换、多路转换开关等环节。

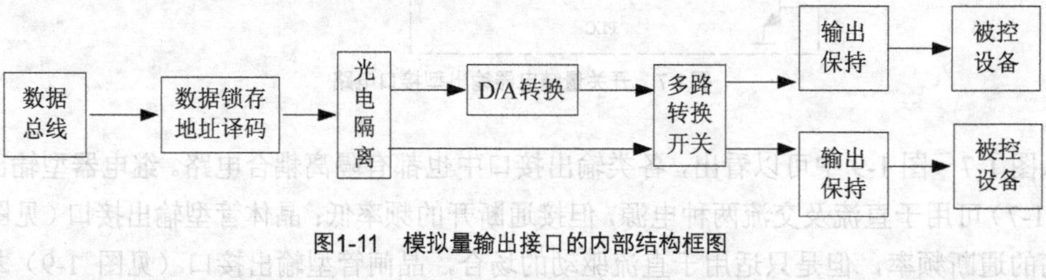

图1-11 模拟量输出接口的内部结构框图

（5）智能输入/输出接口

智能输入/输出接口是为了适应较复杂、高精度的控制工作而设计的高性能接口，通常仅完成单一功能，如高速计数器工作单元、温度控制单元、温度控制、调速控制等。

4. 电源部件

国内目前 PLC 一般使用的是 220V 的交流电源，也可以选配到 380V 的交流电源。电源部件就是将交流电转换成 PLC 正常运行的直流电。由于工业环境存在大量的干扰源，这就要求电源部件必须采取较多的滤波措施，还需要集成电压调整器，以适应交流电网的电压波动，对过电压和欠电压都有一定的保护作用。另外，还需要采取较多的屏蔽措施来防止工业环境中的空间电磁干扰。常用的电源电路有串联稳压电源、开关式稳压电路和变压器逆变电路。

5. 扩展接口

扩展接口将扩展单元以及功能模块与基本单元相连，使 PLC 的配置更加灵活，以满足不同控制系统的需要。

6. 通信接口

扩展接口可以实现 PLC 与 PLC 之间、PLC 与计算机以及 PLC 与通信网络之间的数据交换。PLC 可以通过这些通信接口连接打印机、监视器、其他的 PLC、计算机等。目前市场上各个品牌的 PLC 均提供了各种通信接口，甚至有些模块也包含了通信接口。

7. 编程器

编程器供用户进行程序编制、编译、调试和监视。手持编程器分简易型和智能型两种。简易型的编程器只能进行联机编程，且往往需要将梯形图转化成机器语言助记符（指令表）后，才能输入。它一般由简易键盘和发光二极管或其他显示器件组成；智能型的编程器又称图形编程器，不仅可以联机编程，还可以脱机编程，具有 LCD 或 CRT 图形显示功能，也可以直接输入梯形图并通过屏幕进行交换。

当利用计算机作为编程器时，PLC 生产厂家配有相应的组态软件，使用计算机编程是 PLC 的发展趋势。现在大多数 PLC 已不再提供编程器，而只提供计算机编程软件，并配有相应的通信连接电缆。

3 种 PLC 编程方式的比较如表 1-2 所示。

表 1-2　　3 种 PLC 编程方式的比较

比较项目 \ 类型	简易型手持编程器	智能型手持编程器	计算机组态软件
编程语言	语句表	梯形图	梯形图、语句表等
效率	低	较高	高
体积	小	较大	大（需要计算机连接）
价格	低	中	适中
适用范围	容量小、用量少产品的组态编程及现场调试	各型产品的组态编程及现场调试	各型产品的组态编程，不易于现场调试

8. 其他部件

PLC 还可以选配的外部设备包括：EPROM 写入器、储存器卡、打印机、高分辨率大屏幕彩色图形监控系统和工业计算机等。

综上所述，PLC 主机在构成实际硬件系统时，至少需要建立两种双向信息交换通道。最基本的构造包括：CPU 模块、电源模块、输入/输出模块。通过不断地扩展模块来实现各种通信、计数、运算等功能，通过人为灵活地变更控制规律来实现对生产过程或某些工业参数的自动控制。

1.4.2 PLC 的软件系统

软件是 PLC 的“灵魂”。当 PLC 硬件设备搭建完成后，通过软件来实现控制规律，高效地完成系统调试。PLC 的软件系统包括：系统程序和用户程序。系统程序是 PLC 设备运行的基本程序；用户程序使 PLC 能够实现特定的控制规律和预期的自动化功能。

1. 系统程序

PLC 的系统程序有三种类型。

（1）系统管理程序

系统管理程序控制着系统的工作节拍，包括 PLC 运行管理（各种操作的时间分配）、存储器空间管理（生成用户数据区）和系统自诊断管理（如电源、系统出错、程序语法、句法检验等）。

（2）编辑和解释程序

编辑和解释程序将用户程序变成内码形式，以便于程序进行修改、调试。解释程序能将编程语言转变为机器语言，以便 CPU 操作运行。

（3）标准子程序

为提高运行速度，在程序执行中某些信息处理（如 I/O 处理）或特殊运算等是通过调用标准子程序来完成的。

2. 用户程序

根据系统配置和控制要求而编辑的用户程序，是 PLC 应用于工程控制的一个最重要组成部分。PLC 的编程语言多种多样，不同的 PLC 厂家提供的编程语言也不尽相同。常用的编程语言包括以下几种。

（1）梯形图

梯形图是目前 PLC 应用最广、最受电气技术人员欢迎的一种编程语言。梯形图与继电器控制原理图相似，具有形象、直观、实用的特点。与继电器控制图的设计思路基本一致，很容易由继电器控制线路转化而来，如图 1-12（b）所示。

（2）语句表

语句表是一种与汇编语言类似的编程语言，它采用助记符指令，并以程序执行顺序逐句编写成语句表，如图 1-12（c）所示。梯形图和指令表完成同样的控制功能，两者之间存在一定的对应关系。不同的 PLC 厂家使用的助记符不尽相同，因此，根据同一梯形图编写的语句表也不尽相同。

（3）逻辑符号图

如图 1-12（d）所示，逻辑符号图包括与（AND）、或（OR）、非（NOT）以及定时器、计数器、触发器等。

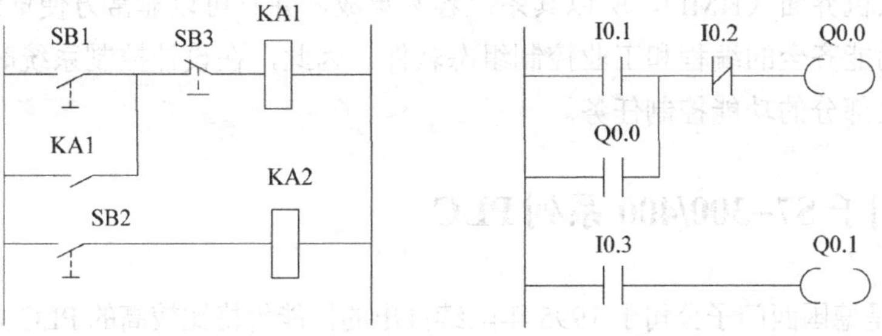

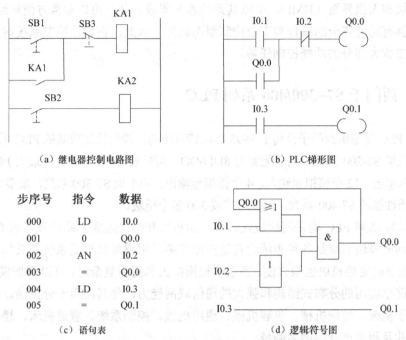

（a）继电器控制电路图　　（b）PLC梯形图

步序号	指令	数据
000	LD	I0.0
001	0	Q0.0
002	AN	I0.2
003	=	Q0.0
004	LD	I0.3
005	=	Q0.1

（c）语句表

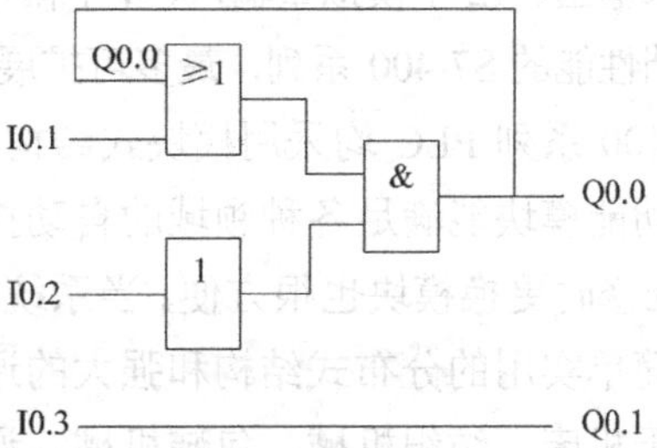

（d）逻辑符号图

图1-12　继电器控制电路图与PLC编程语言

（4）功能表图

功能表图又称状态转换图，简称 SFC 编程语言。它将一个完整的控制过程分成若干个状态，各状态具有不同的动作，状态间有一定的转换条件，条件满足则状态转换，上一状态结束则下一状态开始。功能表图表达了一个完整的顺序控制过程。

上述四种编程语言中，最常用的还是梯形图和语句表。

1.5　部分品牌 PLC 简介

1.5.1　西门子 S7-200 系列 PLC

S7-200 系列 PLC 是德国西门子公司设计和生产的一类小型 PLC。它具有功能强大（许多功能已经能够达到大、中型 PLC 的水平）、体积小、价格低廉等很多优点。因此，S7-200 系列 PLC 一经推出就受到了广大技术人员的关注和青睐。

S7-200 系列 PLC 从生产至今已经经历了两代产品的发展。

第一代产品的 CPU 模块为 CPU21*，主机都可以扩展，它有 CPU212、CPU214、CPU215 和 CPU216 等 4 种不同结构配置的 CPU 单元，不过现在已经停止生产。

第二代产品的 CPU 模块为 CPU22*，具有速度快、通信能力强的特点，有 5 种不同的 CPU 结构配置单元。

S7-200 推出的 CPU22*系列 PLC（它是 CPU21*的替代产品）系统具有多种可供选择的特殊功能模块和人机界面（HMI），所以其系统容易集成，并且可以非常方便地组成 PLC 网络。它同时拥有功能齐全的编程和工业控制组态软件，因此，在设计控制系统时更加方便、简单，可以完成大部分的功能控制任务。

1.5.2 西门子 S7–300/400 系列 PLC

S7 系列 PLC 是德国西门子公司于 1995 年陆续推出的性能价格比较高的 PLC 系列产品。S7 系列包括：微型 S7-200 系列，最小配置为 8DI/6DO，可扩展 2～7 个模块，最大 I/O 点数为 64 个数字量输入输出、12 个模拟量输入、4 个模拟量输出；中小型 S7-300 系列，最多可扩展 32 个模块；中高档性能的 S7-400 系列，最多可扩展 300 多个模块。

S7-300/400 系列 PLC 均采用模块式结构，由机架和模块组成。品种繁多的 CPU 模块、信号模块和功能模块能满足各种领域的自动控制任务，用户可以根据系统的具体情况选择合适的模块，维修时更换模块也很方便。当系统规模扩大和更为复杂时，可以增加模块，对 PLC 进行扩展。简单实用的分布式结构和强大的通信联网能力，使其应用十分灵活。近年来，它被广泛应用于机床、纺织机械、包装机械、通用机械、控制系统、普通机床、楼宇自动化、电器制造工业及相关产业等诸多领域。

1.5.3 西门子 S7–1200 系列 PLC

西门子 S7-1200 系统有 3 种模块，分别为 CPU 1211C、CPU 1212C 和 CPU 1214C。其中的每一种模块都可以扩展，以满足不同的系统需要。在任何 CPU 的前方可加入信号板，扩展数字或模拟量 I/O，同时不影响控制器的实际大小。可将信号模块连接至 CPU 的右侧，进一步扩展数字量或模拟量 I/O 容量。CPU 1212C 可连接 2 个信号模块，CPU 1214C 可连接 8 个信号模块，以便支持其他数字量和模拟量 I/O。西门子 S7-1200 CPU 控制器的左侧可连接多达 3 个通信模块，便于实现端到端的串行通信。

西门子 S7-1200 系列 PLC 硬件有内置的卡扣，可简单方便地安装在标准的 35 mm DIN 导轨上。这些内置的卡扣也可以卡入已扩展的位置，当需要安装面板时，可提供安装孔。CPU 1214C 的宽度仅为 110 mm，CPU 1212C 和 CPU 1211C 的宽度仅为 90 mm，可以灵活地安装在水平或竖直的位置。

西门子 S7-1200 系列 PLC 采用了可扩展的紧凑自动化的模块化概念。西门子 S7-1200 系列 PLC 具有集成的 PROFINET 接口、强大的集成技术功能和可扩展性强、灵活度高的设计。它实现了简便的通信、有效的技术任务解决方案，并能满足一系列的独立自动化需求。集成的 PROFINET 接口用于进行编程以及 HMI 和 PLC-to-PLC 通信。另外，该接口支持使用开放以太网协议的第三方设备。该接口具有自动纠错功能的 RJ-45 连接器，并提供 10/100Mbit/s 的数据传输速率。它支持多达 16 个以太网连接以及以下协议：TCP/IP native、ISO on TCP 和 S7 通信。

1.5.4 三菱FX系列PLC

FX系列PLC是由三菱公司推出的高性能小型可编程控制器，已逐步替代三菱公司的F系列PLC产品。其中FX_2是1991年推出的产品，FX_0是在FX_2之后推出的超小型PLC，后续连续推出了将众多功能凝集在超小型机壳内的FX_{0S}、FX_{1S}、FX_{0N}、FX_{1N}、FX_{2N}、FX_{2NC}等系列PLC，实现了微型化和产品多样化，具有较高的性价比。它们采用整体式和模块式相结合的叠装式结构，并且有很强的网络通信功能，能够满足大多数要求较高的系统的需要，在工程实际中应用广泛。FX系列成为国内使用最多的PLC系列产品之一。

FX系列PLC产品包括$FX_{1S}/_{1N}/_{2N}/_{3U}$ 4种基本类型，适合于大多数单机控制的场合，是三菱公司PLC产品中用量最大的PLC系列产品。

在基本结构方面，4种PLC产品中，FX_{1S}为整体式固定I/O结构，最大I/O点数为40，I/O点不可扩展；$FX_{1N}/_{2N}/_{3U}$为基本单元加扩展的结构形式，可以通过I/O扩展模块增加I/O点，扩展后FX_{1N}最大I/O点数为128，FX_{2N}最大I/O点数为256，FX_{3U}最大I/O点数为384（包括CC.Link连接的远程I/O）。

在$FX_{1N}/_{2N}/_{3U}$系列产品中，还有$FX_{1NC}/_{2NC}/_{3UC}$ 3种变形系列产品。$FX_{1NC}/_{2NC}/_{3UC}$与$FX_{1N}/_{2N}/_{3U}$的主要区别在I/O连接方式（外形结构）与PLC电源上。$FX_{1NC}/_{2NC}/_{3UC}$系列产品的I/O连接采用的是插接方式（$FX_{1N}/_{2N}$系列为接线端子连接），其体积更小，价格也较$FX_{1N}/_{2N}/_{3U}$低。在PLC电源输入上，$FX_{1NC}/_{2NC}/_{3UC}$系列只能使用DC24V输入（$FX_{1N}/_{2N}$系列允许使用AC电源）。在其他性能方面，两类产品无太大区别。

如图1-13所示，在$FX_{1S}/_{1N}/_{2N}/_{3U}$ 4种基本类型中，PLC性能依次提高，特别是用户程序存储器容量、内部继电器、定时器、计数器的数量等方面均依次大幅度提高。在通信功能方面，FX_{1S}系列PLC一般只能通过RS-232、RS-485、RS-422等标准接口与外部设备、计算机以及PLC之间进行数据通信。$FX_{1N}/_{2N}/_{3U}$系列产品则在FX_{1S}的基础上增加了现场AS-i接口通信功能与CC-Link网络通信功能。另外，$FX_{1N}/_{2N}/_{3U}$还可以与外部设备、计算机以及PLC之间进行网络数据传输，通信功能得到进一步增强。

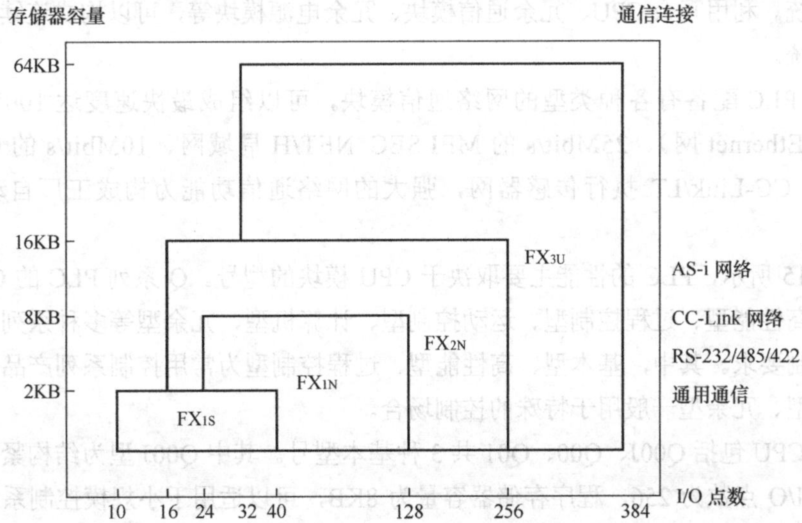

图1-13 $FX_{1S}/_{1N}/_{2N}/_{3U}$ 基本性能比较图

以 FX_{2N} 系列 PLC 为例，FX 系列 PLC 的型号说明如图 1-14 所示。

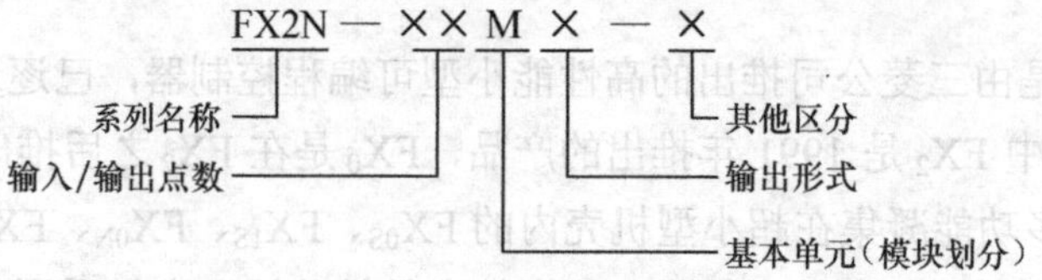

图1-14　FX_{2N}系列PLC型号说明

1.5.5　三菱 Q 系列 PLC

Q 系列 PLC 是三菱公司在原 A 系列 PLC 基础上发展而来的中、大型 PLC 系列产品，具有节省空间、节省配线、安装灵活、更强的 CC-Link 网络功能、兼容性优越等优点，在过程控制领域得到了广泛应用。

Q 系列 PLC 采用了模块化的结构形式，系列产品的组成与规模灵活可变，最大 I/O 点数可以达到 4 096；最大程序存储器容量可达 252KB，采用扩展存储器后可以达到 32MB；基本指令的处理速度可以达到 34ns；其性能水平居世界领先地位，可以适合各种中等复杂机械、自动生产线的控制场合。

Q 系列 PLC 的基本组成包括电源模块、CPU 模块、基板、I/O 模块等。根据控制系统的需要，系列产品有多种电源模块、CPU 模块、基板、I/O 模块可供用户选择。通过扩展基板与 I/O 模块可以增加 I/O 点数，通过扩展存储器卡可增加程序存储器容量，通过各种特殊功能模块可提高 PLC 的性能，扩大 PLC 的应用范围。

Q 系列 PLC 可以实现多 CPU 模块在同一基板上的安装，CPU 模块间可以通过自动刷新来进行定期通信或通过特殊指令进行瞬时通信，以提高系统的处理速度。特殊设计的过程控制 CPU 模块与高分辨率的模拟量 I/O 模块，可以适合各类过程控制的需要。最大可以控制 32 轴的高速运动控制 CPU 模块，可以满足各种运动控制的需要。计算机信息处理 CPU（合作生产产品）可以对各种信息进行控制与处理，从而实现顺序控制与信息处理的一体化，以构成最佳系统。利用冗余 CPU、冗余通信模块、冗余电源模块等，可以构成连续、不停机工作的冗余系统。

Q 系列 PLC 配备有各种类型的网络通信模块，可以组成最快速度达 100Mbit/s 的工业以太网（Ethernet 网）、25Mbit/s 的 MELSEC NET/H 局域网、10Mbit/s 的 CC-Link 现场总线网与 CC-Link/LT 执行传感器网，强大的网络通信功能为构成工厂自动化系统提供了可能。

如图 1-15 所示，PLC 的性能主要取决于 CPU 模块的型号。Q 系列 PLC 的 CPU 可以分为基本型、高性能型、过程控制型、运动控制型、计算机型、冗余型等多种系列产品，以适合不同的控制要求。其中，基本型、高性能型、过程控制型为常用控制系列产品；运动控制型、计算机型、冗余型一般用于特殊的控制场合。

基本型 CPU 包括 Q00J、Q00、Q01 共 3 种基本型号。其中 Q00J 型为结构紧凑、功能精简型，最大 I/O 点数为 256，程序存储器容量为 8KB，可以适用于小规模控制系统；Q01 型在基本型中功能最强，最大 I/O 点数可以达到 1 024，程序存储器容量为 14KB，是一种为中、小规模控制系统而设计的常用 PLC 产品。

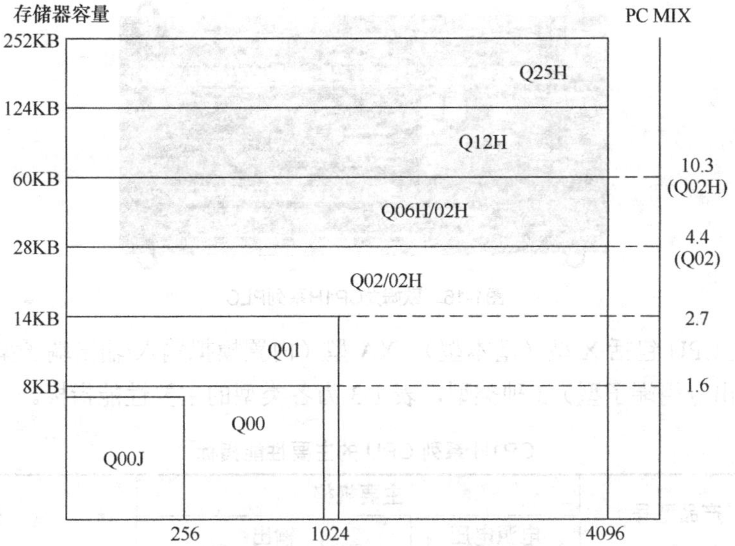

图1-15 Q系列PLC基本性能比较图

高性能型 CPU 包括 Q02、Q02H、Q06H、Q12H、Q25H 等品种，Q25H 系列的功能最强，最大 I/O 点数为 4 096，程序存储容量为 252KB，可以适用于中、大规模控制系统的要求。

Q 系列过程控制 CPU 包括 Q12PH、Q25PH 两种基本型号，可以用于小型 DCS 系统的控制。由过程控制 CPU 构成的 PLC 系统，使用的 PLC 编程软件与通用 PLC 系统（GX Develop）不同，在 Q 系列过程控制 PLC 上应使用 GX Develop 软件，并且可以使用过程控制专用编程语言（FBD）进行编程。过程控制 CPU 增强了 PID 调节功能，可以实现 PID 自动计量、测试，对回路进行高速 PID 运算与控制，并且通过自动调谐还可以自动调整控制对象参数。

Q 系列运动控制 CPU 包括 Q172、Q173 两种基本型号，分别可以用于 8 轴与 32 轴的定位控制。运动控制 CPU 具备多种运动控制应用指令，并可使用运动控制 SFC 编程、专用语言（SV22）进行编程。系统可以实现点定位、回原点、直线插补、圆弧插补、螺旋线插补，并且可以进行速度、位置的同步控制。位置控制的最小周期可以达到 0.88ms，且具有 S 形加速、高速振动控制等多种功能。

Q 系列冗余 CPU 目前有 Q12PRH 与 Q25PRH 两种规格，冗余系统用于对控制系统可靠性要求极高，不允许控制系统出现停机的控制场合。在冗余系统中，备用系统始终处于待机状态，只要工作控制系统发生故障，备用系统就可以立即投入工作，成为工作控制系统，以保证控制系统连续运行。

1.5.6 欧姆龙 CH1H 系列 PLC

日本欧姆龙（Omron）推出了 CP1H 系列小型一体化 PLC。CP1H 系列 PLC（见图 1-16）通过内置的可扩展模块强化了总体功能，缩短了系统程序开发时间，在汽车工业、电力行业和建筑机械工业领域发挥重要作用。

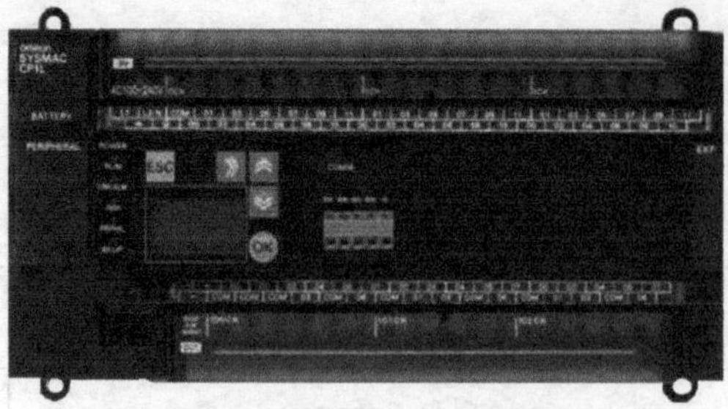

图1-16　欧姆龙CP1H系列PLC

CP1H 系列 CPU 包括 X 型（基本型）、XA 型（内置模拟输入/输出端子型）和 Y 型（内置脉冲输入/输出专用端子型）3 种类型，表 1-3 为各类型的主要性能指标。

表 1-3　　CP1H 系列 CPU 的主要性能指标

系列	产品型号	主要规格		备注
		电源电压	输出	
CP1H X 型	CP1H-X40DR-A	AC 100～250V	继电器输出 16 点	输入：DC 24V、24 点； 存储器容量：20KB； 高速计数器：100kHz、4 轴
	CP1H-X40DT-D	DC 24V	晶体管输出（漏型）16 点	
	CP1H-X40DT1-D	DC 24V	晶体管输出（源型）16 点	
CP1H XA 型	CP1H-XA40DR-A	AC 100～250V	继电器输出 16 点	输入：DC 24V、24 点； 存储器容量：20KB； 高速计数器：100kHz、4 轴； 模拟输入/输出：4 点/2 点
	CP1H-XA40DT-D	DC 24V	晶体管输出（漏型）16 点	
	CP1H-XA40DT1-D	DC 24V	晶体管输出（源型）16 点	
CP1H Y 型	CP1H-Y20DT-D	DC 24V	继电器输出（漏型）8 点	输入：DC 24V、24 点； 高速计数器：1MHz、2 轴，100kHz、4 轴； 脉冲输出：1MHz、2 轴，100kHz、4 轴

CP1H 系列 CPU 单元型号的含义如图 1-17 所示。

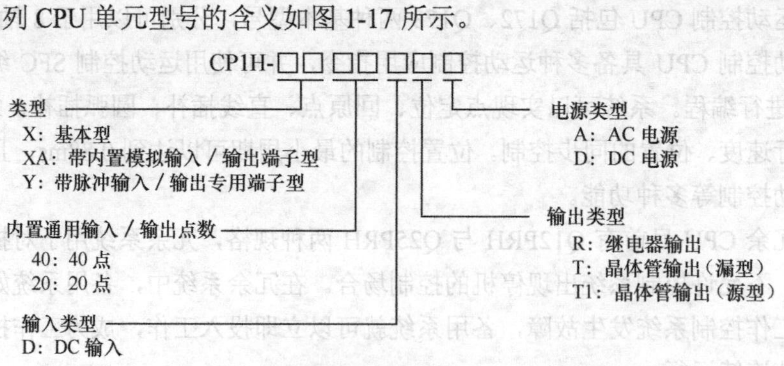

图1-17　CP1H系列CPU单元型号的含义说明

PLC 的输入/输出模块是 PLC 与工业过程控制现场设备之间的连接部件。通过输出单元，PLC 可以将程序运算的处理结果以电压或电流等控制信号的形式传送至工业过程的现场执行机构，以实现工程控制功能；通过输入单元，PLC 能够获得工业生产过程的各种参数和运行状态。CP1H 系列的通用输入/输出点数如表 1-4 所示。

表 1-4　　CP1H 系列通用输入/输出点数

<table>
<tr><th>类型</th><th>电源</th><th>产品型号</th><th>内置输入</th><th>内置输出</th><th>最大连接台数</th><th>最大扩展点数</th><th>最大点数</th></tr>
<tr><td rowspan="3">X 型</td><td>AC 100～240V</td><td>CP1H-X40DR-A</td><td rowspan="3">DC 24 点</td><td>继电器输出 16 点</td><td rowspan="7">7 单元</td><td rowspan="7">280</td><td rowspan="6">320</td></tr>
<tr><td rowspan="2">DC 24V</td><td>CP1H-X40DT-D</td><td>晶体管输出（漏型）16 点</td></tr>
<tr><td>CP1H-X40DT1-D</td><td>晶体管输出（源型）16 点</td></tr>
<tr><td rowspan="3">XA 型</td><td>AC 100～240V</td><td>CP1H-XA40DR-A</td><td rowspan="3">DC 24 点</td><td>继电器输出 16 点</td></tr>
<tr><td rowspan="2">DC 24V</td><td>CP1H-XA40DT-D</td><td>晶体管输出（漏型）16 点</td></tr>
<tr><td>CP1H-XA40DT1-D</td><td>晶体管输出（源型）16 点</td></tr>
<tr><td>Y 型</td><td>DC 24V</td><td>CP1H-Y20DT-D</td><td>DC 12 点</td><td>继电器输出（漏型）8 点</td><td>300</td></tr>
</table>

1.5.7 欧姆龙 C 系列 PLC

欧姆龙 C 系列 PLC 产品具有品种齐全、型号众多、功能强大的特点，并且具有广泛的适应性和比较牢固的稳定性。这些产品大致可以分为微型、小型、中型和大型。其中，C20P 型机是整体式结构的微型 PLC 的代表。CPMA 型机和 P 型机在小型 PLC 机应用中比较典型。而对于中小型机来说，CJ1 系列最为常用，由于其本身输入/输出扩展单元的灵活配置，所以常常可以替代中型机在工程中的使用。C200H 系列是中型机，主要包括 C200H、C200HE、C200HG、C200HS 和 C200HX 等型号。CV 系列为大型机，最大点数可以达到 2 048。表 1-5 给出了欧姆龙 C 系列 PLC 部分产品的性能指标。

表 1-5　　C 系列 PLC 部分产品的性能指标简表

型号	最大输入/输出点数	程序容量/B	数据存储容量/B	指令条数	处理速度/μs
CV2000	2 048	62K	24K	170	0.125～0.375
CV1000	1 024	62K	24K	170	0.125～0.375
CVM1	1 024	30K	24K	170	0.15～0.45
CV500	512	30K	8K	170	0.15～0.45
C200HS	480	15.2K	6 144	239	0.375～1.125
C200H	480	6.6K	2 000	173	0.75～2.25
CPM1-30CDR-A	50	2 048	1 024	134	0.72～16.3
CPM1-20CDR-A	40	2 048	1 024	134	0.72～16.3
CPM1-20CDR-A	30	2 048	1 024	134	0.72～16.3
C60H	240	2 878	1 000	130	0.75～2.25
C40H	160	2 878	1 000	130	0.75～2.25
C20H	140	2 878	1 000	130	0.75～2.25
CJ1M-CPU13/23	640	20K	32K	901	0.1
CJ1M-CPU12/22	320	10K	32K	901	0.1
CJ1M-CPU11/21	160	5K	32K	901	0.1
SP20	20	250	—	28	0.2～0.72
SP20	16	250	—	38	0.2～0.72
SP20	10	100	—	24	0.2～0.72

1.6 本章小结

本章简述了 PLC 的基本知识，主要包括 PLC 的发展历史、功能特点、工作原理、性能指标、系统基本组成以及软件系统。

本章的重点是了解 PLC 的技术发展趋势及其功能特点，难点是熟练掌握 PLC 的工作原理和系统基本组成。

通过本章的学习，读者对 PLC 有了一定程度的理解，为后续的设计开发打下坚实的基础。

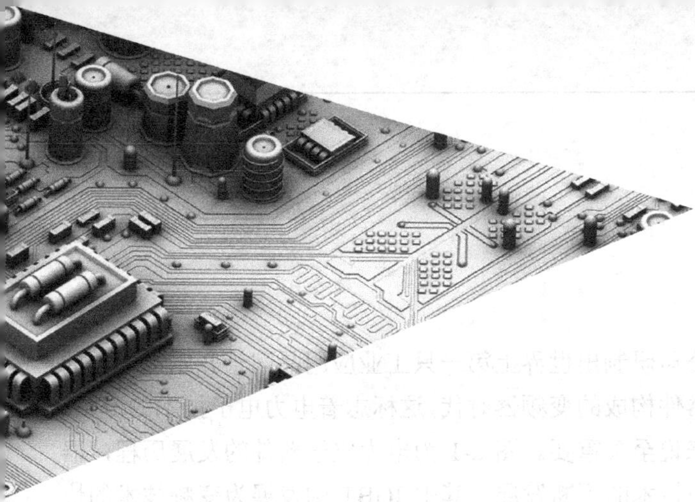

第 2 章 变频器概述

随着工业自动化的快速发展和对调速性能的要求越来越高，变频器在各行各业的应用越来越广泛。交流电动机变频调速技术是当今节能、改善工艺流程以提高产品性能、推动技术进步的一种重要手段，其发展与电力电子技术、微机控制技术和网络通信技术的发展息息相关。变频调速以其优良的高效连续调速和启制动性能、高功率因数和节能效果、应用范围广泛及其他许多优点而被公认为是最具发展前景的调速方式，代表现代电气传动技术的发展方向。本章将主要介绍变频器的发展历史以及相关技术的发展历程，进而概述变频调速的基本原理以及变频器的结构，最后介绍变频器的类型和选用变频器时所需的相关配套设备。

|2.1 变频器的发展|

变频器（Variable Frequency Drive，VFD）是应用变频技术与微电子技术，通过改变电动机工作电源的频率和幅值来控制交流电动机的电力传动元件。变频器曾被简称为 VVVF（Variable Voltage Variable Frequency Inverter）。

随着生产技术的不断提高，直流电动机因为有换向器，维护量大，容量和转速易受限制，所以其驱动技术在现实应用中的弊端越来越明显。与直流电动机相比，交流电动机具有很多优点：结构简单、运行可靠、维护方便、制造成本低；因无换向器而不会产生换向火花，可以应用于易燃易爆等恶劣环境；转子转动惯量可以做得很小，动态响应特性好；同时可以获得和直流伺服电动机相同的调速性能。因此，人们期待能在大部分场合中用交流电动机来代替直流电动机，并在交流电动机的调速控制方法等方面进行了深入的研究开发工作。从 20 世纪 30 年代起，人们开始重点研究交流调速控制技术，然而因受实际生产条件的限制，研究进展缓慢。在相当长的一段时间内，交流调速系统的研究开发一直未能取得较大成果，电气传动领域一直被直流调速技术所垄断。直至 20 世纪 70 年代，晶闸管、晶体管、耐高压绝缘栅双极型晶闸管等电子器件的成功生产，为变频调速技术的研究开发和广泛应用奠定了基础，尤其是脉宽调制变压变频调速技术的问世，极大地促进了变频器的发展。目前，直流调速变频器逐渐被变频调速变频器所替代。

2.1.1 变频器的技术发展

1. 电力电子器件

从 1958 年美国通用电气（GE）公司研制出世界上第一只工业应用晶闸管开始，电能的变换和控制方式逐渐步入由电力电子器件构成的变频器时代，这标志着电力电子技术的诞生。电子元器件的性能对于变频器的性能来说至关重要。图 2-1 为电力电子器件的发展历程，器件的快速更新换代促进了电力电子变换技术的不断发展。其中 IGBT 的发展为变频技术的快速应用和提高奠定了基础，它采用电压驱动方式，其优点主要是驱动功率小，开关频率高，损耗低，饱和压降低，输入阻抗高，具有耐脉冲电流冲击的能力。

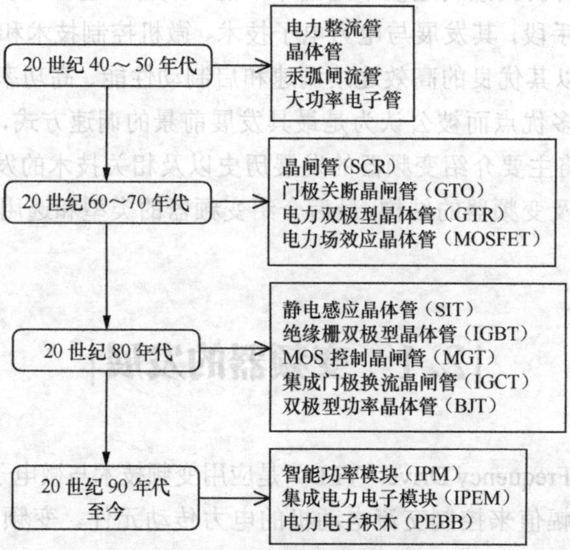

图2-1 电力电子器件的发展历程

根据开关特性，电力电子器件可以分为：半控型器件、全控型器件和不可控型器件。根据控制信号，可将电力电子器件分为电压驱动型器件和电流驱动型器件。

晶闸管是电流控制型开关器件，只能通过门极控制其导通而不能控制其关断，所以也被称为半控器件。由晶闸管组成的变频器工作频率较低，应用范围较窄。

门极关断（GTO）和电力晶体管（GTR）是电流型自关断器件，可方便地实现逆变和斩波，然而，其开关频率依然不高，一般在 5kHz 以下。尽管引入了脉宽调制（PWM）技术，但因斩波频率和最小脉宽都受到限制，难以得到较为理想的正弦脉宽调制波形，使异步电动机在变频调速时产生刺耳的噪声，因而限制了变频器的推广和应用。

电力场效应晶体管（MOSFET）和绝缘栅双极型晶体管（IGBT）是电压型自断器件，基极（栅极、门极）信号功率小，其开关频率可到 20kHz 以上，采用 PWM 的逆变器使谐波噪声大大降低。低压变频器的容量在 380V 级达到了 540kVA；而在 600V 级则达到了 700kVA，最高输出频率可到 400～600Hz，能对中频电动机进行调频控制。利用 IGBT 构成的高压

（3kV/6.3kV）变频器最大容量可达 7460kVA。

智能功率模块（IPM）不仅由 IGBT 芯片和门极驱动电路构成，而且内藏有过电压、过电流和过热等故障信号检测电路，并可将检测信号发送至 CPU，使功率芯片的容量得到最大限度地利用，即使发生事故，也可防止因过载或系统相互干扰损坏电路芯片。由 IPM 组成的逆变器只需对桥臂上各个 IGBT 提供隔离的 PWM 信号。而 IPM 的保护功能有过电流、短路、过电压、欠电压和过热等，还可以实现再生制动。IPM 以其高可靠性、使用简单赢得越来越大的市场，尤其适合于驱动电动机的变频器和各种逆变电源，是冶金机械、电力牵引、伺服驱动和变频空调的一种非常理想的电子器件。

2. 控制方式的发展

自 20 世纪 70 年代开始，脉宽调制变压变频（PWM-VVVF）调速研究引起了人们的高度重视。20 世纪 80 年代，作为变频技术核心的 PWM 模式优化问题引起人们的浓厚兴趣，并得出诸多优化模式，其中以鞍形波 PWM 模式效果最佳。20 世纪 80 年代后半期，美、日、德、英等发达国家开发的 *U*/*f* 控制变频器投入市场并得到广泛应用。

U/*f* 控制变频器的控制方式较为简单，它主要是根据电动机的电压与频率比（*U*/*f*）进行调速的，机械硬度特性也较好，能够满足平滑调速的一般要求，已在产业的各个领域得到广泛应用。但是，这种控制方式在低频时由于输出电压较小，受定子电阻压降的影响比较显著，故造成输出最大转矩减小。另外，其机械特性终究没有直流电动机硬，动态转矩能力和静态调速性能都还不尽如人意，因此人们又提出矢量控制思想。

转差频率控制方式是对 *U*/*f* 控制的一种改进，它是检测电动机转速，然后把电动机转速与转差频率的和作为给定逆变器的输出。由于能够任意控制与转矩电流有直接关系的转差频率，所以与 *U*/*f* 控制相比，其加减速特性和限制过电流的能力得到了提高。另外，它应用了速度控制器，利用它和速度反馈进行速度闭环控制。

矢量变换控制方法通过测量和控制异步电动机定子电流矢量，根据磁场定向原理分别对异步电动机的励磁电流和转矩电流进行控制，从而控制异步电动机的转矩。20 世纪 70 年代，西门子公司工程师 F.Blaschke 首先提出异步电动机矢量控制理论来解决交流电动机转矩控制问题。矢量控制方法的提出具有划时代的意义，它使得异步电动机的机械特性和他励直流电动机的机械特性完全一样。然而在实际应用中，其控制效果很难达到预期，主要有以下几方面的原因：转子磁链难以准确确定，系统特性受电动机参数影响大，所采用的矢量旋转变换较为复杂。目前矢量控制方法已应用在西门子、ABB、富士电动机和三菱等国际化大公司的变频器上。

1985 年，德国鲁尔大学的 Depenbrock 教授首次提出了直接转矩控制技术。该技术在很大程度上弥补了矢量控制方式的不足，并以新颖的控制思想、简洁明了的系统结构、优良的动静态性能得到了迅速发展。目前，该技术已成功应用在电力机动车牵引的大功率交流传动设备上。

3. 变频器新技术

由于微机控制技术及电子元器件生产工艺的发展，新一代变频器除了能够完成基本的电动机调速功能外，还整合了一些新技术、新功能模块。

变频器能够根据电动机负载情况来自动设置加减速时间；它还可以内置编程软件，在计算机中调试程序，甚至也有人性化的用户界面，操作维护简单方便；为了方便远距离实时监视、实时控制、实时预警，还产生了变频器远程控制新技术。新型交流制动技术制动速度比直流快，制动能量以热能的形式散掉。

2.1.2 变频器的发展趋势

经过40多年的发展，电力电子器件趋向于大容量化、组件模块化、微小型化、智能化和低成本化，多种适宜变频调速的新型电动机正在开发研制之中，IT技术的迅猛发展，以及控制理论的不断创新，这些与变频器相关的技术都将影响变频器的发展趋势。

1. 网络智能化

智能化的变频器安装到系统上后，不必进行过多的功能设定，就可以方便地操作使用，有明显的工作状态显示，而且能够实现故障诊断和故障排除，甚至可以进行部件自动转换。利用互联网可以进行遥控监视，实现多台变频器按工艺程序联动，形成最优化的变频器综合管理控制系统。

2. 专用化

根据某一类负载的特性，有针对性地制造专用化的变频器，这不但可以对负载的电动机进行经济有效的控制，而且可以降低制造成本。例如，风机、水泵专用变频器、超重机械专用变频器、电梯控制专用变频器、张力控制专用变频器和空调专用变频器等。

3. 小型化

变频器将相关的功能部件（如参数辨识系统、PID调节器、PLC、通信单元等）有选择性地集成到内部组成一体化机，这不仅使功能增强，系统可靠性增加，而且可有效缩小系统体积，减少外部电路的连接。现已研制出变频器和电动机的一体化组合，从而使整个系统体积更小，控制更方便。

4. 环保无公害

变频器技术本身就是一种节能减排的手段，采用变频器技术后，电动机可以根据负载来调节转速，进而降低功率达到绿色环保的目的。今后的变频器将更关注节能和低公害，即尽量减少使用过程中的噪声和谐波对电网及其他电气设备的污染干扰。

5. 低成本

随着电子技术的不断发展，变频器技术得到不断地推广，变频器产品销量也在稳步上升。同时，各大知名品牌为追逐更大的市场占有率，不断采用新的技术和制造工艺，提升自身产品的科技含量。目前，变频器在性能不断提升的同时，小型化、低成本、大规模生产已成为新的发展方向。

总之，变频器技术的发展趋势是朝着智能、操作简便、功能健全、安全可靠、环保低噪、低成本和小型化的方向发展。

2.2　变频器的基本工作原理及特点

近年来，随着电力电子技术、微机控制技术的迅猛发展，生产工艺的优化改进及功率半导体器件成本的降低，交流电动机变频调速技术越来越广泛地应用于工业领域。下面介绍变频器的基本工作原理及特点。

2.2.1　变频器的基本工作原理

变频调速就是通过改变电动机定子供电频率来平滑改变电动机转速。当频率 f 在 0～50Hz 的范围内变化时，电动机转速调节范围非常宽。在整个调速过程中，都可以保持有限的转差功率，具有高精度、高效率的调速性能。

由电动机基本理论知道，三相异步电动机的转速表达式为

$$n = \frac{60f(1-s)}{p} \tag{2-1}$$

式中：n——异步电动机的转速；

f——异步电动机定子频率；

s——电动机转差率；

p——电动机极对数。

由式（2-1）可知，转速 n 与频率 f 成正比，只要改变频率 f 即可改变三相异步电动机的转速。但是由异步电动机电动势公式

$$E = 4.44fN\Phi \approx U \tag{2-2}$$

式中：E——定子每相绕组感应电动势的有效值；

f——定子频率；

N——定子每相绕组的有效匝数；

Φ——每极磁通量；

U——定子电压。

可知，定子电压与磁通和频率成正比，当 U 不变时，f 和 Φ 成反比，f 的升高势必导致磁通的降低。通常电动机是按 50Hz 的频率设计制造的，其额定转矩也是在这个频率范围内给出的。当变频器频率调到大于 50Hz 时，电动机产生的转矩要以和频率成反比的线性关系下降。为了有效维持磁通的恒定，必须在改变频率时同步改变电动机电压 U，即保持 U 与 f 成比例变化。变频调速方式有恒比例控制、恒磁通控制、恒功率控制和恒电流控制等几种。在后续章节中会陆续介绍，这里不再赘述。

2.2.2 变频器的特点

变频器与电动机组成的驱动系统，可以通过调整频率和电压来控制电动机转速。变频传动有很多固有特点和技术优势，正是这些特点，使得变频器的应用领域越来越广泛。

1. 节能效果显著

很多大功率的风机和泵类机械在调节风量或水量时，往往采用风门及阀门，造成了能量的重大浪费。在设计机械配用动力驱动时，为了保证生产可靠性，都有一定程度的盈余量。电动机不能长期工作在满载荷下，否则会损坏电动机及浪费能量。在压力偏高时，可降低电动机的运行速度，使其在恒压的同时节约电能。电动机轴功率与转速变化的关系如下。

$$\frac{P_1}{P_2}=\left(\frac{N_1}{N_2}\right)^3 \tag{2-3}$$

由此可见降低电动机转速可得到立方级的节能效果。此外，为迅速适应负载扰动，变频器具有动态调整特性，始终保持电动机的输出高效率运行；在保证电动机输出力矩的情况下，变频器自身具有 U/f 调节功能，减少电动机输出力矩，降低输入电流，达到节能状态。

利用变频调速达到节能，以风机和泵类机械效果最为明显。在搅拌机、工业洗衣机等恒转矩负载机械领域中，当低速运行时，也可以获得节能效果。据有关文献资料分析，在某些应用场合中，变频器启动节能率可以达到 66%，运行时节能率达到 61.4%。中国电力消耗中，工业用电达到 74%，而工业用电中的 60%是电动机消耗的，其中大约 50%的电动机是用于风机泵和压塑机类，如果使用变频器，则平均节能潜力达到 25%。

2. 维护简单

变频器故障率一般较低，通常只需定期检查，及时更换易坏件和清扫。定期检查与清扫主要是为了避免灰尘过多影响散热而影响器件寿命，尤其是在一些像采矿等恶劣环境中应用时更应注意。此外，灰尘过多，很可能导致电子元器件短路等事故发生。定期更换易坏件，是因为在变频器中，某些零部件寿命相对较短，如频繁工作的风扇电容等。变频器保护功能完善，能自诊断显示故障所在，维护简便。

3. 启、停特性好

异步电动机在工频条件下，启动电流很大，对电网的影响较大。使用变频器后，电动机直接在线启动属于无级启动方式，电压和频率渐次上升达到规定值；启动转矩大，启动电流小，减小对电网和设备的冲击，并具有转矩提升功能，节省软启动装置。采用变频启动、停机时，可以提前设置加减速时间，可在较小电流下进行平滑启、停操作。其启动特性比变压不变频的软启动器要好。设定合适的控制参数，启动力矩可在一定范围内调节，以适应多种启动要求。

变频器传动可以方便实现电动机的电气制动，有时在某些应用中还应与机械制动相互配合使用。电气制动包括能耗制动、直流制动和回馈（再生）制动 3 种方式。能耗制动一般应用在设备静止或减速后使设备静止的过程中，制动频度很低，但仅要求停车时可采用直流制动，回馈制动主要应用在设备的稳速运行和减速过程中。

4. 调速性能好

因电动机的应用相当广泛，与其配套使用的变频器种类甚多，为此很多厂家针对不同的工作环境生产了与之相适应的变频器来满足不同用户的需求。对于恒转矩负载要选用过载能力大的变频器；对于恒功率负载，由于转速与转矩成反比，需要解决低速段转矩问题；对于风机、泵类负载，负载与转速的平方成正比，只需要注意基频以上时的变频器和电动机的功率。

当变频器采用正弦波脉冲宽度调制时，内部采用微处理器实现全数字化控制。当采用按转子磁场定向的矢量控制技术时，即使不安装测速发电机或编码器，也能得到很宽的调速范围、平滑的调速特性及快速的动态响应。当采用变压变频控制方式时，基本可保持磁通在各级转速上稳定，机械特性随转速下降而平行下移，硬度特性好。

另外，不需单独采用接触器就能可靠实现正、反转的连锁控制。

变频器除了上述特点外，还具有以下优点：体积小、重量轻、占地面积小；操作方便、简单；内设功能多，可满足不同的工艺要求；内置功能齐全的保护电路（如过电流、过载、过电压保护等）、检测电路；功率因数高，节省电容补偿装置。随着变频技术的发展，电动机运行的声音可以趋近于工频电网运行情况，极大地降低了噪声影响；环境适应性很好，如在易爆等恶劣环境中，可以采用电动机转差控制方式的变频器控制电动机。

2.3　变频器的构成与功能

目前市场上流行的变频器主要由主电路和控制电路组成，如图 2-2 所示。主电路是给异步电动机提供调压调频电源的电力变换部分，主要包括 3 部分：将工频电源变换为直流功率的整流电路，吸收在变流器和逆变器中产生的电压脉动的中间电路，以及将直流功率变换为交流功率的逆变电路。中间电路包括限流电路、滤波电路、制动电路等。控制电路主要由以下几部分组成：主控制电路、信号检测电路、门极驱动电路、保护电路、外部接口电路和操作显示电路等。这些电路随着电力电子、微机控制技术的发展而不断更新，使变频器得到进一步发展。

2.3.1　整流电路

如图 2-3 所示，常用三相变频器的整流电路由三相全波整流桥组成，整流电路一般是与三相交流电源连接。它的主要作用是对工频外部电源进行整流，并给逆变电路和控制电路提供所需的直流电源。整流电路按其控制方式可以是直流电压源也可以是直流电流源。

整流器有两种基本类型：可控型和不可控型。不可控整流器基本上由二极管组成，基于 PWM 变频器。可控整流器是利用晶闸管作为换流器件构成的晶闸管整流桥。

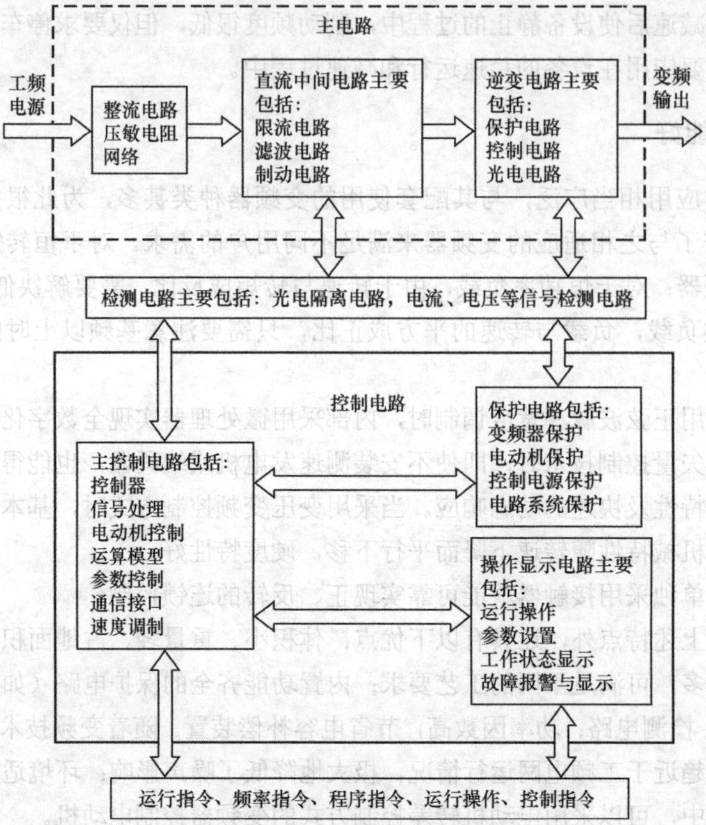

图2-2　变频器简化结构图

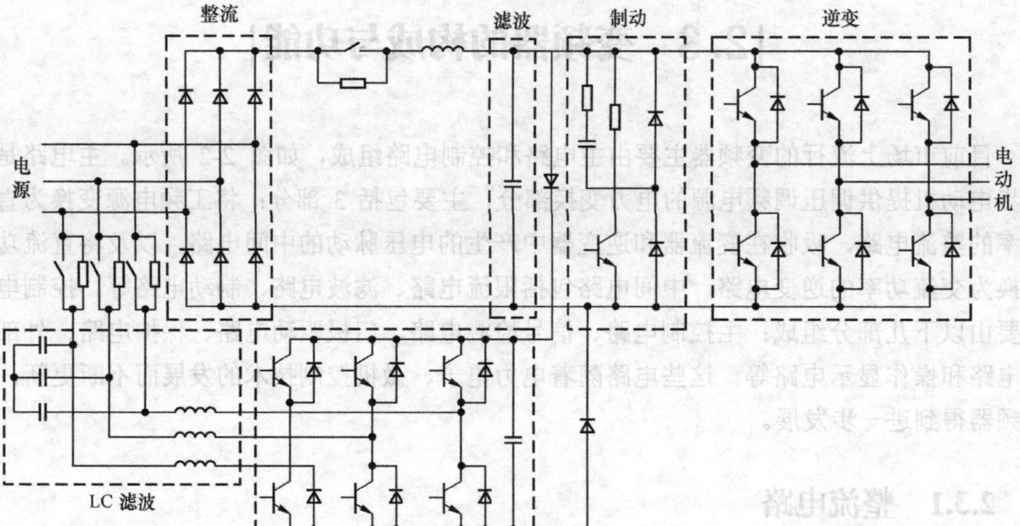

图2-3　变频器主电路原理图

2.3.2　中间电路

恒功率交流电经过整流电路得到的直流电压或电流往往含有频率为 6 倍电源频率的波

纹，并且逆变电路也会产生波纹来影响直流电压或电流。此外，由于异步电动机为感性负载，在直流电到频率可控的交流电变换中需有储能元件。

直流中间电路的作用是对整流电路的输出进行滤波平滑，以保证逆变电路和控制电源能够得到质量较高的直流电源。当整流电路是电压源时，直流中间电路的主要元器件是大容量的电解电容，如图 2-4 所示，而当整流电路是电流源时，平滑电路则主要由大容量电感组成，如图 2-5 所示。此外，由于电动机制动的需要，在直流中间电路中有时还包括制动电阻以及其他辅助电路。

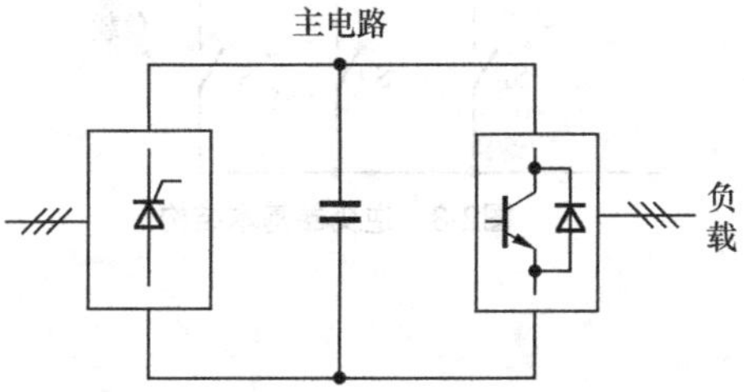

图2-4　电压型变频器

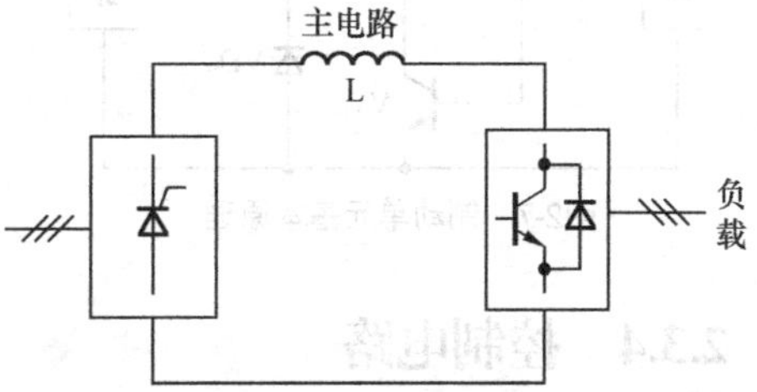

图2-5　电流型变频器

在电路通电瞬间，电容的充电电流（浪涌电流）很大，如果不限制这种大电流，就会损坏整流电路的二极管，这就需要设计一个限流电路。如图 2-6 所示，常见的限流电路包括串联直流电感和串联充电电阻。当充电电流瞬时增大时，直流电感产生感应电动势来阻止充电电流的增大，当电路稳定后，电感的作用就近似于导线导通，如图 2-6（a）所示。为了限制大电流可采用电阻，当电路达到稳定状态时可以接通开关，将电阻短路，如图 2-6（b）所示。

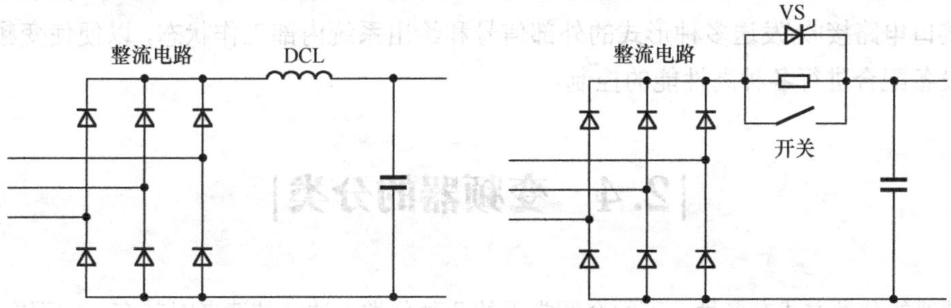

（a）串联直流电感　　（b）串联充电电阻

图2-6　典型限流电路

有时为了对异步电动机进行制动，还需要在主电路中设计一个制动电路，它主要是通过一个制动电阻吸收电动机的再生能量。如图 2-7 所示，制动电路在整流器和逆变器之间，是中间电路不可或缺的重要环节。电动机在制动时，电能经过逆变器反馈给直流电路部分，使得电容的电压升高，晶体管 VT_B 导通，能量经过电阻 R_{EB} 被释放掉。

2.3.3　逆变电路

逆变电路是变频器最主要的部分之一，其作用跟整流器相反，主要是在控制电路的控制下将平滑电路输出的直流电转换为频率和电压都可调的交流电。逆变电路的输出交流就是变频器的输出，它被用来实现对异步电动机的调速控制。其中交－直－交变频器的逆变器常见的结构形式，如图2-8所示，它是由6个电力电子开关组成的三相逆变器主电路。在一个信号周期内，通过有规律地控制开关的闭合，得到各种频率的波形。

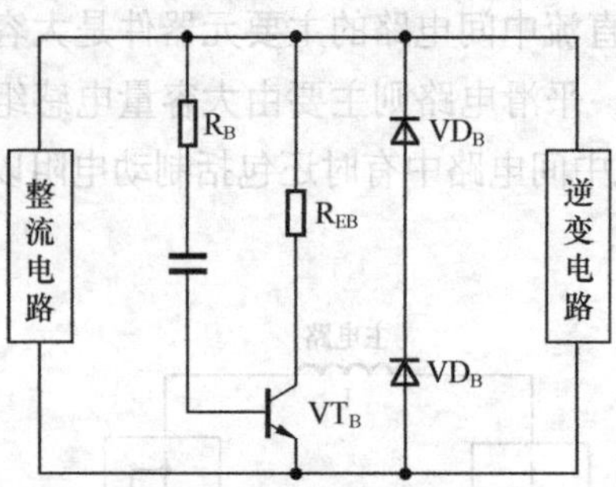

图2-7　制动单元基本原理

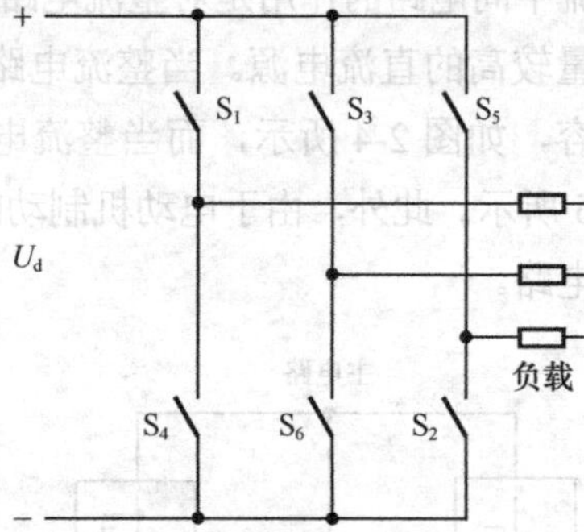

图2-8　逆变器基本结构

2.3.4　控制电路

给异步电动机供电（电压、频率可调）的主电路提供控制信号的回路称为控制电路。控制电路由以下几个电路构成：主控制电路、运算电路、电流检测电路、电动机速度检测电路、门极驱动电路、外部接口电路、保护电路等。控制电路的优劣决定了变频器性能的优劣。控制电路的主要作用是将检测电路得到的各种信号（如外部速度、转矩检测电路的电流、电压）送至运算电路进行比较运算，使运算电路能够根据要求为变频器主电路提供必要的门极驱动信号，并防止变频器及异步电动机在过载或过电压等异常情况下损坏。此外，控制电路还通过外部接口电路接收/发送多种形式的外部信号和给出系统内部工作状态，以便使变频器能够和外部设备配合进行各种高性能的控制。

2.4　变频器的分类

变频器的分类方式有多种，下面介绍常见的几种分类方法，使读者对其有一定程度的了解。

2.4.1　依据主电路结构形式分类

依据主电路结构形式及其交流电变换方式，可以将变频器分为交－直－交型和交－交型两种。

1. 交—直—交型变频器

交－直－交型变频器是变频器的主要形式，是间接变频，其结构形式如图2-9所示。其基本原理是：先通过整流和滤波电路将交流电变为平稳的直流电，再通过逆变器将直流电变为频率可调节的交流电。它的控制方式简单，但需要经过两次变换，能量损失较大。其主要应用于大容量电动机调速系统以及大容量泵类等节能调速系统中。

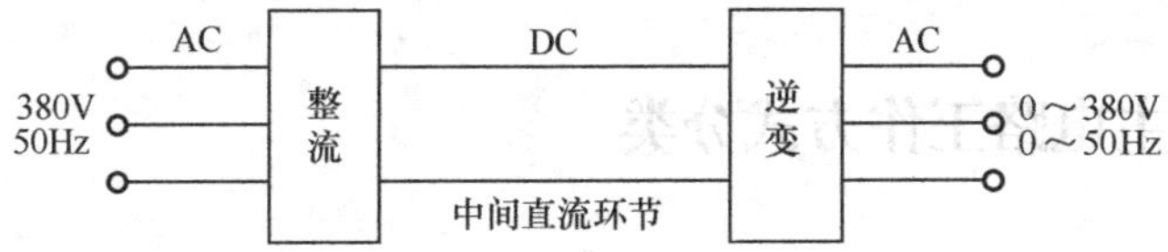

图2-9 交—直—交型变频器

2. 交—交型变频器

交－交型变频器是直接变频的，它只需通过一个变换环节就可将交流电变换为频率、电压都可调的交流电。交－交型变频器输出的每一相都是一个两组晶闸管整流反并联的可逆电路，其基本结构形式如图 2-10（a）所示。

电路由正组和反组并联的晶闸管变流电路构成，两组变流电路接在同一个交流电源上。两组变流电路都是相控电路，当晶闸管的整流器正组导通、反组截止时，输出电压为上正下负；当反组导通、正组截止时，输出电压为上负下正，如图 2-10（b）所示。让两组变流电路按一定的频率交替工作，负载就得到了该频率的交流电。改变两组交流电路的切换频率，就可以改变输出到负载上的交流电压频率，改变交流电路工作时的触发延迟角，就可以改变交流输出电压的幅值。

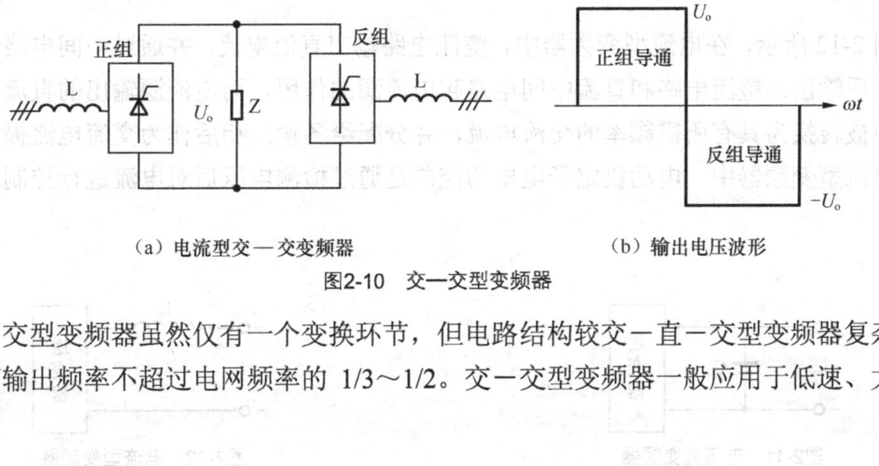

（a）电流型交—交变频器　　（b）输出电压波形

图2-10 交—交型变频器

交－交型变频器虽然仅有一个变换环节，但电路结构较交－直－交型变频器复杂、成本高，最高输出频率不超过电网频率的 1/3～1/2。交－交型变频器一般应用于低速、大功率调速系统。

3. 主要特点比较

交－交型变频器和交－直－交型变频器的特点，如表 2-1 所示。

表 2-1　交—交型变频器和交—直—交型变频器的主要特点

变频器类型 / 比较项目	交—直—交型变频器	交—交型变频器
换能形式	两次换能，效率略低	一次换能，效率较高
换流方式	强迫换流或负载谐振换流	电源电压换流
装置元器件数量	元器件数量较少	元器件数量较多
调频范围	频率调节范围宽	一般情况下，最高频率为电网频率的 1/3～1/2
电网功率因数	用可控整流调压时，功率因数在低压时较低；用斩波器或 PWM 方式调压时，功率因数较高	较低
适用场合	各种电力拖动装置、稳频稳压电源和不停电电源	低速、大功率拖动系统

2.4.2 依据主电路工作方式分类

当按照主电路工作方式分类时，即储能元件是电容还是电感，变频器可以分为电压型变频器和电流型变频器。电压型变频器的特点是将直流电压源转换为交流电压源，电流型变频器的特点是将直流电流源转换为交流电流源。

1. 电压型变频器

如图 2-11 所示，在电压型变频器中，整流电路或斩波电路产生逆变电路所需的直流电压，通过直流中间电路的电容平滑后输出。整流电路和直流中间电路起直流电压源的作用，而电压源输出的直流电压在逆变电路中被转换为所需频率的交流电压。

在电压型变频器中，由于能量回馈给直流中间电路的电容，并使直流电压上升，所以还需要有专用的放电电路，以防止换流器件因电压过高而损坏，此外还得采用可逆变流器使这部分能量能够回馈给电网。

2. 电流型变频器

如图 2-12 所示，在电流型变频器中，整流电路输出直流电流，并通过中间电路的电感将电流平滑后输出。整流电路和直流中间电路起电流源的作用，而电流源输出的直流电流在逆变电路中被转换为具有所需频率的交流电流，并分配给各输出相后作为交流电流提供给电动机。在电流型变频器中，电动机定子电压的控制是通过检测电压后对电流进行控制的方式实现的。

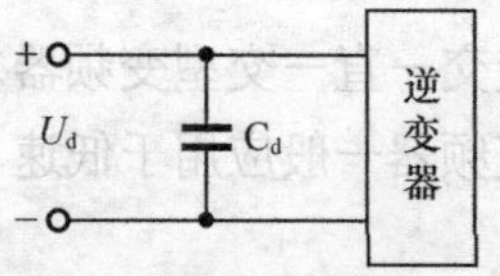

图2-11 电压型变频器

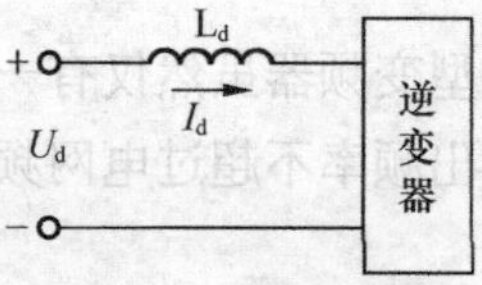

图2-12 电流型变频器

电流型变频器的最大特点就是，在电动机进行制动的过程中，可以通过将直流中间电路的电压反向的方式使整流电路变为逆变电路，并将负载的能量回馈给电源。故电流型控制方式更适合于大容量变频器。

3. 主要特点比较

对于变频调速系统而言，由于异步电动机是感性负载，无论处于电动状态还是发电制动状态，其功率因数都不会等于 1.0。因此，在中间直流环节与电动机之间总存在无功功率的交换，这种无功能量只能通过直流环节中的储能元件来缓冲，电压型和电流型变频器的主要区别在于用什么储能元件来缓冲无功能量。表 2-2 列出了电压型和电流型交－直－交变频器的主要特点。

表 2-2 电压型和电流型交—直—交变频器的主要特点

变频器类型 / 比较项目	电压型	电流型
直流回路滤波环节（无功功率缓冲环节）	电容器	电抗器
输出电压波形	矩形波	取决于负载，对异步电动机负载近似为正弦波
输出电流波形	取决于负载的功率因数，有较大的谐波分量	矩形波
输出阻抗	小	大
回馈制动	需在电源侧设置反并联逆变器	方便，主电路不需要附加设备
调速动态响应	较慢	快
对晶闸管的要求	关断时间要短，对耐压要求一般较低	耐压高，对关断时间无特殊要求
适用范围	多电动机拖动，稳频稳压电源	单电动机拖动，可逆拖动

2.4.3 依据控制方式分类

依据控制方式，即按照变频器工作原理及变频技术发展过程，变频器可以分为 *U/f* 控制变频器、SF 转差频率控制变频器、VC 矢量控制变频器和直接转矩控制变频器 4 种。

1. *U/f* 控制变频器

U/f 控制变频器能够同时对变频器输出的电压和频率进行控制。通过使 *U/f*（电压、频率比）的比值保持一定，变频器将固定的电压、频率转化为电压、频率都可调节，从而得到所需的转矩特性，因此它又可以称为 VVVF 控制。采用 *U/f* 控制方式电路结构相对简单，通用性好，成本较低。其主要缺点是在整个速度范围内都无法调节转矩，当转速趋近 0 时转矩响应很差，速度调节性不佳，当电动机低转速时，运行效率下降。因其是开环控制，无电流调节，所以多用于对精度要求不太高的通用变频器。

2. SF 转差频率控制变频器

SF 转差频率控制方式是对 *U/f* 控制的一种改进，也是一种直接控制转矩的控制方式。在采用这种控制方式的变频器中，电动机的实际速度由安装在电动机上的速度传感器和变频器控制电路得到，而变频器的输出频率则依据电动机实际转速与所需转差频率而自动设定，从而在进行调速的同时控制电动机输出转矩。由于有转速频率补偿，故它是一种闭环控制方式，具有良好的稳定性和动态响应特性，调速精度较高。但是由于这种控制方式需要在电动机轴上安装速度传感器，并需要依据电动机特性调节转差频率，所以通用性相对较差。

3. VC 矢量控制变频器

U/f 控制方式和转差频率方式控制动态性能不好，为了获得更高的变频调速动态性能，我们应采用矢量控制方式。矢量控制（Vector Control，VC）是交流电动机的一种理想调速方法。其基本原理是将异步电动机的定子电流分为产生磁场的电流分量（励磁电流）和与其相垂直的产生转矩的电流分量（转矩电流）并分别加以控制，获得类似于直流电动机的动态特

性。在这种控制方式中必须同时控制异步电动机定子电流的幅值和相位，即控制定子电流矢量。采用矢量控制方式，在调速范围上可以与直流电动机相媲美，此外还可控制电动机转矩。其主要优点是，能调节电动机转矩，在整个电动机转速范围内提供恒定转矩，低频转矩大，机械特性及动态特性好。VC 控制方式使异步电动机的高性能成为可能，VC 矢量控制变频器不仅能在调速范围上可以与直流电动机相匹敌，而且可以直接控制异步电动机的转矩变化，所以在许多需要精密、快速控制的领域得到应用。

4. DTC 直接转矩控制变频器

DTC 直接转矩控制技术不需考虑如何将定子电流分解为励磁电流分量和转矩电流分量，它主要通过检测获得的定子电压、电流，借助空间矢量理论计算电动机的磁链和转矩，通过与设定值比较而得到的差值来直接控制磁链和转矩。采用这种控制方式，电路系统及控制结构简单，转矩响应快，能方便地实现无速度传感器控制。但是由于没有独立电流环，系统不便于进行电流保护和饱和控制。随着现代科学技术的不断发展，直接转矩控制技术将与智能控制相结合，使交流调速系统的性能有根本的提高，这是直接转矩控制的未来。

2.4.4 依据逆变器开关方式分类

变频器的开关方式通常都是指变频器逆变电路的开关方式。按照逆变电路的开关控制方式，变频器可以分为 PAM（Pulse Amplitude Modulation，脉冲振幅调制）变频器、PWM（Pulse Width Modulation，脉冲宽度调制）变频器、高频载波 PWM 变频器等。

1. PAM 变频器

PAM 控制方式，在整流电路中控制输出电流或电压的幅值，在逆变电路中控制输出电流或电压频率。逆变器电路部分是功率变换调节，在此变换过程中，频率是由逆变电路器件开关频率决定的。虽然 PAM 控制方式简单易行，但电路结构复杂，且对于低速电动机的变频调速易产生噪声，故此种控制方式应用于高速大功率变频调速的场合。

2. PWM 变频器

PWM 变频器主电路如图 2-13 所示。PWM 控制方式是对逆变电路进行脉冲宽度调节的一种控制方式，同时能够对输出电压或电流的幅值和频率进行控制。在这种控制方式中，以较高频率对逆变电路的半导体开关器件进行开闭，并通过改变输出脉冲的宽度来达到控制电压（电流）的目的。为了使异步电动机在调速运转时能够更加平滑，目前在变频器中多采用正弦波 PWM 控制方式，即通过改变输出脉冲的宽度，使输出电压的平均值接近于正弦波。

在图 2-14（a）中将参考电压波（正弦波）和三角波做比较，通过电路的逻辑控制就可以得到对应于信号波形的调制波，其中图 2-14（b）、图 2-14（c）分别表示高压信号波和低压信号波经逆变电路控制后输出的波形。

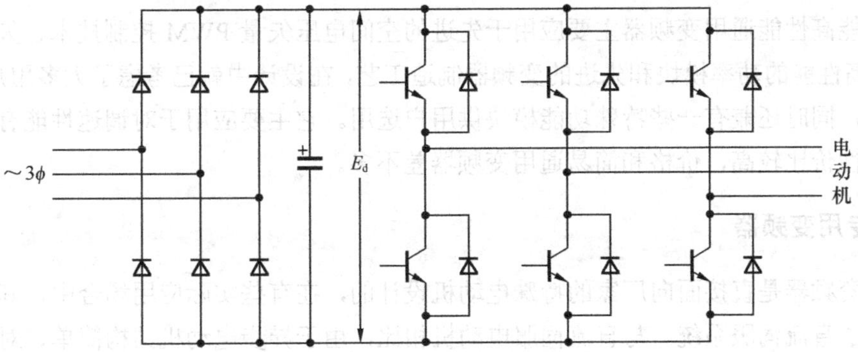

图2-13　PWM变频器主电路

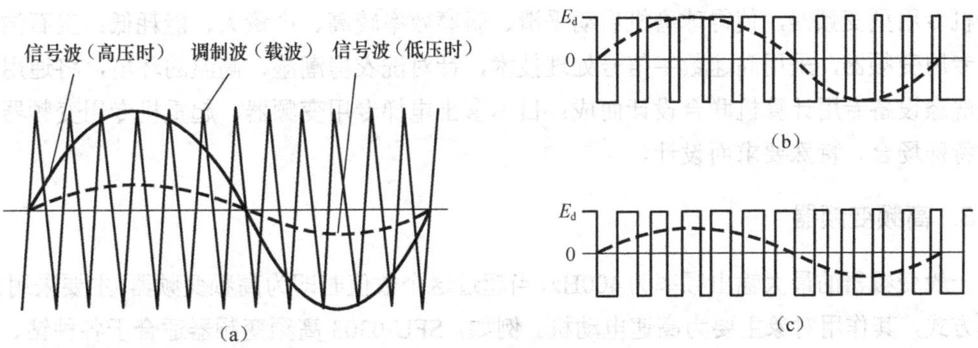

图2-14　PWM调压原理

3. 高频载波 PWM 变频器

高频载波 PWM 控制方式可以解决 PWM 控制方式的噪声问题。采用 PWM 控制方式时，当载波频率不合适时易产生噪声。为了解决这个问题，提出了高频载波 PWM 控制方式。这种控制方式的调制频率比较高，可降低电动机运转噪声。由于其对开关控制器件的性能要求高，故一般采用 IGBT、MOSFET 半导体作为主开关器件。

2.4.5　依据用途分类

前面介绍的 4 种变频器分类方式主要是依据变频器的结构及工作原理，但在变频器选型中，习惯于按照变频器的性能、应用场合进行分类选用。依据变频器的用途可以将其分为以下几种。

1. 通用变频器

通用变频器的最大特点就是通用性，它广泛应用于冶金、纺织、矿山、造纸、交通和市政等行业。随着技术的发展和社会对能源运用效率要求的日益提高，通用变频器的两大主要发展方向是简易通用型和多功能高性能通用型。

简易通用变频器简化了变频器的一些系统功能，以节能为主要目标，主要应用于风机、水泵、空气压缩机等大功率设备。它大多采用 *U/f* 控制方式，启动转矩相对较小，具有体积小、价格低等优点。

多功能高性能通用变频器主要应用于先进的空间电压矢量 PWM 控制技术、矢量控制技术，采用高性能的功率模块和先进的变频器制造工艺，在设计中就已考虑了大多用户的硬件、软件需求，同时还兼有一些特殊功能模块供用户选用。它主要应用于对调速性能有较高要求的场合，性价比较高，价格和简易通用变频器差不多。

2. 专用变频器

专用变频器是直接面向厂家的特殊电动机设计的，在有些实际应用场合中，其性能达到甚至超过了直流伺服系统。与直流伺服电动机相比，由于异步电动机结构简单、对工作环境要求较低等优点，往往在一些场合中高性能交流伺服变频器逐步替代直流伺服系统。例如，球磨机专用型变频器，使得球磨机启动平滑、研磨效率较高、产量大、能耗低；宝石洁牌水洗机专用变频器，采用高速数字信号处理技术，针对洗衣房潮湿、高温的环境，将通用变频器及洗涤设备专用计算机联合设计而成；日本富士电梯专用变频器、起重机专用变频器等均针对特殊场合、特殊要求而设计。

3. 高频变频器

一般变频器的最大输出频率为 400Hz，当超过这个数值时即为高频变频器，主要采用 PAM 控制方式，其作用对象主要为高速电动机。例如，SFU-0303 高频变频器适合于各种钻、铣等高速加工，在特殊的使用条件下还适合于各种磨削加工，可以在磨削过程中对砂轮进行修整。为了实现这些任务，系统要求这种高频变频器必须可以调整。无论是在电控主轴高速（100 000r/min）旋转，还是低速（10r/min）旋转时，其都能实现最大扭矩输出。

4. 高压变频器

当电动机电压达到 3kV 等级时采用的变频器称为高压变频器。这类变频器采用 PWM 控制方式，主要应用于电力、冶金、石化、水泥等行业。在我国，高压大功率变频器厂家大概有 30 家，大多采用单元串联多重化结构，虽然从理论和功能上已能与进口变频器相比，但是受工艺技术的限制，与进口产品的差距仍较明显。

5. 单相变频器

当三相交流电动机的输入为单相交流电时，得选用单相变频器。单相变频器的输入端为单相交流，输出端为三相交流。单相变频器的工作原理与三相变频器相同，只是在结构上有所不同，它需要在中间主电路中增加一个逆变器，以便将单相直流电变为三相交流电。

2.5 变频器的配套设备

在实际应用变频器时，需要一些相关的配套设备其才能正常工作，如图 2-15 所示。通常这些设备都是选购件。配套设备中包含了一些保护装置、去噪抗干扰装置等，这些都为变频器更好地工作提供了可靠保证。下面介绍典型的配套设备。

1. 电源变压器

电源变压器（T）将高压电源转换为变频器所需的电压等级，电源变压器总容量要比总负载大，变频器整流及电容性负载的影响，会造成电网波形的严重畸变和变压器过热。因为输入电流信号含有高次谐波，所以变频器电源侧功率因数降低。在选用变压器时，其容量应该满足下式。

$$变压器的容量=\frac{变压器的输出功率}{变压器的输入功率因数\times变压器效率}（kVA） \tag{2-4}$$

其中变频器的功率因数在有输入交流电抗器时取 0.8～0.85，无输入阻抗时取 0.6～0.8，变频器的效率可以取 0.95，变频器的输出功率为所接电动机的总功率。一般厂家生产时给出的容量参考值都是根据经验标定。

2. 断路器

断路器（QF）具有过载、短路和欠电压保护功能，它也可用来分配电能，不频繁地启动异步电动机，对电源线路及电动机等实行保护。当变频器或其他电气元件因过载或短路等故障时，断路器可切断电源，防止事故发生。当断路器因电网断电而断开时，可以避免电网重新通电时电路自己导通，否则可能会产生安全事故。它和继电保护装置配合，能迅速切断故障电流，以防止扩大事故范围。因此，断路器工作的好坏，直接影响到电力系统的安全运行。其主要技术指标是额定电压、额定电流，选用时，额定电流应大于负载总电流的 1.5 倍。

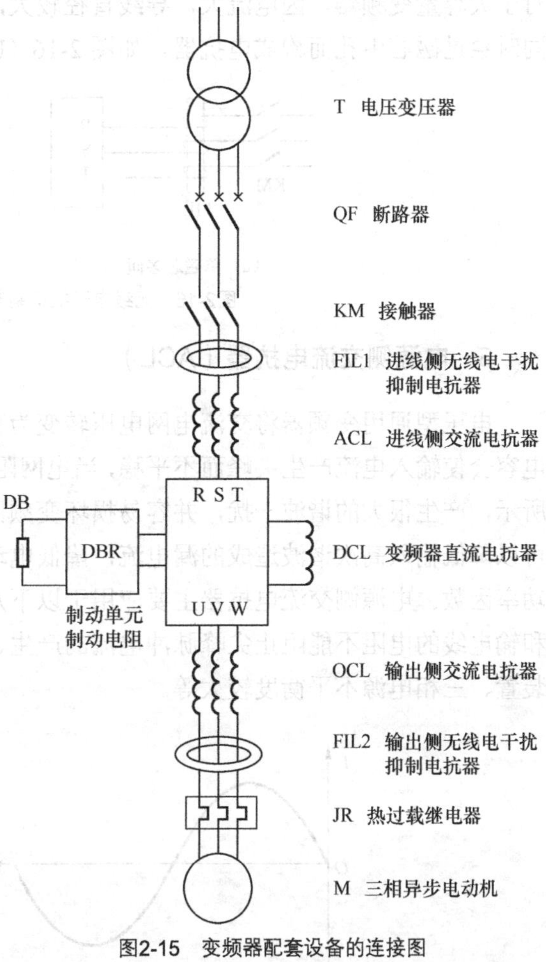

图2-15　变频器配套设备的连接图

3. 接触器

接触器（KM）是一种用来接通或断开带负载的主电路或大容量控制电路的自动化切换器，其主要控制对象是电动机。接触器不仅能接通和切断电路，而且还具有低电压释放保护作用。接触器控制容量大，适用于频繁操作和远距离控制，是自动控制系统中的重要元件之一。使用接触器，可以避免电网自动通电时变频器自动启动以及可能会造成的安全隐患。选用时接触器额定电流也要大于变频器输出电流的 1.5 倍。

4. 无线电干扰抑制电抗器

无线电干扰抑制电抗器（FIL）又称无线电噪声干扰滤波器，用于限制变频器因高次谐波对外界的干扰。因为变频器输出的是 PWM（脉宽调制）波，包含了大量高次谐波，谐波高频分量处于射频范围，变频器通过电源线和输出线向外发射无线电干扰。又由于变频器连接在电网上，并且电网上各种干扰和瞬变电流也会影响到控制回路从而可能会发生错误动作，因此应用了无线电干扰抑制电抗器。这种电抗器属于共模抑制类型，它对穿过磁芯的各相导线上出现的瞬时相位和幅值不能相消的干扰有抑制作用，但对三相正弦波电流不起作用。就无线干扰而言，共模干扰是主要因素，故通常采用共模抑制电抗器。

如图 2-16 所示，FIL 是一个电感较小的线圈，而实际应用中只需将各相导线在同一个磁芯上按同一方向缠绕数圈即可，如图 2-16（a）所示，这种方法通常适用于小容量变频器。对于大容量变频器，因电流大，导线直径较大，导线不易弯曲，采用多个磁芯，让 3 根导线同时穿过磁芯中孔而构成电抗器，如图 2-16（b）所示。

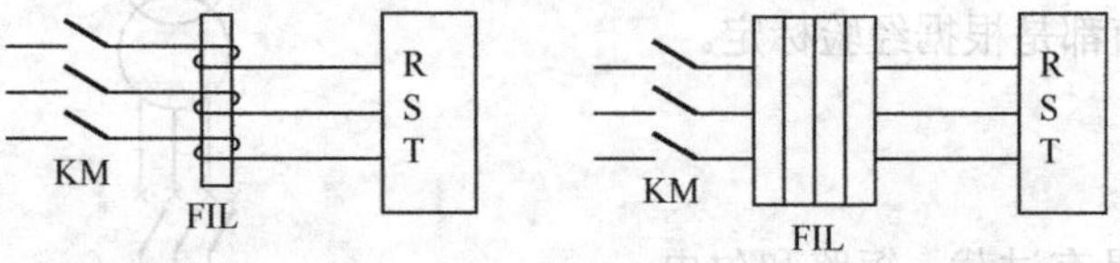

（a）单磁芯多匝　　（b）多磁芯单匝

图2-16　无线电干扰抑制电抗器（共模抑制）原理

5. 电源侧交流电抗器（ACL）

电压型通用变频器将交流电网电压转变为直流，再经整流后需经过电容滤波。因为使用电容会使输入电流产生尖峰而不平稳，当电网阻抗较小时，这种尖峰脉冲电流极大，如图 2-17 所示，产生很大的谐波干扰，并容易损坏变频器整流电路和电容器。采用电源侧交流电抗器可以降低输入高次谐波造成的漏电流，降低电动机噪声，保护变频器的功率开关器件，改善功率因数。电源侧交流电抗器主要应用于以下几种场合：变压器容量很大，电网配电变压器和输电线的电阻不能阻止尖峰脉冲电流的产生、同一电源上有开关方式控制的功率因数补偿装置、三相电源不平衡度较大等。

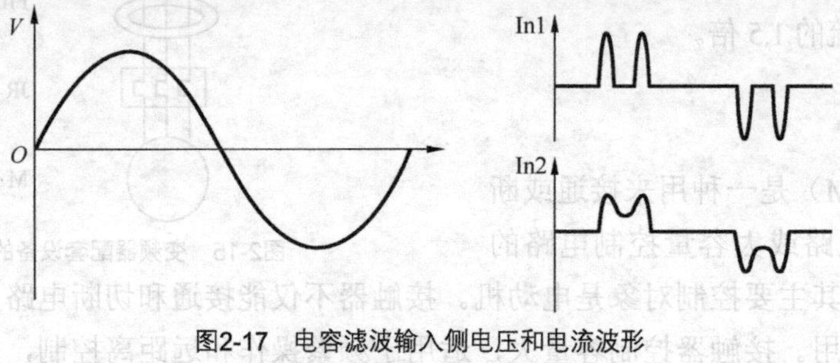

图2-17　电容滤波输入侧电压和电流波形

注：In1表示电网阻抗小时，In2表示电网阻抗大时。

6. 直流电抗器

直流电抗器（DCL）又称为直流平波电抗器，电抗器中流过的是具有交流分量的直流电流。它连接在变频器整流环节和逆变环节之间，将叠加在直流电流上的交流分量限定在某一规定值范围内，能够有效改善变频设备功率因数，功率因数最高可达到 95%。此外，它还能限制逆变环节的短路电流。直流电抗器在变频器功率大于 55kW 时建议都要采用，当变频器功率更大时，使用直流阻抗器的效果更加明显。如果无直流电抗器，电流经滤波后会使波形严重畸变，进而使电网电压波形发生严重畸变，甚至会降低整流电路和滤波电容的使用寿命。

7. 输出侧交流电抗器（OCL）

由于电动机绕组的电感特性能使电流连续，因此电流基本上是矩形的，如图 2-18（a）所示。变频器的输出是经过 PWM 的电压波，如图 2-18（b）所示。又由于 PWM 控制方式会使电压产生尖峰，输出信号中含有电磁干扰等不利因素，并且在引出线对地间、电动机绕组匝间、绕组对地间都会产生很大的脉冲电流。

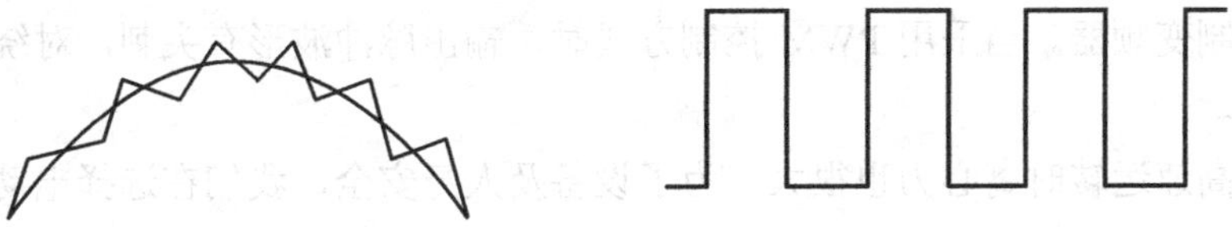

（a）经电动机绕组电感作用形成的电流波形　　（b）有变频器输出的 SPWM 电压波形

图2-18　调制波形

变频器输出侧安装输出侧交流电抗器，最主要的作用就是抑制谐波电流、改善电源的功率因数，并明显改善变频器对外界设备的干扰；削弱输入电路中的浪涌电压、电源电压不平衡的影响；防止驱动机构的电力电子元器件因电流冲击而损坏，防止主电源的电压尖脉冲引起的跳闸；减少电动机温升和噪声。

特别值得注意的是，脉冲电压经过较长输电线时，有可能达到直流母线电压的 2 倍，因此变频器输出线长度受到了限制。为解除这种限制，必须接入输出侧交流电抗器。如图 2-19 所示，选用输出侧交流电抗器时电感的接法，里层为绕组头接变频器的输出、外层接负载电动机。这样，变频器输出端的强干扰被外层屏蔽。

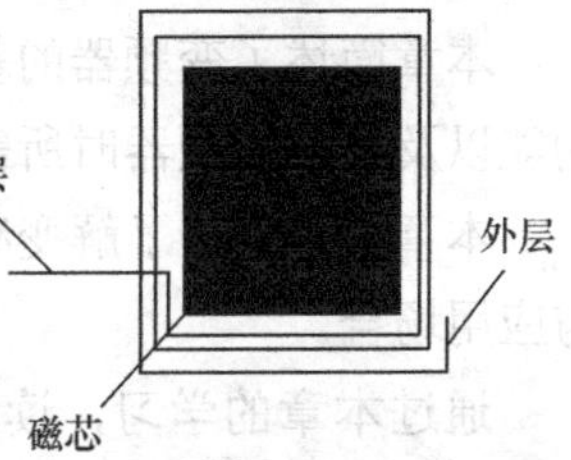

图2-19　输出侧交流电抗器断面结构

8. 制动单元和制动电阻

制动单元（DB）由大功率晶体管（GTR）及其驱动电路构成，其主要作用是将电动机在频率下降过程中产生的再生能量，以耗能的形式消耗在制动电阻上，从而发挥变频器的制动性能以及缩短变频器的制动时间。制动电阻用来吸收电动机再生制动产生的电能，缩短大惯量负载断电后的停车时间。

小功率制动单元一般在变频器内部，外部只接制动电阻（DBR）。大功率的制动单元由外接的制动单元连接到变频器母线上，当电动机处于再生制动状态时，拖动系统的动能要回馈给直流电路，直流电压将会上升，升高到一定值时，导通制动单元的开关管，用制动电阻消耗母线上部分电能，使母线电压维持在正常状态下，使电动机能量消耗在制动电阻上，从而获得制动力矩。制动电阻的大小直接决定电流的大小，制动电阻的功率将影响制动的速度。

9. 热过载继电器

当热过载继电器（JR）接入主电路时，其上流过的电流值与电动机相同。在实际运行中，电动机可能会因过载等因素使得绕组温度升高，达到热元件工作温度时，热继电器发生动作，但这种保护方式并不可靠。对于重要场合需实时检测电动机温度，通过反馈回路来保护电动机等元器件，通常将温度检测元件或其他温度传感器安置在电动机槽内或绕组附近。

10. 电动机

因为电动机在低速时，额定转矩比负载转矩小，所以要提高变频器功率和电动机功率才能应付高速运行。一般而言，电动机是靠自身附带的风扇降温，但当电动机长期工作在低速时，负载能力会下降，风扇散热方式已不能满足设备使用环境。通常在低速运转场合中，应选用矢量控制变频器。当采用 PWM 控制方式时，输出脉冲波形有尖刺，对绕组影响大，易损坏电动机。

电动机高速运转时离心力也很大，为了设备及人身安全，我们在选择电动机时就要考虑电动机转矩等指标参数。当电动机轴的直径很大时，就应使转速小于电动机额定转速的 1.5 倍。对于有特殊要求的场合，应该选择专用变频器。

2.6 本章小结

本章简述了变频器的基本知识，主要包括变频器的发展历史、基本工作原理、基本结构功能以及使用变频器时所需的相关配套设备。

本章的重点是了解变频器的发展历史及其结构功能，难点是熟练掌握各种变频器的特点与应用场合。

通过本章的学习，读者对变频器有了一定程度的理解，为后续的设计开发打下坚实的基础。

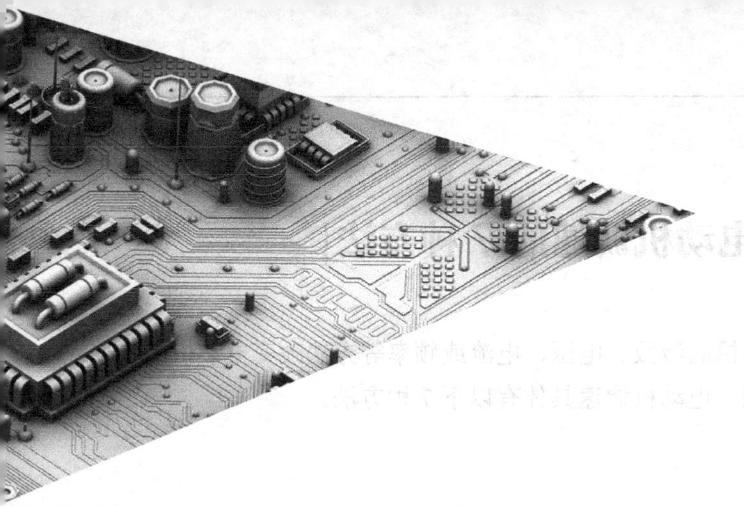

第3章 交流调速基础

电力电子器件制造技术的迅速发展为交流调速奠定了基础。20 世纪 50 年代末晶闸管的出现，促成了由其构成的静止变频电源的产生，这种电源可以输出方波或阶梯波的交变电压，取代旋转变频机组，从而实现了变频调速。然而晶闸管属于半控型器件，虽然可以控制导通，但不能由门极控制关断。因此，将由普通晶闸管构成的逆变器应用于交流调速时，必须附加强迫换向电路。20 世纪 70 年代后期，以功率晶体管（GTR）、门极可关断晶闸管（GTO）和功率 MOS 场效应管（Power MOSFET）为代表的全控型器件先后问世，而且发展比较迅速。这些器件可以通过对门极（基极、栅极）的控制，实现控制电路的导通和关断，不再需要强迫换向电路，而且逆变器构成简单、结构紧凑，因此全控型器件又称为自关断器件。此外，鉴于这些器件较晶闸管在开关速度上的优越性，可以将其应用于开关速度要求较高的电路。尤其是在 20 世纪 80 年代后期，以绝缘栅双极晶体管（IGBT）为代表的复合型器件异军突起，兼具 MOSFET 和 GTR 的优点，集 MOSFET 的驱动功率小、开关速度快的优点和 GTR 通态压降小、载流能力大的优点于一身，性能十分优越，在目前中小功率范围的应用最为广泛。而与 IGBT 相对应，综合了晶闸管的高电压和大电流特性，以及 MOSFET 的快速开关特性的 MOS 控制晶体管（MCT），则是发展前景比较广阔的大功率、高频功率开关器件。显而易见，电力电子器件的发展趋向于大功率、高频化和智能化。20 世纪 80 年代以后出现的功率集成电路（Power IC，PIC），集功率开关器件、驱动电路、保护电路和接口电路于一体。目前已用于交流调速的智能功率模块（Intelligent Power Module，IPM），采用 IGBT 作为功率开关，包括驱动、超温警告、短路保护、过载保护和欠电压保护电路，实现了信号处理、故障诊断、自我保护等多种智能功能，既在体积和重量方面得到了优化，又在可靠性方面得到了提高，使用和维护更加方便，是功率器件的发展方向。

本章首先总结电动机调速的 7 种方法，简述变频调速控制技术的发展趋势和新型调速电动机的原理、特点及应用条件，接着着重讲述 PWM 控制的各种调节模式及基本原理，并比较 SPWM 和 SVPWM 两种调节方法的异同。本章结构清晰，重点突出，读者通过本章的学习，应能了解变频调速技术的各个发展阶段，理解新型调速电动机的原理及应用条件，掌握 PWM 控制的相关知识，为后续章节的学习打下坚实的基础。

3.1 电动机调速的 7 种方法

电动机调速是指通过改变电动机的级数、电压、电流或频率等方法改变电动机的转速，从而使电动机达到较高的使用性能。电动机调速具体有以下 7 种方法。

1. 变极对数调速方法

这种调速方法是通过改变定子绕组接线方式，从而改变笼型电动机定子极对数的方法达到调速目的，其特点如下。

① 机械特性较硬，稳定性较好。

② 无转差损耗，效率高。

③ 接线方法简单，控制方便和价格低廉。

④ 可以实现有级调速，但级差较大，所以不能获得平滑调速。

⑤ 可以与调压调速、电磁转差离合器配合使用，获得较高效率的平滑调速特性。

变极对数调速方法适用于不需要无级调速的生产机械，如金属切削机床、升降机、起重设备、风机、泵等。

2. 变频调速方法

变频调速是指改变电动机工作电源的频率，从而改变其同步转速的调速方法。变频调速系统的主要设备是提供变频电源的变频器，变频器可分成“交－直－交”变频器和“交－交”变频器两大类，目前国内大都使用“交－直－交”变频器，其特点如下。

① 在调速过程中没有附加功率损耗，效率较高。

② 应用范围广，可用于笼型异步电动机。

③ 调速范围大、机械特性硬、速度精度高。

④ 技术设计复杂，造价高，维护检修比较困难。

变频调速方法适用于精度要求较高、调速性能较好的场合。

3. 串级调速方法

串级调速是指在绕线式电动机转子回路中串入可调节的附加电动势来改变电动机的转差，从而达到调速的目的。串入的附加电动势吸收了电动机的大部分转差功率，接着利用产生附加电动势的装置，将吸收的转差功率进行能量转换加以利用或返回电网。根据转差功率吸收利用方式的不同，串级调速可分为晶闸管串级调速、机械串级调速和电动机串级调速 3 种，工程中多采用晶闸管串级调速。其特点如下。

① 可将调速过程中的转差损耗回馈到生产机械或电网上，效率较高。

② 调速范围与装置容量成正比变化，投资少，适用于调速范围为 70%～90%额定转速的生产机械。

③ 调速装置发生故障时，系统可以切换至全速运行状态，不影响生产。

④ 晶闸管串级调速功率因数偏低，谐波影响较大。

串级调速方法适用于风机、水泵及轧钢机、矿井提升机和挤压机。

4. 串电阻调速方法

串电阻调速方法仅适用于绕线转子异步电动机，在电动机转子中串入附加电阻，使其转差率变大，从而以较低的转速运行，串入的电阻越大，电动机的转速就越低。此方法设备简单，控制方便，但转差功率以发热的形式消耗在电阻上，属于有级调速，机械特性较软。

5. 定子调压调速方法

根据电动机的机械特性得知，当改变电动机的定子电压时，可以得到一组不同的机械特性曲线，从而获得电动机在各种稳定工况下的不同转速。由于电动机的转矩与电压平方成正比，因此在电压下降的过程中，电动机的最大转矩下降很多，其调速范围较小，难以应用于一般的笼型电动机。为了扩大调速范围，定子调压调速应采用转子电阻值大的笼型电动机，如专供调压调速用的力矩电动机，或者在绕线转子电动机上串联频敏电阻；另外，为了保证较大的稳定运行范围，调速范围在 2∶1 以上的场合应采用反馈控制，以达到自动调节转速的目的。

定子调压调速的主要装置是一个能提供电压变化的电源，目前常用的调压方式包括自耦变压器、串联饱和电抗器和晶闸管调压等，其中晶闸管调压方式效果最佳。定子调压调速方法的特点如下。

① 优点：调压调速线路简单，易实现自动控制。

② 缺点：调压过程中的转差功率以发热形式消耗在转子电阻中，效率较低。

定子调压调速一般适用于容量在 100kW 以下的生产机械。

6. 电磁调速电动机调速方法

电磁调速异步电动机是由普通笼型异步电动机、电磁滑差离合器和电气控制装置 3 部分组成的。异步电动机作为原动机使用，当它旋转时带动离合器的电枢一起旋转，电气控制装置提供滑差离合器励磁线圈励磁电流。电磁滑差离合器包括电枢、磁极和励磁线圈 3 部分。电枢为铸钢制成的圆筒形结构，它与笼型异步电动机的转轴相连接，俗称主动部分；磁极做成爪形结构，装在负载轴上，俗称从动部分。主动部分和从动部分无任何机械联系。当励磁线圈通过电流时产生磁场，爪形结构便形成很多对磁极。此时若电枢被笼型异步电动机拖着旋转，由于电枢与磁极间相对运动，因而使电枢感应产生涡流，此涡流与磁通相互作用产生转矩，带动有磁极的转子按同一方向旋转，但其转速恒低于电枢的转速，这是一种转差调速方式，改变转差离合器的直流励磁电流，便可改变离合器的输出转矩和转速。电磁调速电动机的调速特点如下。

① 装置结构及控制线路简单、运行可靠、维修方便。

② 调速平滑，可以实现无级调速。

③ 对电网无谐波影响。

④ 速度失真大，并且效率较低。

电磁调速电动机调速方法适用于中小功率，要求平滑启动、低速运行的生产机械。

7. 液力耦合器调速方法

液力耦合器是一种液力传动装置，又称为液力联轴器，主要包括壳体、泵轮和涡轮 3 个部分。其中泵轮和涡轮统称为工作轮，放在密封壳体中。壳中充入一定量的工作液体，当泵轮在原动机带动下旋转时，泵轮叶片推动其中的液压油旋转，在离心力作用下，液压油沿着泵轮外环进入涡轮，在同一转向上对涡轮叶片施以力矩作用，使其带动生产机械运转。液力耦合器的动力传输能力与壳内相对充液量的多少成正比，随着液压油量的增加，输出力矩加大，涡轮的转速随之加大，从而达到调节转速的目的。在工程实践中，只要改变充液率，就可以改变耦合器的涡轮转速，做到无级调速。其特点如下。

① 功率适应范围大，可满足从几十千瓦至数兆瓦不同功率的需要。

② 结构简单，没有电气连接，工作可靠，对环境要求不高，维修方便，造价低。

③ 尺寸小，能量容积变化范围比较大。

④ 控制调节方便，容易实现自动控制。

⑤ 靠油量和负荷的拉动调速，调速精度低，当负荷变化时，转速随之变化。

液力耦合器调速方法适用于风机、水泵的调速。

目前应用于电动机传动系统的电动机主要有异步电动机、同步电动机、永磁电动机和直流电动机，据统计，在电力拖动中，90%以上使用的都是异步电动机。变频调速电动机主要是指三相异步电动机和同步电动机。由于篇幅所限，本书主要介绍变频调速电动机，其他内容请读者参照其他书籍。

3.2 变频调速概述

3.2.1 变频调速和 PWM 技术简介

变频调速具有高效率、宽范围和高精度等特点，是目前应用最广泛且最有发展前途的调速方式。交流电动机变频调速系统的种类很多，从早期提出的电压源型变频器开始，相继发展了电流源型、PWM 等各种变频器。目前变频调速的主要方案有：交一交变频调速、交一直一交变频调速、同步电动机自控式变频调速、正弦波脉宽调制（SPWM）变频调速、矢量控制变频调速等。这些变频调速技术的发展在很大程度上依赖于大功率半导体器件的制造水平。随着电力电子技术的发展，特别是可关断晶闸管（GTO）、功率晶体管（GTR）、绝缘栅双极晶体管（IGBT）、MOS 晶闸管等具有自关断能力的全控功率器件的发展，再加上控制单元也从分离元件发展到了大规模数字集成电路及采用微机控制，变频装置的快速性、可靠性及经济性不断提高，变频调速系统的性能也不断完善。

由于变频调速电动机的基频设计点可以随时调整，可以在计算机上精确地模拟电动机在各基频点上的工作特性，所以也就扩大了电动机的恒转矩调速范围。根据电动机的实际使用工况，可以在同一个机座号内把电动机的功率做得更大，也可以在使用同一台变频器的基础上将电动机的输出转矩提高，以保证在各种工况条件下，电动机的设计制造处于最佳状态。变频调速电动机可以另外选配附加的转速编码器，可实现高精度转速、位置控制、快速动态特性响应；也可配以电动机专用的直流（或交流）制动器，以实现电动机快速、有效、安全、可靠的制动性能。由于变频调速电动机的基频可调性设计，所以也可以制造出各种高速电动机，在高速运行时保持恒转矩的特性，在一定程度上替代了原来的中频电动机，而且价格低廉。变频调速电动机为三相交流同步或异步电动机，由于变频器的输出电源有三相 380V 和三相 220V，所以电动机电源也有三相 380V 和三相 220V 的区别，一般 4kW 以下的变频器才有三相 220V 电动机。由于变频电动机是以电动机的基频点（或拐点）来划分不同的恒功率调速区和恒转矩调速区的，所以变频器基频点和变频电动机基频点的设置都非常重要。

下面简要介绍几种变频调速技术，在 3.3 节将详细分析其控制原理。

1. SPWM 控制技术

SPWM 技术在变频器中的应用最为广泛。SPWM 变频器调压调频一次完成，整流器无需控制，电路结构简单，而且由于以全波整流代替了相控整流，所以提高了输入端的功率因数，减小了高次谐波对电网的影响。此外，由于输出波形 PWM 波取代了方波，所以减少了低次谐波，从而解决了电动机在低频区的转矩脉动问题，也降低了电动机的谐波损耗和噪声。PWM 技术的应用是变频器的发展主流。SPWM 的调制原理是使变频器的输出脉冲电压与所希望输出的正弦波在相应区间内面积相等，从而只需改变调制波的频率和幅值，即可调节逆变器输出电压的频率和幅值。

SPWM 变频器的输出电压虽然接近于正弦波，但因为异步电动机本身气隙磁通、转速与转子电流是强耦合的，所以其调速性能不如直流电动机，但采用矢量控制技术可提高其调速性能。

2. 电流控制 PWM 技术

电流控制 PWM 技术是一种新兴的控制技术，近年来得到了极为快速的发展及较为广泛的应用。电流控制 PWM 技术可以通过不同的线路方案来实现，其共同特点是通过监测电感电流直接反馈来控制功率开关的占空比，使功率开关的峰值电流直接随着电压反馈回路中误差放大器输出信号的变化而变化。

电流控制 PWM 技术常用的控制方法有以下几种。

（1）线性电流控制

线性电流控制也叫正弦－三角形电流调节器或斜坡比较电流调节器，它应用于大容量场合，尤其适用于中、低性能的传动，具有控制简单、对负载参数不敏感及较强稳健性的特点，而且随着现代功率器件开关频率的增加，它的性能也会得到一定程度的改善。

（2）滞环电流控制

滞环电流控制是一种逆变器输出电流跟随给定电流的瞬态反馈系统。因为给定电流一般是正弦波，所以实际输出电流被限制在正弦波形的给定电流周围脉动，其特性基本上是正弦波。滞环电流控制的优点是瞬态响应迅速，准确性高及稳健性较强。然而，滞环电流控制却与当今的全数字化趋势不相适应，因为它的瞬态响应性会根据 ADC（模/数转换器，又写作 A/D 转换器）及微机的中断时延有所降低。

（3）预测电流控制

预测电流控制是指在每个调节周期开始时，根据实际电流误差、负载参数及其他负载变量来预测电流误差矢量趋势，因此在下一个调节周期，PWM 产生的电流矢量必将减小所预测的误差，从而达到调速的目的。若调节器可以在建立模型时获得除误差外的更多信息，则可实现比较快速、准确的响应。目前这类调节器的局限性主要体现在响应速度及过程模型系数参数的准确性上。

综上所述，电流控制 PWM 技术还存在一些局限性，而应用现代控制理论可以克服这些缺点，所以应用现代控制理论是它的必然发展趋势。

3. 电压矢量“等效”三电平 PWM 变频调速

这种变频调速方式是一种新型的 PWM 变频调速方式，其工作原理是使变频器瞬时输出的三相脉冲电压合成空间电压矢量，与所期望输出的三相正弦波电压的合成空间电压矢量的模相等，而它的幅角按一定的间隔跳变。当电压稳定在定值时，三相正弦电压合成空间电压矢量的模是一个常量，这时控制就变得极为方便。电压矢量“等效”三电平 PWM 变频器使用了 12 个元器件构成主回路接线，使变频器实现了三电平电压输出。在控制方面引入空间电压矢量的概念，把变频器的输出状态转化为六角形基本空间电压矢量图，直接利用该图的内在关系，对变频器的输出实行频率、电压和 PWM 菱形调制。

这种变频调速方式除了具有 SPWM 变频调速方式各方面的优异性能外，还具有 SPWM 变频调速方式望尘莫及的优异性能，如很小的输出电压谐波分量（<3%）和非常好的低速特性。只要功率元器件合适，就可以由它做成大、中、小不同容量的变频调速装置，目前最大输出功率已达 1 000kW。

3.2.2 变频调速控制技术的发展趋势

随着电力电子器件制造技术的发展和新型电路变换器的不断出现，现代控制理论向交流调速领域的渗透，特别是微型计算机及大规模集成电路的发展，使得交流电动机调速技术正向高频化、数字化和智能化方向发展。

1. 控制策略的应用

由于电力电子电路良好的控制特性及现代微电子技术的不断进步，几乎所有新的控制理论、控制方法都得以在交流调速装置上应用和尝试。从最简单的转速开环恒压频比（*U*/*f*）控制发展到基于动态模型按转子磁链定向的矢量控制和基于动态模型保持定子磁链恒定的直接转矩控制。

近年来电力电子装置的控制技术的研究十分活跃，各种现代控制理论，如自适应控制和滑模变结构控制，以及智能控制（如专家系统、模糊控制、神经网络、遗传算法等）和无速度传感的高动态性能控制都是研究的热点，这些研究必将把交流调速技术发展到一个新的水平。

2. 微机数字控制

微机控制也称为数字控制。其优点是可使硬件简化，柔性的控制算法使控制灵活、可靠，易实现复杂的控制规律，便于故障诊断和监视。控制系统的软化对CPU芯片提出了更高的要求，为了实现高性能的交流调速，要进行矢量的坐标变换、磁通矢量的在线计算和适应参数变化而修正磁通模型，以及内部的加速度、速度、位置的重叠和外环控制的在线实时调节等，都需要存储多种数据和快速实时处理大量信息。可以预见，随着计算机芯片容量的增加和运算速度的加快，交流调速系统的性能将得到很大的提高。

在常规的PWM逆变电路中，电力电子开关器件工作在硬开关状态，硬开关工作的四大缺陷，即开通关断损耗大、感性关断问题、容性开通问题、二极管反向恢复问题妨碍了开关器件工作频率的提高，而高频化是电力电子器件的主要发展趋势之一，因为它能带来一系列的优点，如使电力电子系统体积减小、重量减轻、工作时噪声减小或无噪声、成本下降、性能提高等。

克服上述问题的有效方法就是采用谐振软开关技术。谐振软开关技术是在常规PWM技术和谐振变换技术基础上发展起来的一种新型电力电子变换技术。它使功率开关器件在零电压或零电流条件下开关，有效降低了高频下的开关损耗，提高了开关器件工作的可靠性。

国际上把现代控制理论用于谐振软开关的控制近年发展较快，它将大大改善系统的性能，具有很好的发展前景。另一方面，软开关PWM变频器的高频是大趋势，现在的IGBT大都可以工作在50Hz以上，开关周期小于20μs，在这样短的时间内完成工作时序及其他控制策略的计算，只有数字信号处理器（DSP）能胜任。可以预言，在软开关PWM变频器中采用DSP控制是软开关技术的发展趋势。

3. “绿色”电力电子变换器

电力电子变换器的输出电压和电流，除基波分量外，还含有一系列的谐波分量，这些谐波会使电动机产生转矩脉冲，增加电动机的附加损耗和电磁噪声，也会使转矩出现周期性的波动，从而影响电动机的平稳运行和调速范围。随着电力电子变换器的日益普及，谐波和无功电流给电网带来的“电力公害”越来越引起人们的重视。以前解决此问题的方案是采用有源滤波和无功补偿装置。现在的趋势是采用“绿色”电力电子变换器，它的功率因数可控，各次谐波分量均小于国际和国家标准允许的限度。目前已经开发的“绿色”电力电子变换器有：中压多电平变换器、多个逆变单元串联的变换器、二电平或三电平的双PWM交－直－交变换器、变－交矩阵式变换器等。

变频调速技术在国民经济和日常生活中的重要地位是由以下因素决定的。

① 应用面广，是工业企业和日常生活中普遍需要的新技术。

② 是节约能源的高新技术。

③ 是国际上技术更新换代最快的领域。

④ 是高科技领域的综合性技术。

⑤ 是替代进口产品，节约投资的最大领域之一。

当今科学的发展趋势是各学科之间已没有严格的界线，它们相互影响，相互渗透。从发展的角度来看，把神经网络、模糊控制、滑模变结构控制等现代控制理论用于 PWM 技术有着极其重要的意义和广阔的前景，可以认为这将是 PWM 变频调速技术的发展方向之一。此外，控制领域的其他新技术，如现场总线、自适应控制、遗传算法等，也将引入交流传动领域，给变频调速控制技术带来重大的影响。因此，把其他学科新的技术理论方法、新的科学成果应用到交流传动领域中既是交流调速技术的发展方向，也是一个十分迫切的问题。

由于交流电动机是多变量、强耦合的非线性系统，与直流电动机相比，转矩控制要困难得多。20 世纪 70 年代初提出的矢量控制理论解决了交流电动机的转矩控制问题，应用坐标变换将三相系统等效为两相系统，再经过按转子磁场定向的旋转变换，实现了定子电流励磁分量与转矩分量之间的解耦，从而达到对交流电动机的磁链和电流分别控制的目的。这样就可以将一台三相异步电动机等效为直流电动机来控制，从而获得与直流调速系统同样优良的静、动态性能，开创了交流调速与直流调速相竞争的时代。

变频调速技术作为高新技术、基础技术和节能技术，已经渗透到经济领域的所有技术部门中。我国以后在变频调速技术方面应积极做的工作有如下几项。

① 应用变频调速技术来改造传统的产业，节约能源及提高产品质量，获得较好的经济效益和社会效益。

② 大力发展变频调速技术，必须把我国的变频调速技术提高到一个新水平，缩小与世界先进水平的差距，提高自主开发能力，满足国民经济重点工程建设和市场的需求。

③ 规范我国变频调速技术方面的标准，提高产品可靠性工艺水平，实现规模化、标准化生产。

3.2.3 新型调速电动机的特点

目前国内外兴起的一种电力电子逆变器供电下的高效异步电动机，充分利用了逆变器的变频变压供电条件，成功地挖掘了电动机本身的潜力，极大地提升了电动机的性能，降低了其制造和运行费用。它与传统异步电动机的设计相比有很大的不同，主要表现在以下 3 个方面。

① 由于电源频率不同，所以电动机的机械特性可以随之平移。这样可直接利用其最大转矩作为启动转矩，不必利用集肤效应来提高启动力矩，从而可以优化转子设计，以提高电动机的稳定运行性能。

② 由于逆变器能够平滑变频变压，所以将异步电动机调节在最佳运行点上，即可得到最小滑差、最大效率和高功率因数。这样在保证出力不变的情况下，可以减小电动机尺寸，减轻其重量和降低成本。

③ 由于逆变器供电下的异步电动机大多不是长期工作在一定的额定状况下，而是处于不断变化之中，因此其温升极限得以提高，从而增加电流设计密度，进一步减小电动机的尺寸和重量。

正是由于上面所述的区别，新电动机设计在出力不变条件下，其体积可以减少 25%～30%，或者说电动机功率密度增加 25%～30%。

另外，自 20 世纪 80 年代中期以来，为适应变频调速系统的需要，新颖电动机不断涌现，其主要特点是摆脱常规旋转磁场的概念，利用电动机结构与控制相结合产生磁场形变的机理来驱动转子旋转。

3.3 PWM 控制原理

PWM 就是按一定的规律改变脉冲列的脉冲宽度，以调节输出量和波形的一种调制方式。所谓 PWM 技术，是指利用全控型电力电子器件的导通和关断把直流电压变成一定形状的电压脉冲序列，实现变压、变频控制并消除谐波的技术。

1964 年，德国的 A.Schonung 等人首先提出了 PWM 变频的思想，他们把通信系统中的调制技术应用于变频调速中，为交流调速技术的发展和实用化开辟了新的道路。50 多年以来，PWM 控制技术经历了一个不断创新和不断完善的发展过程。

目前 PWM 技术已经广泛应用到变频调速系统中。利用微处理器实现 PWM 技术数字化后，PWM 技术得到不断优化和翻新，从追求电压波形为正弦波，到电流波形为正弦波，再到磁通波形为正弦波；从效率最优、转矩脉动最小，到消除谐波噪声等。变频调速系统采用 PWM 技术不仅能够及时、准确地满足变压变频控制要求，更重要的是能抑制逆变器输出电压或电流中的谐波分量，从而降低或消除变频调速时电动机的转矩脉动，提高了电动机的工作效率和调速系统性能。

在现代的电力电子变换装置中，PWM 变压变频技术主要使用的是变换器控制技术，常用的 PWM 控制技术有以下几种。

① 基于正弦波对三角波脉宽调制的 SPWM 控制。

② 基于消除指定次数谐波的 SHE PWM 控制。

③ 基于电流环跟踪的 CHPWM 控制。

④ 电压空间矢量控制的 SVPWM 控制。

在以上 4 种 PWM 变换器中，前两种是以输出电压接近正弦波为控制目标的，第三种以输出正弦波电流为控制目标，第四种则以被控电动机的算法简单为控制目标，因此目前应用最广。

本节首先介绍 PWM 的调制模式，接着介绍几种 PWM 控制技术。

3.3.1 PWM 的调制模式

在 PWM 逆变电路中，载波频率 f_t 与调制信号频率 f_r 之比称为载波比，即 $N = f_t / f_r$。根据载波和调制信号波是否同步和载波比的变化情况，PWM 逆变电路可以分为异步调制、同步调制和分段同步调制 3 种控制方式。

1. 异步调制

在调制信号变化时保持载波信号频率不变的调制方法称为异步调制。采用异步调制方式可以消除同步调制的缺点。在异步调制中，在逆变器的整个变频范围内，载波比 N 是随之变化的。一般在改变调制信号频率 f_r 时保持三角载波频率 f_t 不变，因而提高了低频时的载波比。这样，逆变器输出电压半波内的矩形脉冲数随输出频率的降低而增加，相应减少了负载电动机的转矩脉动与谐波损耗，改善了电动机低频工作的特性。另外，由于载波频率是恒定的，所以便于微处理器进行数字化控制。

这种调制方法易于实现，且在低频输出段保证了很高的载波比，这对抑制谐波电流、减轻电动机的谐波损耗及转矩脉动都起到了很好的效果，而且调制低频时，由于载波的边频带远离调制信号频率，因此可以更好地抑制载波边频带与基波之间的相互干扰。然而由于载波信号频率保持不变，对三相 PWM 来说，载波比难以保持 3 的整数倍，调制波频率变化时，输出 PWM 脉冲的对称性不可能得到保证，也就无法保持逆变器输出波形对称。这种不对称性在载波比较低时尤为严重，由此产生的基波的子谐波及直流分量会对电动机负载的运行产生极其不利的影响。

2. 同步调制

在改变逆变器输出频率的同时，成比例地改变载波信号的频率，从而使 PWM 脉冲的载波比保持不变，同时在频率改变时使载波信号和调制信号始终保持同步，这种调制方法称为同步调制。

在同步调制方式中，载波比 N=cos$t$，变频时，三角载波的频率与正弦调制波的频率同步变化，因而逆变器输出电压半波内的矩形脉冲数是固定不变的。这种调制方式的优点是，在开关频率较低时，可以保证输出波形的对称性。在三相逆变器中，要求三相输出电压对称，必须有 3 个相位角互差 120° 电角度的正弦调制波与同一组三角波相交，由于相位差 120° 相当于同一周的 1/3，因此必须取载波比 N 为 3 的整数倍，这样三相采样点才具有简单的对应关系。同步调制方式的主要缺点是，当输出频率很低时，由于相邻两脉冲间的间距增大，载波显得稀疏，谐波会显著增加，使负载电动机产生较大的脉动转矩和较强的噪声。另外，这种调制由于载波周期随信号周期连续变化而变化，在利用微处理器进行数字化技术控制时极为不便，故难以实现。

同步调制在高频载波比较低时仍能保证波形输出的对称性，从而消除了载波的零序谐波（即直流分量）且减少了基波的子谐波。然而，很明显这种调制模式的开关频率利用率过低，在调制波低频时载波频率随之变低，导致输出的主要谐波频率也很低，产生的低频谐波严重影响输出波形的质量，造成电动机损耗过大、转矩脉动等不良后果，严重时可能损坏电动机。

3. 分段同步调制

异步调制在改善低频工作的同时，又会失去同步调制的优点。当载波比 N 随着输出频率的降低而连续变化时，势必使逆变器输出电压的波形及其相位都发生变化，很难保持三相输出间的对称关系，因而引起电动机工作不平稳。为了扬长避短，可将同步和异步两种调制方式结合起来，称为分段同步的调制方式。实际应用的 SPWM 变压变频器多采用此方式。

如图 3-1 所示，分段同步调制逆变器在低频区采用异步调制方式工作，高频区则被分为若干频段，各频段使用不同载波比的同步调制方式。这样的调制方式综合了同步调制与异步调制的优点，而回避了它们的缺点。低速时的异步调制保证了很高的载波比，高速时载波比分段同步模式既保证了载波比为 3 的奇数倍（波形的对称），又充分利用了器件的开关频率。然而当载波比切换时，由于载波频率的阶跃变化，会出现波形振荡、电压电流突变和谐波剧增的情况，此问题如果不处理，就会使电动机产生较大的脉动和较强的噪声，影响电动机的使用寿命。因此，选择合适的切换点，并使用适当的切换方法来减少载波比切换时的波形振荡和谐波是分段同步调制技术的关键。

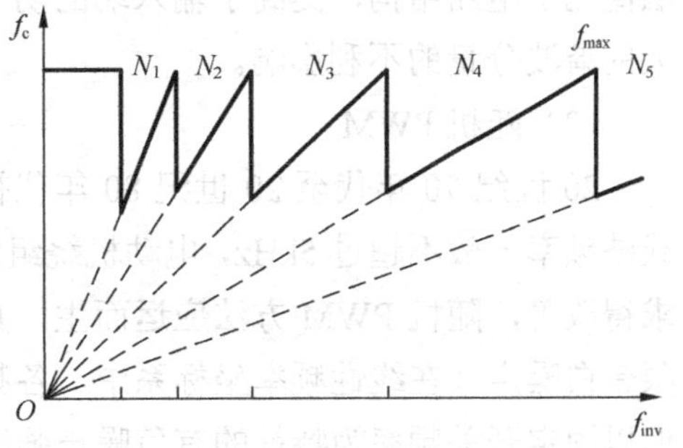

图3-1　分段同步调制模式示意图

从表 3-1 可以看出，对于追求输出波形正弦化的正弦波逆变器来说，分段同步调制是更合适的调制模式。然而相比另外两种基本调制模式，分段同步控制较复杂且存在切换冲击。

表 3-1　3 种 PWM 调制模式特点比较

调制模式	开关频率利用率	波形是否对称	基波子谐波	低频谐波	是否存在冲击振荡
异步模式	高	否	高频时较严重	较小	不存在
同步模式	低	是	无	较大	不存在
分段同步模式	较高	调制高频时是	无	较小	载波比切换时存在

3.3.2　PWM 的方法

采样控制理论中有一个重要结论：冲量相等而形状不同的窄脉冲加在具有惯性的环节上时，其效果基本相同。PWM 控制技术就是以该结论为理论基础，对半导体开关器件的导通和关断进行控制，使输出端得到一系列幅值相等而宽度不相等的脉冲，用这些脉冲来代替正弦波或其他所需的波形，并按一定的规则对各脉冲的宽度进行调制，既可改变逆变电路输出电压的大小，也可改变输出频率。

尽管 PWM 控制的基本原理早已提出，但是受电力电子技术发展水平的制约，直到 20 世纪 80 年代，随着全控型电力电子器件的出现和迅速发展，PWM 控制技术才真正得到应用。另外，随着电力电子技术、微电子技术和自动控制技术的发展以及各种新的理论方法（如现代控制理论、非线性系统控制思想）的应用，PWM 控制技术获得了空前的发展。到目前为止，根据 PWM 控制技术的特点，主要有以下 8 类控制方法。

1. 相电压控制 PWM

（1）等脉宽 PWM 法

VVVF（Variable Voltage Variable Frequency）装置在早期是采用 PAM（Pulse Amplitude Modulation）控制技术来实现的，其逆变器部分只能输出频率可调的方波电压而不能调压。等脉宽 PWM 法正是为了克服 PAM 法的这个缺点发展而来的，是 PWM 法中最为简单的一种。它是把宽度均相等的脉冲列作为 PWM 波，通过改变脉冲列的周期进行调频，改变脉冲的宽度或占空比进行调压，采用适当的控制方法使电压与频率协调变化。与 PAM 法相比，该方法简化了电路结构，提高了输入端的功率因数，但同时输出电压中除存在基波外，还包含较大的谐波分量的不利影响。

（2）随机 PWM

20 世纪 70 年代至 20 世纪 80 年代初，由于大功率晶体管主要为双极性达林顿晶体管，载波频率一般不超过 5kHz，电动机绕组的电磁噪声及谐波造成的振动引起了人们的关注。为求得改善，随机 PWM 方法应运而生，其原理是随机改变开关频率使电动机电磁噪声近似为限带白噪声（在线性频率坐标系中，各频率能量分布是均匀的），尽管噪声的总分贝数未变，但以固定开关频率为特征的有色噪声强度大大削弱。正因为如此，即使在 IGBT 已被广泛应用的今天，载波频率也必须限制在较低频率的场合，但随机 PWM 仍然有其特殊的价值；另一方面则说明了消除机械和电磁噪声的最佳方法不是盲目地提高工作频率。随机 PWM 技术正是提供了一个分析、解决这种问题的全新思路。

（3）SPWM 法

SPWM（Sinusoidal PWM）法是一种比较成熟、目前使用较广泛的 PWM 法。前面提到过采样控制理论中的一个重要结论，即冲量相等而形状不同的窄脉冲加在具有惯性的环节上时，其效果基本相同。SPWM 法就是以该结论为理论基础，用脉冲宽度按正弦规律变化和正弦波等效的 PWM 波形，即 SPWM 波形控制逆变电路中开关器件的通断，使其输出的脉冲电压的面积与所希望输出的正弦波在相应区间内的面积相等，通过改变调制波的频率和幅值来调节逆变电路输出电压的频率和幅值。该方法可以通过以下 4 种方案实现。

① 等面积法

该方案实际上就是 SPWM 法原理的直接阐释，用同样数量的等幅而不等宽的矩形脉冲序列代替正弦波，然后计算各脉冲的宽度和间隔，并把这些数据存于计算机中，通过查表的方式生成 PWM 信号控制开关器件的通断，以达到预期的目的。由于此方法是以 SPWM 控制的基本原理为出发点，可以准确计算出各开关器件的通断时刻，其得到的波形很接近正弦波，但存在计算烦琐、数据占用内存大、不能进行实时控制等缺点。

② 硬件调制法

硬件调制法是为解决等面积法计算烦琐的缺点而提出的，其原理就是把所希望的波形作为调制信号，把接收调制的信号作为载波，通过对载波的调制得到所期望的 PWM 波形。通常采用等腰三角波作为载波，当调制信号波为正弦波时，所得到的就是 SPWM 波形。其实现方法简单，可以用模拟电路构成三角波载波和正弦调制波发生电路，用比较器来确定它们的交点，在交点时刻对开关器件的通断进行控制，就可以生成 SPWM 波。但是，这种模拟电路结构复杂，难以实现精确的控制。

③ 软件生成法

微机技术的发展使得用软件生成 SPWM 波形变得比较容易，因此，软件生成法也就应运而生。软件生成法其实就是用软件来实现调制的方法，其有两种基本算法，即自然采样法和规则采样法。

a. 自然采样法。以正弦波为调制波，以等腰三角波为载波进行比较，在两个波形的自然交点时刻控制开关器件的通断，这就是自然采样法。其优点是所得 SPWM 波形最接近正弦波，但由于三角波与正弦波交点有任意性，脉冲中心在一个周期内不等距，所以脉宽表达式是一个超越方程，计算烦琐，难以实时控制。

b. 规则采样法。规则采样法是一种应用较广的工程实用方法，一般采用三角波作为载波。其原理就是用三角波对正弦波进行采样得到阶梯波，再以阶梯波与三角波的交点时刻控制开关器件的通断，从而实现 SPWM 法。当三角波只在其顶点（或底点）位置对正弦波进行采样时，由阶梯波与三角波的交点所确定的脉宽在一个载波周期（即采样周期）内的位置是对称的，这种方法称为对称规则采样。当三角波既在其顶点，又在其底点时刻对正弦波进行采样时，由阶梯波与三角波的交点所确定的脉宽在一个载波周期（此时为采样周期的 2 倍）内的位置一般并不对称，这种方法称为非对称规则采样。

规则采样法是对自然采样法的改进。其主要优点就是计算简单，便于在线实时运算，其中非对称规则采样法因阶数多而更接近正弦；其缺点是直流电压利用率较低，线性控制范围较小。

以上两种基本算法均只适用于同步调制方式。

④ 低次谐波消去法

低次谐波消去法是以消去 PWM 波形中某些主要的低次谐波为目的的方法，其原理是对输出电压波形按傅里叶数展开，表示为 $u(\omega t)=A_n\sin(n\omega t)$，首先确定基波分量 A_1 的值，再令两个不同的 $A_n=0$，就可以建立 3 个方程，联立求解得到 A_1、A_2 及 A_3，这样就可以消去两个频率的谐波。

该方法虽然可以很好地消除指定的低次谐波，但是，剩余未消去的较低次谐波的幅值可能会相当大，而且同样存在计算复杂的缺点。该方法同样只适用于同步调制方式。

（4）梯形波与三角波比较法

前面介绍的各种方法主要是以输出波形尽量接近正弦波为目的，从而忽视了直流电压的利用率，如 SPWM 法，其直流电压利用率仅为 86.6%。因此，为了提高直流电压的利用率，人们又提出了一种新的方法——梯形波与三角波比较法。该方法是采用梯形波作为调制信号，三角波为载波，且使两波幅值相等，以两波的交点时刻控制开关器件的通断实现 PWM 控制。

由于当梯形波幅值和三角波幅值相等时，其所含的基波分量幅值已超过了三角波幅值，所以可以有效提高直流电压利用率。但由于梯形波本身含有低次谐波，所以输出波形中含有 5 次、7 次等低次谐波。

2. 线电压控制 PWM

前面介绍的各种 PWM 控制方法用于三相逆变电路时，都是对三相输出相电压分别进行控制的，使其输出接近正弦波。但是，对于像三相异步电动机这种无中线对称负载，逆变器输出不必追求相电压接近正弦，而可着眼于使线电压趋于正弦。因此，提出了线电压控制 PWM，主要有以下两种方法。

（1）马鞍形波与三角波比较法

马鞍形波与三角波比较法也就是谐波注入 PWM 方式（HIPWM）。其原理是在正弦波中加入一定比例的三次谐波，调制信号便呈现出马鞍形，而且幅值明显降低，于是在调制信号的幅值不超过载波幅值的情况下，可以使基波幅值超过三角波幅值，提高了直流电压利用率。在三相无中线系统中，由于三次谐波电流无通路，所以 3 个线电压和线电流中均不含三次谐波。

除了可以注入三次谐波以外，还可以注入其他 3 倍频于正弦波信号的其他波形，这些信号都不会影响线电压。这是因为经过 PWM 后，逆变电路输出的相电压也必然包含相应的 3 倍频于正弦波信号的谐波，但在合成线电压时，各相电压中的这些谐波将互相抵消，从而使线电压仍为正弦波。

（2）单元 PWM 法

因为三相对称线电压有 $U_{uv}+U_{vw}+U_{wu}=0$ 的关系，所以，某一线电压任何时刻都等于另外两个线电压负值之和。现在把一个周期等分为 6 个区间，每区间 60°，对于某一线电压，如 U_{uv}，半个周期两边 60° 区间用 U_{uv} 本身表示，中间 60° 区间用−（$U_{vw}+U_{wu}$）表示，当将 U_{vw} 和 U_{wu} 做同样处理时，就可以得到半周内两边 60° 区间的两种波形形状且有正有负的三相电压。把这样的电压波形作为 PWM 的参考信号，载波仍用三角波，并把各区间的曲线用直线近似（实践表明，这样做引起的误差不大，完全可行），就可以得到线电压的脉冲波形，该波形完全对称且规律性很强，负半周是正半周相应脉冲列的反相，因此，只要半个周期两边 60° 区间的脉冲列一经确定，线电压的调制脉冲波形就唯一确定了。这个脉冲并不是开关器件的驱动脉冲信号，但由于已知三相线电压的脉冲工作模式，所以可以确定开关器件的驱动脉冲信号。

该方法不仅能抑制较多的低次谐波，还可以减小开关损耗和加宽线性控制区，便于计算机控制，但该方法只适用于异步电动机，应用范围较小。

3. 电流控制 PWM

电流控制 PWM 的基本思想是把希望输出的电流波形作为指令信号，把实际的电流波形作为反馈信号，通过两者瞬时值的比较来决定各开关器件的通断，使实际输出随指令信号的改变而改变。其实现方案主要有以下 3 种。

（1）滞环比较法

这是一种带反馈的 PWM 控制方式，即每相电流反馈回来与电流给定值经滞环比较器比较，得出相应桥臂开关器件的开关状态，使得实际电流跟踪给定电流的变化。该方法的优点是电路简单，动态性能好，输出电压不含特定频率的谐波分量。其缺点是开关频率不固定，造成较为严重的噪声，和其他方法相比，在同一开关频率下输出电流中所含的谐波较多。

（2）三角波比较法

该方法与 SPWM 方法中的三角波比较方式不同，这里是把指令电流与实际输出电流进行比较，求出偏差电流，通过放大器放大后再和三角波比较，产生 PWM 波。此时开关频率一定，因而克服了滞环比较法频率不固定的缺点。但是，这种方式的电流响应不如滞环比较法快。

（3）预测电流控制法

预测电流控制是在每个调节周期开始时，根据实际电流误差、负载参数及其他负载变量来预测电流误差矢量趋势，因此，下一个调节周期由 PWM 产生的电压矢量必将减小所预测的误差。该方法的优点是，若给调节器除误差外的更多信息，则可获得比较快速、准确的响应。目前，这类调节器的局限性是难以保证响应速度及过程模型系数参数的准确性。

4. 空间电压矢量控制 PWM

空间电压矢量控制 PWM（SVPWM）也称为磁通正弦 PWM 法。它以三相波形整体生成效果为前提，以逼近电动机气隙的理想圆形旋转磁场轨迹为目的，用逆变器不同的开关模式产生的实际磁通去逼近基准圆磁通，由它们的比较结果决定逆变器的开关，形成 PWM 波形。此法从电动机的角度出发，把逆变器和电动机看作一个整体，以内切多边形逼近圆的方式进行控制，使电动机获得幅值恒定的圆形磁场（正弦磁通）。

该控制方法具体又分为磁通开环式和磁通闭环式。磁通开环式是用两个非零矢量和一个零矢量合成一个等效的电压矢量，若采样时间足够短，则可合成任意电压矢量。此法输出电压比正弦波调制时提高 15%，谐波电流有效值之和接近最小。磁通闭环式引入是通过磁通反馈，控制磁通的大小和变化的速度。在比较估算磁通和给定磁通后，根据误差决定产生下一个电压矢量，形成 PWM 波形。这种方法克服了磁通开环式的不足，解决了电动机在低速时定子电阻影响大的问题，减小了电动机的脉动和噪声。但由于未引入转矩的调节，所以系统性能没有得到根本性地改善。

5. 矢量控制 PWM

矢量控制也称磁场定向控制，其原理是将异步电动机在三相坐标系下的定子电流 I_a、I_b 及 I_c，通过三相/二相变换，等效成两相静止坐标系下的交流电流 I_{a1} 及 I_{b1}，再通过按转子磁场定向旋转变换，等效成同步旋转坐标系下的直流电流 I_{m1} 及 I_{t1}（I_{m1} 相当于直流电动机的励磁电流，I_{t1} 相当于与转矩成正比的电枢电流），然后模仿对直流电动机的控制方法，实现对交流电动机的控制。其实质是将交流电动机等效为直流电动机，分别对速度、磁场两个分量进行独立控制。它通过控制转子磁链，然后分解定子电流而获得转矩和磁场两个分量，经坐标变换实现正交或解耦控制。

但是，由于转子磁链难以准确观测，以及矢量变换的复杂性，实际控制效果往往难以达到理论分析的水平，这是矢量控制技术在实践上的不足。此外，它必须直接或间接地得到转子磁链在空间上的位置才能实现定子电流解耦控制，在这种矢量控制系统中需要配置转子位置或速度传感器，这显然给许多应用场合带来不便。

6. 直接转矩控制 PWM

1985 年德国鲁尔大学 Depenbrock 教授首先提出直接转矩控制理论（Direct Torque Control，DTC）。直接转矩控制与矢量控制不同，它不是通过控制电流、磁链等量来间接控制转矩，而是把转矩直接作为被控量来控制，它也不需要解耦电动机模型，而是在静止的坐标系中计算电动机磁通和转矩的实际值，然后经磁链和转矩的 Band-Band 控制产生 PWM 信号，以对逆变器的开关状态进行最佳控制，从而在很大程度上解决了上述矢量控制方式的不足，能方便地实现无速度传感器化，有很快的转矩响应速度和很高的转矩控制精度，并以新颖的控制思想、简洁明了的系统结构、优良的动静态性能得到了迅速发展。但直接转矩控制也存在缺点，如逆变器开关频率的提高受限制。

7. 非线性控制 PWM

单周控制法又称积分复位控制（Integration Reset Control，IRC），是一种新型非线性控制技术，其基本思想是控制开关占空比，在每个周期使开关变量的平均值与控制参考电压相等或成一定比例。该技术同时具有调制和控制的双重功能，通过复位开关、积分器、触发电路和比较器达到跟踪指令信号的目的。单周控制器由控制器、比较器、积分器及时钟组成，其中控制器可以是 RS 触发器。

单周控制在控制电路中不需要误差综合，它能在一个周期内自动消除稳态、瞬态误差，使前一周期的误差不会带到下一周期。虽然硬件电路较复杂，但其克服了传统 PWM 控制方法的不足，适用于各种 PWM 软开关逆变器，具有反应快、开关频率恒定、稳健性强等优点，此外，单周控制还能优化系统响应、减小畸变和抑制电源干扰，是一种很有前途的控制方法。

8. 谐振软开关 PWM

传统的 PWM 逆变电路中，电力电子开关器件硬开关的工作方式，导致大的开关电压、电流应力以及高的 du/dt 和 di/dt 限制了开关器件工作频率的提高，而高频化是电力电子开关器件的主要发展趋势之一，它能使变换器体积减小、重量减轻、成本下降、性能提高，特别是当开关频率在 18kHz 以上时，噪声已超过人类听觉范围，使无噪声传动系统成为可能。

谐振软开关 PWM 的基本思想是在常规 PWM 变换器拓扑的基础上附加一个谐振网络，谐振网络一般由谐振电感、谐振电容和功率开关组成。开关转换时，谐振网络工作使电力电子器件在开关点上实现软开关过程，谐振过程极短，基本不影响 PWM 技术的实现，从而既保持了 PWM 技术的特点，又实现了软开关技术。但由于谐振网络在电路中的存在必然会产生谐振损耗，并使电路受固有问题的影响，所以该方法的应用受到了限制。

接下来，将逐一介绍目前最常用的几种 PWM 方法。

3.3.3 正弦波脉宽调制

调制信号为正弦波的脉宽调制叫作正弦波脉宽调制（SPWM），产生的 PWM 波是幅度相等但宽度不等的脉冲序列。在进行 PWM 时，当正弦值为最大值时，脉冲的宽度也最大，而脉冲间的间隔则最小；反之，当正弦值较小时，脉冲的宽度也小，而脉冲间的间隔则较大，这样的电压脉冲系列可以使负载电流中的高次谐波成分大为减小。

SPWM 的方法很多，从 PWM 的极性上看，有单极性和双极性之分；从载波和调制波的频率之间的关系来看，又有同步调制、异步调制和分段同步调制 3 种。

以双极性 PWM 波形为例，如图 3-2 所示，三角波 u_C 为载波，正弦波 u_M 为调制波，当载波与调制波曲线相交时，在交点的时刻产生控制信号，用来控制功率开关器件通断，就可以得到一组幅度相等而脉冲宽度正比于对应区间正弦波曲线函数值的矩形脉冲 u_d。SPWM 逆变器输出基波电压的大小和频率均由调制电压来控制。当改变调制电压的幅值时，脉宽随之改变，从而改变输出电压的大小；当改变调制电压的频率时，输出电压频率随之改变。但 SPWM 波幅值必须小于三角波的幅值，否则输出电压的大小和频率就将失去所要求的配合关系。

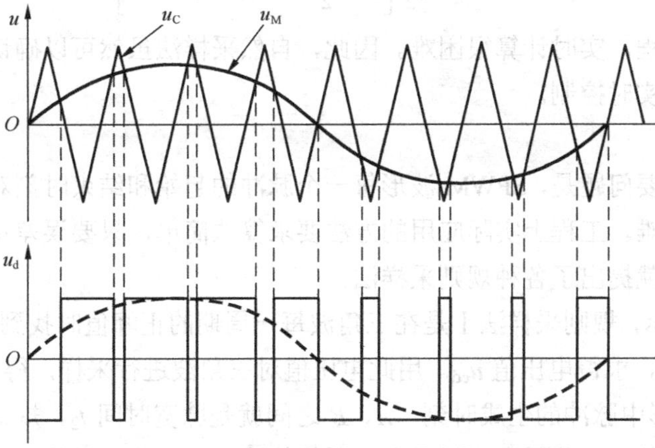

图3-2 双极性PWM波形

1. SPWM 的数字控制原理

数字控制是 SPWM 目前常用的方法。可以采用微机存储预先计算好的 SPWM 数据表格，控制时根据指令查表得到数据进行运算；或者通过软件实时生成 SPWM 波形；也可以采用大规模集成电路专用芯片产生 SPWM 信号。下面介绍几种常用SPWM波形的软件生成方法。

（1）自然采样法

按照正弦调制波与三角载波的交点进行脉冲宽度与间歇时间的采样，从而生成 SPWM 波形，叫作自然采样法。图 3-3 中截取了任意一段正弦调制波与三角载波一个周期的相交情况。交点 A 是脉冲发生的时刻，

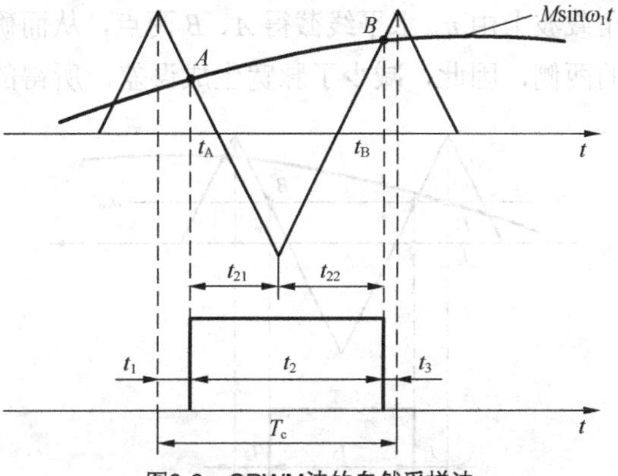

图3-3 SPWM波的自然采样法

B 点是脉冲结束的时刻，T_c 为三角载波的周期，t_1 和 t_3 是间歇时间，t_2 为 AB 之间的脉宽时间，可得 $T_c = t_1 + t_2 + t_3$。

若以单位量 1 表示三角载波的幅值 U_{tm}，则 SPWM 波的幅值就是调制度 M，SPWM 波的电压计算公式为

$$u_M = M\sin\omega_1 t \tag{3-1}$$

式中，ω_1 为调制波频率，即逆变器输出频率。

由于 A、B 两点对三角载波的中心线的不对称性，故需要把脉宽时间 t_2 分为 t_{21} 和 t_{22} 两部分。按相似直角三角形的几何关系，可知

$$\frac{1+M\sin\omega_1 t_A}{2} = \frac{t_{21}}{T_c/2} \tag{3-2}$$

$$\frac{1+M\sin\omega_1 t_B}{2} = \frac{t_{22}}{T_c/2} \tag{3-3}$$

则

$$t_2 = t_{21} + t_{22} = \frac{T_c}{2}\left[1 + \frac{M}{2}\sin(\omega_1 t_A + \omega_1 t_B)\right] \tag{3-4}$$

这是一个超越方程，实时计算很困难。因此，自然采样法虽然可以确切反映正弦脉宽，却不适于计算机进行实时控制。

（2）规则采样法

自然采样法的主要问题是，SPWM 波形每一个脉冲的起始和结束时刻对三角波的中心线不对称，因而求解困难。工程上实际应用的方法要求算法简单，只要误差不太大，就允许做一些近似处理，这样就提出了各种规则采样法。

如图 3-4（a）所示，规则采样法Ⅰ是在三角波每一周期的正峰值时找到 SPWM 波上的对应点，即图中的 D 点，求得电压值 u_{cd}。用此电压值对三角波进行采样，得 A、B 两点，就认为它们是 SPWM 波形中脉冲的生成时刻，A、B 之间就是脉宽时间 t_2。规则采样法Ⅰ的计算显然比自然采样法简单，但从图中可以看出，所得的脉冲宽度将明显偏小，造成较大的控制误差。这是由于采样电压水平线与三角载波的交点都处于 SPWM 波的同一侧造成的。

如图 3-4（b）所示，规则采样法Ⅱ仍在三角载波的固定时刻找到 SPWM 波上的采样电压值，但所取的不是三角载波的正峰值，而是其负峰值，得图中 E 点，采样电压为 u_{ce}。在三角载波上由 u_{ce} 水平线截得 A、B 两点，从而确定了脉宽时间。由于 A、B 两点位于 SPWM 波的两侧，因此，减少了脉宽生成误差，所得的 SPWM 波形也就更准确了。

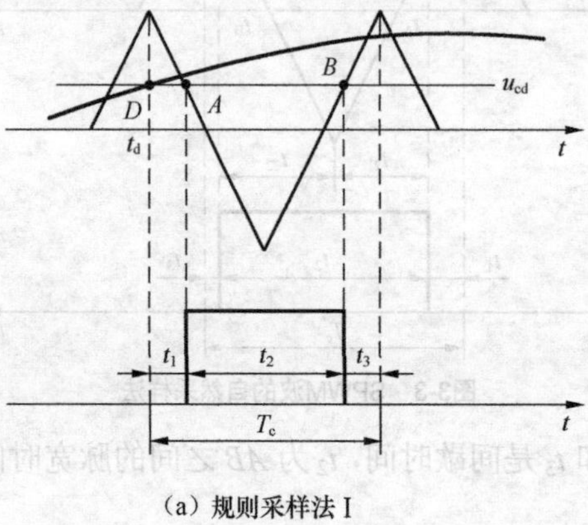

（a）规则采样法Ⅰ

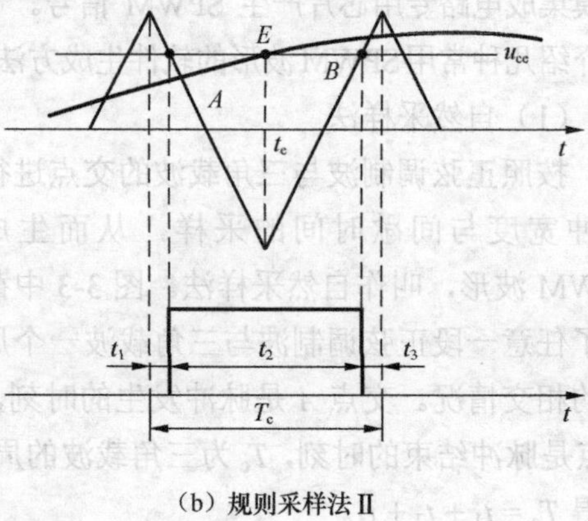

（b）规则采样法Ⅱ

图3-4　SPWM波形的规则采样法

由图 3-4 可以看出，规则采样法的实质是用阶梯波代替正弦波，从而简化了算法。只要载波比足够大，不同的阶梯波都很逼近正弦波，所造成的误差就可以忽略不计了。在规则采样法中，三角载波每个周期的采样时刻都是确定的，都在正峰值或负峰值处，不必作图就可计算出相应时刻的正弦波值，因而脉宽时间和间歇时间可以很容易计算出来。由图 3-4 可得规则采样法Ⅱ的计算公式。

脉宽时间

$$t_2 = \frac{T_c}{2}(1 + M\sin\omega_1 t_e) \tag{3-5}$$

间隙时间

$$t_1 = t_3 = \frac{T_c}{4}(1 - M\sin\omega_1 t_e) \tag{3-6}$$

若变频调速系统用于三相异步电动机调速，还应形成三相的 SPWM 波形。使三相正弦调制波在时间上互差 2π/3，而三角载波是共用的，这样就可以在同一个三角载波周期内获得图 3-5 所示的三相 SPWM 脉冲波形。

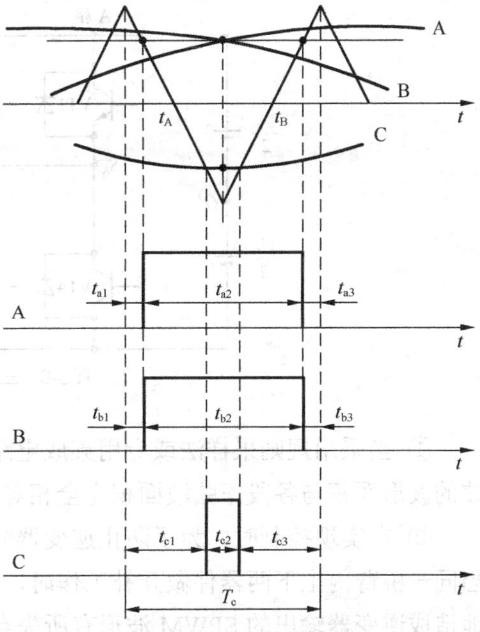

图3-5　三相SPWM波形

在图 3-5 中，每相的脉宽时间 t_{a2}、t_{b2} 和 t_{c2} 可用式（3-7）计算，即

$$\begin{cases} t_{a2} = \dfrac{T_c}{2}(1 + M\sin\omega_1 t_e) \\ t_{b2} = \dfrac{T_c}{2}(1 + M\sin\omega_1 t_e + 120°) \\ t_{c2} = \dfrac{T_c}{2}(1 + M\sin\omega_1 t_e + 240°) \end{cases} \tag{3-7}$$

三相脉宽时间的总和为

$$t_{a2} + t_{b2} + t_{c2} = \frac{3T_c}{2} \tag{3-8}$$

间歇时间总和为

$$t_{a1} + t_{b1} + t_{c1} + t_{a3} + t_{b3} + t_{c3} = 3T_c - (t_{a2} + t_{b2} + t_{c2}) = \frac{3T_c}{2} \tag{3-9}$$

在数字控制方式中用计算机实时产生 SPWM 波形就是基于上述的采样原理和计算公式。一般可以先在离线状态下利用计算机（PC）计算出相应的脉宽 t_2，然后写入 EPROM，最后由调速系统的计算机通过查表和加减运算求出各相脉宽时间和间歇时间，这种方法称为查表法。此外，也可以在内存中存储正弦函数和 $T_c/2$ 值，控制时先取出正弦值与调速系统所需的调制度 M 做乘法运算，再根据给定的载波频率取出对应的 $T_c/2$ 值，与 $M\sin\omega_1 t_e$ 做乘法运算，然后运用加、减或移位运算，即可算出脉宽时间 t_2 和间歇时间 t_1 和 t_3，这种方法称为实时计算法。

按查表或实时计算法所得的脉冲数据都送入定时器，利用定时中断向接口电路送出相应的高、低电平，实时产生 SPWM 波形的一系列脉冲。对于开环控制系统，因为在某一给定转速下，某调制度 M 与频率 ω_1 都有确定值，所以宜采用查表法；而对于闭环控制的调速系统，在系统运行中调制度 M 值需要随时调节，所以用实时计算法更为适宜。

图 3-6 为三相 PWM 逆变器的主电路图。就 A 相来说，控制晶闸管 VS1 和 VS4 的开通和关断会在负载上产生方波脉冲，PWM 控制方式就是通过改变晶闸管 VS1 和 VS4 交替导通的时间来改变逆变器输出波形的频率；改变每半周期内的 VS1 和 VS4 开关器件的通断时间比，即改变脉冲宽度来改变逆变器输出电压幅值的大小。其波形如图 3-2 所示。

2. SPWM 逆变器输出的谐波分析

SPWM 逆变器虽然以输出波形接近正弦波为目的，但其输出电压中仍然存在谐波分量。

产生谐波的主要原因如下。

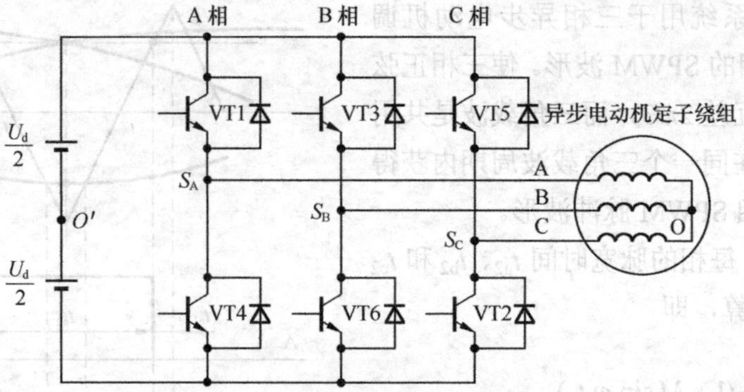

图3-6　三相PWM逆变器主电路

① 当采用规则采样法或专用集成电路器件生成 SPWM 波形时，并不能保证 PWM 序列波的波形面积与各段正弦波面积完全相等。

② 在实现控制时，为了防止逆变器同一桥臂上下两器件的同时导通而导致直流侧短路，当同一桥臂内上下两器件做互补工作时，要设置一个导通时滞环节，而时滞的出现不可避免地造成逆变器输出的 SPWM 波形有所失真。

以双极式 SPWM 逆变器为例分析谐波情况，逆变器电路参考图 3-6，采用对称规则采样法Ⅱ。图 3-7 为双极式 SPWM 逆变器一个周期内输出的电压波形。这是一组正负相间、幅值相等而宽度不等的脉冲波，它不仅是半个周期对称，而且 1/4 周期对纵轴也是对称的。设在半个周期中有 m 个脉冲波，可写出其输出电压的傅里叶数表达式

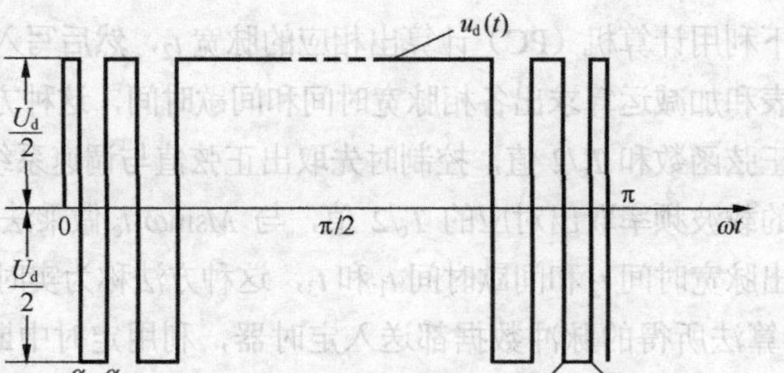

图3-7　双极式SPWM逆变器输出电压波形

$$u(\omega t)=\sum_{k=1}^{\infty}U_{km}\sin k\omega_1 t \tag{3-10}$$

$$U_{km}=\frac{2}{\pi}\int_0^{\pi}u_d(t)\sin k\omega_1 t\cdot \mathrm{d}(\omega_1 t) \tag{3-11}$$

可将图 3-7 中的 u_d（t）看作一个幅值为 $U_d/2$ 的矩形波加上一个幅值为 U_d 的负脉冲列，半周内该脉冲列的起点和终点分别是 α_1，α_2，α_3，…，α_{2m-1}，α_{2m}，因此 U_{km} 可以表示为形如式（3-12）的等式。

$$U_{km}=\frac{2}{\pi}\Big[\int_0^{\pi}\frac{U_d}{2}\sin k\omega_1 t\cdot d(\omega_1 t)-\int_{\alpha_1}^{\alpha_2}2\frac{U_d}{2}\sin k\omega_1 t\cdot d(\omega_1 t)-$$

$$\int_{\alpha_3}^{\alpha_4}2\frac{U_d}{2}\sin k\omega_1 t\cdot d(\omega_1 t)-\cdots-\int_{\alpha_{2m-1}}^{\alpha_{2m}}2\frac{U_d}{2}\sin k\omega_1 t\cdot d(\omega_1 t)\Big] \tag{3-12}$$

$$=\frac{2U_d}{k\pi}\left[1-\sum_{i=1}^{m}(\cos k\alpha_{2i-1}-\cos k\alpha_{2i})\right]$$

即

$$U_{km}=\frac{2U_d}{k\pi}[1-(\cos k\alpha_1-\cos k\alpha_2)-(\cos k\alpha_3-\cos k\alpha_4)-\cdots-(\cos k\alpha_{2m-1}-\cos k\alpha_{2m})] \tag{3-13}$$

考虑到逆变器输出波形在 1/4 周期处有纵轴对称性，推导可得

$$U_{km}=\frac{2U_d}{k\pi}\left[1+2\sum_{i=1}^{m}(-1)^i\cos k\alpha_i\right] \tag{3-14}$$

在给定的 α_i 条件下可以利用式（3-14）分析输出波形的谐波。α_i 表示脉冲的起始和终止时刻，从脉冲的形成原理可知 α_i 与载波比 N 及调制深度 M 等有密切关系，而式（3-14）并没有直接反映出这样的函数关系。从理论上说，SPWM 变压变频器与常规交—直—交变压变频器在谐波分析上有其相似之处，它们都不存在偶次谐波与 3 的倍数次谐波。SPWM 变压变频器在其载波频率及其倍数的频带附近，即在开关频率倍数附近的谐波较多，而载波比数值以下次数的谐波则基本上可以得到充分地抑制。SPWM 变压变频器输出中具有的谐波次数 k 可以用下式简单表示为

$$k=pN\pm m \tag{3-15}$$

式中：N——载波比；

p、m——都为正整数。

由于逆变器输出中不存在偶数次谐波，所以 p 与 m 不能同时为偶数；又因为 3 的倍数次电流不能流入三相电动机，而 N 往往是 3 的倍数，所以 m 也不能取为 3。故 p、m 的选取应使 k 不为偶数也不为 3 的倍数，同时它们也只能是较小的整数，因为过高次数的谐波对电动机的影响是很小的。

图 3-8 中的纵坐标表示谐波电压幅值 U_{km} 与基波电压幅值 U_{1m} 的比值，横坐标是调制深度 M。如图 3-8 所示，M 在 0～0.9 的范围内，$2N\pm1$ 次谐波始终是主要的谐波，而 $N\pm2$ 次谐波很小。例如，当 N=9 时，主谐波为 17 次与 19 次，而 7 次与 11 次谐波的影响很小。从图 3-8 中还可以看出，当 M>0.9 时，$N\pm2$ 次谐波是主要谐波。

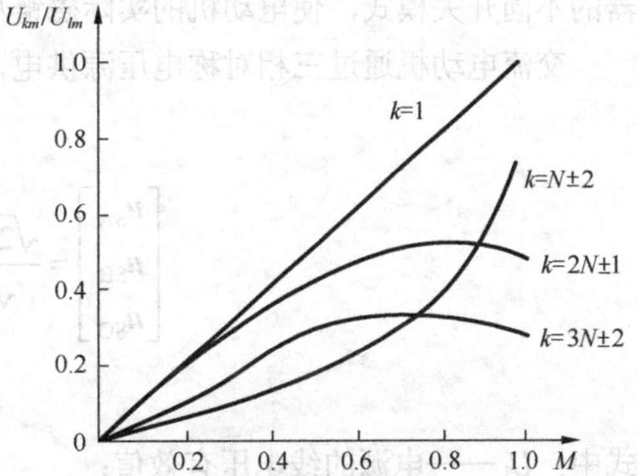

图3-8　SPWM变压变频器谐波分量与调制度M的关系

时滞也称死区，死区形成的偏差电压使 SPWM 变压变频器实际输出的基波电压在相位和大小上与理想输出的基波有所不同，死区越大，对变压变频器基波输出的影响越大。随

着变压变频器输出频率的降低，死区的影响越来越大。对理想的 SPWM 变压变频器，其输出电压几乎不存在低次谐波，只存在与载波比有关的谐波，但由死区形成的偏差电压带来一系列的谐波电压分量，引起输出电压波形畸变，并导致电动机电磁转矩脉动量增加。

3. SPWM 信号的产生

产生 SPWM 调制信号的方法主要有 3 种。

① 采用分立元件的模拟电路法。此法的缺点是精度低、稳定性差、实现过程复杂以及调节不方便等，该方法目前基本不用。

② 采用专用集成电路芯片产生 SPWM 信号，如常用的 HE4752 芯片等，这些芯片的应用使变流器的控制系统得以简化，但由于这些芯片本身的功能存在不足之处，所以它们的应用受到限制。

③ 单片机数字编程法。其中高档单片机将 SPWM 信号发生器集成在单片机内，使单片机和 SPWM 信号发生器合为一体，从而较好地解决了波形精度低、稳定性差、电路复杂、不易控制等问题，并且可以产生多种 SPWM 波形，实现各种控制算法和波形优化。Intel 公司推出的 16 位单片机 8XC196MC 就是这样一种具有高性能的特别适用于 PWM 控制技术的单片机。

3.3.4 电压空间矢量脉宽调制

与数字控制式 SPWM 方法相比，电压空间矢量 PWM（SVPWM）是一种全新思路的具有更多优越性的调制方法，更适合于数字化实现和实时处理，它与载波调制是相对应的。接下来将深入讲解 SVPWM 的工作原理及实现方式。

1. SVPWM 的工作原理

SVPWM 技术是从电源的角度出发，生成一个可以调频调压的三相对称正弦波电源，控制原则是尽可能降低输出电压的谐波分量，使其逼近正弦波形。磁链轨迹 PWM 技术是从电动机角度出发，目的在于使交流电动机产生圆形磁场，它是以三相对称正弦波电源（其电压和频率值均为电动机的额定值）供电时交流电动机产生的理想磁链圆为基准，通过选择逆变器的不同开关模式，使电动机的实际磁链尽可能逼近理想磁链圆，从而生成 PWM 波。

交流电动机通过三相对称电压源供电，则电源矢量可以用式（3-16）表示。

$$\begin{bmatrix} \boldsymbol{u}_{SA} \\ \boldsymbol{u}_{SB} \\ \boldsymbol{u}_{SC} \end{bmatrix} = \frac{\sqrt{2}U_L}{\sqrt{3}} \begin{bmatrix} \cos\omega_1 t \\ \cos(\omega_1 t - \frac{2}{3}\pi) \\ \cos(\omega_1 t - \frac{4}{3}\pi) \end{bmatrix} \tag{3-16}$$

式中：U_L——电源的线电压有效值；

ω_1——电源电压的角频率，$\omega_1 = 2\pi f_1$。

采用电压空间矢量的概念，有

$$U_S=\frac{2}{3}(U_{SA}+U_{SB}e^{j\frac{2}{3}\pi}+U_{SC}e^{j\frac{4}{3}\pi}) \tag{3-17}$$

与此类似，定义磁链空间矢量为

$$\psi_S=\frac{2}{3}(\psi_{SA}+\psi_{SB}e^{j\frac{2}{3}\pi}+\psi_{SC}e^{j\frac{4}{3}\pi}) \tag{3-18}$$

式中：ψ_{SA}、ψ_{SB}、ψ_{SC}——分别是电动机三相磁链矢量的模。

若忽略电动机定子电阻的影响，则ψ_S可由空间电压矢量对时间积分得到，即

$$\psi_S=\int U_S dt=\int\frac{2}{3}(U_{SA}+U_{SB}e^{j\frac{2}{3}\pi}+U_{SC}e^{j\frac{4}{3}\pi})\,dt=\frac{2}{3}(\psi_{SA}+\psi_{SB}+\psi_{SC}) \tag{3-19}$$

式中

$$\begin{bmatrix}\psi_{SA}\\ \psi_{SB}\\ \psi_{SC}\end{bmatrix}=\sqrt{\frac{2}{3}}\cdot\frac{U_L}{\omega_1}\begin{bmatrix}\sin\omega_1 t\\ \sin(\omega_1 t-\frac{2}{3}\pi)\\ \sin(\omega_1 t-\frac{4}{3}\pi)\end{bmatrix}=\psi_m\begin{bmatrix}\sin\omega_1 t\\ \sin(\omega_1 t-\frac{2}{3}\pi)\\ \sin(\omega_1 t-\frac{4}{3}\pi)\end{bmatrix} \tag{3-20}$$

式中：ψ_m——电动机磁链的幅值，即为理想磁链圆的半径。

$$\psi_m=\sqrt{\frac{2}{3}}\cdot\frac{U_L}{\omega_1} \tag{3-21}$$

当供电电源保持电压频率比不变时，磁链圆的半径ψ_m是固定的。

2. 逆变器的输出电压模式

电压源型 PWM 逆变器—异步电动机如图 3-6 所示，图中 3 个桥臂的 6 个开关器件共可形成 8 种开关模式，用S_A、S_B、S_C分别标记 3 个桥臂的状态，三相逆变器各对桥臂的状态可用 1 或 0 表示。1 表示上桥臂导通，下桥臂关断；0 表示下桥臂导通，上桥臂关断。若 A 相为上桥臂导通，B 相和 C 相均为下桥臂导通，则逆变器的状态（开关模式）可按 A、B、C 的次序表示为 100。根据排列组合理论，逆变器的开关模式共有 8 种，即 000、100、110、010、011、001、101、111。在 100 状态下，逆变器输出的三相电压空间矢量表示为

$$u_1=\frac{2}{3}\left(\frac{U_d}{2}-\frac{U_d}{2}e^{j\frac{2}{3}\pi}-\frac{U_d}{2}e^{-j\frac{2}{3}\pi}\right)=\frac{2}{3}U_d \tag{3-22}$$

同理可求出其他各个状态下的电压空间矢量，8 种状态下的电压空间矢量，如图 3-9 所示，分别为u_0、u_1、u_2、u_3、u_4、u_5、u_6、u_7，其中 000 及 111 状态下的电压矢量u_0及u_7幅值为零，称为零矢量。其余 6 种状态下的电压矢量长度相等，空间位置则互相错开 60°，称为非零矢量。零矢量作用于电动机时不形成磁链矢量；非零矢量作用于电

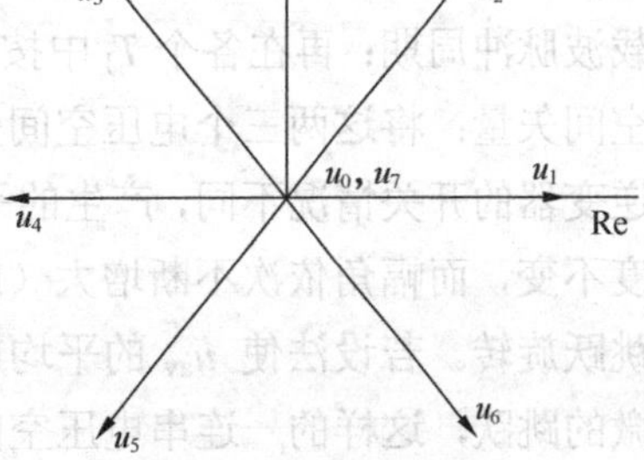

图3-9 电压空间矢量

动机时，会在电动机中形成相应的磁链矢量。

3. 磁链形成原理

可以推导出，当逆变器输出某一电压空间矢量 u_i（i=1～8）时，电动机的磁链空间矢量可以表达为

$$\psi_S = \psi_{S0} + u_i \Delta t \tag{3-23}$$

式中：ψ_{S0}——初始磁链空间矢量；

Δt——u_i的作用时间。

当 u_i 为某一非零电压矢量时，磁链空间矢量 ψ_S 从初始位置出发，沿对应的电压空间矢量方向，以 $\sqrt{\frac{2}{3}} \cdot \frac{U_L}{\omega_S}$ 为半径做旋转运动。当 u_i 为零电压矢量时，$\psi_S=\psi_{S0}$，磁链空间矢量的运动受到抑制。因此，合理选择 6 个非零矢量的施加次序和作用时间，可使磁链空间矢量矢端顺时针或逆时针旋转形成一定形状的磁链轨迹。选择的方式不同，所形成的磁链轨迹形状也不一样，一般是使磁链轨迹逼近正多边形或圆形。同时，在两个非零矢量之间按照一定原则插入一个或多个零矢量并合理选择零矢量的作用时间，就能调节 ψ_S 的运动速度，实现变频；零矢量的加入也使 PWM 输出占空比发生变化，输出电压也随之变化，实现了调压。

4. SVPWM 实现办法

当三相电压为正弦对称时，磁链空间矢量在复数平面上以不变的长度恒速旋转，矢端的运动轨迹是一个圆。同时，电压空间矢量在复数平面上也以不变的长度恒速旋转，矢端的运动轨迹也是一个圆。只要使电压空间矢量以不变的长度在复数平面上恒速旋转，就可保证三相电压为正弦对称，即保证了磁链空间矢量在复数平面上以不变的长度恒速旋转，矢端的运动轨迹是一个圆。此时电压空间矢量的长度就代表相电压的幅值，电压空间矢量的旋转角速度就是正弦电压的角频率。这样，电动机旋转磁场的形状问题就可转化为电压空间矢量运动轨迹的形状问题去研究。

因为逆变器工作于开关状态，输出电压不可能是连续变化的，所以和逆变器输出电压相对应的电压空间矢量也不可能连续变化。在空间矢量调制中，可以引入“一个时间间隔内的平均电压空间矢量 u_{av}”这一概念，并设法使平均电压空间矢量在复数平面上以不变的长度恒速旋转。具体的做法是把时间分成一个个相等的短小的时间间隔 T_1，每个间隔 T_1 相当于半个载波脉冲周期；再在各个 T_1 中按一定的步骤和时延改变逆变器的开关状态，形成两三个电压空间矢量；将这两三个电压空间矢量按时间平均，可求得平均电压空间矢量 u_{av}。每个 T_1 中逆变器的开关情况不同，产生的平均电压空间矢量 u_{av} 也不同。若使得各个 T_1 中的 u_{av} 保持长度不变，而幅角依次不断增大（或不断减小）一个微小角度，则 u_{av} 就在复数平面上微微地跳跃旋转。若设法使 u_{av} 的平均旋转角频率和预期的正弦交流电压的角频率相等，并略去微微的跳跃，这样的一连串电压空间矢量序列即可形成一个圆形匀速旋转的平均电压矢量，各相平均电压（扣除零轴分量）也将按正弦规律变化了。

3.3.5 特定谐波消除脉宽调制

特定谐波消除（Selective Harmonic Elimination，SHE）控制策略是一种针对特定次数的谐波进行消除的技术，其核心是通过对开关时刻的合理安排和设置，达到既能有选择地消除逆变器输出电压中的某些特定谐波，又可以控制输出电压基波大小的目的。它的基本思想是通过分析傅里叶数，得出在特定脉冲波形条件下的傅里叶数展开式，然后令某些特定的低次谐波为零，从而得到一个反映脉冲相位角的非线性方程组，按求解的脉冲相位进行控制，则必定不含这些特定的低次谐波。采用这种技术的PWM方法，称为SHEPWM方法。

1. SHEPWM方法的数学模型

根据载波信号的极性，SPWM变换器分为单极性和双极性PWM方法。SPWM每相只有一个开关器件反复通断，称单极性SPWM波形；若同一桥臂上下两个开关交替地导通与关断，则输出脉冲在正和负半周之间变化，这样得到双极式的SPWM波形。下面首先对单极性的给定脉冲相位角的SPWM输出波形进行谐波分析。

图3-10为单极性SPWM型调制波，其正、负半周期的波形对称。α_1，α_2，α_3，…，α_N为1/4周期内脉冲波的开关相位角。故可以借助傅里叶数进行分析，该波形的数学表达式为

$$U_0(t)=\sum_{n=1}^{\infty}[a_n\cos(n\omega t)+b_n\sin(n\omega t)] \tag{3-24}$$

$$a_n=\frac{1}{\pi}\int_0^{2\pi}U_0(t)\cos(n\omega t)\cdot \mathrm{d}(\omega t) \tag{3-25}$$

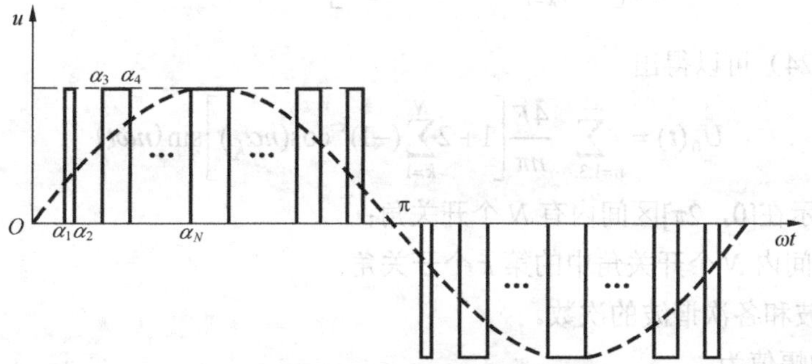

图3-10 单极性SPWM逆变器波形示意图

$$b_n=\frac{1}{\pi}\int_0^{2\pi}U_0(t)\sin(n\omega t)\cdot \mathrm{d}(\omega t) \tag{3-26}$$

由于该周期函数每半周期中的两半部分对称，即1/4周期波形对称的特点，相电压输出波形$U_0(t)$既是奇函数，又是奇谐函数，即$U_0(t)$在[0，π]区间以π/2为对称轴呈轴对称，在[0，2π]区间以π点为对称点呈点对称，因此

$$U_0(t)=-U_0(t+\pi) \tag{3-26a}$$

$$U_0(t)=U_0(\pi-t) \tag{3-26b}$$

将式（3-26）代入式（3-27），另可使傅里叶数的余弦分量、直流分量和偶次正弦分量为

零，即

$$\begin{cases} a_n = 0 & n = 0,1,2,3,\cdots \\ b_n = 0 & n = 0,2,4,6,\cdots \\ b_n = \dfrac{4E}{n\pi}\left[\sum_{k=1}^{N}(-1)^{k+1}\cos(na_k)\right] & n = 0,1,3,5,\cdots \end{cases} \tag{3-27}$$

由此可得

$$U_0(t) = \sum_{n=1,3,5,\cdots}^{\infty}\frac{4E}{n\pi}\left[\sum_{k=1}^{N}(-1)^{k+1}\cos(n\alpha_k)\right]\sin(n\omega t) \tag{3-28}$$

对基波 n=1，则基波的幅值为

$$b_1 = \frac{4E}{\pi}\left[\sum_{k=1}^{N}(-1)^{k+1}\cos(\alpha_k)\right] \tag{3-29}$$

上面是单极性 SPWM 型调制波的谐波分析。同样，对于图 3-11 所示的双极性给定脉冲相位角的 SPWM 波形的谐波，也可以借助傅里叶数进行分析。

双极性给定脉冲相位角的 SPWM 谐波的傅里叶数的系数为

$$\begin{cases} a_n = 0 & n = 0,1,2,3,\cdots \\ b_n = 0 & n = 0,2,4,6,\cdots \\ b_n = \dfrac{4E}{n\pi}\left[1 + 2\sum_{k=1}^{N}(-1)^{k}\cos(na_k)\right] & n = 0,1,3,5,\cdots \end{cases} \tag{3-30}$$

根据式（3-24）可以得出

$$U_0(t) = \sum_{n=1,3,\cdots}^{\infty}\frac{4E}{n\pi}\left[1 + 2\sum_{k=1}^{N}(-1)^{k}\cos(n\alpha_k)\right]\sin(n\omega t) \tag{3-31}$$

式中：N——表示在[0，2π]区间内有 N 个开关角；

α_k——区间内 N 个开关角中的第 k 个开关角；

n——基波和各次谐波的次数。

其中基波的幅值为

$$b_1 = \frac{4E}{\pi}\left[1 + 2\sum_{k=1}^{N}(-1)^{k}\cos(\alpha_k)\right] \tag{3-32}$$

下面以单相电压 SHEPWM 为例进行分析。只需要将单相电压的波形移相 120°和 240°，即可实现三相电压的 SHEPWM。图 3-12 为已知开关角的双极性 PWM 波形图。

如果令 q 为选定的基波幅值，则有

$$b_1 = q \tag{3-33}$$

令其他（N–1）个低阶的高次谐波的幅值为零，则有

$$b_n = 0 \quad (n = 3, 5, 7, \cdots) \tag{3-34}$$

式（3-34）和式（3-35）共同构成了一个具有 N 个未知数（α_1，α_2，…，α_N）的 N 维方

程组，解此方程组得到一组在[0, π/2]区间内的脉冲波开关角，进而可以得到整个周期内的开关角。采用这组开关角的 PWM 波形保证了基波幅值为规定的数值，同时（N−1）个指定阶次的谐波幅值为零。

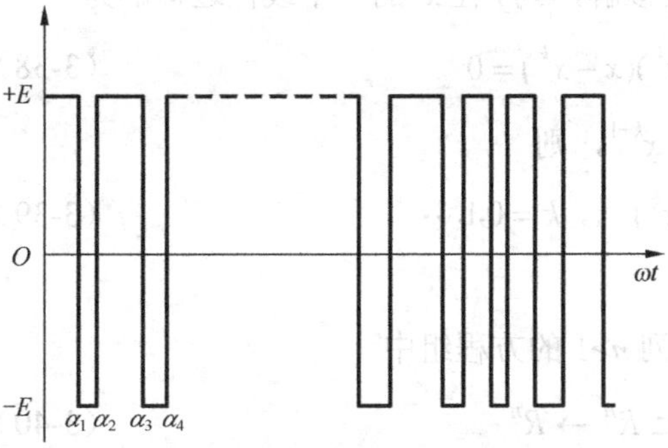

图3-11 双极性给定脉冲相位角的SPWM波形图

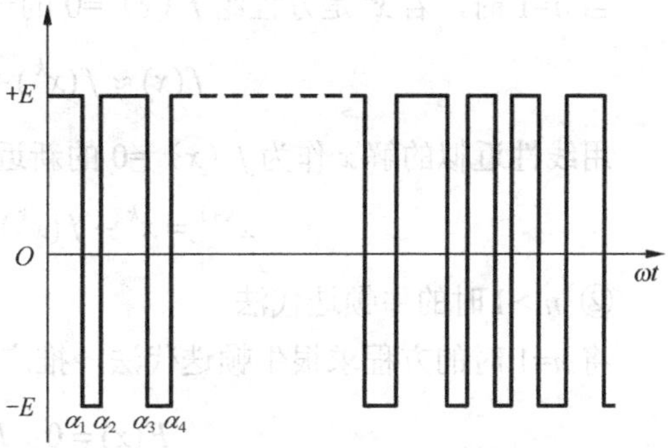

图3-12 双极性PWM波形图

对于三相对称系统，3 的整数倍次谐波因同相而被自动消除，故式（3-34）中只有非 3 的整数倍的奇数才有意义，所以有

$$b_n = 0\,(n = 5, 7, 11, \cdots) \tag{3-35}$$

该方程组是一组非线性超越方程，不可能得到它的解析解。通常的办法是采用牛顿迭代法得到一组数值解。尽管如此，其求解难度仍然很大，这也是这项技术应用的关键。必须指出的是，对于这组非线性超越方程，它的解不是唯一的。

2. 数学模型的求解

（1）牛顿迭代法

SHE 技术的关键是求解一组非线性超越方程。多变量非线性方程组的通常形式为

$$x = \begin{pmatrix} x_1 \\ x_2 \\ \vdots \\ x_n \end{pmatrix} \qquad F(x) = \begin{pmatrix} f_1(x) \\ f_2(x) \\ \vdots \\ f_n(x) \end{pmatrix} \tag{3-36}$$

式中：$f_i(x)$（$i=1, 2, \cdots, n$）——定义在域 $D \supset R^n$ 上的 n 个自变量 $x_1, \cdots, x_n$ 的实值函数，f_i 中至少有一个是非线性的，这里 $n \geqslant 2$，可以用向量表示，则式（3-36）可改写为

$$F(x) = 0 \tag{3-37}$$

并记为 $F: D \supset R^n \to R^n$，表示 F 定义在 $D \supset R^n$ 上且取值于 R^n 的向量值函数，F 称为域 $D \supset R^n$ 到 R^n 的映射。若方程组（3-37）存在 $x' \in D$ 使之成立，则称 x' 为方程组（3-37）的解。

对非线性方程组（3-37）的解法，一般只能采取迭代法。迭代法一般有下列 3 个问题。

① 迭代序列的适定性，即要求迭代程序得到的序列 $\{x^n\}_0^\infty$ 在 D 中是有定义的。

② 迭代序列的收敛性。设 $x' \in D \supset R^n$ 为方程组（3-37）的一个解，若迭代序列 $\{x^n\}_0^\infty$ 的极限 $\lim\limits_{n\to\infty} x^n = x'$，则称迭代序列 $\{x^n\}_0^\infty$ 收敛于 x'。

③ 迭代序列的收敛速度与效率。迭代序列收敛的快慢以及计算时间的长短，是衡量迭代

法优劣的主要标准。

目前，一般采用的是牛顿迭代法求解非线性超越方程组，下面对其进行简略分析。

① $n=1$ 时的牛顿迭代法

当 n=1 时，若 x^k 是方程组 f（x）=0 的一个近似解，则 f 在 x^k 的一个线性近似解为

$$f(x) \approx f(x^k) + f'(x^k)(x - x^k) = 0 \tag{3-38}$$

用线性近似的解 x 作为 f（x）=0 的新近似解 x^{k+1}，则

$$x^{k+1} = x^k - f(x^k)^{-1} f(x^k) \qquad k = 0,1,\cdots \tag{3-39}$$

② $n>1$ 时的牛顿迭代法

将 n=1 时的方程求根牛顿迭代法，推广到下列 n>1 的方程组中

$$F(x) = 0 \quad F: D \subset R^n \to R^n \tag{3-40}$$

设 $x^k=(x_1^k,\ x_2^k,\cdots,\ x_n^k)^T \subset D$ 为方程组（3-40）的一个近似解，将 $\dot{F}=(f_1,\ f_2,\cdots,\ f_n)$ 在 x^k 处线性展开可得

$$\begin{aligned} f_i(x) \approx f_i(x^k) + \frac{\partial f_i(x^k)}{\partial x_1}(x_1 - x_1^k) + \cdots \\ \frac{\partial f_i(x^k)}{\partial x_n}(x_n - x_n^k) = 0 \qquad k = 1,2,\cdots,\ n \end{aligned} \tag{3-41}$$

以向量形式可以表示为

$$\dot{F}(x) \approx \dot{F}(x^k) + \dot{F}'(x^k)^{-1}(x - x^k) = 0 \tag{3-42}$$

此方程的解记为 x^{k+1}，当 $F'(x^k)$为非奇异时，得

$$x^{k+1} = x^k - F'(x^k)^{-1} F(x^k) \qquad k = 0,1,\cdots \tag{3-43}$$

式（3-43）即为牛顿迭代法的迭代公式。

综上所述，由 x^k 计算 x^{k+1} 分为以下两步。

① 求解线性方程组 $-F(x^k) = F'(x^k)\,\Delta x^k$，得解 Δx^k。

② 求 $x^{k+1}=x^k+\Delta x^k$。

由此可以看到牛顿迭代法每步都要计算一次 F 值和一次 F'值，计算 F'值相当于计算 n 个 F 值，运算量较大。牛顿迭代法是超线性收敛，只具有局部收敛性。只要初始向量 x_0 选得合适，牛顿迭代法收敛很快，且运算结果可以达到非常高的精确度。这是此法的主要优点。但是，如果初始向量 x_0 选得不合适，牛顿迭代法收敛就会很慢，甚至不收敛。实际上，要选接近解 x'的初始近似 x_0 往往是困难的，这是它的主要缺点。另外每步计算量大也是另一个主要缺点。

为了扩大牛顿迭代法的收敛范围，对于 SHEPWM 方程曾经考虑过使用牛顿松弛型迭代法。这种方法可以在一定程度上扩大收敛域，但是收敛速度却大大降低了，所以也不可取。

由于牛顿迭代法的以上特性，所以在工程实践中，往往是在离线的情况下，用牛顿迭代法求解出 SHEPWM 方程的数值解，将其存储在 EPROM 中，然后采用查表的方法寻找合适的数值解。但这种离线计算的方法不能根据被控对象的变化实时调整，而且需要占用庞大的

存储空间。

（2）同伦方法在 SHEPWM 方法中的应用

单极型 SPWM 电压输出的傅里叶数表达式（3-28）的各次谐波系数为式（3-44）。双极型 SPWM 电压输出的傅里叶数表达式（3-31）的各次谐波系数为式（3-45）。

$$c_n = \frac{4E}{n\pi}\left[\sum_{k=1}^{N}(-1)^{k+1}\cos(n\alpha_k)\right] \quad n=1,3,5,\cdots \tag{3-44}$$

$$c_n = \frac{4E}{n\pi}\left[1+2\sum_{k=1}^{N}(-1)^{k}\cos(n\alpha_k)\right] \quad n=1,3,5,\cdots \tag{3-45}$$

设基波幅值为给定值 U_{M}，而其余 k 次谐波的幅值为 0，可得消谐 PWM 的数学模型为

$$\begin{cases} c_1 = U_{\mathrm{M}} \\ c_n = 0 \qquad n=3,5,7,\cdots \end{cases} \tag{3-46}$$

解式（3-48），可得到 1 组[0，π/2]内的开关角，这些开关角应满足以下条件

$$0<\alpha_1<\alpha_2<\cdots<\alpha_N<\frac{\pi}{2}$$

单极性脉冲波形与双极性脉冲波形的谐波消除模型类似，为了方便说明，以单极性脉冲为例，但其原理完全适用于双极性脉冲。

根据上面的分析，单极性和双极性脉冲控制模型的傅里叶数表达式分别为式（3-28）和式（3-31），设 1/4 周期内有 N 个脉冲，用来消除 N–1 个特定的谐波，则消谐模型可表示为

$$\dot{F}(\dot{\alpha})=0 \tag{3-47}$$

其中，

$$\dot{F}=(f_1,f_2,\cdots,f_N)^T$$

$$\dot{\alpha}=(\alpha_1,\alpha_2,\cdots,\alpha_N)^T$$

以 N=4 时的单极性脉冲为例，此时 SHEPWM 的数学模型为

$$\begin{cases} \frac{4E}{\pi}(\cos\alpha_1-\cos\alpha_2+\cos\alpha_3-\cos\alpha_4)=U_{\mathrm{M}} \\ \frac{4E}{3\pi}(\cos3\alpha_1-\cos3\alpha_2+\cos3\alpha_3-\cos3\alpha_4)=0 \\ \frac{4E}{5\pi}(\cos5\alpha_1-\cos5\alpha_2+\cos5\alpha_3-\cos5\alpha_4)=0 \\ \frac{4E}{7\pi}(\cos7\alpha_1-\cos7\alpha_2+\cos7\alpha_3-\cos7\alpha_4)=0 \end{cases} \tag{3-48}$$

当取 $U_{\mathrm{M}}=kE$ 时，上式可简化为

$$F(\alpha)=\begin{cases} \cos\alpha_1-\cos\alpha_2+\cos\alpha_3-\cos\alpha_4-\frac{\pi}{4}k=0 \\ \cos3\alpha_1-\cos3\alpha_2+\cos3\alpha_3-\cos3\alpha_4=0 \\ \cos5\alpha_1-\cos5\alpha_2+\cos5\alpha_3-\cos5\alpha_4=0 \\ \cos7\alpha_1-\cos7\alpha_2+\cos7\alpha_3-\cos7\alpha_4=0 \end{cases} \tag{3-49}$$

根据同伦算法的基本思想：在式（3-47）所描述的问题中引入参数 t，构造一个族映射 H，

使当 t 为某一特定值（例如 $t=1$）时，H 就是映象 F，而当 $t=0$ 时，得出方程组 $F_0(\alpha)=0$ 的解 α_0 是已知的。由此构造了一组同伦方程 H（α，t）=0，原问题 F（α）=0 的求解则变为求同伦方程在 t=1 时的解，即构造如式（3-50）所示的一组映射。

$$H: D\times[0,1]\subset R^{n+1}\to R^n \tag{3-50}$$

用式（3-50）代替单个映射 F，同时使 H 满足条件

$$H(\alpha,0)=F_0(\alpha),\ H(\alpha,1)=F(\alpha),\ \forall\alpha\in D \tag{3-51}$$

式中，F_0（α）= 0 的解 α_0 为已知，而方程 H（α，1）=0 就是原问题 F（α）=0，则原问题变成同伦问题

$$H(\alpha,t)=0,\ t\in[0,1],\ \alpha\in D \tag{3-52}$$

的解 $\alpha=\alpha$（t），这里 α：[0，1]→R。连续依赖于 t，即 $\alpha=\alpha$（t）为 R_n 内的一条空间曲线，它的一端为给定点 α_0，另一端为原问题 F（α）= 0 的解 α'=α（1）。

构成满足式（3-51）的同伦映射 H 可以是各种各样的，如前所述，对该类非线性方程组取牛顿同伦，即取下述同伦方程：

$$H(x,t)=F(x)+(t-1)F(x^0) \tag{3-53}$$

对于 SHEPWM 方程组则得到同伦方程如下：

$$H(\alpha,t)=F(\alpha)+(t-1)F(\alpha^0) \tag{3-54}$$

式中：α^0——一组开关角初始值。

运用参数微分法来求解此同伦方程，可以将求解的同伦方程等价为解常微分方程的初值问题，只要将方程（3-54）对 t 求导即可得到

$$H'_\alpha(\alpha,t)\frac{\mathrm{d}\alpha}{\mathrm{d}t}+H'_t(\alpha,t)=0 \tag{3-55}$$

由于 $H'_\alpha(\alpha,t)$ 中各行线性均无关，所以 $H'_\alpha(\alpha,t)^{-1}$ 存在，于是相应的初值问题可以表示为

$$\begin{cases}\dfrac{\mathrm{d}\alpha}{\mathrm{d}t}=-[H'_\alpha(\alpha,t)]^{-1}H'_t(\alpha,t)\\ \alpha(0)=\alpha^0\end{cases} \tag{3-56}$$

当取牛顿同伦时，相应的初值为

$$\begin{cases}\dfrac{\mathrm{d}\alpha}{\mathrm{d}t}=-F'(\alpha)^{-1}F(\alpha^0)\\ \alpha(0)=\alpha^0\end{cases} \tag{3-57}$$

也就是求解常微分方程组（3-57）在 t=1 时的数值解 α^N，其初值为 t=0 时已给定的初始开关角 α^0。这样就把一个求解困难的非线性方程组的问题，转化为较容易的求解常微分方程组的解的问题。

对于 N=4 的 SHEPWM 非线性方程组，式（3-57）的各项为

$$F'(\alpha)=\begin{bmatrix}-\sin\alpha_1 & \sin\alpha_2 & -\sin\alpha_3 & \sin\alpha_4\\ -3\sin3\alpha_1 & 3\sin3\alpha_2 & -3\sin3\alpha_3 & 3\sin3\alpha_4\\ -5\sin5\alpha_1 & 5\sin5\alpha_2 & -5\sin5\alpha_3 & 5\sin5\alpha_4\\ -7\sin7\alpha_1 & 7\sin7\alpha_2 & -7\sin7\alpha_3 & 7\sin7\alpha_4\end{bmatrix} \tag{3-58}$$

$$\alpha(0)=\begin{bmatrix}\alpha_1^0\\ \alpha_2^0\\ \alpha_3^0\\ \alpha_4^0\end{bmatrix}\qquad F(\alpha^0)=\begin{bmatrix}\cos\alpha_1^0-\cos\alpha_2^0+\cos\alpha_3^0-\cos\alpha_4^0-\dfrac{\pi}{4}k\\ \cos3\alpha_1^0-\cos3\alpha_2^0+\cos3\alpha_3^0-\cos3\alpha_4^0\\ \cos5\alpha_1^0-\cos5\alpha_2^0+\cos5\alpha_3^0-\cos5\alpha_4^0\\ \cos7\alpha_1^0-\cos7\alpha_2^0+\cos7\alpha_3^0-\cos7\alpha_4^0\end{bmatrix} \tag{3-59}$$

求解此微分方程可以采用改进欧拉法，即采用如下计算公式：

$$\begin{cases}y_{n+1}^{(0)}=y_n+hf(x_n,y_n)\\ y_{n+1}^{(k+1)}=y_n+\dfrac{h}{2}\left[f(x_n,y_n)+f(x_{n+1},y_{n+1}^{(k)})\right]\qquad k=0,1,2,\cdots\end{cases} \tag{3-60}$$

解此微分方程得到的解 α^N 作为式（3-47）的精确解的近似值，再采用合适的迭代法（如牛顿法）即可求出式（3-47）的准确解。如果采用其他类型的同伦映射，也有类似的推导。

（3）牛顿法和同伦法的结合

事实证明，同伦算法求解 SHEPWM 方程具有收敛域广、在大范围内收敛速度快的特性，但是其结果不够精确。牛顿算法虽然可以达到很高的精度，但其收敛域狭窄，在大范围内收敛速度慢。如果将这两种方法结合起来使用，则可以同时做到收敛速度快、结果精确。具体做法就是，从初始值开始，先用同伦法进行固定步数的迭代，再把其结果作为牛顿法的初值迭代。由于同伦法的迭代结果已很接近精确解，所以牛顿法必然收敛。在一般情况下，只要用牛顿法经过几步的迭代就可以得到非常精确的最终解。

经验表明，将同伦法和牛顿法相结合的新方法应用于计算 SHEPWM 方程式时，收敛域广、收敛速度快且结果精确。用该方法求解单极性脉冲型的消谐方程，在开关角数 N=8 时，得到开关角 α 随基波幅值 k 变化的曲线，如图 3-13 所示。

取 n=8、k=0.9 时，采用 SHEPWM 方法的逆变器输出的频谱图如图 3-14 所示。

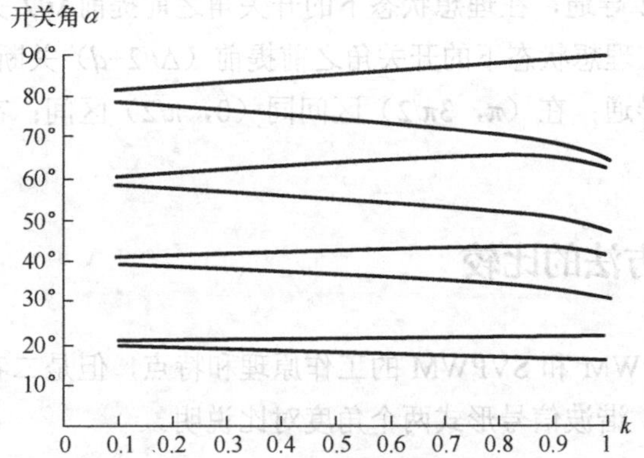

图3-13　N=8的开关角轨迹图

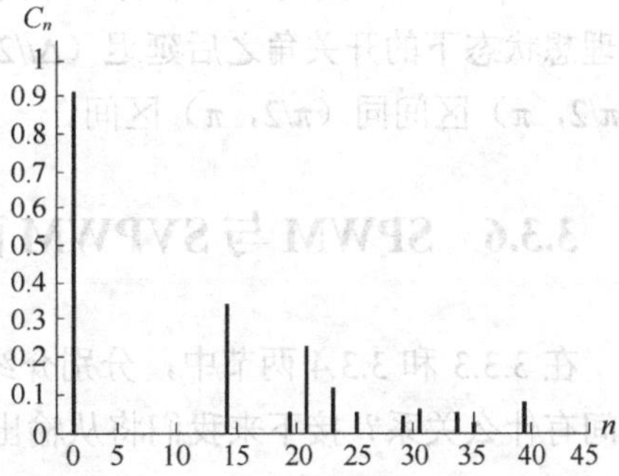

图3-14　SHEPWM逆变器输出频谱图

由此可见，采用了同伦算法的 SHEPWM 模型的求解，较传统的单纯使用牛顿法的求解，具有宽的收敛范围和高的收敛速度的优点，同时保证了求解过程的正确性和快速性，并且在此基础上，选择高速的微处理器，再通过软件、硬件的优化设计，可使 SHEPWM 这一项很有前景的技术尽快走向实用化。

（4）死区设置对谐波幅值的影响

特定谐波消除技术（SHET）是通过解一组非线性超越方程得到一组开关角，然后通过这些开关角的精确控制来获得不含特定次谐波的输出的。然而，在实际线路中，由于功率开关管存在一定的导通和关断时间，因此其实际的电压输出波形与理论上的并不一致；另一方面，对于双极型 PWM 控制，在设计控制电路时，为了防止上下桥臂上的功率开关管直通而发生短路，需要加入一定的死区时间，故也应对理想状态下的开关角进行修正。当然，单极型的 PWM 控制就不存在死区时间的问题了。

死区时间的加入方式有 4 种。

① 延迟导通方式；

② 提前关断方式；

③ 混合方式；

④ 对称方式。

以Δt表示死区时间，用 d 来表示功率开关器件 SHEPWM 延迟导通和关断时间。延迟导通方式是使每个功率开关器件关断时按理想状态下的开关角正常关断，导通时延迟Δt 导通。提前关断方式是使每个功率开关器件导通时按理想状态下的开关角正常导通，关断时提前Δt 关断。

混合方式是在（0，$\pi/2$）区间延迟Δt 导通，在（$\pi/2$，π）区间提前Δt 关断，在（π，$3\pi/2$）区间延迟Δt 导通，在（$3\pi/2$，2π）区间提前Δt 关断。对称方式可以看作是一种特殊的混合方式，它是在这种方式下，每个功率开关器件导通时延迟$\Delta t/2$ 导通，关断时提前$\Delta t/2$ 关断，这样仍能保证有Δt 的死区时间。

研究表明，即对称方式对拟消除的谐波幅值影响很小，是比较理想的方法。另外考虑到功率开关器件的导通时间问题，为了保证电压输出波形在（0，$\pi/2$）区间以 $\pi/2$ 为轴对称，在（0，2π）区间以 π 点为点对称，应采用下面的修正方法：在（0，$\pi/2$）区间，每个功率开关器件在理想状态下的开关角之后延迟$\Delta t/2$ 导通，在理想状态下的开关角之前提前$\Delta t/2$ 关断；在（$\pi/2$，π）区间，每个功率开关器件在理想状态下的开关角之前提前（$\Delta t/2+d$）关断，在理想状态下的开关角之后延迟（$\Delta t/2-d$）导通；在（π，$3\pi/2$）区间同（0，$\pi/2$）区间；在（$3\pi/2$，π）区间同（$\pi/2$，π）区间。

3.3.6 SPWM 与 SVPWM 两种方法的比较

在 3.3.3 和 3.3.4 两节中，分别介绍了 SPWM 和 SVPWM 的工作原理和特点，但是二者之间有什么关系？接下来我们将从输出电压、谐波信号形式两个角度对比说明。

1. 输出电压

为了实用起见，变频调速系统应尽量简单，假设调速系统将 220V 的工作电源不经变压器变压而直接通过桥式整流变为直流电，再通过逆变器变为 PWM 波，然后直接向额定电压

为 220V 的三相异步电动机供电。当滤波电容足够大时，直流环节的电压大致为

$$U_d = \sqrt{2} \times 220\,(\mathrm{V}) \tag{3-61}$$

当调制度 M=1 时，逆变器输出的基波电压达到最大。

① 对于 SPWM，其相电压幅值为 $U_d/2$，相电压有效值为

$$U_{AN1} = \frac{U_d/2}{\sqrt{2}} = 110\,(\mathrm{V}) \tag{3-62}$$

相应的线电压有效值为

$$U_1 = \sqrt{3}U_{AN1} = 191\,(\mathrm{V}) \tag{3-63}$$

由此可见，线电压达不到 220V，即 SPWM 调制方法直流电压利用率低，这是它的缺点。

② 对于 SVPWM，当调制度 M=1 时，逆变器输出相电压幅值为 $U_d/3$，相电压有效值为

$$U_{AN1} = \frac{U_d/\sqrt{3}}{\sqrt{2}} \tag{3-64}$$

相应的线电压为

$$U_1 = \sqrt{3}U_{AN1} = 220\,(\mathrm{V})$$

线电压达到 220V，即 SVPWM 调制方法直流电压利用率高，这是它的优点。

③ 当 M 值在 0～1 变化时，对于 SPWM 和 SVPWM，逆变器输出的基波电压幅值均为

$$u_1 = MU_1 \tag{3-65}$$

2. 谐波比较

SVPWM 谐波情况与 SPWM 类似，主要谐波出现在载波频率 f_C 及其数倍附近的频率点上，SVPWM 和 SPWM 具有类似的频谱特征。SVPWM 比 SPWM 的谐波幅值小，但 SVPWM 在高频段分布较多的低幅值谐波。

3.4 本章小结

本章首先介绍了交流调速技术的发展历程，概述了变频调速控制技术的发展趋势及新型调速电动机的原理、特点及应用条件。接着总结了变极对数调速、变频调速、串级调速、串电阻调速和定子调压调速等 7 种电动机调速方法。然后，阐述了几种应用较广泛的异步电动机的变频调速技术。最后，详细论述了 PWM 控制技术在交流变频调速中的应用，着重讲解了正弦波脉宽调制（SPWM）、电压空间矢量脉宽调制（SVPWM）和特定谐波消除脉宽调制

（SHEPWM）3 种 PWM 方法，并对 SPWM 和 SVPWM 两种方法进行深入分析，对两者的异同进行了比较。

其中，SPWM 两种不同的采样方法是本章的重点，而 SHEPWM 的数学模型的求解是本章的难点也是重点。读者通过本章的学习，应能理解 SPWM、SVPWM 和 SHEPWM 3 种 PWM 方法的原理及实现形式，熟悉 SPWM 和 SVPWM 两种方法的异同，为后续章节的学习打下坚实基础。

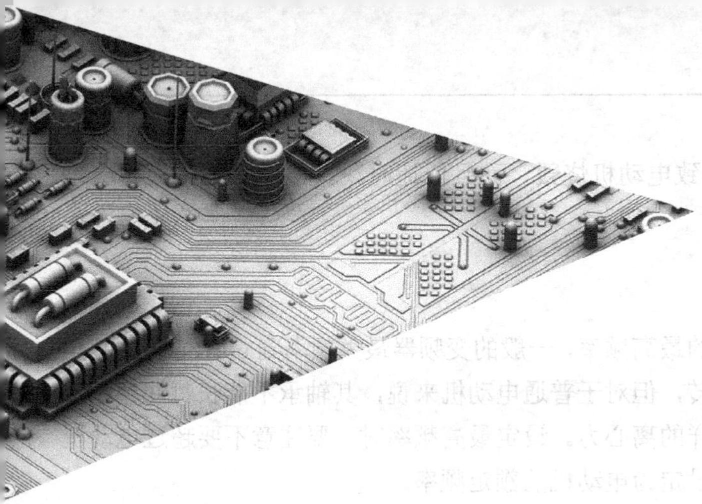

第4章 变频器的运行

变频器的正常运行是由变频器的内部控制电路和外部控制电路协调完成的。在硬件上，变频器调速系统的运行控制涉及变频器与外部控制电路的连接关系；在软件上涉及外部控制设备［如可编程控制器（PLC）］的程序设计以及变频器内部参数的设置。由于控制对象和控制要求各不相同，变频器的参数设置和运行方式设置不同，外部控制电路也不同。本章首先介绍变频器的常用运行参数及设定、变频器的启动与制动方式，然后重点介绍变频器在不同方式下与外部控制设备的连接及相关软件的设计方法。

4.1 变频器常用运行参数及设定

变频器的设定参数较多，一般都有数十甚至上百个参数供用户选择，每个参数均有一定的选择范围，使用中常常遇到因个别参数设定不当，导致变频器不能正常工作的现象。因此，必须正确设定相关的参数。在实际应用中，没必要设定和调试每一个参数，多数只要采用出厂设定值即可。此处讲解经常需要设定的参数，其他参数的详细设定可参考相关变频器手册。

4.1.1 变频器的常用运行参数

变频器需要设定的参数不仅众多，而且与其在工程实际当中的具体应用密切相关，下面介绍主要的变频器参数，如控制方式、最低运行频率、载波频率、电动机参数等的含义、设定方法和原则，为读者在实际工程应用中设定参数提供参考。

1. 控制方式

控制方式是决定变频器使用性能的关键所在，包括 *U/f* 协调控制、转差频率控制、矢量控制、直接转矩控制、速度控制、PID 控制、最优控制及其他非智能控制方式或智能控制方式。目前市场上的低压通用变频器品牌很多，选用变频器时不要认为档次越高越好，而要根据负载的特性，以满足使用要求为准，以便做到量才使用、经济实惠。

2. 最低运行频率

最低运行频率即电动机运行的最小转速，电动机在低转速下运行时，其散热性能很差，

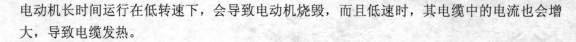

电动机长时间运行在低转速下，会导致电动机烧毁，而且低速时，其电缆中的电流也会增大，导致电缆发热。

3. 最高运行频率

最高运行频率即变频器所能输出的最高频率，一般的变频器最大频率到 60Hz，有的甚至到 400Hz。高频率将使电动机高速运转，但对于普通电动机来说，其轴承不能长时间超额定转速运行，电动机的转子不能承受这样的离心力。设定最高频率时，要注意不要超过电动机所能承受的最高频率。最高频率一般设定为电动机的额定频率。

4. 载波频率

变频器大多是采用 PWM 的形式进行变频调速的，变频器输出的电压是一系列的脉冲，脉冲的宽度和间隔均不相等，其大小就取决于调制波和载波的交点，也就是开关频率。开关频率越高，一个周期内脉冲的个数就越多，电流波形的平滑性就越好，但是对其他设备的干扰也越大。载波频率太低或者设置得不好，电动机就会发出难听的噪声。通过调节开关频率可以实现系统的噪声最小，波形的平滑性最好，同时干扰也最小。

5. 电动机参数

电动机的参数包括电动机的功率、电流、电压、转速和最大频率，这些参数可以从电动机铭牌中直接得到。

6. 跳频

在某个频率点上，设备有可能会发生共振现象，特别是在整个装置频率比较高时。这时就需要跳过这些频率，如为避免压缩机出现喘振现象，在控制压缩机时，要人为跳过压缩机喘振点频率。

7. 加减速时间

加速时间就是输出频率从 0 上升到最大频率所需的时间，减速时间是指从最大频率下降到 0 所需的时间。通常用频率设定信号上升、下降来确定加减速时间。在电动机加速时需限制频率设定的上升率以防止过电流，减速时则需限制频率设定的下降率以防止过电压。

在设定加速时间时，需要将加速电流限制在变频器过电流容量以下，以免过电流失速而引起变频器跳闸；防止平滑电路电压过大，避免再生过电压失速而使变频器跳闸。加减速时间可根据负载计算出来，但在调试中常按负载和经验先设定较长加减速时间，通过启、停电动机观察有无过电流、过电压报警；然后将加减速设定时间逐渐缩短，以在运转过程中不发生报警为原则，重复操作几次，便可确定出最佳加减速时间。

8. 转矩提升

转矩提升又称为转矩补偿，是为补偿因电动机定子绕组电阻所引起的低速时转矩降低，而把低频率范围 f/U 增大的方法。设定为自动时，可使加速时的电压自动提升以补偿启动转矩，使电动机加速顺利进行。如采用手动补偿时，则根据负载特性，尤其是负载的启动特性，通过试验可选出较佳曲线。对于变转矩负载，如选择不当会出现低速时的输出电压过高，而浪费电能的现象，甚至还会出现电动机带负载启动时电流大，而转速上不去的现象。

9. 电子热过载保护

该项设定主要为避免电动机过热。变频器内的 CPU 根据运转电流值和频率计算出电动机的温升，从而进行过热保护。本功能只适用于“一拖一”的场合，而在“一拖多”时，则应在各台电动机上加装热继电器。

10. 频率限制

频率限制即变频器输出频率的上下限幅值。频率限制是为防止误操作或外接频率设定信号源出故障，而引起输出频率过高或过低，损坏设备的一种保护功能。在应用中按实际情况设定即可。此功能还可作限速使用，如有的皮带输送机，由于输送物料不太多，为减少机械和皮带的磨损，可采用变频器驱动，并将变频器上限频率设定为某一频率值，这样就可使皮带输送机运行在一个固定、较低的工作速度上。

11. 偏置频率

偏置频率有的又称为偏差频率或频率偏差设定。其用途是当频率由外部模拟信号（电压或电流）设定时，可用此功能调整频率设定信号最低时输出频率的高低。有的变频器当频率设定信号为 0%时，偏差值可作用在 0～f_{max} 范围内；有的变频器还可设定偏置极性，如在调试中，当频率设定信号为 0%时，变频器输出频率不为 0Hz，而为 xHz，则此时将偏置频率设定为负的 xHz 即可使变频器输出频率为 0Hz。

12. 频率设定信号增益

此功能仅在用外部模拟信号设定频率时才有效。它用来弥补外部设定信号电压与变频器内电压（10V）的不一致问题；同时方便选择模拟设定信号电压。设定时，当模拟输入信号为最大时，求出可输出 f/U 图形的频率百分数并以此为参数进行设定即可。例如，外部设定信号为 0～5V 时，若变频器输出频率为 0～50Hz，则将增益信号设定为 200%即可。

13. 转矩限制

转矩限制可分为驱动转矩限制和制动转矩限制两种。它是根据变频器的输出电压和电流值，经 CPU 进行转矩计算，其可对加减速和恒速运行时的冲击负载恢复特性有显著改善。转矩限制功能可实现自动加速和减速控制。假设加减速时间小于负载惯量时间时，该功能也能保证电动机按照转矩设定值自动加速和减速。

驱动转矩限制功能提供了强大的启动转矩，在稳态运转时，转矩功能将控制电动机转差，而将电动机转矩限制在最大设定值内，当负载转矩突然增大时，甚至在加速时间设定过短时，也不会引起变频器跳闸。在加速时间设定过短时，电动机转矩也不会超过最大设定值。驱动转矩大对启动有利，以设定为 80%～100%较妥。

制动转矩设定数值越小，其制动力越大，适合紧急加、减速的场合，如制动转矩设定数值过大会出现过电压报警现象。制动转矩设定为 0%时，可使加到主电容器的再生总量接近于 0，从而使电动机在减速时，不使用制动电阻也能减速至停转而不会跳闸。但在有的负载上，制动转矩设定为 0%时，减速时会出现短暂空转现象，造成变频器反复启动，电流大幅度波动，严重时会使变频器跳闸，应引起注意。

14. 加、减速模式选择

加、减速模式选择又称为加、减速曲线选择。一般变频器有线性、非线性和 S 形 3 种曲线，通常选择线性曲线。非线性曲线适用于变转矩负载，如风机等；S 形曲线适用于恒转矩负载，其加、减速变化较为缓慢。

4.1.2 变频器的常用运行参数设定

变频器常用运行参数的含义及影响在 4.1.1 节中已经做了详细介绍。由于变频器参数的设定和实际应用密切相关，大多数参数设定没有固定的公式，而是要根据工程实际完成。尽管如此，根据各参数的含义及影响，仍然可以给出参数设定的原则或方法。下面将详细介绍变频器常用运行参数的设定方法或原则。

1. 频率设定方法

通用变频器的给定频率设定方法一般有以下 4 种。

（1）面板设定

利用操作面板上的数字增加键（▲键）和数字减小键（▼键）给定或调整频率的数字量。该方法不需要外部接线，方法简单，频率设定精度高，属数字量频率设置，适用于单台变频器的频率设定。

（2）预置给定

通过程序预置的方法预置给定频率。启动时，按运行键（RUN 或 FWD 或 REV 键），变频器自行升速至预置的给定频率。

（3）外接给定

从控制接线端上引入外部的模拟信号，如电压或电流信号，进行频率给定。这种方法常用于远程控制的情况。

（4）通信给定

从变频器的通信接口端上引入外部的通信信号，进行频率给定。这种方法常用于微机控制或远程控制的情况。

外接给定控制信号分为数字给定和模拟给定两大类，模拟给定又分电压控制和电流控制两种。外接电压信号分为直接输入电压和利用变频器内部提供的给定信号控制电压两种。当外界给定信号为电流信号时，将外界信号线接到外接电流给定信号端，如图 4-1 所示。

如果外接电位器在工作过程中损坏，用户一时买不到使用说明书上要求的电位器时，可按以下两条原则选择电位器。

① 电位器的阻值只可增大而不宜减小，电位器的阻值一般以不大于10kΩ为宜。

② 电位器的功率宜大不宜小，一般应按实际消耗功率的10～50倍来选择。例如，某变频器频率给定电位器的标称功率为1/2W，使用时应选用2～5W的同阻值的电位器。

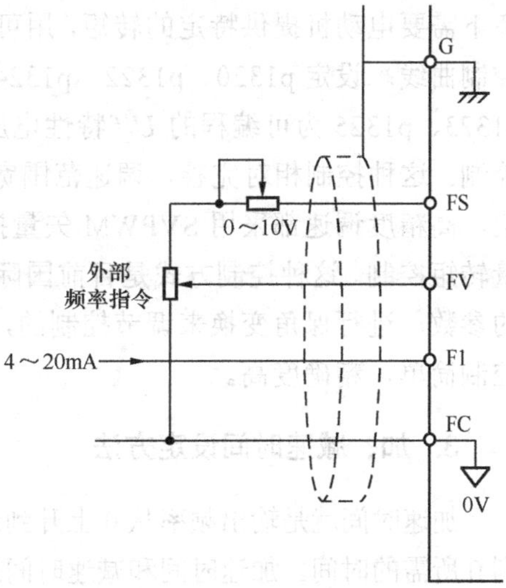

图4-1 变频器的给定信号控制端子

2. 控制方式设定方法

变频器控制方式的选择由负荷的力矩特性决定，电动机的机械负载转矩特性由下列关系式决定。

$$P=T\times n/9550 \quad (4\text{-}1)$$

式中：P——电动机功率（kW）；

T——转矩（N·m）；

n——转速（r/min）。

转矩T与转速n的关系根据负载种类大体可分为3类。

① 即使速度变化，转矩变化也不大的恒转矩负载。此类负载如传送带、起重机、挤压机和压缩机等。

② 随着转速的降低，转矩按转速的平方减小的负载。此类负载如风机、各种液体泵等。

③ 转速越高，转矩越小的恒功率负载。此类负载如轧机、机床主轴和卷取机等。

变频器提供的控制方式有U/f控制、矢量控制及力矩控制。U/f控制中有线性U/f控制、抛物线特性U/f控制。将变频器参数p1300设为0，变频器工作于线性U/f控制方式，将使调速时的磁通与励磁电流基本不变，适用于工作转速不在低频段的一般恒转矩调速对象。将p1300设为2，变频器工作于抛物线特性U/f控制方式，这种方式适用于风机、水泵类负载。这类负载的轴功率P近似地与转速n的三次方成正比。其转矩T近似地与转速n的平方成正比。对于这种负载，如果变频器的U/f特性是线性关系，则低速时电动机的许用转矩远大于负载转矩，从而造成功率因数和效率严重下降。为了适应这种负载的需要，使电压随着输出频率的减小以平方关系减小，从而减小电动机的磁通和励磁电流，使功率因数保持在适当的范围内。可以进一步设定参数使U/f控制曲线适合负载特性，将p1312设定为0～250的合适值，具有启动提升功能。

将低频时的输出电压相对于线性的U/f曲线做适当的提高，可补偿在低频时定子电阻引起的压降导致的电动机转矩减小的问题，适用于大启动转矩的调速对象。用变频器U/f控制方式驱动电动机时，在某些频率段电动机的电流、转速会发生振荡，严重时系统无法运行，甚至在加速过程中出现过电流保护，使电动机不能正常启动，在电动机轻载或转矩惯量较小时更为严重。可以根据系统出现振荡的频率点，在U/f曲线上设置跳转点及跳转频带宽度，当电动机加速时可以自动跳过这些频率段，保证系统能够正常运行。p1091～p1094可以设定4个不同的跳转点，设定p1101确定跳转频带宽度。有些负载在特定的频率下需要电动机提供特定的转矩，用可编程的 U/f 控制对应设定变频器参数即可得到所需控制曲线。设定 p1320、p1322、p1324 确定可编程的 U/f 特性频率坐标，对应的 p1321、p1323、p1325 为可编程的 U/f 特性电压坐标。参数 p1300 设定为 20，变频器工作于矢量控制。这种控制相对完善，调速范围宽，低速范围启动力矩高，精度高达 0.01%，响应很快，高精度调速都采用 SVPWM 矢量控制方式。参数 p1300 设定为 22，变频器工作于矢量转矩控制。这种控制方式是目前国际上最先进的控制方式，其他方式是模拟直流电动机的参数，进行保角变换来调节控制的，矢量转矩控制是直接取交流电动机参数进行控制，控制简单，精确度高。

3. 加、减速时间设定方法

加速时间就是输出频率从 0 上升到最大频率所需的时间，减速时间是指从最大频率下降到 0 所需的时间。加速时间和减速时间选择得合理与否对电动机的启动、停止运行及调速系统的响应速度都有重大的影响。加速时间设定的约束是将电流限制在过电流范围内，不应使过电流保护装置动作。电动机在减速运转期间，变频器将处于再生发电制动状态。传动系统中储存的机械能转换为电能并通过逆变器将电能回馈到直流侧。回馈的电能将导致中间回路的储能电容器两端电压上升。因此，减速时间设定的约束是防止直流回路电压过高。加、减速时间计算公式如下。

加速时间

$$t_a = (J_m + J_L) \times n / 9.56(T_{ma} - T_L) \tag{4-2}$$

减速时间

$$t_b = (J_m + J_L) \times n / 9.56(T_{mb} - T_L) \tag{4-3}$$

式中：J_m——电动机的惯量；

J_L——负载惯量；

n——额定转速；

T_{ma}——电动机驱动转矩；

T_{mb}——电动机制动转矩；

T_L——负载转矩。

加减速时间可根据公式计算出来，也可用简易试验方法设定。首先，使拖动系统以额定转速运行（工频运行），然后切断电源，使拖动系统处于自由制动状态，用秒表计算其转速从额定转速下降到停止所需的时间。加减速时间可首先按自由制动时间的 1/3～1/2 预置。通过启、停电动机观察有无过电流、过电压报警，调整加减速时间设定值，以运转中不发生报警为原则，重复操作几次，便可确定出最佳加减速时间。

4. 载波频率设定方法

载波频率越低或者设定得不好，电动机就会发出难听的噪声，因此必须综合考虑各种因素认真选择。对于电压≤500V 的变频器，采用 SPWM 控制方式，其载波频率是可调的，一般为 1～15kHz，可方便地进行人为选用。但在实际使用中，不少用户只是按照变频器制造单位原有的设定值使用，并没有根据现场的实际情况调整，因而造成因载波频率值选择不当影响正确感觉的有效工作状态。在选择载波频率时，应考虑载波频率与功率损耗之间的关系、环境温度对载波频率的影响、载波频率对电动机功率的影响及变频器的二次出线（U、V、W）长度对载波频率的影响等因素。

5. 转矩提升设置方法

普通电动机采用的冷轧硅钢片铁芯，其导磁系数不是很高而且不是常数，正常情况下铁芯工作在其磁化曲线的附点以上至膝点附近的一段区域内，在这段区域内导磁系数最高，在工频电源下能满足电动机的正常运行要求。采用变频器供电时可以在低频段运行，在低频段虽然电动机承受的最高电压同高频段一样，但电动机电流却很小（有时比电动机在工频下的空载电流还要小），使得这种冷轧硅钢片铁芯工作在磁化曲线的附点附近及以下，在这一段区域内，铁芯的导磁系数相对较小。电动机绕组中电流产生的磁通在定子铁芯和转子铁芯中闭合的数量会相对减少，表现为对铁芯的磁化力不足，导致电动机的电磁转矩严重下降，实际运行时将可能因电磁转矩不够或负载转矩相对较大而无法启动和无法在低频段运行。因此各种各样的变频器中均设置有相应的转矩提升功能，为不同的负载提供了不同的转矩特性曲线，在不同的转矩提升曲线中为低频段设定了不同的转矩提升量，如富士 5000g11s/p11s 系列变频器就提供了 38 条不同状态下的转矩提升曲线。在变频器调试时选择不同的转矩提升曲线可以实现对不同负载在低频段的补偿。

为了使电动机合理运行，在 f=0Hz 时，电压 U 为某一确定的大于零的值（A 点），该点取值大小与负载性质有关。如果 A 点选择过高，系统效率就会降低，电动机容易发热；如果 A 点选择偏低，电动机的低频转矩变小。因此，人们也把选择 U/f 曲线称为转矩提升。在 FRN-G9S/P9S 系列变频器中，可选择自动转矩提升和手动转矩提升模式。自动转矩提升模式的设定是变频器自身完成的，手动转矩提升模式按照使用情况设定合适的提升值。手动转矩提升值的范围为 0.1～20；曲线弯曲度强时为 1.0～1.9，弱时为 0.1～0.9。变频器转矩提升曲线如图 4-2 所示。

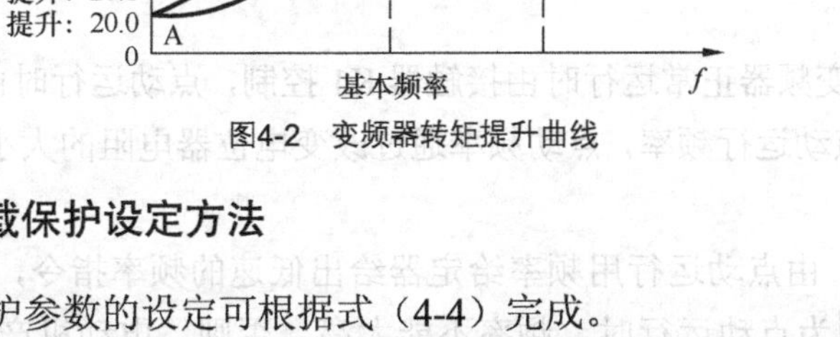

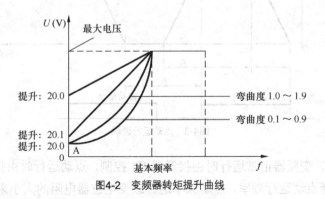

图4-2　变频器转矩提升曲线

6. 电动机热过载保护设定方法

电动机热过载保护参数的设定可根据式（4-4）完成。

$$电动机热过载保护设定值=\frac{电动机额定电流(A)}{变频器额定输出电流(A)}\times 100\% \tag{4-4}$$

4.2 变频器的运行方式

在交流变频调速系统中，控制对象和系统的控制要求不同，变频器的运行方式也不同，对于不同的运行方式，应选择不同的外围设备和控制回路，以满足负载的要求。通常，变频器有多种运行方式，如点动运行、正反转运行、并联运行、同步运行及带制动器的电动机运行等方式，本节着重分析变频器常见运行方式的控制线路、注意事项以及制动电阻的选择。

4.2.1 点动运行

所谓点动运行，就是变频器在停机状态时，接到点动运转指令（如操作器键盘点动 JOG 键，定义为点动的多功能端子信号接通，通信命令为点动）后，按点动频率和点动加减速时间运行。

点动运行的参数包括点动运行频率、点动间隔时间、点动加速时间和点动减速时间 4 个。如图 4-3 所示，t_1、t_3 为实际运行的点动加速和点动减速时间，t_2 为点动时间，t_4 为点动间隔时间，f_1 为点动运行频率。点动间隔时间是从上次点动命令取消时刻起到下次点动命令有效必须等待的时间间隔。在间隔时间内的点动命令不会使变频器运转，变频器以无输出的零频率状态运行，如果点动命令一直存在，则间隔时间结束后开始执行点动命令。如无特别指明，点动运行均按照启动频率启动的方式和减速停车的方式进行启、停。

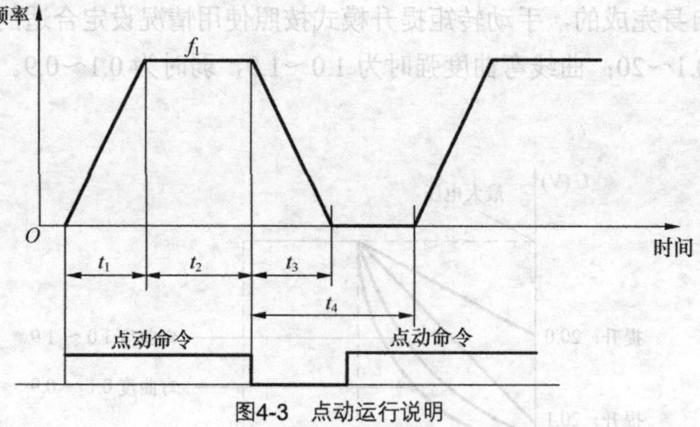

图4-3 点动运行说明

如图 4-4 所示，变频器正常运行时由接触器 K1 控制，点动运行时由接触器 K2 控制。当 K2 闭合时，可选择点动运行频率，点动频率通过改变电位器电阻的大小来确定。值得注意的有以下几点。

① 点动运行时，由点动运行用频率给定器给出低速的频率指令，而不是平常运行时使用的频率给定器，因为点动运行时，频率不能太高，否则，电动机产生过大的启动冲击电流，会损坏变频器；另外，点动运转的控制回路也是单独设置的，单独给变频器输入启动指令信号。

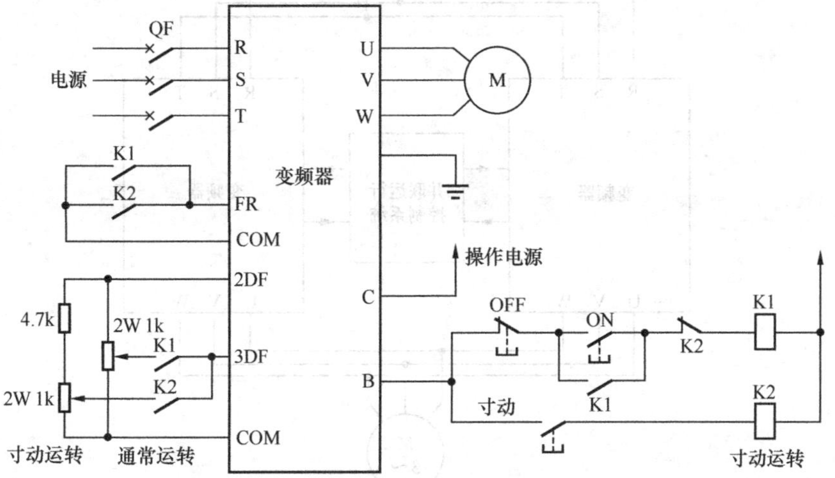

图4-4 点动运行常用控制电路图

② 不要在变频器负载侧另加接触器进行点动运行，否则很容易损坏变频器。对于带制动器电动机的点动运行，停止时使用变频器的输出停止端子 MRS 或 RES（图 4-4 中未标出）。

4.2.2 并联运行

变频器的并联运行分为两种情况，即单台小变频器容量变频器并联运行方式和“一拖多”运行方式。其中单台小变频器容量变频器并联运行适用于单台变频器不能满足实际变频器容量需求的情况，“一拖多”运行方式是指一台变频器拖动多台电动机运行的模式。下面将详细介绍这两种方式。

1. 变频器并联

生产当中变频器的容量需要很大时，如果单台变频器的容量有限，可以通过两台或者多台相同型号的变频器并联运行来满足大容量电动机的驱动要求，此时存在变频器的并联运行问题。两台变频器实现并联运行的基本要求是，控制方式、输入电源和开关的频率要相同，输出电压幅值、频率和相位都相等，频率的变化率要求严格一致。图 4-5 为两台变频器的并联运行结构示意图。

实现上述条件的方法是在晶振振荡频率相同的条件下，根据反馈定理引入输出电压的负反馈，实现各逆变器输出电压的同步。值得注意的问题包括以下 3 点。

① 变频器并联后导致各电源输出电压的差别加大，主要是因为反馈采样点的电压已不再是单台电源的输出电压，而是多台逆变器共同作用的结果。

② 多台逆变器即使在稳态下的幅值、频率及相位均相等，它们的动态调节过程也不可能完全一样，会产生瞬时的动态电流，并且动态电流值很大，需要在各变频器的输出端串入限流电抗和均流电路。

③ 集成度较高的变频器控制电路，并联改造相对困难，应慎重对待。

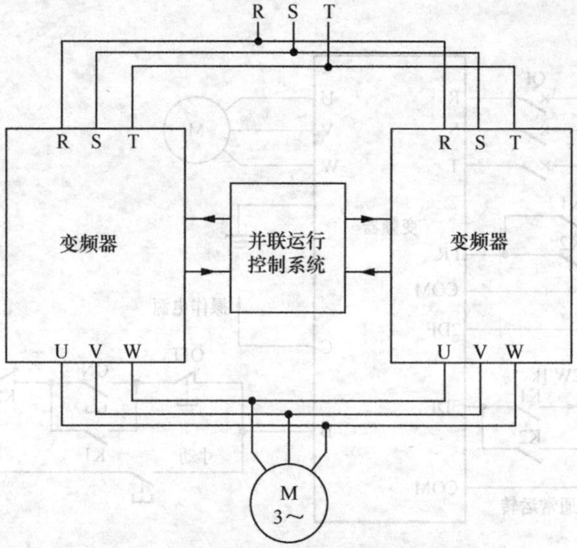

图4-5　两台变频器的并联运行结构示意图

2. 一台变频器拖动多台电动机并联运行

如图 4-6 所示，一台变频器拖动多台电动机并联运行时，不能使用变频器内的电子热保护，而是每台电动机外加热继电器，用热继电器的常闭触点串联去控制保护单元。此时，变频器的容量应根据电动机的启动方式确定多台电动机不是同时启动而是顺序启动，首先将一台电动机从低频启动，待该变频器已经工作在某一频率时，其余电动机再全压启动。每启动一台电动机，变频器都会出现一次电流冲击，这时应保证变频器的电流能够承受电动机全压启动带来的电流冲击。如果多台电动机的容量不同，应尽可能先启动容量大的电动机，然后再启动容量小的电动机。应尽量避免电动机顺序启动的运行方式。如果电动机的台数较多，可以将电动机分成若干组，每组采用同时启动方式。

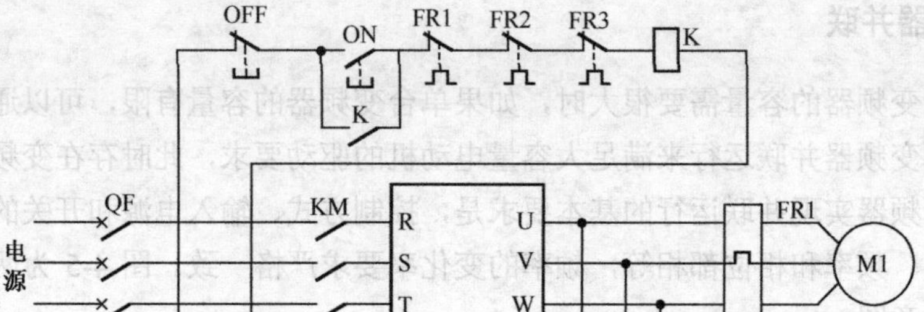

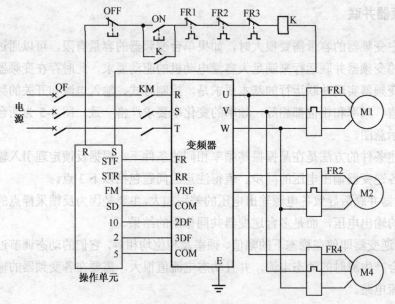

图4-6　一台变频器拖动多台电动机并联运行

【实例】某污水处理工艺的处理池内安装有 6 台搅拌器，搅拌强度与污水处理量有关，要求分 3 种不同速度搅拌，由 PLC 控制搅拌器的启动、停止和搅拌强度。6 台搅拌器电动机功率均为 5.5kW，额定电流均为 12.8A，按要求设计变频调速系统。

由于搅拌器类似于恒转矩负载，并且没有太大的过载运行可能性，因此任何品牌的变频器都可以选择，这里选择 CIMR-F7A 4045 变频器。

变频器的规格按照额定电流选择，6 台电动机额定电流之和为 76.8A，因此变频器额定电流应该不小于 81A。选择 CIMR-F7A 4045 变频器，额定电流为 91A，标称功率为 45kW。这里 6 台电动机功率之和仅为 33kW，但 37kW 变频器的额定电流却只有 75A，这是因为低容量电动机的额定电流相对比较高，以电流和选择变频器时容量会大于功率之和。

该实例中采用“一拖多”的运行方式，电路接线如图 4-7 所示。CIMR-F7A 4045 变频器拖动 6 台搅拌器的电动机。变频器与 PLC 通过控制端子相连接，PLC 送给变频器运行指令和两个多段速指令；变频器送给 PLC 运行信号和故障信号，6 台热继电器的常开触点信号并联之后送给 PLC，所以只要任何一台电动机过载，PLC 即撤销运行指令，都会停止变频器的运行。

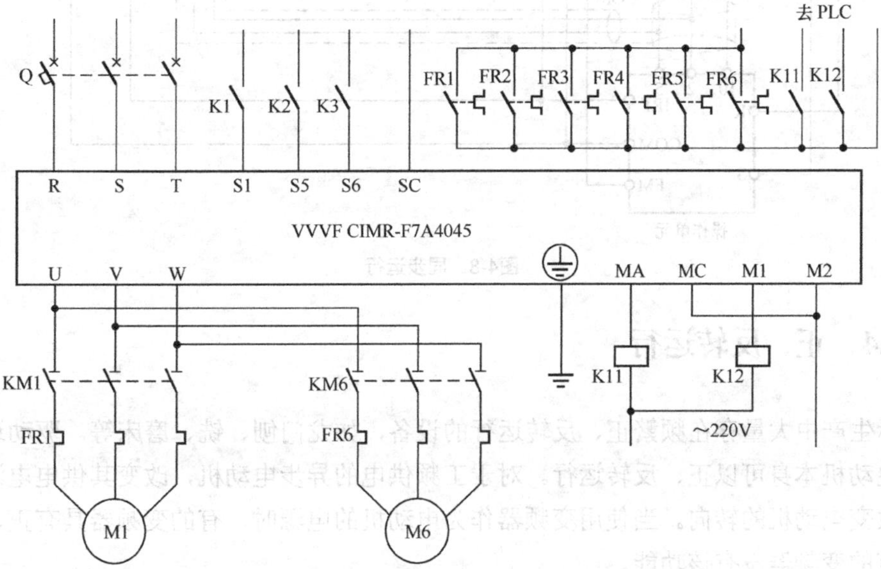

图4-7　一台变频器拖动多台电动机并联运行实例

4.2.3　同步运行

工业领域中的多轴速度的同步控制是许多制造业必不可少的加工手段。通过生产机械的多轴速度控制，既可提高产品的生产质量，又可提高系统的生产效率。在变频调速器广泛使用的今天，用交流异步电动机实现多轴速度的同步控制已成为现实。例如，在大吨位行车的驱动电动机中，两台电动机的转速一致，转速的积分也一致，因此，可以使用位移检测器使一台电动机及时跟踪另一台电动机。

在图 4-8 所示的控制线路中，两台变频器控制两台输送机的传动电动机，调节输送带的运行速度。齿轮减速箱把输送带的速度信号反馈到同步信号器和同步变压器，而后传入位移检测器实时检测输送带的速度，控制变频器的输出频率。如果两条输送带的速度不相同，同步变压器把输送带速度之差转化为电势差，位移检测器对该差值放大、积分，给变频器发出频率调制信号，使控制速度较慢的输送带的变频器频率升高，跟踪速度较快的输送带。

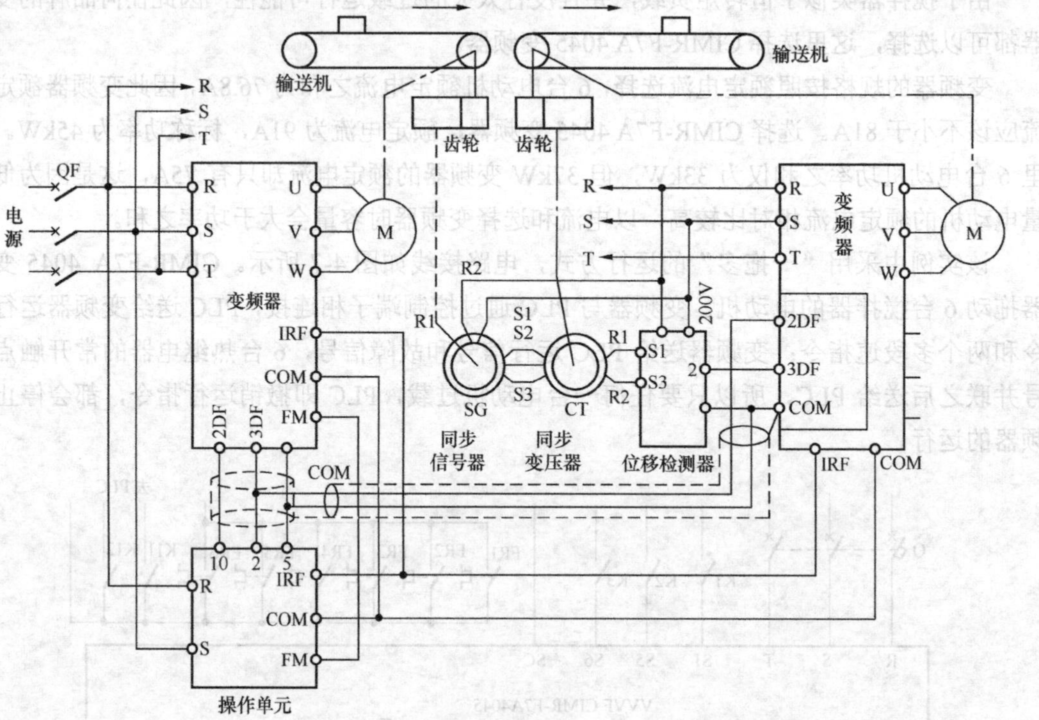

图4-8　同步运行

4.2.4　正、反转运行

实际生产中大量存在频繁正、反转运行的设备，如龙门刨、铣、磨床等。驱动这些设备的异步电动机本身可以正、反转运行。对于工频供电的异步电动机，改变其供电电源的相序就可以改变电动机的转向。当使用变频器作为电动机的电源时，有的变频器具有正、反转功能，而有的变频器没有该功能。

对于具有正、反转功能的变频器，使用变频器的正、反转控制信号直接驱动电动机的正、反转。图 4-9 为该类变频器的驱动电动机正、反转运行的控制线路图。直接控制变频器的正、反转控制接口即可实现电动机的正、反转运行控制。

对于不具备正、反转功能的变频器，可以使用接触器切换变频器的输出相序，实现对电动机正、反转的控制。使用该类变频器时，在设计其控制电路过程中需要注意不能直接将电动机从正转切换到反转，而应该在确保电动机已经停止的条件下将电动机切换到反转，否则切换过程中的过大电流将会导致变频器和电动机损坏。图 4-10 为这种情况下的变频器控制接线图。

图 4-10 中的 KM1 和 KM2 接触器用来切换变频器的输出相序，改变主电路的相序，实现对电动机正、反转的控制。

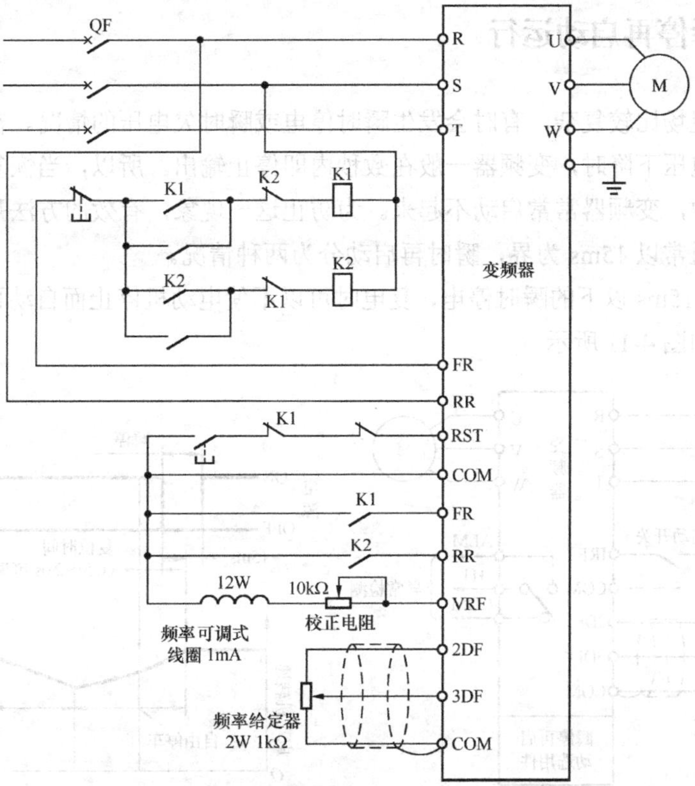

图4-9 具有正反转功能变频器正、反转的控制线路

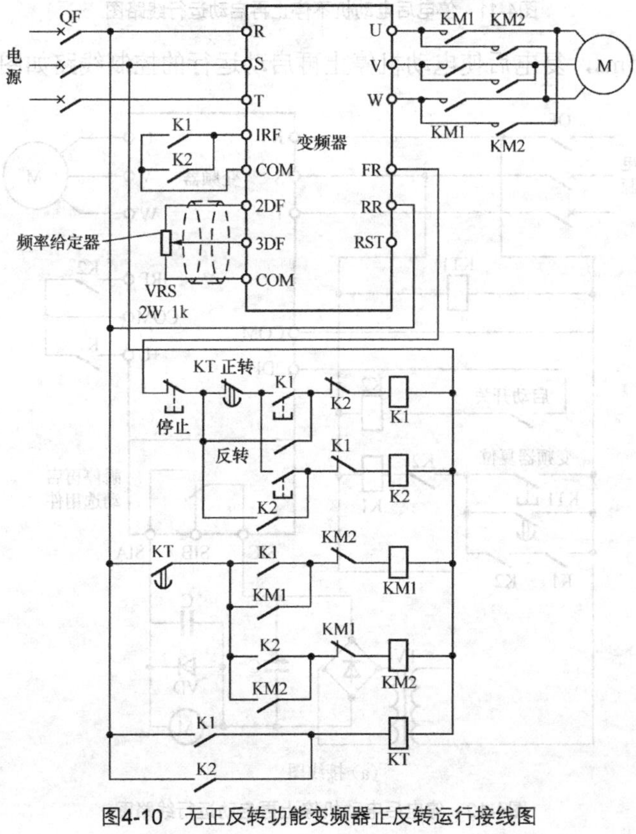

图4-10 无正反转功能变频器正反转运行接线图

4.2.5 瞬停再启动运行

由于工业现场比较复杂，有时会发生瞬时停电或瞬时欠电压的情况。在负载运行中，发生瞬间停电或电压下降时，变频器一般在数秒内即停止输出。所以，当恢复电源时，电动机正处于旋转之中，变频器常常启动不起来。为防止这一现象，有效的方法是设定瞬时停电再启动的功能。通常以 15ms 为界，瞬时再启动分为两种情况。

① 当发生 15ms 以下的瞬时停电，复电时可以不使电动机停止而自动再启动运行，其控制线路接线图如图 4-11 所示。

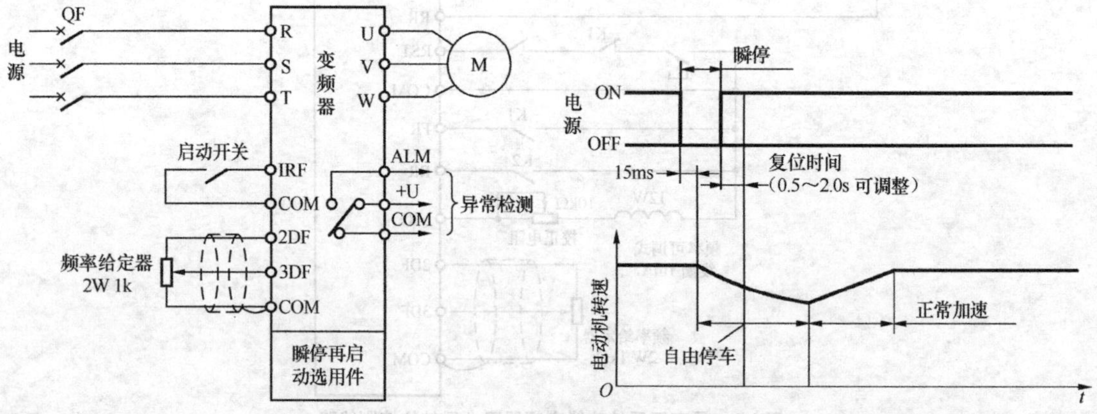

(a) 接线图　　　　(b) 电机转速

图4-11　停电后电动机不停止再启动运行线路图

② 停电超过 15ms，复电后使电动机停止再启动运行的控制线路如图 4-12 所示。

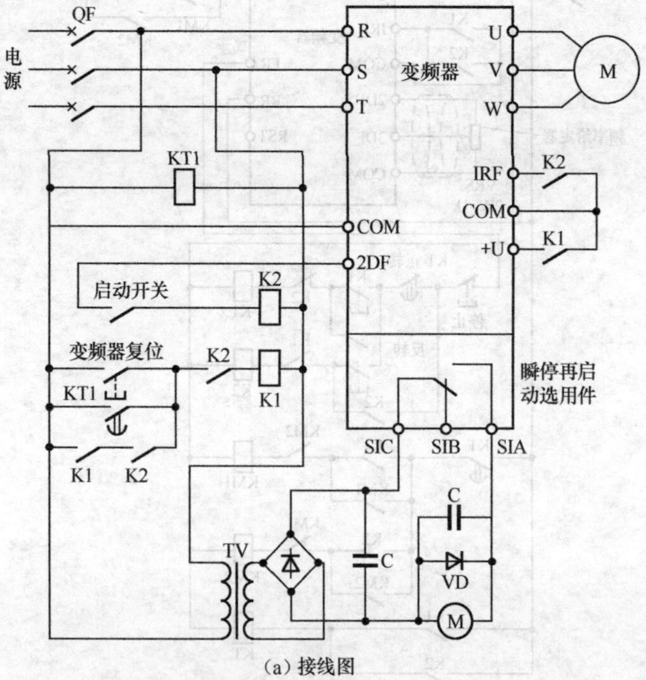

(a) 接线图

图4-12　停电后电动机停止再启动运行线路图

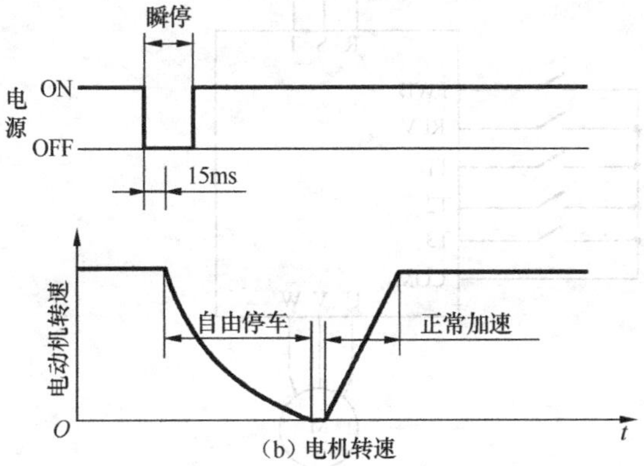

图4-12 停电后电动机停止再启动运行线路图（续）

4.2.6 正转运行

图 4-13 为通用变频器的正转基本控制接线图。工作时，正转接线 FWD 与公共端 CM 相连接，通电后电动机开始正转。

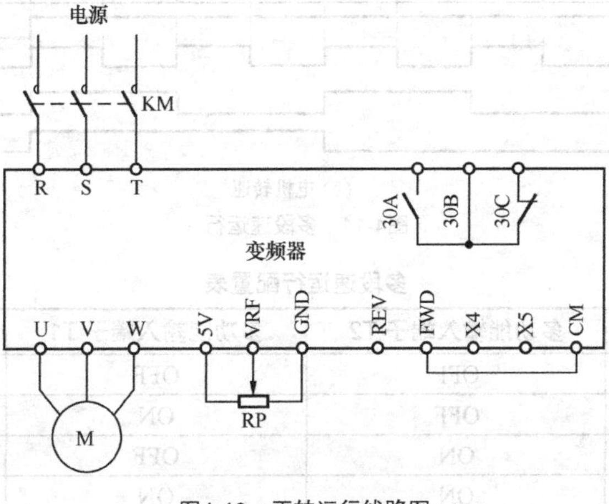

图4-13 正转运行线路图

如果电动机旋转方向与正转方向不一致，可以通过以下方式改变电动机旋转方向。

① 将 CM 接到 FWD 的连线改接到 REV 端。

② 如果接到 FWD 的连线不变，可以通过功能预置来改变旋转方向。

4.2.7 多段速运行

多段速运行是指通过多功能输入端子的逻辑组合，可以选择多段频率进行多段速运行，最多可以达到 16 段速运行。变频器在多段速运行方式下能连续地运行，保持各间断的最终值，可以方便地使风机或鼓风机根据季节切换风量，涂装设备根据需漆的零件切换等。

如图 4-14 所示，通过多功能输入端子 T1、T2、T3 的不同逻辑组合，可以按照表 4-1 选择普通运行频率和 1～7 段速进行多段速运行。

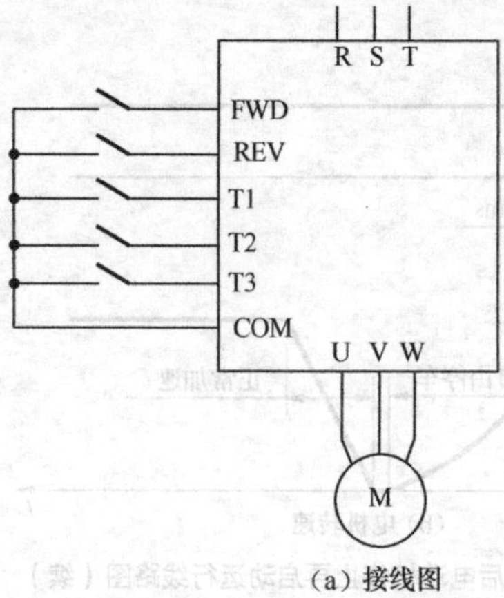

（a）接线图

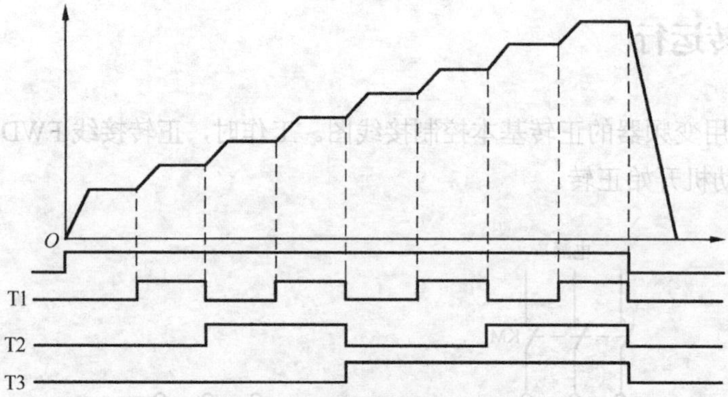

（b）电机转速

图4-14　多段速运行

表 4-1　　多段速运行配置表

多功能输入端子 T3	多功能输入端子 T2	多功能输入端子 T1	频率设定值
OFF	OFF	OFF	普通运行频率
OFF	OFF	ON	多段频率（1 速）
OFF	ON	OFF	多段频率（2 速）
OFF	ON	ON	多段频率（3 速）
ON	OFF	OFF	多段频率（4 速）
ON	OFF	ON	多段频率（5 速）
ON	ON	OFF	多段频率（6 速）
ON	ON	ON	多段频率（7 速）

【实例】使用变频器解决啤酒生产过程中输送带速度与灌装机速度匹配的问题。

图 4-15 为系统工艺流程示意图。根据工艺要求，灌装机前面的输送带分成若干段。A、B、C、D、E 为输送带，M13、M14、M15 分别为 A、B、C 带的拖动电动机，D 带与灌装机机械联动，E 带由另一电动机拖动。

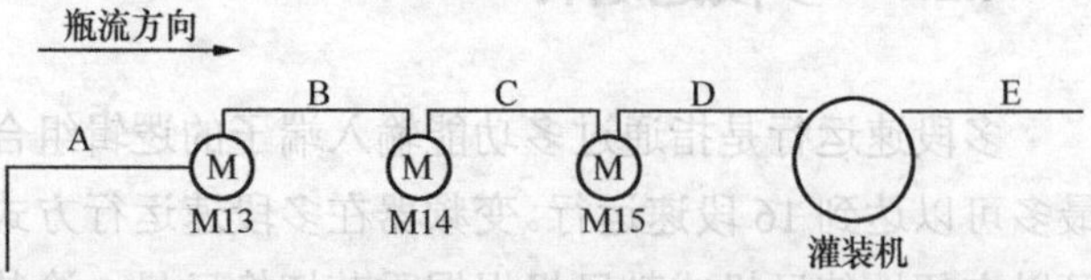

图4-15　工艺流程示意图

另外，各带上均有光电传感器探测瓶流速度。PLC 根据瓶流调整各段输送带的速度。

如图 4-16 所示，以变频器 I 为例，本例选择三菱变频器 FR-A540E。三菱变频器外部端子调速方式可分为模拟量调速和多段速调速。模拟量调速可用电压 DC 0～10V 或电流 DC 4～20mA 进行无级调速。此处使用 0～10V 模拟电压作为给定量，进行开环调速；多段速采用外部输入端子 SD、STF、RL、RM、RH 进行三段速调速。RL、RM、RH 是分别低、中、高三段速速度选择端子，SD 是输入公共端，STF 是启动正转信号。当 Y10、Y11 有输出时，变频器为低速运行；当 Y10、Y12 有输出时，为中速运行；当 Y10、Y13 有输出时为高速运行。变频器 2、3 原理与此相同。三段速分别设置为 15Hz、30Hz、45Hz。在模拟量调速时，通过调整 RP1、RP2 的分压比设置 KA1 闭合时变频器高速运行，KA2 闭合时为低速运行，当 KA1、KA2 都断开时，变频器为最高速；变频器 2、3 原理与此相同。通过编程，PLC 根据操作台发出的信号选择控制方式：模拟量调速或多段速调速。

在图 4-16 中，变频器 1、2、3 使用以下两种调速方式。

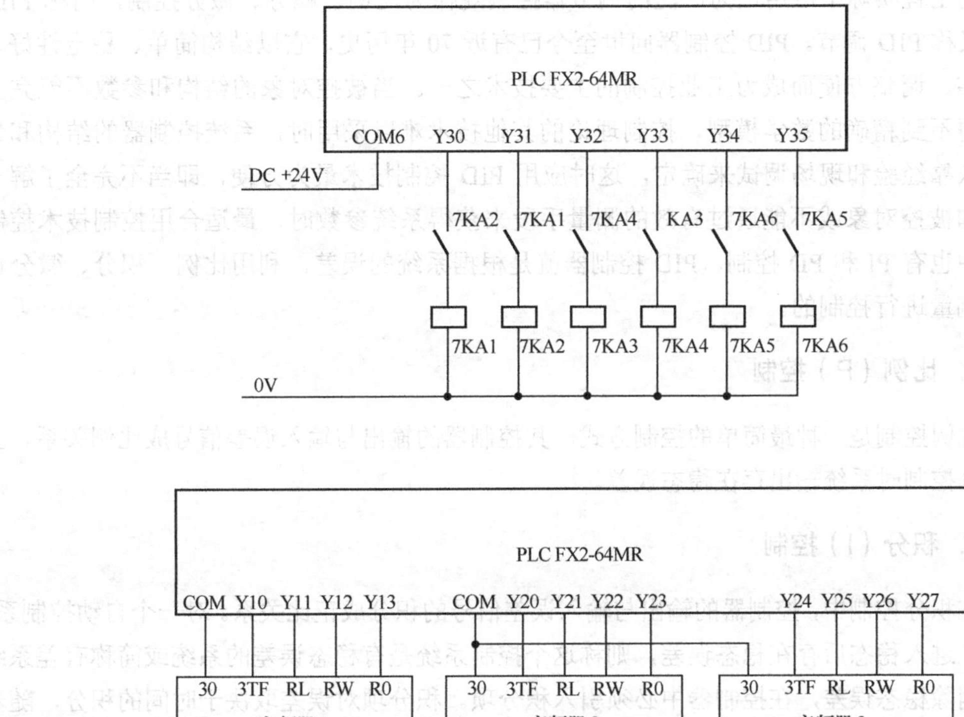

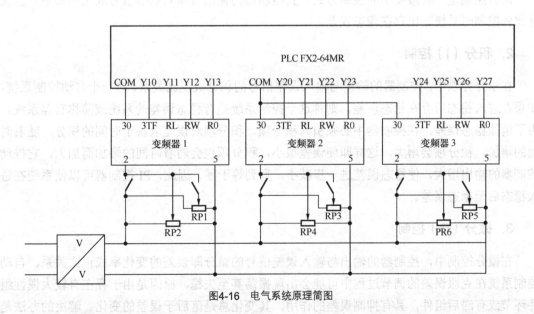

图4-16　电气系统原理简图

① 来自灌装机主机变频器的模拟信号 DC 0～10V 经过隔离器转换为线性 DC 0～10V，再经过电位器分压作为变频器 1、2、3 的给定信号，以控制电动机 M13、M14、M15，这样

可以做到输送带与灌装机的速度良好匹配。

② 采用多段速控制端子 SD、STF、RL、RM、RH，通过 PLC 编程，由 PLC 发出控制信号以控制速度。PLC 根据灌装机操作台发出的信号来判断使用哪种速度控制方式，又根据瓶流情况选择高低速。在模拟信号控制时，通过辅助继电器 KA1 和 KA2、KA3 和 KA4、KA5 和 KA6 的组合，经 RP1、RP2，RP3、RP4，RP5、RP6 分压控制变频器输出速度。在多段速时，通过 PLC 的输出 Y10、Y11、Y12、Y13，Y20、Y21、Y22、Y23，Y24、Y25、Y26、Y27 分别调节各个变频器的输出频率，以达到多段输送带的速度匹配及与灌装机的速度匹配。在模拟控制方式调整中，电位器分压比的调整是关键。

4.2.8 PID 运行

在工程实际中应用最为广泛的调节器控制规律为比例、积分、微分控制，简称 PID 控制，又称 PID 调节。PID 控制器问世至今已有近 70 年历史，它以结构简单、稳定性好、工作可靠、调整方便而成为工业控制的主要技术之一。当被控对象的结构和参数不能完全掌握或得不到精确的数学模型，控制理论的其他技术难以采用时，系统控制器的结构和参数必须依靠经验和现场调试来确定，这时应用 PID 控制技术最为方便，即当不完全了解一个系统和被控对象或不能通过有效的测量手段来获得系统参数时，最适合用控制技术控制。实际中也有 PI 和 PD 控制。PID 控制器就是根据系统的误差，利用比例、积分、微分计算出控制量进行控制的。

1. 比例（P）控制

比例控制是一种最简单的控制方式，其控制器的输出与输入误差信号成比例关系。当仅有比例控制时系统输出存在稳态误差。

2. 积分（I）控制

在积分控制中，控制器的输出与输入误差信号的积分成正比关系。对一个自动控制系统，如果在进入稳态后存在稳态误差，则称这个控制系统是有稳态误差的系统或简称有差系统。为了消除稳态误差，在控制器中必须引入积分项。积分项对误差取决于时间的积分，随着时间的增加，积分项会增大。这样即便误差很小，积分项也会随着时间的增加而加大，它推动控制器的输出增大，使稳态误差进一步减小，直到等于零。因此，PI 控制器可以使系统在进入稳态后无稳态误差。

3. 微分（D）控制

在微分控制中，控制器的输出与输入误差信号的微分即误差的变化率成正比关系。自动控制系统在克服误差的调节过程中可能会出现振荡甚至失稳，原因是由于存在有较大惯性组件环节或有滞后组件，具有抑制误差的作用，其变化总是落后于误差的变化。解决的办法是使抑制误差作用的变化“超前”，即在误差接近零时，抑制误差的作用就应该是零。也就是说，在控制器中仅引入比例项是不够的，比例项的作用仅是放大误差的幅值，而目前需要增加的是微分项，它能预测误差变化的趋势，这样，具有比例微分的控制器，就能够提前使抑制误差的控制作用等于零，甚至为负值，从而避免了被控量的严重超调。所以对有较大惯性或滞后的被控对象，PD 控制器能改善系统在调节过程中的动态特性。

4. 内置 PID 功能

由于 PID 应用广泛、灵活，现在变频器的功能中大都集成了 PID，简称“内置 PID”，使用中只需设定 3 个参数即可。在很多情况下，并不一定需要全部 3 个单元，可以取其中的 1～2 个单元，但比例控制单元是必不可少的。例如，被控量属于流量、压力和张力等过程控制参数，只需 PI 功能，D 功能基本不用，所以为方便起见，很多变频器其实只有 PI 功能。

PI 闭环运行，必须首先选择 PID 闭环，在选择功能有效的情况下，变频器按照给定量和反馈量进行 PID 调节。PID 调节是过程控制中应用十分普遍的一种控制方式，它是使控制系统的被控物理量能够迅速而准确地无限接近于控制目标的基本手段。

在 PID 调节中至少有两种控制信号。

① 给定量。它是被控物理量的控制目标。

② 反馈量。它是与被控物理量对应的输出信号。

PID 接线图如图 4-17 所示。PID 调节功能将随时比较给定量和反馈量，以判断是否已经达到预定的控制目的。具体来说，它将根据两者的差值，利用比例、积分和微分的手段对被控物理量进行调整，直至反馈量和给定量基本相等，达到预定的控制目标为止。

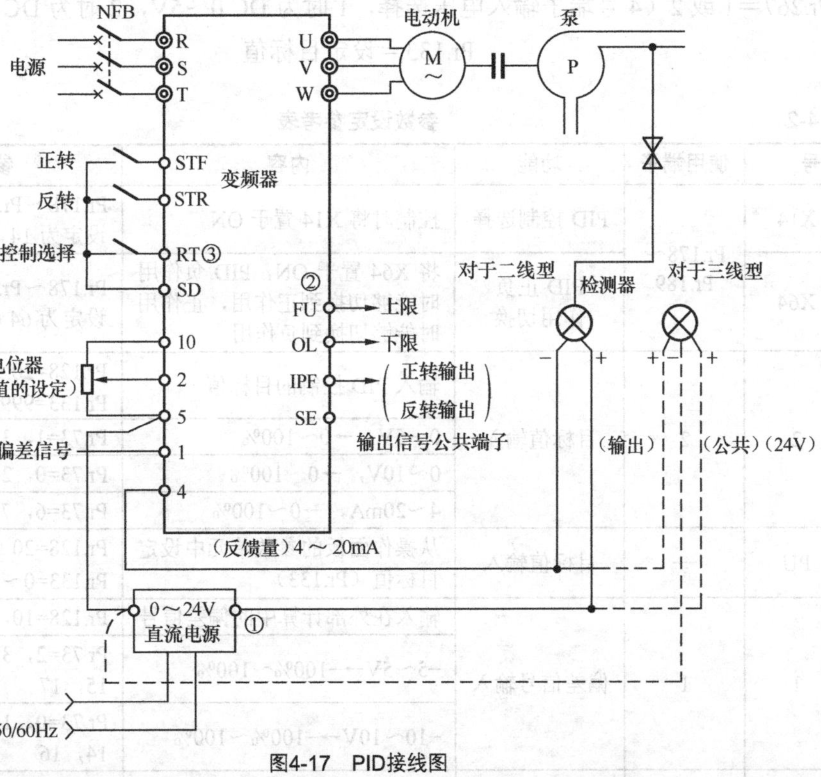

图4-17 PID接线图

PID 控制器是由比例单元、积分单元和微分单元组成的，PID 控制器输入与输出的关系为

$$u(t) = k_p \cdot e(t) + k_i \cdot \int_0^t e(t)\mathrm{d}t + \frac{\mathrm{d}e(t)}{\mathrm{d}t} \tag{4-5}$$

它的传递函数为

$$\frac{U(s)}{E(s)} = k_p + \frac{k_i}{s} + k_d \cdot s \tag{4-6}$$

【实例】通过压力表输入实时压力测量值，从 PU 板输入目标数值，采用三菱 FR-F700 系列变频器 PID 运行模式，变频器自动调节输出频率，如图 4-18 所示。

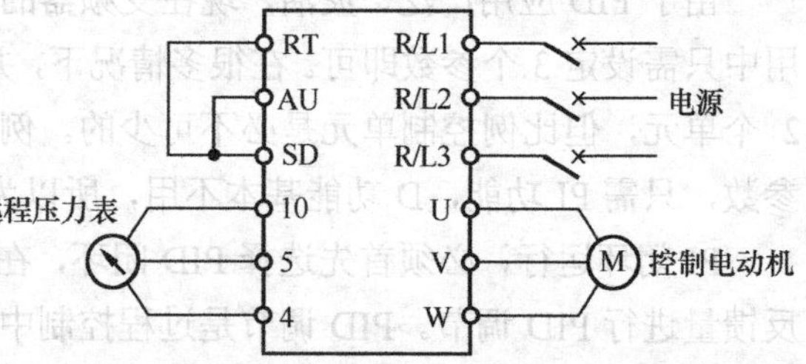

图4-18　控制系统接线图

（1）参数设置

为了进行 PID 控制，将 X14 信号置于 ON。该信号置于 OFF 时，不进行 PID 动作，而为通常的变频器运行。但是，通过 LONWORKS，CC-Link 通信进行 PID 控制时，没有必要将 X14 信号置于 ON。在变频器的端子 2—5 间或者 Pr.133 中输入目标值，在变频器的端子 4—5 间输入测量值信号。此时，Pr.128 设定为 20 或 21。在端子 1—5 间输入在外部计算的偏差信号。此时，Pr.128 设定为 10 或 11。详细的参数设定请参考表 4-2。

Pr.128＝20（PID 负作用）

Pr.183＝14（PID 控制选择）

Pr.267＝1 或 2（4 号端子输入电压选择，1 时为 DC 0～5V，2 时为 DC 0～10V）

Pr.133＝设定目标值

表 4-2　参数设定参考表

信号		使用端子	功能	内容	参数设定
输入	X14	Pr.178～Pr.189	PID 控制选择	控制时将 X14 置于 ON	Pr.178～Pr.189 中任意一个设定为 14
	X64		PID 正负作用切换	将 X64 置于 ON，PID 负作用时能够切换到正作用，正作用时能够切换到负作用	Pr.178～Pr.189 中任意一个设定为 64
	2	2	目标值输入	输入 PID 控制的目标值	Pr.128=20 或 21，Pr.133=9999
				0～5V，→0～100%	Pr.73=1，3，5，11，13，15
				0～10V，→0～100%	Pr.73=0，2，4，10，12，14
				4～20mA，→0～100%	Pr.73=6，7
	PU	—	目标值输入	从操作面板的参数单元中设定目标值（Pr.133）	Pr.128=20 或 21 Pr.133=0～100%
	1	1	偏差信号输入	输入在外部计算中的偏差信号	Pr.128=10，11
				-5～5V→-100%～100%	Pr.73=2，3，5，7，12，13，15，17
				-10～10V→-100%～100%	Pr.73=0，1，4，6，10，11，14，16
	4	4	测量值输入	输入检测器发出的信号	Pr.128=20 或 21
				4～20mA→0～100%	Pr.267=0

续表

信号		使用端子	功能	内容	参数设定
输入	4	4	测量值输入	0～5V→0～100%	Pr.267=1
				0～10V→0～100%	Pr.267=2
	通信 2	—	偏差值输入	从 CC-Link 通信输入偏差值	Pr.128=50 或 51
			目标值、测量值输入	从 CC-Link 通信输入目标值和测定值	Pr.128=60 或 61
输出	FUP	通过 Pr.190～Pr.196	上限输出	测量信号超出上限值（Pr.131）时的输出	Pr.128=20 或 21，60 或 61 Pr.131=9999 Pr.190～Pr.196 中的任意一个设定为 15 或者 115
	FDN		下限输出	测量信号超出下限值（Pr.132）时的输出	Pr.128=20 或 21，60 或 61 Pr.131=9999 Pr.190～Pr.196 中的任意一个设定为 14 或者 114
	RL		正转（反转）方向输出	参数单元的输出显示为正转时输出（Hi），反转时输出（Rev），停止时输出（Low）	Pr.190～Pr.196 中的任意一个设定为 16 或者 116
	PID		PID 控制动作中	PID 控制中置于 ON	Pr.190～Pr.196 中的任意一个设定为 14 或者 147
	SLEEP	通过 Pr.190～Pr.196	PID 控制中断中	PID 输出中断功能动作时置于 ON	Pr.575 不等于 9 999 Pr.190～Pr.196 中的任意一个设定为 170
	SE	SE	输出公共端子	端子 FUP/FND/RL/PID/SLEEP 的公共端子	

（2）参数校正

将上述参数设定完成，保证 RT 端子和 AU 端子均和 SD 端子短接后再校正参数。将压力表值调节到 0MPa，设定参数 Pr.c6＝0；将压力表值调节到 1.6MPa，设定参数 Pr.c7＝100。这样，0～100 将和 0～1.6MPa 等比例对应，目标值设定 Pr.133 中的设定值（0～100）与 0～1.6MPa 等比例对应。

4.2.9 工频与变频运行

在交流变频调速控制系统中，根据工艺要求，常常需要选择“工频运行”或“变频运行”；当变频器异常运行时，自动切换到工频电源运行，或者将工频电网运行自动切换到变频器上运行。切换控制的主电路及控制电路如图 4-19 所示。

运行方式由位置开关 SA 选择，当 SA 旋至“工频运行”方式时，按下启动按钮 SB1，继电器 KA1 动作并自锁，接触器 KM3 动作，电动机工频运行；按下停止按钮 SB2，继电器 KA1 和接触器 KM3 线圈断电，电动机停止运行。当 SA 旋至“变频”运行时，按下 SB1，继电器 KA1 得电自锁，接触器 KM2 得电，电动机接至变频器的输出端。KM2 得电后，KM1 线圈得电，工频电源接到变频器的输入端，允许电动机启动。

图 4-20 为 PLC 控制的工频与变频切换电路接线图。各接触器的功用如下。

① KM1 用于将电源线接至变频器的输入端。

② KM2 用于将变频器的输出端接至电动机。

③ KM3 用于将工频电源直接接至电动机。

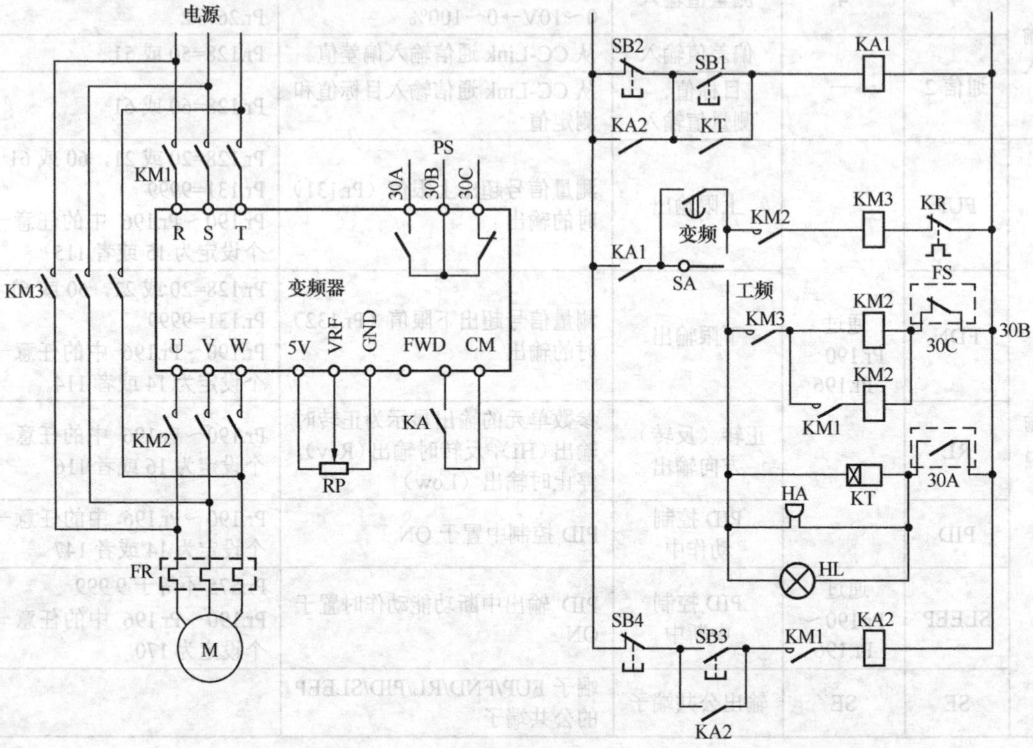

（a）主电路 （b）控制电路

图4-19　工频与变频切换控制接线图

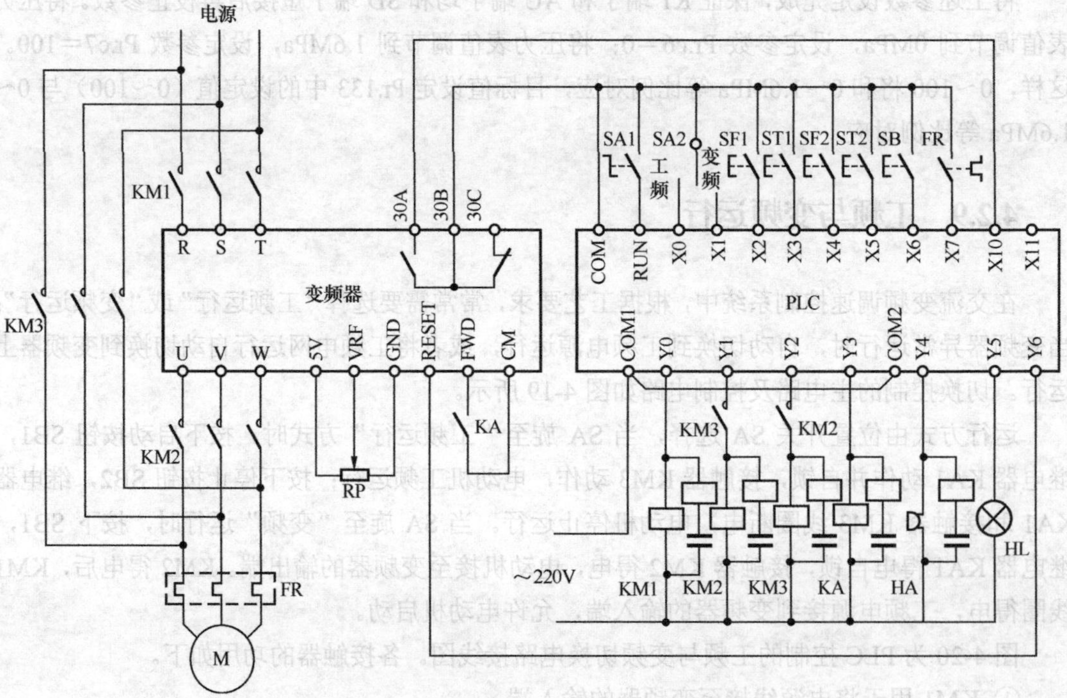

图4-20　PLC控制的工频与变频切换电路接线图

此外，因为在工频运行时，变频器将不可能对电动机的过载进行保护，所以，有必要接入热继电器 FR，用于作为工频运行时的过载保护。

由于变频器的输出端是绝对不允许与电源相接的，所以接触器 KM2 和 KM3 绝对不允许同时接通，互相之间必须有非常可靠的互锁。

见图 4-20，旋钮开关 SA1 用于控制 PLC 的运行。运行方式由三位开关 SA2 选择，当 SA2 合至“工频”运行方式时，按下启动按钮 SF1，由 PLC 将 KM3 接通，电动机接入工频运行状态，按下停止按钮 ST1，电动机停止运行；当 SA2 合至“变频”运行方式时，按下启动按钮 SF2，由 PLC 将 KM2 接通后，KM1 也接通，电动机接入变频运行状态，按下停止按钮 ST2，电动机停止运行。SB 用于变频器发生故障后的复位。为了使 KM2 和 KM3 绝对不能同时接通，除了在 PLC 内部的软件（梯形图）中具有互锁环节外，外部电路中也必须在 KM2 和 KM3 之间互锁。变频运行方式按下 SF2 的同时，PLC 使中间继电器 KA 动作，变频器的 FWD 与 CM 接通，电动机开始升速，进入 “变频器运行”状态。KA 动作后，停止按钮 ST1 将失去作用，以防止直接通过切断变频器电源使电动机停机。蜂鸣器 HA 和指示灯 HL 用于在变频运行时，一旦变频器因故障而跳闸，也能进行声光报警。表 4-3 列举了 PLC 的输入/输出端子的配置参数。

表 4-3　　PLC 输入/输出端子配置参数表

名称	代号	输入端子	名称	代号	输出端子
工频运行	SA2	X0	变频电源接触器	KM1	Y0
变频运行	SA2	X1	变频输出接触器	KM2	Y1
工频启动	SF1	X2	工频电源接触器	KM3	Y2
工频停止	ST1	X3	变频升速继电器	KA	Y3
变频启动	SF2	X4	蜂鸣器	HA	Y4
变频停止	ST2	X5	指示灯	HL	Y5
变频器故障复位	SB	X6	*U*/*f* 故障复位按钮	RESET	Y6
电动机过热保护	FR	X7			
变频器故障跳闸	30A-30B	X10			

1. 工频运行

首先将选择开关 SA2 旋至“工频”运行位，使输入继电器 X0 动作，为工频运行做好准备。按启动按钮 SF1，输入继电器 X2 动作，使输出继电器 Y2 动作并保持，从而接触器 KM3 动作，电动机在工频电压下启动并运行。按停止按钮 ST1，输入继电器 X3 动作，使输出继电器 Y2 动作并保持，从而接触器 KM3 失电，电动机停止运行。如果电动机过载，热继电器触点 FR 闭合，输入继电器 X7 动作，输出继电器 Y2、接触器 KM3 相继复位，电动机停止运行。图 4-21 为工频运行的梯形图。

2. 变频通电

首先将选择开关 SA2 旋至“变频”运行位，使输入继电器 X1 动作，为变频运行做好准备。按启动按钮 SF1，输入继电器 X2 动作，使输出继电器 Y1 动作并保持。一方面使接触器 KM2 动作，将电动机接到变频器的输出端；另一方面又使输出继电器 Y0 动作，从而接触器

KM1动作，使变频器接通电源。按停止按钮ST1，输入继电器X3动作，在Y3未动作或已经复位的前提下，使输出继电器Y1复位，接触器KM2复位，切断电动机与变频器之间的联系。同时，输出继电器Y0与接触器KM1也相继复位，切断变频器的电源。变频运行的梯形图如图4-22和图4-23所示。

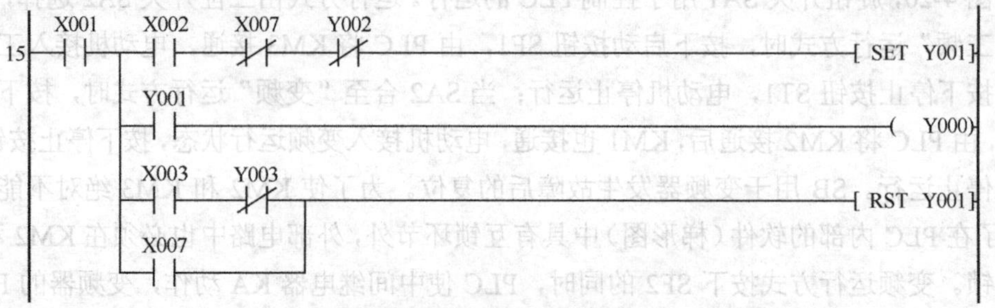

图4-21 工频运行的梯形图

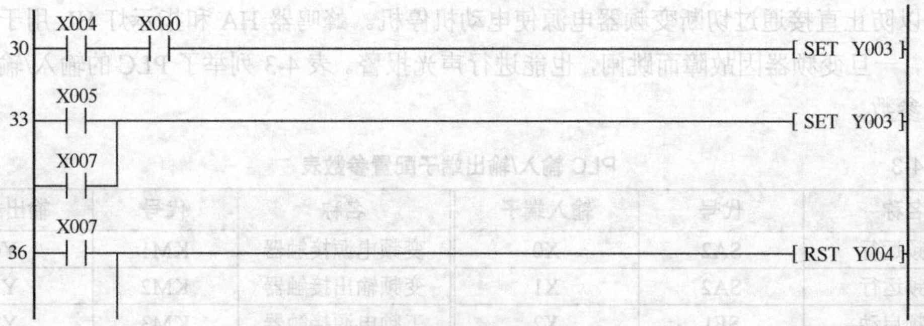

图4-22 变频运行及其他工况（一）

图4-23 变频运行及其他工况（二）

3. 变频运行

按下SF2，输入继电器X4动作，在Y0已经动作的前提下，输出继电器Y3动作并保持，继电器KA动作，变频器的FWD接通，电动机开始升速并运行，进入变频运行阶段。同时Y3的常闭触点使停止按钮ST1暂时不起作用，防止在电动机运行状态下直接切断变频器的电源。按ST2，输入继电器X5动作，输出继电器Y3复位，继电器KA失电，变频器的FWD

断开，电动机停止运行。

4. 变频器跳闸

如果变频器因故障而跳闸，变频器的 30A-30B 闭合，则 PLC 的输入继电器 X10 动作，一方面使 Y1 和 Y3 复位，从而输出继电器 Y0、接触器 KM2 和 KM1、继电器 KA 也相继复位，变频器停止工作，另一方面输出继电器 Y4 和 Y5 动作并保持，蜂鸣器 HA、指示灯 HL 工作，进行声光报警。同时，在 Y1 已经复位的情况下，时间继电器 T1 开始计时，其常开触点延时后闭合，使输出继电器 Y2 动作并保持，电动机进入工频运行状态。

5. 故障处理

报警后，操作人员应立即将 SA2 旋至“工频”运行位。这时，输入继电器 X0 动作，一方面使控制系统正式转入工频运行方式；另一方面使 Y4 和 Y5 复位，停止声光报警。当变频器的故障处理完毕，重新通电后，需首先按下复位按钮 SB，使 X6 动作，从而 Y6 动作，变频器的 RESET 接通，使变频器的故障状态复位。

4.2.10 节能运行

变频器的节能是从泵、风机等大容量机械开始的，而且不断推广，一些空压机也开始采用变频器节能技术。实践表明变频器的节能效果可达 70%以上。风机、泵的最大特点是负载转矩与转速的平方成正比，轴功率与转速的立方成正比。因此，将使用挡板阀门调节风、流量的方法改用根据风机、泵所需的风量、流量调节转速就可以获得节能效果。

变频器在水泵方面的应用主要有流量控制、压力控制和水平控制等，各种自动控制方式如图 4-24 所示。

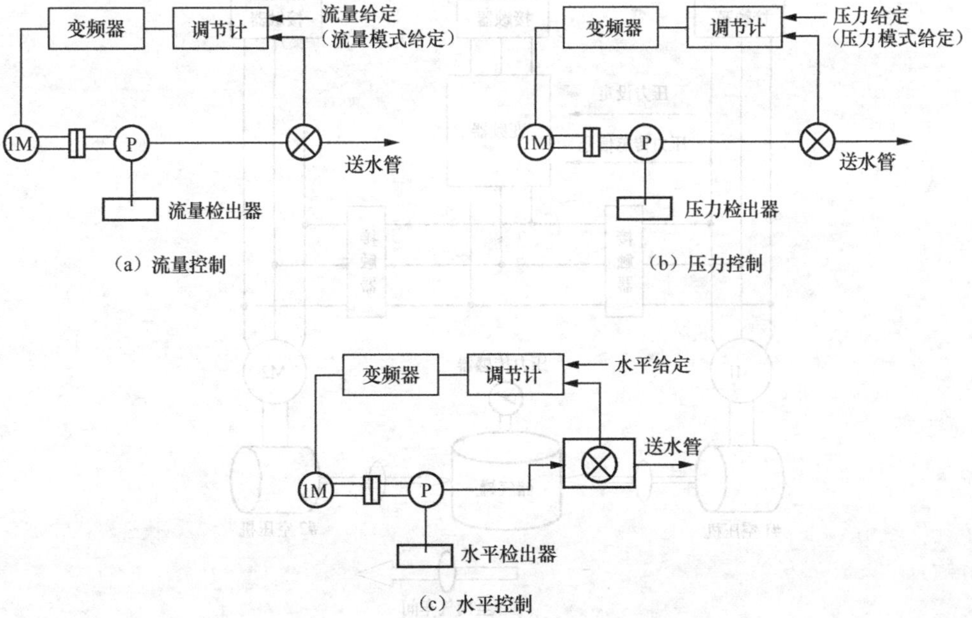

图4-24　变频器水泵方面的控制方式

接下来，将以变频器控制空压机为例，详细讲解如何利用变频器开展节能控制。

1. 空压机改造前的运行情况

设备改造前，两台空压机全部工作在工频状态，一用一备。压力采用两点式控制（上、下限控制），也就是当空压机汽缸内压力达到设定值上限时，空压机通过本身的油压关闭进气阀；当压力下降到设定值下限时，空压机打开进气阀。钢筋焊网生产的工作状况决定了用气量的时常变化，这样就导致了空压机频繁卸载和加载，经常是加载1min，卸载2min，对电动机、空压机和电网造成很大的冲击。同时，空压机卸载时不产生压缩空气，电动机处于空载状态，其用电量为满负载的60%左右，这部分电能被白白浪费。在这种情况下，对其进行变频改造是非常必要的。

2. 空压机变频改造

根据现场实际情况，选用一台变频器来控制两台空压机，通过电气控制相互转换的两台空压机的变频运行；当一台空压机出现故障时，可以转换到另一台空压机上运行，不会影响生产的正常进行。

如图4-25所示，改造时，保留原工频系统，增加变频系统，做到了工频/变频互锁切换。通过外部控制电路，使空压机启/停操作步骤仍然如前，操作简单，安全可靠。本系统采用压力闭环调节方式，在原来的压力罐上加装一个压力传感器，将压力信号转换成0～5V的电信号，送到变频器内部的PID调节器，调节器将信号与压力设定值进行比较运算后输出控制信号，变频器根据该信号输出频率，改变电动机的转速，调节供气压力，保持压力恒定，使空压机始终处于节电运行状态。

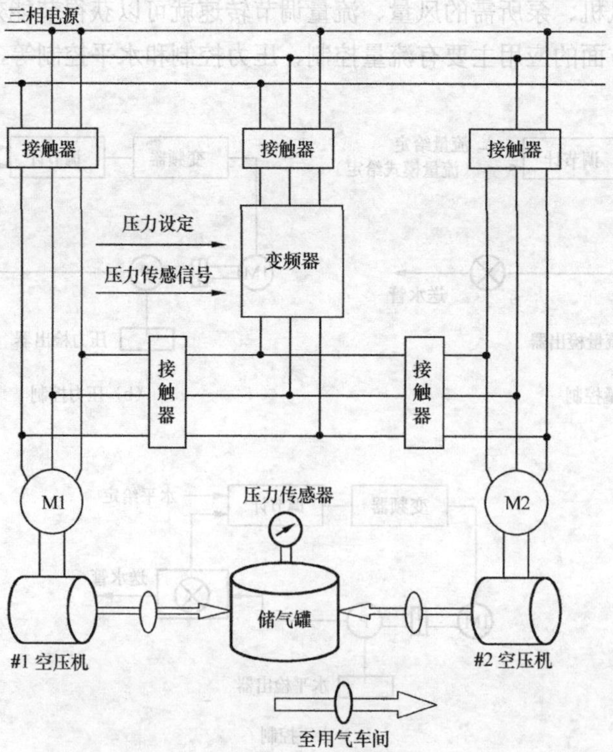

图4-25 空压机变频改造示意图

3. 节能效果及综合效益分析

改造前，空压机工频满载运行电流为 140A，运行时间为 1min；空载运行电流为 90A，运行时间为 2min，频繁地加载和卸载。改造后，空压机运行频率经常在 30～40Hz，运行电流平均为 70A，基本上没有卸载时间。空压机平均每天工作 16h，每月工作 25d。空压机每月用电量计算如下。

$$
\begin{aligned}
W_{前} &= 1.732\times12\times25\div1000 \\
&= 1.73\times(140\times1/3+90\times2/3)\times380\times16\times25\div1000 \\
&= 28057.8\text{（度）} \\
W_{后} &= 1.73\times70\times380\times16\times25\div1000 \\
&= 18407.2\text{（度）}
\end{aligned}
$$

每月节省电量为

$$W_{前}-W_{后}=28057.8-18407.2=9650.6\text{（度）}$$

按每度电 0.6 元计算，每月可节省电费为 9650.6×0.6=5790.36（元），整套空压机系统改造费用为 5 万元左右，约 10 个月就能收回设备投资。节能是变频改造带来的一大好处，但并不是唯一的，空压机变频改造后，还具有以下优点。

① 电动机从 2Hz 开始软启动，对电动机、空压机、电网的冲击大为减小。

② 延长了设备的使用寿命，减少了设备的维修量和维护费用。

③ 进一步完善了保护功能，如热保护，过电流、过电压、欠电压、短路、缺相保护等功能。

④ 操作简单方便，运行平稳，电极、空压机温升正常，噪声、振动减小。

⑤ 不再频繁地加载和卸载，供气压力稳定，提高了产品质量。

4.3 变频器与 PLC 的连接方式

PLC 是一种数字运算与操作的控制装置。PLC 作为传统继电器的替代产品，广泛应用于工业控制的各个领域。由于 PLC 可以用软件来改变控制过程，并有体积小、组装灵活、编程简单、抗干扰能力强及可靠性高等特点，特别适合在恶劣环境下运行。

当利用变频器构成自动控制系统进行控制时，很多情况下是采用 PLC 和变频器相配合使用。PLC 可提供控制信号和指令的通断信号，变频器可以接收 PLC 输出的开关信号。本节将介绍变频器和 PLC 配合使用时的接线方式、电平转换及接线注意事项。

4.3.1 运行信号的输入

变频器的输出信号中包括对运行/停止、正/反转、微动（点动）等运行状态进行操作的运行信号（数字输入信号）。变频器通常利用“与”连接得到这些运行信号。常用的输出有两种类型：继电器触点输出和晶体管输出，如图 4-26 所示。在使用继电器触点输出的场合，为防止出现因接触不良而带来的误动作，要考虑触点容量及继电器的可靠性。而当使用晶体管集电极开路形式连接时，也同样需要考虑晶体管本身的耐压容量和额定电流等因素，使构成的接口电路具有一定的裕量，以提高系统可靠性。

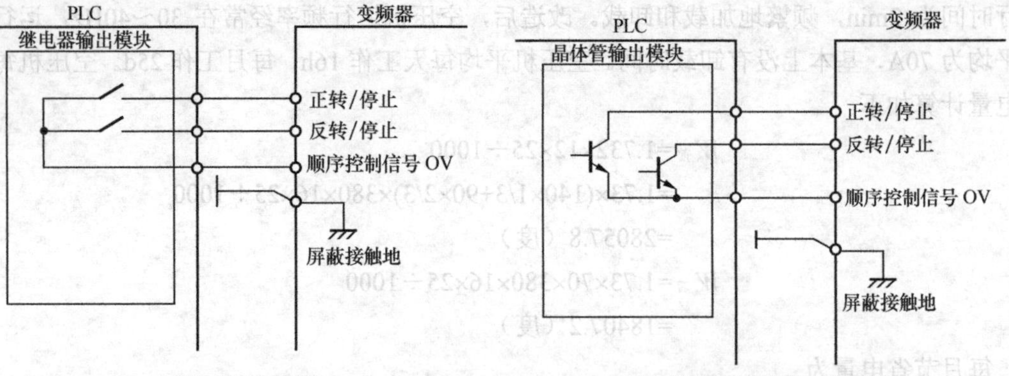

(a) 继电器触点输出　　(b) 晶体管（集电极开路）输出

图4-26　运行信号的连接方式

输入信号按照类型，可分为开关指令信号的输入、数值信号的输入两种形式。

开关指令信号包括运行/停止、正转/反转、微动等开关型指令信号。变频器通常利用继电器触点或具有继电器触点开关特性的元器件（如晶体管）与 PLC 相连得到运行状态指令。

在使用继电器触点时，常常因为接触不良而带来误动作。使用晶体管连接时，则需考虑晶体管本身的电压、电流容量等因素，保证系统的可靠性。在设计变频器的输入信号电路时还应该注意，当输入信号电路连接不当时，有时也会造成变频器的误动作。例如，当输入信号电路采用继电器等感性负载时，继电器开闭产生的浪涌电流带来的噪声有可能引起变频器的误动作，应尽量避免。图 4-27 与图 4-28 分别给出了正确与错误接线的例子，供读者对比分析。

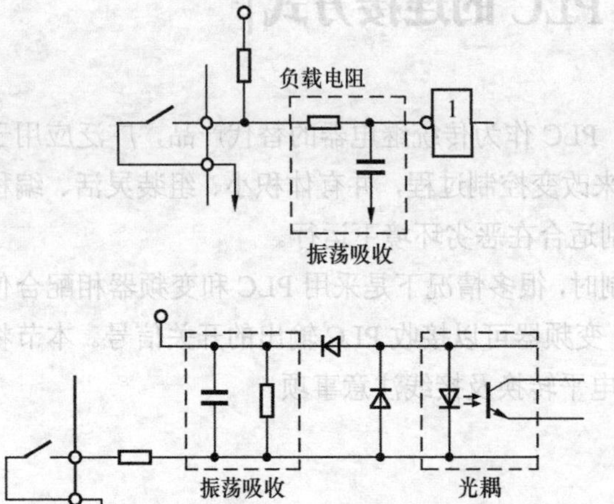

图4-27　变频器输入信号的正确接法

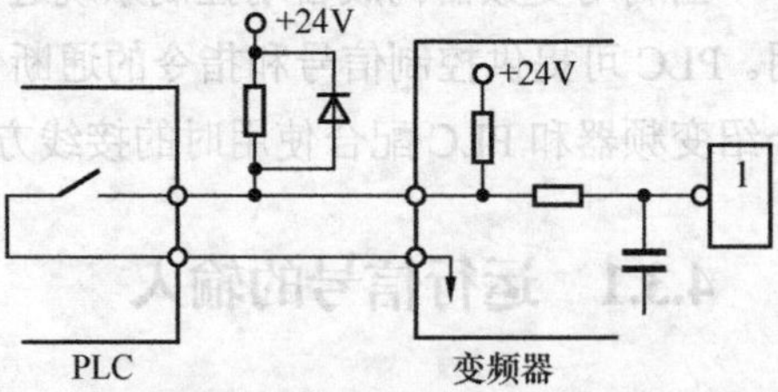

图4-28　变频器输入信号的错误接法

当输入开关指令信号进入变频器时，有时会发生外部电源和变频器控制电源（DC 24V）之间的串扰。正确的连接是利用 PLC 电源，将外部晶体管的集电极经过二极管接到 PLC。图 4-29 为数值信号的输入信号防串扰接法示意图。

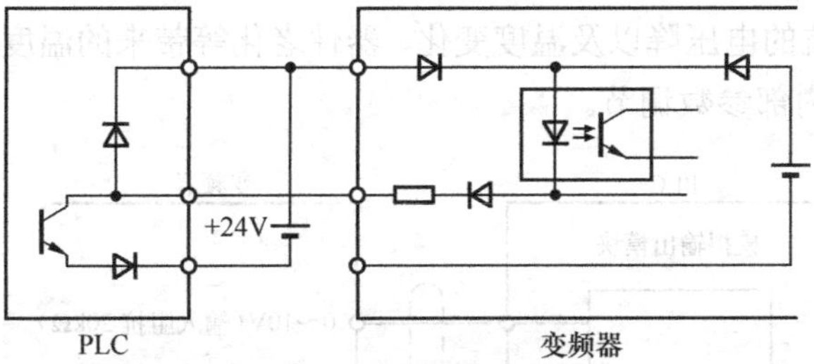

图4-29　防串扰接法

变频器中也存在一些数值型（如频率、电压等）指令信号的输入，可分为数字输入和模拟输入两种。数字输入多采用变频器面板上的键盘操作和串行接口来给定；模拟输入则通过接线端子由外部给定，通常通过 0～10/5V 的电压信号或 0/4～20mA 的电流信号输入。由于接口电路因输入信号而异，所以必须根据变频器的输入阻抗选择 PLC 的输出模块。当变频器和 PLC 的电压信号范围不同时，如变频器的输入信号为 0～10V，而 PLC 的输出电压信号范围为 0～5V 时；或 PLC 一侧的输出信号电压范围为 0～10V，而变频器的输入电压信号范围为 0～5V 时，由于变频器和晶体管的允许电压、电流等因素的限制，所以需用串联的方式接入限流电阻及分压方式，以保证进行开闭时不超过 PLC 和变频器相应的容量。此外，在连线时还应注意将布线分开，保证主电路一侧的噪声不传到控制电路。通常变频器也通过接线端子向外部输出相应的监测模拟信号。电信号的范围通常为 0～10/5V 电压信号及 0/4～20mA 电流信号。无论哪种情况，都应注意 PLC 一侧的输入阻抗的大小要保证电路中的电压和电流不超过电路的允许值，以保证系统的可靠性和减小误差。这些监测系统的组成互不相同，有不清楚的地方应向厂家咨询。另外，在使用 PLC 进行顺序控制时，由于 CPU 进行数据处理需要时间，会存在一定的时延，故在较精确的控制时应予以考虑。因为变频器在运行中会产生较强的电磁干扰，为保证 PLC 不因变频器主电路断路器及开关器件等产生的噪声而出现故障，在将变频器与 PLC 相连接时应该注意以下几点。

① 对 PLC 本身应按规定的接线标准和接地条件进行接地，而且应注意避免和变频器使用共同的接地线，且在接地时使两者尽可能分开。

② 当电源条件不太好时，应在 PLC 的电源模块及输入/输出模块的电源线上接入噪声滤波器和降低噪声用的变压器等。另外，若有必要，在变频器一侧也应采取相应的措施。

③ 当把变频器和 PLC 安装于同一操作柜中时，应尽可能使与变频器有关的电线和与 PLC 有关的电线分开。

④ 使用屏蔽线和双绞线抑制噪声干扰。

⑤ PLC 和变频器连接应用时，由于两者涉及用弱电控制强电，因此，应该注意连接时出现的干扰，避免由于干扰造成变频器的误动作，或者由于连接不当导致 PLC 或变频器损坏。

4.3.2　频率指令信号的输入

如图 4-30 所示，频率指令信号可以通过 0～10V、0～5V 及 0～6V 等电压信号和 4～20mA 电流信号输入。由于接口电路因输入信号而异，所以必须根据变频器的输入阻抗选择 PLC 的输出模块。而连线阻抗的电压降以及温度变化、器件老化等带来的温度漂移可通过PLC内部的调节电阻和变频器内部参数调节。

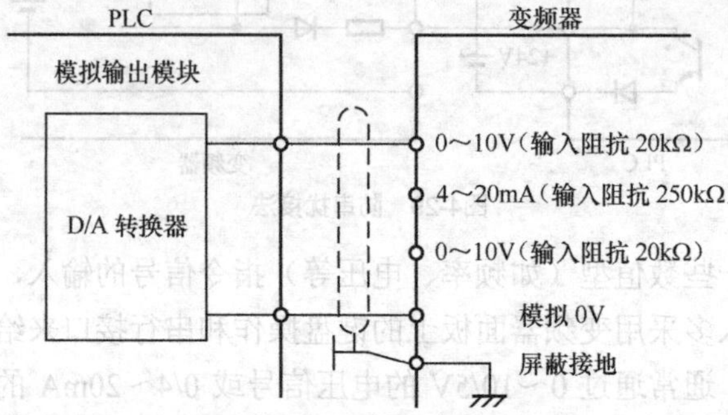

图4-30 频率指令信号与PLC的连接

如图4-31所示，当变频器和PLC的电压信号范围不同时，如变频器的输入信号为0～10V而PLC的输出电压信号为0～5V时，可通过变频器的内部参数调节。但由于在这种情况下，只能利用变频器A/D转换器的0～5V部分，所以和输出信号在0～10V的PLC相比，变频器进行频率设定时的分辨率将会更差。反之，当PLC一侧的输出信号电压为0～10V而变频器的输入信号电压为0～5V时，虽然也可通过降低变频器内部增益的方法使系统工作，但由于变频器内部的A/D转换器被限制在0～5V，将无法使用高速区域。这时若要使用高速区域，可通过调节PLC的参数或电阻的方式将输出电压降低。

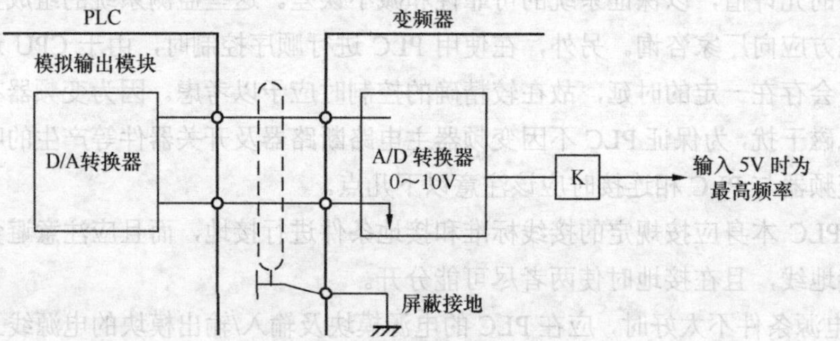

图4-31 输入信号电平转换

如图4-32所示，通用变频器通常都备有作为选件的数字信号输入接口卡，可直接利用BCD信号或二进制信号设定频率指令。使用数字信号输入接口卡设定频率可避免模拟信号电路具有的电压降和温差变化带来的误差，以保证必要的频率设定精度。

如图4-33所示，变频器也可以将脉冲序列作为频率指令信号，由于当以脉冲序列作为频率指令时，需要使用 *f*/*U* 变换器将脉冲序列转换为模拟信号，当利用这种方式控制精密转换器电路和变频器内部的转速时，必须考虑 *f*/*U* 变换电路的零漂、由温度变化带来的漂移以及分辨率等问题。

当不需要进行无级调速时，可利用X1～X3输入端子，通过接线的组合使变频器按照事先设定的频率进行调速运行，这些运行频率可通过变频器的内部参数设定，而运行时间可由输出的开关量来控制。与利用模拟信号进行调速给定的方式相比，这种方式设定精度高，也不存在由漂移和噪声带来的各种问题。

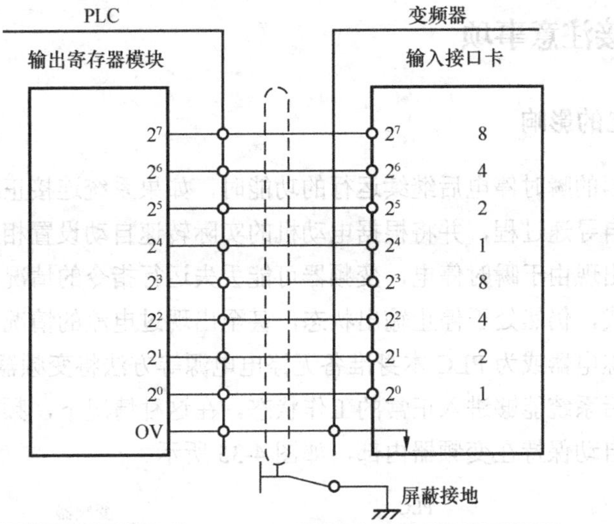

图4-32　二进制和BCD信号连接

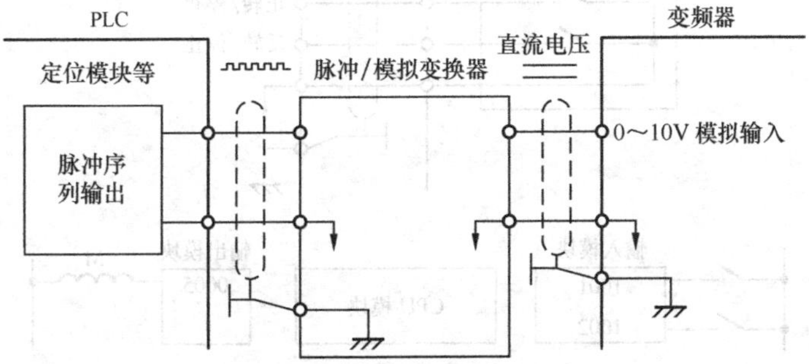

图4-33　脉冲序列作为频率指令时的连接

4.3.3　触点输出信号

如图 4-34 所示，在变频器的工作过程中，常需要通过继电器触点或晶体管集电极开路输出的形式将变频器的内部状态（运行状态）通知外部。而在连接送给外部的信号时，也必须考虑继电器和晶体管的允许电压、允许电流等因素，以及噪声的影响。例如，在主电路（AC 220V）的开闭是以继电器进行控制，而控制信号（DC 12～24V）的开闭是以晶体管进行控制的场合，应注意将布线分开，以保证主电路一侧的噪声不传至控制电路。

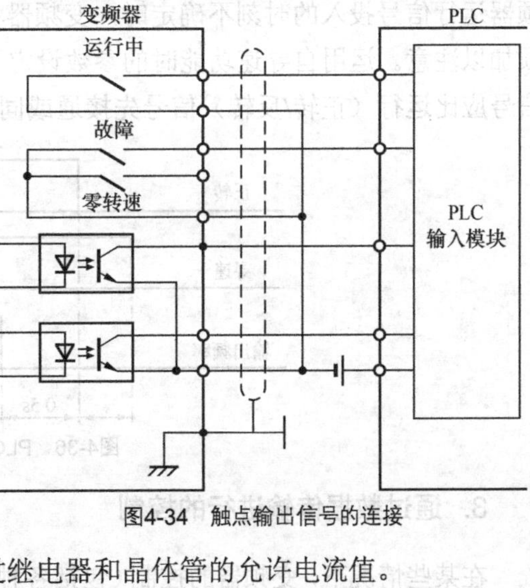

图4-34　触点输出信号的连接

在对带有线圈的继电器等感性负载进行开闭时，必须以和感性负载并联的方式接上浪涌吸收器或续流二极管；而在对容性负载进行开闭时，应以和感性负载串联的方式接入限流电阻，以保证开闭时的浪涌电流值不超过继电器和晶体管的允许电流值。

4.3.4 连接注意事项

1. 瞬时停电的影响

在利用变频器的瞬时停电后继续运行的功能时，如果系统连接正确，则变频器在系统恢复供电后将进入自寻速过程，并将根据电动机的实际转速自动设置相应的输出频率后重新启动。但是，也会出现由于瞬时停电，变频器可能丢失运行指令的情况，在重新恢复供电后不能进入自寻速模式，仍然处于停止输出状态，甚至出现过电流的情况。因此，在使用该功能时，应通过保持继电器或为PLC本身准备无停电电源等方法将变频器的运行信号保存下来，以保证恢复供电后系统能够进入正常的工作状态。在这种情况下，频率指令信号将在保持运行信号的同时被自动保持在变频器内部，如图4-35所示。

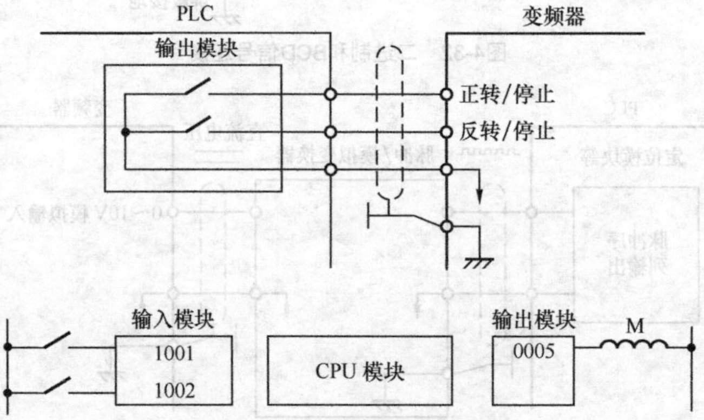

图4-35 PLC保持继电器回路

2. PLC扫描时间的影响

在使用PLC进行顺序控制时，由于CPU进行处理需要时间，总是存在一定时间（扫描时间）的延迟。在设计控制系统时必须考虑上述扫描时间的影响，尤其在某些场合下，当变频器运行信号投入的时刻不确定时，变频器将不能正常运行，在以自寻速功能构成系统时必须加以注意。运用自寻速功能时的参数设定及其含义如图4-36所示，图中的“*”表示寻速信号应比运行（正转/反转）信号先接通或同时接通。

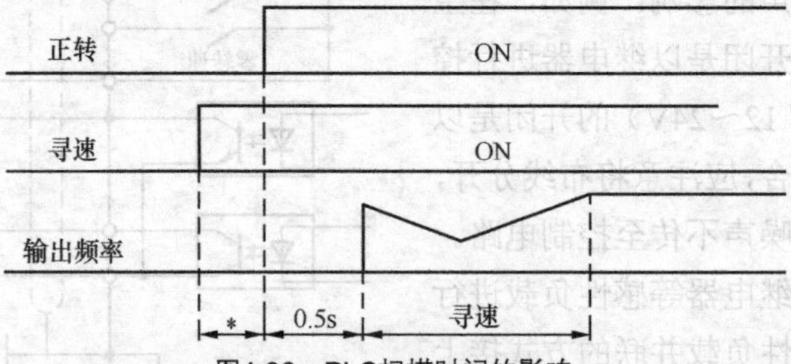

图4-36 PLC扫描时间的影响

3. 通过数据传输进行的控制

在某些情况下，变频器的控制（包括各种内部参数的设定）是通过PLC或上位机进行的。

在这种情况下，必须注意信号线的连接以及所传数据顺序格式等是否正确，若有异常将不能得到预期的结果。此外，在需要对数据进行高速处理时，往往需要利用专用总线构成系统。

4.4　本章小结

本章讲述了变频器常用参数的含义及作用，指出了变频器常用参数（如控制方式、提升转矩、给定频率、载波频率、加减速时间等）设定的基本方法及原则；重点介绍了变频器的各种运行方式，分别详细讲解了变频器的点动运行方式、并联运行方式、同步运行方式、PID 运行方式等多种运行方式，通过实例讲解了变频器各种运行方式在生产实际中的应用；最后深入讲解了变频器与 PLC 的连接方式，分析了 PLC 输入/输出信号与变频器输出/输入信号的差异，给出变频器与 PLC 连接的各种接口电路，并指出变频器与 PLC 配合使用应注意的问题。

本章特别加入了模块接口图、表格、电路图和指令表的描述，使读者掌握运用变频器开展工程实践设计的方法。特别是变频器运行方式接线图具有很强的移植性，可供读者在开发自己的工程实例过程中借鉴和参考。通过本章的学习，读者不仅可以学习到变频器的各种参数的物理含义及设定方法，而且可以深入了解变频器与 PLC 配合使用的方法。

第5章 变频调速控制原理

变频器采用的变频调速控制方式主要有U/f控制方式、转差频率控制方式、矢量控制方式和直接转矩控制方式。一般除风机、水泵等流体机械专用变频器多采用U/f控制方式外，其他变频器均采用不同控制策略的矢量控制方式和直接转矩控制方式。本章将讲述异步电动机的工作原理和各种控制方式的基本原理及其控制特性。

5.1 异步电动机基本工作原理

常用的交流电动机分为三相异步电动机和三相同步电动机。异步电动机与同步电动机相比，其结构简单、维护容易、运行可靠且价格便宜，并且具有良好的稳态和动态特性。因此，异步电动机在工业生产中应用广泛。下面简要介绍异步电动机的结构和工作原理。

5.1.1 异步电动机的结构

三相异步电动机由定子和转子这两部分组成。定子是静止不动的部分，转子为旋转部分，在定子和转子之间具有一定的气隙。此外，还有端盖、轴承、接线盒、吊环等其他附件，如图5-1所示。

1. 定子

定子一般由外壳、定子铁芯、定子绕组3部分组成。三相异步电动机外壳包括机座、端盖、轴承盖、接线盒及吊环等部件。

异步电动机定子铁芯是电动机磁路的一部分，由0.35～0.5mm厚的表面涂有绝缘漆的薄硅钢片叠压而成，如图5-2所示。定子冲片较薄而且片与片之间绝缘，减少了由于交变磁通通过而引起的铁芯涡流损耗。铁芯内圆有均匀分布的槽口，用于嵌放定子绕圈。

定子绕组是三相异步电动机的电路部分，三相异步电动机有三相绕组，通入三相对称电流时，产生旋转磁场。三相绕组由3个彼此独立的绕组组成，并且每个绕组又由若干线圈连接而成。每个绕组即为一相，并且相邻两个绕组在空间相差120°。线圈由绝缘铜导线或绝缘铝导线绕制。中、小型三相电动机多采用圆漆包线，大、中型三相电动机的定子线圈则用较大截面的绝缘扁铜线或扁铝线绕制后，再按一定规律嵌入定子铁芯槽内。定子三相绕组的 6 个出线端都引至接线盒上，首端分别标为 U1、V1、W1，末端分别标为 U2、V2、W2。这 6 个出线端在接线盒里的排列可以接成星形（Y 形）或三角形（△形），如图 5-3 所示。

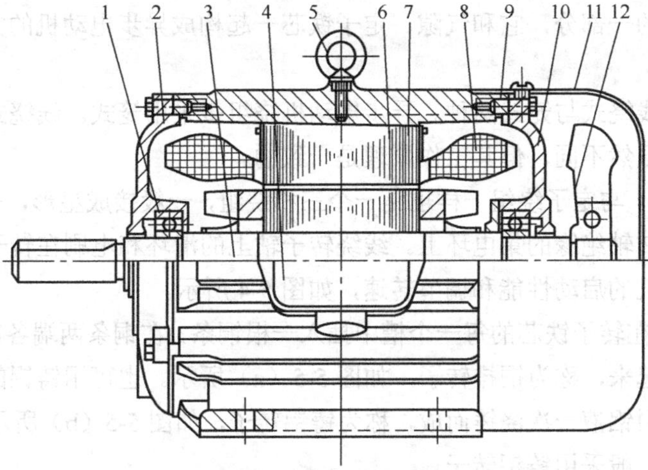

图5-1 封闭式三相笼型异步电动机结构图

1—轴承；2—前端盖；3—转轴；4—接线盒；5—吊环；6—定子铁芯；7—转子；8—定子绕组；9—机座；10—后端盖；11—风罩；12—风扇

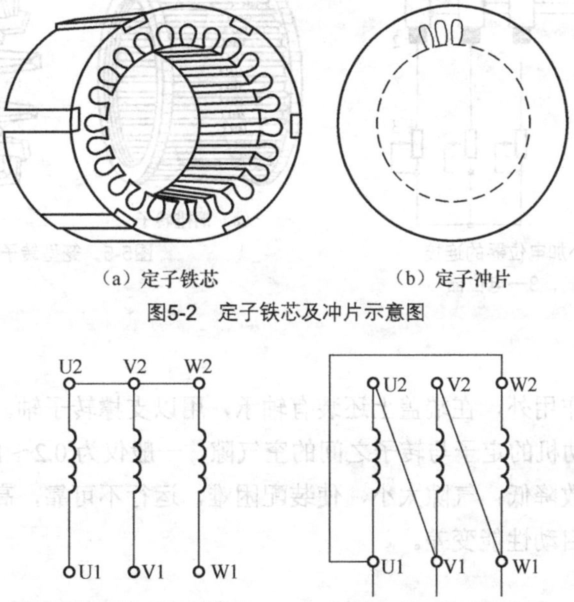

（a）定子铁芯　　（b）定子冲片

图5-2 定子铁芯及冲片示意图

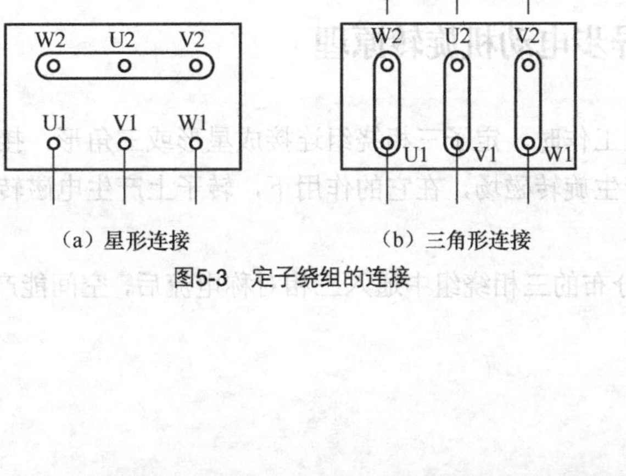

（a）星形连接　　（b）三角形连接

图5-3 定子绕组的连接

2. 转子

转子由铁芯和绕组组成。转子铁芯压装在转轴上，转子绕组缠绕在转子铁芯上。

（1）转子铁芯

转子铁芯是用约 0.5mm 厚的硅钢片叠压而成，套在转轴上，作用和定子铁芯相同。转子铁芯是电动机磁路的一部分，它和气隙、定子铁芯一起构成异步电动机的完整磁路。

（2）转子绕组

转子绕组分为线绕式与笼式两种。异步电动机绕组多采用笼式。线绕式和笼式两种异步电动机的转子结构虽然不同，但其工作原理是一致的。

① 线绕式绕组。与定子绕组一样也是一个三相绕组，一般接成星形，三相引出线分别接到转轴上的 3 个与转轴绝缘的集电环上。线绕转子轴上的滑环和电刷在转子回路中接入外加电阻，以改善电动机的启动性能和调节转速，如图 5-4 所示。

② 笼式绕组。在转子铁芯的每一个槽中插入一根铜条，在铜条两端各用一个铜环（称为端环）把导条连接起来，称为铜排转子，如图 5-5（a）所示。也可用铸铝的方法，把转子导条和端环风扇叶片用铝液一次浇铸而成，称为铸铝转子，如图 5-5（b）所示。功率为 100kW 以下的异步电动机一般采用铸铝转子。

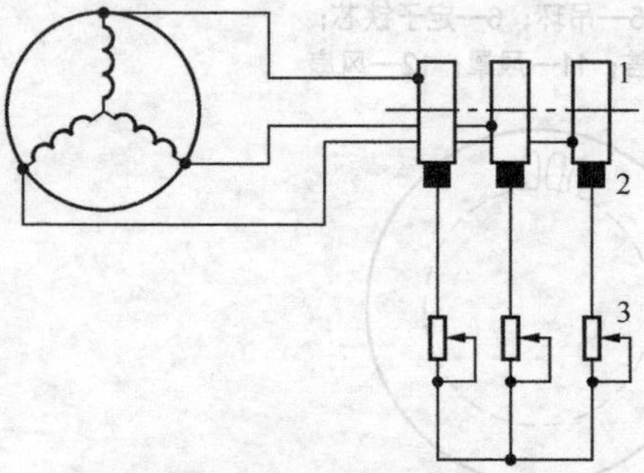

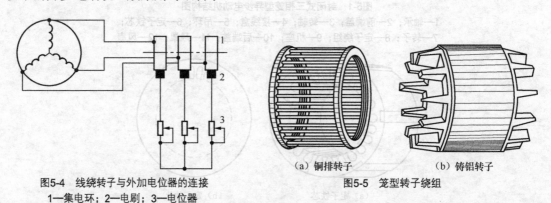

图5-4　线绕转子与外加电位器的连接
1—集电环；2—电刷；3—电位器

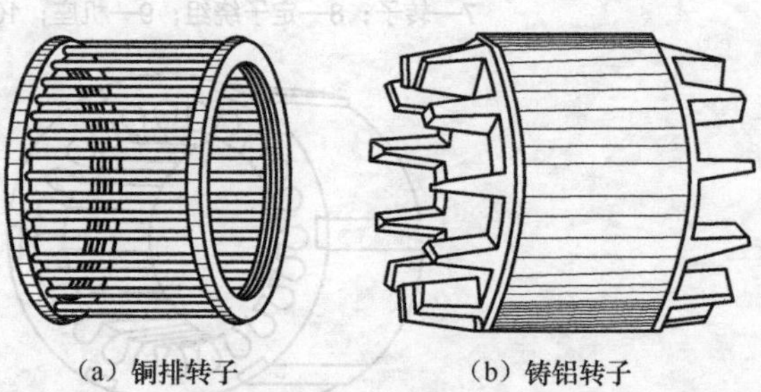

（a）铜排转子　　（b）铸铝转子

图5-5　笼型转子绕组

3. 其他部分

端盖除了起防护作用外，在端盖上还装有轴承，用以支撑转子轴。风扇则用来通风冷却电动机。三相异步电动机的定子与转子之间的空气隙，一般仅为 0.2～1.5mm。气隙太大，电动机运行时的功率因数降低；气隙太小，使装配困难，运行不可靠，高次谐波磁场增强，从而使附加损耗增加、启动性能变差。

5.1.2　三相异步电动机旋转原理

三相异步电动机工作时，定子三相绕组连接成星形或三角形，接至三相电源，三相电源通过三相绕组将会产生旋转磁场，在它的作用下，转子上产生电磁转矩，从而使转子拖动机械负载旋转。

空间 120° 对称分布的三相绕组中通入三相对称电流后，空间能产生一个旋转磁场，且极性、大小、转速均不变。设三相绕组 U1U2、V1V2、W1W2 中通过的三相电流分别为 i_U、i_V 和 i_W，如图 5-6 所示，三相电流的表达式为

$$i_U = I_m \cos\omega t \tag{5-1}$$

$$i_V = I_m \cos(\omega t - 120°) \tag{5-2}$$

$$i_W = I_m \cos(\omega t - 240°) \tag{5-3}$$

图 5-7 为三相电流 i_U、i_V、i_W 的波形，图 5-8 为在不同时刻产生的二极旋转磁场示意图。

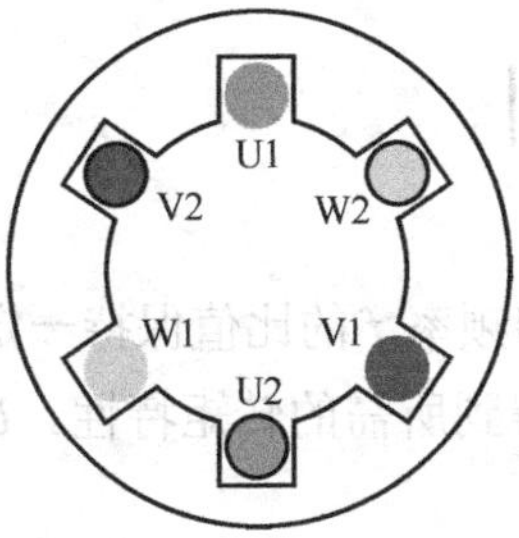

图5-6 三相绕组U1U2、V1V2、W1W2的空间位置

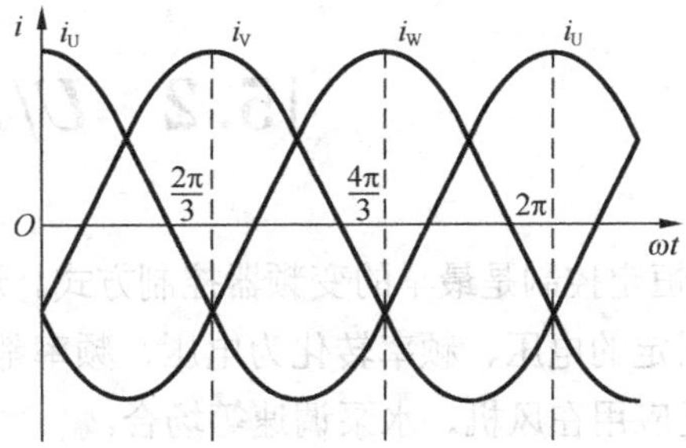

图5-7 三相电流的波形

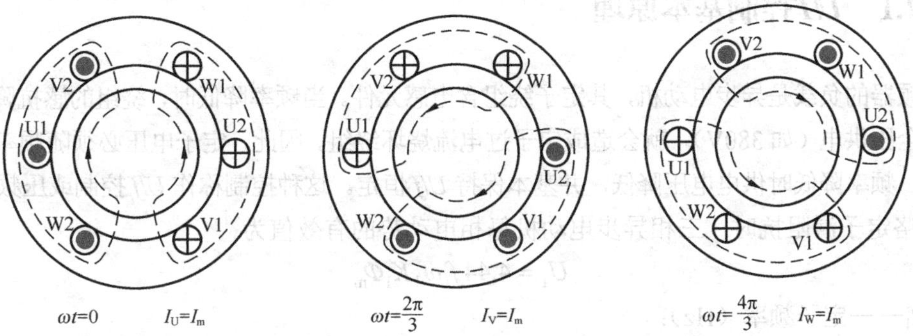

图5-8 二极旋转磁场示意图

三相异步电动机的工作原理是基于定子旋转磁场和转子电流的相互作用。定子旋转磁场的转速 n_0 由式（5-4）决定。

$$n_0 = \frac{60f}{p} \tag{5-4}$$

式中：f——电源的频率（Hz）；

p——旋转磁场的磁极对数。

当磁场旋转时，转子绕组的导体切割磁通将产生感应电动势，在转子绕组中产生转子电流。转子的旋转速度（即电动机的转速）总是比旋转磁场的旋转速度（称为同步转速）小，转子和旋转磁场之间的转速差（n_0-n）与同步转速 n_0 的比值称为异步电动机的转差率，用 s 表示，其计算式为

$$s = \frac{n_0 - n}{n_0} \tag{5-5}$$

转差率 s 是分析异步电动机运行状态的主要参数。

由式（5-4）及式（5-5）可得到三相异步电动机的转速表达式为

$$n = \frac{60f(1-s)}{p} \tag{5-6}$$

从式（5-6）可以看出，三相异步电动机的调速方法有以下几种。

① 改变极对数 p。

② 调节电源频率 f。

③ 改变电动机的转差率 s。

5.2 U/f 恒定控制

U/f 恒定控制是最早的变频器控制方式。通过使电压 U 和频率 f 的比值保持一定，使变频器将固定的电压、频率转化为电压、频率都可调节，从而得到所需的转矩特性。U/f 恒定控制广泛应用在风机、水泵调速等场合。

5.2.1 U/f 控制基本原理

变频器的负载是异步电动机，其定子绕组含电感元件。当频率降低时，绕组的感抗降低，如果还是全压供电（如 380V），就会造成定子过电流烧坏绕组。因此，定子电压必须随频率的升高而升高，频率降低时供电电压降低，并基本保持 U/f 恒定。这种控制称作 U/f 控制或压频控制。

忽略定子漏阻抗时，三相异步电动机每相电动势的有效值为

$$U_1 = 4.44 f_1 \omega_1 K_1 \Phi_m \tag{5-7}$$

式中：f_1——定子频率（Hz）；

ω_1——定子每相绕组串联匝数；

K_1——绕组系数；

Φ_m——每极气隙磁通（Wb）。

由式（5-7）可知，若保持 U_1 不变，Φ_m 将随 f_1 的下降而增大。

电动机的转矩为

$$M = C_m \Phi_m I_2 \cos\varphi_2 \tag{5-8}$$

由式（5-8）可知，输出转矩 M 随 Φ_m 的减小而减小。Φ_m 增大，会使已接近饱和的电动机磁路饱和，导致励磁电流急剧增大，$\cos\varphi_2$ 下降。因此，在改变 f_1 的同时，改变电子电压 U_1，可以维持 Φ_m 基本不变。U_1/f_1 的值不同时，调速方式不同。

5.2.2 恒定控制方式

由式（5-8）得

$$\frac{U_1}{f_1} = 4.44\omega_1 K_1 \Phi_m = C_1 \Phi_m \tag{5-9}$$

式中：$C_1=4.44\omega_1 K_1$，为常数。

异步电动机最大转矩为

$$M_{\mathrm{m}}=\frac{m_1 p}{4\pi}\left(\frac{U_1}{f_1}\right)^2 \frac{f_1}{r_1+\sqrt{r_1^2+(x_1+x_2')^2}} \tag{5-10}$$

由式（5-10）可知，当 U_1/f_1 为常数时，电动机转矩 $M_{\mathrm{m}}\propto f_1$。

在 U/f 控制系统中，由于接线及电动机绕组的电压降引起的有效电压衰减，电动机扭矩不足。这一现象在低速时非常明显。因此，可预先估计电压降并增加电压，以补偿低速时扭矩的不足。U_1/f_1 为常数时的变频调速机械特性如图 5-9 所示。

如图 5-10 所示，如果扭矩提升设定太大，扭矩足够大，但电流也过大，就会使变频器常发生过电流故障。为了在低速时产生更大的扭矩而不发生过电流故障，应使用磁通矢量控制或简单磁通矢量控制方式。

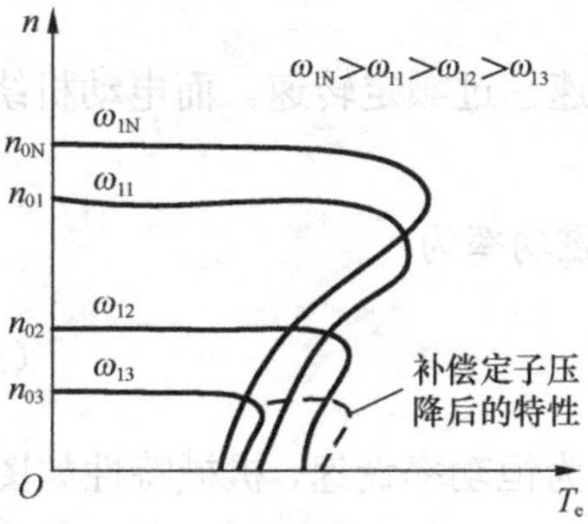

图5-9 U_1/f_1 为常数时的变频调速机械特性

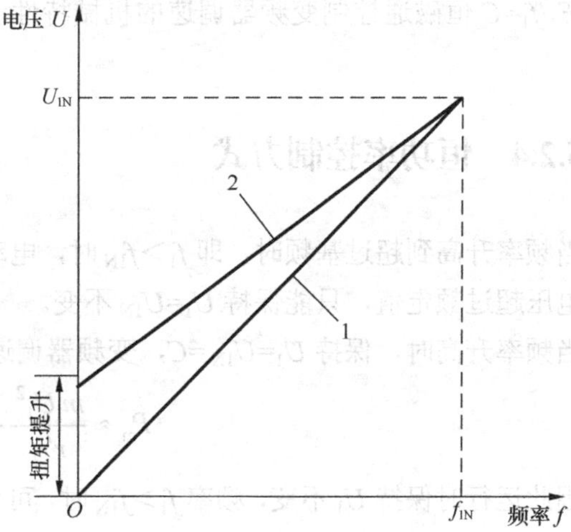

图5-10 端电压补偿特性

5.2.3 恒磁通控制方式

当 f_1 低于额定频率时，保持磁通 Φ_{m} 恒定，从而保持 M_{m} 恒定，则必须使 $E_1/f_1=C$（常数）。为此，必须在 f_1 下降时适当提高 U_1，以补偿 r_1 上的电压降，消除对 r_1 的影响。

保持 $E_1/f_1=C$ 时，恒磁通控制方式的电磁转矩为

$$M=\frac{m_1(I_2')^2\dfrac{r_2'}{s}}{\dfrac{2\pi n}{60}}=\frac{m_1 p}{2\pi f_1}\left(\frac{E_2'}{\sqrt{\left(\dfrac{r_2'}{s}\right)^2+(x_2')^2}}\right)^2\frac{r_2'}{s}$$

$$=\frac{m_1 p}{2\pi f_1}\left(\frac{E_1}{f_1}\right)^2\frac{\dfrac{r_2'}{s}}{\left(\dfrac{r_2'}{s}\right)^2+(x_2')^2}$$

$$= \frac{m_1 p}{2\pi f_1}\left(\frac{E_1}{f_1}\right)^2 \frac{1}{\frac{r_2'}{s} + \frac{s(x_2')^2}{r_2'}} \tag{5-11}$$

由式（5-11）求解得最大转矩

$$M_{\mathrm{n}} = \frac{m_1 p f_1}{2\pi}\left(\frac{E_1}{f_1}\right)^2 \frac{1}{2x_2'}$$

$$= \frac{m_1 p}{2\pi}\left(\frac{E_1}{f_1}\right)^2 \frac{1}{4\pi L_2'} \tag{5-12}$$

由式（5-12）可知，M_{m} 为常数。图 5-11 为保持 $E_1/f_1=C$ 恒磁通控制变频器调速的机械特性曲线。

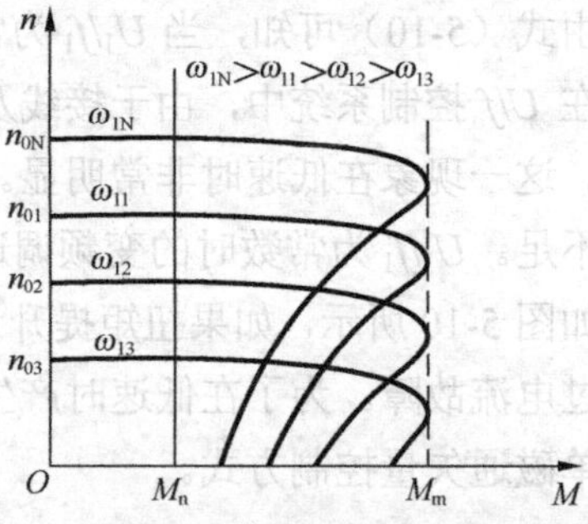

图5-11　$E_1/f_1=C$恒磁通控制变频器调速的机械特性曲线

5.2.4　恒功率控制方式

当频率升高到超过基频时，即 $f_1>f_{1N}$ 时，电动机的转速超过额定转速。而电动机绕组不允许电压超过额定值，只能保持 $U_1=U_{1N}$ 不变。

当频率升高时，保持 $U_1=U_{1N}=C$，变频器调速时的电磁功率为

$$P_{\mathrm{m}} \approx \frac{m_1 {U_1}^2}{r'_2} \cdot s = C \tag{5-13}$$

因此运行时保持 U_1 不变，频率 $f_1>f_{1N}$ 时，可以近似认为恒功率调速，机械特性如图 5-12 所示。

基频以上的调速分为两种情况。一种是异步电动机不允许有过电压，但允许有一定的超速，此时应保持电压为额定电压，即 $U_1=U_{1N}$。另一种是异步电动机允许有一定的电压升高，即超过电动机的额定电压，应采用比较精确的恒功率调速方式。将基频以上调速的两种情况结合起来，可得异步电动机变频调速控制特性曲线，如图 5-13 所示。

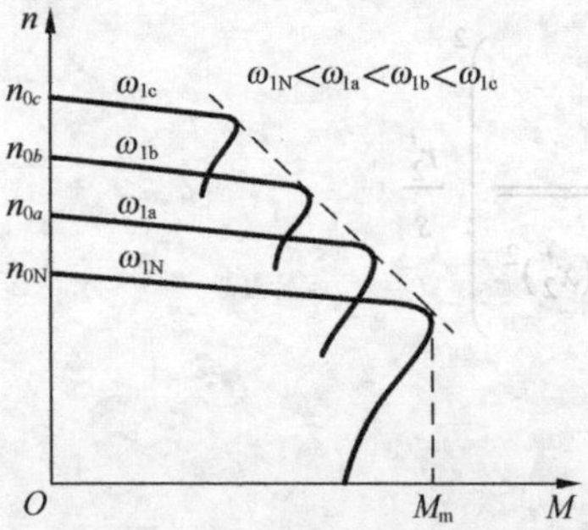

图5-12　恒功率调速时的机械特性

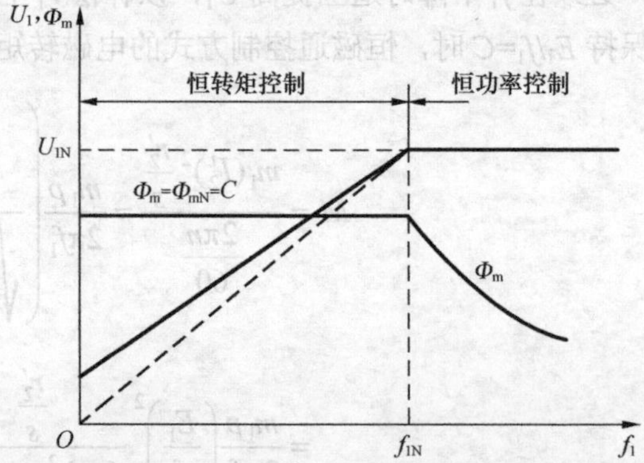

图5-13　异步电动机变频调速控制特性曲线

5.2.5 电压型 *U/f* 控制变频器

如图 5-14 所示，FRH 为输出频率调节电路，提供速度信号；LA 为加减速控制环节，将阶跃的速度信号转变为变化缓慢的信号，以减少启动和制动时的电流冲击；VFC 为 *U/f* 变换器，将速度电压信号变换为频率信号，反映速度设定的脉冲送入 μ-COM 中的计数器，并存入 EPROM；μ-COM 为微型计算机处理单元，它包括存有正弦波形的数据的只读存储器 EPROM 和产生 EPROM 地址的计数器；DAC 将 EPROM 中的脉冲信号变为正弦波信号，DAC 具有乘法功能，将另一电压参考端直接接至 VFC 输入端，使得 DAC 输出波形的幅值正比于速度设定值，从而实现 *U/f* 恒定控制。再将正弦的控制电压和三角波进行调制即获得 SPWM 控制信号，控制逆变器开关器件通断。

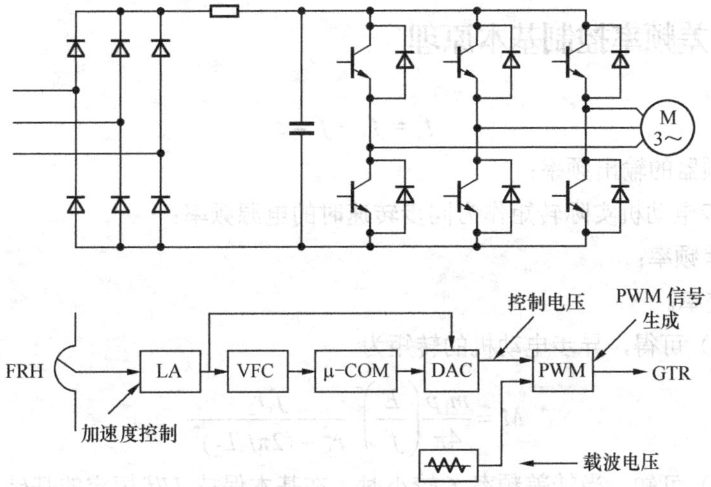

图5-14 *U/f*控制变频器PWM控制部分原理图

U/f 恒定控制的 PWM 变频器的电路通常为交—直—交电压型变频器，输入接至三相电源，输出接三相异步电动机。中、小容量变频器常采用可关断电力电子器件，如大功率晶体管（GTR）或绝缘栅双极型晶体管（IGBT）作为开关器件，构成三相桥式逆变电路；大容量变频器采用可关断晶闸管（GTO）或晶闸管（SCR）作为开关器件。当采用晶闸管作为开关器件时，由于晶闸管不能控制关断，需要采用辅助换相电路。在主电路中还包括整流环节，通常使用普通电力二极管构成三相不可控整流桥，它将三相交流电整流成直流，再经滤波电容器滤成平稳的直流。滤波电容器和整流桥之间接有充电限流电阻，当变频器接通电源时，由于直流滤波电容器的电压不能突变，如果没有充电限流电阻，整流二极管和电容器将会流进很大的充电电流。充电限流电阻的作用就是要限制充电电流。一旦充电结束，电容器的电压达到正常工作电压时，充电限流电阻被继电器短接。滤波后的直流电作为逆变器的输入，经逆变器逆变成三相交流电提供给三相异步电动机。

变频器的控制电路除上述形成 SPWM 信号外，还包括驱动电路，功能为将 SPWM 控制信号经光耦隔离、放大，变成可以控制逆变器开关器件通断的电压或电流信号。

为了保证变频器不会发生永久性损坏，变频器还需设置保护电路。它们均需对保护对象进行快速检测和快速处理，并给出相应的故障信息。

输入/输出电路为用户提供方便的接口，用于操作控制和变频器的运行状况显示。

电源电路为变频器的控制电路及执行器件提供所需的直流电源。

5.3 转差频率控制

在对交流调速系统进行研究的过程中人们发现：如果在对异步电动机进行控制过程中能够像控制直流电动机那样，用直接控制电枢电流的方法控制转矩，就可以用异步电动机来得到与直流电动机同样的静、动态特性。转差频率控制就是这样一种直接控制转矩的方法。接下来，将简单介绍转差频率控制方式的基本原理。

5.3.1 转差频率控制基本原理

$$f_s = f_n - f = s \tag{5-14}$$

式中：f——变频器的输出频率；

f_n——异步电动机实际转矩作为同步转速时的电源频率；

f_s——转差频率；

s——转差率。

由式（5-14）可得，异步电动机的转矩为

$$M = \frac{m_1 p}{4\pi}\left(\frac{E}{f}\right)^2 \frac{f_s r_2}{r_2^2 + (2\pi f_s L_2)^2} \tag{5-15}$$

由式（5-15）可知，当转差频率 f_s 较小时，在基本保持 U/f 恒定的基础上，异步电动机的转矩基本上与转差频率 f_s 成正比。异步电动机的这个特性意味着在进行 U/f 恒定控制的基础上，只要调节变频器的输出频率 f_n，就可以使异步电动机具有某一所需转差频率 f_s，从而使异步电动机输出一定的转矩，以达到控制异步电动机输出转矩的目的。

5.3.2 转差频率控制规律

从图 5-15 可知，当 $f_s \leqslant f_{sm}$ 时，M 与 f_s 成正比；当 $f_s > f_{smax}$ 时，特性出现饱和且 M 随 f_s 的增大而减小。按照图 5-16 给出的 $I_1=f(f_s)$ 函数关系控制定子电流，就能保持 Φ_m 恒定。

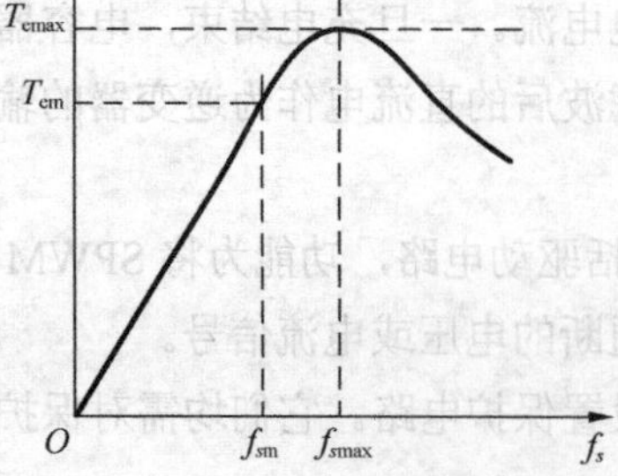

图5-15　恒ϕ_m控制的机械特性曲线

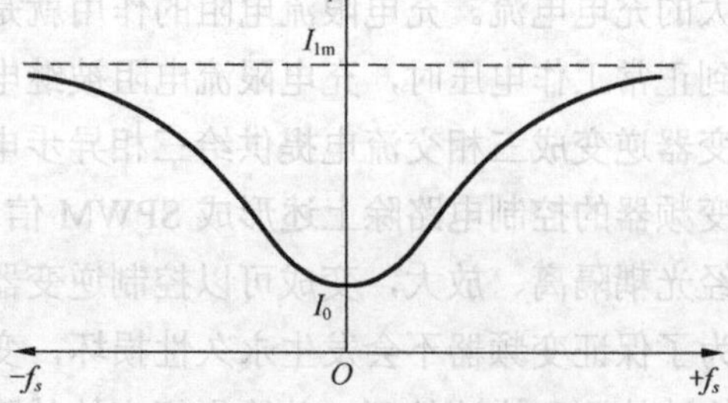

图5-16　恒ϕ_m下的$I_1=f(f_s)$函数曲线

转差频率控制的变频调速系统动、静态特性比 U/f 控制有所改进，能满足一般需要平滑调速的生产机械要求，但仍不能达到数控机床、工业机器人、电梯等需高精度快速响应设备的要求。

采用转差频率控制方式，需在异步电动机上安装速度传感器、编码器等检测装置，并根据异步电动机的特性调节转差率。通常只有采用变频器生产厂商指定的变频器专用电动机，才能达到预定的调节性能。因此，转差频率控制在实际应用中具有一定的局限性。

5.3.3　转差频率控制变频器的系统结构

图 5-17 为转差频率控制的变频器系统结构示意图。其中，UR 为整流器，CSI 为逆变器，GF 为函数发生器，ASR 为转速调节器，ACR 为电流调节器，GAB 为绝对值保护器，DPI 为极性鉴别器，GVF 为 U/f 变频器，DRC 为环形分配器，AP 为脉冲放大器。

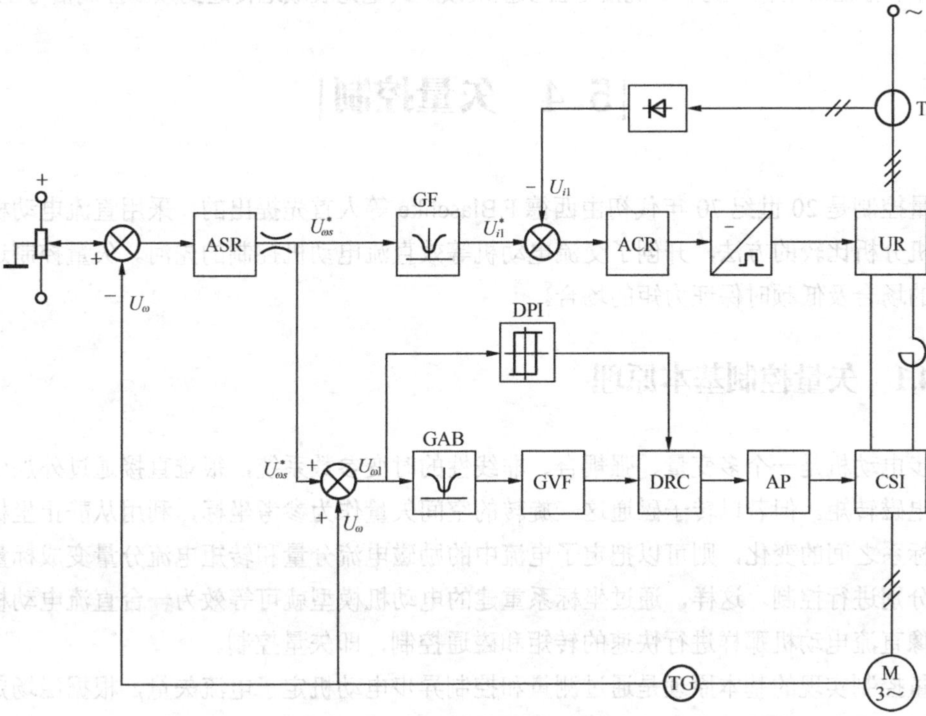

图5-17　转差频率控制变频器系统结构图

转差频率控制的变频器系统具有如下特点。

① 采用电流型变频器（CSI），可使控制对象具有良好的动态响应，且便于回馈制动，实现四象运行，这是提高系统动态性能的基础。

② 和直流系统一致，外环为转速环，内环为电流环，转速调节器的输出为转差频率给定值 f_s^*，代表转矩给定。

③ f_s^* 信号分两路作用于可控整流器和逆变器上。其中一路通过 $I_1=f(f_s)$ 函数发生器产生 i_1^*，再通过电流调节器控制定子电流以保持 Φ_m 恒定；另一路按 $f_s+f=f_1$ 规律形成 f_1 信号，决定逆变器的输出频率（形成了转速外环内的点的频率协调控制）。

④ 由极性鉴别器判断 f_1 的极性，从而决定环形分配器的输出相序，实现可逆运行。

转差频率控制的频率调速系统基本具备了直流电动机双闭环控制系统的优点，且结构不复杂，具有广泛的应用价值。但是，转差频率控制调速系统的主要缺点如下。

① 在分析转差频率控制规律时，是从异步电动机稳态等效电路和稳态转矩公式出发的，因此得到的“保持磁通Φ_m恒定”的结论只在电动机稳态情况下才能成立，而在动态情况下，Φ_m肯定不会很大，这必然会影响系统的时间动态性能。

② $I_1=f(f_s)$ 输出的 I_1 信号值控制定子电流的幅值，并没有控制电流的相位，而在动态时电流相位如果不能及时赶上去，将延缓动态转矩的变化。

③ $I_1=f(f_s)$ 是非线性的，其装置为以模拟运算放大器为核心组成的函数发生器，采用分段线性化实现且分段不能很细，因此，函数发生器存在一定的误差。

④ 在频率控制环节中，取 $f_1^* = f_s^* + f$，使频率f_1和转速f同步升降，但是，如果测速环节或反馈环节存在误差和干扰，干扰信号会以正反馈形式毫无衰减地传递到频率控制信号上。

5.4 矢量控制

矢量控制是 20 世纪 70 年代初由西德 F.Blaschke 等人首先提出的，采用直流电动机和交流电动机分析比较的方法，开创了交流电动机等效直流电动机控制的先河。矢量控制适用于重负荷的场合及低频时保证力矩的场合。

5.4.1 矢量控制基本原理

异步电动机是一个多变量、强耦合、非线性的时变参数系统，很难直接通过外加信号准确控制电磁转矩。但若以转子磁通这一旋转的空间矢量作为参考坐标，利用从静止坐标系到旋转坐标系之间的变化，则可以把定子电流中的励磁电流分量和转矩电流分量变成标量独立开来，分别进行控制。这样，通过坐标系重建的电动机模型就可等效为一台直流电动机，从而可以像直流电动机那样进行快速的转矩和磁通控制，即矢量控制。

矢量控制实现的基本原理是通过测量和控制异步电动机定子电流矢量，根据磁场定向原理分别对异步电动机的励磁电流和转矩电流进行控制，从而达到控制异步电动机转矩的目的。

采用矢量控制方式的变频器不仅可以在调速范围上与直流电动机相匹配，而且可以控制异步电动机产生的转矩。

目前在变频器中得到实际应用的矢量控制方式主要有基于转差频率控制的矢量控制方式和无速度检测器的矢量控制方式两种。下面将分别介绍这两种控制方式的原理和实现方法。

5.4.2 基于转差频率控制的矢量控制方式

基于转差频率控制的矢量控制方式是在进行 U/f 恒定控制的基础上，通过检测异步电动机实际速度 n，并得到相应的控制频率 f，然后根据希望得到的转矩，分别控制定子电流矢量，对变频器的输出频率f进行控制，从而消除动态过程中转矩电流的波动，提高电动机的动态性能。

图 5-18 为异步电动机的等效电路图及相应的电流矢量图（忽略转子漏感 L_2）。从图 5-18（b）可以看出，当需要将电动机的转矩电流从 I_2 变为 I_2' 时，在改变电动机定子电流的幅值，使 I_1 变为 I_1' 的同时，还必须改变 I_1 的相位 θ，使 θ 变为 θ'，即必须对定子电流矢量进行控制，才能保证转矩电流的平稳变化。而在转差频率控制方式中，虽然通过控制转差频率达到了控制转矩电流 I_2 幅值的目的，但是，由于在这种控制方式中并没有控制电动机定子电流的相位，在转矩电流从 I_2 到 I_2' 的过渡过程中将存在一定的波动，并造成电动机输出转矩的波动，如图 5-19 所示。

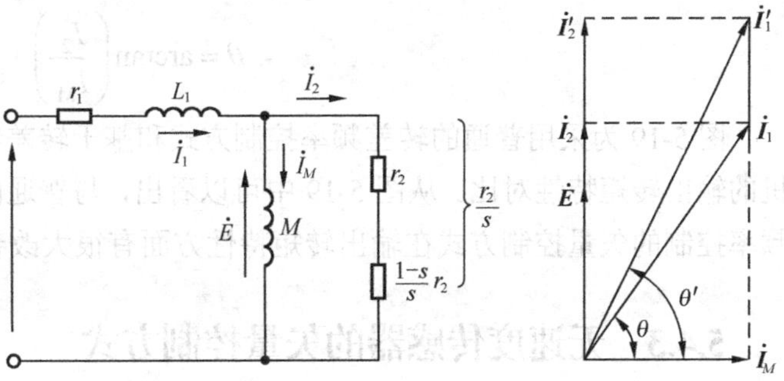

（a）接线图　（b）转矩电流

图5-18　异步电动机等效电路图和相应的电流矢量图

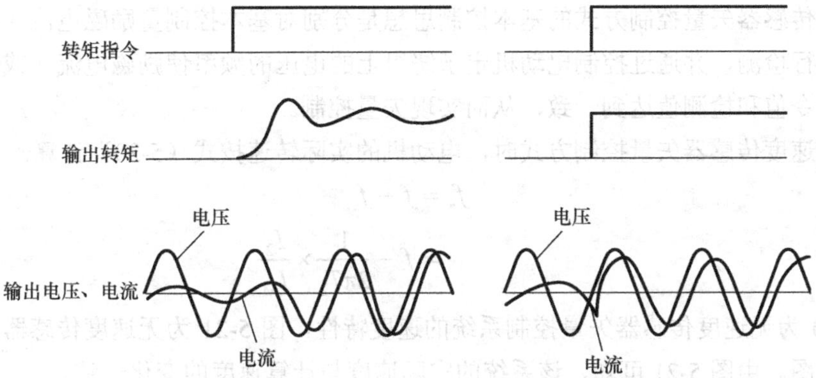

（a）转差频率控制方式　（b）矢量控制方式

图5-19　转差频率控制方式和矢量控制方式特性对比

由图 5-18（b）可知，定子电流 I_1、转矩电流 I_2 和励磁电流 I_M 三者之间的关系如下。

$$I_1=\sqrt{I_2^2+I_M^2} \tag{5-16}$$

$$2\pi fMI_M=I_2r_2\frac{1}{s} \tag{5-17}$$

由于转差频率 $f_s=s$，所以

$$f_s=\frac{1}{2\pi T_2}\times\frac{I_2}{I_M} \tag{5-18}$$

式中：$T_2=M/r_2$，为电动机转子电路时间常数。

与转差频率控制方式相同，基于转差频率控制的矢量控制方式同样是在进行 U/f 控制的基础上，通过检测电动机的实际速度得到与实际转速 n_n 相对应的电源频率 f_n，并根据希望得到的转矩按式（5-18）对变频器输出频率 f 进行控制。因此，两者的定常特性相同。

但是，在基于转差频率控制的矢量控制方式中，除了对异步电动机按上述公式控制定常状态外，还要根据式（5-19）的条件控制电动机定子电流的相位，以消除转矩电流过渡过程中的波动。

$$\theta = \arctan\left(\frac{I_2}{I_M}\right) \tag{5-19}$$

图 5-19 为采用普通的转差频率控制方式和基于转差频率控制的矢量控制方式的异步电动机的输出转矩特性对比。从图 5-19 中可以看出，与普通的转差频率控制方式相比，基于转差频率控制的矢量控制方式在输出转矩特性方面有很大改善。

5.4.3 无速度传感器的矢量控制方式

磁场定位矢量控制方式虽然在理论上已得到验证，但是实现时需要在异步电动机内安装磁通检测装置，因此并未得到推广和应用。早期的矢量控制变频器基本上采用基于转差频率控制的矢量控制方式。随着传感器技术的发展和现代控制理论在变频调速技术中的应用，不在异步电动机内直接安装磁通检测装置也能在变频器内部得到与磁通相对应的量，由此产生了无速度传感器的矢量控制方式。

无速度传感器矢量控制方式的基本控制思想是分别对基本控制量励磁电流（或磁通）和转矩电流进行检测，并通过控制电动机定子绕组上的电压的频率使励磁电流（或磁通）和转矩电流的指令值和检测值达到一致，从而实现矢量控制。

采用无速度传感器矢量控制方式时，电动机的实际转速按式（5-20）计算。

$$\begin{aligned} f_n &= f - f_s \\ &= f - \frac{1}{2\pi T_2} \times \frac{I_2}{I_M} \end{aligned} \tag{5-20}$$

图 5-20 为无速度传感器矢量控制系统的速度特性，图 5-21 为无速度传感器矢量控制系统结构示意图。由图 5-21 可知，该系统的实际速度与计算速度的变化一致。

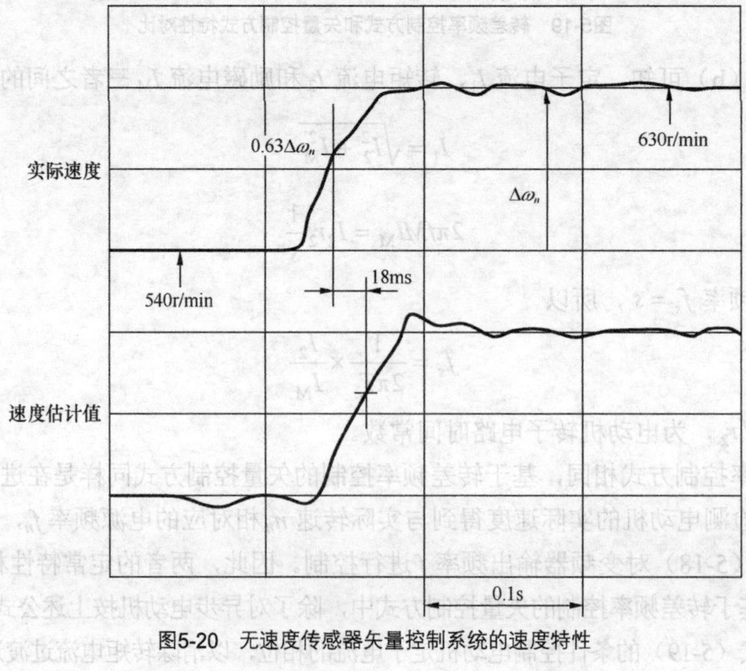

图5-20　无速度传感器矢量控制系统的速度特性

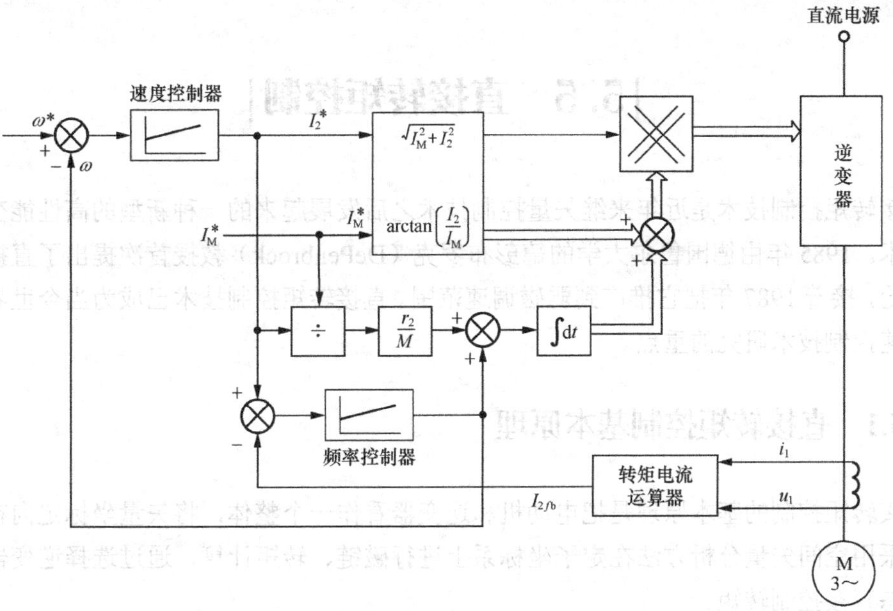

图5-21　无速度传感器矢量控制系统结构

5.4.4　3 种控制方式的特性比较

表 5-1 为 *U*/*f* 控制、转差频率控制和矢量控制 3 种控制方式的特性比较。可以看出，矢量控制系统的优点如下。

表 5-1　　三种控制方式的特性比较

控制方式		*U*/*f* 控制	转差频率控制	矢量控制
过渡过程特性		加减速有限制、过电流控制能力低	加减速有限制、过电流控制能力低	加减速无限制、过电流控制能力高
调整	范围	1∶10	1∶20	1∶100 以上
	响应特性	动态响应差	可达到 5～10r/s	高达 1000r/s
	静态精度	随负载大小而改变，由 s 决定	精度较高，但受速度检测精度的影响	模拟：$s<0.5\%$ 数字：$s<0.05\%$
通用性		好	与电动机特性有关	与电动机特性有关
系统结构		简单	较简单	复杂

① 动态的高速响应。直流电动机受整流的限制，不允许过高的转速和 $\frac{di}{dt}$；而异步电动机只受逆变器容量的限制，响应速度快，在快速特性方面已超过直流电动机。

② 低频转矩大。一般 *U*/*f* 控制变频器在低频时的转矩常低于额定转矩；而矢量控制变频器由于能保持磁通恒定，转矩与转矩电流为线性关系，故在极低频时也能使电动机转矩高于额定转矩。

③ 控制灵活。直流电动机需根据不同的负载特性，选用他励、串励、复励等形式；而对于异步电动机矢量控制系统，可使同一台电动机输出不同的特性。

5.5 直接转矩控制

直接转矩控制技术是近年来继矢量控制技术之后发展起来的一种新型的高性能交流变频调速技术。1985 年由德国鲁尔大学的德彭布罗克（DePenbrock）教授首次提出了直接转矩控制的理论，接着 1987 年把它推广到弱磁调速范围。直接转矩控制技术已成为当今世界范围内交流调速控制技术研究的重点。

5.5.1 直接转矩控制基本原理

直接转矩控制的基本原理是把电动机和逆变器看作一个整体，将矢量坐标定向在定子磁链上，采用空间矢量分析方法在定子坐标系上进行磁链、转矩计算，通过选择逆变器不同的开关状态直接控制转矩。

直接转矩控制通过检测电动机的定子电压和电流来控制电动机定子磁链和转矩。定子磁链轨迹采用六边形或者近似为圆形的控制方法，即将定子磁链的幅值限定在一个较小的范围内，定子磁链的幅值一旦超出该范围，就相应改变定子电压矢量，使其回到此范围内。这种控制方法称为两点式控制。为实现这一控制，并且考虑到逆变器件所能承受的开关频率，将定子磁链的轨迹分为 6 个区，对定子磁链实行分区控制。不同的区域采用不同的定子电压矢量，使得定子磁链的轨迹为六边形或者近似为圆形。

图 5-22 为按定子磁场控制的直接转矩控制系统原理框图。与矢量控制系统一样，它也是分别控制异步电动机的转速和磁链，并采用在转速环内设置转矩内环的方法，来抑制磁链变化对转速子系统的影响。因此，转速与磁链子系统也是近似解耦的。

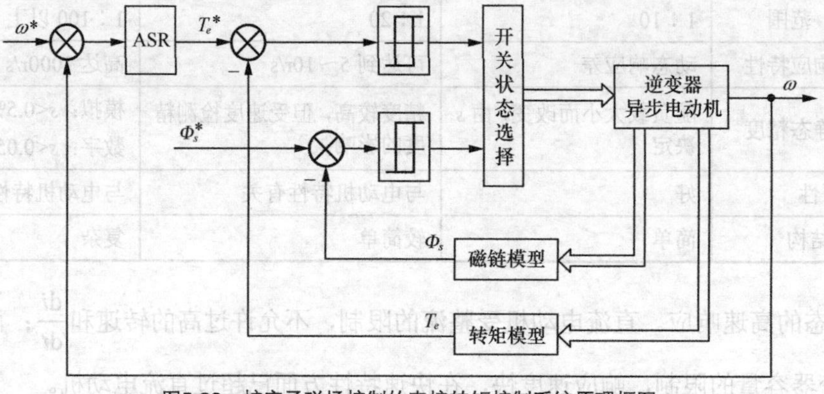

图5-22　按定子磁场控制的直接转矩控制系统原理框图

5.5.2 直接转矩控制的特点

直接转矩控制技术是用空间矢量分析的方法，直接在定子坐标系下计算和控制交流电动机的转矩，采用磁场定向，借助于离散的两点式调节产生 PWM 信号，直接对逆变器的开关状态进行最佳控制，以获得具有高动态性能的转矩。直接转矩控制有以下几个主要特点。

① 直接转矩控制直接在定子坐标系下分析交流电动机的数学模型，控制电动机的磁链和转矩，不需要矢量旋转变换等复杂的变换与计算。因此，它所需的信号处理工作特别简单。

② 直接转矩控制磁场定向所用的是定子磁链，只要知道定子电阻就可以把它观测出来；而矢量控制磁场定向所用的是转子磁链，观测转子磁链需要知道电动机转子电阻和电感。因此直接转矩控制方式大大减少了矢量控制技术中控制性能易受参数变化影响的问题。

③ 直接转矩控制采用空间矢量的概念来分析三相交流电动机的数学模型和控制其各物理量，使问题变得特别简单明了。

④ 直接转矩控制技术直接控制转矩，控制既直接又简化。

⑤ 直接转矩控制不需要专门的 PWM 波形发生器，因而控制线路简单，特别适用于电压型逆变器，方便实现数字化控制。

5.5.3　直接转矩控制系统与矢量控制系统的比较

直接转矩控制系统和矢量控制系统都是已经获得实际应用的高性能交流调速系统。两者都采用转矩和磁链分别控制，这是符合异步电动机动态数学模型所需的控制要求的。但二者在性能上却各有千秋，见表 5-2。矢量控制系统强调 T_e 与 ψ_2 的解耦，有利于分别设计转速与磁链调节器；实现连续控制，可获得较宽的调速范围；但按 ψ_2 定向时受电动机转子参数变化的影响，降低了系统的稳定性。直接转矩控制则直接进行转矩控制，避开了旋转坐标变换，简化了控制结构；控制定子磁链 ψ_1 而不是转子磁链 ψ_2，不受转子参数变化的影响，但不可避免地产生转矩脉动。

表 5-2　　直接转矩控制系统和矢量控制系统的特点与性能比较

特点与性能	直接转矩控制系统	矢量控制系统
磁链控制	定子磁链	转子磁链
转矩控制	砰—砰控制、脉动	连续控制、平滑
旋转坐标控制	不需要	需要
转子参数变化影响	无	有
调速范围	较窄	较宽

一般来说，矢量控制、转差频率控制、U/f 控制都是通过加在电动机上的电压间接控制电动机的转矩，其控制系统十分复杂，涉及相当复杂的坐标变换计算和参数计算，耗费大量的时间。而直接转矩控制是通过控制电动机的磁链来控制转矩，没有复杂的坐标变换和参数计算，只有脉冲优化，提高了系统的计算速度和精度，性能优越，并且由于交流异步电动机有造价低、维护方便、使用寿命长等优点，所以直接转矩控制有广泛的应用前景。

5.6　本章小结

本章主要介绍异步电动机的工作原理和各种控制方式的基本原理及其控制特性。变频调

速控制方式主要有 U/f 恒定控制、转差频率控制、矢量控制和直接转矩控制 4 种。

本章的重点是学习变频器调速控制的基本原理，难点是掌握各种控制方式的特点与应用场合。

通过对本章的学习，读者对变频器调速有了更进一步的了解，为变频器调速系统设计打下了理论基础。

提高篇

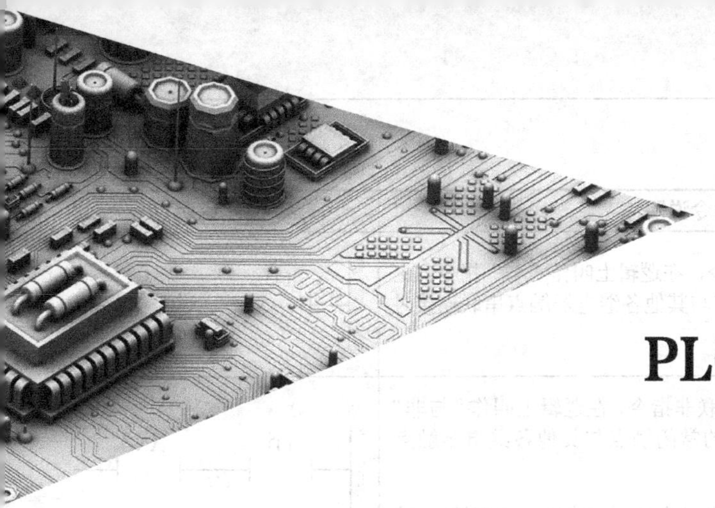

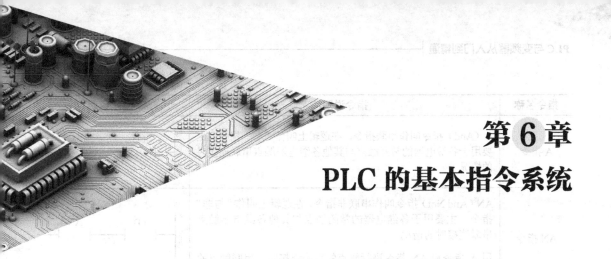

第6章 PLC的基本指令系统

基本指令系统是对PLC进行编写程序的基础，对于程序的设计有非常重要的意义。本章以西门子S7-200系列PLC常用的基本指令为例进行讲解。S7-200系列PLC的基本指令有基本逻辑指令、立即I/O指令、电路块串、并联指令、多路输出指令、计时器指令、计数器指令、正（负）跳变触点指令、顺序控制继电器指令、置位和复位指令、比较指令等。虽然，S7-200系列会与其他品牌或系列的PLC基本指令系统可能存在一定区别。但是，西门子公司S7-200系列PLC的基本指令系统具有较好的通用性，读者仅需查找相应技术资料，举一反三，就可以迅速熟练掌握其他厂商PLC的基本指令系统。

6.1 基本逻辑指令

基本逻辑指令操作时主要以位逻辑为主，其操作元件为输入映像寄存器（I）、输出映像寄存器（Q）、内部标志位存储器（M）、特殊标志位寄存器（SM）、计时器存储器（T）、计数器存储器（C）、顺序控制继电器存储器（S）和局部存储器（L）。基本逻辑指令包括标准触点指令、输出指令、置位和复位指令。

6.1.1 标准触点指令

标准触点指令又可分为LD、LDN、A、AN、O、ON指令，如表6-1所示。

表6-1 标准触点指令

指令名称	指令说明	图示说明
LD指令	LD（Load）指令叫作取指令，它表示一个逻辑行与左母线开始相连的常开触点指令，即一个逻辑行开始的各类元件常开触点与左母线起始连接时应该使用LD指令	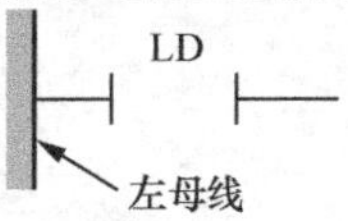
LDN指令	LDN（Load Not）指令叫作取反指令，也叫作取非指令，它表示一个与左母线相连的常闭触点指令，即各类元件常闭触点与左母线起始连接时应该使用LDN指令	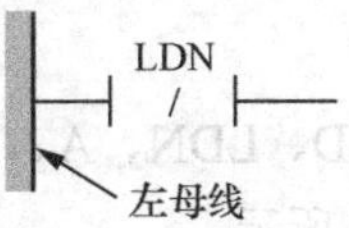

续表

指令名称	指令说明	图示说明
A 指令	A（And）指令叫作串联指令，在逻辑上叫作“与”指令，主要用于各继电器的常开触点与其他各继电器触点串联连接时的情况	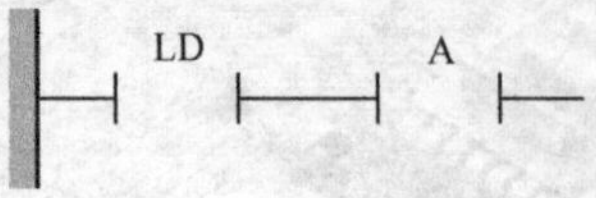
AN 指令	AN（And Not）指令叫作串联非指令，在逻辑上叫作“与非”指令，主要用于各继电器的常闭触点与其他各继电器触点串联连接时的情况 用 A 指令和 AN 指令进行触点的串联连接时，串联触点的个数无限制，可以无限重复地串联	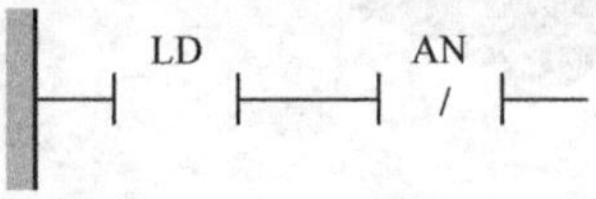
O 指令	O（OR）指令叫作并联指令，在逻辑上叫作“或”指令，主要用于各继电器的常开触点与其他继电器各触点并联连接时的情况	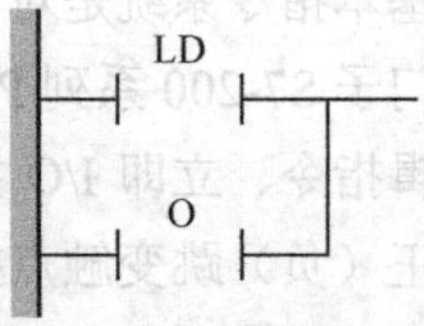
ON 指令	ON（Or Not）指令叫作并联非指令，在逻辑上叫作“或非”指令，主要用于各继电器的常闭触点与其他各继电器触点并联连接时的情况 用 O 指令和 ON 指令进行触点的并联连接时，并联触点的个数无限制，可以无限重复地并联使用	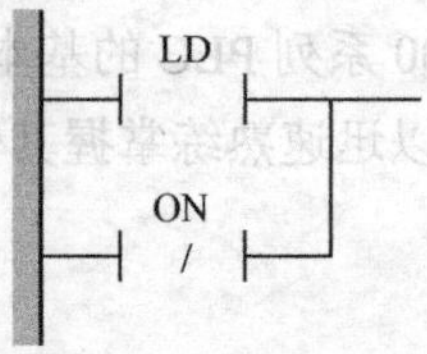

6.1.2 输出指令

输出指令也叫驱动线圈的指令。在梯形图中，输出指令用“( )”表示；在指令语句表中，输出指令用“=”表示。

LD、LDN、A、AN、O、ON 指令及输出指令“=”在梯形图中的图形符号如图 6-1 所示。

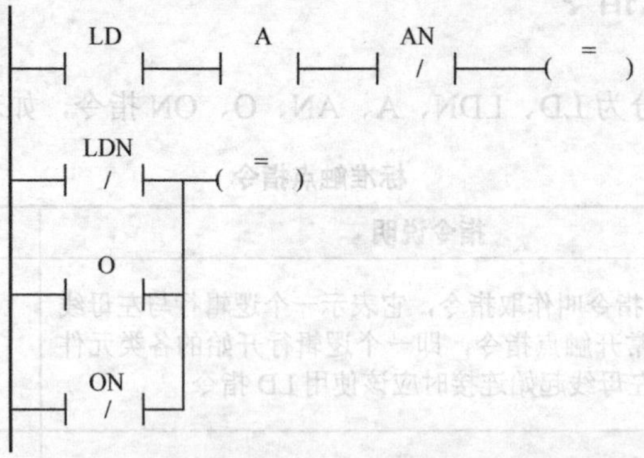

图6-1　各基本逻辑指令在梯形图中的图形符号

LD、LDN、A、AN、O、ON 指令及输出指令“=”在梯形图和指令语句表中的用法如图 6-2 所示。

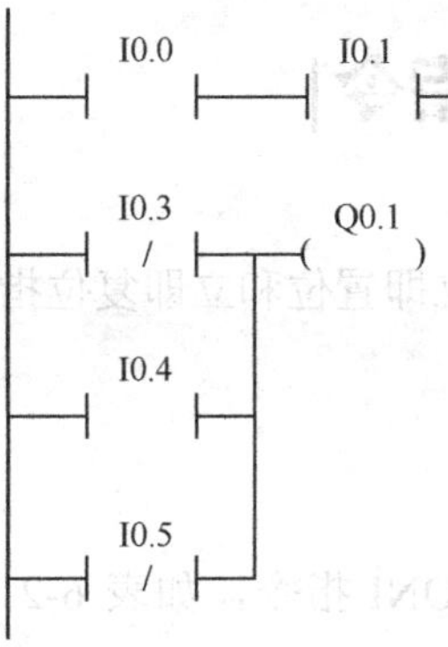

(a) 梯形图

LD	I0.0
A	I0.1
AN	I0.2
=	Q0.0
LDN	I0.3
O	I0.4
ON	I0.5
=	Q0.1

(b) 指令语句表

图6-2 各基本逻辑指令的用法

6.1.3 置位和复位指令

1. 置位指令 S（Set）

置位指令的功能是驱动继电器线圈。当使用 S 置位指令后，被驱动线圈接通并自锁，维持接通的状态。

当继电器被驱动后，如果要使被驱动的继电器线圈复位，则要使用复位指令。

2. 复位指令 R（Reset）

复位指令用 R 表示。其功能是使置位的继电器线圈复位。

执行置位和复位（*N* 位）指令时，把从指令操作数（位）指定的地址开始的 *N* 个点都置位或复位。置位或复位的点数 *N* 可以是 1～255。

在图 6-3（a）所示的梯形图中，当输入映像寄存器 I0.0 为“1”时，置位指令 S 将输出映像寄存器 Q0.0 置位为“1”，以驱动外部负载。当输入映像寄存器 I0.1 为“1”时，复位指令 R 将输出映像寄存器 Q0.0 复位为“0”，Q0.0 释放。

在图 6-3（b）所示的指令语句表中，当输入映像寄存器 I0.2 为“1”时，置位指令 S 将输出映像寄存器 Q1.0、Q1.1、Q1.2 置位为“1”，以驱动外部负载。输入映像寄存器 I0.3 为“1”时，由于在输出线圈的下方所标的数字为“1”，所以复位指令 R 将输出映像寄存器 Q1.0 复位为“0”，Q1.0 释放。而 Q1.1、Q1.2 仍然保持“1”的状态。

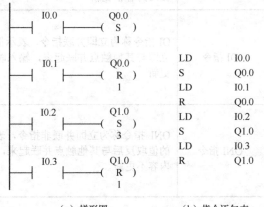

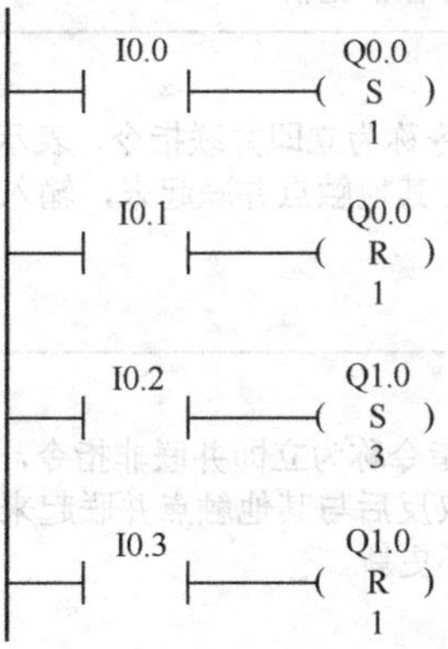

(a) 梯形图

LD	I0.0
S	Q0.0
LD	I0.1
R	Q0.0
LD	I0.2
S	Q1.0
LD	I0.3
R	Q1.0

(b) 指令语句表

图6-3 置位与复位指令的用法

6.2 立即 I/O 指令

立即 I/O 指令包括立即触点指令、立即输出指令、立即置位和立即复位指令。

6.2.1 立即触点指令

立即触点指令包括 LDI、LDNI、AI、ANI、OI、ONI 指令，如表 6-2 所示。指令中的“I”即为立即的意思。执行立即触点指令时，直接读取物理输入点的值，输入映像寄存器内容不更新。指令操作数仅限于输入物理点的值。立即触点指令用常开和常闭立即触点表示。

表 6-2　　立即触点指令

指令名称	指令说明	图示说明
LDI 指令	LDI 指令称为立即取指令，表示直接读取物理输入点处的值，输入映像寄存器的内容不更新	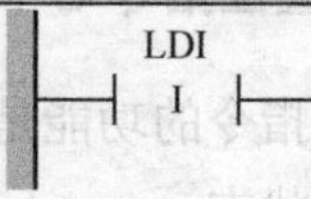
LDNI 指令	LDNI 指令称为立即取反指令，表示直接把物理输入点处的值取反，输入映像寄存器内容不更新	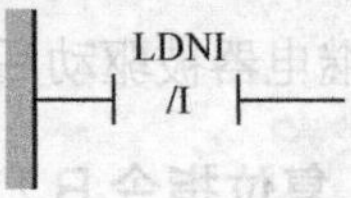
AI 指令	AI 指令称为立即串联指令，表示把物理输入点处的值立即与其他触点串联起来，输入映像寄存器的内容不更新	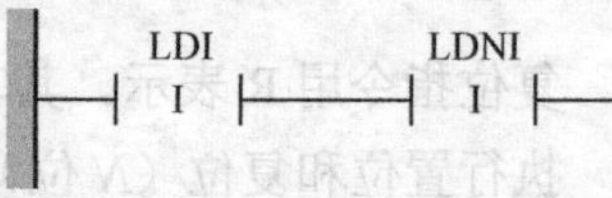
ANI 指令	ANI 指令称为立即串联非指令，表示把物理输入点处的值取反后立即与其他触点串联起来，输入映像寄存器的内容不更新	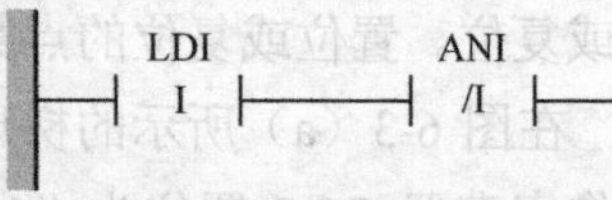
OI 指令	OI 指令称为立即并联指令，表示把物理输入点处的值立即与其他触点并联起来，输入映像寄存器的内容不更新	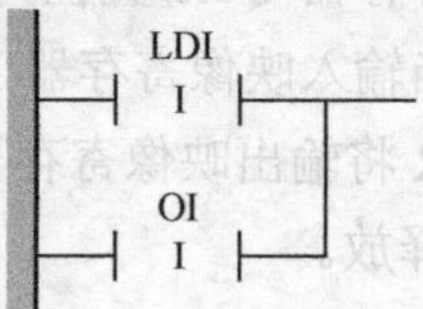
ONI 指令	ONI 指令称为立即并联非指令，表示把物理输入点处的值取反后与其他触点并联起来，输入映像寄存器的内容不更新	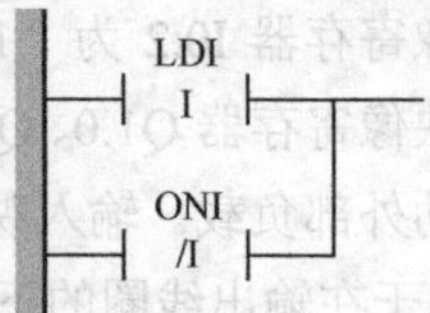

6.2.2 立即输出指令

当执行立即输出指令时，逻辑运算结果被立即复制到物理输出点和响应的输出映像寄存器（立即赋值），而不受扫描过程的影响。

在图 6-4（a）所示的梯形图中，除了输出指令 Q0.1 以外，其他都为立即 I/O 指令。

如图 6-4（b）所示，装载立即常开触点 I0.0、串联立即常开触点 I0.1 和立即常闭触点 I0.2 后，立即输出线圈 Q0.0；装载立即常闭触点 I0.3、并联立即常开触点 I0.4 和 I0.5 后，立即输出线圈 Q0.1。

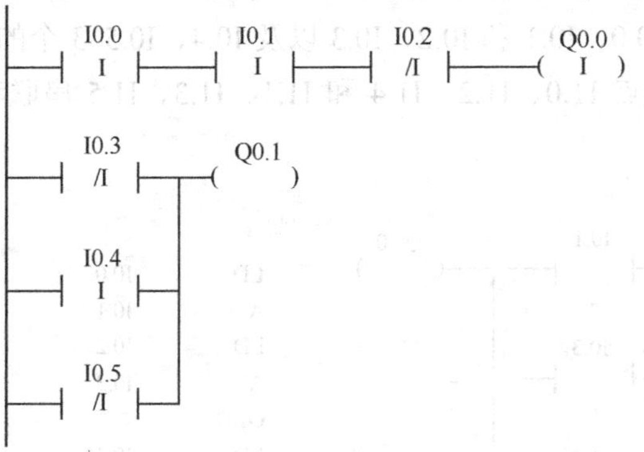

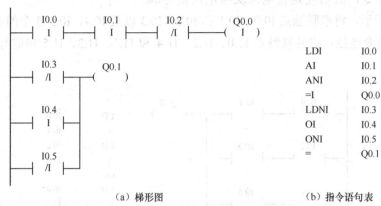

LDI	I0.0
AI	I0.1
ANI	I0.2
=I	Q0.0
LDNI	I0.3
OI	I0.4
ONI	I0.5
=	Q0.1

（a）梯形图　　（b）指令语句表

图6-4　立即触点指令和立即输出指令的用法

6.2.3　立即置位和立即复位指令

SI 称为立即置位指令，RI 称为立即复位指令。

执行 SI 立即置位指令或 RI 立即复位指令时，从指定位地址开始的 N 个点的映像寄存器都将被立即置位或立即复位。新值被同时写到物理输出点和相应的输出映像寄存器。立即置位或者立即复位 N 的点数可以是 1～128。

如图 6-5 所示，载入常开触点 I0.0 时，从 Q0.0 开始的触点被立即设置 1 点；载入常开触点 I0.1 时，从 Q0.0 开始的触点被立即复原 1 点；载入常开触点 I0.2 时，从 Q0.1 开始的触点被立即设置 3 点；载入常开触点 I0.3 时，从 Q0.1 开始的触点被立即复原 1 点。

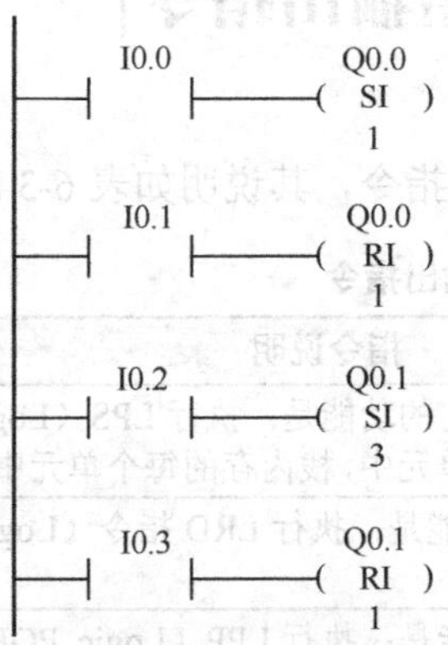

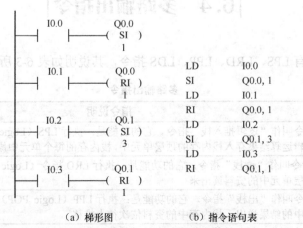

LD	I0.0
SI	Q0.0, 1
LD	I0.1
RI	Q0.0, 1
LD	I0.2
SI	Q0.1, 3
LD	I0.3
RI	Q0.1, 1

（a）梯形图　　（b）指令语句表

图6-5　立即置位和立即复位指令的用法

6.3 电路块串、并联指令

ALD 指令叫作“电路块与”指令，其功能是使电路块与电路块串联。OLD 指令叫作“电路块或”指令，其功能是使电路块与电路块并联。

如图 6-6 所示，将串联触点 I0.0、I0.1 和 I0.2、I0.3 以及 I0.4、I0.5 3 个的电路块并联起来，用 OLD 指令连接；将并联触点 I1.0、I1.2、I1.4 和 I1.1、I1.3、I1.5 串联起来，用 ALD 指令连接。

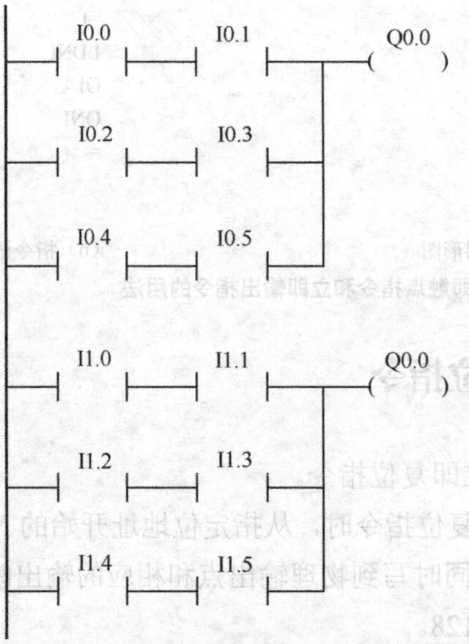

（a）梯形图

```
LD    I0.0
A     I0.1
LD    I0.2
A     I0.3
OLD
LD    I0.4
A     I0.5
OLD
=     Q0.0
LD    I1.0
O     I1.2
O     I1.4
LD    I1.1
O     I1.3
O     I1.5
ALD
=     Q1.0
```

（b）指令语句表

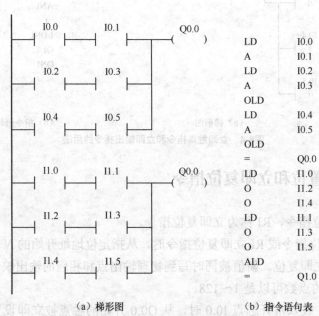

图6-6　ALD、OLD指令的用法

6.4 多路输出指令

多路输出指令有 LPS、LRD、LPP、LDS 指令，其说明如表 6-3 所示。

表 6-3　多路输出指令

指令名称	指令说明
LPS 指令	LPS 指令叫作“逻辑推入栈”指令。它的功能是：执行 LPS（Logic Push）读栈指令，将触点的逻辑运算结果存入栈内存的顶层单元中，栈内存的每个单元中原来的资料依次向下推移
LRD 指令	LRD 指令叫作“读栈”指令。它的功能是：执行 LRD 指令（Logic Read）读栈指令，将栈内存顶层单元中的资料读出来
LPP 指令	LPP 指令叫作“出栈”指令。它的功能是：执行 LPP（Logic POP）出栈指令，将栈内存顶层单元中的结果弹出，栈内存中的资料依次往上推移
LDS 指令	LDS 指令叫作“装入堆栈”指令。它的功能是：执行 LDS（Load Stack）装入堆栈指令，复制堆栈中第 n 级的值到栈顶。原堆栈各级栈值依次下压一级，栈底值丢失

如图 6-7 所示，当触点 I2.0 闭合时，执行 LPS 指令，将触点的运算结果存入栈内存的顶层单元中，然后执行第一个电路块指令；执行 LRD 指令，将栈内存顶层中的资料读出来，然后执行第二个电路块指令；执行 LPP 指令，将栈内存顶层单元中的结果弹出，然后执行第三个程序块，将结果输出。

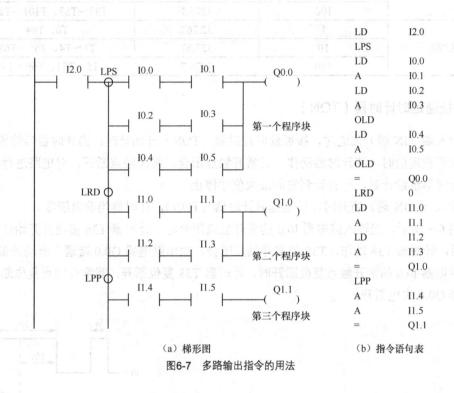

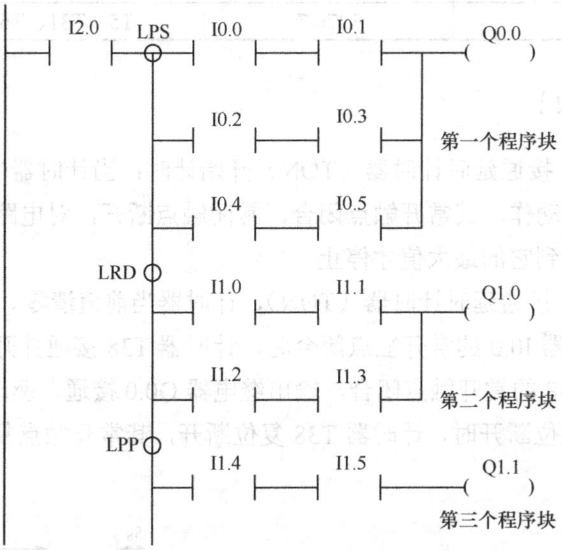

LD	I2.0
LPS	
LD	I0.0
A	I0.1
LD	I0.2
A	I0.3
OLD	
LD	I0.4
A	I0.5
OLD	
=	Q0.0
LRD	0
LD	I1.0
A	I1.1
LD	I1.2
A	I1.3
=	Q1.0
LPP	
A	I1.4
A	I1.5
=	Q1.1

（a）梯形图　　（b）指令语句表

图6-7　多路输出指令的用法

6.5　计时器和计数器指令

6.5.1　计时器和计数器指令

计时器是利用 PLC 内部的时钟脉冲计数的原理进行计时的。

S7-200 系列 PLC 计时器的类型有 3 种：接通延时计时器（TON）、有记忆接通延时计时器（TONR）、断开延时计时器（TOF）。其定时的分辨率分为 3 种，分别为 1ms、10ms 和 100ms。

计时器的实际设定时间 T=设定值（PT）×分辨率。例如，若某计时器的设定值为 PT=80，分辨率为 10ms，则该计时器的实际设定时间 T=80×10ms=0.8s。

S7-200 系列 PLC 的计时器共有 256 个，计时器的范围为 T0～T255。其计时器型号和定时分辨率见表 6-4。

表 6-4　　S7-200PLC 计时器的型号和定时分辨率

计时器类型	分辨率（ms）	计时范围（s）	计时器号
TON、TOF	1	32.767	T32、T96
	10	327.67	T33～T36、T97～T100
	100	3276.7	T37～T63、T101～T255
TONR	1	32.767	T0、T64
	10	327.67	T1～T4、T65～T68
	100	3276.7	T5～T31、T69～T95

1. 接通延时计时器（TON）

当输入端（IN 端）接通时，接通延时计时器（TON）开始计时；当计时器当前值（PT）等于或大于设定值时，该计时器动作，其常开触点闭合，常闭触点断开，对电路进行控制。而此时计时器继续计时，一直计到它的最大值才停止。

当输入端（IN 端）断开时，接通延时计时器（TON），计时器当前值清零。

如图 6-8 所示，当输入继电器 I0.0 的常开触点闭合时，计时器 T38 接通并开始计时，经过 10s 后，计时器 T38 动作，T38 的常开触点闭合，输出继电器 Q0.0 接通，驱动外部设备。当输入继电器 I0.0 的常开触点复位断开时，计时器 T38 复位断开，其常开触点复位断开，输出继电器 Q0.0 失电断开。

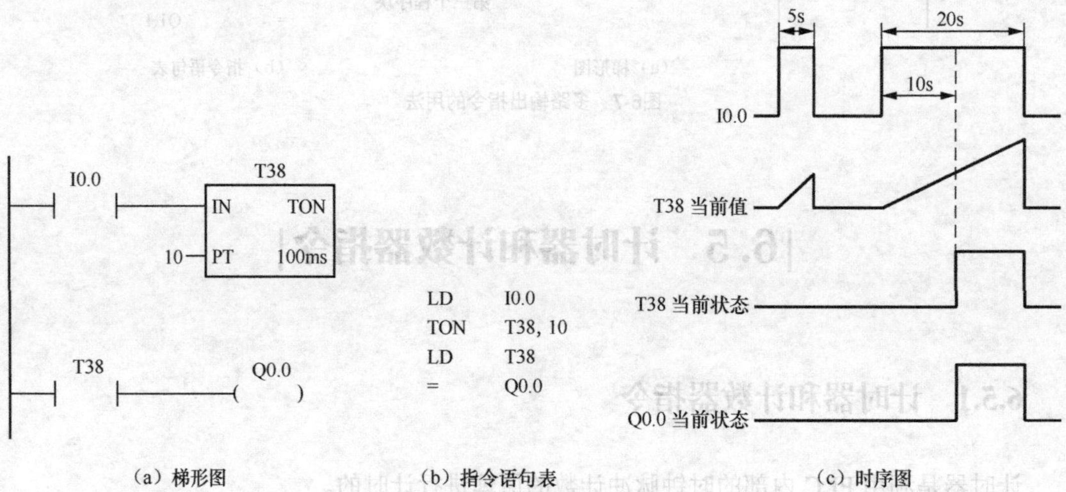

（a）梯形图　　（b）指令语句表　　（c）时序图

图6-8　接通延时计时器（TON）的用法

2. 断开延时计时器（TOF）

当输入端（IN）接通时，计时器位立即接通动作，即常开触点闭合，常闭触点断开，并把当前值设为 0。当输入端（IN）断开时，计时器开始计时；当断开延时计时器（TOF），当前值等于设定时间值（PT）时，计时器动作断开，此时常开触点断开，常闭触点闭合。此时就起到了断电延时计时器的作用。

如图 6-9 所示，当输入继电器 I0.0 的常开触点闭合时，计时器 T98 接通立即动作，其常开触点也立即闭合，输出继电器 Q0.0 立即接通，驱动外部设备。当输入继电器 I0.0 的常开触点断开时，有记忆接通延时计时器 T98 开始计时。经过 10s 后，计时器 T98 动作复位，其常开触点复位断开，输出继电器 Q0.0 断开。

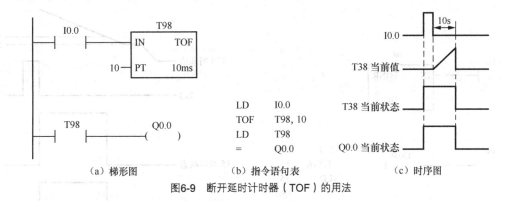

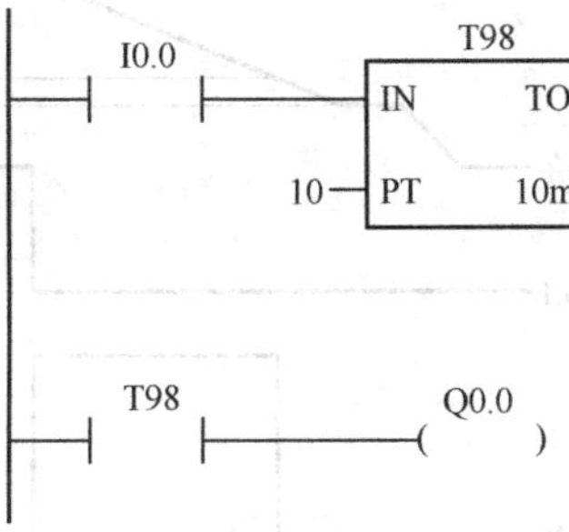

（a）梯形图

```
LD   I0.0
TOF  T98, 10
LD   T98
=    Q0.0
```

（b）指令语句表

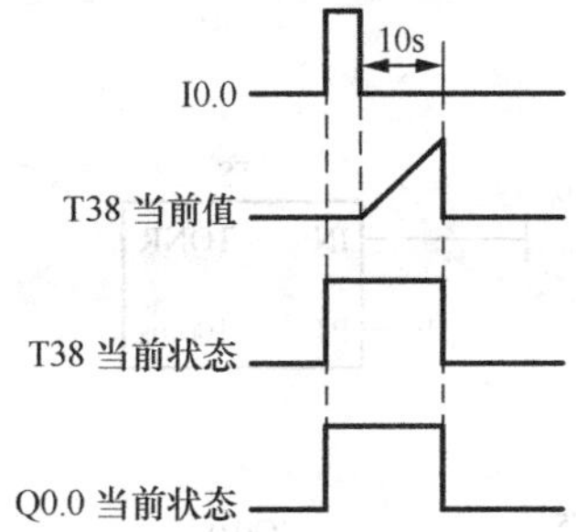

（c）时序图

图6-9 断开延时计时器（TOF）的用法

3. 有记忆接通延时计时器（TONR）

当输入端（IN）接通时，有记忆接通延时计时器（TONR）接通，并开始计时。当有记忆接通延时计时器（TONR）的当前值等于或大于设定值时，该计时器位被置位动作，计时器的常开触点闭合，常闭触点断开。有记忆接通延时计时器（TONR）累计值达到设定值后继续计时，一直计到最大值。

当输入端（IN）断开时，即使未达到计时器的设定值，有记忆接通延时计时器（TONR）的当前值也保持不变。当输入端（IN）再次接通，计时器当前值从原保持值开始往上累计时间，继续计时，直到有记忆接通延时计时器（TONR）的当前值等于设定值时，计时器（TONR）才动作。

因此，可以用有记忆接通延时计时器（TONR）累计多次输入信号的接通时间。

当需要有记忆接通延时计时器（TONR）复位清零时，可利用复位指令（R）清除有记忆接通延时计时器（TONR）的当前值。

如图 6-10 所示，当输入继电器 I0.0 的常开触点闭合时，计时器 T5 接通并开始计时，计时累计 10s 后，计时器 T5 动作，T5 的常开触点闭合，输出继电器 Q0.0 接通，驱动外部设备。当输入继电器 I0.0 的常开触点复位断开时，计时器 T5 并不失电复位，其常开触点仍然闭合，输出继电器 Q0.0 仍然接通。只有当输入继电器 I0.1 的常开触点闭合时，接通复位指令 R，计时器 T5 复位，其常开触点复位常开，输出继电器 Q0.0 失电断开。

使用计时器时要注意以下几个问题。

① 不能把一个计时器同时用作接通延时计时器（TON）和断开延时计时器（TOF）。从表 6-4 中可以看出，计时器 T37～T63 及 T101～T255 既可以做接通延时计时器（TON），也可以做断开延时计时器（TOF），但同一个计时器不能在同一个程序中作不同用途的计时器使用。例如，在某一个程序中，T37 如果做接通延时计时器（TON）使用，则不能再作为断开延时计时器（TOF）使用；如果程序中需要断开延时计时器，则可选其他编号的计时器，如 T38、T39 等。

② 使用复位（R）指令对计时器重定位后，计时器当前值为零。

③ 有记忆接通延时计时器（TONR）只能通过复位指令进行复位操作。

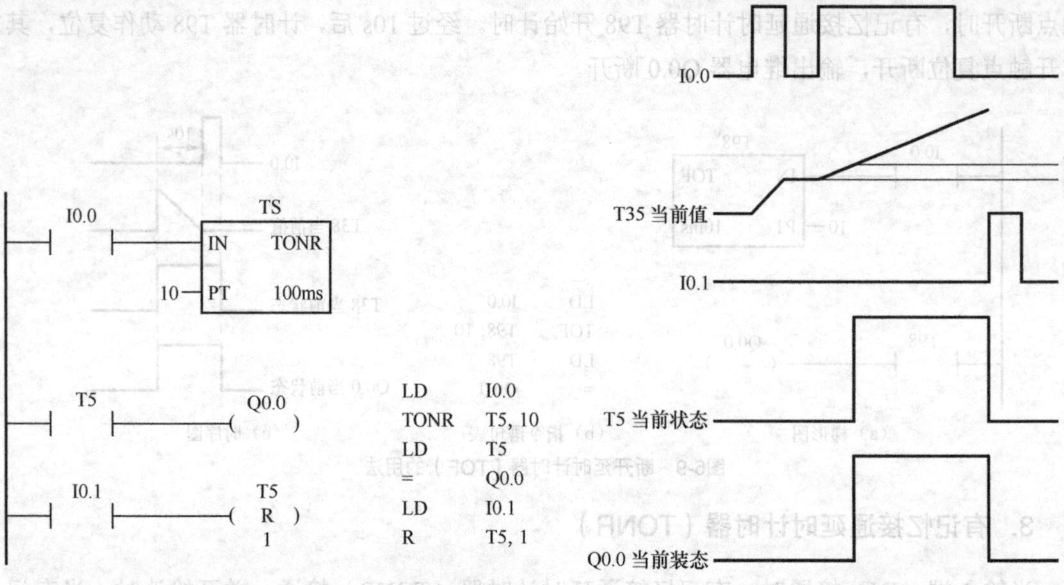

（a）梯形图　　（b）指令语句表　　（c）时序图

图6-10 有记忆接通延时计时器（TONR）的用法

④ 对于断开延时计时器（TOF），须在输入端有一个负跳变（由 ON 到 OFF）的输入信号启动计时。

6.5.2 计数器指令

计数器是对外部的或由程序产生的计数脉冲进行计数，累计其计数输入端的计数脉冲由低到高的次数。S7-200 系列 PLC 有 3 种类型的计数器：增计数器（CTU）、减计数器（CTD）、增/减计数器（CTUD）。计数器共有 256 个，计数器号范围为 C0～C255。

计数器有 2 个相关的变量。

① 当前值：计数器累计计数的当前值。

② 计数器位：当计数器的当前值等于或大于设定值时，计数器位被置为“1”。

1. 增计数器（CTU）指令

当增计数器的计数输入端（CU）有一个计数脉冲的上升沿（由 OFF 到 ON）信号时，增计数器被接通且计数值加 1，计数器作递增计数，计数至最大值 32 767 时停止计数。当计数器当前值等于或大于设定值（PV）时，该计数器被置位（ON）。当复位输入端（R）有效时，计数器被复位，当前值被清零。也可单独用复位指令（R）复位增计数器（CTU）。设定值（PV）的数据类型为有效整数（INT）。

如图 6-11 所示，当计数器 C20 的计数输入端输入继电器 I0.0 的常开触点每闭合 1 次，计数器 C20 的当前值加 1。当达到设定值（梯形图中设定为 2 次）时，计数器 C20 动作，其常开触点闭合，输出继电器 Q0.0 接通，驱动外部设备。

当梯形图中输入继电器 I0.1 的常开触点闭合时，计数器 C20 复位，其常开触点断开，输出继电器 Q0.0 失电断开，停止对外部设备的驱动。

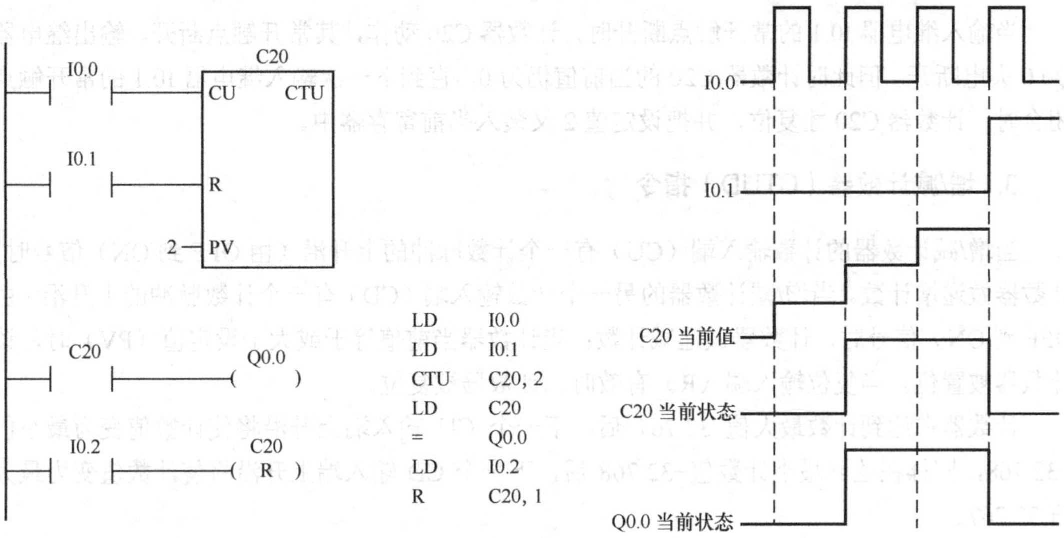

（a）梯形图　　（b）指令语句表　　（c）时序图

图6-11　增计数器（CTU）指令的用法

若计数器 C20 动作后，输入继电器 I0.2 的常开触点闭合时，计数器 C20 也会复位。其常开触点断开，输出继电器 Q0.0 失电断开，停止对外部设备的驱动。

2. 减计数器（CTD）指令

当装载输入端（LD）有效时，计数器重定位并把设定值（PV）装入当前值寄存器（CV）中。当减计数器的计数输入端（CD）有一个计数脉冲的上升沿（由 OFF 到 ON）信号时，计数器从设定值开始做递减计数，直至计数器当前值等于 0 时，停止计数，同时计数器位被复位。减计数器（CTD）指令无复位端，它是在装载输入端（LD）接通时，使计数器重定位并把设定值装入当前寄存器中。

如图 6-12 所示，当输入继电器 I0.1 的常开触点闭合时，计数器 C20 复位，并把设定值 2 装入寄存器中。当接在减计数器 C20 输入端的输入继电器 I0.0 的常开触点闭合一次时，计数器 C20 从设定值 2 开始做递减计数。当计数器 C20 计数递减至 0 时，停止计数，且计数器 C20 动作。其常开触点闭合，输出继电器 Q0.0 接通，驱动外部负载。

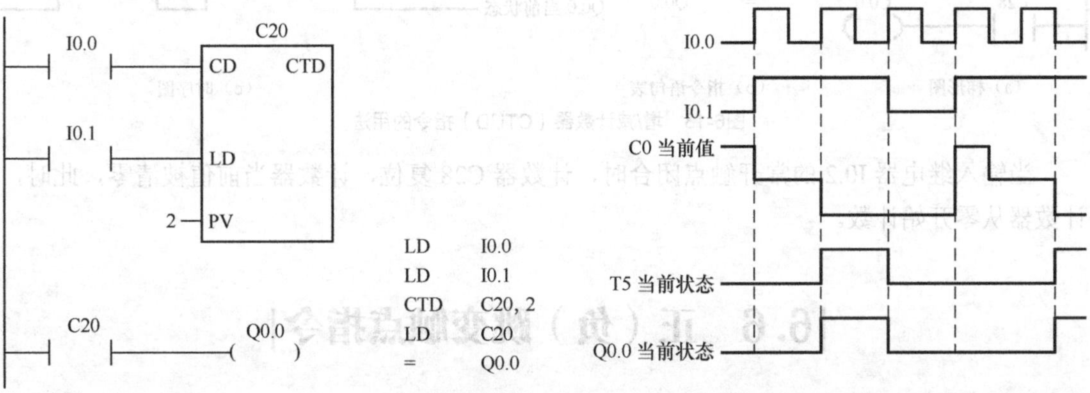

（a）梯形图　　（b）指令语句表　　（c）时序图

图6-12　减计数器（CTD）指令的用法

当输入继电器 I0.1 的常开触点断开时，计数器 C20 动作，其常开触点断开，输出继电器 Q0.0 失电断开。但此时计数器 C20 的当前值仍为 0，直到下一次输入继电器 I0.1 的常开触点闭合时，计数器 C20 才复位，并把设定值 2 又装入当前寄存器中。

3. 增/减计数器（CTUD）指令

当增/减计数器的计数输入端（CU）有一个计数脉冲的上升沿（由 OFF 到 ON）信号时，计数器做递增计数。当增/减计数器的另一个计数输入端（CD）有一个计数脉冲的上升沿（由 OFF 到 ON）信号时，计数器做递减计数；当计数器当前值等于或大于设定值（PV）时，该计数器被置位。当复位输入端（R）有效时，计数器被复位。

计数器在达到计数最大值 32 767 后，下一个 CU 输入端上升沿将使计数值变为最小值−32 768，同样在达到最小计数值−32 768 后，下一个 CD 输入端上升沿将使计数值变为最大值 32 767。

当用复位指令（R）复位计数器时，计数器被复位，计数器当前值清零。

在图 6-13 所示的梯形图中，当输入继电器 I0.0 的常开触点从断开到闭合时，计数器 C28 增计数 1 次；当输入继电器 I0.1 的常开触点闭合时，计数器 C28 减计数 1 次。当计数器 C28 计数至设定值 4 时，计数器 C28 动作，其常开触点闭合，输出继电器 Q0.0 接通，驱动外部负载。若计数器 C28 的当前值由于减计数器脉冲的到来而使得当前值小于设定值 4 时，计数器 C28 回到原来的状态，其常开触点断开，输出继电器 Q0.0 也失电断开。

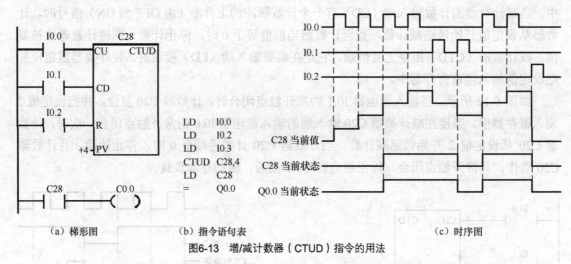

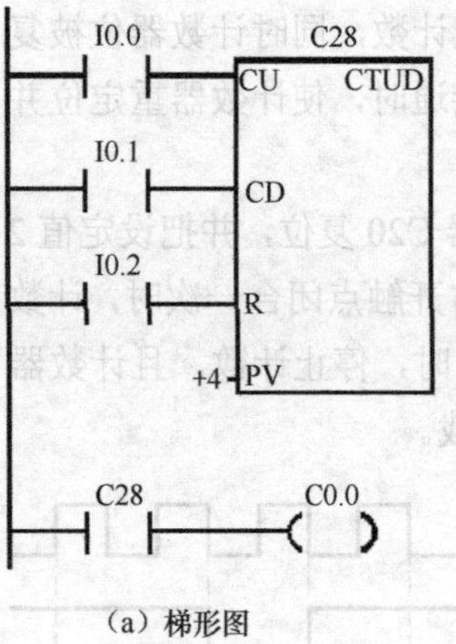

（a）梯形图

```
LD    I0.0
LD    I0.2
LD    I0.3
CTUD  C28,4
LD    C28
=     Q0.0
```

（b）指令语句表

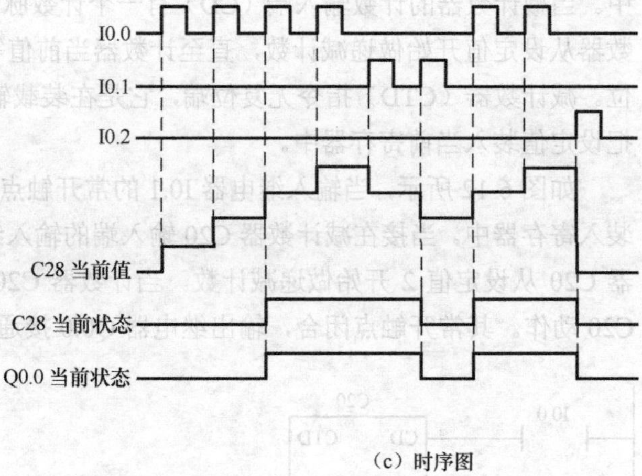

（c）时序图

图6-13 增/减计数器（CTUD）指令的用法

当输入继电器 I0.2 的常开触点闭合时，计数器 C28 复位，计数器当前值被清零，此时，计数器从零开始计数。

6.6 正（负）跳变触点指令

正跳变触点指令，是指指令在检测到每一次正脉冲（由 OFF 到 ON）信号后，触点会闭合一个扫描周期宽的时间，产生一个宽度为一个扫描周期的脉冲，用于驱动各种可驱动的继电器。

负跳变触点指令，是指指令在检测到每一次负跳变（由 ON 到 OFF）信号后，触点会闭合一个扫描周期宽的时间，产生一个宽度为一个扫描周期的脉冲，用于驱动各种可驱动的继电器。

在梯形图中，正跳变指令用“P”表示，负跳变指令用“N”表示；在指令语句表（STL）中，正跳变触点指令由 EU 表示，负跳变触点指令由 ED 表示。

如图 6-14 所示，当输入继电器 I0.0 的常开触点从断开到闭合时，输出继电器 Q0.0 接通一个扫描周期；当输入继电器 I0.1 的常开触点从断开到闭合时，输出继电器 Q0.1 接通一个扫描周期。

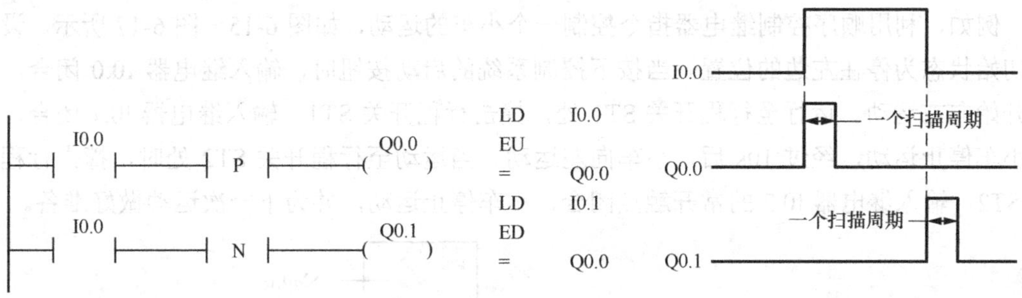

（a）梯形图 （b）指令语句表 （c）时序图

图6-14 正、负跳变触点指令的用法

6.7 顺序控制继电器指令

顺序控制继电器指令（SCR）又称步进顺控指令，主要用于对复杂的顺序控制程序进行编程。S7-200 系列 PLC 中的顺序控制继电器 S 专门用于编制顺序控制程序。

顺序控制，即使生产过程按工艺要求事先安排的顺序自动进行控制。它依据被控对象采用顺序功能图（SFC）进行编程，将控制程序进行逻辑分段，从而实现顺序控制。用 SCR 指令编制的顺序控制程序有清晰明了、统一性强的特点，适合于初学者和不熟悉继电器控制系统的工程技术人员使用。

顺序控制继电器指令 SCR 包括 LSCR（程序段的开始）指令、SCRT（程序段的转换）指令、SCRE（程序段的结束）指令。一个 SCR 程序段包括从 LSCR（程序段的开始）指令到 SCRE（程序段的结束）指令。一个 SCR 段对应于功能图中的一步。

1. LSCR（程序段的开始）指令

LSCR（Load Sequential Control Relay）指令又称装载顺序控制继电器指令。指令 LSCR n 用来表示一个 SCR 段，即顺序功能图中步的开始。指令中的操作数 n 为顺序控制继电器 S（BOOL 型）的地址。顺序控制继电器为 1 状态时，对应的 SCR 段中的程序被执行，反之不执行。

2. SCRT（程序段的转换）指令

SCRT（Sequential Control Relay Transition）指令又称顺序控制继电器转换指令。指令 SCRT n 用来表示 SCRT 段的转换，即步的活动状态的转换。当 SCRT 线圈通电时，SCRT 中指定的顺序功能图中的后续步对应的顺序控制继电器 n 变为 1 状态，同时当前活动步对应的顺序控制继电器变为 0 状态，当前步变为不活动步。

3. SCRE（程序段的结束）指令

SCRE（Sequential Control Relay End）指令又称顺序控制继电器结束指令。SCRE 指令用来表示 SCR 段的结束。

下面举例说明顺序控制继电器指令的用法。

例如，利用顺序控制继电器指令控制一个小车的运动，如图 6-15～图 6-17 所示。设小车初始状态为停在左边的位置。当按下控制系统的启动按钮时，输入继电器 I0.0 闭合，小车开始向右运动。运行至行程开关 ST1 处，撞击行程开关 ST1，输入继电器 I0.1 闭合，此时小车停止运动，经过 10s 后，小车向左运动。当运动至行程开关 ST2 处时，撞击行程开关 ST2，输入继电器 I0.2 的常开触点闭合，小车停止运动，并为下一次运动做好准备。

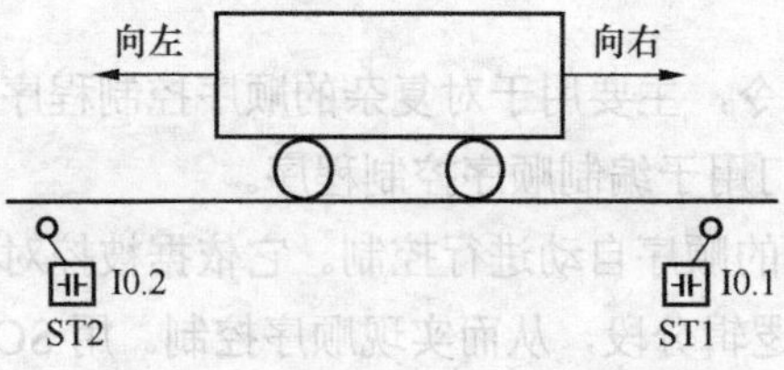

图6-15 继电器控制小车运动示意图

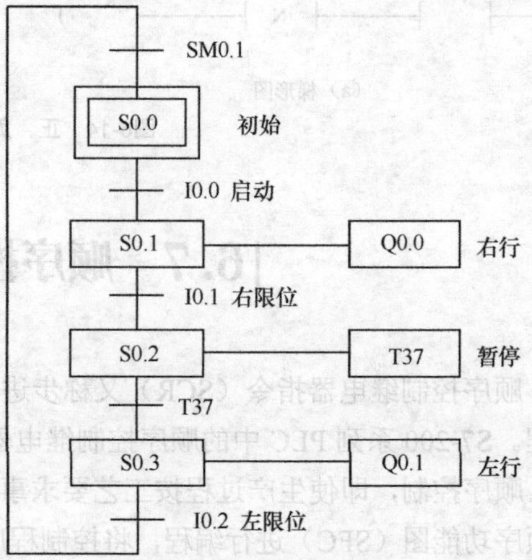

图6-16 小车运动功能图

在图 6-17 所示的梯形图中，接通 PLC 可编程控制的电源后，特殊标志位存储器 SM0.1 闭合一个扫描周期，使顺序控制继电器存储器 S0.0 置位，控制系统进入初始状态。

当按下控制系统的启动按钮时，输入控制继电器 I0.0 的常开触点闭合，程序段转换到 S0.1 段，同时 S0.0 自动复位，S0.0 段程序结束。特殊标志位存储器 SM0.0 闭合，输出继电器 Q0.0 接通闭合，小车开始右行。

当运动至行程开关 ST1 处时，撞击行程开关 ST1，输入继电器 I0.1 的常开触点闭合，程序段转换到 S0.2 段，同时 S0.1 复位，S0.1 段程序结束，小车停止运动。特殊标志位存储器 SM0.0 闭合，接通计时器 T37 线圈电源，计时器 T37 开始计时。

经过 10s 后，T37 动作，其常开触点闭合，程序段转换到 S0.3 段，同时 S0.2 自动复位，S0.2 段程序结束。特殊标志位存储器 SM0.0 闭合，输出继电器 Q0.1 接通闭合，小车开始向左运动。

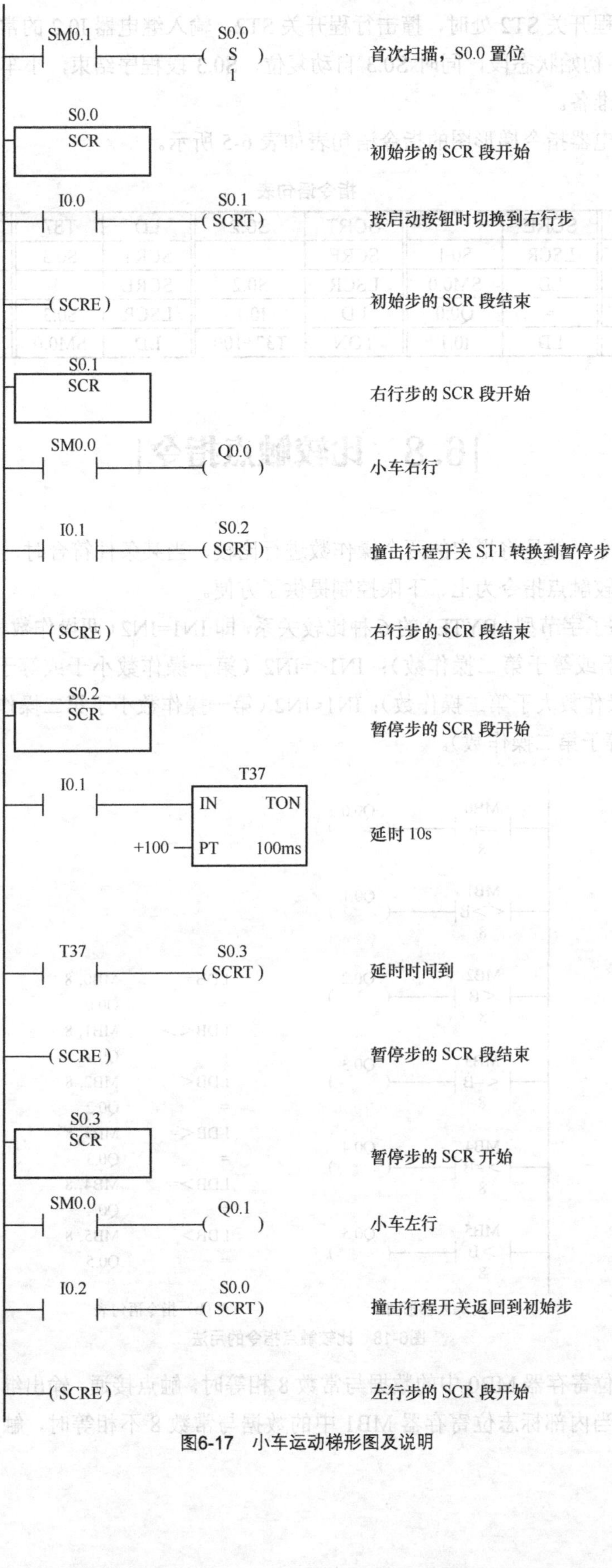

图6-17　小车运动梯形图及说明

当运动至行程开关 ST2 处时，撞击行程开关 ST2，输入继电器 I0.2 的常开触点闭合，程序段转换到 S0.0 初始状态段，同时 S0.3 自动复位，S0.3 段程序结束，小车停止运动。为下一次控制做好了准备。

顺序控制继电器指令梯形图的指令语句表如表 6-5 所示。

表 6-5　　指令语句表

LD	SM0.1	SCRE		SCRT	S0.2	LD	T37	=	Q0.1
S	S0.0	LSCR	S0.1	SCRE		SCRT	S0.3	LD	I0.2
LSCR	S0.0	LD	SM0.0	LSCR	S0.2	SCRE		SCRT	S0.0
LD	I0.0	=	Q0.0	LD	I0.1	LSCR	S0.3	SCRE	
SCRT	S0.1	LD	I0.1	TON	T37+100	LD	SM0.0		

6.8　比较触点指令

比较触点指令，就是将指定的两个操作数进行比较，当某条件符合时，触点接通，达到控制的目的。比较触点指令为上、下限控制提供了方便。

图 6-18 列举了字节型（BYTE）的 6 种比较关系，即 IN1=IN2（两操作数相等）；IN1>=IN2（第一操作数大于或等于第二操作数）；IN1<=IN2（第一操作数小于或等于第二操作数）；IN1>IN2（第一操作数大于第二操作数）；IN1<IN2（第一操作数小于第二操作数）；IN1< >IN2（第一操作数不等于第二操作数）。

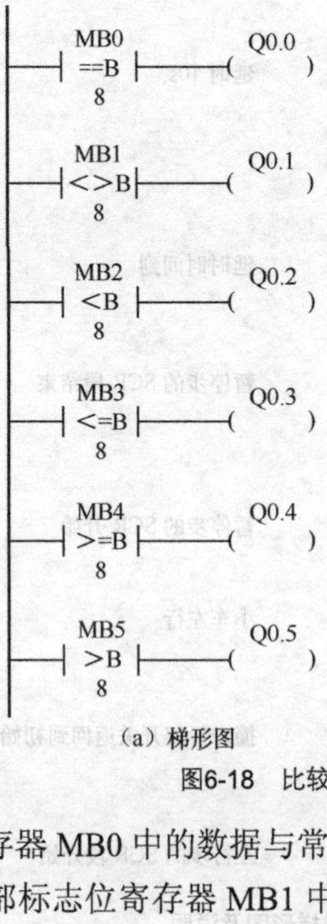

（a）梯形图

```
LDB=     MB0, 8
=        Q0.0
LDB<>    MB1, 8
=        Q0.1
LDB<     MB2, 8
=        Q0.2
LDB<=    MB3, 8
=        Q0.3
LDB>=    MB4, 8
=        Q0.4
LDB>     MB5, 8
=        Q0.5
```

（b）指令语句表

图6-18　比较触点指令的用法

当内部标志位寄存器 MB0 中的数据与常数 8 相等时，触点接通，输出继电器 Q0.0 接通，驱动外部负载；当内部标志位寄存器 MB1 中的数据与常数 8 不相等时，触点接通，输出继电器 Q0.1 接通，驱动外部负载；当内部标志位寄存器 MB2 中的数据小于常数 8 时，触点接通，输出继电器 Q0.2 接通，驱动外部负载；当内部标志位寄存器 MB3 中的数据小于或等于常数 8 时，触点接通，输出继电器 Q0.3 接通，驱动外部负载；当内部标志位寄存器 MB4 中的数据大于或等于常数 8 时，触点接通，输出继电器 Q0.4 接通，驱动外部负载；当内部标志位寄存器 MB5 中的数据大于常数 8 时，触点接通，输出继电器 Q0.5 接通，驱动外部负载。

在比较触点指令中，比较触点指令的两个操作数（IN1，IN2）的数据类型可以是字节型（BYTE），也可以是符号整数型（INT）、符号双字整数型（DINT）以及实数型（REAL）。按操作数的数据类型，比较触点指令可分为字节比较、整数比较、双字节比较和实数比较指令。这些指令中除了字节比较指令外，其他比较指令都是有符号的。梯形图中各类比较触点指令如表 6-6 所示。

表 6-6　梯形图中各类比较触点指令

字节比较指令	整数比较指令	双字节比较指令	实数比较指令
IN1 ─┤ =B ├─ IN2	IN1 ─┤ =I ├─ IN2	IN1 ─┤ =DB ├─ IN2	IN1 ─┤ =R ├─ IN2
IN1 ─┤ <>B ├─ IN2	IN1 ─┤ <>I ├─ IN2	IN1 ─┤ <>DB ├─ IN2	IN1 ─┤ <>R ├─ IN2
IN1 ─┤ >=B ├─ IN2	IN1 ─┤ >=I ├─ IN2	IN1 ─┤ >=DB ├─ IN2	IN1 ─┤ >=R ├─ IN2
IN1 ─┤ <=B ├─ IN2	IN1 ─┤ <=I ├─ IN2	IN1 ─┤ <=DB ├─ IN2	IN1 ─┤ <=R ├─ IN2
IN1 ─┤ >B ├─ IN2	IN1 ─┤ >I ├─ IN2	IN1 ─┤ >DB ├─ IN2	IN1 ─┤ >R ├─ IN2
IN1 ─┤ <B ├─ IN2	IN1 ─┤ <I ├─ IN2	IN1 ─┤ <DB ├─ IN2	IN1 ─┤ <R ├─ IN2

6.9 部分变频器相关功能指令

当使用西门子 S7-200 系列 PLC 进行变频器自动控制系统设计时，还会经常遇到一些功能指令，其中频繁使用的是时钟指令和脉冲输出指令。

6.9.1 时钟指令

读实时时钟指令梯形图如图 6-19（a）所示，它是读当前时间和日期并把它转入一个 8 字节的缓冲区（起始地址是 T)。写实时时钟指令梯形图如图 6-19（b）所示，是写当前时间和日期并把 8 字节的缓冲区（起始地址是 T）装入时钟。

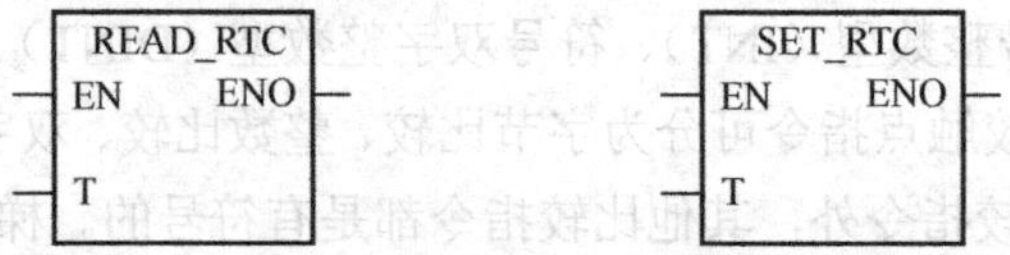

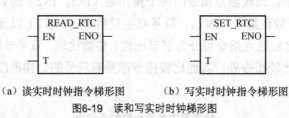

（a）读实时时钟指令梯形图　　（b）写实时时钟指令梯形图

图6-19　读和写实时时钟梯形图

时钟缓冲期的格式如图 6-20 所示。时钟指令操作数为 T：VB、IB、QB、MB、SMB、SB、LB。

T	T+1	T+2	T+3	T+4	T+5	T+6	T+7
年	月	日	小时	分	秒	0	星期几

图6-20　时钟缓冲期格式

6.9.2 脉冲输出指令

1. 指令介绍

脉冲输出指令的梯形图如图 6-21 所示。其操作数为 Q、常数（0 或者 1)。指定在 Q0.0 或者 Q0.1 输出脉冲。

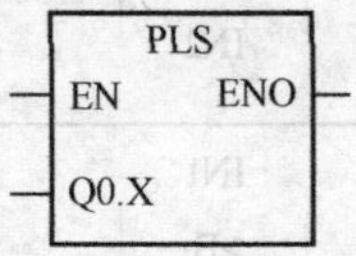

图6-21　脉冲输出指令梯形图

对于 S7-200 系列的 CPU，如果 CPU 模块上的输出类型为 DC 型（晶体管输出)，那么在其 Q0.0 和 Q0.1 上可以产生高速脉冲串和脉冲宽度可调的波形，频率可以达到 20kHz。当在这两个点使用脉冲输出功能时，它们受 PTO/PWM 发生器控制，而不受输出映像寄存器控制。

脉冲串（PTO）功能提供方波（50%占空比）输出，用户控制周期和脉冲数。脉冲宽度调制（PWM）功能提供连续、可变占空比脉冲输出，用户控制周期和脉冲宽度。

每个 PTO/PWM 发生器有一个控制字节（8 位)、一个 16 位无符号的周期寄存器、一个 16 位无符号的脉冲宽度值寄存器和一个 32 位无符号脉冲计数值寄存器。这些值全部存储在特殊寄存器中，一旦这些特殊寄存器的位被置成所需操作，就可以通过执行脉冲输出指令（PLS）来调节这些操作。相关的特殊寄存器如表 6-7 所示。PLS 指令是 S7-200 系列 PLC 读取相应特殊寄存器中的位，并对相应的 PTO/PWM 发生器进行操作。

表 6-7　　PTO/PWM 控制寄存器

Q0.0	Q0.1	控制字节
SM37.0	SM77.0	PTO/PWM 更新周期　0＝不更新；1＝不更新
SM67.1	SM77.1	PWM 更新脉冲宽度值　0＝不更新；1＝不更新
SM67.2	SM77.2	PTO 更新脉冲数　0＝不更新；1＝不更新
SM67.3	SM77.3	PTO/PWM 时间基准选择　0＝1μs/时基；1＝1ms/时基
SM67.4	SM77.4	PWM 更新方法　0＝异步更新；1＝同步更新
SM67.5	SM77.5	PTO 操作　0＝单段操作；1＝多段操作
SM67.6	SM77.6	PTO/PWM 模式选择　0＝选择 PTO；1＝选择 PWM
SM67.7	SM77.7	PTO/PWM 允许　0＝禁止 PTO/PWM；1＝允许 PTO/PWM
SMW68	SMW78	PTO/PWM 周期值（范围：2～65 535）
SWW70	SMW80	PWM 脉冲宽度值（范围：0～65 535）
SMD72	SMD82	PTO 脉冲设定值（范围：1～4 294 967 295）
SMW168	SMW178	多段 PTO 包络表的起始位置

2. PWM 操作

PWM 功能提供占空比可调的脉冲输出。其周期和脉宽的单位可以是 ms 或者 μs，周期值保存在 SMW68（或者 SMW78）中，周期的变化范围是 50～65 535μs 或 2～65 535ms。当脉宽值等于周期值时，占空比为 100%，即输出连续接通；当脉宽值为 0，占空比为 0%，即输出断开。

PWM 操作应用举例。如图 6-22 所示，在主程序的初次扫描时（SM0.1＝1），调用初始化子程序；如图 6-23 所示，在子程序 SBR0 中，进行 PWM 操作的初始化。进行 PWM 操作后，可将 Q0.0 设置为 PWM 输出，其周期值为 1000ms，脉宽值为 300ms。

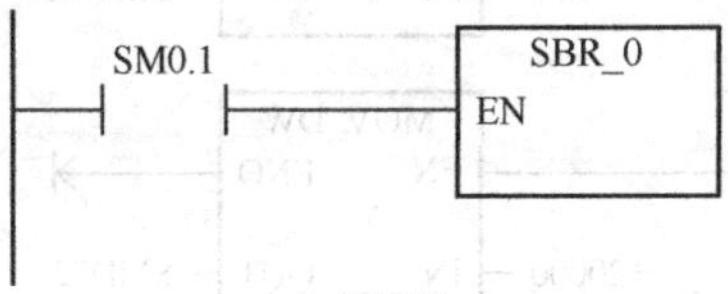

（a）梯形图

```
LD      SM0.1
CALL    0
//在首次扫描调用初始化子
程序0
```

（b）指令语句表

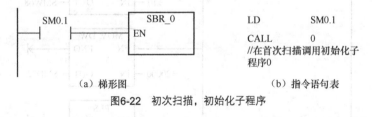

图6-22　初次扫描，初始化子程序

3. PTO 操作

PTO 提供指定脉冲数的方波（50%占空比）脉冲串。其周期可以以微秒或者毫秒为单位，周期值保存在 SMW68（或者 SMW78）中，周期的变化范围是 50～65 535μs 或 2～65 535ms。如果设定的周期值是奇数，会引起占空比失真。

当脉冲串输出完成后，特殊寄存器中的 SM66.7（或者 SM76.7）将变为 1。另外，脉冲串输出完成后，会产生中断事件 19 或者 20。

（1）单段 PTO 操作

对于单段 PTO 操作，每执行一次 PLS 指令，输出一串脉冲。如果要再输出一串脉冲，就需重新设定相关的特殊寄存器，并再执行 PLS 指令。

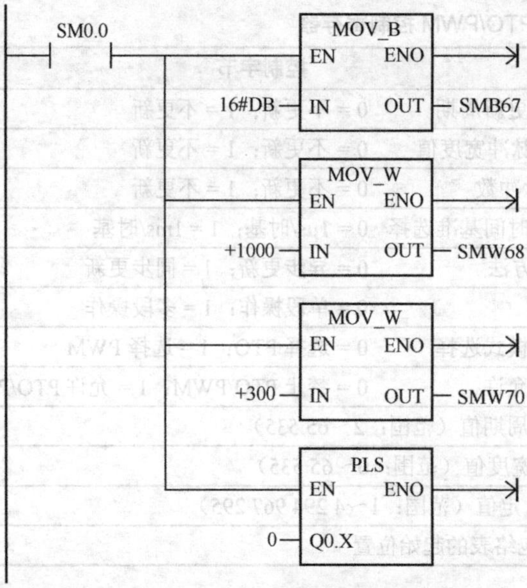


```
LD        SM0.0
MOV_B     16#DB, SMB67
// 选择 PWM 操作
// 选择 ms 增量，同步更新
// 设定脉冲宽度和周期
// 允许 PWM 功能
MOV_W     +100, SWM68
// 设定周期值为 1000ms
MOV_W     +300, SWM70
// 设定脉冲宽度为 300ms
PLS       0
// 启动 PWM 操作
```

（a）梯形图　　　　（b）指令语句表

图6-23　子程序SBR0

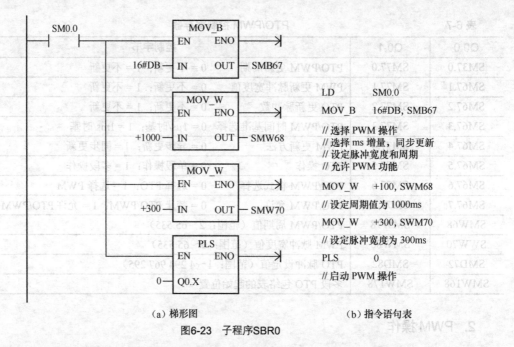

单段 PTO 操作应用举例。如图 6-24 和图 6-25 所示，进行单段 PTO 操作后，I0.4 变为 ON 一次，在 Q0.0 输出一串脉冲，频率为 100Hz，脉冲数为 20 000。

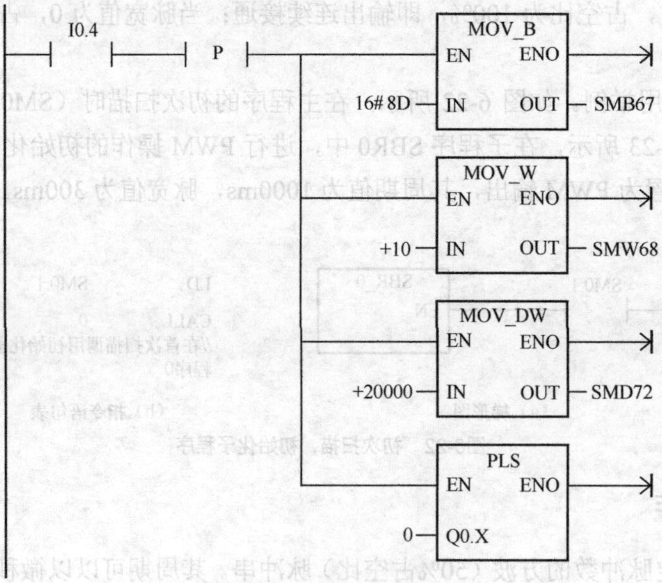

图6-24　单段PTO操作梯形图

```
LD        I0.4                  //选择PTO操作
EU                              //选择ms增量
                                //设定脉冲宽度和周期
MOV_B     16#8D，SMB67          //允许PTO功能
MOV_W     +10,SMW68             //设定周期值为10ms（100Hz）
MOV_DW    +20000，SMD72         //设定脉冲数为20 000
PLS       0                     //启动PTO操作
```

图6-25　单段PTO操作语句表

（2）多段 PTO 操作

在多段 PTO 操作时，执行一次 PLS 指令，可以输出多段脉冲，CPU 自动从 V 存储区的包络表中读出每个脉冲串的特性。使用多段操作模式，必须设定特殊寄存器 SM67.5（或者 SM77.5）为 1，并装入包络表在 V 存储区的起始地址（SMW168 或者 SMW178）。时间基准可以是微秒或毫秒，但是，包络表中的所有周期值必须使用同一个基准，而且在包络执行过程中不能改变。设定好相应的参数后，可以用 PLS 指令启动多段 PTO 操作。

包络表的起始地址存放的是包络的段数，由 16 位周期值、16 位周期增量值和 32 位脉冲计数值组成。

多段 PTO 操作有非常广泛的应用，尤其是在变频器控制中。例如，先对电动机加速（从 2kHz 到 10kHz）输出 200 个脉冲，在 10kHz 恒速运行 3 400 个脉冲，然后从 10kHz 减速到 2kHz，输出 400 个脉冲后停止，如图 6-26 所示。

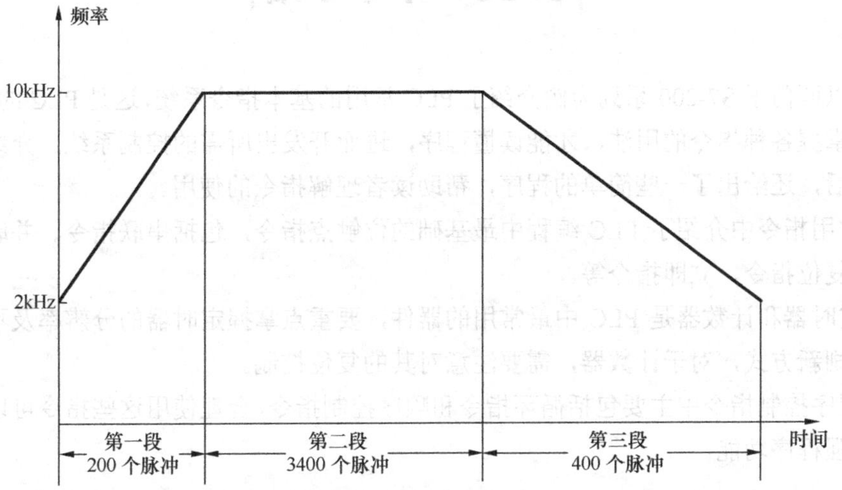

图6-26 电动机运行示意图

在多段 PTO 操作时，对包络表的定义，可以在初始化子程序中进行，如图 6-27 所示。

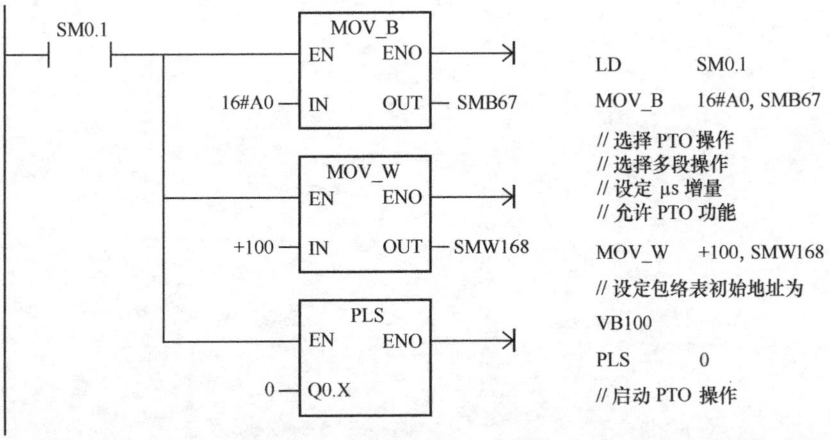

图6-27 包络表定义的梯形图及程序

多段 PTO 操作除了上述方法外，还可以在初始化子程序中设定包络表的初始地址，然后在数据块中定义具体参数。在数据块中定义包络表如下。

```
//定义包络表
VB100    3      //总段数
VW101    500    //段 1——初始周期
VW103    -2     //段 1——周期增量
VD105    200    //段 1——脉冲数
VW109    100    //段 2——初始周期
VW111    0      //段 2——周期增量
VD113    3400   //段 2——脉冲数
VW117    100    //段 3——初始周期
VW119    1      //段 3——周期增量
VD121    400    //段 3——脉冲数
```

6.10 本章小结

本章以西门子 S7-200 系列为例介绍了 PLC 常用的基本指令系统，这是 PLC 的编程基础，只有熟练掌握各种指令的用法，才能读懂程序，进而开发出所需的控制系统。介绍各种指令的用法之后，还给出了一些简单的程序，帮助读者理解指令的使用。

① 常用指令中介绍了 PLC 编程中最基础的位触点指令，包括串联指令、并联指令、置位指令、复位指令、立即指令等。

② 定时器和计数器是 PLC 中最常用的器件，要重点掌握定时器的分辨率及不同分辨率的定时器刷新方式，对于计数器，需要注意对其的复位控制。

③ 程序控制指令中主要包括循环指令和顺序控制指令，合理使用这些指令可以优化程序结构，增强程序功能。

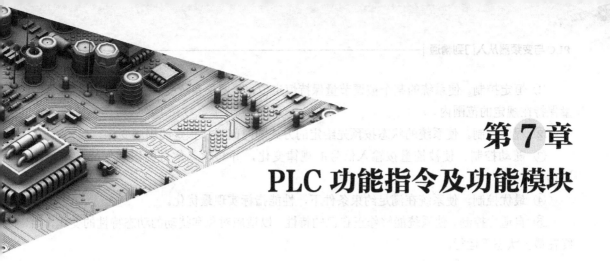

第 7 章 PLC 功能指令及功能模块

在 PLC 的实际应用中，仅使用基本指令是不够的，还需用到 PLC 的某些特殊功能指令及功能模块。如实际生产中的控制量多为模拟量，需用到 PLC 的模拟量控制功能。本章主要介绍模拟量控制、高速计数比较控制和 PLC 通信功能模块。

|7.1 模拟量控制|

模拟量为时间上或数值上连续的物理量，如电压、电流、温度、压力、速度、流量等，在实际生产中需要对其进行控制。

本节主要简述模拟量的特点和模拟量的 PID 控制方法，并分别详细阐述如何用欧姆龙、三菱和西门子 3 种类型的 PLC 指令来实现 PID 控制。

7.1.1 概述

如图 7-1 所示，一个完整的 PLC 模拟量控制过程包括以下几步。

① 用传感器采集信息，并将它转换成标准电压信号，进而送给 PLC 的模拟量输入单元。

② 模拟量输入单元将标准电压信号转换成 CPU 可处理的数字信号。

③ CPU 按要求对数字信号进行处理，产生相应的控制信号，并传送给模拟量输出单元。

④ 模拟量输出单元接收到控制信号后，将其变换成标准信号传给执行器。

⑤ 执行器的驱动系统对此信号进行放大和变换，产生控制作用，施加到受控对象上。

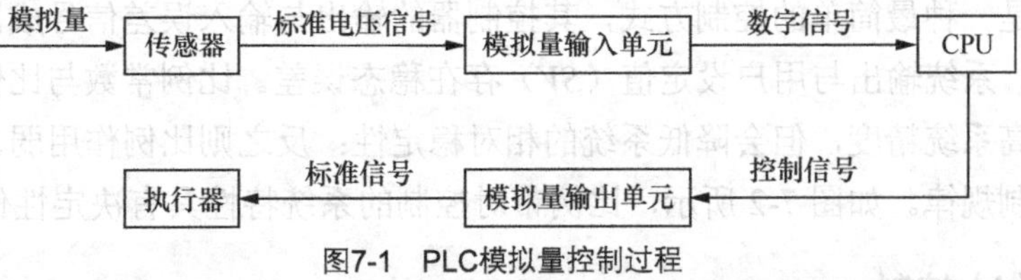

图7-1 PLC模拟量控制过程

近年来 PLC 以及变频调速技术发展很快，性价比大幅提高，并在机械、冶金、制造、化工、纺织等领域得到普及和应用。为满足温度、速度、流量等工艺变量的控制要求，常常要对这些模拟量进行控制。PLC 模拟量控制模块的使用也日益广泛。PLC 模拟量控制的目的如下。

① 恒定控制。使系统的某个被调节量保持恒定值，即要求系统受到外界干扰时，被调节量保持在规定的范围内。

② 程序控制。使系统的状态按预先给定的方式随时间或按预定的程序变化。

③ 随动控制。使被控量按输入信号的规律变化，并与输入信号的误差保持在规定范围内。

④ 最优控制。使系统在满足约束条件下，性能指标实现最优化。

⑤ 自适应控制。使系统能够修正自己的特性，以适应对象和扰动的动态特性的变化，始终在最佳状态下运行。

7.1.2 模拟量基本 PID 控制

模拟量闭环控制方法有负反馈控制、PID 控制、偏差控制、智能控制等，其中较好的方法之一就是 PID 控制。

在实际工程中，应用最为广泛的调节器控制规律为比例、积分、微分控制，简称 PID 控制，又称 PID 调节。PID 控制器问世至今已有近 70 年历史，它因结构简单、稳定性好、工作可靠、调整方便等优点成为工业控制的主要技术之一。PID 控制器是根据系统的误差，利用比例、积分、微分计算出控制量进行控制的。PID 控制的数学表达式为

$$p = K\left(e + \frac{1}{T_i}\int_0^t e\mathrm{d}t + T_d\frac{\mathrm{d}e}{\mathrm{d}t}\right) + M \tag{7-1}$$

式中：p——控制值；

e——偏差；

T_i——积分常数；

T_d——微分常数；

K——放大倍数（比例系数）；

M——偏差为零时的控制值，积分环节存在时 M=0。

PID 控制由比例控制、积分控制和微分控制构成。下面将分别介绍各个控制环节的作用和特点。

1. 比例（P）控制

比例控制是一种最简单的控制方式，其控制器的输出与输入误差信号成比例关系。当仅有比例控制时，系统输出与用户设定值（*SV*）存在稳态误差。比例常数与比例作用有关。比例作用强会提高系统精度，但会降低系统的相对稳定性；反之则比例作用弱。因此，很少单独使用比例控制规律。如图 7-2 所示，比例带对控制的系统特性具有决定性作用。

2. 积分（I）控制

在积分控制中，控制器的输出与输入误差信号的积分成正比关系。积分项对误差取决于时间的积分，随着时间的增加，积分项会增大。这样，即便误差很小，积分项也会随着时间

的增加而加大，它推动控制器的输出增大使稳态误差进一步减小，直到等于零。因此，比例积分（PI）控制器可以使系统在进入稳态后无稳态误差。如图 7-3 所示，增大积分时间或扩大比例带，可以减少振荡。

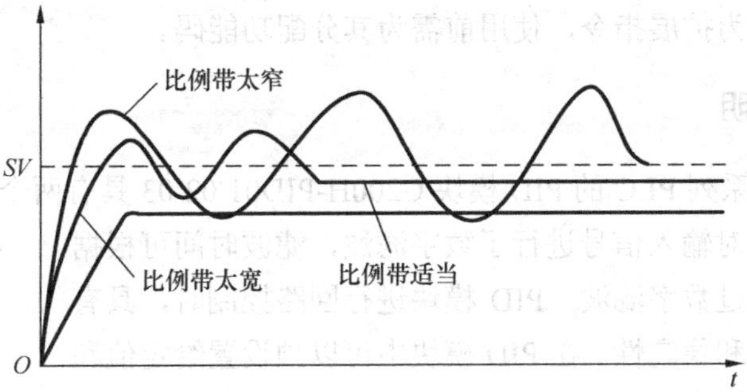

图7-2　比例带对系统特性的影响（SV为设定值）

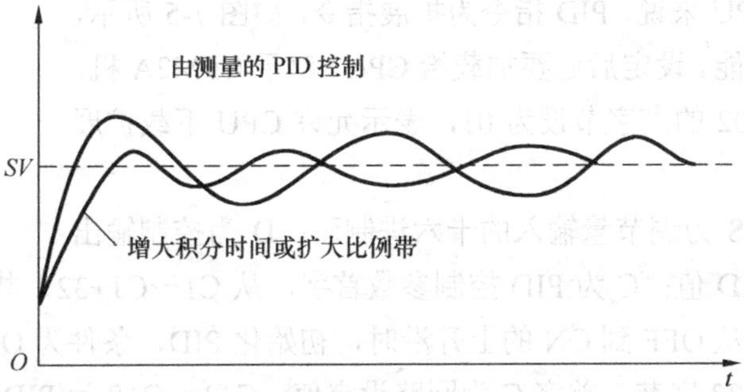

图7-3　积分作用对系统特性的影响

3. 微分（D）控制

在微分控制中，控制器的输出与输入误差信号的微分（即误差的变化率）成正比关系。在控制器中仅引入比例项往往是不够的，比例项的作用仅是放大误差的幅值，而目前需要增加的是微分项，它能预测误差变化的趋势。这样，PD 控制器就能够提前使抑制误差的控制作用等于零，甚至为负值，从而避免了被控量的严重超调。所以，对于有较大惯性或滞后的被控对象，PD 控制器能改善系统在调节过程中的动态特性。

微分调节的强度通过微分时间表示，微分时间是微分调节的操作变量达到对应于阶跃偏差量的比例调节的操作变量相同程度所需的时间，微分作用的强弱由微分时间常数来决定。如图 7-4 所示，微分时间越长，通过微分调节的校正将会越强。

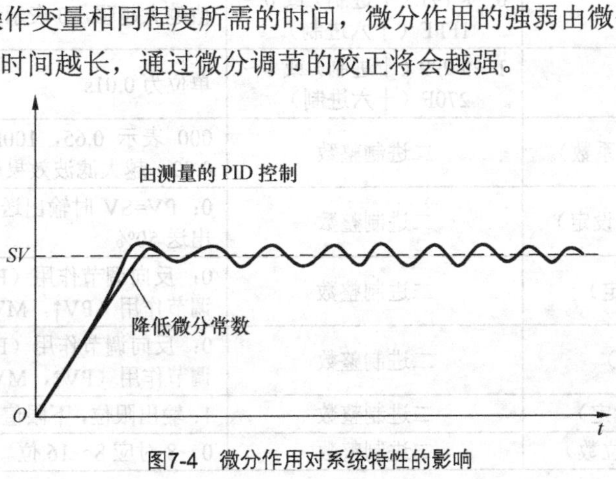

图7-4　微分作用对系统特性的影响

7.1.3 用欧姆龙 PLC PID 指令实现 PID 控制

欧姆龙系列 PLC 内含 PID 指令，还可采用双自由度的目标值 PID 控制技术。对 CPM2A 系列 PLC，PID 指令为扩展指令，使用前需为其分配功能码。

1. PID 指令说明

欧姆龙 CPM2A 系列 PLC 的 PID 模块 C200H-PID01/02/03 具有两个控制回路，采样周期为 100ms。PID 模块对输入信号进行了数字滤波，滤波时间可根据需要由用户设定。通过数字滤波，PID 模块进行回路控制时，具有较好的动态响应特性和稳定性。在 PID 模块中可以预设置给定值和报警值，可有 8 个预置点。

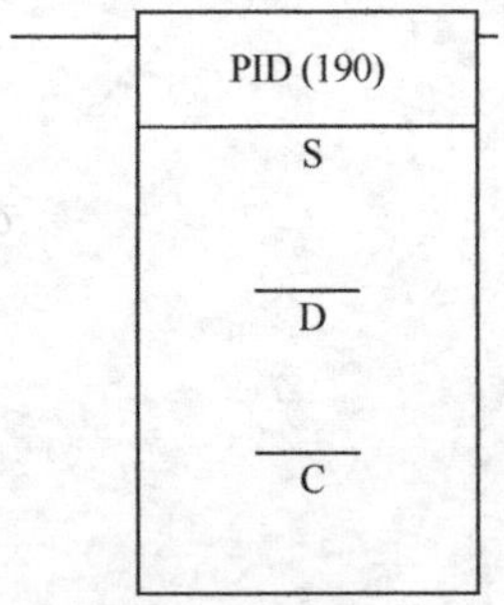

图7-5 Omron PLC 的PID指令格式

对 CPM2A 的 CPU 来说，PID 指令为扩展指令，如图 7-5 所示，使用前需对其设定功能。设定后还要加载给 CPU。对于 CPM2A 机，在加载前需把 DM6602 的高字节设为 01，表示允许 CPU 下载扩展设定的指令功能。

如图 7-5 所示，S 为调节量输入的十六进制码；D 为控制输出字，存放运算后的 PID 值；C 为 PID 控制参数首字，从 C1～C1+32，共 33 字节放在同一连续数据区内。当条件从 OFF 到 ON 的上升沿时，初始化 PID，条件为 ON 时执行 PID 运算。

PID 控制参数共 33 字节，首字 C 为回路设定值，C+1～C+8 为 PID 控制参数值，C+9～C+32 为备用区。PID 参数如表 7-1 所示。

表 7-1 PID 参数

位	范围	备注
C 回路设定值（SV）	0～4 000（十进制）或 0～FA0（十六进制）	
C+1 比例带 P	1～9 999（十进制）或 1～270F（十六进制）	P 值越小，调节作用越强，单位为 0.1%
C+2 积分时间 T_i	1～8 191（十进制）或 1～1FFF（十六进制）	值越小越强，不能为 0，为 9 999（十进制）或 270F（十六进制）时表示无积分
C+3 微分时间 T_d	0～8 191（十进制）或 0～1FFF（十六进制）	值越大越强，0 表示无微分
C+4 采样周期 T	1～9 999（十进制）或 1～270F（十六进制）	单位为 0.01s
C+5 bit15～bit 4（滤波系数）	二进制整数	000 表示 0.65，100H～163H 对应 0.00～0.99，越大滤波效果越强
C+5 bit3（PV=SV 输出设定）	二进制整数	0：PV=SV 时输出送 0%；1：PV=SV 时输出送 50%
C+5 bit1（刷新时间指定）	二进制整数	0：反向调节作用（PV↑，MV↓）；1：正向调节作用（PV↑，MV↑）
C+5 bit0（正/反向指定）	二进制整数	0：反向调节作用（PV↑，MV↓）；1：正向调节作用（PV↑，MV↑）
C+6 bit12（输出限位指定）	二进制整数	1：输出限位，下限值在 C+7，上限值在 C+8
C+6 bit11～bit8（输入位数）	二进制整数	0～8 对应 8～16 位

续表

位	范围	备注
C+6 bit7～bit4（积分微分单位）	二进制整数	1：以采样周期为单位；9：以 0.1s 为单位
bit3～bit 0（输出位数）	二进制整数	0～8 对应 8～16 位
C+7（输出下限）	二进制整数	是否限位由 C+6 的 B12 决定
C+8（输出上限）	二进制整数	是否限位由 C+6 的 B12 决定
C+9～C+32		工作区域（保留给 PID 使用）

2. 双自由度 PID 控制

双自由度 PID 控制具有如下特征：PID 控制同时实现抗干扰和调节目标值跟踪最优控制常数，其方法简单，提高了控制性能，改善了设定值改变时系统的动态特性。双自由度 PID 控制算法框图如图 7-6 所示。

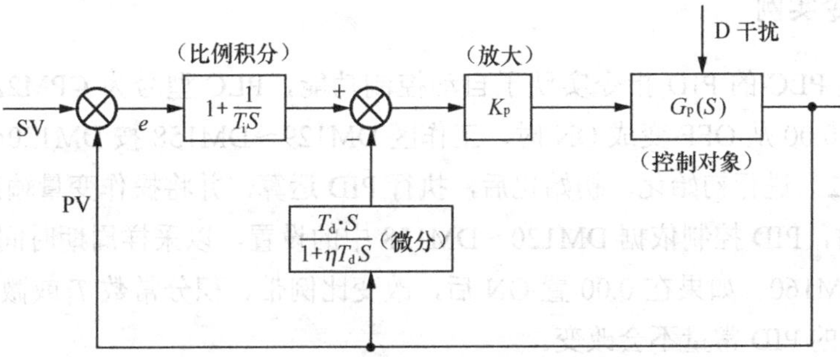

K_P：比例常数；T_i：积分常数；T_d：微分常数；η：0.1～0.3 之间的常数

图7-6　双自由度PID控制算法框图

3. PID 参数整定

为了提高 PID 控制的效果，需对 PID 控制参数进行整定。整定时，先确定采样周期 T，再确定比例系数 K 或比例带，然后确定积分常数 T_i 和微分常数 T_d。

（1）采样周期

采样周期是执行 PID 运算的时间间隔。从理论上讲，采样周期越短，失真越小。但实际操作中采样周期太小时，偏差信号会过小，计算机失去调节作用；若采样周期太大，则计算进程减缓，积分作用减弱。采样周期的选择方法有计算法和经验法两种，这里不详细论述。

（2）比例带

比例带与比例常数类似，其大小与比例作用有关。比例常数大，比例作用强；反之，比例作用弱。减小比例带还可以减少静差，但比例带太小容易产生振荡。

（3）积分常数

积分常数 T_i 增大时，积分作用减弱，系统的稳定性可能有所改善，但是消除稳态误差的速度减慢。

（4）微分常数

微分常数 T_d 增大时，超调量减小，系统动态性能改善，但是抑制高频干扰的能力下降。

如果 T_d 过大，系统输出量可能出现高频振荡。

4. PID 指令执行

该指令不能放在 IL 和 ILC、JMP 和 JME 指令之间，可放在子程序或步进指令（STEP/SNXT）中，否则不能执行。

当指令的执行条件为 OFF 时，该指令不执行，但原来设定的参数保留，控制值由输出字 D 的内容确定。此时，直接修改 D 的值，可实现手动控制。

当指令的执行条件第一次从 OFF 到 ON 时，先读参数并初始化工作区，然后执行 PID 运算，把运算结果送给 D。

当指令的执行条件继续为 ON 时，执行该指令，但在设定的一个采样周期内只执行一次。

5. PID 指令实例

利用欧姆龙 PLC 的 PID 指令实现了自动控制功能，PLC 型号为 CPM2A CPU60。从图 7-7 可知，当 0.00 从 OFF 变成 ON 时，工作区 DM129～DM158 按 DM120～DM128 中的参数（详见表 7-2）进行初始化。初始化后，执行 PID 运算，并将操作变量输出到 DM160。当 0.00 为 ON 时，PID 控制依据 DM120～DM128 中的设置，以采样周期时间间隔执行，操作变量输出到 DM160。如果在 0.00 置 ON 后，改变比例带、积分常数 T_i 或微分常数 T_d，则用在 PID 计算中的 PID 常量不会改变。

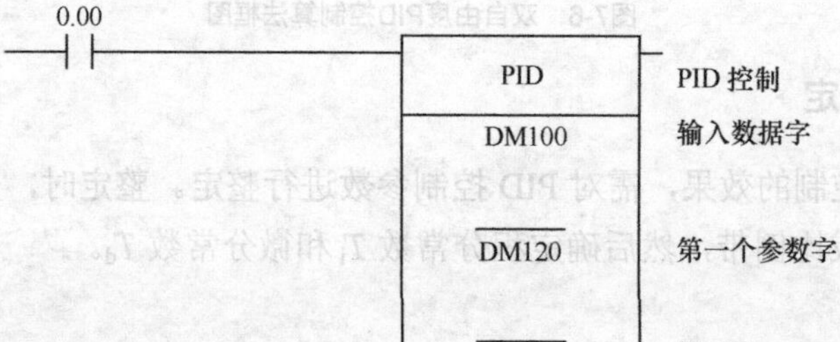

图7-7　PID指令应用实例

表 7-2　PID 参数

位	值	类型	备注
DM100	100	HEX	PV 值
DM120	1000	HEX	SV 值
DM121	1200	BCD	比例带宽，120%
DM122	1200	BCD	积分时间，120s
DM123	400	BCD	微分时间，4s
DM124	100	BCD	采样周期，10s
DM125	1200	BCD	反向操作，滤波系数为 120
DM126	0808	BCD	输出 16 位，输入 16 位

6. 使用 PID 指令有关细节

（1）数据格式转换

PID 指令的输入、输出都是十六进制码。如果脉冲作输入信号或调宽脉冲输出，其格式为 BCD 码，则在使用前需进行数据格式转换。同时，在 PID 指令得出结果后，也要对结果进行转换，以便用于有关输出。

将 BCD 码转换成十六进制码可使用 BIN 指令。将十六进制码转换成 BCD 码可使用 BCD 指令。

（2）参数变换

执行 PID 指令时，当偏差值不同时，所选的参数最好不同。例如，比例带、积分常数等，在偏差大时，可选小些，以强化它的作用；而偏差小时，或控制输出已将接近开环测定的数值，则这些参数可选大些，以弱化它的作用。

（3）输出值控制

为了保证控制输出值与所驱动的对象完全适应，如设定的模拟量输入范围为 0～5V，模拟量输出范围为 0～10V，必须对输出值进行控制。

（4）手动、自动无扰动切换

实际系统除了自动控制，有时还需手动控制。为了消除两种模式切换时系统的冲击，在手动向自动切换时，可观测自动的给定值与实际值的差值，差值太大时，调到相接近时再切换。自动到手动切换时，应是手动的输出初值设为自动的控制输出值。

（5）多种控制算法配合使用

由于系统的非线性等原因，单独用 PID 控制有时难以满足实际要求。因此，可根据不同的偏差值或不同的工况，选择用 PID 控制或其他控制方式。多种控制方式配合使用，可以达到更好的控制效果。

7.1.4　用三菱 PLC PID 指令实现 PID 控制

三菱 FX 系列 PLC 的 PID 指令使用方便。大、中型机具有专用的 PID 控制功能，可分为不完全 PID 控制和完全 PID 控制。

1. FX 系列机 PID 指令格式

表 7-3 为三菱 FX 系列机 PID 指令的助记符、指令代码和操作数。其指令代码为 FNC88，具有 4 个操作数：S1、S2、S3、D。4 个操作数只能采用数据寄存器。程序步数为 9。图 7-8 为 FX 系列机 PID 指令的格式。

表 7-3　　三菱 FX 系列机 PID 指令

指令名称	助记符	指令代码	操作数			
			S1	S2	S3	D
PID 运算指令	PID	FNC88	D	D	D	D

其中 D0 为设定值（SV），D1 为当前值（PV），D100 为 PID 运算所需的参数，D100～D124 共 25 个数据被应用，D150 为 PID 调节的输出值（MV）。

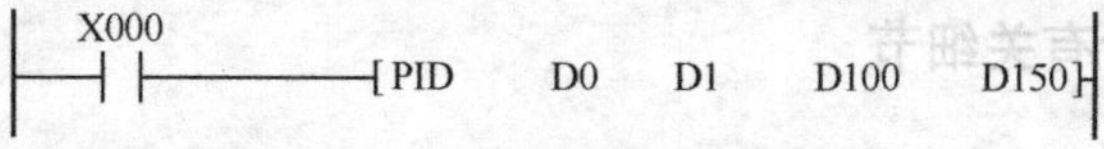

图7-8 三菱FX系列机PID指令格式

2. FX系列机PID指令要点

$$MV=K_p\{+K_dT_d\frac{d\delta}{dt}+\frac{1}{T_i}\int\delta dt\} \quad (7\text{-}2)$$

式中：K_p——比例放大系数，由S3+3设定；

δ——偏差；

K_d——微分放大系数，由S3+4设定；

T_d——微分时间常数，由S3+5设定；

T_i——积分时间常数，由S3+6设定。

3. FX系列机PID指令应用

以下是用PID指令进行闭环控制的程序。PID数据堆栈的首地址为1500，在PID指令中，分别指定D200和D201用于存放闭环系统的设定值和反馈值。

```
LD    M8002
MOVP  K500   D500          //设定 Ts=500ms
MOVP  H0000  D501          //正动作，不使用报警功能
MOVP  K50    D502          //设定输入滤波器常数α=50%
MOVP  K75    D503          //设定 Kp=75%
MOVP  K4000  D504          //设定 Ti=4000ms
MOVP  K50    D505          //设定 Kd=50%
MOVP  K1000  D506          //设定 Td =1000ms
MOVP  K1000  D200          //设定值=1000
LD    M1
TO    K2  K1  K4  K4       //设置通道1～4的平均值滤波周期数为4
FROM  K2  K1  K4  K4       //模拟量输入值PVn存入D201～D204
LD    M4
PID   K200 K201 K500 D525  //执行PID运算，D525为控制器输出值
```

4. 三菱中、大型机PID指令

三菱公司的中、大型机有A系列、QnA系列和Q系列，具有专用的PID控制功能。MELSEC-Q/QnA CPU通过A/D转换模块（ADC）和D/A转换模块（DAC）的组合，使用PID指令执行PID控制，如图7-9所示。

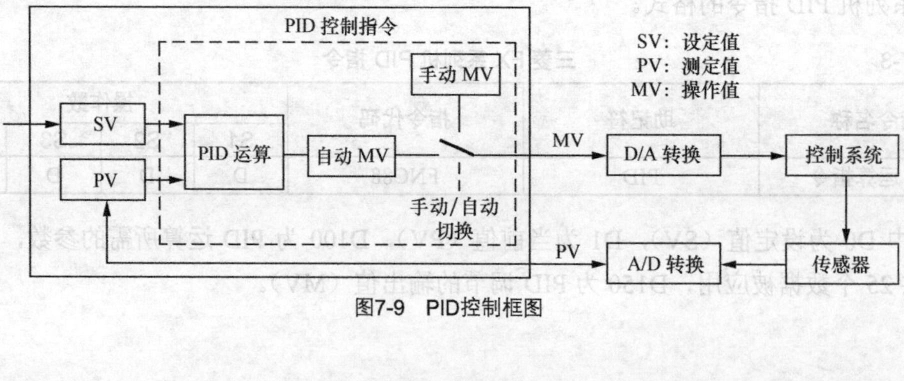

图7-9 PID控制框图

在顺序程序中执行 PID 运算指令 S.PIDCONT（不完全微分）或 PIDCONT（完全微分）时，测定采样周期并在设置的各个采样周期中执行 PID 运算指令的 PID 运算，如图 7-10 所示。

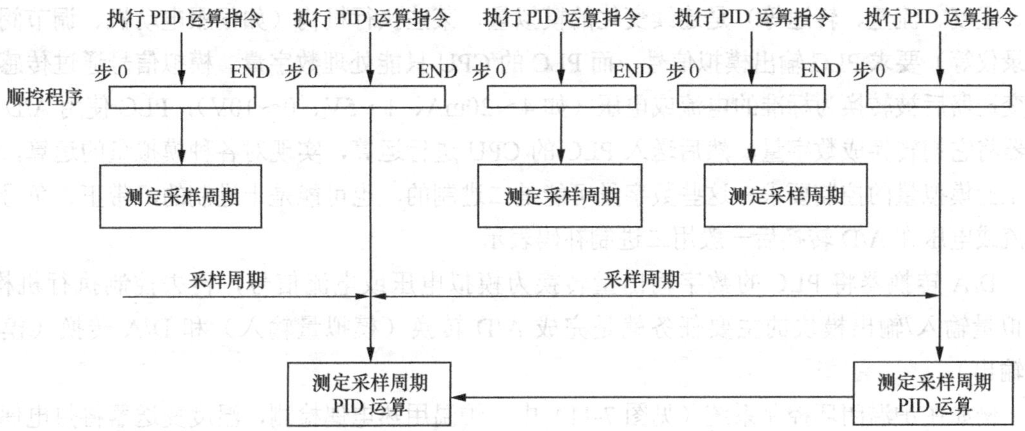

图7-10 执行PID运算指令时的动作

（1）不完全微分 PID 控制（见表 7-4）

表 7-4 PID 控制指令列表

指令符号	处理内容
S.PIDINIT	设置存储于字软元件的 PID 控制数据
S.PIDCONT	用指定的 SV 和 PV 执行 PID 运算，然后将结果存储于指定的字软元件的 MV 区
S.PIDSTOP	停止指定环路号的 PID 运算
S.PIDRUN	开始指定环路号的 PID 运算
S.PIDPRMW	将指定环路号的运算参数更改为 PID 控制数据

（2）完全微分 PID 控制（见表 7-5）

表 7-5 执行 PID 控制指令列表

指令符号	处理内容
PIDINIT	为 PID 运算设置作为参照基准的数据
PIDCONT	根据所设置的 SV 和 PV 执行 PID 运算
PID57	使用 AD57（SI）监视 PID 运算结果
PIDRUN	开始指定环路的 PID 运算
PIDSTOP	停止指定环路的 PID 运算
PIDPRMW	将指定环路号的运算参数更改为 PID 控制数据

5. 三菱 PLC 模拟量模块

工业控制技术的发展，使 PLC 面临许多新的挑战，仅仅使用通用输入/输出模块来解决工业中的各种信号的输入已不能满足工业控制要求。例如，工业控制中的某些输入量（如压力、温度、流量、转速等）是连续变化的模拟量，某些执行机构（如伺服电动机、调节阀、记录仪等）要求 PLC 输出模拟信号，而 PLC 的 CPU 只能处理数字量。模拟信号通过传感器和变送器后被转换为标准的电流或电压（如 4～20mA、1～5V、0～10V），PLC 使用 A/D 转换器将它们转换成数字量，然后送入 PLC 的 CPU 进行运算，实现对各种模拟量的运算，满足工业模拟量的控制要求。这些数字量可能是二进制的，也可能是十进制的，带正、负号的电流或电压在 A/D 转换后一般用二进制补码表示。

D/A 转换器将 PLC 的数字输出量转换为模拟电压或电流信号，再去控制执行机构。模拟量输入/输出模块的主要任务就是完成 A/D 转换（模拟量输入）和 D/A 转换（模拟量输出）。

例如在炉温闭环控制系统（见图 7-11）中，炉温用热电偶检测，温度变送器将热电偶提供的几十毫伏的电压信号转换为标准电流（如 4～20mA）或标准电压（如 1～5V）信号后送给模拟量输入模块，经 A/D 转换后得到与温度成比例的数字量，再将它与温度设定值比较，并按某种控制规律（如 PID 控制规律）对两者的差值进行运算，将运算结果（数字量）送给模拟量输出模块，经 D/A 转换器转换后变为电流信号或电压信号，用来调节控制天然气的电动调节阀的开度，实现对温度的闭环控制。

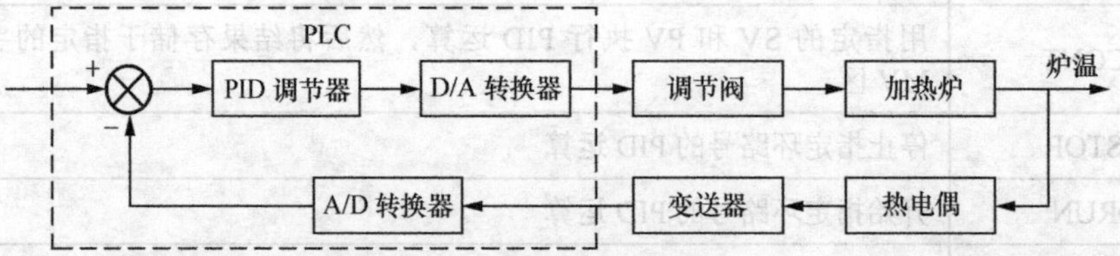

图7-11 炉温闭环控制系统框图

为了增强 PLC 的功能，扩大其应用范围，PLC 厂家开发了品种繁多的特殊用途输入/输出模块，包括带 CPU 的智能输入/输出模块。FX 系列 PLC 的模拟量控制有电压/电流型输入、电压/电流型输出、温度传感器输入 3 种。采集流量计、压力传感器输出的电压/电流形式的模拟量信号，可选用 FX3U-4AD、FX3U-4AD-ADP、FX3UC-4AD 型号 PLC；而针对变频器等需要输入模拟量信号的设备，可选用 FX3U-4AD、FX3U-4AD-ADP 型号 PLC 提供电压/电流型模拟量输出；对于热电偶、铂电阻转换出的温度信号，可选用 FX3U-4AD-TC-ADP、FX3U-4AD-PT-ADP 型号 PLC 直接处理温度传感器输出的数据。

三菱公司的 FX 系列 12 位模拟量输入/输出模块主要有模拟量输入扩展板 FX1N-2AD-BD、模拟量输出扩展板 FX1N-1DA-BD、模拟量设定功能扩展板 FX1N-8AV-BD/FX2N-8AV-BD、模拟量输入/输出模块 FX2N-3A、模拟量输入模块 FX2N-2AD 和 FX2N-4AD、模拟量输入和温度传感器输入模块 FX2N-8AD、PT-100 型温度传感器用模拟量输入模块 FX2N-

4AD-PT、热电偶温度传感器用模拟量输入模块 FX2N-4AD-TC、模拟量输出模块 FX2N-2DA、模拟量输出模块 FX2N-4DA、温度调节模块 FX2N-2LC。

除 FX2N-3A 和 FX1N-8AV-BD/FX2N-8AV-BD 的分辨率是 8 位，FX2N-8AD 是 16 位外，其余的模拟量输入/输出模块和功能扩展模块均为 12 位。模拟量电压输入时（0～10V 直流电压信号、0～5V 直流电压信号），电路的输入电阻为 20kΩ，模拟电流输入时（4～20mA），电路的输入电阻为 250kΩ。模拟量输出模块在电压输出时外部负载电阻为 2kΩ～1MΩ，电流输出时，外部负载电阻小于 500Ω。

12 位模拟量输入在满量程时（如 10V）的数字量转换值为 4 096，满量程的总体精度为±1%。功能扩展板的体积小巧，价格低廉，PLC 内可安装一块功能扩展板，还可以和价格很便宜的显示模块安装在一起，配合使用。除了这些共同特征之外，每一种模块的通道各具特色。接下来针对每一个 12 位模拟量输入/输出模块，讲解其通道特性。

（1）模拟量输入扩展板 FX1N-2AD-BD

模拟量输入扩展板 FX1N-2AD-BD 有 2 个 12 位的输入通道，输入为 DC 0～10V 和 DC 4～20mA，转换速度为 1 个扫描周期，无隔离，不占用输入/输出点，适用于 FX1S 和 FX1N。

（2）模拟量输出扩展板 FX1N-1DA-BD

模拟量输出扩展板 FX1N-1DA-BD 有 1 个 12 位的输出通道，输出为 DC 0～10V、DC 0～5V 和 DC 4～20mA，转换速度为 1 个扫描周期，无隔离，不占用输入/输出点，适用于 FX1S 和 FX1N。

（3）模拟量设定功能扩展板 FX1N-8AV-BD/FX2N-8AV-BD

模拟量设定功能扩展板上有 8 个电位器，可用应用指令 VRRD 读出电位器设定的 8 位二进制数，用作计数器、定时器等的设定值。电位器有 11 挡刻度，根据电位器的所指位置，利用应用指令 VRSC，可将电位器当作选择开关使用。FX1N-8AV-BD 适用于 FX1N 和 FX2N，FX2N-8AV-BD 适用于 FX2N。

（4）模拟量输入/输出模块 FX2N-3A

FX2N-3A 是 8 位模拟量输入/输出模块，有 2 个模拟量输入通道和 1 个模拟量输出通道，输入为 DC 0～10V 和 DC 4～20mA，输出为 DC 0～10V、DC 0～5V 和 DC 4～20mA，模拟电路和数字电路之间有光电隔离，但是各输入端子或各输出端子之间没有隔离。它占用 8 个输入/输出点，可用于 FX1S 之外的 PLC。

（5）模拟量输入模块 FX2N-2AD 和 FX2N-4AD

FX2N-2AD 有 2 个 12 位模拟量输入通道，输入为 0～10V、0～5V 和 4～20mA，转换速度为每通道 2.5ms。

FX2N-4AD 有 4 个 12 位模拟量输入通道，输入为−10～10V 和 4～20mA，转换速度为每通道 15ms 或者每通道 6ms（高速）。

它们的模拟电路和数字电路之间有光电隔离，占用 8 个输入/输出点，可用于 FX1S 之外的 PLC。

（6）模拟量输入和温度传感器输入模块 FX2N-8AD

FX2N-8AD 提供 8 个 16 位（包括字符位）的模拟量输入通道，输入为 DC −10～10V 和 DC−20～20mA 电流或电压，输出为有符号十六进制数，满量程的总体精度为±0.5%。电压或电流输入时转换速度为每通道 0.5ms，有热电偶输入时为每通道 1ms，热电偶输入通道为每通道 40ms。模拟通道和数字通道之间有光电隔离，占用 8 个输入/输出点，可用于 FX1S 之外的机型。

（7）PT-100 型温度传感器用模拟量输入模块 FX2N-4AD-PT

FX2N-4AD-PT 供三线式铂电阻 PT-100 用，有 12 位 4 通道，驱动电流为 1mA（恒流方式），分辨率为 0.2～0.3℃，综合精度为 1%（相对于最大值）。其中有温度变送器和模拟量输入电路，对传感器的非线性进行校正。测量电路所测温度值可用摄氏度和华氏度表示，额定温度范围为−100～600℃，输出数字量为−1000～6000，转换速度为每通道 15ms。模拟通道和数字通道之间有光电隔离，程序中占用 8 个输入/输出点，可用于 FX1S 之外的机型。

（8）热电偶温度传感器用模拟量输入模块 FX2N-4AD-TC

FX2N-4AD-TC 有 12 位 4 通道，可与 K 型（−100～1200℃）和 J 型（−100～600℃）热电偶配套使用。K 型的输出数字量为−1000～+1200，J 型的输出数字量为−1000～+6000。K 型的分辨率为 0.4℃，J 型的分辨率为 0.3℃。综合精度为 0.5%，转换速度为每通道 240ms，程序中占用 8 个输入/输出点。模拟和数字电路间通过光电隔离，可用于 FX1S 之外的机型。

（9）模拟量输出模块 FX2N-2DA

模拟量输出模块 FX2N-2DA 有 2 个 12 位的输出通道，输出为 0～10V、0～5V 和 4～20mA，转换速度为每通道 4ms，程序中占用 8 个输入/输出点。模拟和数字电路之间通过光耦隔离，可用于 FX1S 之外的机型。

（10）模拟量输出模块 FX2N-4DA

模拟量输出模块 FX2N-4DA 有 4 个 12 位的输出通道，输出为−10～10V 和 4～20mA，转换速度为 2.1ms，在程序中占用 8 个输入/输出点。模拟电路和数字电路之间通过光电隔离，可用于 FX1S 之外的机型。

（11）温度调节模块 FX2N-2LC

温度调节模块 FX2N-2LC 有 2 通道温度输入和 2 通道晶体管输出，可提供自调整的 PID 控制、两位式控制和 PI 控制，电流探测器可检查出断线故障。可使用多种热电偶和热电阻，有冷端温度补偿，分辨率为 0.1℃，控制周期为 500ms。在程序中占用 8 个输入/输出点，模拟和数字电路间有光电隔离，可用于 FX1S 之外的机型。

7.1.5　用西门子 PLC PID 指令、函数块实现 PID 控制

在 S7-200 中，PID 功能是通过 PID 指令功能块实现的。通过定时（按照采样时间）执行 PID 功能块，按照 PID 运算规律，根据当时的给定、反馈、比例−积分−微分数据，计算出控制量。

1. S7-200 PID 指令格式

西门子 S7-200 具有专用的 PID 指令。PID 回路控制指令根据输入和回路表（TBL）的组态信息，对相应的 LOOP 执行 PID 回路计算，如图 7-12 所示。

PID 回路控制指令（包含比例、积分、微分回路）可以用来进行 PID 运算。但是，可以进行这种 PID 运算的前提条件是逻辑堆栈的栈顶（TOS）值必须为 1。该指令有两个操作数：

作为回路表起始地址的“表”地址 TBL 和从 0~7 的常数的回路编号 LOOP，如表 7-6 所示。回路表用于存放过程变量和 PID 控制参数，如表 7-7 所示。

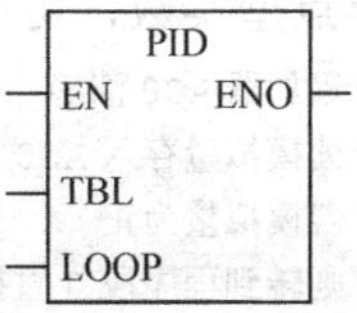

图7-12　S7-200 PID指令格式

表 7-6　PID 回路控制指令的有效操作数

输入/输出	数据类型	操作数
TBL	BYTE	VB
LOOP	BYTE	常数（0~7）

表 7-7　回路表

偏移量	域	格式	类型	描述
0	过程变量（PV_n）	实型	输入	过程变量，必须在 0.0~1.0
4	设定值（SP_n）	实型	输入	包含的设定值必须标定在 0.0~1.0
8	输出（M_n）	实型	输入/输出	输出值，必须在 0.0~1.0
12	增益（K_p）	实型	输入	增益为比例常数，可正可负
16	采样时间（T_s）	实型	输入	包含采样时间，单位为秒（s），必须是正数
20	积分时间或复位（T_i）	实型	输入	包含积分时间或复位，单位为分钟（min），必须是正数
24	微分时间或速率（T_d）	实型	输入	包含微分时间或速率，单位为分钟（min），必须是正数
28	偏差（MX）	实型	输入/输出	积分项前项，必须在 0.0~1.0
32	前一个过程变量（PV_{n-1}）	实型	输入/输出	包含最后一次执行 PID 指令时所存储的过程变量的值

在程序中最多可以用 8 条 PID 指令。如果两个或两个以上的 PID 指令用了同一个回路号，那么即使这些指令的回路表不同，这些 PID 运算之间也会相互干涉，产生不可预料的结果。

为了让 PID 运算以预想的采样频率工作，PID 指令必须用在定时发生的中断程序中，或者用在主程序中，被定时器控制以一定的频率执行。采样时间必须通过回路表输入 PID 运算中。

自整定功能已经集成到 PID 指令中。PID 整定控制面板只能用于由 PID 向导创建的 PID 回路。

2. S7–200 PID 指令要点

（1）回路输入的转换和标准化

每个 PID 回路有两个输入量：给定值（SV）和过程变量（PV）。两者都是实际的工程量，其幅度、范围及测量单位都可能不同，在 PID 运算前，必须把它们转换成标准的浮点型表达形式。转换步骤如下。

① 将实际值由 16 位整数转换为浮点型实数，可用以下程序段实现。

```
XORD     AC0, AC0              //累加器 AC0 清零
MOVW     AIW0, AC0             //读模拟量存入 AC0
LDW>=    AC0, 0                //若模拟量为正
JMP      0                     //则转到程序段 0 直接转换
NOT                            //若模拟量非正
ORD      16#FFFF0000, AC0      //对 AC0 中的值进行符号处理
LBL      0                     //程序标号 0
ITD      AC0, AC0              //将 16 位数转换为 32 位整数格式
DTR      AC0, AC0              //将 32 位整数转换为实数格式
```

② 将实数格式的实际值标准化为 0.0～1.0 的无量纲数。用式（7-3）将过程变量标准化。

$$R_{\text{norm}} = R_{\text{raw}} / S_{\text{pan}} + offest \tag{7-3}$$

式中：R_{norm}——工程实际值的标准化值；

R_{raw}——工程实际值的实数格式；

S_{pan}——值域大小，通常取 32 000（单极性）或 64 000（双极性）；

offest——偏置值，0（单极性）或 0.5（双极性）。

可用以下程序段将 AC0 中的双极性模拟量进行标准化处理。

```
/R       64000.0, AC0          //将 AC0 中的值标准化
+R       0.5, AC0              //加上偏置，使其值在 0.0～1.0
MOVR     AC0, VD100            //将标准化的结果存入回路参数表中的相应双字中
```

（2）回路输出转换成按工程量标定的整数值

回路输出值一般是控制变量，是 0.0～1.0 的一个标准化了的实数值。在回路输出用于驱动模拟输出之前，回路输出必须转换成一个 16 位的标定整数值。转换步骤如下。

① 将回路输出转换为按工程量标定的实数格式。公式如下。

$$R_{\text{scal}} = (M_{\text{n}} - offest)S_{\text{pan}} \tag{7-4}$$

式中：R_{scal}——按工程量标定的实数格式的回路输出；

M_{n}——标准化实数格式（0.0～1.0）的回路输出。

可用以下程序段实现对双极性值的转换。

```
MOVR     AC0, AC0              //将回路输出结果存入 AC0
-R       0.5, AC0              //加上偏置
*R       64000.0, AC0          //将 AC0 中的值按工程量标定
```

② 将已标定的实数格式的回路输出转换成 16 位整数。程序段如下。

```
ROUND    VD108, AC0            //将实数转换为 32 位整数
DTI      AC0, AC0              //将 32 位整数转换为 16 位整数
MOVR     AC0, AQW0             //将 16 位整数值输出至模拟量输出寄存器
```

（3）正作用或反作用回路

如果增益为正，那么该回路为正作用回路；如果增益为负，那么为反作用回路。对于增益为 0 的积分或微分控制，如果指定积分时间、微分时间为正，则为正作用回路；如果指定时间为负，则为反作用回路。

（4）控制方式

S7-200 的 PID 回路没有内置模式控制。只有当 PID 盒接通时，才执行 PID 运算。从这种意义上说，PID 运算存在一种“自动”运行方式。当 PID 运算不被执行时，我们称之为“手动”模式。同计数器指令相似，PID 指令有一个使能位。当该使能位检测到一个信号的正跳变（从 0 到 1）时，PID 指令执行一系列的动作，使 PID 指令从手动方式无扰动地切换到自动方式。为了达到无扰动切换，在转变到自动控制前，必须把手动方式下的输出值填入回路表中的 M_n 栏。PID 指令对回路表中的值进行下列动作，以保证当使能位正跳变出现时，从手动方式无扰动切换到自动方式：置设定值（SP_n）=过程变量（PV_n），置过程变量前值（PV_{n-1}）=过程变量现值（PV_n），置积分项前值（MX）=输出值（M_n）。

PID 使能位的默认值是 1，在 CPU 启动或从 STOP 方式转到 RUN 方式时建立。CPU 进入 RUN 方式后首次使 PID 块有效，如果没有检测到使能位的正跳变，就没有无扰动切换的动作。

（5）报警与特殊操作

如果指令指定的回路表起始地址或 PID 回路号操作数超出范围，那么在编译期间，CPU 将产生编译错误（范围错误），从而编译失败。PID 指令不检查回路表中的一些输入值是否超界，故必须保证过程变量和设定值（以及作为输入的和前一次过程变量）在 0.0～1.0。如果 PID 计算的算术运算发生错误，那么特殊存储器标志位 SM1.1（溢出或非法值）会被置 1，并中止 PID 指令的执行。要想消除这种错误，在下一次执行 PID 运算之前，应改变引起运算错误的输入值，而不是更新输出值。

3. S7-200 PID 指令实例

系统采用比例和积分控制，初步设定回路控制参数为：采样周期 T_s=0.1s，比例系数 K=0.25，积分参数 T_i=30min。系统启动时关闭出水口，以手动方式控制水泵速度使水位达到满水位的 75%，然后打开出水口，同时通过手动开关将水泵控制方式从手动切换到自动。

系统程序由主程序 OBI（见图 7-13）、回路表初始化子程序 SBR_0（见图 7-14）、中断程序 INT_0（见图 7-15）3 部分组成。PLC 首次运行时利用 SM0.1 调用初始化子程序 SBR_0。SBR_0 子程序形成 PID 回路表，建立 100ms 的定时中断，并打开中断。INT_0 的功能是输入水箱水面高度 AIW0 的值，并送入回路表。I0.1=1 时，进行 PID 自动控制方式，把 PID 运算的输出值存入 AQW0 中，从而控制水泵的速度，保持水箱的水位。

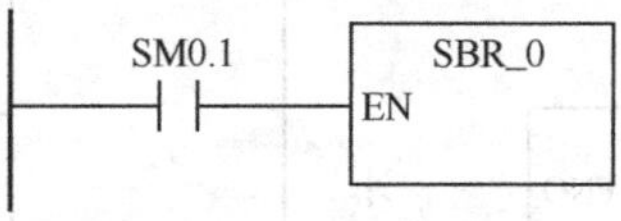

图7-13　PID控制主程序OBI

4. PID 功能模块（FB）

除 PID 指令外，也可使用 S7 系列中的 SFB41/FB41、SFB42/FB42、SFB43/FB43 等功能模块实现 PID 控制。

使用 STEP7 编程软件，可在指令表的标准库中找到 PID 的 FB41。当输入端 EN 为 ON

时，此函数块使用的数据块及相关地址有效，且设定的参数正确，则此函数块执行。函数块正确执行后，输出端 ENO 置 ON。此外，调用 FB41 时，还须定义一个与 FB41 函数相关联且专用的 DB 供其在进行 PID 运算时使用。不同的 PID 不能共用一个 DB。

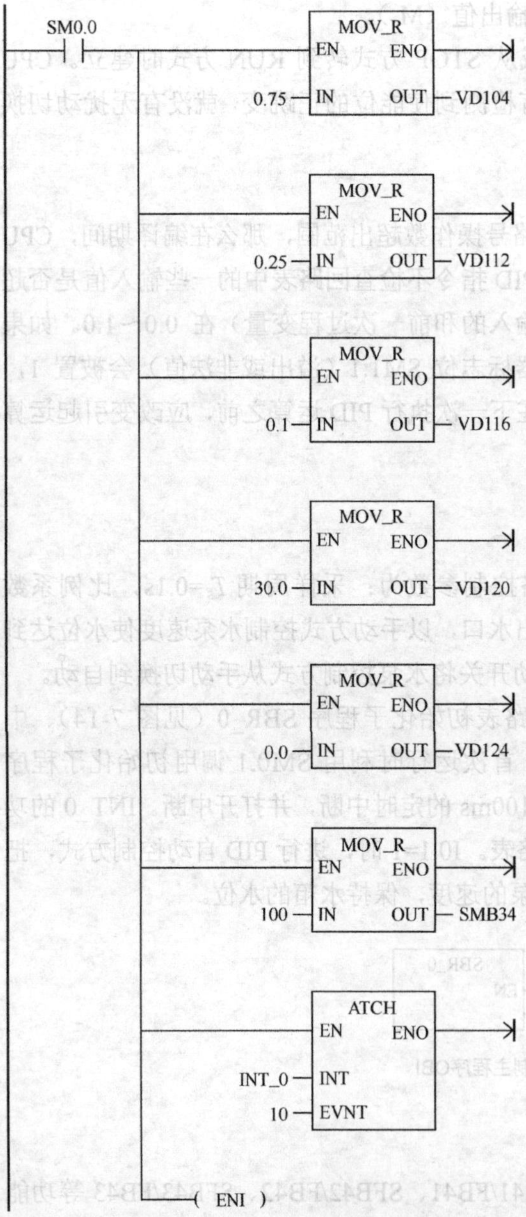

图7-14 PID初始化子程序SBR_0

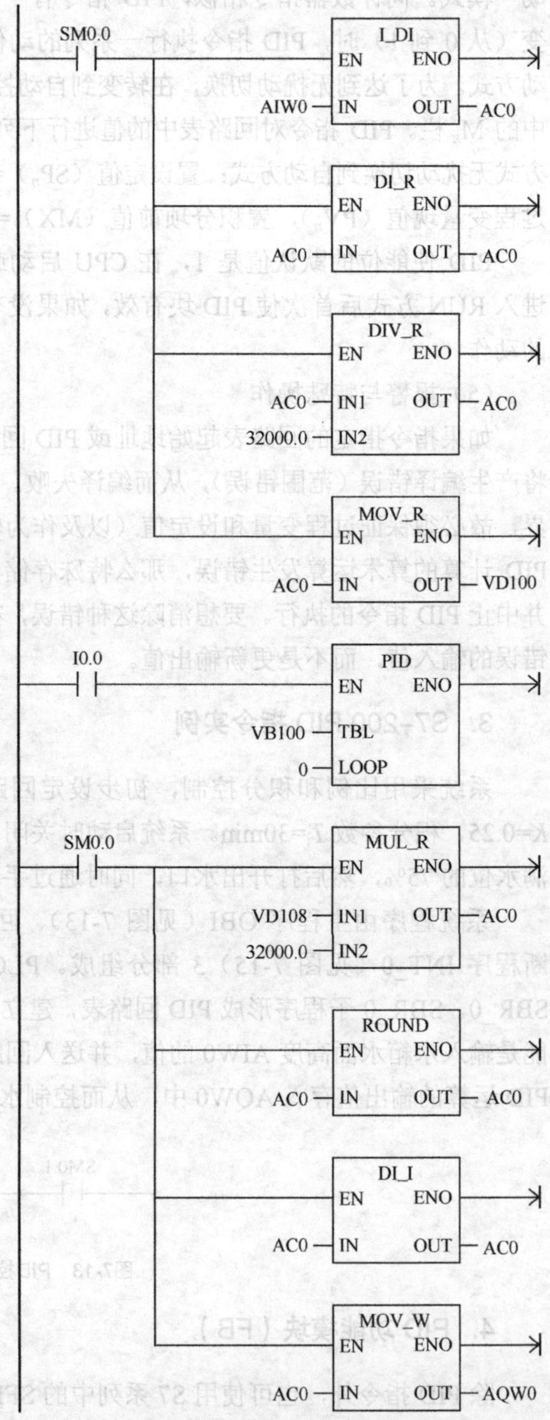

图7-15 PID控制中断程序INT_0

7.2 高速计数比较控制

高速计数比较控制多用于行程控制，即控制运动部件的行程，以达到控制部件位置等的目的。用 PLC 的内置高速计数比较控制模块或者用 PLC 的高速计数模块，都能良好地实现高速计数比较控制。

7.2.1 高速计数比较控制概述

高速计数比较控制是指采集的脉冲累计数与设定值不断进行比较，进而根据比较的结果产生相应的控制输出。它的特点为全过程都是中断方式，即用中断方式采集信号，用中断方式比较，并用中断方式控制输出。

因为高速计数比较控制输入的是脉冲信号（PI），输出的是开关信号（DO）。输出根据控制要求，随输入的情况作 ON 或 OFF 变化。所以，它属于闭环或反馈控制。

高速计数比较控制多用于行程控制，即控制运动部件的行程，以达到控制部件位置等目的。

7.2.2 用罗克韦尔（A–B）PLC 内置高速计数器比较控制

A-B PLC 内置的 1746-HSCE 高速计数模块内含 16 位计数器，提供一个双向计数通道，支持求积、脉冲/方向或上/下计数输入。模块具有 4 路集电极开路输出电路，4 个输出允许模块控制独立于 SLC 处理器扫描。模块支持 3 种操作模式：范围、比率、队列。

1. 硬件特性

如图 7-16 所示，输入/输出接线端位于模块前端盖之后，终端块可拆卸，故模块拆离机架时不必重新接线。面板上的输入与输出诊断/状态指示灯指示计数器的输入与输出状态。

2. 计数器类型

高速计数器模块提供两种计数器类型：环形计数器和线性计数器。

如图 7-17 所示，环形计数器具有 0～32 767 的双向计数范围。在此范围内，用户可以设定最大计数值，可以对任意限位开关输入、Z-输出组合复位以及软件复位。

如图 7-18 所示，线性计数器计数范围为–32 767～32 767，可双向计数。如果计数器值超出该范围，就会输出上溢/下溢指示。计数器可以输出成 0 或任意一个用户自定义的值，可以对任意限位开关输入、Z-输出组合复位以及软件复位。

3. 计数器输入类型

计数器支持 3 种类型的计数输入。

（1）脉冲和方向

计数脉冲从 A 通道输入，根据 B 通道的电平或程序来判定计数方向（即加计数或减计数）。

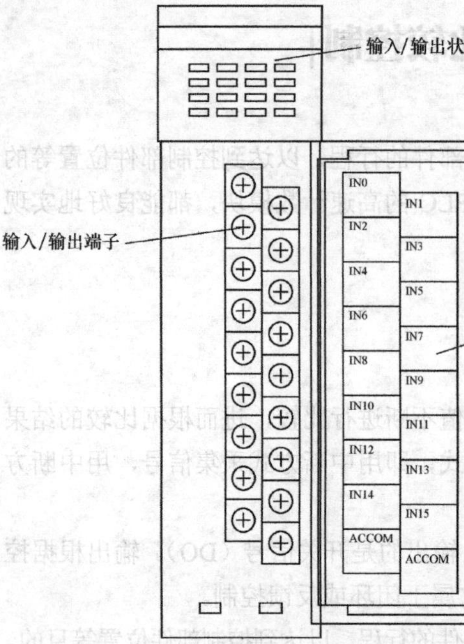

图7-16 1746-HSCE高速计数模块

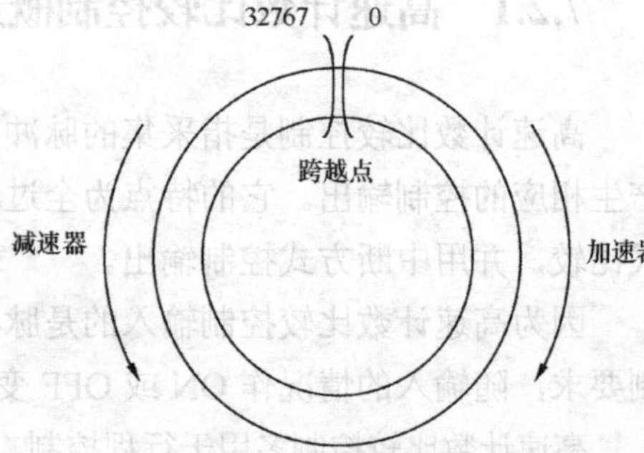

图7-17 环形计数器

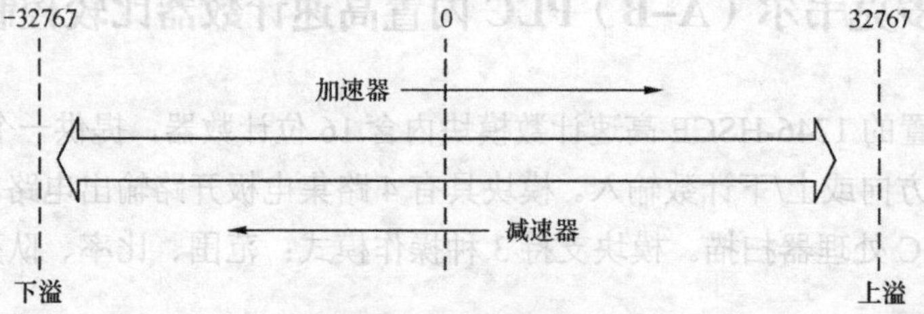

图7-18 线性计数器

（2）上升和下降脉冲

脉冲上升沿从A通道输入时，进行加计数；从B通道输入时，进行减计数。

（3）积分

同时对A、B通道输入的脉冲进行计数，根据两信号的相位差判定计数方向。

4. 工作模式

高速计数模块提供4个物理输出和4个软件输出，用于下列3种工作模式。

（1）范围模式

用户指定一组计数范围（范围可以重叠）并定义相应的输出。当累计计数值在各个范围内时，定义的输出有效。模块提供的功能包括：12个计数范围、输入速率计算、环形或线性计数操作和动态可组态范围值。

（2）顺序器模式

用户定义顺序的边界和一系列的输出模式。当累计计数值经过边界时，输出就更新为相应的模式。模块提供的功能包括：24个离散步，自动在各个顺序器终点重新启动，动态的可组态步，环形或线性计数操作和处理器直接控制未使用的输出、输入速率计算。

（3）速率模式

用户定义一组速率范围和相应的输出。当测得速率在每个定义的范围时，相应的输出被激活。模块提供的功能包括：10ms～2.55s 的速率周期，最高输入频率 32767Hz，12 种速率范围，环形或线性计数操作和动态的可组态速率周期与范围值。

5. 应用举例

如图 7-19 所示，利用高速计数比较器开发了一套机械手装料系统。在初始状态，计数器计数值为 0，机械手处于初始位置；计数值为 1，进给电动机驱动机械手向前移动；计数值增加到 100，进给电动机切换到高速旋转模式；计数值增加到 1 000，进给电动机切换到低速模式；计数值增加到 10 250，机械手张开；计数值增加到 11 000，机械手合拢抓取工件；计数值增加到 10 999，进给电动机低速后退；计数值减少到 10 250，机械手张开，将工件放入装料槽中；计数值减少到 10 000，进给电动机切换到高速模式；计数值减少到 100，进给电动机切换到低速模式；计数值减少到 0，限位开关打开，机械手到达初始位置。线性计数器各个范围内的功能如表 7-8 所示。

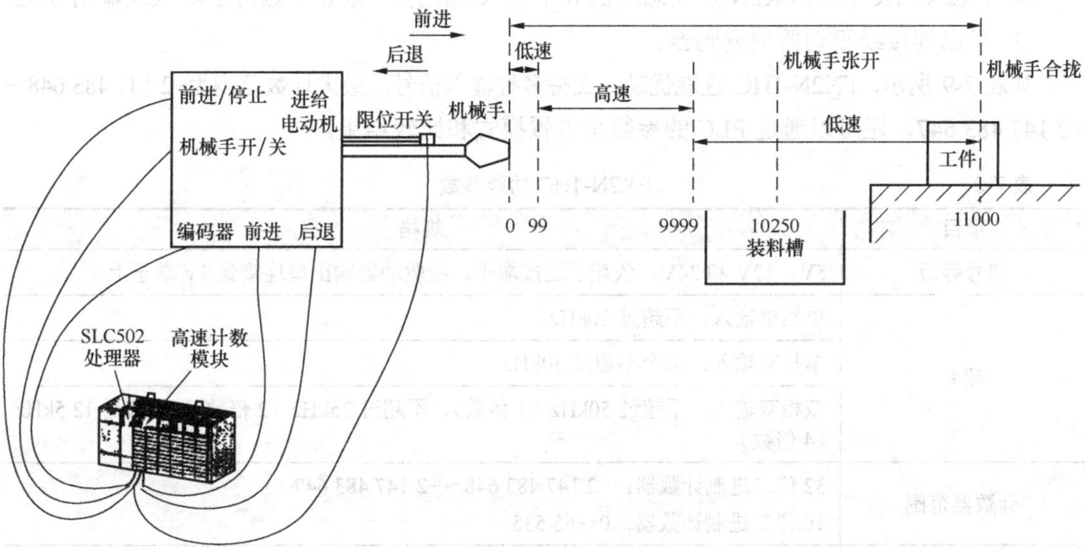

图7-19 高速计数比较器应用实例

表 7-8 线性计数器各个范围内的功能

计数范围	说明
0	机械手处于初始位置
1～99	进给电动机以低速前进
100～999	进给电动机以高速前进
1000～10999	进给电动机以低速前进；计数到 10 250 时，机械手张开
11000	机械手合拢
10999～10000	进给电动机低速后退；计数到 10 250 时，机械手张开
9999～100	进给电动机高速后退
1～99	进给电动机低速后退
0	限位开关打开，机械手达到初始位置

7.2.3 用三菱PLC高速计数模块比较控制

三菱PLC高速计数模块FX2N-1HC具有以下特点。

① FX2N-1HC是两相50Hz的高速计数器，与PLC的内置高速计数器相比，其计数速度高，并且可直接进行比较和输出。

② 计数器模式可用PLC指令选择，如1相或2相、16位或32位，只有这些模式参数设定后，FX2N-1HC单元才能运行。

③ 输入信号源必须是1相或2相编码器，可使用5V、12V或24V电源。对双相计数，可以设置×1、×2、×4乘法模式。

④ FX2N-1HC有两个输出，当计数器值与输出比较值一致时，输出值为ON。

⑤ FX2N-1HC与FX2N PLC之间的数据传输通过缓冲存储器交换进行。FX2N-1HC通过PLC或外部输入进行计数或复位。

⑥ FX2N-1HC占用FX2N扩展总线的8个输入/输出点，这8个点可由输入或输出分配。

⑦ 可以连接线驱动器型编码器。

如表7-9所示，FX2N-1HC性能优越，支持多种输入信号，最大计数范围为−2 147 483 648～+2 147 483 647，还可以通过PLC的参数来设置模式和比较结果。

表7-9 FX2N-1HC功能参数

项目	规格
信号等级	5V、12V和24V，依赖于连接端子。线驱动器输出型连接到5V端子上
频率	单相单输入：不超过50kHz
	单相双输入：每个不超过50kHz
	双相双输入：不超过50kHz（1倍数）、不超过25kHz（2倍数）、不超过12.5kHz（4倍数）
计数器范围	32位二进制计数器：−2 147 483 648～+2 147 483 647 16位二进制计数器：0～65 535
比较类型	YH：直接输出，通过硬件比较器处理
	YS：软件比较器处理后输出，最大延迟时间为300ms
输出类型	NPN开路输出2点，DC 5～24V每点0.5A
计数方法	自动时，向上/向下（单相双输入或双相输入）
	当工作在单相单输入方式时，向上/向下由一个PLC或外部输入端子确定
辅助功能	可以通过PLC的参数来设置模式和比较结果
	可以检测当前值、比较结果和误差状态
电源	DC 5V/90mA（主单元提供的内部电源）
占用的输入/输出点数	占8个输入/输出点
适用的控制器	FX1N/2N

再如Q系列机，有QD60P8-G模块。该模块有8个通道，可接收脉冲信号的最高频率为

30kHz 并带有处理功能。还有 QD62 模块，为双通道，可接收脉冲信号的最高频率为 200kHz，也带有处理功能。

7.3 PLC 通信程序

通信是指系统之间按一定规则进行的信息传输和交换。在自动控制系统中，PLC 与 PLC、PLC 与上位机、PLC 与人机界面以及 PLC 与其他智能装置间的通信统称为 PLC 通信。PLC 通信系统将多个远程 PLC、计算机以及其他智能装置互联，通过某种共同约定的通信协议和通信方式传输和交换数据，达到提高 PLC 的控制能力及扩大 PLC 控制地域、便于对系统监视和操作、简化系统安装和维修等目的。本节主要介绍西门子 S7-200 PLC 通信、三菱 FX 系列 PLC 通信和 PLC 与智能装置间的通信程序设计。

7.3.1 概述

PLC 具有通信联网的功能，它使 PLC 与 PLC 之间、PLC 与上位计算机以及其他智能设备之间能够交换信息，形成一个统一的整体，实现分散/集中控制。

1. PLC 通信的目的

通信的目的是数据交换。PLC 通信的目的是与通信对象交换数据，增强 PLC 的控制功能，实现控制的自动化、实时性、远程化、信息化和智能化。

2. PLC 通信的类型

PLC 通信按通信对象可分为 3 种类型。

（1）PLC 与计算机通信

PLC 不仅能完成逻辑控制、顺序控制，还能进行模拟量处理，完成少数回路的 PID 闭环控制。通用计算机能够连接打印机和显示器，内存量大、编程能力强，并具有良好的人机界面的数据显示和过程状态显示及操作功能，这是 PLC 本身不具备的。将 PLC 与计算机连接通信，可将两者的功能互补。

（2）PLC 与 PLC 通信

多个 PLC 之间可用标准通信串口建立网络进行通信，或通过通信指令实现通信，也可使用有关通信模块组成通信网络。

（3）PLC 与智能装置通信

PLC 可用标准通信串口、通过通信指令或通信协议宏实现与智能装置的通信，也可以通过建立设备网络实现。

3. PLC 通信程序的特点

PLC 通信程序与控制程序、数据处理程序不同，它具有交互性、从属性、相关性、安全性等特点。

7.3.2 西门子 S7–200 系列

S7-200 之间经常采用协议进行通信。默认运行模式为从站模式，但在用户应用程序中可将其设置为主站运行模式与其他从站进行通信，用相关网络指令读写其他从站中的数据。

1. 网络指令及应用

（1）网络指令

网络指令包括网络读 NETR（NetworkRead）、网络写 NETW（NetworkWrite）指令。其格式如图 7-20 所示。当 S7-200 被定义为 PPI 主站模式时，可以应用网络读、写指令对其余的 S7-200 进行读、写操作。NETR、NETW 指令的操作数 TBL 可以是 VB、MB、*VD、*AC 和*LD，数据类型为 BYTE；PORT 是常数（CPU221、CPU222、CPU224 模块为 1，CPU224XP、CPU226 模块为 0 或 1），数据类型也为 BYTE。

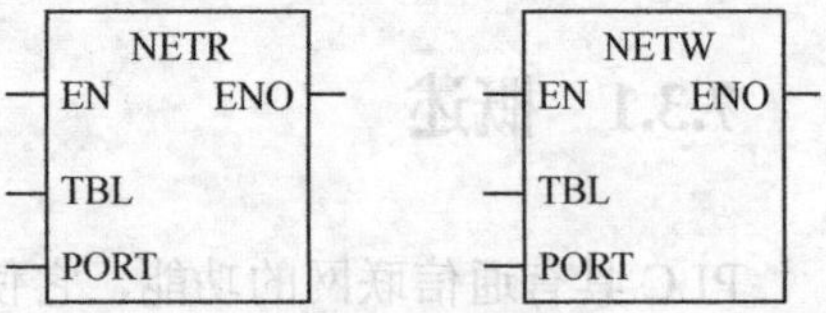

图7-20 网络指令格式

NETR 指令通过指令指定的通信端口（PORT）从其他的 S7-200 接收数据，并将接收到的数据存储在指定的缓冲区（TBL）中；NETW 指令通过指令指定的通信端口向其他 S7-200 PLC 的缓冲区中写入数据。

NETR 指令可以从远程站点上读取最多 16 字节的信息，NETW 指令可以向远程站点写入最多 16 字节的信息。在程序中可以使用任意多条 NETR、NETW 指令，但同一时间，最多只能同时执行 8 条 NETR、NETW 指令。使用 NETR、NETW 指令前，将应用 NETR、NETW 指令的 S7-200 定义为 PPI 主站模式，即通信初始化。

（2）控制寄存器和传送数据表

① 控制寄存器。将特殊标志寄存器 SMB30 和 SMB130 的低二位设置为 2#10 或 16#2，其他位为 0，可将 S7-200 设置为 PPI 主站模式。

② 传送数据表。S7-200 执行网络读写指令时，PPI 主站与从站之间的数据以数据表（TBL）的格式传送。传送数据表的参数定义如表 7-10 所示。

表 7-10 传送数据表的参数定义

字节偏移量	名称	描述
0	状态字 D | A | E | 0 | E1 | E2 | E3 | E4	反映网络指令的执行结果状态及错误码
1	远程站地址	被访问网络的 PLC 从站地址
2	指向远程站数据区的指针	存放被访问数据区的首地址
3		
4		
5		

续表

字节偏移量	名称	描述
6	数据长度	远程站上被访问的数据区长度
7 8 ⋮ 22	数据字节 0 数据字节 1 ⋮ 数据字节 15	对 NETR 指令，执行后，从远站读到的数据存放到此区域 对 NETW 指令，执行后，要发送到远站的数据存放到此区域

传送数据中的第一个字节为状态字节，各位的含义如下。

D 位：操作完成位。0：未完成；1：已完成。

A 位：有效位，操作已被排队。0：无效；1：有错误。

E 位：错误标志位。0：无错误；1：有错误。

E1、E2、E3、E4 位：错误码。如果执行 NETR、NETW 指令后 E 位为 1，则由这 4 位返回一个错误码，错误码及其含义如表 7-11 所示。

表 7-11　　错误码及其含义

E1、E2、E3、E4	错误码	说明
0000	0	无错误
0001	1	超时错误：远程站点无响应
0010	2	接收错误：奇偶校验或帧校验错误
0011	3	离线错误：相同的站地址或无效的硬件引起冲突
0100	4	队列溢出错误：超过 8 条 NETR/NETW 指令被激活
0101	5	违反通信协议：未在 SMB30 中允许 PPI 协议而执行 NETR/NETW 指令
0110	6	非法参数：NETR/NETW 指令中包含非法值或无效值
0111	7	没有资源：远程站点忙
1000	8	第 7 层错误：违反应用协议
1001	9	信息错误：错误的数据地址或不正确的数据长度
1010～1111	A～F	保留

2. 自由口指令及应用

（1）自由口指令

自由口指令包括自由口发送（XMT）指令和自由口接收（RCV）指令。其格式如图 7-21 所示。指令中的操作数 TBL 可以是 VB、IB、QB、MB、SB、SMB、*VD、*AC 和*LD，数据类型为 BYTE；PORT 为常数（CPU221、CPU222、CPU224 模块为 0，CPU224XP、CPU226 模块为 0 或 1），数据类型为 BYTE。

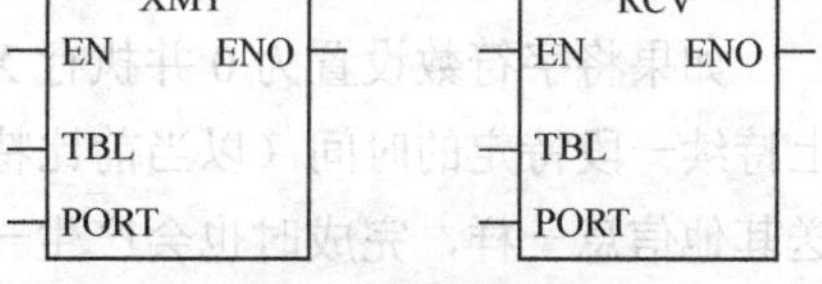

图7-21　自由口指令格式

XMT 指令将发送数据缓冲区（TBL）中的数据通过指令指定的通信端口（PORT）发送到远程设备，发送完成时将产生一个中断事件，数据缓冲区的第一个数据指明了要发送的字节数。

RCV 指令通过指令指定的通信端口从远程设备上读取数据并存储于接收数据缓冲区，数据缓冲区的第一个字节定义了接收的字节数。

（2）相关寄存器及标志

① 控制寄存器。用特殊标志寄存器中的 SMB30 和 SMB130 的各个位分别配置通信口 0 和通信口 1，为自由通信口选择通信参数，包括比特率、奇偶校验位、数据位和通信协议的选择。控制寄存器自由端口参数设置如表 7-12 所示。

表 7-12　　控制寄存器自由端口参数设置（SMB30 和 SMB130）

端口 0	端口 1	描述
SMB30 格式	SMB130 格式	MSB　LSB P P D B B B M M
SM30.7、SM30.6	SM130.7、SM130.6	PP：奇偶选择 00：无奇偶校验；01：偶校验 10：无奇偶校验；11：奇校验
SM30.5	SM130.5	D：每个字符的数据位 0：每个字符 8 位 1：每个字符 7 位
SM30.4～SM30.2	SM130.4～SM130.2	BBB：自由口比特率 000：38.4kbit/s；001：19.2kbit/s 010：9.6kbit/s；011：4.8kbit/s 100：2.4kbit/s；101：1.2kbit/s 110：115.2bit/s；111：57.6bit/s
SM30.1～SM30.0	SM130.1～SM130.0	MM：协议选择 00：PPI/从站模式（默认设置）；01：自由口协议； 10：PPI/主站模式；11：保留

② 特殊标志位及中断。

接收字符中断：中断事件号为 8（端口 0）和 25（端口 1）。

发送信息完成中断：中断事件号为 9（端口 0）和 26（端口 1）。

接收信息完成中断：中断事件号为 23（端口 0）和 24（端口 1）。

发送结束标志位 SM4.5 和 SM4.6：分别用来标志端口 0 和端口 1 发送空闲状态，发送空闲时置 1。

③ 特殊功能寄存器。执行 RCV 指令时，端口 0 用 SMB86～SMB94 特殊功能寄存器，端口 1 用 SMB186～SMB194 特殊功能寄存器。

（3）用 XMT 指令发送数据

用 XMT 指令可以方便地发送 1～255 字节的数据。如果有一个中断服务程序连接到发送结束事件上，在发送完成时会产生一个发送中断。也可以不通过中断执行发送指令，可查询发送完成状态为 SM4.5 或 SM4.6 的变化，判断发送是否完成。

如果将字符数设置为 0 并执行 XMT 指令，就可以产生一个 break 状态，该状态可以在线上持续一段特定的时间（以当前比特率传输 16 位数据所需的时间）。发送 break 的操作和发送其他信息一样，完成时也会产生一个发送中断，SM4.5 或 SM4.6 反映 XMT 的当前状态。

（4）用 RCV 指令接收数据

用 RCV 指令可以方便地接收 1～255 字节的数据。如果有一个中断服务程序连接到接收信息完成事件上，在接收完成时会产生一个接收中断。也可以不通过中断执行接收指令，可通过查询接收信息状态寄存器 SM86 或 SM186 来接收信息。当超限或有检验错误时，接收信息会自动终止。因此必须为接收信息功能操作定义一个起始条件和结束条件（最大字符数）。

（5）RCV 指令起始条件和结束条件

RCV 指令支持的起始条件包括以下几个。

① 空闲线检测，il=1，sc=0，bk=0，SMW90 或 SMW190>0。

② 起始字符检测，il=0，sc=1，bk=0，忽略 SMW90 或 SMW190。

③ break 检测，il=0，sc=0，bk=0，忽略 SMW90 或 SMW190。

④ 对通信请求的响应，il=1，sc=0，bk=0，SMW90 或 SMW190=0。

⑤ break 和一个起始字符，il=0，sc=1，bk=1，忽略 SMW90 或 SMW190。

⑥ 空闲线和一个起始字符，il=0，sc=1，bk=1，SMW90 或 SMW190>0。

⑦ 空闲线和起始字符（非法），il=1，sc=1，bk=0，SMW90 或 SMW190=0。

RCV 指令支持的结束条件包括以下几个。

① 结束字符检测，ec=1，SMB89 或 SMB189=结束字符。

② 字符间超时定时器超时，c/m=0，tmr=1，SMW92 或 SMW192=字符间超时时间。

③ 信息定时器超时，c/m=1，tmr=1，SMW92 或 SMW192=信息超时时间。

④ 最大字符计数，当信息接收功能接收到的字符数大于 SMB94 或 SMB194 时，信息接收功能有效。

⑤ 校验错误，当接收字符出现奇偶校验错误时，信息接收功能自动结束。

⑥ 用户接收，用户可以将 SM87.7 或 SM187.7 设置为 0 来终止信息接收功能。

（6）用接收字符中断接收数据

为了完全适应对各种通信协议的支持，可以使用字符中断控制的方式来接收数据。每接收到一个字符时都会产生中断。在执行连接到接收字符中断事件上的中断程序前，接收到的字符存储在 SMB2 中，奇偶校验状态（如果允许）存在 SMB3 中，用户可以通过中断访问 SMB2 和 SMB3 来接收数据。

7.3.3 三菱 FX 系列 PLC

三菱 FX 系列 PLC 通信方法有串口通信指令通信和网络通信指令通信。

1. 串口通信指令通信

三菱 FX 系列 PLC 串口通信发送、接收指令 RS 的格式如下。

RS S m D n

其中，S 为预先存储发送数据区的首地址，m 为发送数据的字数，D 为存储接收数据区的首地址，n 为接收数据的字数。

由于发送、接收都是同一条指令，在进行通信时，执行 RS 指令为通信做准备，发送、接收数据必须由特殊继电器激发。

如图 7-22 所示，第一步执行 RS 指令，为通信做好准备；第二步处理发送数据，当 X000

从 OFF 到 ON 上升沿跳变时，M8122（RS232C 数据传送标志）置位，启动发送请求，发送完毕后 M8122 自动复位；第三步处理接收数据，当通信准备好，如接收完数据，则 M8123（RS232C 接收数据完成标志）置 ON，把接收区的数据传送到 D200～D219 中；如接收到数据后需要发送，则 D300～D329 中的数据传送到 D0～D29 中，并启动数据发送。数据接收完成后，M8123 自动复位。

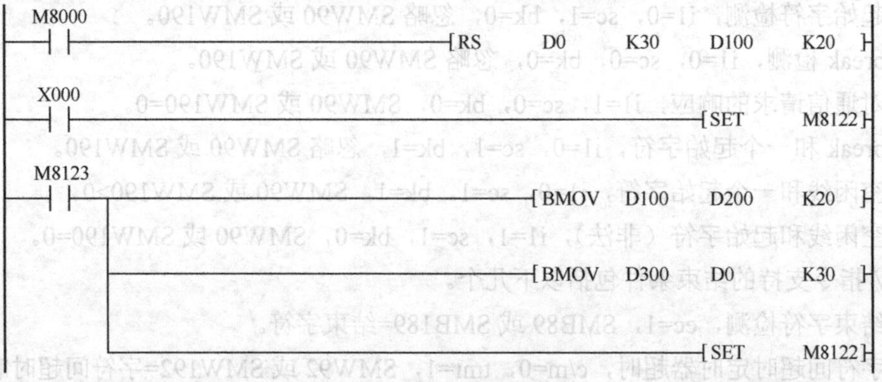

图7-22 RS指令使用说明

2. 网络通信指令通信

三菱 FX 系列机内含很多网络指令。网络指令与通信模块、网络或协议有关。表 7-13 列出了 FX 系列机在不同协议下使用的网络通信指令。

表 7-13 FX 系列 PLC 网络通信指令

指令	描述	协议
ONDEMAND	使用响应要求功能发送数据	Mc
OUTPUT	发送指定数量的数据	Non
INPUT	接收数据（读取接收到的数据）	Non
BIDOUT	发送数据	Bi
BIDIN	接收数据（读取接收到的数据）	Bi
SPBUSY	对每条专用指令读取发送/接收的数据状态	Mc、Non、Bi
CSET	在不中断数据传输处理的情况下，允许清除到现在为止接收到的数据	Non
BUFRCVS	使用中断程序接收数据	Non、Bi
PRR	使用传送时间表，通过用户设定帧发送数据	Non

7.3.4 PLC 与智能装置间的通信程序设计

智能装置是指智能仪表、智能传感器、智能执行器及其他带有串口或相关网络接口的装置。由于这些装置有通信口或相关网络接口，因此，其与 PLC 交换数据时可以用通信的方式进行。用通信方式交换数据，有连线少、数据量大、抗干扰能力强、传送距离大等优点。PLC 与智能装置通信时，一般在 PLC 上编程，智能装置不需要编程。通信方法有用指令通信和地址映射通信，下面将介绍指令通信。指令通信主要用于串口通信。

欧姆龙 PLC 采用传送指令（TXD）和接收指令（RXD）实现与智能装置的通信。网络指令格式如图 7-23 所示。

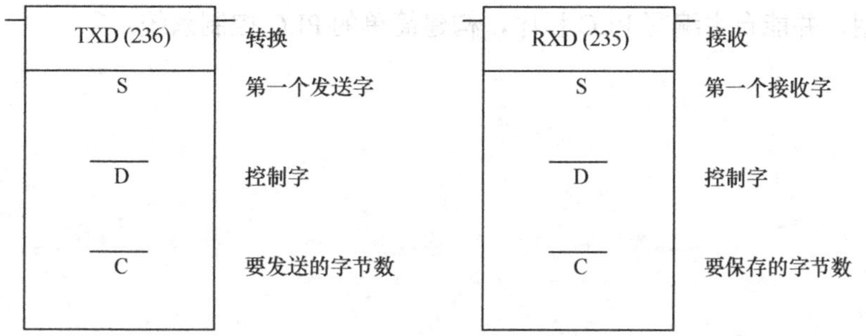

图7-23　网络指令格式

智能装置有高级的网络接口（如以太网接口），而 PLC 又有相同的网络单元，可用网络通信指令中的发送数据指令（SEND）、接收数据指令（RECV）通信。如图 7-24 所示。

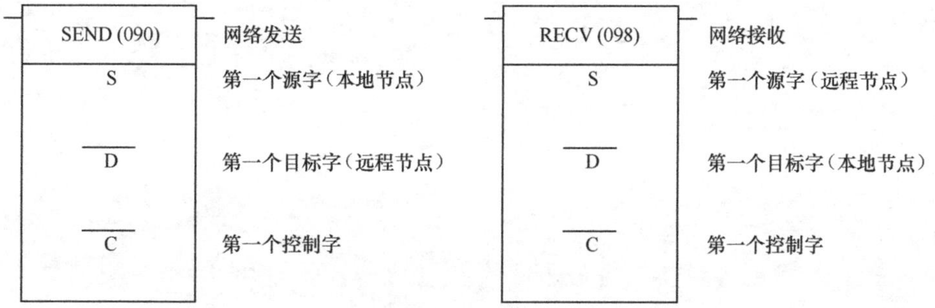

图7-24　网络通信指令格式

SEND 指令用于 PLC 向智能装置发送数据。其中，S 为源发送数据区首地址，D 为目标数据区首地址，C 为控制字首地址。

RECV 指令用于 PLC 从智能装置读取数据。其中，S 为接收数据区首地址，D 为存放数据区首地址，C 为控制字首地址。

7.4　本章小结

本章详细讲述了 PLC 的模拟量控制、高速计数比较控制和通信程序设计 3 方面的内容。分别介绍了欧姆龙、三菱和西门子 3 种品牌的 PLC 的 PID 指令及其运用，简述了采用罗克韦尔（A-B）PLC 内置高速计数比较器和三菱 PLC 高速计数模块实现高速计数比较控制的方法，并通过实例使读者基本掌握高速计数比较控制的原理及应用。最后介绍了西门子 S7-200 系列和三菱 FX 系列 PLC 的通信指令，以及如何用欧姆龙 PLC 来实现 PLC 与智能装置通信。

本章的重点是 PLC 的模拟量控制和通信程序设计这两部分内容，难点是 PID 控制原理。读者要深入了解 PID 控制可以查阅相关书籍。

通过本章的学习，读者基本掌握了各种常用 PLC 的 PID 指令、网络指令、高速计数比较控制及其运用，并能自主编写 PLC 程序，构建简单的 PLC 控制系统。

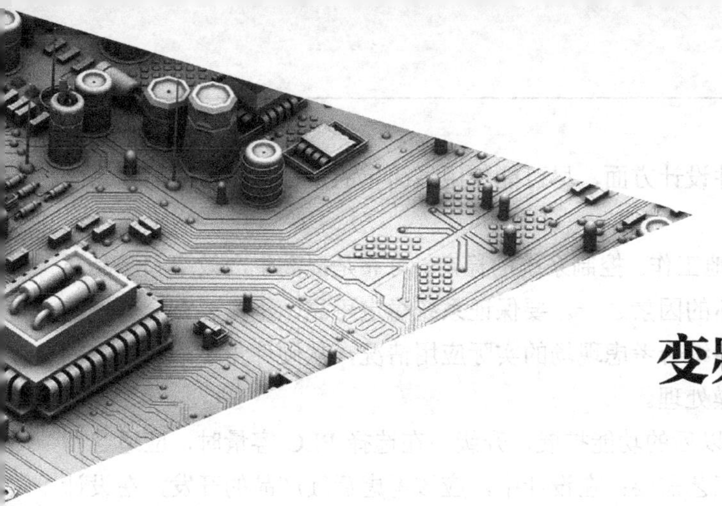

第 8 章 变频器调速系统设计

变频器是变频调速系统的核心器件，变频调速是变频调速系统的关键技术。变频调速系统具有调速性能和启/制动性能优异、高效率、高功率因数、高节电、适用范围广等优点，因此在工业控制领域得到了广泛应用。本章首先详细介绍 PLC 控制系统的设计流程，再着重讲解 PLC 自动控制系统的变频器硬件选型设计，主要从变频器的选择和容量计算、主要控制功能与参数设定、周边设备的选择和变频器的安装 4 个方面介绍变频调速系统设计，并以西门子的 MM440 变频器为例讲解变频器系统的调试与故障分析。

8.1 PLC 控制系统的设计流程

一个完整的 PLC 应用系统包含两方面的内容：PLC 控制系统和人机界面。PLC 控制系统采集控制现场的参数并完成控制功能，人机界面是人与控制系统进行信息及数据交流的窗口。设计人员不但要熟悉 PLC 的硬件，还要熟悉 PLC 软件，以及人机界面软件的编制方法和遵循的原则。此处主要介绍 PLC 应用系统的总体设计方法，包括 PLC 控制系统的详细设计步骤以及设计过程中应该遵循的原则。人机界面设计的方法和步骤可参考专门讲解 PLC 人机界面设计的相关书籍。

8.1.1 PLC 控制系统的基本原则

PLC 的控制系统由硬件及 PLC 软件组成，PLC 控制系统的设计分为硬件选型及 PLC 软件编制两个方面。控制系统的硬件由 PLC 及输入/输出设备构成。PLC 控制系统是实现控制的基础，一个好的控制系统对提高产品质量及生产效率起着非常重要的作用。在进行应用系统设计时，只有遵循以下基本原则，才能保证系统工作稳定，从而提高生产效率和产品质量。

① 控制系统应最大限度地满足被控对象的控制需求。在生产中，操作员对控制对象的要求可能是不系统的，因此，在进行系统开发之前，应该充分调查系统的控制需求，尽可能全面细致地掌握系统的控制需求；在系统设计中，应该围绕控制系统的这些需求，从硬件系统设计角度、软件程序设计角度，逐步或者分块实现预定的控制需求。

② 在完成控制功能的条件下，力求 PLC 系统结构尽可能简洁。在满足控制需求的前提

下，无论是硬件电路方面，还是软件设计方面，尽可能使用最简单的设计，尽可能简化系统的复杂度，方便以后的系统维护。

③ 保证控制系统能稳定、可靠地工作。控制系统的稳定、可靠是提高生产效率和产品质量的必要保证，是衡量控制系统好坏的因素之一。要保证系统稳定可靠，不仅要充分分析前期的系统需求，而且设计过程中也要综合考虑现场的实际应用情况，从硬件角度添加相应的保护措施，从软件方面采取一些消噪处理。

④ 控制系统的结构设计能方便以后的功能扩展、升级。在选择 PLC 容量时，应适当留有裕量，以便日后发展生产和改进工艺需要；在设计中，应该考虑后续产品的开发，在设计中应该在硬件选型、程序框架设计等方面为后续设备的开发留有充分的余地。

⑤ 控制系统应具有良好的人机界面。良好的人机界面可以方便用户与控制系统沟通，降低用户对整个控制系统操作的复杂度。软件设计时应该充分考虑用户的使用习惯，根据用户的特点设计方便用户使用的界面。

8.1.2 PLC 控制系统的设计内容

PLC 控制系统的硬件设备主要由 PLC 及输入/输出设备构成，接下来重点讲述 PLC 控制系统中硬件系统设计的基本步骤和硬件系统设计中完成的主要任务。

1. 选择输入/输出设备

输入设备（如按钮、操作开关、限位开关、传感器等）输入参数给 PLC 控制系统，PLC 控制系统接收这些参数，执行相应的控制；输出设备（如继电器、接触器、信号灯等执行机构）是控制系统的执行机构，执行 PLC 输出的控制信号。在控制系统中，输入/输出设备是 PLC 与控制对象连接的唯一桥梁。在需求分析中，应该详细分析控制中涉及的输入设备、输出设备，分析输入设备的输入点数、输入类型，输出点数、输出类型。

2. 选择合适的 PLC

PLC 是控制系统的核心部件，选择合适的 PLC 对于保证整个控制系统的性能指标和质量有决定性的影响。选择 PLC 应从 PLC 的机型、容量、输入/输出模块、电源等角度综合考虑，根据工程实际需求合理决定。

① 输入/输出点的分配。根据输入/输出设备的类型、输入/输出的点数，绘制输入/输出端子的连接图，保证合理分配输入/输出点。

② PLC 容量的选择。选择容量应该考虑输入/输出点数和程序的存储容量，输入/输出点数已在输入/输出分配中确定，程序的存储容量不仅和控制的功能密切相关，而且和设计者的代码编写水平、编写方式密切相关。应该根据系统功能、设计者本人对代码编写的熟练程度选择程序存储容量并留有裕量。此处给出参考的估算公式：存储容量（字节）＝开关量输入/输出点数×10+模拟量输入/输出通道数×100，在此基础上可再加 20%～30%的裕量。

③ 控制台、电气柜的设计。根据设计的 PLC 控制系统硬件结构图，选择相应的电气柜。

④ 控制程序的设计。控制程序是整个控制系统发挥作用、正常工作的核心环节，是保证

系统工作正常、安全、可靠的关键部分之一。在控制程序的设计过程中，首先应该根据系统控制需求画出流程图，按照流程图设计各模块。可以分块调试各模块，各子模块调试完成后，整个程序联合调试，直到满足要求为止。

⑤ 控制系统技术文件的编制。系统技术文件包括说明书、电气原理图、电气布置图、元器件明细表、PLC 梯形图等。说明书介绍了整个控制系统的功能与性能指标；电气原理图说明了控制系统的硬件设计、PLC 的输入/输出口与输入/输出设备之间的连接；电气布置图及电气安装图说明了控制系统中应用的各种电气设备之间的联系及安装；PLC 梯形图一般不提交给使用者，因为使用者有可能会修改程序而影响控制系统功能的稳定性，所以，PLC 梯形图一般只在产品开发设计者内部传递。

8.1.3　PLC 控制系统的设计步骤

如图 8-1 所示，PLC 控制系统设计的基本步骤如下。

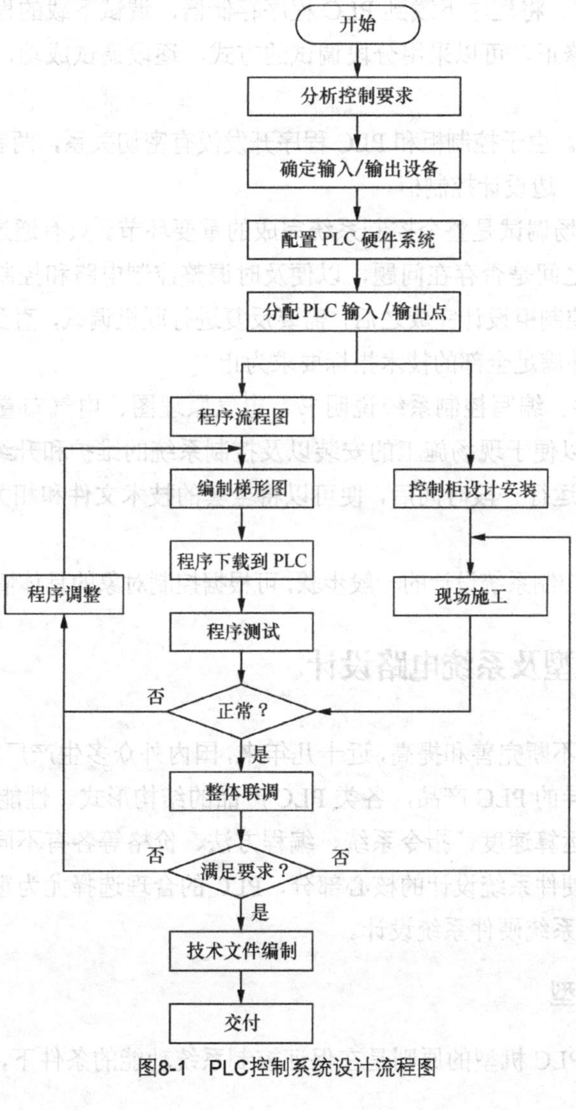

图8-1　PLC控制系统设计流程图

① 任务分析。在了解被控对象的工作原理及工作流程的基础上，分析被控对象的控制需求及控制任务，如控制的基本方式、需要完成的动作（动作顺序、动作条件、必需的保护和连锁等）、操作方式（手动、自动、连续、单周期和单步）、是否需要网络控制系统；如果需要，还需选择网络通信系统的类型等。对于较复杂的控制系统，根据生产工艺要求画出工作循环图表，必要时画出详细的状态流程图表，它能清楚地表明动作的顺序和条件。

② 硬件选型及系统电路设计。根据被控对象控制功能需求，分析控制过程中的输入/输出设备，分配 PLC 的输入/输出端口及点数，并设计输入/输出端子的接线图。详细设计过程参见 8.1.4 节的介绍。

③ PLC 控制程序设计。根据工作循环图表或动态流程图表设计出程序流程图，按照程序流程图设计梯形图程序。梯形图程序设计是程序设计的关键一步，也是比较困难的一步，程序设计者不仅要熟悉控制系统的需求，还应该具备熟练使用梯形图语言编制程序的能力。如果已经有被控对象的继电器控制线路图，可按照继电器控制线路图和 PLC 程序之间的关系，把继电器控制线路图转换为梯形图语言。详细设计过程参见 8.1.5 节的介绍。

④ PLC 程序调试。将程序下载到 PLC 程序存储器，调试下载的程序，看其是否存在逻辑、语法上的错误并修正。可以采用分段调试的方式，逐段调试成功，然后连成一个程序整体，针对整体调试。

⑤ 控制柜的设计。由于控制柜和 PLC 程序开发没有密切关系，两者可以并行展开，可以一边设计 PLC 程序，一边设计控制柜。

⑥ 现场调试。现场调试是整个控制系统完成的重要环节。只有通过现场调试，才能发现控制回路和控制程序之间是否存在问题，以便及时调整控制电路和控制程序，适应控制系统的需求。PLC 程序和控制柜设计完成之后，需要反复进行联机调试，直到实现了任务书中的全部自动化控制功能，并满足全部的技术指标要求为止。

⑦ 编制技术文件。编写控制系统说明书、电气原理图、电气布置图、元器件明细表、PLC 梯形图等文件，以便于现场施工的安装以及控制系统的维护和升级。

⑧ 交付。系统试运行一段时间后，便可以将全套的技术文件和相关试验、检验证明交付给用户。

以上是 PLC 自动控制系统设计的一般步骤，可根据控制对象的具体情况适当调整某些步骤。

8.1.4 硬件选型及系统电路设计

随着 PLC 功能的不断完善和提高，近十几年来，国内外众多生产厂家提供了几十个系列、几百种型号、功能各异的 PLC 产品，各类 PLC 产品的结构形式、性能、输入/输出点数、用户程序存储器容量、运算速度、指令系统、编程方法、价格等各有不同，适用场合也各有侧重。作为控制系统中硬件系统设计的核心部分，PLC 的合理选择尤为重要。接下来重点介绍以 PLC 为核心的控制系统硬件系统设计。

1. 选择 PLC 机型

一般来说，选择 PLC 机型的原则是在保证控制系统功能的条件下，选择结构合理、工作可靠、维护使用方便及性价比最佳的 PLC。具体应考虑的因素如下。

（1）结构合理

分析被控对象的生产流程，分析是选择整体式结构 PLC 还是模块式结构 PLC。如果 PLC 的工作环境条件较好，维修的概率较小，可以选择整体式结构；否则，选用模块式结构的 PLC。

（2）功能强弱适当

如果被控对象主要以开关量控制为主要构成部分，且对控制速度的要求不高，可以选用低档的 PLC；如果被控对象以开关量控制为主要构成部分，并且带有少量模拟量控制需求，选择的 PLC 应该具有 A/D 转换功能的模入模块和具有 D/A 转换功能的模拟量输出模块；如果被控对象的控制需求复杂、控制功能繁多，需要使用各种复杂的控制策略，还需要和其他 PLC 联合使用等，可根据控制策略的复杂程度，选用中档或高档 PLC；如果控制系统中各个被控对象散布在不同空间，则应考虑使用现场总线技术，把各个现场控制单元连成一个控制系统；现场控制单元的 PLC 应根据 PLC 的现场工作条件来选择。

（3）机型统一

选择同一个控制系统中的 PLC 时，尽量做到机型统一。机型统一不仅可以方便硬件电路设计，还可以在硬件上使各设备形成备用；即使在发生故障的情况下，设备的维护、升级也相对方便；另外，机型统一还可以方便设备采购与管理；如果控制系统有组网的需要，机型统一可以方便各型号 PLC 之间的通信，有利于集中协调管理。

（4）是否在线编程

PLC 的编程分为离线编程和在线编程两种。其中，离线编程的 PLC 在需要编程或修改程序时失去对现场的控制；而对于在线编程 PLC，主机和编程器各有一个 CPU，编程器的 CPU 可随时处理键盘输入的各种编程指令。一个扫描周期结束时，主机的 CPU 与编程器 CPU 相互通信，编程器把修改好的程序发给 PLC；在接下来的新的扫描周期，PLC 将按照新送入的程序控制现场，完成对现场的控制。在选择 PLC 时，应根据被控设备工艺要求确定是否需要在线编程。

（5）PLC 的环境适应性

虽然生产厂家在设计 PLC 时，考虑到了在恶劣的环境条件下保障 PLC 工作的可靠性，但是每种 PLC 都有自己的环境技术条件，因此用户在设计控制系统时，应充分考虑环境条件，根据实际环境，添加合适的保护电路。

2. PLC 容量选择

选择 PLC 容量时应考虑两方面因素，分别是输入/输出点数的选择和存储器容量的选择。选择 PLC 容量不仅要考虑控制要求的限制，还应考虑适当的裕量。根据经验，在选择存储器容量时，一般按实际需要的 10%～25%考虑裕量。对于开关量控制系统，存储器字数为开关量输入/输出点数乘以 8；对于有模拟量控制功能的 PLC，所需存储器字数为模拟内存单元数乘以 100。输入/输出点数也应留有适当裕量。由于目前输入/输出点数较多的 PLC，价格也较高，若备用的输入/输出点数太多，将使成本增加。根据被控对象的输入信号和输出信号的总点数，并考虑到今后的调整和扩充，通常输入/输出点数按实际需要的 10%～15%考虑备用量。

3. 选择输入/输出模块

通过输入/输出接口 PLC 检测到生产过程的各种开关型数据，控制器对这些数据按照预定的程序进行运算；同时控制器使用输入/输出接口模块将控制器的运算结果送给被控设备，驱动各种执行机构来实现控制。外部设备或生产过程中的信号电平各种各样，各种机构所需的信息电平也是各种各样的，而因为 PLC 的 CPU 所处理的信息只能是标准电平，所以输入/输出接口模块还需实现这种转换。由于 PLC 从现场采集数据及输出数据给外部设备时不可避免地要受到环境的干扰，为了减弱干扰，PLC 的输入/输出接口模块电路应考虑抗干扰电路。

（1）确定输入/输出点数

输入/输出点数的确定要充分考虑到裕量，能方便地扩展功能。

（2）开关量输入/输出

标准的输入/输出接口用于同传感器和开关（如按钮、限位开关等）及控制（开/关）设备（如指示灯、报警器、电动机启动器等）进行数据传输。典型的交流输入/输出信号为 AC 24～240V，直流输入/输出信号为 DC 5～24V。

① 选择开关量输入模块时主要考虑两方面因素。一是电平的高低。根据现场输入信号与 PLC 输入模块距离的远近考虑 PLC 输入模块电平。一般 24V 以下的电平属于低电平，传输距离不宜太远，如 12V 电压模块一般不超过 10m。二是高密度输入模块。针对同一个 PLC，输入/输出设备同时接通的 PLC 的点数不得超过总输入点数的 60%。

② 选择开关量输出模块时应考虑 3 方面因素：输出方式选择、输出电流及同时接通的输出点数。PLC 具有 3 种输出形式，分别是继电器输出形式、晶闸管输出形式、晶体管输出形式。继电器输出形式价格便宜，导通压降小，承受瞬时过电压和过电流的能力强，且有隔离作用。但继电器有触点，寿命较短，且响应速度较慢，适用于动作不频繁的交/直流负载。晶闸管输出（交流）和晶体管输出（直流）都属于无触点开关输出，适用于通断频繁的感性负载。感性负载在断开瞬间会产生较高的反电压，必须采取抑制措施。

③ 模块的输出电流必须大于额定负载电流。如果由于负载电流太大，输出模块的输出电流有限，不能直接驱动负载时，应增加中间放大环节；对于电容性负载、热敏电阻负载，增加中间放大环节时，应考虑冲击电流现象，留有足够的裕量。

④ 允许同时接通的输出点数。在选用输出点数时，还要核算整个输出模块的满负荷负载能力，即输出模块同时接通点数的总电流值不得超过模块规定的最大允许电流值。若输入/输出设备由不同电源供电，则应当使用带隔离公共线（返回线）的接口电路。

（3）模拟量输入/输出

模拟量输入/输出接口能测量流量、温度和压力等模拟量的数值，并用于控制电压或电流输出设备，用来传输传感器产生的信号。PLC 的典型接口量程，对于双极性电压为−10～10V、单极性电压为 0～10V，电流为 4～20mA 或 10～50mA。

（4）特殊功能输入/输出

用户在选择一台 PLC 时，可能会出现用标准输入/输出无法实现，需要一些特殊类型输入/输出来完成的情况（如定位、快速输入、频率等）。用户应当考虑供货厂商是否提供一些特殊的有助于最大限度减小控制作用的模块。灵活模块和特殊接口模块都应考虑使用。有的模块自身能够处理一部分现场数据，从而使 CPU 从处理耗时任务中解脱出来。

（5）智能式输入/输出

当前 PLC 的生产厂家相继推出了一些智能型的输入/输出模块。所谓智能型输入/输出模块，就是模块本身带有处理器，可以对输入/输出信号进行预先规定的处理，再将处理结果送入 CPU 或直接输出，这样可提高 PLC 的处理速度和节省存储器的容量。智能式输入/输出模块有温度控制模块、高速计数器（可进行加法计数或减法计数）、凸轮模拟器（用于绝对编码输入）、带速度补偿的凸轮模拟器、单回路或多回路的 PID 调节器等。

4. 电源模块的选择

电源模块的选择一般只需考虑输出电流的大小，其额定输出电流值必须大于处理器模块、输入/输出模块、专用模块等硬件系统中各环节所消耗电流的总和。为模块选择电源的一般步骤如下。

（1）确定电源的输入电压。

（2）将框架中每块输入/输出模块所需的总背板电流相加，计算出输入/输出模块所需的总背板电流值。

（3）输入/输出模块所需的总背板电流值再加上以下各电流。

① 框架中带有处理器时，加上处理器的最大电流值。

② 当框架中带有远程适配器模块或扩展本地输入/输出适配器模块时，应加上其最大电流值。

（4）框架中留有空槽用于将来扩展时，可做以下处理。

① 列出将来要扩展的输入/输出模块所需的背板电流。

② 将所有扩展的输入/输出模块的总背板电流值与步骤③中计算出的总背板电流值相加。

5. 专用模块

为减轻 CPU 的负担，提升 PLC 的处理速度，实现专用功能而开发大量专用模块：通信模块、变频器模块、智能 I/O 模块、专用温度模块、专用称重模块、专用无线模块等。在 PLC 工业生产自动化控制系统设计开发阶段，设计人员可以根据系统的功能需求适当选择专用模块。专用模块具有功能单一、精度高、速度快、编程容易、调试周期短和占用系统资源（CPU）少等优点，同时和用户编程实现对应功能相比，成本较高。

目前，市场上西门子、欧姆龙（Omron）、三菱等厂商均推出了各自的变频器产品供用户选配（详见第 9 章）。

8.1.5　PLC 控制程序设计

PLC 控制系统软件设计与开发的过程与任何软件的开发一样，需要进行需求分析、软件设计、编码实现、软件测试、运行维护等几个环节，如图 8-2 所示。

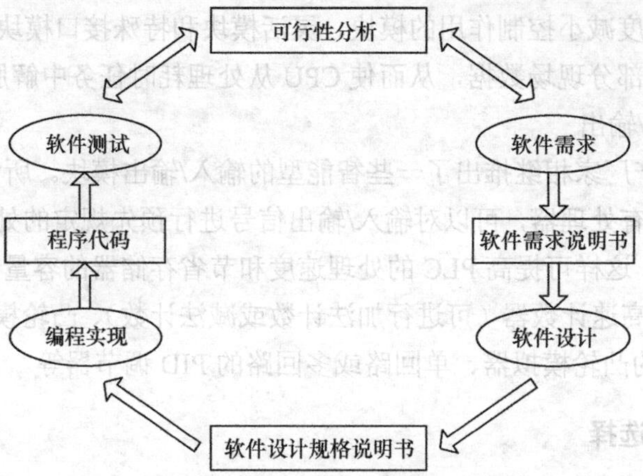

图8-2　PLC应用系统软件设计与开发主要环节关系图

1. 需求分析

需求分析是指设计开发者从功能、性能、设计约束等方面分析目标软件系统的期望需求；通过理解与分析应用问题及其环境，建立系统化的功能模型，将用户需求精确化、系统化，最终形成需求规格说明。需求分析主要包括以下 3 个方面。

① 功能分析。

② 输入/输出信号及数据结构分析。

③ 编写需求规格说明书。

2. 软件设计

软件设计是将需求规格说明逐步转化为源代码的过程。软件设计主要包括两个部分：一是根据需求确定软件和数据的总体框架；二是将其精化成软件的算法表示和数据结构。

3. 编程实现

编码的过程就是把设计阶段的结果翻译成可执行代码的过程。编码阶段不应单纯追求编码效率，而应全面考虑编写程序、测试程序、说明程序、修改程序等各项工作。

4. 软件测试

在编码过程中，程序中不可避免地存在逻辑、设计上的错误。实践表明，在软件开发过程中要完全避免出错是不可能的，也是不现实的，问题在于如何及时发现和排除明显的或隐藏的错误，因此需要进行软件测试。不同的软件有不同的测试方法和手段，但它们测试的内容大体相同。软件测试的主要步骤如下。

① 检查程序。按照需求规格说明书检查程序。

② 寻找程序中的错误。寻找程序中隐藏的有可能导致失控的错误。

③ 测试软件。测试软件是否满足用户需求。

④ 程序运行限制条件与软件功能。程序运行的限制条件是什么，弄清该软件不能做什么。

⑤ 验证软件文件。为了保证软件的质量能满足以上的要求，通常可以按单元测试、集成

测试、确认测试和现场系统测试 4 个步骤来验证软件文件（如图 8-3 所示）。

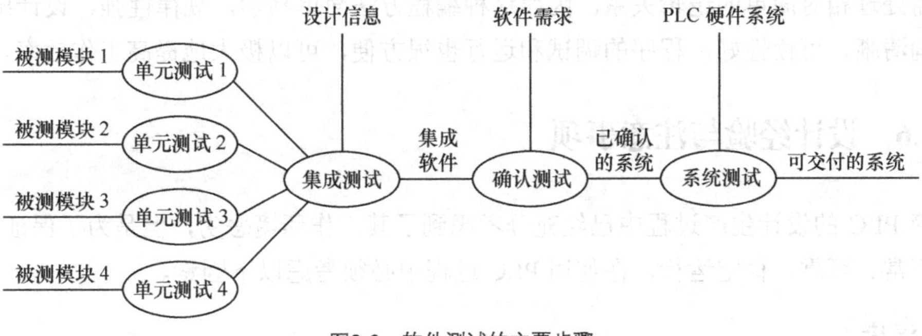

图8-3　软件测试的主要步骤

5. 软件实现

在实际工作中，软件实现的方法有很多种，具体使用哪种方法，因人和控制对象而异，以下是常用的几种方法。

（1）经验设计法

在一些典型的控制环节和电路的基础上，根据被控制对象的实际需求，凭经验选择、组合典型的控制环节和电路。对设计者而言，这种设计方法没有固定的规律，具有很大的试探性和随意性，需要设计者进行大量的试探和组合，最后得到的结果也不是唯一的，设计所用的时间、设计的质量与设计者的经验多少有关。

对于一些相对简单的控制系统的设计，经验设计法很有效的。但是，由于这种设计方法的关键是设计人员的开发经验，如果设计开发经验较丰富，则设计的合理性、有效性越高，反之，则越低。所以，使用该法设计控制系统，要求设计者有丰富的实践经验，熟悉工业控制系统和工业上常用的典型环节。对于相对复杂的控制系统，经验法由于需要大量的试探、组合，设计周期长，后续的维护困难。所以，经验法一般只适合于设计比较简单的或与某些典型系统相类似的控制系统。

（2）逻辑设计法

在传统工业电气控制线路中，大多使用继电器等电气元件来设计并实现控制系统。继电器、交流接触器的触点只有吸合和断开两种状态，因此，用“0”和“1”两种取值的逻辑代数设计电气控制线路。逻辑设计方法同样也适用于 PLC 程序的设计。用逻辑设计法设计应用程序的一般步骤如下。

① 列出执行元件动作节拍表。
② 绘制电气控制系统的状态转移图。
③ 进行系统的逻辑设计。
④ 编写程序。
⑤ 检测、修改和完善程序。

（3）顺序功能图法

顺序功能图法是根据系统的工艺流程设计顺序功能图，依据顺序功能图设计顺序控制程序。使用顺序功能图设计系统实现转换时，前几步的活动结束而使后续步骤的活动开始，各步之间不发生重叠，从而在各步的转换中，使复杂的连锁关系得以解决；而对于每一步程序段，只需处理相对简单的逻辑关系。因而这种编程方法简单易学，规律性强，设计出的控制程序结构清晰、可读性好，程序的调试和运行也很方便，可以极大地提高工作效率。

8.1.6 设计经验与注意事项

尽管 PLC 的设计生产过程中已经充分考虑到了其工作环境恶劣，但是为了保证 PLC 控制系统正常、可靠、稳定运行，在使用 PLC 过程中必须考虑以下因素。

1. 温度

正常温度下，环境温度对 PLC 的工作性能没有很大影响。一般而言，PLC 安装的环境温度范围为 0～55℃，安装的位置四周通风散热空间的大小以基本单元和扩展单元之间的间隔至少在 30mm 以上。为防止太阳光的直接照射，开关柜上下部应有通风的百叶窗。如果周围环境超过 55℃，则需要安装电风扇强迫通风。

2. 湿度

防止空气湿度对 PLC 工作的影响，PLC 工作的环境空气相对湿度应小于 85%（无凝露），以保证 PLC 的绝缘性能。

3. 震动

超过一定程度的震动会严重影响 PLC 的正常可靠工作，因此，要避免 PLC 近距离接触强烈的震动源；当使用环境存在不可避免的震动时，必须采取减震措施，如采用减震胶等，减弱震动对 PLC 工作性能的影响。

4. 空气

空气质量对 PLC 的正常工作影响不是很大。但是，对于在某些存在化学变化、反应情况下工作的 PLC，应避免接触氯化氢、硫化氢等易腐蚀、易燃的气体；对于空气中存在较多粉尘或腐蚀性气体的空间，可将 PLC 密封起来，并安装于空气净化装置内。

5. 电源

PLC 供电电源可使用频率为 50Hz、电压为 220（1±10%）V 的交流电。对于电源线带来的干扰，一般不需做特殊处理，由于 PLC 自身的抗干扰措施，PLC 完全可以正常工作。如果在实际应用中对 PLC 的可靠性要求相对较高，或者 PLC 的供电电源之间的干扰特别严重，为了保障 PLC 正常工作，一种方法是安装带屏蔽层的隔离变压器，以减少设备与地之间的干扰，一种方法是在电源输入端串接 LC 滤波电路。

6. 安装与布线

在实际应用中，应该对动力线、控制线以及 PLC 的电源线和输入/输出线分别配线，使用双绞线连接隔离变压器与 PLC 的输入/输出线。电焊机、大功率硅整流装置和大型动力设备可能是强干扰源，PLC 靠近这些设备，其工作性能可能受到影响，所以，PLC 不能与高压电器安装在同一个开关柜内。PLC 的输入与输出走线最好分开，PLC 的开关量与模拟量接线也要分开敷设。尽可能使用屏蔽线传送模拟量信号，并且屏蔽线的屏蔽层应一端或两端接地，使用的接地电阻应小于屏蔽层电阻的 1/10。为防止外界信号的干扰，对于 PLC 基本单元、扩展单元以及功能模块的连接线缆也应该单独敷设。

7. 输入/输出端的输入接线

考虑到输入接线越长，受到的干扰越大，因此，输入接线一般不超过 30m；除非环境较好，各种干扰很少，输入线路两端的电压下降不大，输入接线可以适当延长。输入/输出接线最好分开接线，避免使用同一根电缆；输入/输出接线尽可能采用常开触点形式连接到 PLC 的输入/输出接口。

8. 输入/输出端的输出接线

输出端接线有两种形式，分别为独立输出和公共输出。如果输出属于同一组，则输出只能采用同一类型、同一点电压等级的输出电压；如果输出属于不同组，则应使用不同类型和电压等级的输出电压。另外，PLC 的输出接口应使用熔丝等保护元器件，因为焊接在电路板上的 PLC 输出元件与端子板相连接，如果负载发生短路，印制电路板将可能被烧毁，因此，应使用保护措施。针对感性负载选择输出继电器时，应选择寿命长的继电器；因为继电器形式输出承受的感性负载会影响到继电器的使用寿命。

9. 外部安全电路

在实际应用中存在一些威胁用户安全的危险负载，针对这类负载，不仅要从软件角度采取相应的保护措施，而且硬件电路上也应该采取一些安全电路。在紧急情况下可以通过急停电路切断电源，使控制系统停止工作，减小损失。

10. 保护电路

硬件上除了设置一些安全电路外，还应设置一些保护电路。例如，外部电器设置互锁保护电路，保障正/反转运行的可靠性；设置外部限位保护电路，防止往复运行及升降移动超出应有的限度。

11. 电源过负荷的防护

PLC 的供电电源对 PLC 的正常工作起关键性影响，但是并不是只要电源切断，PLC 立刻就能停止工作。由于 PLC 内部特殊的结构，当电源切断时间不超过 10ms 时，PLC 仍能正常工作；但是如果电源切断时间超过 10ms，PLC 将不能正常工作，处于停止状态。PLC 处于停止状态后，所有 PLC 的输出点均断开，因此应采取一些保护措施，防止因为 PLC 的输出点断开引起的误动作。

12. 重大故障的报警及防护

如果 PLC 工作在容易发生重大事故的场合，为了在发生重大事故的情况下控制系统仍能够可靠地报警、执行相应的保护措施，应在硬件电路上引出与重大故障相关的信号。

13. PLC 的接地

接地对 PLC 的正常可靠工作有重要影响，良好的接地可以减小电压冲击带来的危害。接地时，被控对象的接地端和 PLC 的接地端连接起来，通过接地线连接一个电阻值不小于 100Ω 的接地电阻到接地点。

14. 冗余系统与热备用系统

某些实际生产场合对控制系统的可靠性要求很高，不允许控制系统发生故障。一旦控制系统发生故障，将造成重大的事故，导致设备损坏。例如，水电站控制机组转速的调速器对 PLC 的正常工作要求很高，对于大型水电站的水轮机调速器常使用两台甚至三台 PLC，构成备用调速器，防止单台 PLC 调速器发生故障。所以，在生产实际当中，针对可靠性要求较高的场合，通常通过多台 PLC 控制器构成备用控制系统，提高控制系统的可靠性。

8.2 变频器的选择和容量计算

在实际应用中通常根据电动机的额定电流和额定功率来计算变频器的容量。根据负载特性和变频器的容量，并结合其他方面的条件，选择合适的变频器。变频器选型原则如下。

① 额定容量适用的电动机功率≥实际使用的电动机的额定功率。

② 额定输出电流≥电动机的额定输出电流。

③ 额定输出电压≥电动机的额定电压。

8.2.1 负载的转矩特性

用变频器传动电动机与用电网工频电源直接驱动电动机相比，电动机的功率因数、效率较低，原因是变频器输出的电压波形和电流波形会受高次谐波分量的影响而发生畸变。

对一定的负载转矩，变频器传动时要得到与电网工频电源驱动时一样的转矩，就要求变频器输出波形中的基波分量有效值等于工频电源的有效值。

电动机正常工作时，负载功率 P（kW）等于负载转矩 T_L（N·m）与转速 n（r/min）的乘积。

$$P = T_L \cdot n / 9550 \tag{8-1}$$

生产机械种类繁多，不同类型的生产机械在运动中受阻力影响的性质不同，其负载转矩特性也有所不同。

1. 恒转矩负载

属于这一类的生产机械有卷扬机、提升机构、提升机的行走机构、皮带运输机、金属切削机床等。

依据负载转矩与运动方向的关系，可以将恒转矩型的负载转矩分为反抗转矩和位能转矩。

反抗转矩亦称摩擦转矩，是因摩擦，非弹性体的压缩、拉伸与扭转等作用产生的负载转矩，如机床加工过程中切削力产生的负载转矩就是反抗转矩。反抗转矩的方向恒与运动方向相反，当运动方向发生改变时，负载转矩的方向也会随着改变，因而它总是阻碍运动的。如图 8-4 所示，当 n 为正方向时，T_L 为正，负载转矩特性曲线在第一象限；当 n 为反方向时，T_L 为负，特性曲线在第三象限。

位能转矩是由物体的重力和弹性体的压缩、拉伸与扭转等作用产生的负载转矩，如卷扬机起吊重物时重力产生的负载转矩就是位能转矩。位能转矩的方向恒定，与运动方向无关。以卷扬机为例，当电动机拖动重物上升时，T_L 与 n 方向相反；而当重物下降时，T_L 与 n 方向相同。不管 n 为正向还是反向，T_L 都不变，负载转矩特性曲线在第一、第四象限，如图 8-5 所示。

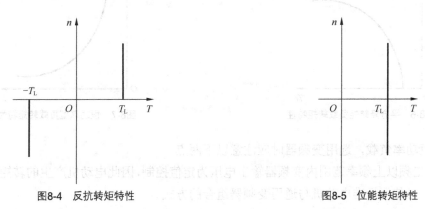

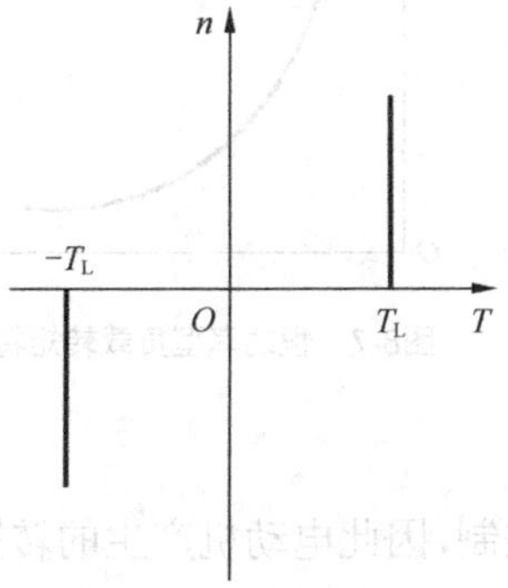

图8-4　反抗转矩特性

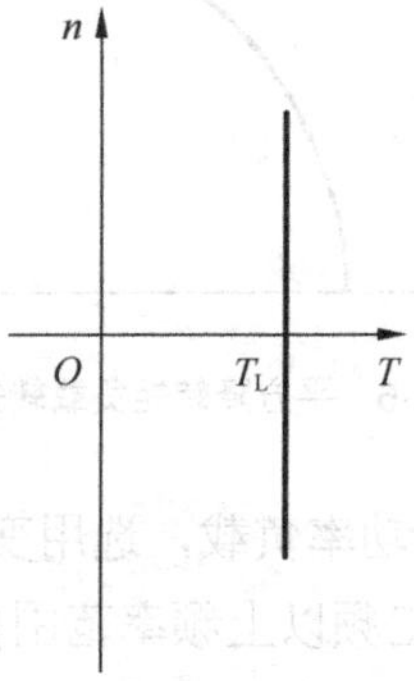

图8-5　位能转矩特性

当变频器驱动恒转矩负载时，要求低速下的转矩，尤其是启动转矩要足够大，并且要有足够的转矩过载能力。对于 U/f 控制方式的变频器而言，其基本特性是在低速下应具有足够的转矩提升功能。在低速下，如果转矩提升不足，异步电动机产生的转矩可能无法满足启动或低速稳速运行的要求；如果转矩提升过大，又可能使异步电动机因磁路饱和而过电流。因此，应选择合适的 U/f 特性曲线。

采用变频器驱动异步电动机时，与采用直接由电网工频电源供电相比，由于高次谐波分量的影响，温度升高；由于低速时异步电动机的冷却风扇降速，散热效果变差，会发生过热现象，使得转矩提升受到限制。因此，如需要在低速区长时间保持恒转矩，对异步电动机的轴功率应降额使用；或根据长期运行频率对负载转矩做出相应的缩减，使异步电动机容量适当增大；或采用厂商推荐的容量选择和设定方法。

2. 平方降转矩负载

在调速过程中要求电动机输出的转矩与转子转速的平方成比例增减，即 $T_L=Kn^2$（K 为比例系数），这样的负载又被称为平方降转矩负载。

对于平方降转矩负载，如风机、泵类负载，采用通用变频器与标准电动机组合的方式最合适。平方降转矩负载转矩特性如图 8-6 所示。如果将变频器输出频率提高到工频以上，功率将急剧增加，有时甚至超过电动机、变频器的容量，导致电动机过热或不能运转。因此，对平方降转矩负载，不要轻易将频率提高到工频以上。

3. 恒功率负载

恒功率负载的功率 P、转矩 T、转速 n 之间的关系为

$$P=KTn \tag{8-2}$$

式中：K——比例系数。

如图 8-7 所示，随着转速 n 的增大，负载转矩 T_L 减小，功率保持恒定。卷取机、机床（车床主轴）均具有这种特性。

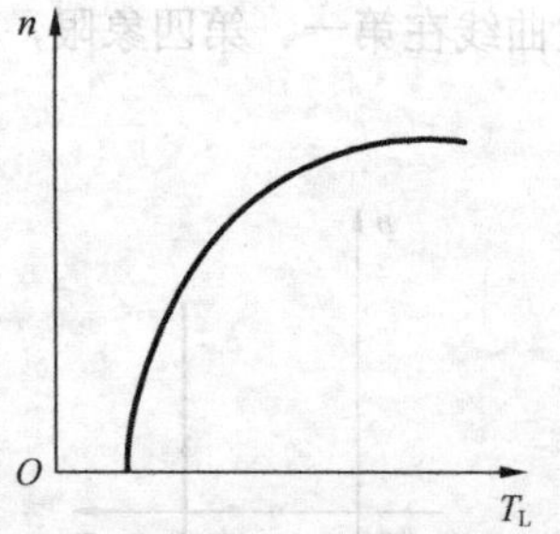

图8-6　平方降转矩负载转矩特性

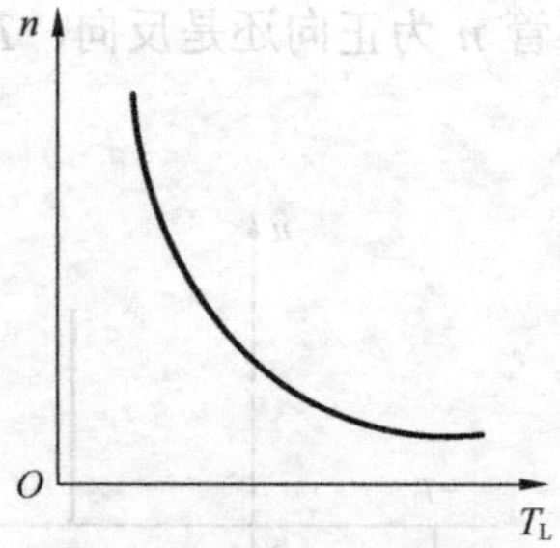

图8-7　恒功率型负载转矩特性

对于恒功率负载，选用变频器时应注意以下两点。

① 在工频以上频率范围内变频器输出电压为定值控制，因此电动机产生的转矩特性为恒功率特性，可使用标准电动机与通用变频器组合的方式。

② 在工频以下频率范围内为 U/f 控制，电动机产生的转矩与负载转矩有相反的方向，标准电动机与通用变频器组合的方式难以适应这种控制情况，因此需专门设计变频器调速系统。

4. 冲击负载

伴随冲击的负载叫作冲击负载。典型的冲击负载有：钢铁行业的轧钢机，钢锭咬入瞬间产生的冲击负载；冲压机械冲压瞬间产生的冲击负载。这些机械的冲击负载可以事先可以预测，容易处理。

冲击负载往往会给变频调速系统带来以下两个问题。

（1）过电流跳闸

当使用没有快速限流功能的变频器驱动笼型电动机时，如果冲击负载超过允许的过载转矩，则转差急剧增加而产生的过电流，常常导致过电流跳闸。

为了防止过电流冲击，应采用大容量变频器，增设飞轮，增加过电流限制功能。

（2）速度变动

在开环调速系统中，轻度的冲击负载虽不会使变频器产生过电流跳闸，但会引起电动机速度降低，降低量与电动机的转差率特性相对应。如果是闭环调速系统，冲击负载加上的瞬间，速度会降低。可采用提高速度调节器的增益的方法降低速度变动，以提高系统的稳定性。

8.2.2　变频器容量计算

通常变频器的主要技术指标为适用电动机功率（kW）、输出容量（kV·A）和额定输出电流（A）。其中，额定输出电流为变频器可以连续输出的最大交流电流的有效值，不管用于何种用途，都不允许电流连续超过此值。输出容量是由三相情况下的额定输出电压与额定输出电流决定的三相视在功率。适用电动机功率是指对于 2、4 极标准电动机，其在额定输出电流以内可以连续传动的电动机功率。

当运行方式不同时，变频器容量的计算方式也不同，具体有以下几种。

1. 连续运转时变频器容量的计算

由于变频器传给电动机的是瞬时电流，其瞬时值比工频供电时的电流要大，因此变频器的容量应留有适当的裕量。此时，变频器应同时满足以下 3 个条件。

$$P_{CN} \geqslant \frac{KP_M}{\eta\cos\varphi}(\text{kV}\cdot\text{A}) \tag{8-3}$$

$$I_{CN} \geqslant KI_M(\text{A}) \tag{8-4}$$

$$P_{CN} \geqslant K\sqrt{3}U_M I_M \times 10^{-3}(\text{kV}\cdot\text{A}) \tag{8-5}$$

式中：P_M、η、$\cos\varphi$、U_M、I_M——分别为电动机的输出功率（kV·A）、效率（取 0.85）、功率因数（取 0.75）、电压（V）、电流（A）；

K——电流波形的修正系数（PWM 方式取 1.05～1.1）；

P_{CN}——变频器的恒定容量（kVA）；

I_{CN}——变频器的额定电流（A）。

还可以采用估算法，按式（8-6）计算。

$$I_{CN} \geqslant (1.05 \sim 1.1)I_{max}(\text{A}) \tag{8-6}$$

式中：I_{max}——电动机实际运行的最大电流或额定电流（A）。

如果按电动机实际运行中的最大电流来选择变频器，则变频器的容量可以适当缩小（图 8-8）。

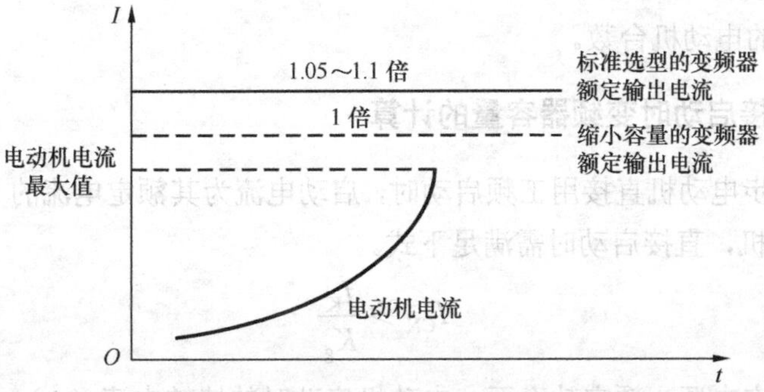

图8-8　变频器按最大电流选择曲线

2. 多台电动机驱动时变频器容量的计算

多台电动机驱动即一台变频器作为变频电源同时驱动多台电动机。以变频器短时过载能力为 150%、1min 为例计算变频器的容量，此时若电动机加速时间在 1min 内，则应满足以下两式。

$$P_{CN} \geqslant \frac{2}{3} P_{CN1} \left[1 + \frac{n_S}{n_T}(K_S - 1) \right] \tag{8-7}$$

$$I_{CN} \geqslant \frac{2}{3} n_T I_M \left[1 + \frac{n_S}{n_T}(K_S - 1) \right] \tag{8-8}$$

若电动机加速时间在 1min 以上时，则有：

$$P_{CN} \geqslant P_{CN1} \left[1 + \frac{n_S}{n_T}(K_S - 1) \right] \tag{8-9}$$

$$I_{CN} \geqslant n_T I_M \left[1 + \frac{n_S}{n_T}(K_S - 1) \right] \tag{8-10}$$

式中：n_T——并联电动机的台数；

n_S——同时启动的电动机台数；

P_{CN1}——连续容量（kVA），$P_{CN1}=KP_M n_T/\mu\cos\varphi$。

当变频器驱动多台电动机，但其中有一台电动机可能随机挂接到变频器，或可能随时退出运行时，变频器的额定输出电流可按式（8-11）计算。

$$I_{1CN} \geqslant k\sum_{i=1}^{J} I_{MN} + 0.9 I_{MQ} \tag{8-11}$$

式中：I_{1CN}——变频器额定输出电流（A）；

I_{MN}——电动机额定输入电流（A）；

I_{MQ}——电动机的最大启动电流（A）；

k——安全系数，一般取 1.05～1.1；

J——余下的电动机台数。

3. 电动机直接启动时变频器容量的计算

通常，三相异步电动机直接用工频启动时，启动电流为其额定电流的 5～7 倍。对于功率小于 10kW 的电动机，直接启动时需满足下式。

$$I_{CN} \geqslant \frac{I_K}{K_g} \tag{8-12}$$

式中：I_K——在额定电源、额定功率下，电动机启动时的堵转电流（A）；

K_g——变频器的允许过载倍数，取 1.3～1.5。

4. 大惯性负载启动时变频器容量的计算

某些 GD^2 大的惯性负载，由于启动时间较长，很容易引起变频器过载。在计数校验容量的公式中必须含有 GD^2 因子。具体计算公式如下。

$$\frac{k \times N}{973\eta \cdot \cos\varphi}\left(T_L + \frac{GD^2}{375} \cdot \frac{N}{t_A}\right)(\text{kW}) \tag{8-13}$$

式中：GD^2——电动机轴上已折算的全 GD^2 值（kg • m^2）；

T_L——负载转矩（N • m）；

t_A——电动机启动（加速）时间；

k——电流波形补偿系数。

5. 加减速时变频器容量的计算

短时间加减速时，变频器电流允许达到额定输出电流的 130%～150%。由于电流的脉动，还需将变频器的过载电流提高 10%后再选定，即要求变频器的容量提高一级。变频器输出电流与速度的关系曲线如图 8-9 所示。

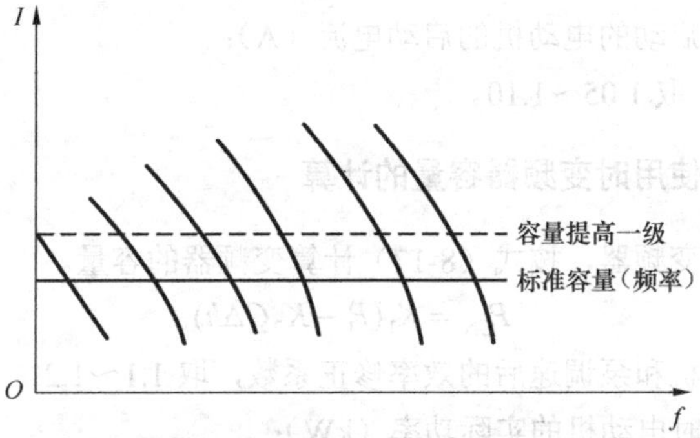

图8-9　变频器输出电流与速度的关系曲线

6. 频繁加减速时变频器容量的计算

容量可根据加速、恒速、减速等各种运行状态下的电流值，按式（8-14）选定。

$$I_{CN} = k_0 \frac{I_1 t_1 + I_2 t_2 + \cdots + I_n t_n}{t_1 + t_2 + \cdots + t_n} \tag{8-14}$$

式中：I_{CN}——变频器额定输出电流（A）；

I_1，I_2，…，I_n——各运行状态下的平均电流（A）；

t_1，t_2，…，t_n——各运行状态下的时间；

k_0——安全系数，运行频繁时取 1.2，其他时间为 1.1。

7. 多台电动机并联启动且部分直接启动时变频器容量的计算

当多台电动机由变频器供电且同时启动，其中部分功率较小的电动机直接启动。变频器的额定电流按式（8-15）计算。

$$I_{CN} \geqslant [N_2 I_K + (N_1 - N_2) I_n] / K_g \quad (8\text{-}15)$$

式中：N_1——电动机的总台数；

N_2——直接启动的电动机的台数；

I_K——电动机直接启动时的堵转电流（A）；

I_n——电动机的额定电流（A）；

K_g——变频器允许过载倍数，取 1.3～1.5。

8. 并联运行中追加投入启动时变频器容量的计算

并联运行时的变频器额定输出电流按式（8-16）计算。

$$I_{CN} \geqslant \sum_{i=1}^{N_1} kI_{Hn} + \sum_{j=1}^{N_2} kI_{Sn} \quad (8\text{-}16)$$

式中：N_1——先启动电动机的台数；

N_2——追加投入启动的电动机的台数；

I_{Hn}——先启动的电动机的额定电流（A）；

I_{Sn}——追加投入启动的电动机的启动电流（A）；

k——修正系数，取 1.05～1.10。

9. 与离心泵配合使用时变频器容量的计算

对于控制离心泵的变频器，按式（8-17）计算变频器的容量。

$$P_{CN} = K_1(P_1 - K_2 Q \Delta h) \quad (8\text{-}17)$$

式中：K_1——考虑电动机和泵调速后的效率修正系数，取 1.1～1.2；

P_1——节流运行时电动机的实际功率（kW）；

K_2——换算系数，K_2=0.278；

Δh——泵出口压力与干线压力差（MPa）；

Q——泵的实测流量（m^3/h）。

也可按式（8-18）计算变频器的容量。

$$P_{CN} = K_1 P_1 (1 - \Delta h / h) \quad (8\text{-}18)$$

式中：h——泵出口压力（MPa）。

8.2.3 变频器的选择

目前国内市场上流行的变频器品牌种类繁多，如欧美国家的西门子、ABB、Vacon、Danfoss（丹佛斯）、Lenze（伦茨）、KEB、C.T.（统一）、欧陆等，日本品牌有富士、三菱、安川、三垦、日立、松下、东芝等，韩国品牌有 LG、三星、现代、收获等，我国港澳台地区的品牌有普传、台安、台达、东元等，国产品牌有康沃、安邦信、惠丰、森兰等。各种品牌的变频器在功能、操作维护、应用等方面均基本相似，只是不同品牌的变频器有其特定的功能。大体上，欧美国家的产品性能先进、适应环境能力强，日本产品外形小巧、功能多，我国国内的产品符合国情、功能简单实用、价格低。

变频器根据控制功能的不同，可以分为 3 种类型：普通功能型 *U*/*f* 控制变频器，具有转矩控制功能的高功能型 *U*/*f* 控制变频器和矢量控制高性能型变频器。而直接转矩控制变频器尚在推广阶段。

选择变频器时，首先要充分了解变频器调速系统的应用场合及负载特性，并计算变频器的容量，然后再从容量、输出电压、输出频率、控制模式等诸方面综合考虑，进而选择与系统匹配的机种、机型。

1. 变频器类型选择

① 对于平方降转矩负载，如风机、泵类负载，负载转矩大致与速度的平方成正比，负载功率大致与速度的三次方成正比，良好地适应了变频器驱动异步电动机在低速下输出转矩下降的特点。因此，对于此类负载，通常选用风机、泵类负载专用变频器，如西门子的 ECO 系列、ABB 的 ACS400 系列。

② 对于恒转矩负载，如挤压机、搅拌机、传送带等，要求低频时有足够的转矩提升能力和短时间过电流能力，但一般通用型变频器低频运行时转矩较低，如果为了提升低频转矩而使电压补偿升高过大，则会出现过电流现象。因此，选型时要把通用变频器的容量提高一挡，同时加大电动机的功率，从而提高低速转矩，或者选用具有转矩控制功能的矢量控制式变频器来实现恒转矩负载的调速运行，使效果更加理想。

③ 对于恒功率负载，其转矩与速度成反比，可选用一般的用于工业设备的通用变频器。对于轧钢、造纸等要求精度高、响应快的生产机械，宜选用矢量控制高性能型通用变频器。

④ 根据生产的需要，负载控制还分为开环控制和闭环控制。一般没有精度要求时采用开环控制方式，此时系统结构简单，运行可靠，对变频器的性能要求较低，通常选用普通的 *U*/*f* 控制通用变频器。闭环控制方式采用温度、张力、压力、速度、位置等传感器精确快速地控制负载，一般选用带 PID 控制器的 *U*/*f* 控制通用变频器，或者选用带有速度传感器矢量控制的通用变频器，其控制效果较前者更加理想。

2. 变频器输出电压与输出频率的选择

变频器的输出电压一般有 200V 级和 400V 级两种。我国常用的交流电动机三相额定电压为 220V 和 380V，选择变频器输出电压时，要与电动机的额定电压相一致。变频器输出电压可按电动机额定电压选定。对高压电动机，如 3kV 级的高压电动机配用变频器时，可选用变压器进行电压匹配。

通常变频器的输出频率为 0.1～400Hz。变频器的最高输出频率对于不同的机型有不同的值。在以额定转速以下范围内进行调速运行为目的时，最高输出频率选择 50Hz 或 60Hz。目前我国普通电动机的电源频率为 50Hz，运行速度为额定转速。在超速运行时需注意两点：第一，变频器在 50Hz 或 60Hz 以上区域，其输出电压不变，为恒功率输出特性，故高速运行时转矩减小；第二，高速区运行的转速不能超过电动机的最高转速，否则会影响电动机的使用寿命，甚至使电动机损坏。在选择频率时，应根据变频器的使用目的来确定最高输出频率，并将此作为选择机种和机型的一个依据。

3. 电动机的选择

在变频调速系统设计中，电动机的选择也至关重要。应根据生产机械工作情况选择适当的容量，并根据用途和使用环境选择适当的结构形式、通风方式和防护等级等。通用的标准电动机用于变频调速时，由于变频器的性能和电动机自身运行工况的改变，还必须考虑一些恒速运行时从未考虑过的问题。电动机的选择包括机型、形式、额定转速和额定功率的选择，其中最主要的是电动机额定功率的选择。通常，选择电动机有以下几个步骤。

（1）选择电动机的类型

电动机的类型多种多样，按结构及工作原理可分为异步电动机、同步电动机、直流电动机三大类。电动机选择的基本原则是：在满足工作机械对拖动系统要求的前提下，选择结构简单、运行可靠、维护方便、价格低廉的电动机。工作机械对拖动系统无过高要求时，应优先选用交流电动机，如笼型异步电动机。

（2）选择电压等级及转速

电动机电压等级的选择应考虑供电电网的电压等级。中等功率以下的交流电动机，额定电压一般为380V，大功率交流电动机的额定电压多为3kV或6kV。

电动机的额定转速选择是否恰当，关系到电动机的价格、运行效率和生产机械的生产效率。额定功率相同的电动机，额定转速越高，其体积越小，重量越轻，价格也越低。

（3）选择电动机形式

选择电动机形式时，首先根据使用状况和被传动机械的要求，选择合理的结构形式、安装方式以及与传动机械的连接方式，然后再根据温升状况和使用环境选择合适的通风方式和防护等级。

（4）选择电动机功率

选择电动机功率的原则是：在电动机能够满足生产机械负载要求的前提下，选择最经济合理的电动机功率。如果功率选得过大，不仅使设备投资增加，而且会因电动机在轻载状态下运行导致功率因数降低；反之，功率过小，电动机经常过载运行，会使电动机温升过大，绝缘老化，使用寿命缩短。所选择的电动机功率，应略大于负载所需功率。

选择电动机时，还需注意以下几项。

① 速度控制。

a. 上限速度。一般异步电动机的上限速度为额定频率对应的额定速度。选用时注意不要使电动机超过额定频率运行，否则会导致电动机负载能力下降、过电流，甚至机械损坏。

b. 中间速度。异步电动机在中间速度内运行时，产生的脉动转矩频率一旦与固有频率一致，就发生共振，并产生强烈的振动和噪声，严重时可能导致轴系断裂。对于风机、泵类负载，其轴系的固有频率通常在可调范围内，运行时应避开共振频率。

c. 下限速度。下限速度由电动机的低速冷却能力和机械系统共同决定。普通异步电动机对最低速度没有限制。对于大容量异步电动机和使用滑动轴承的机械负载，低速时可能由于润滑不良产生过热导致油膜烧毁，故应根据轴承的工作状况确定下限速度。

② 预防浪涌电压的危害

变频器的功率开关器件工作时会产生浪涌电压。变频器驱动异步电动机时，浪涌电压会导致电动机内部产生轴承电流，从而逐渐损坏电动机轴承。在变频器侧安装 du/dt 滤波器、共模输出滤波器或输出电抗器，可以减小输出电压波形上升沿坡度，减小浪涌电压对电动机的冲击。

③ 电动机的轴电压、轴电流

由于环绕电动机轴的磁路不对称、转子运转不同心、感生脉动磁通等原因，轴—轴承—机座的回路会有轴电流流通，在电动机转子轴两端、轴与轴承之间、轴与轴承对地之间形成电势差即轴电压。变频器驱动容量较小的异步电动机时，轴电压可以不必考虑。但使用功率超过 200kW 的电动机时，应事先测量轴电压的大小，进而采取有效的预防措施。防止轴电流的一种方法是除一个轴承座外，其余轴承座及所有安装在其上的仪表外壳等金属部件都对地绝缘，对不绝缘的轴承应安装接地电刷以防静电充电。

4. 变频器选择注意事项

（1）启动转矩与低速区转矩

用通用变频器驱动电动机时，启动转矩比直接用工频电源驱动时要小，可能会由于负载的启动转矩特性而使电动机不能正常启动。

初步选定的变频器和电动机不能满足负载要求的启动转矩和低速区转矩时，变频器的容量和电动机容量可再加大。例如，在某一速度下，需要初步选定变频器和电动机的额定转矩 70%的转矩，但由输出转矩特性曲线知道，仅能得到 50%的转矩，则变频器和电动机的容量都需要重新选择，且为初始容量的 1.4（70/50）倍以上。

（2）从电网到变频器的切换

将在工频电网中运转的电动机切换到变频器运转时，电动机必须完全停止以后，再由变频器驱动启动，否则，将会产生过大的电流冲击和转矩冲击，导致供电系统跳闸或设备损坏。在此种情况下，必须选择备有相应控制装置的变频器。

（3）瞬停再启动

发生瞬时失电、停电、变频器停止工作时，立即重新上电后，变频器不能马上再开始运转，必须等电动机完全停止后再启动，否则，会由于变频器输出频率值与自由运转中的电动机实际频率不符，引起过电压、过电流保护动作，造成故障停机。在此种情况下，应选用具有瞬停再启动功能的变频器。

8.3　变频器的主要控制功能与参数设定

随着变频技术的发展，变频器的控制功能越来越丰富，智能化程度越来越高，可以设定的参数也越来越多，参数值的设定也越来越复杂。这就要求技术人员对生产状况和整个控制系统非常熟悉，并充分理解变频器各参数的功能特性，必要时结合计算才能正确设定和操作。

变频器通常采用微处理器全数字化控制，硬件电路相对简单，各种功能趋于软件化，通过数字控制方式完成模拟控制方式难以完成的功能。变频器的主要控制功能是通过外部接口电路及数字操作面板来设定的。

8.3.1 变频器的外部接口电路

变频器外部接口的主要作用是使用户能够根据系统的各种需要进行相应的功能组态与操作，并与其他电路构成自动控制系统。变频器的外部接口电路通常包括逻辑控制指令电路、频率指令输入/输出电路、过程参数监测信号电路、通信接口电路、数字信号输入/输出电路等。

不同品牌的变频器，外部接口电路的配置各不相同，但各控制端的功能都可以任意设定、进行组态。有些通用变频器还可以通过编程来定义外部接口功能。变频器外部接口示意图如图 8-10 所示。

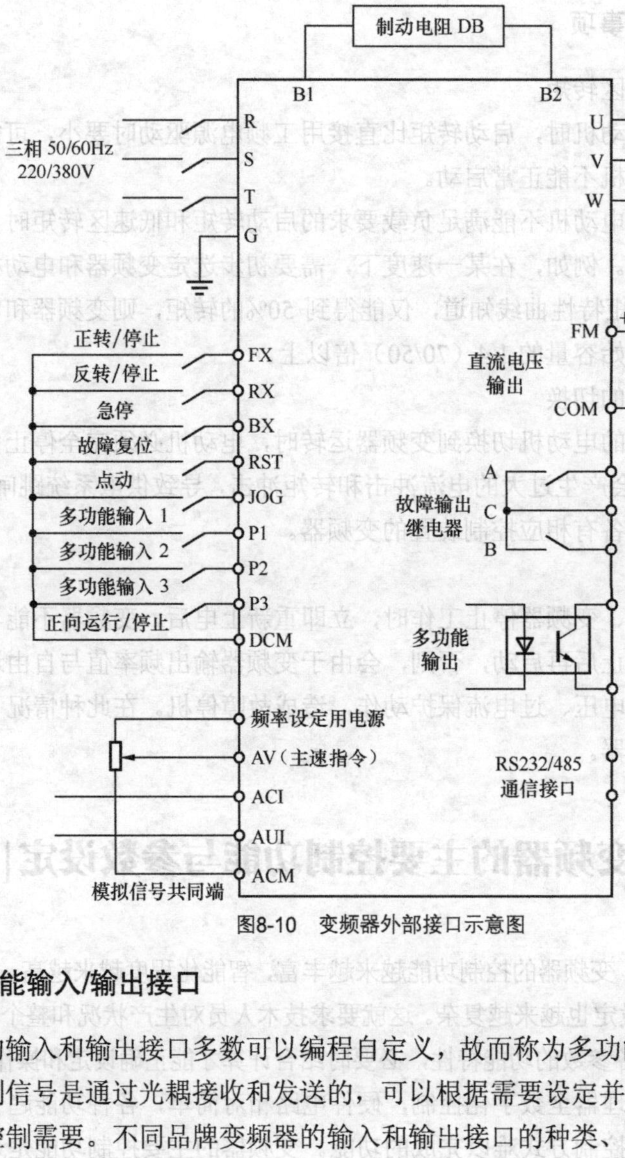

图8-10 变频器外部接口示意图

1. 多功能输入/输出接口

变频器的输入和输出接口多数可以编程自定义，故而称为多功能输入/输出接口。变频器内的外接控制信号是通过光耦接收和发送的，可以根据需要设定并改变这些接口的功能，以满足不同的控制需要。不同品牌变频器的输入和输出接口的种类、数量、排列和符号一般不同，但相同用途的接口功能基本相似。

2. 多功能模拟量输入/输出接口

变频器的模拟量输入信号通常是过程工艺参数，如温度、压力、流量、位置等，信号通常是 0～10V、0～20mA、4～20mA 等的标准工业信号。模拟量输出信号主要包括输出电流、输出电压、输出频率检测、PID 反馈量监测等。多功能模拟量输入/输出接口的作用是将上述信号输入变频器中作为运行指令，并通过模拟量输出信号监视变频器的工作状态。

3. 数字输入/输出接口

变频器的数字输入/输出接口的主要作用是多端频率设定，外部报警，报警复位，连接控制仪表、编码器和 PLC 等数字设备。变频器可以根据数字信号指令运行，而数字输出接口的主要作用是通过脉冲计数器输出频率监视信号。

4. 通信接口

一般变频器都具有 RS232 或 RS485 串行通信接口及现场总线模块。通过通信接口和通信模块，变频器可与计算机、PLC 及其他设备连接。变频器与 PLC 进行网络通信时，可以按照 PLC 的指令实现所需的功能。

5. 扩展功能卡

一般变频器厂商都会提供各种功能模块供用户选用，以实现所需的扩展功能。例如，扩展输入/输出卡可以扩展变频器的继电器、数字或模拟输入/输出接口，继电器输出模块可以将变频器的输出转换为继电器输出，数字量接口模块可以用二进制代码设定频率、输出电压和电流等，模拟量接口模块可以按模拟量监视输出频率、输出电压、输出电流、转矩等。

6. 电源电路

变频器电源电路包括主控制板电源、驱动电路电源和外部控制电源。其中外部控制电源为外接控制电路提供稳定的直流电源。

7. 数字操作显示界面

数字操作显示界面是一种友好的人机界面，其功能是让用户方便地设定系统参数、进行运行操作、监测运行状态、查找故障原因等。

8.3.2 变频器的主要控制功能

1. 转矩补偿功能

在 *U/f* 控制系统中，连线及电动机绕组的电压降引起的有效电压衰减，使电动机输出转矩不足，这一现象在低速时非常明显。为了补偿电动机的输出转矩，变频器通常采用在低频区域提高 *U/f* 值的方法，即使用变频器的转矩补偿功能。在满足要求的前提下，转矩补偿设定值越小越好。如果扭矩提升设定太大，扭矩足够大，但电流也过大，会使变频器经常发生过电流故障。

自动转矩补偿功能是指变频器在电动机加速、减速和正常运行等区域中，能根据负载状况自动调节 U/f 值。只有在一定的频率范围内，通过适当的设置，才能使自动转矩补偿功能将基本 U/f 特性曲线保持不变。

2. 防失速功能

变频器的防失速功能包括加速过程中的防失速功能、恒速运行过程中的防失速功能和减速过程中的防失速功能 3 种。加速过程中防失速是指 U/f 控制的变频器，在电动机加速时，会限制输出电流增大，使电动机得不到足够的转矩加速而维持原来的运行状态，达到防失速、不跳闸的目的。恒速运行和加速过程中的防失速功能的基本原理是：当由于电动机加速过快或负载过大等原因导致过电流时，变频器会自动降低其输出频率，限制输出电流增大，从而避免变频器因为电动机过电流而出现保护电路动作。电动机减速时，因惯性产生的能量回馈导致直流中间电路的电压上升而出现过电压，从而使过电压保护电路动作，变频器停止工作。减速过程中的防失速功能的基本原理是：在电压保护电路未动作时，暂停降低变频器的输出频率或减小输出频率的降低速率，从而达到防失速的目的。具有上述防失速功能的变频器能够充分发挥变频器的驱动能力并且运行更加安全。

3. 频率设定功能

（1）最高频率 f_{max}

变频器允许输出的最高频率，一般为电动机的额定频率。

（2）基本频率 f_b

变频器输出额定电压时对应的频率值，有时也称为额定频率，只有在 U/f 模式下才设定。通常将电动机的额定数据（额定电压 380V、额定频率 50Hz）作为该参数的值。

（3）上限频率 f_H 和下限频率 f_L

设定上、下限频率的目的是限制变频器的输出频率范围，从而限制电动机的转速范围，防止由于错误操作造成事故。设定上、下限频率后，变频器的输入信号与输出频率之间的关系如图 8-11 所示。

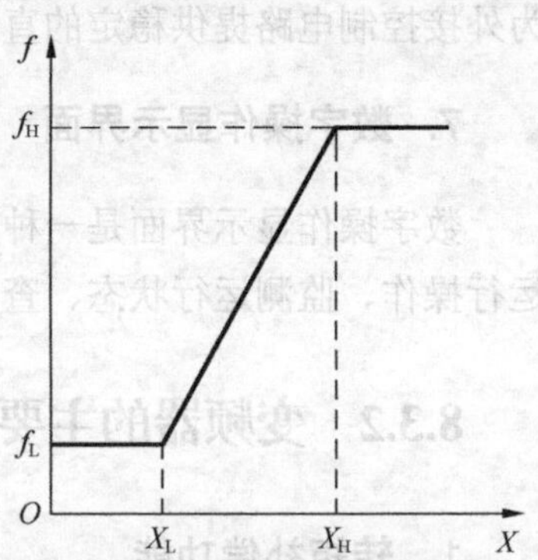

图8-11　变频器输入信号与输出频率的关系

在变频器启动过程中，下限频率不起作用。设定上限频率值将使变频器的实际运行频率输出值永远小于该设定值，即使给定频率值超过了上限频率，变频器也不会出现实际输出频率超越上限输出频率的情况。在通常情况下，设定上限频率值≥额定频率值。

（4）加、减速时间

变频器输出频率从 0 上升到最高频率 f_{max} 需要的时间，称为加速时间；变频器输出频率从最高频率 f_{max} 下降至 0 需要的时间，称为减速时间。

加速时间设定原则为兼顾启动电流和启动时间，一般情况下负载重时加速时间长，负载轻时加速时间短。减速时间的设定原则为兼顾制动电流和制动时间，保证无管道“空化”现象。

一般 11kW 以下的电动机加、减速时间设置在 10s 以内，11kW 以上可设置为 10～15s，甚至更长。对于大功率负载，如果设定的加速时间太短，启动时负载重则会发生启动转矩不足、过电流或变频器失速而导致自动停机。如果设定的减速时间太短，在停机或减速时，容易产生过大的再生能量，导致直流电压升高，引发过电压保护动作而自动停机。

4. PID 控制功能

PID 控制功能的核心是 PID 调节器。它具有比例（P）、积分（I）和微分（D）3 个环节。

比例环节将偏差信号成比例放大。放大系数取大值时，响应快，但容易产生振荡；放大系数取小值时，响应慢，但稳定。

积分环节主要用来消除静差值，提高系统无差度。积分作用的强弱取决于积分常数，积分时间越长，响应越慢，对外部扰动的调控能力降低；积分时间缩短，响应速度加快，但过小时将产生振荡。

微分环节可根据偏差变化的趋势，在偏差变大之前做出较大的调节动作，加快系统的动作速度，缩短调节时间。微分时间增大，发生偏差时比例控制引起的振荡快速衰减，但过大反而会引起振荡；微分时间减小时，对偏差的衰减作用减弱。

PID 控制中的参数比例、积分、微分的值可根据变频调速系统的具体要求设定。此时，原来设定的加、减速时间将不起作用。

PID 的输入信号一般由压力传感器、速度传感器和流量传感器等反馈获取。PID 的输出信号应接在变频器的输入模拟控制端子上，所控制的物理量由传感器的种类决定。目标值和反馈信号的输入主要有两种方法。

（1）目标值输入方法

① 面板输入方式。通过键盘面板输入目标值。输入的目标值通常是与传感器量程之比的百分数，而不是具体的输出频率（转速）。

② 外接输入方式。由外接电位器进行预置，调整较直观、方便。

（2）反馈信号的输入方法

① 给定输入法。变频器使用 PID 功能时，将传感器测得的反馈信号直接接到给定信号端，包括电压输入端和电流输入端。采用给定输入法时，目标值输入只能采用键盘面板输入法。

② 独立输入法。有些变频器专门配置了独立的反馈信号输入端，还配置了传感器的电源。确定了内置 PID 的控制方案后，应按照变频器使用说明书规定的“PID 控制”的设定方法，对相关参数进行设定。

5. 制动控制功能

变频器的制动控制方式主要有能耗制动、回馈制动、直流制动和电共用直流母线回馈制动。变频器调速控制系统中，电动机所传动的位能负载下放时或者电动机从高速到低速减速时，电动机可能处于再生发电制动状态，系统的机械能转换成电能，通过逆变器送入变频器的直流回路中。再生电能如果不经处理将可能损伤变频器。变频器的制动控制正是用于处理电动机产生的再生电能。制动控制在电动机启动前、启动后存在较大区别。

（1）启动后发电制动控制

电动机工作结束后的制动一般采用直流制动，需设定制动频率、制动时间和制动力等。

（2）启动前制动控制

指在电动机启动时转速不为零的情况下对电动机进行的制动，制动后才能再启动。其一般采用直流制动，需设定直流制动及制动时间。

6. 保护功能

（1）对电动机的保护

主要通过变频器内部的电子热继电器为电动机提供过电流保护，同时对变频器自身进行过电流保护。当电动机电流超过电子热继电器保护功能所设定的保护值时，电子热继电器动作，停止变频器输出，从而达到保护的目的。通常将电子热继电器的动作值设定为50%～150%。将动作值（百分数）乘以变频器的额定电流即得所需设定的整定电流值，其设置方法与普通热继电器类似。

（2）对变频器自身的保护

该功能当出现过电流、过电压、过热、欠电压、断电和其他故障时均可进行自动保护，并发出报警信号，甚至自动跳闸断电。变频器在出现过载及故障时，一方面由显示屏发出文字报警信号，另一方面由触点开关输出报警信号；当故障排除后，要由专用的复位控制指令复位，变频器方可重新工作。

7. 通信功能

变频器的通信功能主要有以下3种实现方式：带有显示器和键盘的控制面板，其中显示器用于变频器的运行状态监视和故障诊断，键盘用于变频器操作和参数设定；通过模拟和数字输入、输出接口实现通信；通过串行通信接口实现通信，主要有RS485/422/232串行通信接口方式，多采用RS485接口，并使用变频器生产厂商自定的通信协议，最大传输距离可达1200m，并可根据需要采用现场总线通信卡实现网络通信。

通过变频器的通信接口可以实现变频器与PLC的通信。由于PLC具有通用性好、实用性强、硬件配套齐全和编程简便等优点，工业控制系统常将PLC与变频器相互配合使用。配合使用时，变频器与PLC之间的连接应注意以下几项。

（1）开关指令信号的输入

变频器的输入信号中包括对运动/停止、正/反转和微动等运行状态进行操作的开关指令信号。变频器通常采用继电器触点或具有继电器触点开关特性的元器件（如晶体管）与PLC相连，得到运行状态指令。开关信号的连接方式如图8-12所示。

使用继电器触点时，需考虑变频器接触不良引起的误动作；使用晶体管连接时，则需考虑晶体管本身的电压、电流容量等因素。在设计变频器的输入信号电路时，应注意输入信号电路的连接情况（如果连接不当，可能会造成变频器的误动作）。例如，当输入信号电路采用继电器等感性负载时，应尽量避免继电器开闭产生的浪涌电流，以防其引起变频器误动作。

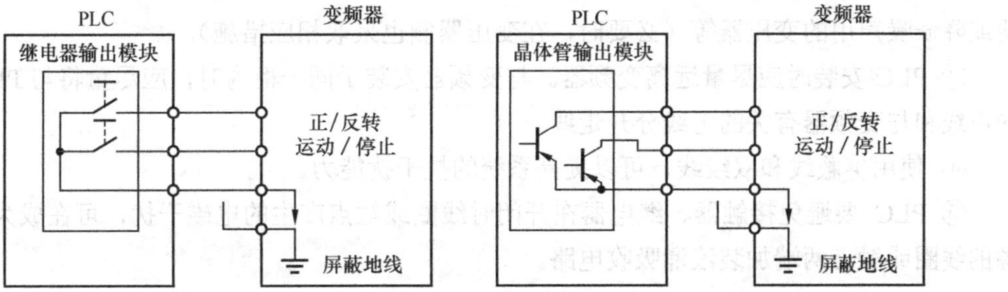

（a）继电器触点　　（b）晶体管开关

图8-12　开关指令信号的连接方式

当输入开关信号进入变频器时，有时会发生外部电源和变频器控制电源（DC 24V）之间的串扰。正确的接法是利用变频器电源，并将外部晶体管的集电极经二极管接到 PLC 上，如图 8-13 所示。

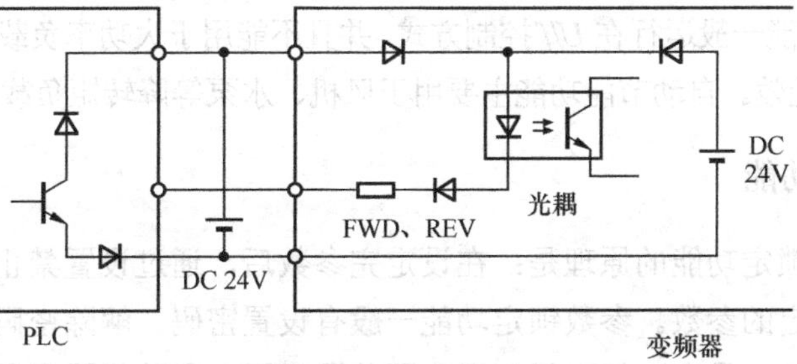

图8-13　输入信号防干扰的连接方式

（2）数值信号的输入

变频器的数值信号分为数字输入信号和模拟输入信号两种。数字输入多采用变频器面板上的键盘操作和串行接口来给定；模拟输入则通过接线端子由外部给定。这些信号通常为 0～10/5V 的电压信号或 0/4～20mA 的电流信号。输入信号不同则接口电路不同，因此，需根据变频器的输入阻抗选择 PLC 的输出模块。图 8-14 为变频器与 PLC 之间的信号连接图。

当变频器与 PLC 的电压信号范围不同时，需用串联方式接入限流电阻进行分压，以保证电路中的电压、电流不超过变频器的容量。

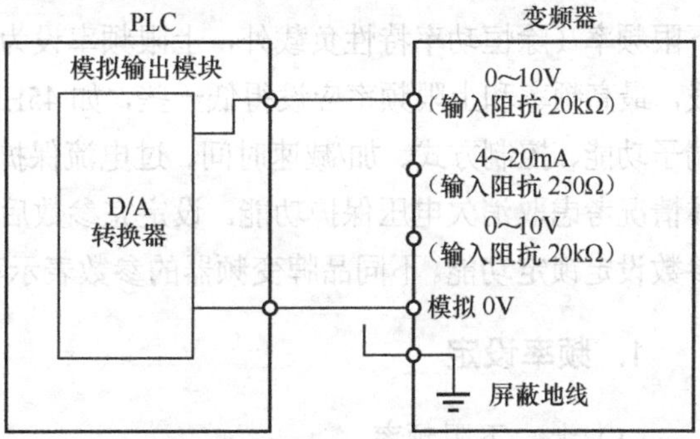

图8-14　变频器与PLC间的信号连接

（3）电磁干扰的防止

变频器在运行中会产生较强的电磁干扰，而 PLC 以数字电路为主，工作灵敏度高，很容易受到各种外界电磁干扰的影响。为了保证 PLC 不因变频器主电路断路器及开关器件等产生的电磁干扰而出现故障，应注意以下几点。

① PLC 本身应按照规定的接线标准接地，并且要注意避免和变频器共同接地，应尽量分开。

② 当电源条件不良时，应在 PLC 的电源模块及输入/输出模块的电源线上安装噪声滤波

器或降低噪声用的变压器等（必要时，在变压器侧也采取相应措施）。

③ PLC 安装时应尽量远离变频器。与变频器安装于同一柜内时，应尽量将与 PLC 有关的电线和与变频器有关的电线分开走线。

④ 使用屏蔽线和双绞线，可以提高系统的抗干扰能力。

⑤ PLC 要避免接触器、继电器在开闭时线圈或触点产生的电磁干扰，可在成为干扰电源的线圈或触点两端加装浪涌吸收电路。

8. 自动节能功能

当异步电动机在某一频率下工作时，总存在一个最小电流或最小功率工作点，改变异步电动机的相电压搜索该工作点，使异步电动机在该工作点运行，达到最高效率，从而实现自动节能。

变频器运行时工作电流最小和输出转矩最大兼顾。工作电流最小时，输出转矩可能不足。因此，自动节能运行功能一般运行在 *U*/*f* 控制方式，并且不能用于大功率负载或冲击性负载的场合，在矢量控制方式下无效。自动节能功能主要用于风机、水泵等降转矩负载重的生产机械上。

9. 参数锁定功能

变频器的参数锁定功能的原理是：在设定完参数后，通过设置禁止改写参数功能，防止非操作人员修改设定的参数。参数锁定功能一般有设置密码、解除密码、用户密码和管理员密码这 4 种密码设计，具有 3 级功能权限，即普通权限、参数权限和最高权限。普通权限可修改管理员规定的部分参数（主要为运行参数）；最高权限可修改全部的参数项，并且可以设置普通权限的参数权限。

8.3.3 变频器的参数设定

设定变频器参数时，首先应将输出电压设为额定电压（如 380V），再设置最高频率和上、下限频率（除恒功率特性负载外，上限频率设为 50Hz）。对平方降转矩型（如风机、水泵）负载，最高频率和上限频率应设得低一些，如 45Hz；下限频率应设定在 15～20Hz 内。然后设定端子功能、控制方式、加/减速时间、过电流保护特性、运行模式等。如果电压偏低，可根据具体情况考虑取消欠电压保护功能。设定完参数后，为了防止因改写参数而发生误动作，应设置参数设定锁定功能。不同品牌变频器的参数表示和设定方法不同，但基本参数的设定是相似的。

1. 频率设定

（1）上、下限频率

西门子 G110 变频器默认下限频率（P1080）为 0.00Hz，上限频率（P1082）为 50.00Hz。当需要修改上限频率或下限频率时，修改对应的参数即可，如将 P1082 的值设为 60.00，则上限频率为 60Hz。

三菱 FR-E500 系列变频器下限频率（Pr.2）默认值为 0Hz，上限频率（Pr.1）默认值为 120Hz。在 120Hz 以上运行时，用参数 Pr.18 设定输出频率的上限。

（2）加、减速时间

西门子 G110 变频器的加速时间（P1120）和减速时间（P1121）默认值为 10.00s。要重新设定加、减速时间时，设定对应的参数即可。

三菱 FR-E500 系列变频器功率在 0.4～3.7kW 时，加速时间（Pr.7）、减速时间（Pr.8）默认值为 5s；功率在 5.5kW、7.5kW 时，默认值为 10s。

2. 控制方式设定

变频器 U/f 控制方式的特性决定了电动机启动或低速运行时输出转矩的大小。有的变频器具有多条 U/f 控制方式特性曲线可供选择，不同的控制方式特性曲线对应不同的负载转矩特性，应根据具体的负载状况和运行要求选择。

西门子 G110 变频器的 U/f 控制方式由参数 P1300 设定。

① P1300=0，线性 U/f 控制。

② P1300=2，抛物线特性的 U/f 控制。

③ P1300=3，多点可编程的 U/f 控制（控制特性由 P1320～P1325 设定）。

3. 恢复出厂数据

变频器在调试期间，往往会由于操作不当等原因发生功能数据码紊乱、监控失常、显示错误等现象。此时，可先恢复出厂数据，然后再重新设置参数。恢复出厂数据后，一般需要重新开机，使程序初始化后，恢复后的数据才生效。

西门子 G110 变频器参数恢复过程很简单，首先设定参数 P0010=30（默认值：0）；再设定参数 P0970=1（默认值：0），变频器开始进行参数复位操作（复位过程大约要持续 10s）；最后自动退出复位菜单和设定。

4. 保护功能设定

保护功能的主要作用是当出现过载、过电流、过电压等情况时，自动保护电动机和变频器不被损坏。使用变频器时，需要设定保护功能。

西门子 G110 变频器的保护功能设定有如下几个方面。

（1）P0290：变频器在过热时采取的应对措施

P0290=0（默认值）：降低输出频率。

P0290=1：跳闸（故障代码 F0004 / F0005）。

（2）P0335：设置电动机的冷却系统

P0335=0（默认值）：自冷，采用安装在电动机轴上的风机进行冷却。

P0335=1：强制冷却，采用由独立电源供电的冷却风机进行冷却。

（3）P0610：电动机 I^2t 过热的应对措施

P0610=0：报警，不跳闸，并且无其他应对措施。

P0610=1：报警，并降低最大电流 I_{max}，F0011 故障跳闸。

P0610=2（默认值）：除报警外无其他应对措施，故障跳闸（F0011）。

（4）P0611：电动机 I^2t 时间常数（单位 s，默认值为 100s）

电动机的I^2t温度时间常数越大，电动机达到其温度限定值经过的时间越长。P0611的数值根据电动机的额定数据可在快速调试时计算，或者利用电动机参数进行计算。

（5）P0614：电动机I^2t报警电平（默认值为110%）

定义报警的门限值。

（6）P0640：电动机的过载因子（默认值150%）

定义以电动机的额定电流（P0305）的百分值表示电动机过载电流限定值，此值取变频器的最大电流和电动机额定电流的400%中较低的一个值。

8.4 变频器周边设备的选择

变频器与周边设备一起构成一个完整的调速控制系统，因此，周边设备的配置情况直接关系到整个系统的性能发挥、安全性与可靠性。变频器的周边设备主要包括线缆、接触器、低压断路器、电抗器、滤波器、制动电阻等。变频器周边设备的选择是否正确、合适，也直接影响到变频器能否正常使用和变频器的使用寿命，所以选择变频器后，还必须正确选择它的周边设备。接下来介绍如何选择变频器的周边设备。

8.4.1 电源协调用交流电抗器

电源协调用交流电抗器的主要功能是防止电源电网的谐波干扰，图8-15给出了交流电抗器的原理图和外形图。它能够限制电网电压突变和操作中过电压引起的电流冲击，有效保护变频器内部功率开关器件，改善变频器功率因数，有效抑制高次谐波造成的漏电流。

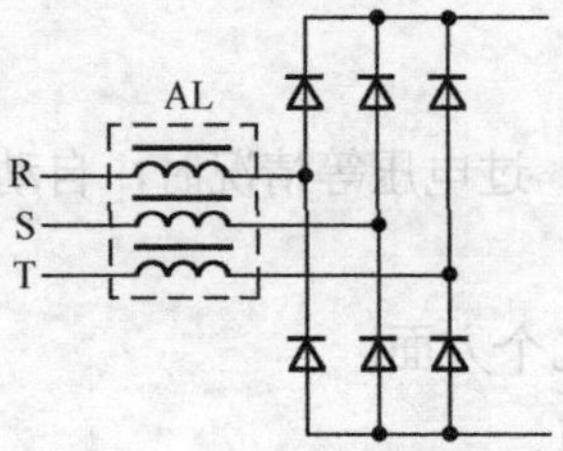

（a）原理图

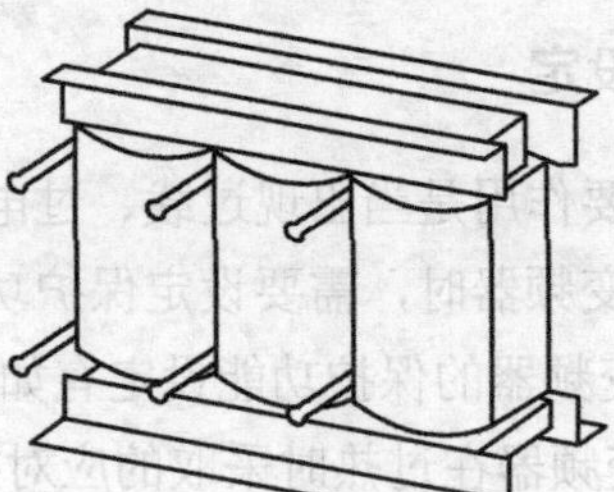

（b）外形图

图8-15 交流电抗器

电源协调用交流电抗器既能阻止来自电网的干扰，又能减少整流单元产生的谐波电流对电网的污染。当电源容量很大时，更要防止各种过电压引起的电流冲击，因为它们对变频器内的整流二极管和滤波电容器都是有害的。在下列场合一定要安装电源协调用交流电抗器，才能保证变频器可靠运行。

① 电源容量为600kVA及以上，且变频器安装位置离大容量电源在10m以内。

② 三相电源电压不平衡率K大于3%。电压不平衡率K按式（8-19）计算。

$$K=\frac{\text{最大单相电压}-\text{最小单相电压}}{\text{三相平均电压}}\times 100\% \tag{8-19}$$

③ 其他晶闸管变流器与变频器共用一进线电源，或进线电源端接有通过开关切换以调整功率因数的电容器装置。

④ 需要改善变频器输入侧的功率因数。用交流电抗器将功率因数提高到 0.75～0.85。

电源协调用交流电抗器的容量可按预期由电抗器每相绕组上的压降来决定。一般选择压降为电网侧相电压的 2%～4%。电源协调用交流电抗器的压降不宜取得过大，压降过大会影响电动机转矩。一般情况下选取进线电压的 4%（8.8V）已足够，在较大容量的变频器中如 75kW 以上，可选用 10V 压降。交流电抗器的容量也可按表 8-1 所示的数据选取。

表 8-1　电源协调用交流电抗器容量

交流输入线电压 $\sqrt{3}U_V$ (V)	电抗器额定电压降 $\sqrt{3}U_V = 2\pi LI_n$ (V)
230	5
380	8.8
460	10

电源协调用交流电抗器的电感量 L 按式（8-20）计算。

$$L = \Delta U_L / (2\pi f I_n) = 0.004 U_V / (2\pi f I_n) \tag{8-20}$$

式中：U_V——交流输入相电压有效值（V）；

ΔU_L——电抗器额定电压降（V）；

I_n——电抗器额定电流（A）；

f——电网频率（Hz）。

8.4.2　改善功率因数直流电抗器

改善功率因数直流电抗器 DL 一般设置在变频系统的直流环节与逆变环节之间，能使逆变环节运行更稳定，改善功率因数，功率因数最高可提高到 0.95。图 8-16 给出了直流电抗器的原理图和外形图。同时，它还能限制变频器逆变侧短路电流，使逆变系统运行更稳定。

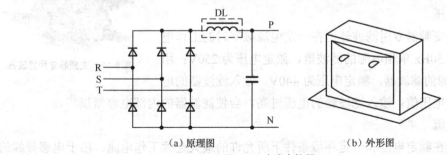

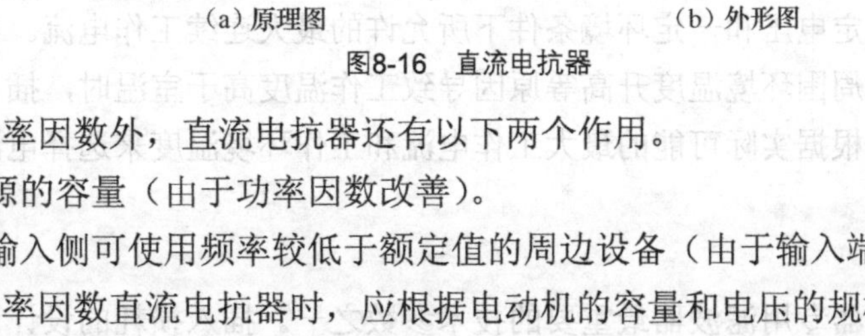

(a) 原理图　(b) 外形图

图8-16　直流电抗器

除了改善功率因数外，直流电抗器还有以下两个作用。

① 减轻电源的容量（由于功率因数改善）。

② 变频器输入侧可使用频率较低于额定值的周边设备（由于输入端电流减少）。

选择改善功率因数直流电抗器时，应根据电动机的容量和电压的规格来选择电抗器的容量。三菱直流电抗器的技术参数如表 8-2 所示。

表 8-2　　　　三菱直流电抗器的技术参数

变频器功率（kW）	3.75	5.5	7.5	11	15	18.5	22	30	37	45	55
电抗器电流（A）	7.1	10.5	14	20.4	27.5	33.9	40.3	55	67.5	81.9	98.7
电感（mH）	9.4	6.2	4.8	3.3	2.4	2.0	1.6	1.2	0.98	0.91	0.67
电阻（mΩ）	148	88	68	39	25	20	17	10	8.5	6.1	5

直流电抗器电感值 L_{CD} 的选择一般为同样变频器输入侧电源协调用交流电抗器电感量的6%~9%，至少是5.1%。例如，对三相380V、90kW变频器所配的直流电抗器按式（8-21）计算。

$$L_{CD}=(2\sim3)L_{LA1}=(2\sim3)\times0.123=0.246\sim0.369\ (\text{mH}) \tag{8-21}$$

8.4.3　电源滤波器

1. 电源滤波器的作用

变频器作为电力电子设备，其内部的电子元器件、控制芯片等核心元件易受外界的电气干扰。变频器本身的整流和逆变部分工作时，具有陡峭的上升沿和下降沿，在其输入、输出侧的电压、电流中含有丰富的谐波污染和高频噪声，使其成为严重的射频干扰产生源，由这种传导和辐射引起的电磁干扰会导致通信及灵敏的数控电路误动作，恶化了电磁环境。因此，变频器在投入工作时，既要防止外界对其本身的干扰，又要抑制它对外界产生的电磁干扰。在变频器前端接入电源滤波器，能够有效抑制变频器电源线发出的高频传导性干扰和射频干扰。

2. 电源滤波器的选择

变频器专用滤波器（见图8-17）是变频调速系统中一种常用的电源滤波器。变频器专用滤波器的主要功能是消除变频器工作时，对电网及其他数字电子设备产生干扰的频谱分量，显著提高变频器的电磁兼容性。

图8-17　变频器专用滤波器

（1）额定电压

额定电压是变频器专用滤波器用在一定电源频率时的工作电压。例如，用在50Hz单相电源的滤波器，额定电压为250V；用在50Hz三相电源的滤波器，额定电压为440V。输入滤波器的电压不能超过额定电压值。输入滤波器的电压过高，会使滤波器的内部电容器损坏。

（2）额定电流

额定电流是在额定电压和一定环境条件下所允许的最大连续工作电流。由于电感导线的铜损、磁芯损耗或者周围环境温度升高等原因导致工作温度高于室温时，插入损耗的性能难以保证。因此，应该根据实际可能的最大工作电流和工作环境温度来选择电源滤波器的额定电流。

（3）插入损耗

插入损耗是变频器专用滤波器最重要的技术参数之一。插入损耗的设计原则是：在保证滤波器安全、环境、机械和可靠性能满足有关标准要求的前提下，实现尽可能高的插入损耗。

影响变频器专用滤波器插入损耗的因素包括阻抗的搭配和安装。在实际应用中，变频器专用滤波器输入端和输出端的阻抗不是标准的50Ω，因此它对干扰信号的衰减不等于产品标准或说明书中给出的插入损耗。如果选用变频器专用滤波器的网络结构和参数合理，并且安装得当，则有可能实现优于标准中规定的插入损耗；反之，则很可能得不到好的应用效果。另外一个影响因素是滤波器的工作温度和额定电流。滤波器中的电感采用铁氧体或其他磁性材料，大电流工作时，磁性饱和状态引起性能变坏，从而降低插入损耗。

（4）阻抗搭配

一般在变频器专用滤波器电路网络中，电感 L 看作高阻元件，电容 C 看作低阻元件。为了达到更好的滤波效果，按照滤波器的不匹配原则：如果实际负载为感性高阻，则选择输出负载为容性低阻的滤波器；如果实际负载为容性低阻，则选择输出负载为感性高阻的滤波器。同样，对于滤波器的输入阻抗和电网源阻抗，也应该按照阻抗失配原则来选择滤波器。

（5）工作环境

变频器专用滤波器采用的高磁导率软磁材料锰锌铁氧体，磁导率越高，居里点温度越低，过居里点后磁导率迅速下降，从而导致电源滤波器中的电感值下降，严重影响滤波效果。因此，需根据工作温度来选择变频器专用滤波器的额定电流，或者改善滤波器的散热条件来确保滤波器的滤波效果。

安装电源滤波器时，要求其外壳与系统地之间有良好的电气连接，且应使地线尽可能短，因为过长的地线会加大接地电阻和电感，严重削减电源滤波器的共模抑制能力，还会产生公共接地阻抗耦合等问题。

8.4.4　制动电阻与制动单元

电动机在快速停车过程中，由于惯性作用，会产生大量的再生电能，如果不及时消耗掉这部分再生电能，就会直接作用于变频器的直流电路部分，轻则变频器会报故障，重则会损伤变频器。因此，负载处于发电制动状态时，必须采取必要的措施处理这部分再生能量。处理再生能量的方法有能耗制动和回馈制动。

能耗制动是在变频器直流侧加放电阻单元组件，将再生电能消耗在功率电阻上来实现制动。这是一种处理再生能量最直接的办法，它是将再生能量通过专门的能耗制动电路消耗在电阻上，转化为热能，因此又被称为“电阻制动”，它包括制动电阻和制动单元两部分。

制动单元的功能是当直流回路的电压 U_d 超过规定的限值（如 660V 或 710V）时，接通耗能电路，使直流回路通过制动电阻后以热能方式释放能量。制动单元可分为内置式和外置式两种，前者适用于小功率的通用变频器，后者适用于大功率的变频器，或是对制动有特殊要求的工况。从原理上讲，两者并无区别，都是作为接通制动电阻的“开关”，都包括功率管、电压采样比较电路和驱动电路。

制动电阻（见图 8-18）将电动机快速制动过程中的再生电能直接转化为热能，这样再生电能就不会反馈到电源网络中，不会造成电网电压波动，从而起到保证电源网络

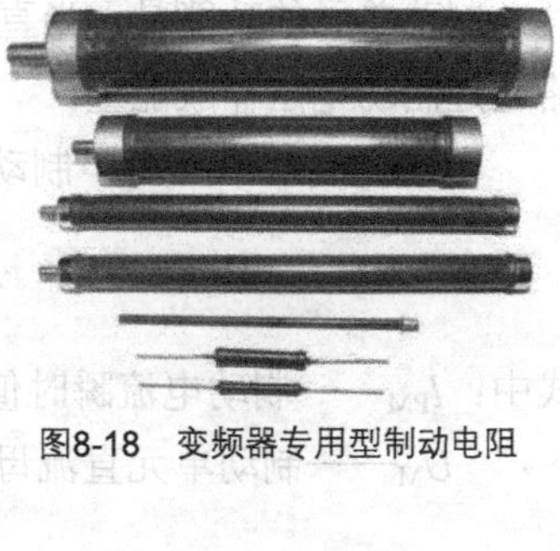

图8-18　变频器专用型制动电阻

平稳运行的作用。

选择合适的制动电阻和制动单元，能提高变频器的制动效率。选择过程有以下几步。

（1）估算出制动转矩

制动转矩按式（8-22）计算。

$$M_Z = \frac{(GD + GD')(v_Q - v_H)}{375t_j} - M_{FZ} \tag{8-22}$$

式中：M_Z——制动转矩；

GD——电动机转动惯量；

GD'——电动机负载折算到电动机侧的转动惯量；

v_Q——制动前的速度；

v_H——制动后的速度；

M_{FZ}——制动转矩；

t_j——减速时间。

（2）计算制动电阻的阻值

一般地，电动机制动时，电动机内部存在一定的损耗，为额定转矩的 18%～22%，因此计算出的结果在小于此范围内无需接制动装置。制动电阻的阻值可按式（8-23）计算。

$$R_Z = \frac{U_Z^2}{0.147(M_Z - 20\%M_e)v_Q} \tag{8-23}$$

式中：R_Z——制动电阻阻值；

U_Z——制动单元动作电压值；

M_e——电动机额定转矩。

在制动单元工作过程中，直流母线电压的升降取决于常数 RC，R 即为制动电阻的阻值，C 为变频器内部电解电容的容量。制动电阻与使用电动机的飞轮转矩关系密切，而电动机的飞轮转矩在运行时是变化的，因此准确计算制动电阻比较困难，通常采用经验公式（8-24）取近似值。

$$R_Z \geqslant (2 \times U_D) / I_e \tag{8-24}$$

式中：I_e——变频器额定电流；

U_D——变频器直流母线电压。

（3）进行制动单元的选择

制动单元的功能是：当直流回路的电压超过规定的限定值时，接通能耗电路，使直流回路通过制动电阻释放能量。

在选择制动单元时，制动单元的最大工作电流是选择的唯一依据，其计算公式如下。

$$I_{PM} = \frac{U_M}{R_Z} \tag{8-25}$$

式中：I_{PM}——制动电流瞬时值；

U_M——制动单元直流母线电压。

（4）计算制动电阻的标称功率

由于制动电阻为短时工作制，因此根据电阻的特性和技术指标，我们知道电阻的标称功率将小于通电时的消耗功率，标称功率一般可按式（8-26）计算。

$$P_{\mathrm{B}} = K \times P_{\mathrm{P}} \times \eta \tag{8-26}$$

式中：P_{B}——制动电阻标称功率；

K——制动电阻降额定系数；

P_{P}——制动期间平均消耗功率；

η——制动使用率。

8.5　变频器的安装

因为使用变频器传动电动机时，在变频器侧和电动机侧电路中都将产生高次谐波，所以须考虑高次谐波抑制。在安装变频器时，还需充分考虑变频器工作场所的温度、湿度、周围气体、振动、电气环境、海拔高度等因素。

8.5.1　安装环境的要求

变频器的可靠性很大程度上取决于温度。变频器的错误安装或不合适固定，将使变频器产生温升或周围温度升高，这可能导致变频器发生故障或损坏等意外事故。

1. 环境温度与湿度

变频器与其他电子设备一样，对周围环境温度有一定的要求，一般为−10～40℃。由于变频器内部是大功率的电子器件，极易受到工作温度的影响，但为了保证变频器工作的安全性和可靠性，使用时应考虑留有余地，最好控制在40℃以下；40～50℃降额使用，每升高1℃，额定输出电流须减少1%。如环境温度太高且温度变化大时，变频器的绝缘性会大大降低，影响变频器的寿命。

变频器与其他电气设备一样对环境湿度有一定的要求，变频器的周围空气相对湿度≤95%（无结露）。根据现场工作环境，必要时需在变频柜（箱）中加放干燥剂和加热器。当变频器长期处于不使用状态时，应该特别注意变频器内部是否会因为周围环境的变化（如停用了空调等）而出现结露状态，并采取必要的措施，以保证变频器在重新使用时仍能正常工作。

2. 周围气体

安装变频器的室内要求无腐蚀性、无爆炸性或无可燃性气体，并且粉尘、油雾指标满足要求。

如果室内有爆炸性或可燃性气体，变频器内的继电器、接触器工作时产生的火花将引燃爆炸性或可燃性气体而导致重大事故。

如果腐蚀性气体长期存在，变频器内没有进行表面涂覆的金属将产生锈蚀，影响其正常工作。

如果安装场所内粉尘和油雾较大，这些粉尘和油雾将附着在变频器内的模块、线路及部件、元器件上，导致绝缘性降低。对于强迫冷却方式的变频器，粉尘、油雾较大，还将造成过滤器堵塞，导致变频器内部温度上升而被损坏。

3. 振动

变频器在运行的过程中，要注意避免受到振动和冲击。变频器是由很多元器件通过焊接、螺钉连接等方式组装而成的，当变频器或装变频器的控制柜受到机械振动或冲击时，会导致焊点、螺钉等连接件或连接头松动或脱落，引起电气接触不良，甚至造成其间短路等严重故障。因此，在变频器运行中除了提高控制柜的机械强度、远离振动源和冲击源外，还应在控制柜外加装抗振橡皮垫片，在控制柜内的元器件和安装板之间加装缓冲橡胶垫，以达到减振的目的。一般在设备运行一段时间后，应对控制柜进行检查和加固。

4. 电气环境

变频器的电气主体是功率模块及其控制系统的硬软件电路，这些元器件和软件程序受到一定的电磁干扰时，会发生硬件电路失灵、软件程序乱飞等故障，造成运行事故。所以为了避免电磁干扰，变频器应根据所处的电气环境，有防止电磁干扰的措施。例如，可以采取以下措施。

① 输入电源线、输出电动机线、控制线应尽量远离变频器。

② 容易受影响的设备和信号线应尽量远离变频器安装。

③ 关键的信号线应使用屏蔽电缆，建议屏蔽层采用 360° 接地法接地。

变频器的主电路是由电力电子器件构成的，这些器件对过电压十分敏感，变频器输入端过电压会造成主元器件的永久性损坏。例如，有些工厂自带发电机供电，电网波动会比较大，所以对变频器的输入端过电压应有防范措施。

5. 海拔高度

变频器安装在海拔高度在 1 000m 以下的地区时，可以输出额定功率；但海拔高度超过 1 000m 时，其输出功率会下降。从图 8-19 可以看出：当海拔高度超过 1 000m 时，变频器的输出电流开始减小；海拔高度为 4 000m 时，输出电流为 1 000m 时的 40%。

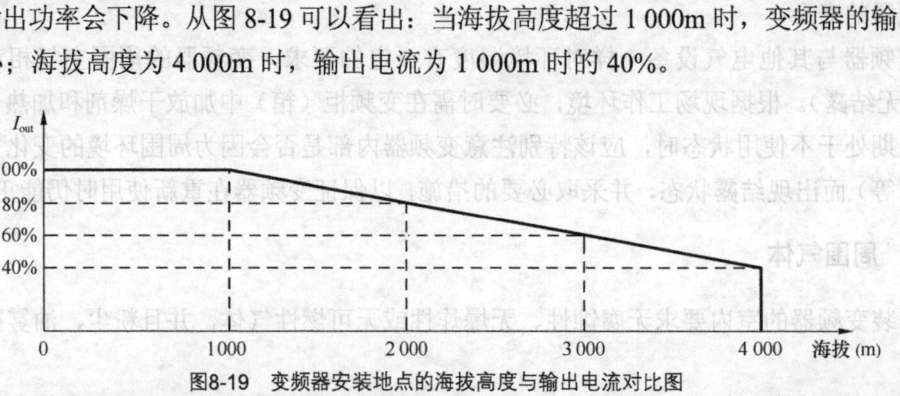

图8-19 变频器安装地点的海拔高度与输出电流对比图

6. 气体环境

① 避免变频器安装在有雨水滴淋或结露的地方。

② 防止粉尘、棉絮及金属细屑侵入。

③ 避免变频器安装在油污和盐分多的场合。

④ 远离放射性物质及可燃物。

8.5.2 安装方法

变频器在运行过程中有功率损耗，并转换为热能，使自身的温度升高。粗略地说，每 1kVA 的变频器容量，其损耗功率为 40～50W。安装变频器时要考虑变频器散热问题，以及如何把变频器运行时产生的热量充分散发出去，讲究安装方式。变频器的安装方式主要有壁挂式安装和柜式安装。

1. 壁挂式安装

壁挂式安装即将变频器垂直固定在坚固的墙壁上，如图 8-20 所示。为了保证有通畅的气流通道，变频器与上下方墙壁间至少留有 15cm 的距离，与两侧墙壁至少留有 10cm 的距离。变频器工作时，因其散热片附近温度较高，故变频器上方不能放置不耐热的装置，安装地板需为耐热材料。此外，还需保证不能有杂物进入变频器，以免造成短路或其他故障。

2. 柜式安装

周围环境有较多的尘埃、油雾，或者有较多的变频器配用控制电器时，变频器应采用柜式安装方式，如图 8-21 所示。

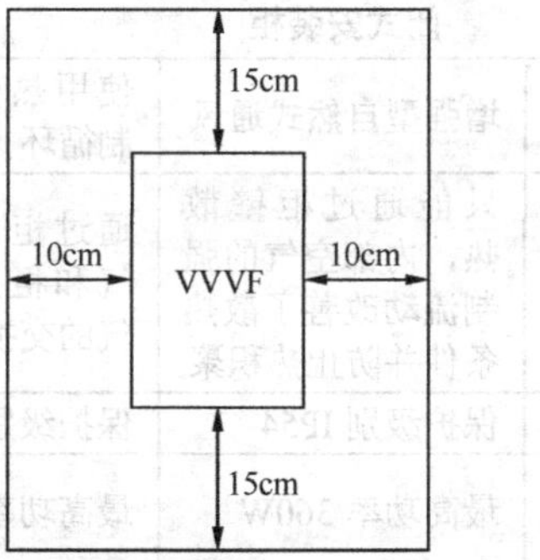

图8-20 变频器壁挂式安装示意图

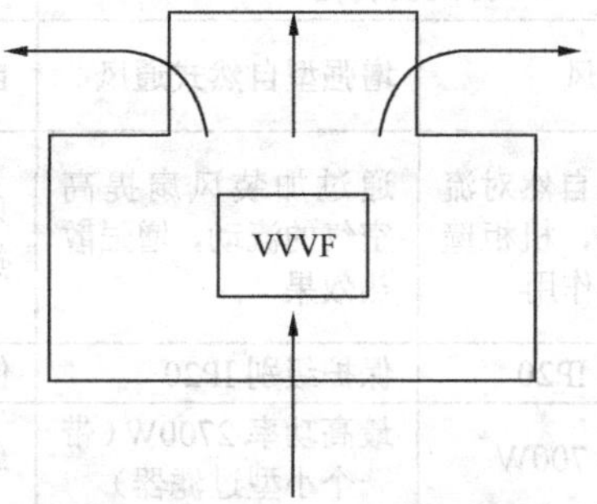

图8-21 单台变频器柜内安装示意图

当柜内温度较高时，必须在柜顶加装抽风式冷却风扇。冷却风扇应尽量安装在变频器的正上方，以便达到更好的冷却效果。

如图 8-22（a）所示，柜内安装多台变频器时，变频器应尽量横向排列安装。如果，要求必须纵向排列或多排横向排列时，下方排出的热量将会进入上方的进气口，严重影响上方变频器的冷却。因此应适当错开，尽量避免下方的热空气进入上方变频器内。如图 8-22（b）所示，也可以采用在上、下两台变频器之间加装隔板的方式来保证冷却效果。

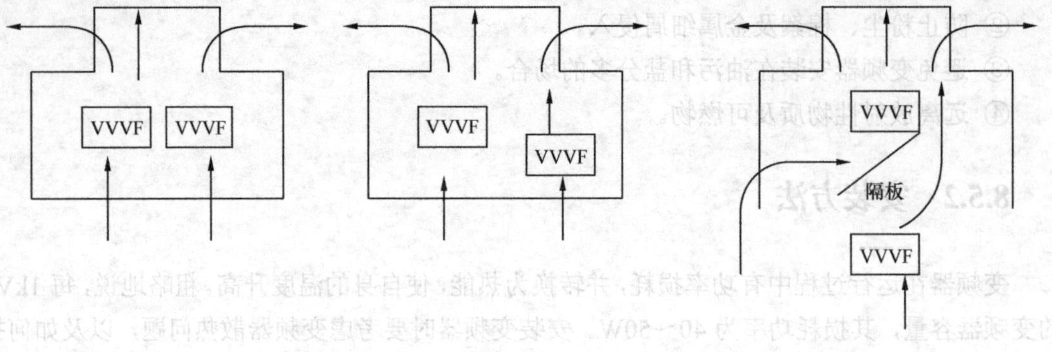

（a）两台横向排列　　（b）两台纵向排列

图8-22　多台变频器柜式安装示意图

8.5.3　安装柜设计

变频器安装柜的设计是正确使用变频器的重要环节。考虑到柜内温度的增加，不能将变频器存放在密封的小盒之中或在其周围堆置零件、热源等物体。柜内的温度应保持在50℃以下。在柜内安装冷却风扇时，应设计成冷却空气通过热源部分。变频器或风扇的安装位置不正确，会导致变频器周围的温度升高并超过规定值。设计安装柜时，首先要计算出柜内所有电器装置的运行功率和散热功率、最大承受温度，再综合考虑计算出安装柜的体积并选择柜体材料、散热方式和换流形式。

如表 8-3 所示，变频器安装柜可分为开式和闭式两种形式，通风方式有自然式通风、增强型自然式通风、使用热交换器强制循环等。

表 8-3　安装柜形式

开式安装柜		闭式安装柜		
自然式通风	增强型自然式通风	自然式通风	增强型自然式通风	使用热交换器强制循环
主要通过自然对流进行散热，机柜壁也有散热作用	通过加装风扇提高空气的流动，增强散热效果	只通过机柜壁散热，柜内有热积聚	只能通过柜壁散热，内部空气的强制流动改善了散热条件并防止热积聚	通过柜内的热空气和柜外的冷空气的交换散热
保护级别 IP20	保护级别 IP20	保护级别 IP54	保护级别 IP54	保护级别 IP54
最高功率 700W	最高功率 2700W（带一个小型过滤器）	最高功率 260W	最高功率 360W	最高功率 1700W

注：表中最高功率值为在下述条件下柜内运行消耗的典型功率：机柜尺寸为 600mm×600mm×2000mm，机柜内、外温差为 20℃。

设计安装柜时，变频器周围温度必须小于允许温度。变频器发热引起的温升可按式（8-27）计算。

$$\Delta t=(P_1+P_2)/(K_1S+K_2V) \tag{8-27}$$

式中：Δt——温升（℃）；

P_1——变频器产生的损耗（W）；

P_2——装设的其他器件产生的损耗（W）；

K_1——常数，约为 6（由柜体结构和材料决定）；

K_2——常数，约为 20（由空气的比热容决定）；

V——安装柜的体积（m^3）；

S——柜体散热面积（m^2）。

根据式（8-27）计算出的温升还必须满足式（8-28）。

$$\Delta t < t_u - t_a \tag{8-28}$$

式中：t_a——安装柜周围温度的最大值（℃）；

t_u——变频器允许的上限周围温度（℃）。

8.5.4 变频器的接线

1. 主电路的接线

主电路为功率电路，不正确的连线不仅损坏变频器，而且会给操作者造成危险。主电路接线时必须注意以下几个问题。

① 在电源和变频器的输入侧应安装一个接地漏电保护断路器，保证出现过电流或短路故障时能自动断开电源。此外，还应加装一个低压断路器盒和一个交流电磁接触器。低压断路器自身带有过电流保护功能，能自动复位，发生故障时可以手动操作。交流电磁接触器由触点输入控制，可以连接变频器的故障输出或电动机过热保护继电器的输出，从而在系统发生故障时切断输入侧电源，实现及时保护。

② 在变频器和电动机之间应加装热继电器，这一点特别是在用变频器拖动大功率电动机时尤为重要。由于用户选择的变频器容量往往大于电动机的额定容量值，当用户设定保护值不当时，变频器在电动机烧毁前可能还没来得及动作；或者变频器保护失灵时，电动机需要外部热继电器提供保护。在驱动使用时间较长的电动机时，还应考虑到生锈、老化带来的负载能力下降。设定外部热继电器的保护值时，应综合考虑上述因素。

③ 当变频器与电动机之间的连接线太长时，由于高次谐波的作用，热继电器会误动作。此时需在变频器和电动机之间安装交流电抗器或用电流传感器代替热继电器。

④ 变频器接地状态必须良好，接地的主要目的是防止漏电及干扰的侵入和对外辐射。主电路回路必须按电气设备技术标准和规定接地，并且要求接地牢固。如图 8-23（a）所示，变频器可以单独接地。如图 8-23（b）所示，共用地线时其他机器的接地线不能连接到变频器上。但变频器和其他机器可采用图 8-23（c）所示的接线方式。

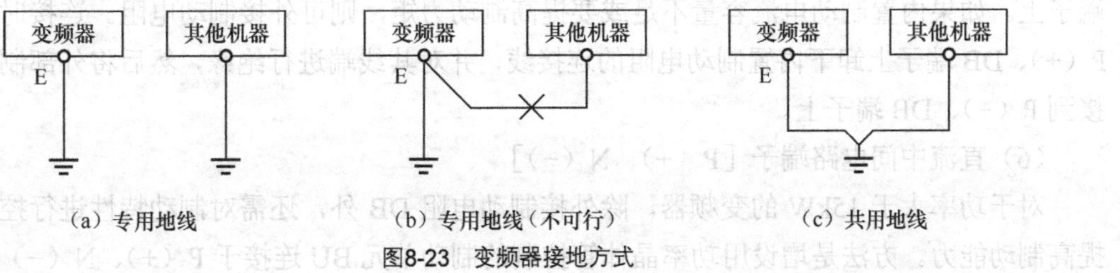

图8-23　变频器接地方式

当变频器安装在柜内时，接地电线与配电柜的接地端子或接地母线直接连接，不能经过其他装置的接地端子或接地母线。根据电气设备技术标准，变频器接地电线必须用直径 1.6mm 以上的软铜线。

⑤ 为了增加传动系统的可靠性，保护措施的设计原则一般为多重冗余。单一保护设计虽然可以节省资金，但系统的整体安全性降低。

主电路各接线端子连接时需注意以下事项。

（1）主电路电源输入端（R、S、T）

主电路电源输入端子通过线路保护用断路器或带漏电保护的断路器连接到三相交流电源。一般电源电路中还需连接一个电磁接触器，目的是使变频器保护功能动作时能切断变频器电源。变频器的运行与停止不能采用主电路电源的开/断方法，而应使用变频器本身的控制键来控制，否则达不到理想的控制效果，甚至损坏变频器。此外，主电路电源端部不能连接单相电源。要特别注意，三相交流电源绝对不能直接接到变频器输出端子，否则将导致变频器内部元器件损坏。

（2）变频器输出端子（U、V、W）

变频器的输出端子应按相序连接到三相异步电动机上。如果电动机的旋转方向不对，则相序连接错误，只需交换 U、V、W 中任意两相的接线，也可以通过设置变频器参数来实现。要注意，变频器输出侧不能连接进相电容器和电涌吸收器。变频器和电动机之间的连线不宜过长，电动机功率小于 3.7kW 时，配线长度应不超过 50m，3.7kW 以上的不超过 100m。如果连线必须很长，则增设线路滤波器（OFL 滤波器）。

（3）控制电源辅助输入端（R0、T0）

控制电源辅助输入端（R0、T0）的主要功能是再生制动运行时，将主变频器的整流部分和三相交流电源脱开。当变频器的保护功能动作时，变频器电源侧的电磁接触器断开，变频器控制电路失电，系统总报警，输出不能保持，面板显示消失。为防止这种情况发生，将和主电路电压相同的电压输入 R0、T0 端。当变频器连接有无线电干扰滤波器时，R0、T0 端子应接在滤波器输出侧电源上。当 22kW 以下容量的变频器连接漏电断路器时，R0、T0 端子应连接在漏电断路器的输出侧，否则会导致漏电断路器误动作。具体连接如图 8-24 所示。

（4）直流电抗器连接端子［P1、P（+）］

直流电抗器连接端子接改善功率因数用的直流电抗器。端子上连接有短路导体，使用直流电抗器时，先要取出短路导体。不使用直流电抗器时，该导体不必去掉。

（5）外部制动电阻连接端子［P（+）、DB］

如图 8-25 所示，一般小功率（7.5kW 以下）变频器内置制动电阻，且连接于 P（+）、DB 端子上。如果内置制动电流容量不足或要提高制动力矩，则可外接制动电阻。连接时，先从 P（+）、DB 端子上卸下内置制动电阻的连接线，并对其线端进行绝缘，然后将外部制动电阻接到 P（+）、DB 端子上。

（6）直流中间电路端子［P（+）、N（−）］

对于功率大于 15kW 的变频器，除外接制动电阻 DB 外，还需对制动特性进行控制，以提高制动能力。方法是增设用功率晶体管控制的制动单元 BU 连接于 P（+）、N（−）端子，如图 8-26 所示（图中 CM、THR 为驱动信号输入端）。

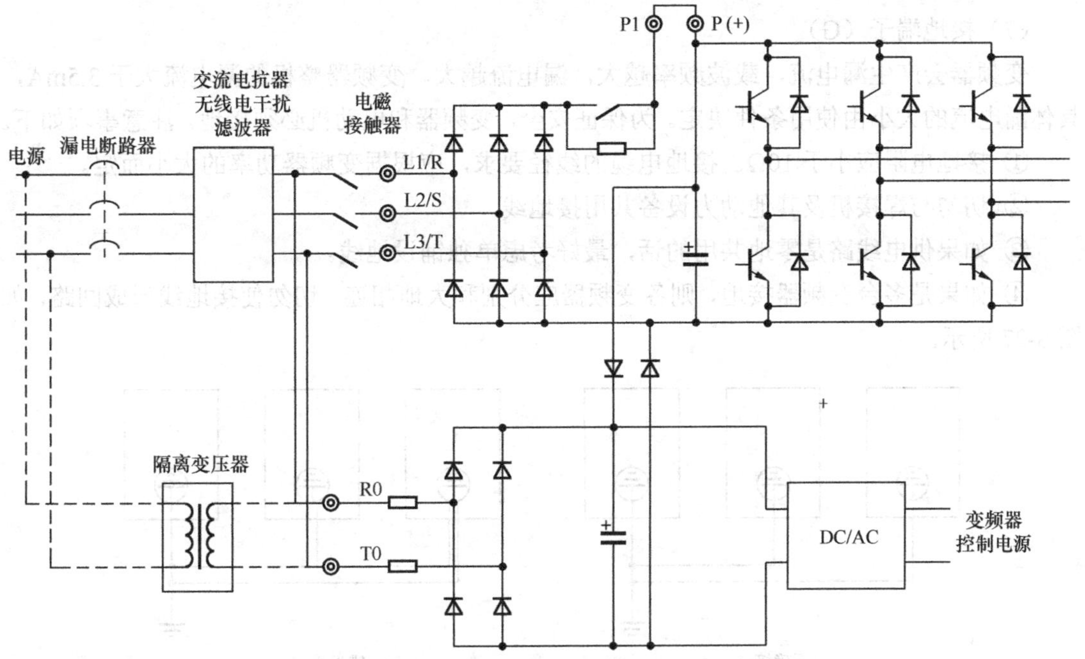

图8-24 控制电源辅助输入端的连接

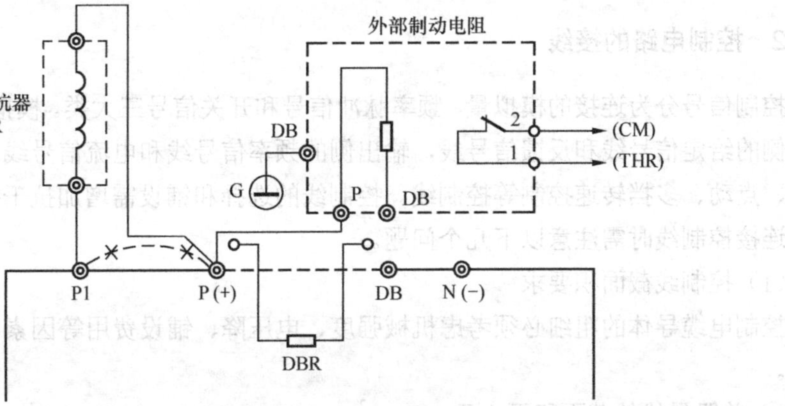

图8-25 外部制动电阻的连接（7.5kW以下）

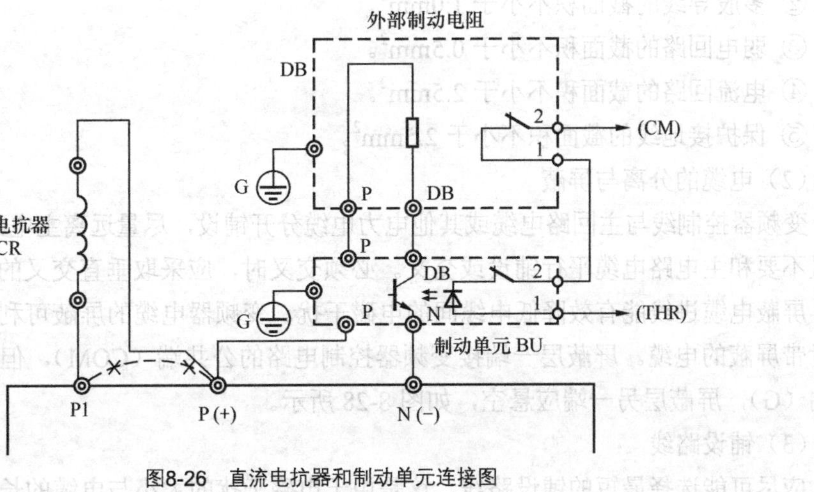

图8-26 直流电抗器和制动单元连接图

（7）接地端子（G）

变频器会产生漏电流，载波频率越大，漏电流越大。变频器整机的漏电流大于 3.5mA，具体漏电流的大小由使用条件决定。为保证安全，变频器和电动机必须接地。注意事项如下。

① 接地电阻应小于 10Ω。接地电缆的线径要求，应根据变频器功率的大小而定。

② 切勿与焊接机及其他动力设备共用接地线。

③ 如果供电线路是零地共用的话，最好考虑单独铺设地线。

④ 如果是多台变频器接地，则各变频器应分别和大地相连，切勿使接地线形成回路，如图 8-27 所示。

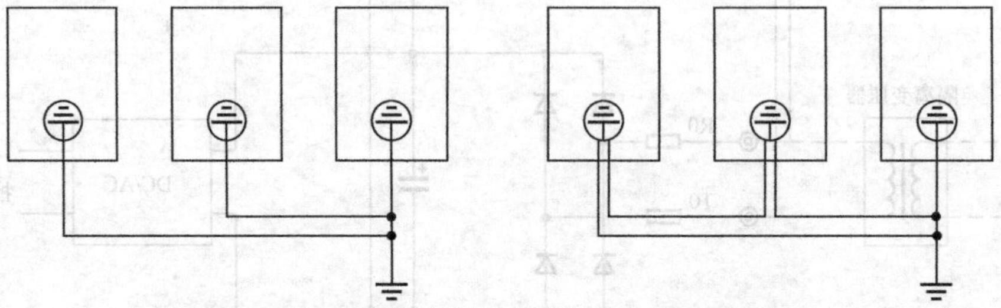

图8-27　接地的合理配线图

2. 控制电路的接线

控制信号分为连接的模拟量、频率脉冲信号和开关信号三大类。模拟量控制线主要包括：输入侧的给定信号线和反馈信号线，输出侧的频率信号线和电流信号线。开关信号控制线有启动、点动、多挡转速控制等控制线。控制线的选择和铺设需增加抗干扰措施。

连接控制线时需注意以下几个问题。

（1）控制线截面积要求

控制电缆导体的粗细必须考虑机械强度、电压降、铺设费用等因素。控制线截面积要求如下。

① 单股导线的截面积不小于 1.5mm^2。

② 多股导线的截面积不小于 1.0mm^2。

③ 弱电回路的截面积不小于 0.5mm^2。

④ 电流回路的截面积不小于 2.5mm^2。

⑤ 保护接地线的截面积不小于 2.5mm^2。

（2）电缆的分离与屏蔽

变频器控制线与主回路电缆或其他电力电缆分开铺设，尽量远离主电路 100mm 以上，且尽量不要和主电路电缆平行铺设或交叉。必须交叉时，应采取垂直交叉的方式。

屏蔽电缆进线能有效降低电缆间的电磁干扰。变频器电缆的屏蔽可利用已接地的金属管或者带屏蔽的电缆。屏蔽层一端接变频器控制电路的公共端（COM），但不要接到变频器接地端（G），屏蔽层另一端应悬空，如图 8-28 所示。

（3）铺设路线

应尽可能选择最短的铺设路线，这是由于电磁干扰的大小与电缆的长度成正比。此外，因为大容量变压器和电动机的漏磁会直接感应控制电缆，产生干扰，所以电缆线路应尽量远离此类设备。弱电压电流回路使用的电缆，应远离内装很多断路器和继电器的控制柜。

（4）开关量控制线

变频器开关量控制线允许不使用屏蔽线，但同一信号的两根线必须互相绞在一起，绞合线的绞合间距应尽可能小，并将屏蔽层接在变频器的接地端（G）上，信号线电缆最长不得超过 50m。

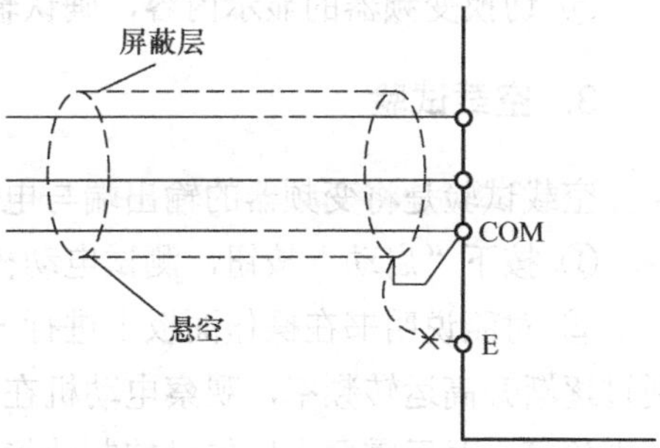

图8-28　屏蔽线的连接

（5）控制回路的接地

① 弱电压电流回路（4～20mA、0～5V/1～5V）的电线取一点接地，接地线不作为传送信号的电路使用。

② 电线的接地在变频器侧进行，使用专设的接地端子，不与其他的接地端子共用。

③ 使用屏蔽电缆时需选用绝缘电线，以防屏蔽金属与被接地的通道金属管接触。

④ 屏蔽电线的屏蔽层应与电线同样长。电线进行中继时，应将屏蔽端子互相连接。

8.6　变频器系统的调试

变频器系统连线、安装完成后，就进入了上电调试阶段。在试验过程中，通常都会遇到各种故障和报警。调试就是通过试验来发现问题、解决问题的过程：通过分析试验过程中出现的故障和报警信息，发现其产生的原因，排除解决各类故障，直至系统顺利通过检测，实现全部的预定功能。

8.6.1　联调试验

变频器调试的方法、步骤和一般电气设备的调试过程基本相同，应遵循“先空载、继轻载、后重载”的规律。

1. 通电前检查

检查变频器的型号是否有误、安装环境有无问题、装置有无脱落或破损、电缆直径和种类是否合适、电气连接有无松动、接线有无错误、接地是否可靠等。

2. 通电检查

在断开电动机负载的情况下，对变频器通电，主要进行以下检查。

① 各种变频器在通电后，显示屏上的显示内容都有一定的变化规律，应按照说明书，观察其通电后的显示过程是否正常。

② 变频器内部都有风机排出内部的热空气，可用手在风口处探查风机的排风量，并注意倾听风机的声音是否正常。

③ 测量三相进线电压是否正常，确保供电电源正确。

④ 根据生产机械的具体要求，对照产品说明书，对变频器内部各功能设置进行确认。

⑤ 切换变频器的显示内容，确认输出频率、电压、电流、负载率等参数是否正常。

3. 空载试验

空载试验是将变频器的输出端与电动机连接、单电动机断开负载，主要测试以下项目。

① 按下“启动”按钮，测试电动机的运转，观察电动机的旋转方向是否与要求的一致。

② 对照说明书在操作面板上进行一些简单的操作，如启动、升速、降速、停止、点动等。通过逐渐升高运转频率，观察电动机在运转过程中是否运转灵活，有无杂音，运转时有无振动现象等；对于需要应用矢量控制功能的变频器，应根据说明书的指导，在电动机空转状态下测定电动机的参数。有的新型变频器也可以在静止状态下自动检查。

③ 按下“停止”按钮，观察电动机的制动情况。

4. 负载试验

变频调速系统的带负载试验是将电动机与负载连接起来进行试车。负载试验主要测试的内容如下。

（1）低速运转试验

低速运转是指系统在最低设计转速下运行。一般要求，电动机应在该转速下运行 1～2h（大功率电动机应适当延长）。主要测试的项目包括：机械的运转是否正常，电动机在满负荷运行时，温升是否超过额定值。

（2）全速启动试验

全速启动试验是将给定频率设定在最大值，按下“启动”按钮，使电动机的转速从零一直上升到最大转速，测试以下项目。

① 低速启动阶段。如果在频率较低时，电动机不能很快旋转起来，说明启动困难，应适当增大 U/f 比或启动频率。

② 启动电流。观察在启动全过程中的电流变化，如果因电流过大而跳闸，应适当延长升速时间，如果系统对升速时间没有硬性要求，则最好将启动电流限制在电动机的额定电流以内。

③ 振动。如果在某一频率下出现了较大的振动，应分析其原因，排除故障或者预置回避该频率。

④ 风机。如果系统负载为风机类设备，风叶在停机状态下存在因自然风而反转的现象时，需预置启动前的直流制动功能。

（3）全速停机试验

当变频调速系统运转在最高设计转速时，按下“停止”按钮，观察直流电压是否过高；在整个降速过程中，直流电压的变化情况，如果因电压过高而跳闸，则应适当延长降速时间。如系统降速时间有严格要求，或者系统不允许机械出现 0Hz 时的“蠕动”现象，则应考虑加入直流制动功能。

（4）高速运行试验

变频调速系统在最高设计转速连续运转 1～2h（大功率电动机应适当延长），并观察：直流电压是否过高；机械的运转是否正常；温升是否超过额定值等。

8.6.2 故障分析与排除

在变频器的调试工作中无法避免会出现各类故障及报警，此时，设计开发人员不要慌张，应该耐心仔细地分析其发生的原因，找到并排除故障。对于有经验的调试人员而言，各种报警和故障信息是解决问题的钥匙，这些信息指引着找出问题的方向。否则，一个没有任何报警和故障信息的系统，出现了问题，就需要进行全面的排除分析。不仅非常耗时，甚至几经排查也无法定位故障源。最佳的解决办法就是采取“逐一替换法”，使用其他功能正常的完好部件逐个替换系统中各个对应的部件，直至发现问题为止。接下来，以西门子 MM440 变频器为例，介绍常见的故障、报警以及排除方法。

1. SDP 故障显示

从变频器上安装的状态显示屏上可以解读出一些故障信息，显示屏上设置了两个 LED 指示灯：绿色指示灯、黄色指示灯。这两个指示灯均有 4 种指示状态：灯灭、灯亮、快闪（间隔～0.3s）、慢闪（间隔～1s）。MM440 变频器状态显示屏 LED 指示灯各种状态的含义如表 8-4 所示。

表 8-4 MM440 变频器状态显示屏 LED 指示灯状态的含义

LED 指示灯		状态	变频器状态含义
绿色指示灯	黄色指示灯		
灯灭	灯灭	故障	主电源未接通
灯灭	灯亮	故障	变频器故障
灯亮	灯灭	正常	变频器正在运行
灯亮	灯亮	正常	运行准备就绪
灯灭	慢闪	故障	过电流
慢闪	灯灭	故障	过电压
慢闪	灯亮	故障	过热（电动机）
灯亮	慢闪	故障	过热（变频器）
慢闪	慢闪	报警	极限电流（两个 LED“同时”慢闪）
慢闪	慢闪	报警	其他原因（两个 LED“交替”慢闪）
慢闪	快闪	报警	欠电压/跳闸
快闪	慢闪	故障	变频器不在准备状态
快闪	快闪	故障	ROM（两个 LED“同时”快闪）
快闪	快闪	故障	RAM（两个 LED“同时”快闪）

2. BOP 故障显示

从变频器安装的基本操作面板（BOP）也可以显示故障，而且这类故障一般都是经过预置的。出现故障时，BOP 上将分别出现 AXXXX 和 FXXXX 表示报警信号和故障信号。

比如，ON 命令发出后，电动机不能启动，应检查以下各项内容。

① 是否 P0010=0。

② 发出的 ON 信号是否正常。

③ 是否 P0700=2 或 P0700=1。

④ 根据设定信号源 P1000 的不同，确认设定值是否存在（端子 3 上应有 0～10V）或输入的频率设定值参数是否正确。

如果采取上述措施后，电动机依然不能启动，请设定 P0010=30，P0970=1 并按下 P 键，这是变频器应复位到工厂设定的默认参数设置。

特别强调一点，很多调试人员经常会遇到很多疑难故障，有些是变频器及周边设备故障造成的。但是通常发现的问题缺都是一些低级错误，如设备未上电、设备电源线未接好、信号线未接好等。因此，调试人员在遇到故障、报警后，必须保持清醒的头脑，冷静分析。先确认电源状态，再开展故障、报警信息分析，准确定位故障源，就已经成功了一半。

3. 故障信息分析与排除

变频器跳闸，并在显示屏上出现一个故障代码。也就是说，故障信息以故障码序号的形式存放在参数 r0947 中，如 F0003=3。相关的故障值可以在参数 r0949 中查到。如果该故障没有故障值，r0949 中将输入 0，而且可以读出故障发生的时间（r0948）和存放在参数 r0947 中的故障信息序号（P0952）。故障信息及排除方法的具体内容可参加附录 1。

例如，如果显示屏上出现的报警信息为 F0003，通过查找信息可得出如下解释。

（1）报警内容：欠电压。

（2）引起报警的可能原因。

① 供电电源故障。

② 冲击负载超过了规定的限定值。

（3）报警诊断和应采取的措施。

① 电源（P0210）必须在铭牌数据规定的范围内；

② 检查电源是否短时掉电或有瞬时的电压降低。

4. 报警信息分析与排除

报警信息以报警码序号的形式存放在参数 r2110 中，相关的报警信息可以在参数 r2110 中查到，有关报警信息的具体内容可参加附录 2。

例如，如果显示屏上出现的报警信息为 A0503，通过查找信息可得出如下解释。

（1）报警内容：欠电压限幅。

（2）引起报警的可能原因。

① 供电电源故障。

② 供电电源电压（P0210）和预置相应的直流回路电压（r0026）均低于规定的限定值（P2172）。

（3）报警诊断和应采取的措施。

① 电源（P0210）必须在铭牌数据规定的范围内。

② 对于瞬间掉电或电压下降，必须是不敏感的动态脉冲（P1240=2）。

|8.7 本章小结|

本章详细介绍了 PLC 硬件系统设计方法和变频器调速系统的设计步骤，包括变频器及其周边设备的选择、变频器的安装、主要控制功能与参数设定、故障分析与系统调试等内容。

本章的重点是学习变频器调速系统设计的步骤和方法；难点是掌握变频器的控制功能运用和参数设定方法，并根据生产实际合理选择变频器的周边设备和正确安装变频器。

通过本章的学习，读者基本掌握了变频调速系统的设计内容和设计方法，并能自主构建简单的变频器调速系统。

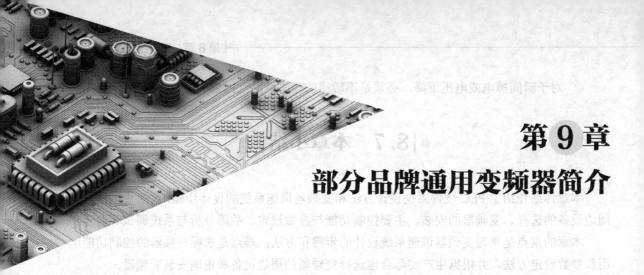

第9章 部分品牌通用变频器简介

通用变频器在我国已经发展了十几年，目前市场上比较流行的通用变频器品牌主要有几十种，如欧美国家的产品品牌西门子、施奈德（Schneider）、西威（SIEI）、瓦控（Vacon）、欧陆等，日本的产品品牌三菱、日立、松下、东芝、东洋等，韩国的产品品牌 LG、三星和现代，我国港澳台地区的产品品牌台达、台安、东元、宁茂、艾德利等，我国大陆品牌安邦信、惠丰、森兰、海利、格立特等。虽然通用变频器的品牌众多，但是它们都符合标准的技术规范，可以满足工程中的各种用途。一般而言，通用变频器的技术数据分为：型号和订货号、额定输入/输出参数、控制方式、显示和使用条件及环境，其中还包括一些控制精度、控制参数、显示模式参数、保护特性、环境参数等。

本章将介绍部分品牌通用变频器产品的特点和性能。通过介绍西门子、三菱、欧姆龙和台达 4 个品牌的常用变频器产品，为读者进行系统设计变频器选型提供参考。

9.1 西门子通用变频器

西门子作为电力行业顶尖企业之一，推出了 MM4、V、G、S 等多个系列的变频器产品，下面介绍西门子系列变频器的一些基本情况。

（1）MM4 系列

MM4 系列是西门子近些年在中国销售的主力通用变频器，与其 6SE70/71 系列形成低高搭配。MM4 是小功率，简化版，属于轻载，MM4 在功率上是 250kW 以下；6SE70/71 系列属于重载，6SE70/71 可以覆盖 2.2～2300kW 范围；MM4 侧重于通用，价格相对便宜，而 6SE70/71 侧重于高性能和多机传动解决方案，价格高。MM4 系列本身的定位就是高技术品质和通用性的结合，从 MM410 通用型到 MM440 都体现了这一特点，用的场合很广。MM440 支持 USS 通信、DP 通信。在 MM4 内部又分为：MM410/420/430/440，用以瞄准多个不同的市场方向，降低其配置和成本，加强其竞争力。

① MM420 功率范围：0.12～11kW，主要用于 OEM 行业的中小功率变频器配套，如纺织、印刷、包装等。MM420 具有模块化设计。操作面板和通信模块可以不使用任何工具，非常方便地用手进行更换，MM420 适合用于各种变速驱动系统装置，尤其适合用于水泵、风机和传送带系统的驱动装置。

② MM430 功率范围：7.5～90kW。MM430 适合用于工业部门的水泵和风机，比 MM 420 具有更多的输入输出端，还具有优化的带有手动、自动切换的操作面板，以及自适应功能的软件。

③ MM440 功率范围：0.12～250kW。是 MM4 系列中性能、功率最全的产品，可以覆盖 MM410/420/430 不能满足要求的场合，具备更优越的性能。采用了多种控制方案，包括矢量控制，能满足大多数行业的需要，适合用于各种变速驱动装置，尤其适合用于吊车和起重系统、立体仓储系统、食品、饮料和烟草工业以及包装工业的定位系统。这些应用对象要求变频器具有比常规应用更高的技术性能和更快的动态响应。

MM410/420/430/440 主要是应用的区别，MM440 最高级，具有矢量控制，可以应用在要求比较高的场合。MM430 一般应用在水泵或者风机之类的电机上，MM420 是通用变频器，应用在要求不高的一般变频场合。另外，MM420 供电电源电压为三相交流或单相交流，具有现场总线接口的选件，可以用于传送带、材料运输机、泵类、风机和机床的驱动；MM430 是水泵和风机专用型；MM440 适用于一切传动装置，具有高级矢量控制功能，可用于多种部门的各种用途，如传送带系统、纺机、电梯、卷扬机、建筑机械等。

近期西门子将所有驱动（高压除外）整合为 SINAMICS 平台家族，新的 SINAMICS 家族实际上涵盖了原有的变频、伺服驱动系列产品，又分为低压、中压和直流调速。

（2）V 系列

低压 V 系列：基本简易型。其中 V10、V20、V50、V60、V80、V90 是基本型变频器，V90 是基本型伺服；V10 和 MM420 是同一级别，但是没有通信功能。V20 比 V10 多了通信和部分 I/O 功能。

（3）G 系列

低压 G 系列：通用标准型。如图 9-1 所示，G 系列变频器价格比 MM4 系列贵，是 MM 的升级换代型，将逐步取代 MM4 产品。而且 G 系列变频器自带 DP 通信接口，不像 MM4 还需要配通信卡选件。如果负载不是风机、泵类负载，而是要求比较高的单传动应用，建议采用 G 系列变频器。其中 G110/G120 是通用型变频器，还有 G150 等变频调速柜型；G120 系列基本上就是 MM440 的升级版，该系列采用的是控制单元和功率模块分离的设计，功率最大到 250kW，支持 USS、DP、以太网通信方式。G130 系列功率最大到 800kW，也采用控制单元和功率模块分离的设计，控制单元采用的是和 S120 系列一样的 CU320-2，主要用在大型单机驱动设备上。G150 是以柜体的形式供货的，是采用 G130 变频器做成的变频柜。

图9-1　G系列变频器

（4）S 系列

低压 S 系列：工程型变频器，其中，6SE70 既有变频器，也有共直流母线的整流单元和逆变器，可以四象限工作，可完美地实现变频速度、力矩控制。6SE70 采用模块化设计，操作面板和通信模块可以不使用任何工具，非常方便地用手进行更换。6SE70 数字交流变频器矢量控制的变频器是采用 IGBT 元件、全数字技术的电压源型变频器，它同西门子三相交流电动机一起为工业部门的水泵和风机、冶金行业提供高性能、经济的解决方案。S110 为基本伺服，S120 为高性能伺服，S150 为柜型。S120 是替换 6SE70 的高性能变频器，功能十分强大，开放了很多用户接口。可使用 DCC 编程，操作面板功能也更加强大。S120 支持单轴和多轴应用，控制单元 CU320-2 既可以做伺服控制，也可以做速度控制，各组件之间用 DRIVE 接口进行通信。

（5）中高压系列

中压：GM150、SM150、GL150、SL150 等。某中 SM150 是一种中压的交直交变频器，它是一种组合系统，主要由功率闭环控制单元、励磁柜、热交换单元组成，它仅用于较大功率的同步电机，如轧钢机等。SM150 可以驱动感应电机和同步电机（励磁可调或者不可调），侧重于工艺控制，控制单元用的是 SimotionD。而高压的就是罗宾康系列变频器，西门子收购后，完善了产品系列。

9.1.1 MM 440 系列变频器

西门子变频器 MM440 是多功能通用型变频器。它采用高性能的矢量控制技术，提供低速高转矩输出和良好的动态特性，同时具备超强的过载能力和灵活的 BiCo（内部功能互联）功能。

MM440 是专门针对与通常相比需要更加广泛的功能和更高动态响应的应用而设计的。这些高级矢量控制系统可确保一致的高驱动性能，即使发生突然负载变化时也是如此。由于具有快速响应输入和定位减速斜坡的特点，因此，在不使用编码器的情况下也可以移动至目标位置。该变频器带有一个集成制动斩波器，即使在制动和短减速斜坡期间，也能以突出的精度工作。所有这些均可在 0.12 kW（0.16 HP）直至 250 kW（350 HP）的功率范围内实现。

MM440 适合用于各种变速驱动装置，尤其适合用于吊车和起重系统、立体仓储系统、食品、饮料和烟草工业以及包装工业的定位系统。这些应用对象要求变频器具有比常规应用更高的技术性能和更快的动态响应。MM440 多功能通用型变频器的特点如下。

（1）采用模块化设计，配置非常灵活，易于安装和调试，易于参数设置；

（2）具有良好的 EMC 设计功能；

（3）可用于 IT（中性点不接地）系统电源供电；

（4）对控制信号的快速响应；

（5）电缆连接简便，适用范围广；

（6）具有多个继电器输出；具有两个模拟输入和多个模拟量输出；

（7）脉宽调制的频率高，因此电动机运行的噪音低。

如表 9-1 所示，MM440 变频器的型号比较多，选型时应和拖动系统电源电压、功率、频率过载能力等技术指标相匹配。

表 9-1　　MM440 变频器技术性能指标

项目	参数值
电源电压和功率范围	单相交流 200～240V（±10%）、0.12～3kW 三相交流 200～240V（±10%）、0.12～45kW 三相交流 380～480V（±10%）、0.37～250kW 三相交流 500～600V（±10%）、0.75～90kW

续表

项目		参数值
输入频率		47～63Hz
输出频率		0～650Hz
功率因数		0.98
变频器效率		外形尺寸 A～F：96%～97%；外形尺寸 FX 和 GX：97%～98%
过载能力		1.5 倍额定输出电流，60s（重复周期每 300s 一次）
过载能力	恒定转矩（CT）	外形尺寸 A～F：1.5x 额定输出电流（即 150%过载）持续时间 60s，间隔周期为 300s 以及 2x 额定输出电流（即 200%过载）持续时间 3s，间隔周期为 300s；外形尺寸 FX～GX：1.36x 额定输出电流（即 136%过载）持续时间 57s，间隔周期为 300s 以及 1.6x 额定输出电流（即 160%过载）持续时间 3s，间隔周期为 300s
	可变转矩（CT）	外形尺寸 A～F：1.1x 额定输出电流（即 110%过载）持续时间 60s，间隔周期为 300s 以及 1.4x 额定输出电流（即 140%过载）持续时间 3s，间隔周期为 300s；外形尺寸 FX～GX：1.1x 额定输出电流（即 110%过载）持续时间 59s，间隔周期为 300s 以及 1.5x 额定输出电流（即 150%过载）持续时间 1s，间隔周期为 300s
合闸冲击电流		小于额定输入电流
控制方式		线性 *U/f*、带 FCC（磁通电流控制）功能的线性 *U/f*、抛物线 *U/f*、多点 *U/f*、无传感器矢量控制、无传感器矢量转矩控制、带解码器反馈的速度控制、带解码器反馈的转矩控制
固定频率		15 个，可编程
跳转频带		4 个，可编程
频率设定值的分辨率		0.01Hz，数字设定，0.01Hz，串行通信输入，10 位二进制数的模拟输入
数字输入		6 个完全可编程的带隔离的数字输入，可切换为 PNP/NPN
模拟输入		2 个（电压分别为 0～10 V 和−10～10 V，电流为 0～20mA） 也可以作为第 7 个和第 8 个数字输入使用
继电器输出		3 个，可组态为 DC 30V/5A（电阻负载），或 AC 250V/2A（感性负载）
模拟输出		2 个，可编程（0～20mA）
串行接口		RS485、RS232，可选
制动		直流注入制动、复合制动、动力制动， 外形尺寸 A～F 内置制动单元，外形尺寸 FX～GX 外接制动单元
工作温度范围		外形尺寸 A～F：−10～50℃，外形尺寸 FX～GX：0～55℃
存放温度		−40～70℃
湿度		相对湿度 95%，无结露
工作地区的海拔高度		外形尺寸 A～F：海拔 1000m 以下使用时不降低额定参数； 外形尺寸 FX～GX：海拔 2000m 以下使用时不降低额定参数
保护功能		欠电压、过电压、过负载、接地故障、短路、防止电动机失速、闭锁电动机、电动机过温、变频器过温、参数互锁

9.1.2　MM 430 系列变频器

西门子变频器 MM430 是风机和泵类变转矩负载专用型变频器。主要特征如下。

（1）功率范围：380～480V±10%，三相，交流，7.5～250kW。

（2）采用牢固的 EMC（电磁兼容性）设计；控制信号快速响应。

（3）控制功能：线性 *U/f* 控制，并带有增强电机动态响应和控制特性的磁通电流控制

（FCC），多点 U/f 控制；内置 PID 控制器；快速电流限制，防止运行中不应有的跳闸。

（4）数字量输入 6 个，模拟量输入 2 个，模拟量输出 2 个，继电器输出 3 个；具有 15 个固定频率，4 个跳转频率，可编程。

（5）采用 BiCo 技术，实现 I/O 端口自由连接；集成 RS485 通信接口，可选 PROFIBUS-DP 通信模块。

（6）灵活的斜坡函数发生器，可选平滑功能；三组参数切换功能：电机数据切换、命令数据切换。

（7）风机和泵类专用功能：多泵切换；旁路功能；手动/自动切换；断带及缺水检测；节能方式。

（8）保护功能：过载能力为 140%额定负载电流，持续时间 3s 和 110%额定负载电流，持续时间 60s；过电压、欠电压保护；变频器过温保护；接地故障保护，短路保护；I^2t 电动机过热保护；PTC Y 电机保护。

9.1.3　MM 420 系列变频器

MM420 是用于控制三相交流电动机速度的多功能标准变频器系列。MM420 系列变频器由微处理器控制，并采用具有现代先进技术水平的绝缘栅双极型晶体管（IGBT）作为功率输出器件。因此，它们具有很高的运行可靠性和功能的多样性。其脉冲宽度调制（PWM）的开关频率是可选的，因而降低了电动机运行的噪声。全面而完善的保护功能为变频器和电动机提供了良好的保护。

MM420 具有默认的工厂设置参数，它是给数量众多的简单电动机控制系统供电的理想变频驱动装置。由于 MM420 具有全面而完善的控制功能，在设置相关参数以后，它也可用于更高级的电动机控制系统。MM420 变频器的技术规格如表 9-2 所示。

表 9-2　MM420 变频器技术性能指标

项目	参数值
电源电压和功率范围	单相交流 200～240V（±10%）、0.12～3kW 三相交流 200～240V（±10%）、0.12～5.5kW 三相交流 380～480V（±10%）、0.37～11kW
输入频率	47～63Hz
输出频率	0～650Hz
功率因数	≥0.95
变频器效率	96% ～97%
过载能力	1.5 倍额定输出电流，60s（重复周期每 300s 一次）
合闸冲击电流	小于额定输入电流
控制方式	线性 U/f、平方 U/f、多点 U/f 特性（可编程的 U/f），磁通电流控制（FCC）
PWM 频率	16kHz（230V，单相/三相交流变频器的标准配置） 4kHz（400V，三相交流变频器的标准配置） 2～16kHz（每级调整 2kHz）
固定频率	7 个，可编程
跳转频带	4 个，可编程

续表

<table>
<tr><th>项目</th><th colspan="4">参数值</th></tr>
<tr><td>频率设定值的分辨率</td><td colspan="4">0.01Hz，数字设定
0.01Hz，串行通信设定
10 位二进制数的模拟设定</td></tr>
<tr><td>数字输入</td><td colspan="4">3 个完全可编程的带隔离的数字输入，可切换为 PNP/NPN</td></tr>
<tr><td>模拟输入</td><td colspan="4">1 个，用于设定值输入或 PI 控制器输入（0～10 V），可标定；也可以作为第四个数字输入使用</td></tr>
<tr><td>继电器输出</td><td colspan="4">1 个，可组态为 DC 30V/5A（电阻负载），或 AC 250V/2A（感性负载）</td></tr>
<tr><td>模拟输出</td><td colspan="4">1 个，可编程（0～20mA）</td></tr>
<tr><td>串行接口</td><td colspan="4">RS485、RS232，可选</td></tr>
<tr><td>制动</td><td colspan="4">直流制动、复合制动</td></tr>
<tr><td>防护等级</td><td colspan="4">IP20</td></tr>
<tr><td>工作温度范围</td><td colspan="4">−10～50℃</td></tr>
<tr><td>存放温度</td><td colspan="4">−40～70℃</td></tr>
<tr><td>湿度</td><td colspan="4">相对湿度 95%，无结露</td></tr>
<tr><td>工作地区的海拔高度</td><td colspan="4">海拔 1 000m 以下使用时不降低额定参数</td></tr>
<tr><td>标准额定短路电流（SCCR）</td><td colspan="4">10kA</td></tr>
<tr><td>保护功能</td><td colspan="4">欠电压、过电压、过负载、接地故障、短路、防止电动机失速、闭锁电动机、电动机过温、变频器过温、参数互锁</td></tr>
<tr><td rowspan="4">外形尺寸和重量
（不包含选件）</td><td>箱体外部尺寸</td><td>冷却空气流量
（CFM）（L/s）</td><td>W×H×D（mm）</td><td>重量（kg）</td></tr>
<tr><td>A</td><td>4.8/10.2</td><td>73×173×149</td><td>1.0</td></tr>
<tr><td>B</td><td>24/51</td><td>149×202×172</td><td>3.3</td></tr>
<tr><td>C</td><td>54.9/116.3</td><td>185×245×195</td><td>5.0</td></tr>
</table>

9.1.4　G120C 紧凑型变频器

SINAMICS G120C 紧凑型变频器在许多方面为同类变频器的设计树立了典范，包括它紧凑的尺寸、便捷的快速调试、简单的面板操作、方便友好的维护以及丰富的集成功能都将成为新的标准。

SINAMICS G120C 是专门为满足 OEM 用户对于高性价比和节省空间的要求而设计的变频器，同时它还具有操作简单和功能丰富的特点。这个系列的变频器与同类相比，相同的功率具有更小的尺寸，并且它安装快速、调试简便，以及它友好的用户接线方式和简单的调试工具都使它与众不同。集成众多功能：安全功能（STO，可通过端子或 PROFIsafe 激活）、多种可选的通用的现场总线接口，以及用于参数拷贝的存储卡槽。

SINAMICS G120C 变频器包含三个不同的尺寸功率范围从 0.55～18.5kW。为了提高能效，变频器集成了矢量控制，实现能量的优化利用并自动降低了磁通。该系列的变频器是全集成自动化的组成部分，并且可选 PROFIBUS、Modbus RTU、CAN 和 USS 等通信接口。操作控制和调试可以快速简单地采用 PC 通过 USB 接口，或者采用 BOP-2（基本操作面板）或

IOP（智能操作面板）来实现。

9.1.5 S120 型变频器

S 是工程型的控制器，既可以是复杂工艺的传动控制，也可以是复杂的伺服控制，是高档的、全能的驱动控制系统。S 系列既有变频器，也有逆变器和供电单元。SINAMICS S120 是西门子公司推出的全新的集 *U/f*、矢量控制及伺服控制于一体的驱动控制系统，它不仅能控制普通的三相异步电动机，还能控制同步电机、扭矩电机及直线电机。SINAMICS S120 具有模块化设计，可以提供高性能的单轴和双轴驱动，功率范围涵盖 0.12～4500kW，具有广泛的工业应用价值。由于其具有很高的灵活性能，SINAMICS S120 可以完美地满足应用中日益增长的对驱动系统轴数量和性能的要求。

西门子 S120 变频器是全系列通用和模块化的产品，也是西门子功能强大的低压变频系统，可以驱动各种低压异步电机、低压同步电机以及伺服电机。西门子 S120 变频器的基本参数如下。

（1）功率范围。AC/AC 单机传动，230V 0.12～0.75kW、380～480V 0.37～250kW；
DC/AC 多机传动，380～480V 1.6～3000kW、500～690V 55～4500kW。

（2）共用的软硬件平台保证了功能统一，变频器的工程组态仅需两个工具：SIZER 用于工程选型，STARTER 用于参数化和调试，高度灵活性和模块化。

（3）BICO 技术。传动相关 I/O 的信号互连；DCC 功能，对功能块实现图形化编程，具有非常友好的图形编程界面。

（4）控制模式。伺服控制、矢量控制、*U/f* 控制。

（5）精度高（<0.001%nrated），响应快（<2.5ms），低噪音（<71dB），紧凑型（节省 30% 占地）。

（6）DC/AC 多机传动。多机传动通常由以下模块组成：控制单元控制整个传动组，整流单元为逆变单元提供直流电源，逆变单元用于协调拖动电机，传动组件间采用 DRIVE-CLiQ 连接，选件模块用来连接系统外设，电子铭牌检测各个传动组件。

9.1.6 V20 通用变频器

V20 为基本简易型通用变频器，将全面替代 MM420。V20 具有以下功能特点。

（1）连接宏和应用宏、参数拷贝、异常不停机模式、用户自定义默认值、修改参数列表、变频器故障状态记录、直流母线电压控制、Imax 控制表。

（2）自带 PID 控制器、BICO 功能。

（3）自动再启动、捕捉再启动、单脉冲高转矩启动模式、多脉冲高转矩启动模式。

（4）防堵模式、多泵控制、电压提升控制。

（5）具备摆频功能、滑差补偿、双斜坡运行、PWM 调制。

（6）支持 USS/ModbusRTU 通信。

表 9-3 给出了 V20 的规格参数。

表 9-3　　V20 变频器技术性能指标

项目	参数值
功率范围	0.12～3.0kW（AC230V）；0.37～30kW（AC400V）
最大输出电压	100%输入电压
电源频率	50/60Hz
电网类型	TN、TT、TT 接地系统，1AC 230V FSAA/AB 无滤波版本的变频器及 3AC 400V 无滤波版本的变频器可以在 IT 电网上运行
cos φ /功率因数	≥0.95/0.72
过载性能	15kW 以下（包含 15kW）：重载（HO）：150%IH，在 300s 的运行周期，过载 60s；18.5kW 以上（包含 18.5kW）：轻载（LO）：110%IL，在 300s 的运行周期，过载 60s，重载（HO）：150%IH，在 300s 的运行周期，过载 60s
输出频率	0～550Hz，精度：0.01Hz
能效系数	0.98
控制方式	线性 *U*/*f* 控制、*U*2/*f* 控制、多点 *U*/*f* 控制；FCC 磁通电流控制
符合的标准	CE、cULus、RCM、KC
节能	ECO 模式、休眠模式、能耗监控、内置 MPPT（最大功率点追踪）控制器
保护	霜冻保护、冷凝保护、气穴保护、动能缓冲、负载故障检测
模拟量输入	2 个：双极/单极性电流/电压模式，12 位分辨率，可用作数字量输入
模拟量输出	1 个：0～20mA
数字量输入	4 个，光隔离 PNP/NPN 模式，可通过端子选择
数字量输出	1 个晶体管输出，1 个继电器输出 250V AC，0.5A，带阻性负载；30V DC，0.5A，带阻性负载
防护等级	IP20
安装	壁挂式安装、并排安装、穿墙式安装（适用于外形尺寸 FSB、FSC、FSD 和 FSE）
冷却	0.12～0.75kW：对流冷却；所有外形尺寸：利用散热器及外接风扇进行冷却
工作温度范围	−10～60℃，40～60℃（有降容）
存放温度	−40～70℃
相对湿度	95%（无凝露）
工作地区的海拔高度	不超过海拔 4 000m，海拔 1 000m 以下使用时不降低额定参数；1 000～4 000m 时，输出电流降容；2 000～4 000m 时，输入电压降容
电机电缆长度	非屏蔽电缆：50m 适用于 FSAA 至 FSD，100m 适用于 FSE；屏蔽电缆：25m 适用于 FSAA 至 FSD，50m 适用于 FSE；使用输出电抗器，可使用较长的电机电缆
动态制动	选件模块适用于 FSAA 至 FSC；外形尺寸 FSD 和 FSE 已内置制动单元

9.2　三菱通用变频器

三菱变频器是利用电力半导体器件的通断作用将工频电源变换为另一频率的电能控制装置。三菱变频器主要采用交—直—交方式（VVVF 变频或矢量控制变频），先把工频交流电源通过整流器转换成直流电源，然后再把直流电源转换成频率、电压均可控制的交流电源以供给电动机。三菱变频器的电路一般由整流、中间直流环节、逆变和控制 4 个部分组成。整流部分为三相桥式不可控整流器，逆变部分为 IGBT 三相桥式逆变器，且输出为 PWM 波形，中间直流环节为滤波、直流储能和缓冲无功功率。经过长期的发展，三菱变频器产品不断更新与完善，质量和功能越来越趋于稳定。

图 9-2 给出了三菱通用变频器的型号说明。

（1）通用型的 A 系列，较早的有 A200 系列，经济型的 A024、A044 系列，FR-A540/520 系列以及 FR-A740/720 系列。

（2）风机水泵专用型的 F 系列，包括早期的 F400 系列以及现在广泛使用的 F500 系列，如 FR-E540/520 系列、FR-F540/520 系列。

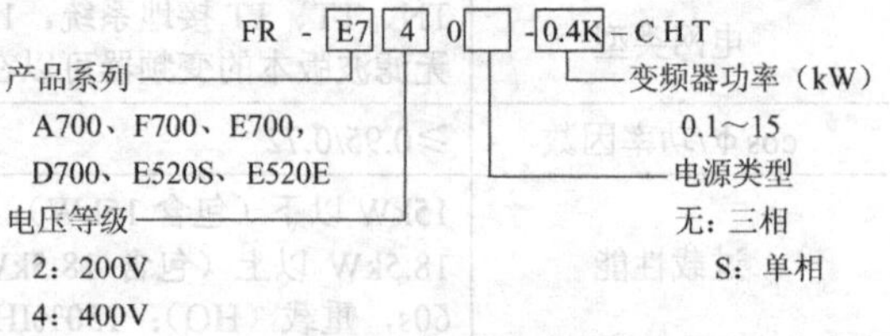

图9-2 三菱通用变频器的型号说明

（3）经济型的 E 系列和简易型的 S 系列，如 FR-S540/520 系列。

（4）简易型的 D700 系列，如 FR-D700 系列。

接下来介绍各系列变频器的主要技术性能。

9.2.1 FR-S500 系列简单易用型变频器

FR-S500 系列简单易用型变频器的主要技术性能如下。

（1）根据不同的电源供电，功率范围不尽相同：三相 380V 电源供电 0.4～3.7kW；单相 220V 电源供电 0.2～1.5kW。从功率值可以看出，该系列变频器的功耗较低，适用于驱动小型电动机。

（2）自动转矩提升，实现 6Hz 时 150%转矩输出。

（3）数字式拨盘，设定简单快捷；柔性 PWM，实现更低噪声运行。

（4）具有 15 段速、PID、4～20mA 输入等多项能。

9.2.2 FR-D700 系列紧凑型多功能变频器

FR-D700 系列紧凑型多功能变频器的主要技术性能如下。

（1）功率范围：0.4～7.5kW。

（2）通用磁通矢量控制，1Hz 时 150%转矩输出。

（3）采用长寿命元器件。

（4）内置 Modbus-RTU 协议。

（5）内置制动晶体管。

（6）扩充 PID，三角波功能。

（7）带安全停止功能。

9.2.3 FR-F700 系列风机、水泵型变频器

FR-F700 系列风机、水泵型变频器的主要技术性能如下。

（1）与 FR-E500 系列变频器相比，新增 *U/f* 曲线 5 点可调整功能。

（2）采用长寿命设计，具有最先进的寿命诊断及预警功能，增强了变频器的运行可靠性。

（3）内置噪声滤波器，并带有浪涌电流吸收回路，保证变频器的高可靠性运行。

（4）新增了 RS485 接口，支持 Modbus-RTU 协议，可以与其他支持 Modbus-RTU 协议的变频器相互通信。

（5）增加反向启动、再生制动回避和 PTC 热电阻输入功能，提高了变频器的运行可靠性。

（6）具备 PLC 的远程输出功能、标准配备更多的输入/输出端子、简易磁通矢量控制功能、多泵控制功能、三角波（摆频）功能等更多功能特性，功能丰富而强大，为设计者和用户提供的需求提供了技术保障。

（7）该系列变频器的功率范围与前两种相似，采用三相 380V 电源供电，功率范围是 0.75～630kW。

9.2.4　FR–F740 系列风机、水泵型变频器

FR-F740 系列多功能型变频调速器的主要技术性能如下。

（1）功率范围：37～220kW。

（2）简易磁通矢量控制方式，实现 3Hz 时输出转矩达 120%。

（3）采用最佳励磁控制方式，实现更高节能运行。带有节能监控功能，节能效果一目了然。

（4）内置 PID，变频器/工频切换和可以实现多泵循环运行功能。

（5）内置独立的 RS485 通信口，强大的网络通信功能，支持 DeviceNet、Profibus-DP、Modbus 等协议。

（6）闭环时可进行高精度的转矩/速度/位置控制，无传感器矢量控制可实现转矩/速度控制。

（7）内置 PLC 功能（特殊型号）。

（8）使用长寿命元器件，内置噪声滤波器。

9.2.5　FR–A700 系列变频器

FR-A700 系列变频器的主要技术性能如下。

（1）功率范围是 0.4～500kW，与前面几款变频器相比，具有较宽的功率范围。

（2）闭环时可进行高精度的转矩控制、速度控制和位置控制，为设计者提供多种控制方式选择。

（3）无传感器矢量控制可实现转矩控制、速度控制。

（4）内置 PLC 功能，可以通过内置 PLC 直接控制变频器，完成相应的控制需求。

（5）使用长寿命元器件，内置 EMC 滤波器。

（6）强大的网络通信功能，支持 DeviceNet、Profibus-DP、Modbus 等协议，可以很方便地与支持现场总线通信协议的变频器、PLC 组网，实现相互通信或集成控制。

9.2.6 FR–A500 系列变频器

三菱变频器中最常用的是 A500、E500 系列。A500 系列适合于启动转矩较高、动态响应要求较高的场合，E500 系列则适用于功能要求简单、动态性能要求较低的场合。A500 系列的主要技术性能如下。

（1）供电电源只有一种：三相 380V 电源供电，功率范围是 0.4～800kW。

（2）采用先进的磁通矢量控制方式，0.5～60Hz 时调速比可达 1∶120。

（3）可拆卸式风扇和接线端子，维护方便。

（4）柔性 PWM，实现更低噪声运行。

（5）内置 RS485 通信接口，可插扩展卡符合全世界主要通信标准。

（6）PID 等多种功能适合各种应用场合。

表 9-4 为 FR-A540 系列变频器的技术性能指标。其中“产品型号 FR-A540-□□K-CH”中的“□□K”是指 FR-A540 系列变频器的具体型号，如 0.4、0.75，该数值与该系列变频器的最大输出功率相同。

表 9-4　　FR-A540 系列变频器技术性能指标

项目																	
产品型号 FR-A540-□□K-CH			0.4	0.75	1.5	2.2	3.7	5.5	7.5	11	15	18.5	22	30	37	45	55
最大输出功率（kW）			0.4	0.75	1.5	2.2	3.7	5.5	7.5	11	15	18.5	22	30	37	45	55
输出	额定容量（kV·A）		1.1	1.9	3	4.2	6.9	9.1	13	17.5	23.6	29	32.8	43.4	54	65	84
	额定电流（A）		1.5	2.5	4	6	9	12	17	23	31	38	43	57	71	86	110
	过载能力		50%、60s 或 200%、0.5s（反时限特性）														
	电压		电压值（三相电压）：380～480V；电源频率：50/60Hz														
	制动转矩	最大时间	5s（100%）							0.5s（200%）							
		允许使用率	2%ED							连续							
电源	额定输入交流电压、频率		电压值（三相电压）：380～480V；电源频率：50/60Hz														
	交流电压允许波动范围		电压波动范围：323～528V；频率波动范围：50/60Hz														
	允许频率波动范围		±5%														
	电源容量（kV·A）		1.5	2.5	4.5	5.5	9	12	17	20	28	34	41	52	66	80	100
保护结构			封闭型											开放型			
冷却方式			自冷			强制风冷											
重量（粗略值）（kg）			3.5	3.5	3.5	3.5	3.5	6.0	6.0	13.0	13.0	13.0	13.0	24.0	35.0	35.0	36.0

9.2.7 FR–E500 系列多功能经济型变频器

经济型、多功能 FR-E500 系列变频器的主要技术性能如下。

（1）功率范围：三相 380V 电源供电 0.4～7.5kW；三相 220V 电源供电 0.4～7.5kW；单相 220V 电源供电 0.4～2.2kW。

（2）内部采用先进的磁通矢量控制算法，可以实现低频高转矩输出，1Hz 运行时输出 150%转矩。

（3）柔性 PWM，实现更低噪声运行。

（4）内置 RS485 通信接口，可插扩展卡符合全世界主要通信标准，可以很方便地与支持现场总线通信协议的变频器、PLC 组网，实现相互通信或集成控制。

（5）可选 FR-PA02-02 简易型面板或 FR-PU04LCD 显示面板。

（6）内置 PID 模块，具有 15 段速度等多功能选择。

表 9-5 为 FR-E500 系列变频器的技术性能指标。其中“型号 FR-E500-□□K-CH”中的“□□K”是指 FR-E500 系列变频器的具体型号，如 0.4、0.75，该数值与该系列变频器的最大输出功率相同。

表 9-5　　　　FR-E500 系列变频器技术规格

产品型号 FR-E500-□□K-CH		0.4	0.75	1.5	2.2	3.7	5.5	7.5
适用电动机容量（kW）		0.4	0.75	1.5	2.2	3.7	5.5	7.5
输出	额定容量（kV·A）	1.2	2.0	3.0	4.6	7.2	9.1	13.0
	额定电流（A）	1.6	2.6	4.0	6.0	9.5	12	17
	过载能力	150%、60s，200%、0.5s						
	电压	三相电源供电，电压值范围为 380～480V；频率值为 50/60Hz						
电源	额定输入交流电压、频率	三相电源供电，电压值范围为 380～480V；频率值为 50/60Hz						
	交流电压允许波动范围	电压值允许波动范围为 323～528V；频率值为 50/60Hz						
	允许频率波动范围	±5%						
	电源容量（kV·A）	1.5	2.5	4.5	5.5	9.5	12	17
保护结构		封闭型						
冷却方式		自冷			强制风冷			
重量（粗略值）（kg）		1.8	1.8	2.0	2.1	2.1	3.8	3.8

9.2.8　FR-E700 系列变频器

三菱通用变频器 FR-E700 产品是可实现高驱动性能的经济型产品，具有以下特点。

（1）功率范围：0.1～15kW 具有多种磁通矢量控制方式，在 0.5Hz 情况下，使用先进磁通矢量控制模式可以使转矩提高到 200%（3.7kW 以下）。

（2）短时超载增加到额定值的 200%时允许持续时间为 3s，误报警将更少发生，经过改进的限转矩及限电流功能可以为机械提供必要的保护。

（3）扩充 PID，柔性 PWM。

（4）内置 Modbus-RTU 协议。

（5）停止精度提高。

（6）加选件卡 FR-A7NC，可以支持 CC-Link 通信；加选件卡 FR-A7NL，可以支持 LONWORKS 通信；加选件卡 FR-A7ND，可以支持 Deveice Net 通信；加选件卡 FR-A7NP，可以支持 Profibus-DP 通信。

表 9-6 为 FR-E700 系列变频器的技术性能指标。

表 9-6　　FR-E700 系列变频器技术性能指标

控制特性	控制方式			柔性 PWM 控制/高载波 PWM 控制（*U/f* 控制、先进磁通矢量控制、通用磁通矢量控制、最佳励磁控制）
	输出频率范围			0.2～400Hz
	频率设定分辨率	模拟量输入		0.06/60Hz（端子 2、4：0～10V/10bit） 0.12/60Hz（端子 2、4：0～5V/9bit） 0.06/60Hz（端子 2：4～20mA/10bit）
		数字量输入		0.01Hz
	频率精度	模拟量输入		最大输出频率的±0.5%以内（25℃±10℃）
		数字量输入		设定输出频率的 0.01%以内
	U/f 特性			基底频率可以在 0～400Hz 任意设定，可选择恒转矩曲线和变转矩曲线
	启动转矩			200%以上（已选择先进磁通矢量控制时）
	转矩提升			手动转矩提升
	加、减速时间设定			可选择 0.01～360s、0.1～3 600s（可分别设定加速与减速时间），直线或 S 形加、减速模式
	直流制动			动作频率 0～120Hz，动作时间 0～10s、动作电压 0%～30%可变
	失速防止动作水平			可设定动作电流水平（0%～200%可变），可选择有无
运转特性	频率设定信号	模拟量输入		2 点，（1）端子 2：可选择 0～10V、0～5V； （2）端子 4：可选择 0～10V、0～5V、4～20mA
		数字量输入		通过操作面板及参数单元输入
	启动信号			正/反转单独控制、启动信号自动保持输入（3 线输入）可以选择
	输入信号			7 点，可选择多段速、远程设定、挡块定位控制、第二功能选择、端子 4 输入选择、JOG 运行选择、PID 控制、制动开启功能、外部热保护输入、PU-外部操作切换、*U/f* 切换、输出停止、启动自保持、正/反转指令、复位变频器、PU-NET 操作切换、外部-NET 操作切换、指令权切换、变频器运行许可信号、PU 运行外部互锁信号
	运行功能			上/下限频率锁定、频率跳变、外部热保护输入选择、瞬间停电再启动运行、正转及反转防止、远程设定、制动序列、第二功能、多段速运行、挡位定位控制、固定偏差控制、再生回避、滑差补偿、操作模式选择、离线自动调谐功能、PID 控制、计算机通信操作（RS485）
	输出信号	输出信号点数	集电极开路输出	2 点
			继电器输出	1 点
		运行状态		在变频器运行中，频率到达、过载报警、输出频率检测、再生制动预警、电子热继电器预警、变频器运行准备完毕、输出电流检测、零电流检测、PID 下限、PID 上限、PID 正/反转输出、制动打开请求、风扇故障输出 2、散热器过热预警、停电减速停止、PID 控制动作中/重试中、寿命报警、电流平均值监控、远程输出、轻故障输出、异常输出 3、维护定时器报警
		显示仪用	模拟量输出	可以在以下中选择：输出频率、电动机电流（平均值或峰值）、输出电压、频率设定值、电动机转矩、直流侧电压、再生制动使用率、电子过电流保护负载率、输出电流峰值、输出电压峰值、基准电压、电动机负载率、PID 目标值、PID 测定值
			数字量输出	最大 2.4kHz：1 点
显示	操作面板参数单元（FR-PU07）	运行状态		可以从输出频率、电动机电流（平均值或峰值）、输出电压、频率设定值、累计通电时间、实际运行时间、电动机转矩、输出电压、再生制动使用率、电子过电流保护负载率、输出电流峰值、输出电压峰值、电动机负载率、PID 目标值、PID 测定值、PID 偏差值、变频器输入/输出端子监控、选件输入/输出端子监控、输出功率、累计电量、电动机热负载率、变频器热负载率等状态中选择

续表

显示	操作面板参数单元（FR-PU07）	报警内容	保护功能启动时将显示报警内容并储存 8 次报警内容（保护功能启动前的输出电压、电流、频率以及累计通电时间）
	仅在参数单元 FR-PU04/PU07 中可实现的追加显示	运行状态	无
		报警内容	保护功能启动前的输出电压、电流、频率以及累计通电时间
		对话式引导	FUNCT10N（帮助）功能的操作指南
保护功能			加速中过电流、恒速中过电流、减速中过电流、加速中过电压、恒速中过电压、减速中过电压、变频器过热保护继电器动作、电动机保护热继电器动作、散热片过热、输入缺相、启动时输出端直接接地过电流、输出短路、输出缺相、外部热继电器动作、选件异常、参数错误、PU 脱落、重试次数超限、CPU 异常、制动晶体管异常、浪涌保护电阻过热、通信异常、模拟量输入异常、USB 通信异常、制动序列错误
报警功能			风扇故障、过电流失速防止、过电压失速防止、PU 停止、参数写入错误、再生制动报警、电子热继电器报警、维护输出、欠电压
环境	环境温度		−10～+50℃（不结冰）
	环境湿度		90%RH 以下（无凝露）
	存放温度		−20～+65℃
	周围环境		室内（无腐蚀性气体、可燃性气体、油雾及尘埃）
	海拔及振动		海拔 1 000m 以下，振动 5.9m/s^2 以下

9.3　欧姆龙通用变频器

欧姆龙变频器主要由 4 种变频器系列构成，分别是 3G3RX 系列变频器、3G3JZ 系列变频器、3G3RV-ZV1 系列变频器和 3G3MZ-ZV2 系列变频器。不同系列变频器针对不同的工程现场技术要求，硬件上具备不同的特殊模块，软件上使用不同的控制算法。下面介绍各系列欧姆龙变频器的主要功能及特点。

9.3.1　3G3RX 系列变频器

欧姆龙 3G3RX 系列变频器依据供电电源电压等级可分为两大类：三相 200V 供电和三相 400V 供电。针对任何一种供电类型的 3G3RX 系列变频器均有 10 种型号可供选择。对于三相 200V 供电的 3G3RX 系列变频器的 8 种型号分别是 A2055、A2075、A2150、A2185、A2220、A2300、A2450 和 A2550；对于三相 400V 供电的 8 种型号变频器分别是 A4055、A4075、A4150、A4185、A4220、A4300、A4450 和 A4550。不同供电电源和型号的变频器对应不同的输出容量和驱动能力，最大的额定输出电流可达 112A。此外，由于 3G3RX 系列变频器在硬件构成上添加了可编程模块、EMI 滤波器，具备低频大转矩特性，所以，该系列各种型号的变频器不仅具有常规的过电流、过电压、微浪涌电压抑制功能，还具有在 0Hz、0.3Hz 这样的低频输出 150%、200%的高启动转矩的功能。

9.3.2　3G3JZ 系列变频器

与 3G3RX 系列变频器相比，3G3JZ 系列变频器的供电形式具有多样化，可使用 200V 的单相电源供电，也可使用 200V 的三相电源供电，还可使用三相 400V 的电源供电。单相 200V 的 3G3JZ 系列变频器共有 5 种型号，分别是 3G3JZ-AB002、3G3JZ-AB004、3G3JZ-AB007、3G3JZ-AB015 和 3G3JZ-AB022，输出的最大额定电流为 11.0A，输出频率最低可达 0.1Hz，最高可达 600Hz；三相 200V 电源供电的 3G3JZ 系列变频器共有 6 种型号，分别是 3G3JZ-A2002、3G3JZ-A2004、3G3JZ-A2007、3G3JZ-A2015、3G3JZ-A2022 和 3G3JZ-A2037。不同型号的 3G3JZ 系列变频器输出的额定电流不同，驱动能力也不同，三相 200V 电源供电的 3G3JZ-A2037 型号变频器可输出 17A 的电流，驱动 3.7kW 的电动机；与单相 200V、三相 200V 供电的 3G3JZ 系列变频器相比，三相 400V 级别的 3G3JZ 系列变频器也具有 5 种型号，分别为 3G3JZ-A4004、3G3JZ-A4007、3G3JZ-A4015、3G3JZ-A4022、3G3JZ-A4037，最大驱动能力和三相 200V 供电的驱动能力相同，但最小驱动能力比三相 200V 供电变频器的最小驱动能力大。

从外观及功能上与 3G3RX 系列变频器相比，3G3JZ 系列各种型号的变频器，尺寸紧凑、重量较轻，最重仅为 1.9kg。由于不具备低频大转矩特性，所以，3Hz 时才可以输出 150%及以上的转矩。另外，该系列任何型号的变频器都配置有 RS485 接口，可以很方便地通过 Modbus 总线与其他系列支持 Modbus 总线的变频器通信。

9.3.3　3G3RV-ZV1 系列变频器

与 3G3RX 系列、3G3JZ 系列变频器相比，3G3RV-ZV1 系列的变频器按照供电电源也分为两类：200V 供电和 400V 供电。与 3G3RX 系列、3G3JZ 系列变频器相比，3G3RV-ZV1 系列变频器具有更多型号可供选择，200V 供电级别共有 18 种型号，400V 供电级别共有 20 种型号。同时 3G3RV-ZV1 系列各种型号的变频器具有更强大的驱动能力，表现为：一方面具有宽广的驱动能力，200V 电源供电级别的 3G3RV 变频器电动机的功率范围是 0.4～110kW，400V 电源供电级别的 3G3RV 变频器电动机的功率范围是 0.4～300kW；另一方面，可以驱动功率更大的电动机，200V 电源供电的 3G3RV-B211K-ZV1 型号的变频器可驱动 110kW 的电动机，400V 电源供电级别的 3G3RV-B430K-ZV1 变频器可驱动 300kW 的电动机。

除此之外，3G3RV-ZV1 系列变频器的特色在于使用最新的矢量控制算法、配置全自动的转矩提升功能，具备 PG 矢量控制功能，可以实现力矩控制、零伺服控制功能，适用于风机、泵等专用电动机。

9.3.4　3G3MZ-ZV2 系列变频器

与 3G3RV-ZV1 系列变频器类似，3G3MZ-ZV2 系列变频器也是针对风机、泵等专用电动机的变频调速开发的，从供电电源的角度，也分为 200V 供电和 400V 供电两大类。与 3G3RV-ZV1 系列变频器相比，该系列变频器的各种电源级别的变频器型号较少。例如，单相

200V 供电的变频器有 3G3MZ-AB002-ZV2、3G3MZ-AB004-ZV2、3G3MZ-AB007-ZV2、3G3MZ-AB015-ZV2 和 3G3MZ-AB022-ZV2 共 5 种型号，最大驱动能力也较小，所能驱动的最大电动机功率为 2.2kW；该系列变频器 400V 供电级别的驱动能力范围很宽，驱动电动机的功率范围最小可达 0.4kW，最大可达 110kW，但是可供选择的变频器型号较少，仅有 8 种型号可供选择。

与其他 3 种类型的变频器相比，该型号变频器的控制方式灵活多样，可以选择 SPWM 控制，也可选择 *U/f* 控制或电压矢量控制；由于配置了无传感器的矢量控制和 EMI 噪声滤波器，同时具备 RS485 通信接口，所以符合 RoHS 标准，能够通过 Profibus-DP 等现场总线与其他型号的支持现场总线的变频器通信。

9.4　台达通用变频器

台达 VFD 变频器的各系列产品针对力矩、损耗、过载、超速运转等不同操作需求设计，并依据不同的产业机械属性调整；可提供多元化的选择，并广泛应用在电梯、起重、空调、冶金、电力、石化以及节能减排、工业自动化控制领域。

台达 VFD 变频器的铭牌说明如图 9-3 所示，其型号、生产管制序号的具体说明分别详见图 9-4 和图 9-5。台达变频器常用系列型号有如下几种。

图9-3　铭牌说明

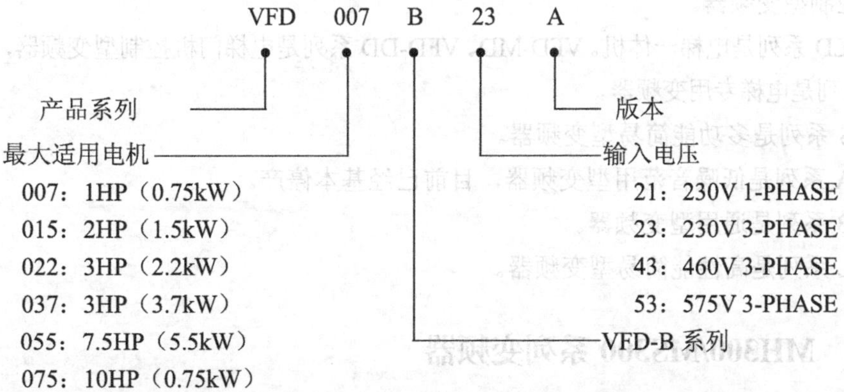

图9-4　型号说明

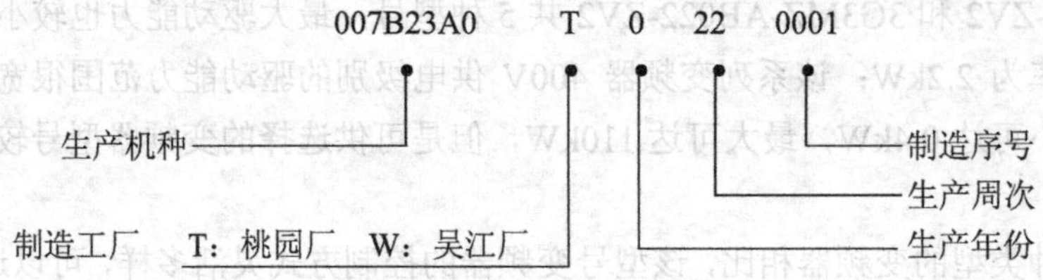

图9-5　生产管制序号说明

VFD-D 系列是矢量控制通用型变频器，具有功能齐全、调速精度高、稳定性好、应用范围广等特点，可广泛应用于建筑、石化、冶金、钢铁、能源、电力、楼宇、环保等国民经济各行各业。

VFD-M 系列是一款高功能低噪音迷你型变频器，具有体积小、低速力矩大、性能完善、使用方便等特点，广泛应用于小型恒压供水系统、产业机械、工业自动化控制等各种应用领域。

VFD-F 系列是一款风机水泵专用型交流马达驱动器，具有节能效果好、供电范围宽、控制精度高等功能特点，可广泛应用于恒压供水、空调、风机、锅炉、水处理、城市建设等自动化控制领域。

VFD-E 系列采用弹性模块的设计，最大的特色是内置 PLC 功能，可编写简易程序储存与执行；并可外加特殊功能扩展卡及通信卡，是台达小功率型变频器的最佳代表，满足业界最多元化的需求。

VFD-EL 系列采用多功能迷你型，无内置刹车电阻，采高效率散热设计，可并排安装，搭配铝轨安装，更节省空间，内置市场应用最广泛的功能，提供业界更多应用选择。

VFD-C2000 系列是高阶磁束矢量控制变频器。感应电机与同步电机控制一体化，速度/转矩/位置控制模式，内置 10KB 容量的 PLC，内置直流电抗器（37kW）、刹车制动单元（30kW），内置 canopen 现场总线及 modbus。VFD-CH2000 系列是高性能矢量变频器，VFD-CH2000H 系列为起重专用高性能矢量型，VFD-CT2000 系列是高防护型变频器，VFD-CP2000 系列是无感测矢量控制型变频器。

VFD-IED 系列是电梯一体机。VFD-MD、VFD-DD 系列是电梯门机控制型变频器，VFD-VL、VFD-ED 系列是电梯专用变频器。

VFD-S 系列是多功能简易型变频器。

VFD-A 系列是低噪音范用型变频器，目前已经基本停产。

VFD-B 系列是通用型变频器。

VFD-L 系列是高性能简易型变频器。

9.4.1　MH300/MS300 系列变频器

MH300/MS300 是高效型/标准型精巧矢量控制变频器，广泛应用于机床、木工机械、水泵、自动换刀装置等领域，其主要技术性能如下。

（1）功率范围：0.2～22kW。

（2）支持感应电机及永磁同步电机控制。

（3）高效型 MH300 系列同时支持开回路及闭回路控制；标准型 MS300 系列支持开回路控制。优异的快速启动与急加减速特性，提高机台生产效率；出色的转矩特性与制动能力，提供灵活的应用弹性。

（4）支持高速机种：在开环控制下，输出频率可达 2 000 Hz（MH300）及 1 500 Hz（MS300）。

（5）双额定输出，弹性对应不同应用工况：在一般负载下，过载能力为额定输出电流的 120% 60s，150% 3s；在重负载下，过载能力为额定输出电流的 150% 60s，200% 3s。

（6）支持简易 PLC 编程（MH300 内置 5K steps，MS300 内置 2K steps）。内置刹车晶体，内置安全停止机能 STO（SIL2 / PLd），并提供完善的瞬时停电操控对策。

（7）支持多项通信：PROFIBUS DP、DeviceNet、MODBUS TCP、EtherNet/IP、CANopen、EtherCAT。

（8）零件寿命长，电路板 100% 涂层，符合 IEC 60721-3-3 class 3C2 规范，有效提升环境耐受性。MH300 系列配备 5 位数高分辨率 LCD keypad 及飞梭旋钮，MS300 系列配备 5 位数高亮度 LED keypad。全系列面板可外拉，支持行业参数组合、免锁螺丝端子，节省安装时间。内置 USB 端口，不需经过转换器即可快速连接计算机进行设定与更新。

9.4.2 C2000 系列变频器

C2000 是泛用型矢量控制变频器，广泛应用于印刷机、挤出机、压延机、造纸机、空压机、伸线机等领域，其主要技术性能如下。

（1）功率范围：0.75～90kW（230V）、0.75～355kW（460V）、22～560kW（690V）。

（2）支持感应电机与同步电机控制。

（3）磁场导向矢量控制。

（4）内置 10 K steps PLC。

（5）长寿命设计，增强的环境耐受性与保护，模块化设计易于维护与扩展。

（6）内置 MODBUS，可选购高速通信适配卡：PROFIBUS DP、DeviceNet、MODBUS TCP、EtherNet/IP、CANopen。

9.4.3 CP2000 系列变频器

CP2000 是无感测矢量控制变频器，广泛应用于 HVAC、工厂自动化、风机、水泵等领域，其主要技术性能如下。

（1）功率范围：0.75～90kW（230V）、0.75～400kW（460V）。

（2）高速通信接口，内置 BACnet 与 MODBUS RS-485，可选购高速通信适配卡。PROFIBUS DP、DeviceNet、MODBUS TCP、EtherNet/IP、CANopen。

（3）PCB（Printed Circuit Board）涂层设计，增加环境耐受性。火灾模式与 Bypass 功能，在紧急状况下排烟，加压不中断。

（4）Quick setting，用户自定义参数组、参数复制等功能，提供快速、简单的安装接口。

（5）适合风机、水泵应用的多样功能：PID 控制、睡眠/苏醒功能、追速启动、跳频功能。

（6）LCD keypad 内置文本显示器，提供用户直觉性的操作，快速上手、配合 TP Editor soft，可自定义主画面。

（7）多泵控制，定量定时循环控制，最多可同时控制八部电机（视实际电机数量所需，可选配 Relay 扩展卡）。

（8）内置 PLC 10K step 与 Real Time Clock。

9.4.4 CT2000 系列变频器

CT2000 是高防护型变频器，纺织专用矢量控制变频器，其主要技术性能如下。

（1）功率范围：11～90kW（460V）。

（2）无风扇设计，搭载高效率散热片，可防止纤维及棉絮积累在散热片上，并解决过热的问题。

（3）采用穿墙式安装，提高系统防护性和散热性，预留外挂风扇电源供电接头，可以根据实际情况选购大风扇气冷式机型，可应用于一般壁挂式安装场合。

（4）支持 DEB 功能，利用刹车时的回升能量让变频器平稳减速。

（5）可驱动永磁同步电机，并支持同步与异步电机。

（6）采共直流母线设计，内置 10K steps PLC 及 RS-485，支持 MODBUS 通信，并可选配其他通信卡。

9.4.5 C200 系列变频器

C200 是高速频率输出的微型矢量控制变频器，广泛应用于食品包装机、输送带设备、纺织机、木工机、风机、水泵等领域，其主要技术性能如下。

（1）功率范围：0.4～3.7kW（230V），0.75～7.5kW（460V）。

（2）支持感应电机与同步电机控制。

（3）内置 PLC（程序容量 5K steps），弹性规划符合各类应用程序需求。

（4）支持高速频率输出功能（*U/f* 控制模式），最高可达 2000 Hz。

（5）支持穿墙式安装（框号 A）与可拆式设定面板，以及便利的电控柜安装方式。

（6）内置脉冲输入端子，搭配编码器做闭回路控制。

9.4.6 CH2000 系列变频器

CH2000 是重载型矢量控制变频器，广泛应用于天车、机床、印刷机械等冲击性负载与高过载能力需求的对应领域，其主要技术性能如下。

（1）功率范围：0.75～75kW（230V）、0.75～280kW（460V）。

（2）冲击性负载快速响应，超重载（SHD）单一设定；高过载能力：额定电流 150% 可达 60s；200%可达 3s，大起动转矩：0.5 Hz 时可达 200% 以上；在 FOC+PG 下，在 0 Hz 可达 200%。

（3）支持感应电机与同步电机控制。

（4）天车应用功能提高运行质量。

（5）模块化设计降低维修复杂度。

（6）内置 10K steps PLC，内置 MODBUS，可选购高速通信适配卡：PROFIBUS DP、DeviceNet、MODBUS TCP、EtherNet/IP、CANopen。

9.4.7　ED 系列变频器

ED 是电梯专用型变频器，广泛应用于乘客电梯、家用电梯、病床电梯、观光电梯、汽车电梯、载货电梯、无机房电梯、杂货电梯、别墅电梯等领域，其主要技术性能如下。

（1）功率范围：2.2～37kW（230V）、4～75kW（460V）。

（2）支持感应电机、永磁同步电机。

（3）更精细的 S 曲线控制，增加电梯运行与启停的效率舒适感，支持多种 PG 反馈卡（ABZ UVW/Heidenhain 正余弦编码器）。

（4）高精度磁速矢量控制，自动转矩补偿防止倒溜与振动。

（5）停电紧急措施，可搭配 UPS 或电池组紧急运行，支持嵌入式及壁挂式安装，可选购 LCD 数字操作面板。

（6）4 组 Relay 输出与 2 组多功能数字信号输出端子（MO）、2 组模拟信号输入（AI）与 2 组模拟信号输出（AO）、2 组 MODBUS RS-485 通信口与 1 组 CAN 通信口。

9.4.8　E/EL 系列变频器

E 系列是小型多功能矢量变频器，EL 系列是小型泛用无感测矢量变频器，广泛应用于食品包装、纺织机、冲床、输送带等领域，其主要技术性能如下。

（1）功率范围：0.2～0.75kW（E 系列 115V）、0.2～15kW（E 系列 230V）、0.4～22kW（E 系列 460V）、0.2～0.75kW（EL 系列 115V）、0.2～3.7kW（EL 系列 230V）、0.4～3.7kW（EL 系列 460V）。

（2）丰富的配件模块扩展弹性（PG 卡、高速总线、刹车模块、I/O 输出与输入）。

（3）模块化与易拆式的风扇设计，容易替换。强化风道设计，支持并排式（side-by-side）与便利的导轨（DIN RAIL）安装。

（4）内置 EMI 滤波器（230V 单相与 460V 机种），有效降低电磁干扰。内置 RFI Switch（全系列），搭配良好接地可有效降低干扰。

（5）E 系列内置 PLC（程序容量 500 steps），弹性规划符合各类应用程序需求。

（6）支持 DC bus 共直流母线，多台变频器并联可共同分担刹车回升能量，并稳定各台变频器的 DC bus 电压。

（7）内置 PID 反馈控制，EL 系列内置恒压水泵专用控制功能。

（8）内置 RS-485（MODBUS），波特率可达 38.4kbit/s；

（9）E 系列可选购内置 CANopen 通信机型或平板机型（无散热片与风扇）。

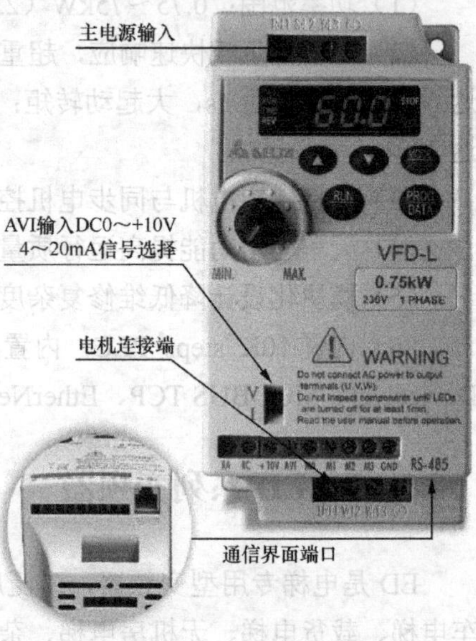

图9-6 端口示意图

9.4.9 VFD–L 系列变频器

VFD-L 系列是高性能简易型变频器，其端口示意图如图 9-6 所示。VFD-L 系列变频器的基本接线图如图 9-7 所示。其外形尺寸如图 9-8 所示。其功率范围为 0.2～0.4kW（115V）、0.2～1.5kW（230V）。台达 VFD-L 系列通用变频器的标准规格如表 9-7 所示。

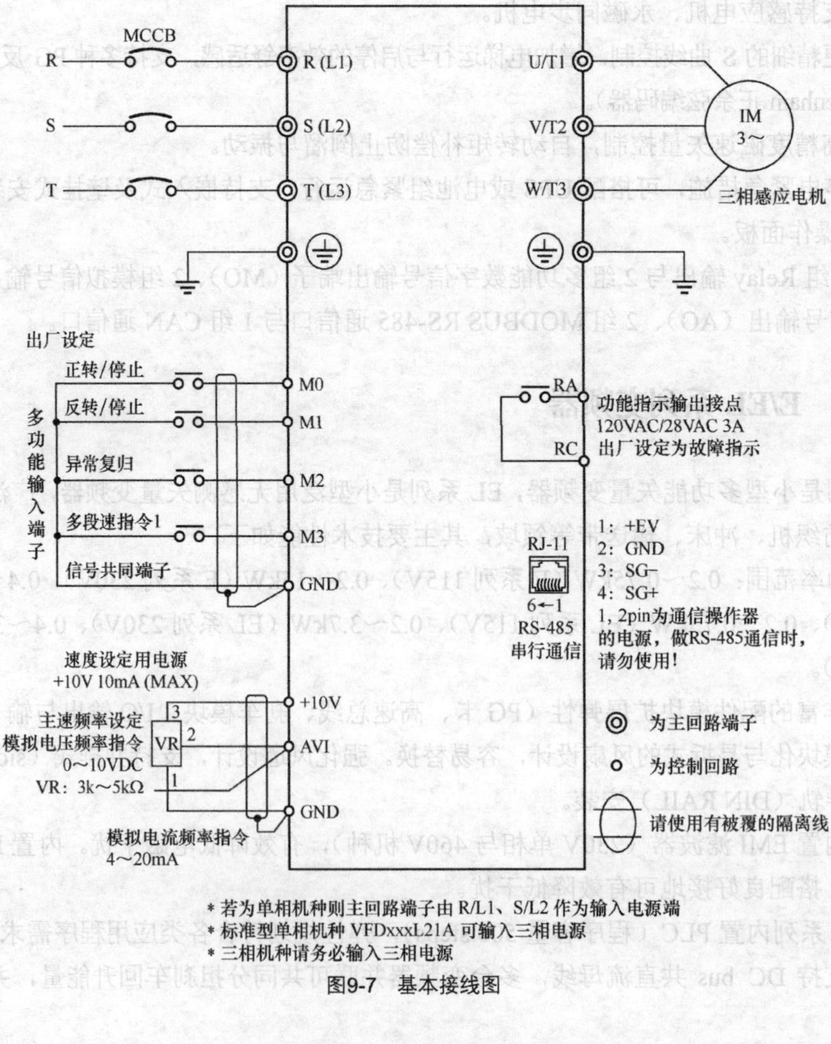

图9-7 基本接线图

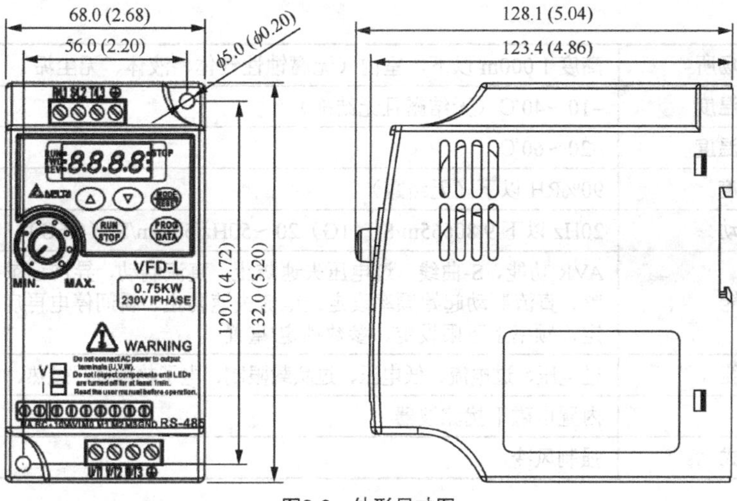

图9-8　外形尺寸图

表 9-7　　VFD-L 系列通用变频器标准规格

输入电压等级			115V		230V			
型号 VFD-_ _ _L-_ _A/B			002	004	002	004	007	015
适用电动机功率（kW）			0.2	0.4	0.2	0.4	0.7	1.5
输出	额定输出容量（kV·A）		0.6	1.0	0.6	1.0	1.6	2.7
	额定输出电流（A）		1.6	2.5	1.6	2.5	4.2	7.0
	最大输出电压（V）		对应两倍输入电压		对应输入电压			
	输出频率范围（Hz）		1.0～400Hz					
电源	额定输入电流（A）		6	9	4.9/1.9	6.5/2.7	9.7/5.1	*/9
	允许输入电压变动范围		单相 100～120V 50/60Hz		单相/三相 200～240V 50/60Hz			三相 200～240V 50/60Hz
	允许电源频率变动		5%					
控制特性	控制方式		SVPWM 空间向量调变（载波频率 3～10kHz）					
	输出频率分辨率		0.1Hz					
	转矩特性		具转矩补偿、转差补偿、启动转矩在 5Hz 时可达 150% 以上					
	过负载耐量		额定输出电流的 150%，一分钟					
	U/*f* 曲线		任意 *U*/*f* 曲线设定					
	失速防止动作位准		以额定电流百分比设定，20%～200%					
	加速、减速时间		0.1～600s（可分别独立设定）					
	频率设定信号	面板操板	由 Δ▼ 键或 V、R 设定					
		外部信号	电位器 5kΩ/0.5W，DC 0～+10V（输入阻抗 47kΩ），4～20mA（输出阻抗 250），多功能输入选择 1～3（3 段速；寸速、上/下指令）、通信设定					
	运转设定信号	面板操板	由 RUN//STOP 键设定					
		外部信号	M0、M1、M2、M3 组合成各式运转模式运转；RS-485 通信端口					
	多功能输入信号		段速指令 0～3 选择，寸动指令，加减速禁止指令，第一、第二加减速切换指令计数器，程序运转、外部 B.B.（NC，NO）选择					
	多功能输出信号		在运转中，运转频率到达，设定频率到达，计数器到达，零速，B.B.中异常指示，LOCAL/REMOTE 指示，程序运转指示					

续表

环境	使用场所	高度 1 000m 以下，室内（无腐蚀性气体、液体、无尘垢）
	环境温度	–10～40℃（无结露且无结冻）
	保存温度	–20～60℃
	温度	90%RH 以下（无结露）
	振动	20Hz 以下 9.80665m/S^2（1G）20～50Hz 5.88m/S^2（0.6G）
其他功能		AVR 功能、S-曲线，过电压失速防止，直流制动，异常记录检查载波频率调整、直流制动起始频率设定过电流失速防止、瞬间停电再启动，反转禁止设定、频率上下限设定、参数锁定/重置
保护功能		过电压、过电流、低电压、过负载限制、电子热电驿、过热、自测、异常接点
其他		内置电磁干扰滤波器
冷却方式		强制风冷

9.4.10 B 系列变频器

B 系列是通用型变频器。表 9-8 为驱动架构的技术参数，表 9-9 为台达 VFD-B 系列通用变频器的标准规格。表 9-10 为 VFD007B21A 变频器的技术规格。

表 9-8 驱动架构

架构	电压范围	机种
A	1HP（0.75kW）	VFD007B23A/43A/53A
A1	1～2HP（0.75～1.5kW）	VFD007B21A、VFD015B21A/23A/43A/53A
A2	2～3HP（1.5～2.2kW）	VFD015B21B/23B、VFD022B23B/43B/53A
B	3～5HP（2.2～3.7kW）	VFD022B21A、VFD037B23A/43A/53A
C	7.5～15HP（5.5～11kW）	VFD055B23A/43A/53A、VFD075B23A/43A/53A、VFD110B23A/43A/53A
D	20～30HP（15～22kW）	VFD150B23A/43A/53A、VFD185B23A/43A/53A、VFD220B23A/43A/53A
E	40～60HP（30～45kW）	VFD300B43A/53A、VFD370B43A/53A、VFD450B43A/53A
E1	40～100HP（30～75kW）	VFD300B23A、VFD370B23A、VFD550B43C/53A、VFD750B43C/53A
F	75～100HP（55～75kW）	VFD550B43A、VFD750B43A

表 9-9 台达 VFD-B 系列通用变频器标准规格

输入电压等级		230V											
型号 VFD-_ _ _B		007	015	022	037	055	075	110	150	185	220	300	370
适用电动机功率（kW）		0.75	1.5	2.2	3.7	5.5	7.5	11	15	18.5	22	30	37
适用电动机功率（HP）		1.0	2.0	3.0	5.0	7.5	10	15	20	25	30	40	50
输出	额定输出容量（kV·A）	1.9	2.5	4.2	6.5	9.5	12.5	18.3	24.7	28.6	34.3	45.7	55.0
	额定输出电流（A）	5.0	7.0	11	17	25	33	49	65	75	90	120	145
	最大输出电压（V）	三相对应输入电压											
	输出频率范围（Hz）	0.0～400Hz											
	载波频率（kHz）	1～15									1～9		

续表

电源	输入电流（A）	单相/三相			三相								
		11.9 /5.7	15.3/7.6	22 /15.5	20.6	26	34	50	60	75	90	110	142
	单相机种三相输入电流	7.0	9.4	14.0	—								
	允许输入电压变动范围	单相/三相 200～240V 50/60Hz			三相 200～240V 50/60Hz								
	允许电源电压变动	10%（180～264V）											
	允许电源频率变动	5%（47～63Hz）											
冷却方式		自然风冷	强制风冷										
重量（kg）		2.7	3.2	4.5	6.8	8	10	13	13	13	13	36	36

表 9-10　　VFD007B21A 变频器技术规格

项目	参数	项目	参数
型号	VFD007B21A	电动机功率	0.75kW
额定电流	5A	用途	通用型
额定工作电压	单相 230V，变动范围：200～240V	外形尺寸（mm）	118×185×160
电压波动允许范围	±10%	通信方式	RS485
U/*f* 转矩曲线（*U*/*f* 提升方式）	以额定电流百分比设定，20%～250%设定失速防止位准	转矩提升	0～10
继电器输出点个数	N/A	晶体管输出点个数	4 个（Mo1、Mo2、Mo3、MCM）
控制电源提供	24V	频率精度	0.01Hz
模拟量输入点种类	0～10V、4～20mA、-10～10V	开关量输入命令点数	11 个，正转/停止，反转/停止，点动运转，外部异常，多步速 1、2、3、4，异常重置，禁止加、减速，外部计数器等
频率范围	0.1～400Hz		
控制方式（频率设定模式）	面板上、下键操作，电位器，DC 0～10V，4～20mA，多功能选择 1～6，通信设定		
输出点运作可实现状态	29 种，包括运转中指示，零速指示，过转矩检出指示，外部中断指示，低电压检出指示，交流电动机驱动器操作模式指示，故障指示，任意频率到达指示，程序中转指示，一个阶段运转完成指示，程序运转完成指示，程序运转暂停指示，设定计数值到达，中间计数值到达，定义辅助机 1、2、3，散热片过热警告，驱动器准备完成，紧急停止指示，任意频率 2 到达，软件制动联动信号，零速，低电流检出，运转中指示，回收信号异常，使用者设定低电压检出，机械制动控制等		
瞬间电流跳脱	额定输出电流的 150%/min		
保护功能种类	过电压、过电流、低电压、过负载限制、电子热电驿、过热、自我测试、接地保护、异常接点		
键盘显示	显示驱动器目前设定的频率、显示驱动器实际输出到达的频率、显示用户定义之物理量、显示负载电流、显示正转命令、显示反转命令、显示计数值、显示参数项目、显示参数内容值、外部异常显示、显示 end、显示 Err		

9.5 本章小结

本章主要介绍了西门子、三菱、欧姆龙和台达 4 个品牌的常用变频器产品的通用变频器产品的特点和性能。西门子的 MM4 系列比较常用，功率范围为 0.12～250kW，将逐渐被 V 系列和 G 系列取代，S 系列则为工程型变频器。三菱的通用型为 A 系列，F 系列为风机水泵专用型，E 系列为经济型，S 系列为简易型。欧姆龙变频器主要介绍了 3G3RX、3G3JZ、3G3RV-ZV1 和 3G3MZ-ZV2 系列 4 种变频器。台达 VFD 变频器包括 D 系列矢量控制通用型、F 系列风机水泵专用型、EL 系列多功能迷你型、B 系列通用型变频器。

各品牌产品针对力矩、损耗、过载、超速运转等不同操作需求而设计，并依据不同的产业机械属性调整，不同系列变频器针对不同的工程现场技术要求，硬件上具备不同的特殊模块，软件上使用不同的控制算法。因此，通过本章的学习，读者可以根据项目的特点来确定变频器的特性，通过设置适当的参数来完成控制系统变频器的选型。

实践篇

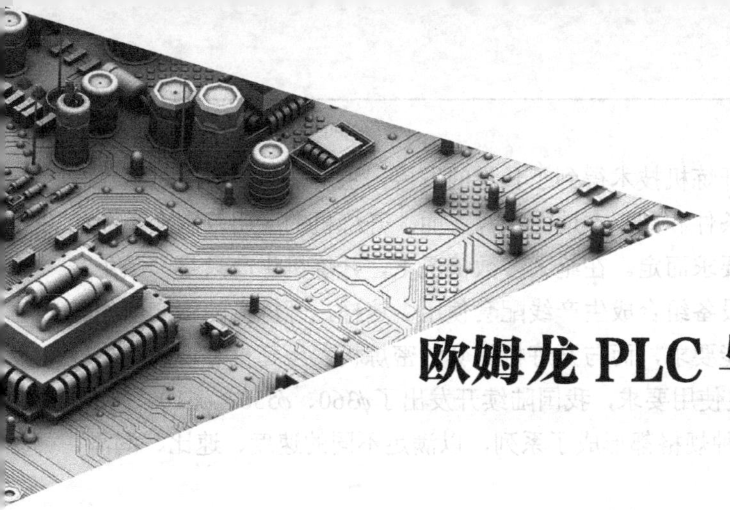

第 10 章 欧姆龙 PLC 与变频器工程实例

在 PLC 问世之前，在工业控制的顺序控制领域内，常常采用诸如继电器、鼓式开关、纸带阅读器等机械和电气式器件作为控制元件，尤其是控制继电器，在离散制造过程控制领域内成为开关控制系统中最广泛使用的器件。但是，随着工业现代化的发展，生产规模越来越大，劳动生产率及产品质量的要求在不断提高，对控制系统的可靠性也提出了更高的要求，原有继电器控制系统已不再适应生产上的需要。

自动控制装置的先进程度是体现工业自动化水平的重要标志。随着计算机技术和微电子技术的迅猛发展，PLC 已经成为工业控制的标准设备之一。根据实际工艺要求，借助于顺序功能图（Sequential Function Chart，SFC）和梯形图（Ladder Diagram）来编写用户控制程序，实现单台设备或生产过程的顺序控制是 PLC 的主要功能之一。

顺序控制是指按照预定的受控执行机构动作顺序及相应的转步条件，一步一步进行的自动控制，受控设备通常是动作顺序不变或相对固定的生产机械。这种控制系统的转步主令信号大多数是行程开关（包括有触点或无触点行程开关、光电开关、干簧管开关、霍尔元件开关等位置检测开关），有时也采用压力继电器、时间继电器之类的信号转换元件。

实现顺序控制的程序设计方法主要有 4 种，即采用启动-停止-保持电路编程、采用置位/复位（S/R）指令编程、采用移位寄存器编程和采用步进指令（Step Ladder Instruction，STL）编程等。从设计效率、应用范围、内存占用空间等方面考虑，较为通用的设计方法是采用 S/R 指令编程和采用 STL 指令编程。

本章将详细介绍欧姆龙 PLC 与变频器两个顺序控制的工程实例，从系统概述、控制功能说明、梯形图的编程等方面来说明如何实现 PLC 的顺序控制。本章实例的设计思路清晰，读者通过本章的学习，可以了解顺序控制的实质，掌握顺序控制的实现方法和步骤。

|10.1　开炼机变频器控制系统设计|

开放式炼胶机简称开炼机，亦称双辊筒炼塑机，是橡胶制品生产中应用最广的一种设备，主要用于塑料的混炼，为压延机喂料和配合压片使用，发展至今已有 100 多年的历史。世界各主要工业国家开炼机的生产早已形成规模和体系，且其规格、尺寸和外形大致相似。它随着橡胶工业的发展而发展，已成为橡胶工业中加工橡胶、塑料的常用设备之一，也是基本设备之一。

20 世纪 90 年代以来，国内的开炼机技术得到了长足的发展，主要体现在提高机械化程度、增加安全操作措施、改善劳动条件和减小占地面积等方面。开炼机的应用范围在不断拓展，其产能配套情况必须依据使用要求而定。在绝大多数情况下，开炼机生产只是产品生产的一个中间环节，需要与其他生产设备组合成生产线配套使用。这样，开炼机的生产能力就必须满足生产线中各配套设备的产能要求，而与开炼机配套的密炼机、压延机等设备规格较多，产能也各不相同。因此，为满足使用要求，我国陆续开发出了ϕ360、ϕ550、ϕ610、ϕ660、ϕ710 等多种规格的开炼机，并且每种规格都形成了系列，以满足不同的速度、速比、润滑、安全防护方式等方面的要求。

10.1.1　开炼机控制系统概述

开炼机控制系统是保证开炼机正常工作、有效完成工作任务的核心，主要进行系统运行控制、状态监控、参数设定等工作。在明确开炼机控制系统的功能之前，首先需要了解开炼机的基本结构。

1. 开炼机的基本结构

如图 10-1 所示，开炼机一般包括 4 个部分：传动装置、温度控制装置、辊距调节装置和注料系统。

① 传动装置。实现两个电动机的不同速度比运动，用于完成胶料的挤压和剪切动作。这是开炼机最重要的机械动作和控制的主要动作。

② 温度控制装置。开炼机辊轴内是中空的，里面可以充满蒸汽或水，以调节辊轮表面温度。

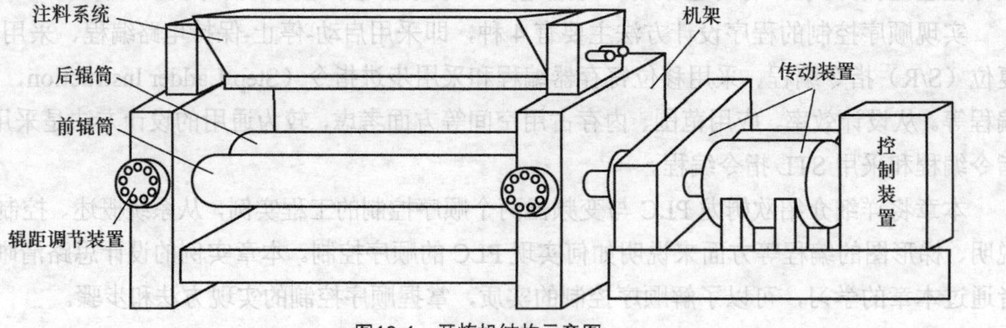

图10-1　开炼机结构示意图

③ 辊距调节装置。用于调节两辊轴之间的径向距离。不同的材料和工艺要求对辊距的要求也不尽相同，实际操作中要求开炼机能灵活调节辊距。

④ 注料系统。此部分实现在开炼过程中，不断往胶料中放入配合剂和软化剂等功能。

具体来说，开炼机还包括机架、压盖、润滑装置、紧急停车装置、制动装置、挡胶板、切胶片、胶片输出等辅助装置。开炼机的两个辊筒水平并行排列，由装在两侧机架滑槽内的滑动轴承支撑。后辊筒固定不调距，其轴承体固定在机架窗口内，轴承体上部由机架定位；前辊筒轴承体可以在机架窗口内移动，其两侧有平行滑动面，和机架窗口构成动配合，辊筒两端轴承体与调距装置连接，利用调距装置可使辊筒的轴承体做水平移动来调整辊距的大小。辊筒为表面钻孔冷却结构，设有加热和冷却装置。辊筒滑动轴承由手动润滑装置进行油脂润滑。

开炼机的工作原理如图 10-2 所示。两个平行安装的中空辊筒以不同的线速度相对回转，注入胶料后，一定量的堆积胶滞留在辊隙上方，堆积胶挤压产生许多缝隙，配合剂颗粒进入缝隙中，与橡胶融合形成配合剂团块，随胶料一起通过开炼机前后辊间隙；由于开炼机辊筒线速度不同，产生的速度梯度形成剪切力，在剪切力的作用下，橡胶分子链被拉伸产生弹性变形，同时配合剂团块也破碎成小团块；胶料通过前后辊后，由于流道变宽，被拉伸的橡胶分子链又恢复卷曲状态，包裹住破碎的配合剂团块，并使其稳定在破碎的状态，配合剂团块在胶料中变小、变均匀，从而制得配合剂分散均匀并达到一定分散度的混炼胶。

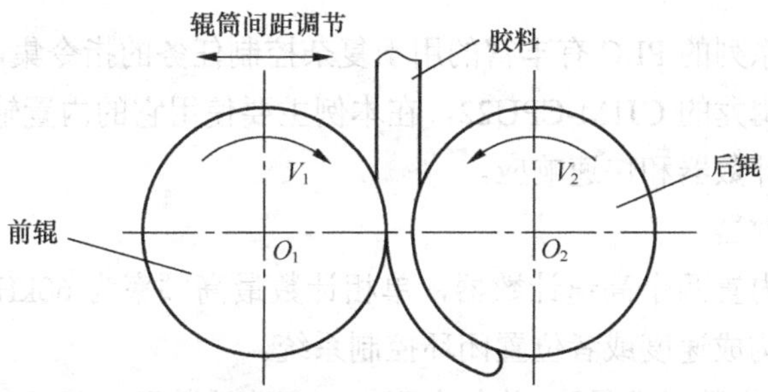

图10-2 开炼机工作原理图

2. 开炼机控制系统的主要功能

开炼机控制系统的功能主要有以下 4 个。

（1）传动辊速和速比控制

传动辊速和速比控制是开炼机最重要的机械动作。一方面，辊速和速比的增大会加速配合剂分散，同时使橡胶分子链所受的剪切力变化剧烈，胶料升温加快，容易造成过炼，从而降低胶料物性，使能耗增加；另一方面，速比过小，配合剂会分散不够均匀，降低系统的生产效率。通过 PLC 控制变频器可以控制速比和传动辊速大小，满足开炼机的控制要求。

（2）辊距自动调节控制

减小辊距对混炼效果的影响与辊速和速比增大造成的影响规律一致，这时剪切变形速率增大，配合剂分散比较均匀，但同时增大了橡胶分子链受剪切力断裂的概率，胶料的物理机械性能降低；反之，若辊距过大，则剪切作用力太小，配合剂分散不够充分，对将要进行的混炼操作不利。因此，合理的辊距是开炼机进行有效混炼的有力保证。这一控制功能主要是通过将安装在辊轴上的压力传感器测量值反馈给 PLC，计算出所需的辊距，然后通过 PLC 控制调节装置自动调节来实现的。

（3）温度控制

开炼温度对不同胶料的开炼效果影响显著。针对不同的实际胶料，需要设定不同的温度，通过 PLC 接收反馈的温度值来实时控制蒸汽阀，以保证温度相对恒定。

（4）注料系统控制

在开炼过程中，不同种类胶料的加料（包括配合剂、软化剂、防老剂等）时间、顺序和数量都不尽相同。PLC 控制注料系统的打开时间和控制顺序，应确保放入的胶料类别及数量符合要求。

10.1.2 硬件选型及系统电路设计

开炼机控制系统包括主控单元和执行单元。主控单元位于系统中间层现场控制设备处，是系统的关键节点，实现控制命令接收、数据采集与运算、高速开关阀驱动、故障报警等功能。执行单元主要是执行主控单元发出的控制命令，并使开炼机进行相应的动作。主控单元的核心是PLC，执行单元的核心是变频器，下面介绍两者的硬件选型。

1. PLC的选型

日本欧姆龙公司系列的PLC有丰富的用于复杂控制任务的指令集，可以满足用户多方面的需求。这里选用欧姆龙的CJ1M-CPU22，在本例主要使用它的内置输入功能，包括通用输入、中断输入、高速计数器和快速响应。

（1）内置高速计数器

CJ1M-CPU22中内置两个高速计数器，单相计数最高频率为60kHz（100kHz），使用增量式旋转编码器，可构成速度或者位置闭环控制系统。

① 高速计数器的点数（数量）。共包含两点（高速计数器 0～1），每点均可单独设置，可构成两轴同步控制系统或者两轴跟随控制系统。

② 高速计数器模式。可设置为相位差脉冲输入模式、增加/减少脉冲输入模式、脉冲+方向输入模式及增量脉冲输入模式，依据PLC的系统设定进行选择。

③ 响应频率。相位差脉冲输入模式，30kHz（50kHz）；脉冲+方向输入模式，60kHz（100kHz）；增加/减少脉冲输入模式，60kHz（100kHz）；增量脉冲输入模式，60kHz（100kHz），括号内的数字是用于线性驱动器输入的值。

④ 数值范围。由PLC系统设定，可选择线性模式或环形模式。

a．线性计数器：当使用增量脉冲模式时，数值范围是00000000H～FFFFFFFFH（十六进制）、0～4 294 967 295（十进制）；当使用增加/减少模式时，数值范围是80000000H～00000000H～7FFFFFFFH（十六进制），–2 147 483 648～0～2 147 483 647（十进制）。

b．环形计数器：00000000～循环计数器设定值，在设定PLC时设置，设置范围是00000001H～FFFFFFFFH（十六进制）。

⑤ 控制方式。

a．目标值比较：最多可登录48个目标值及中断任务号。

b．范围比较：最多可登录8个上限值、下限值及中断任务。

⑥ 计数器复位方式。

a．Z相信号+软复位：复位标志为ON时，通过Z输入的ON进行复位。

b．软复位：通过复位标志ON进行复位。

⑦ 高速计数器当前值保存目的地。

a．高速计数器0：A271CH（高位）/A270CH（低位）。

b．高速计数器1：A273CH（高位）/A272CH（低位）。

高速计数器的输入设置（操作模式）包括相位差脉冲输入模式、增加/减少脉冲输入模式、脉冲+方向输入模式、递增输入模式。

① 相位差脉冲输入模式。如图 10-3 所示，相位差脉冲输入模式使用两相信号（A 相和 B 相），并根据两相信号波形的瞬时状态进行加计数或减计数。表 10-1 为相位差脉冲输入模式的递增/递减计数条件。

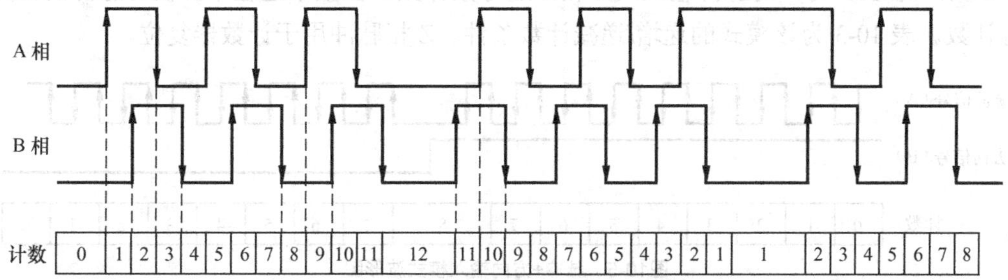

图10-3　相位差脉冲输入模式波形图

表 10-1　相位差脉冲输入模式递增/递减计数条件

A 相	B 相	计数值	A 相	B 相	计数值
↑	L	递增	L	↑	递减
H	↑	递增	↑	H	递减
↓	H	递增	H	↓	递减
L	↓	递增	↓	L	递减

相位差脉冲输入是根据两个输入之间相位上的差来决定计数器进行加计数或者减计数。选择该模式，在编码器正向旋转（CW）时，A 相输入脉冲相位超过 B 相输入脉冲相位 90°，计数器在 A 相输入脉冲的上升沿进行加计数；在编码器反向旋转（CCW）时，A 相输入脉冲相位滞后 B 相输入脉冲相位 90°，计数器在 B 相脉冲的上升沿时进行减计数。Z 相脉冲用于计数器复位。

② 增加/减少脉冲输入模式。如图 10-4 所示，使用加法脉冲（A）和减法脉冲（B）两种输入脉冲进行计数，可以实现计数器的递增或者递减。表 10-2 为该模式的递增/递减计数条件。

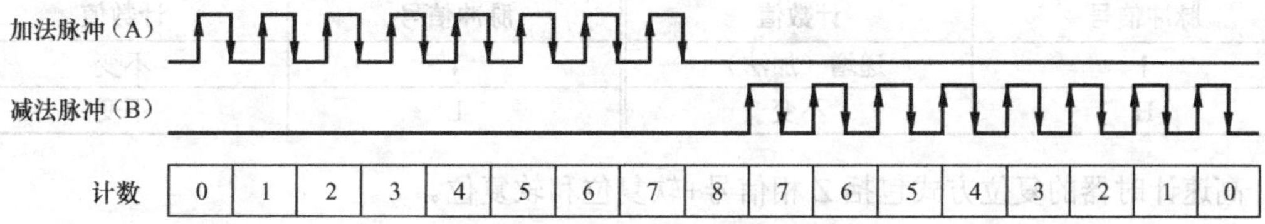

图10-4　增加/减少输入模式波形图

表 10-2　增加/减少脉冲模式计数条件

减法脉冲	加法脉冲	计数值	减法脉冲	加法脉冲	计数值
↑	L	递增	L	↑	递减
H	↑	递增	↑	H	递减
↓	H	不变	H	↓	不变
L	↓	不变	↓	L	不变

由图 10-4 和表 10-2 可以看出，当选择这种计数模式时，对 A 相输入脉冲进行加计数，计数值递增；对 B 相输入脉冲则进行减计数，计数值递减。在整个计数过程中，计数器仅对脉冲的上升沿进行响应。Z 相脉冲用于计数器复位。

③ 脉冲+方向输入模式。如图 10-5 所示，这种方式使用脉冲信号（A）输入和方向信号（B）输入计数。当方向信号（B 相）为 ON 时，对脉冲输入（A 相）进行加计数；当方向信号（B 相）为 OFF 时，对脉冲输入（A 相）进行减计数。在整个过程中，仅对脉冲的上升沿进行计数。表 10-3 为该模式的递增/递减计数条件。Z 相脉冲用于计数器复位。

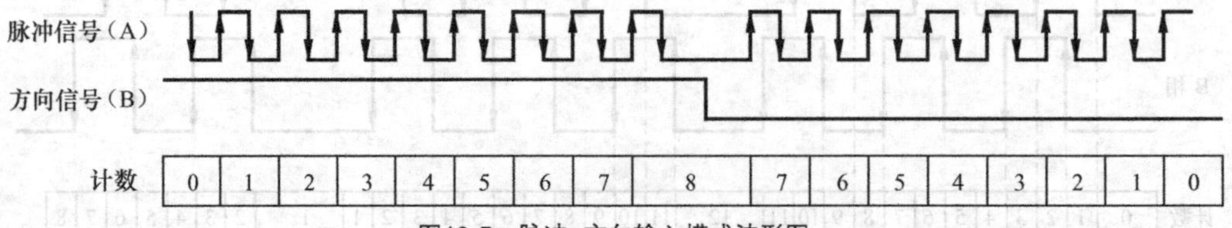

图10-5　脉冲+方向输入模式波形图

表 10-3　脉冲+方向输入模式计数条件

方向信号	脉冲信号	计数值	方向信号	脉冲信号	计数值
↑	L	不变	L	↑	递减
H	↑	递增	↑	H	不变
↓	H	不变	H	↓	不变
L	↓	不变	↓	L	不变

④ 递增输入模式。图 10-6 为递增输入模式的波形图。计数器仅对单相的脉冲输入信号进行加法计数，即只对 A 相输入脉冲进行加法计数，而且仅当 A 相输入脉冲为上升沿时才进行加法计数，其他状态均不计数。表 10-4 为递增输入模式的计数条件。

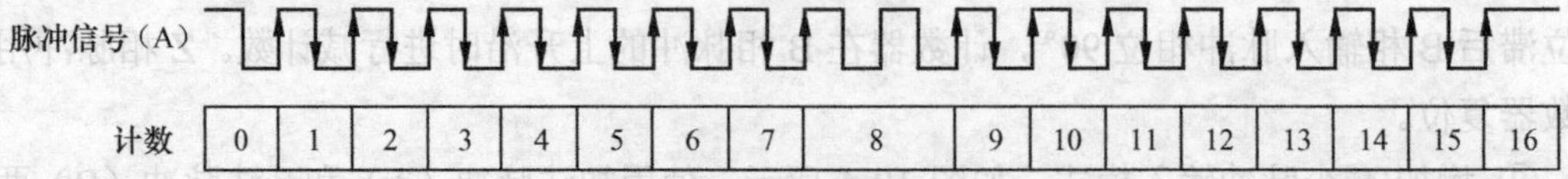

图10-6　递增输入模式波形图

表 10-4　递增输入模式计数条件

脉冲信号	计数值	脉冲信号	计数值
↑	递增（加法）	↓	不变
H	不变	L	不变

高速计时器的复位方式包括 Z 相信号+软复位和软复位。

① Z 相信号+软复位。图 10-7 所示为这种复位方式的波形图。当高速计数器的复位标志位（A531.00 或者 A531.01）处于 ON 状态，且 Z 相信号（复位输入）由 OFF 跳变为 ON 时，将高速计数器的当前值复位。由于在一周期内仅进行一次判定，当复位标志为 ON，且 Z 相信号同时也为 ON 时，仅在共同处理中才有效，因此在梯形图程序内发生 OFF 变为 ON 的情况下，从下一周期开始，Z 相信号转为有效。

② 软复位。图 10-8 所示为软复位方式的波形图。高速计数器复位标志由 OFF 变为 ON 时，将高速计数器的当前值复位。对于复位标志由 OFF 变为 ON 的判定，一周期内在共同处

理中只进行一次判定，并且复位处理也在该段时间内进行。另外，若复位标志在一个周期内的中途发生变化，则无法追踪。

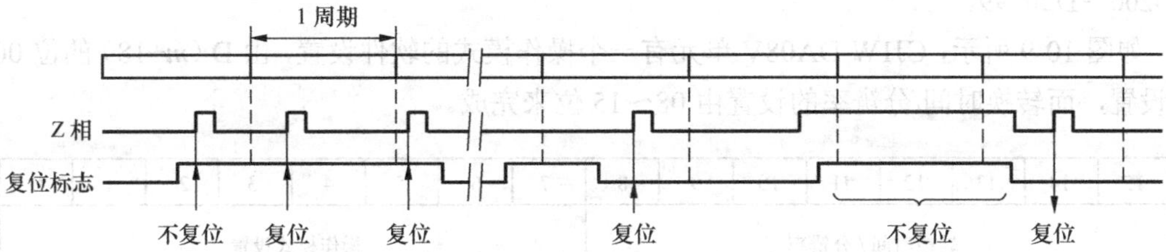

图10-7　“Z相信号+软复位”复位方式波形图

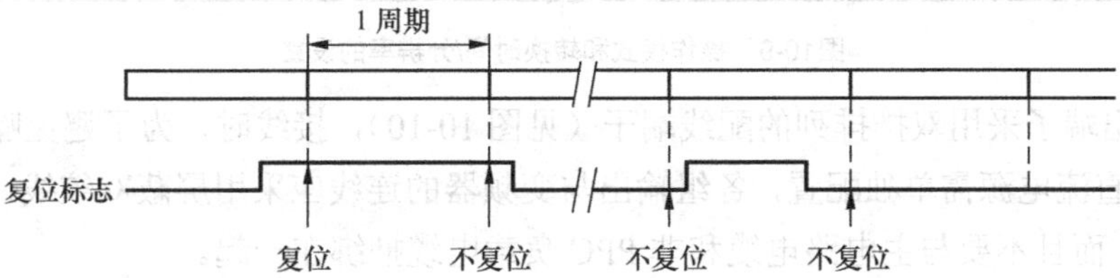

图10-8　“软复位”复位方式波形图

（2）模拟量输出单元

开炼机的前后辊轮采用变频器和变频电动机传动系统，共需两路模拟量控制信号，本例采用 CJ1W-DA08V 模拟量输出单元，构成前后辊的速度跟随系统。

表 10-5 为 CJ1W-DA08V 的规格，CJ1W-DA08V 模拟量的输出单元有 8 路模拟量的输出点，输出信号的范围有 4 种可供单独选择，分别为 1～5V、0～5V、0～10V 和−10～10V，输出电流最大可以达到 2.4mA。另外，在输入端子和 PLC 之间采用了光耦，可以防止 600V 以下的电压接入单元损坏内部元器件。

表 10-5　CJ1W-DA08V 的规格

项目		规格	备注
模拟量输出点数		8 路	
输出信号范围		1～5V、0～5V、0～10V、−10～10V	对每路输出信号可单独设置信号输出范围
最大输出阻抗		0.5Ω（电压输出）	
最大输出电流		2.4mA	
分辨率		满量程的 1/4 000 或 1/8 000，可以设置	可在 D（$m+18$）内设置
转换输出数据		16 位二进制数据	
D/A 转换时间		最大每点 1.0ms 或者每点 250μs	表示 D/A 转换和输出数据的时间
精度	（23±2）℃	全量程的±0.3%	精度按满量程计算
	0～55℃	全量程的±0.5%	
功率消耗		在 DC 5V 以下，140mA 以下	
隔离措施		在输入端子和 PLC 之间采用光耦	高于 600V 的电压接入单元会损坏内部元器件

使用前面板上的单元号（N）设置开关来设置单元号，由$\times10^0$和$\times10^1$两个旋钮开关控制。每个通道占用 CIO 区域的 10 字，可以用 CIO（2000+N×10）～CIO（2000+N×10+9）来表示；占用 D 区的 100 字，可以用 D（20000+N×10）～D（20000+N×10+99）来表示，这些字分配

给模拟量输出单元使用。

若取 N=02，则输入/输出单元区域的字为 CIO2020～CIO2029，数据单元区域的字为 D20200～D20299。

如图 10-9 所示，CJ1W-DA08V 单元有一个操作模式的软件设置，由 D（m+18）的位 00～07 设置，而转换时间/分辨率的设置由 08～15 位来完成。

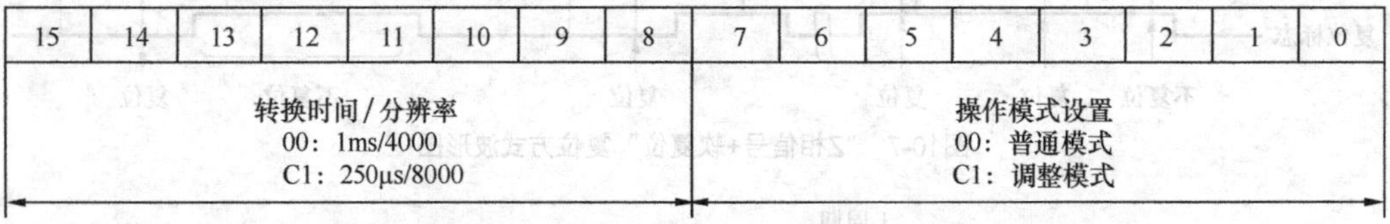

图10-9 操作模式和转换时间/分辨率的设置

模拟输出端子采用双排排列的配线端子（见图 10-10），接线时，为了避免噪声干扰，该单元的 24V 直流电源需单独配置，各组输出与变频器的连线应采用屏蔽双绞线，屏蔽线连接到 COM 上，而且不要与主电路电缆和非 PPC 负载电缆捆绑在一起。

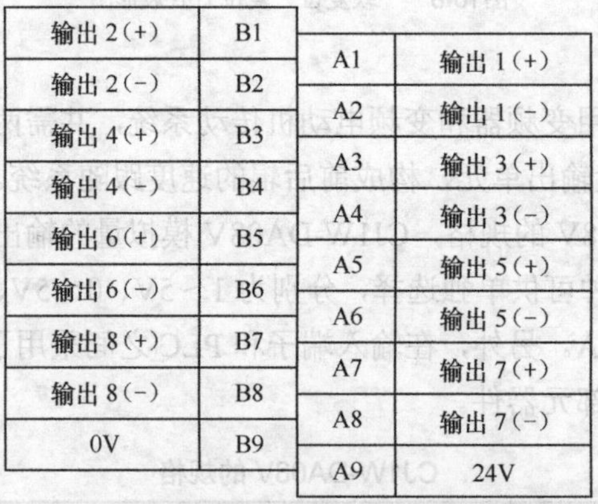

输出 2（+） B1
输出 2（−） B2
输出 4（+） B3
输出 4（−） B4
输出 6（+） B5
输出 6（−） B6
输出 8（+） B7
输出 8（−） B8
0V B9
A1 输出 1（+）
A2 输出 1（−）
A3 输出 3（+）
A4 输出 3（−）
A5 输出 5（+）
A6 输出 5（−）
A7 输出 7（+）
A8 输出 7（−）
A9 24V

图10-10 CJ1W-DA08V输出接线端子排列

CIO 通道 n 为输出通道，用于控制单元功能，可以改变其中的内容；通道 n+1～n+9 为输入通道，只能读取而不能通过程序来改变其中的内容。表 10-6 为 CJ1W-DA08V 在普通模式下的 CIO 区域中的字和位。

表 10-6 普通模式下 CIO 区域中字和位的分配

<table>
<tr><th rowspan="2">输入/输出</th><th rowspan="2">字</th><th colspan="16">位</th></tr>
<tr><th>15</th><th>14</th><th>13</th><th>12</th><th>11</th><th>10</th><th>9</th><th>8</th><th>7</th><th>6</th><th>5</th><th>4</th><th>3</th><th>2</th><th>1</th><th>0</th></tr>
<tr><td rowspan="2">输出</td><td rowspan="2">n</td><td colspan="8" rowspan="2">未使用</td><td colspan="8">转换可用</td></tr>
<tr><td>输出 8</td><td>输出 7</td><td>输出 6</td><td>输出 5</td><td>输出 4</td><td>输出 3</td><td>输出 2</td><td>输出 1</td></tr>
<tr><td rowspan="6">输入</td><td rowspan="2">n+1</td><td colspan="16">输出 1 转换值（二进制）</td></tr>
<tr><td colspan="4">16^3</td><td colspan="4">16^2</td><td colspan="4">16^1</td><td colspan="4">16^0</td></tr>
<tr><td>n+2</td><td colspan="16">输出 2 转换值（二进制）</td></tr>
<tr><td>⋮</td><td colspan="16">⋮</td></tr>
<tr><td>n+8</td><td colspan="16">输出 8 转换值（二进制）</td></tr>
<tr><td>n+9</td><td colspan="8">报警信号标志位</td><td colspan="8">输出设置错误</td></tr>
</table>

在普通模式下，通道 D（m）标志输出使用情况，D（m+1）设置输出信号范围，D（m+2）～

D（$m+9$）设置转换停止时对应的输出状态，D（$m+18$）设置转换时间、分辨率和操作模式，D（$m+19$）～D（$m+34$）设置各输出比例的上下限。表 10-7 为 CJ1W-DA08V 在普通和调整两种模式下，DM 中字和位的分配情况。

表 10-7 普通和调整两种模式下 DM 字和位的分配

<table>
<tr><th rowspan="2">D 字</th><th colspan="16">位</th></tr>
<tr><th>15</th><th>14</th><th>13</th><th>12</th><th>11</th><th>10</th><th>9</th><th>8</th><th>7</th><th>6</th><th>5</th><th>4</th><th>3</th><th>2</th><th>1</th><th>0</th></tr>
<tr><td rowspan="2">D（m）</td><td colspan="8" rowspan="2">未使用</td><td colspan="8">输出时使用：1 为有输出；0 为无输出</td></tr>
<tr><td>8</td><td>7</td><td>6</td><td>5</td><td>4</td><td>3</td><td>2</td><td>1</td></tr>
<tr><td rowspan="2">D（$m+1$）</td><td colspan="16">输出信号范围（00：−10～10V；01：0～10V；10：1～5V；11：0～5V）</td></tr>
<tr><td colspan="2">输出 8</td><td colspan="2">输出 7</td><td colspan="2">输出 6</td><td colspan="2">输出 5</td><td colspan="2">输出 4</td><td colspan="2">输出 3</td><td colspan="2">输出 2</td><td colspan="2">输出 1</td></tr>
<tr><td>D（$m+2$）</td><td colspan="8" rowspan="4">8～15 位未使用，0～7 位的设置及含义如下。
00：CLR　输出为 0 或每个范围的最小值；
01：HOLD　保持停止前的输出；
02：MAX　输出范围的最大值</td><td colspan="8">输出 1：转换停止时的输出状态</td></tr>
<tr><td>D（$m+3$）</td><td colspan="8">输出 2：转换停止时的输出状态</td></tr>
<tr><td>⋮</td><td colspan="8">⋮</td></tr>
<tr><td>D（$m+9$）</td><td colspan="8">输出 8：转换停止时的输出状态</td></tr>
<tr><td>D（$m+10$）～D（$m+17$）</td><td colspan="16">未使用</td></tr>
<tr><td rowspan="2">D（$m+18$）</td><td colspan="8">转换时间/分辨率设置</td><td colspan="8">操作模式设置</td></tr>
<tr><td colspan="8">00：转换时间为 1ms，分辨率为 4000
01：转换时间为 250μs，分辨率为 8000</td><td colspan="8">00：普通模式
01：调整模式</td></tr>
<tr><td rowspan="2">D（$m+19$）</td><td colspan="16">只要上限≠下限，±3 200 范围内除了 0 以外的任何数值（83 00H～7D D0H）</td></tr>
<tr><td colspan="16">输出 1 下限</td></tr>
<tr><td>D（$m+20$）</td><td colspan="16">输出 1 上限</td></tr>
<tr><td>⋮</td><td colspan="16">⋮</td></tr>
<tr><td>D（$m+33$）</td><td colspan="16">输出 8 下限</td></tr>
<tr><td>D（$m+34$）</td><td colspan="16">输出 8 上限</td></tr>
</table>

CJ1W-DA08V 单元不仅能完成将二进制数字量转换成模拟量输出信号的功能，而且具备对转换数据进行输出保持、输出比例、调整偏移、增益提取等功能。

① 数据转换功能。这是 CJ1W-DA08V 单元最基本的功能，根据外部装置有效的模拟信号范围将数字量信号转换成对应的模拟量（电压）信号。

② 输出保持功能。当转换停止时，有 3 种输出状态可供选择：CLR、HOLD 和 MAX。在表 10-8 中，根据输出信号的范围不同，列举出了停止转换时的输出状态选择。

表 10-8 输出状态的保持值

输出信号	输出状态设置		
范围	CLR	HOLD	MAX
0～10V	−0.5V（最小是全量程的−5%）	停止前一时刻输出的电压	10.5V（最大是全量程的 5%）
−10～10V	−0.0V	停止前一时刻输出的电压	11.0V（最大是全量程的 5%）
1～5V	0.8V（最小是全量程的−5%）	停止前一时刻输出的电压	5.2V（最大是全量程的 5%）
0～5V	−0.25V（最小是全量程的−5%）	停止前一时刻输出的电压	5.52V（最大是全量程的 5%）

③ 输出比例功能。当上、下限在 CPU 单元的 DM 区域中以 16 位二进制数据表示，范围在十进制数值-32 000～32 000 时，模拟输出设置值就以上、下限为全量程，由数字量转化成模拟量。这个比例功能消除了以前要提供从规定的单位进行数字转换的程序的需要。此功能既可以设置成正比例线，也可以设置反比例线，以满足不同的控制要求。

2. 变频器的选型

图 10-11 为台达 VFD-B 变频器的主电路简化图。其中，输入端标志为 R、S、T，接电源进线；输出端为 U、V、W，接电动机。如图 10-11（a）所示，对于容量＜11kW 的变频器，内部配有制动单元，外部只需配接适当的制动电阻即可。如图 10-11（b）所示，容量＞15kW 的变频器，内部无制动单元，故制动电阻 RB 与外接制动单元 VB 均需外接。另外，直流电抗器 DL 接至 P1（整流桥输出端）和 P2（直流正端）之间，出厂时 P1 和 P2 之间有一短路片相连，使用电抗器接入电路时应将短路片拆除。表 10-9 为 VFD-B 变频器的输入/输出端子的功能。图 10-12 为 VFD-B 变频器的控制电路。

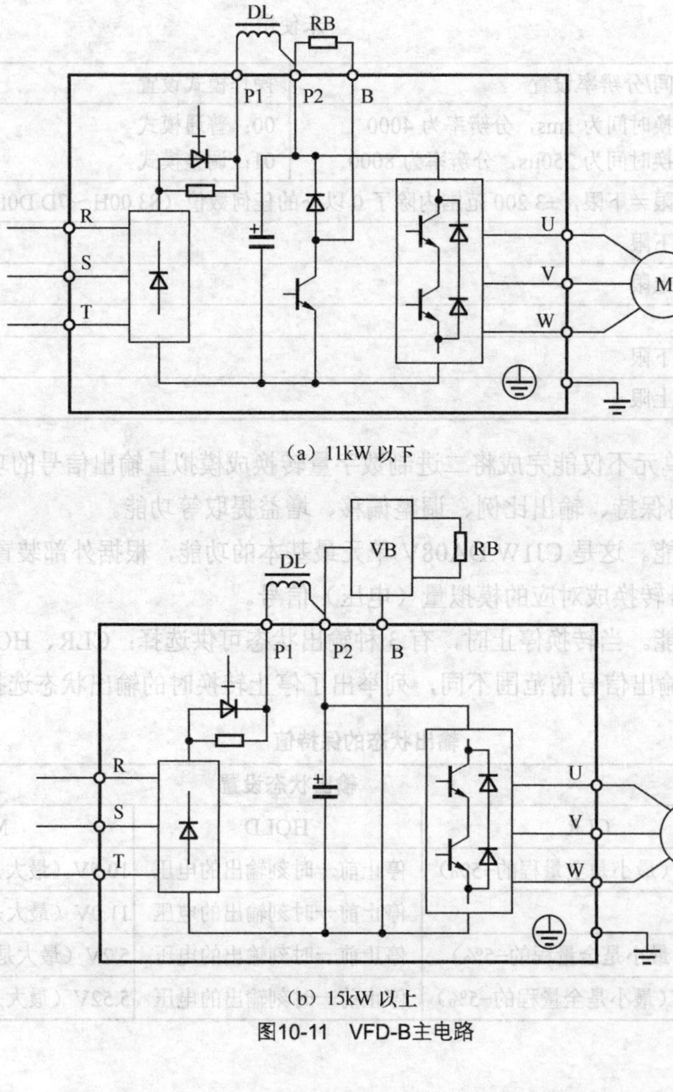

（a）11kW 以下

（b）15kW 以上

图10-11　VFD-B主电路

表 10-9　　VFD-B 变频器的输入/输出端子功能

端子代号	功能和用途	端子代号	功能和用途
AVI	0～10V 电压信号给定端	Mi1～Mi6	可编程多功能输入控制端
ACI	4～20mA 电流信号给定端	TRG	外部计数输入端
AUI	−10～10V 电压信号给定端	RA/RB/RC	变频器故障信号，为继电器输出，可接至 AC 220V 电路中
+10V	变频器内部给定电源的“+”端		
ACM	变频器内部给定电源的“−”端	Mo1～Mo3	可编程多功能输出控制端，晶体管输出，可接至 DC 48V 电路中
FWD	正转信号端		
REV	反转信号端	AFM	运行参数测量信号，可测量变频器的输出频率、输入电流和输出电压
JOG	点动信号端		
EF	外部故障信号输入端	DFM	输出频率测量信号，可接数字频率计

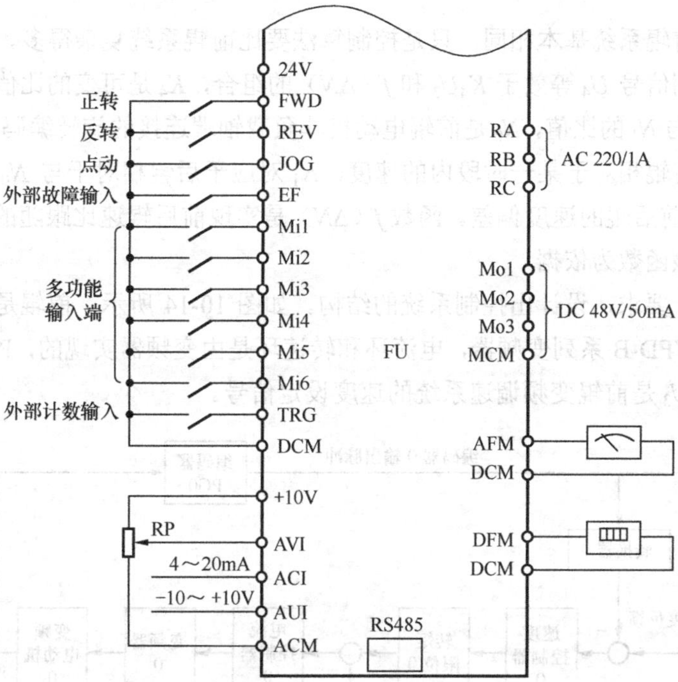

图10-12　VFD-B的控制电路

10.1.3　PLC 程序设计

开炼机变频调速控制系统的功能是根据胶料性质的不同，PLC 模拟量输出单元输出对应不同速度的电压等级，然后由变频器经过频速比转变，输出对应的频率和电压，以调节前、后辊，并保持相对稳定的频速比。下面将介绍控制系统的组成及其软件编程实现。

1. 控制系统的组成

如图 10-13 所示，前辊控制系统主要由 CPU 单元 CPU 22、模拟量输入单元 AD081-V1、模拟量输出单元 DA08V、前辊变频器、旋转编码器 PG1、变频调速电动机 M1 和前辊减速机等组成。在本例中使用 DA08V 的第三路模拟输出 U_3 来控制前辊的旋转速度。

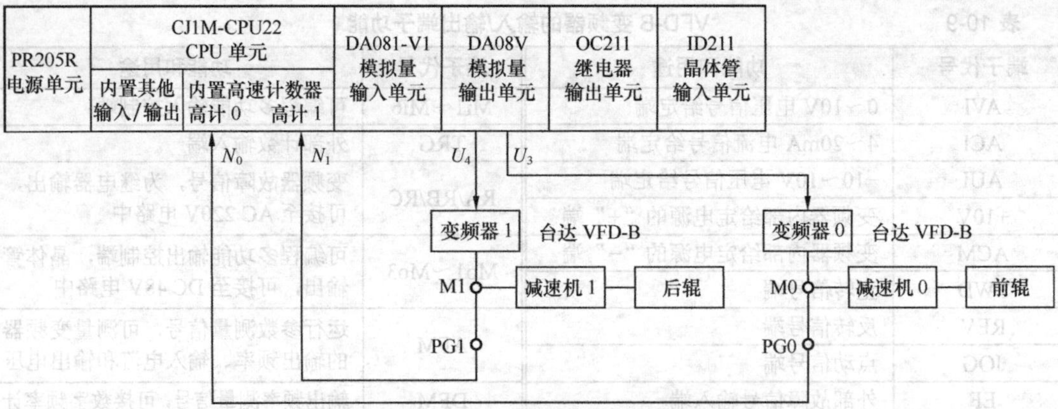

图10-13　开炼机前、后辊速比跟随控制系统框图

后辊系统与前辊系统基本相同，只是控制算法要比前辊系统复杂得多。由 DA08V 第四路输出的模拟控制信号 U_4 等效于 K_4U_3 和 f（ΔN）的组合，K_4 是可变的比值系数（亦称前馈系数）；ΔN 是 N_0 与 N_1 的比值，N_0 是前辊电动机非负载轴端连接的旋转编码器 PG3 输出的脉冲数，它对应于前辊相对于某一时段内的速度，N_1 对应于后辊相对于与 N_0 同一时段内的速度，故ΔN 对应于前后辊的速度偏差。函数 f（ΔN）是实现前后辊速比跟随的关键函数，控制算法和编程都以该函数为依据。

按照系统设计要求，设计出控制系统的结构。如图 10-14 所示，前辊是高精度速度控制系统，采用台达 VFD-B 系列变频器，电流环和转速环是由变频器实现的，PLC 的 DA08V 第三路输出模拟量 U_3 是前辊变频调速系统的速度设定信号。

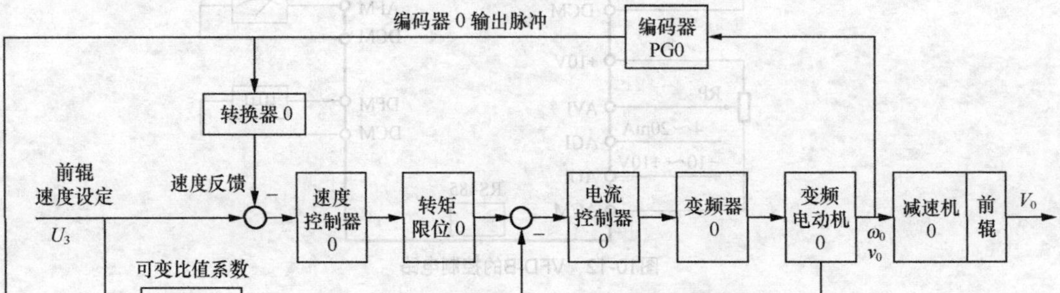

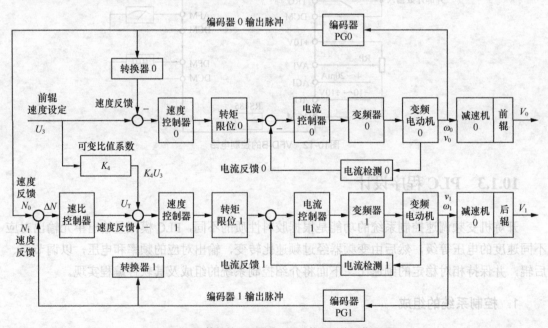

图10-14　开炼机前、后辊速比跟随控制系统工作原理图

后辊控制系统是由电流环、转速环和速比环组成的速比跟随控制系统。计算编码器 PG0 和 PG1 输出的脉冲数 N_0 和 N_1 的比值 U_T、U_T 对应于函数 f（ΔN）运算的结果，然后由 PLC 实现速比跟随控制器的功能。电流环和转速环也是由台达 VFD-B 系列变频器实现的，PLC 的 DA08V

第四路输出模拟量 U_4 是后辊变频调速系统的速度设定信号，U_4 等效于 K_4U_3 与 U_T 的合成。

如图 10-14 所示，在后辊速度闭环控制的基础上增加了一条由比值系数 K_4 构成的前馈通道，称为比值控制或前馈控制。在从低速到高速的整个调速范围内，比值系数 K_4 是可变的，其特性曲线可以是线性或非线性的，从而保证了在动态过程中前、后辊速比的固定性。比值控制（前馈控制）与速比跟随控制的有机结合，明显提高了前、后辊跟随控制的性能。在系统运行过程中，比值系数的自动调用和速比控制算法的实现都是由 PLC 来完成的。

2. 变频控制系统的软件实现

根据工程要求和图 10-14 来编程，前辊为主令单元，后辊为从令单元。前辊编码器 PG0 的脉冲送到 CPU22 的内置高速计数器 0 的输入端，计数值 N_0 存放在 A270 和 A271 中；后辊编码器 PG0 的脉冲送到内置高速计数器 1 的输入端，计数值 N_1 存放在 A272 和 A273 中。

前辊的速度设定值存放在 D0 中，后辊的速度设定值存放在 D1 中，通过模拟量输出单元的端子电压来控制变频器，进而控制电动机的转速。将前、后辊速比 U_T 与 K_4 比较，根据两者的偏移量调整，使 U_T 值在某一工况下保持稳定。图 10-15 为控制系统梯形图程序，其中参数设置请参照表 10-8。

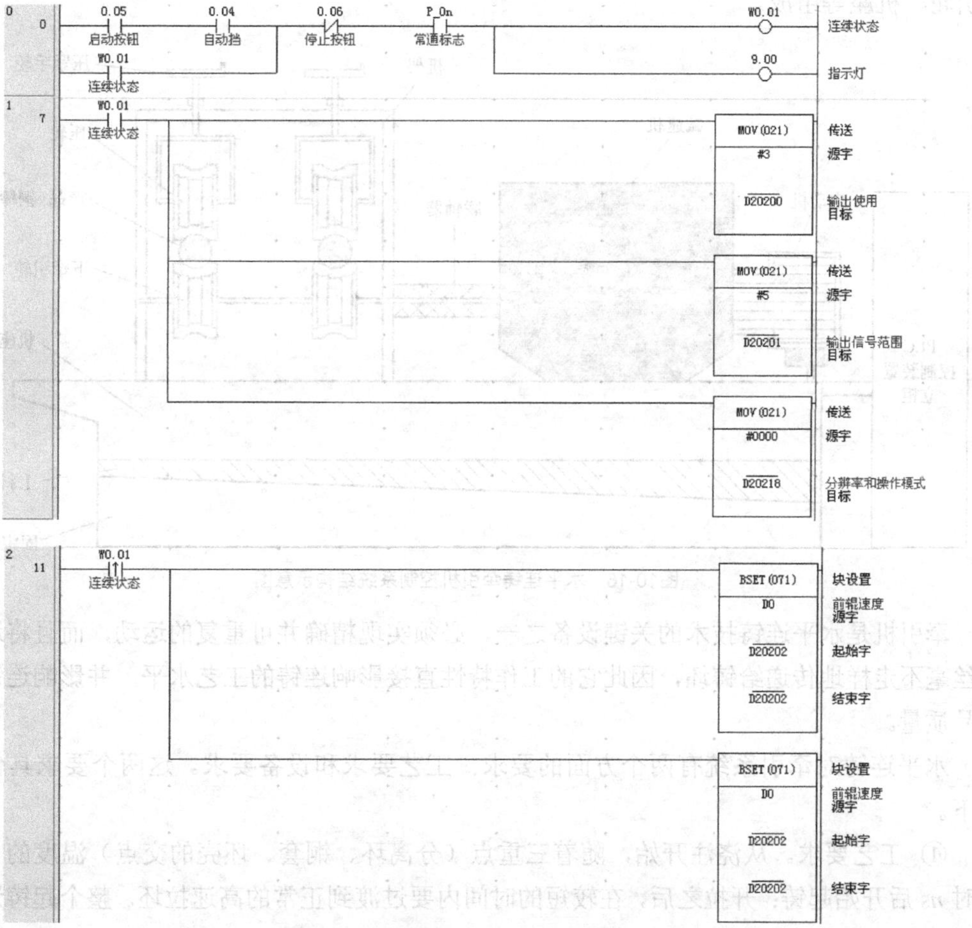

图10-15　开炼机前、后辊速度控制梯形图

10.2 PLC控制牵引机变频器启动、停止的实现

在铸铜水平连铸生产线中，牵引机是水平连铸驱动系统的被控对象，其性能的好坏直接关系到整个连铸系统能否正常运转。本节将PLC应用于控制水平连铸机牵引机系统，以完成铸铜棒生产中最关键的一环——拉坯。本节首先分析牵引机的功能及动作循环过程，采用PLC和伺服电动机作为控制方案；然后绘制部件的电气原理图，分析需要控制的部件，根据需要控制的部件具体分析控制的相关部位，并确定出控制所需的输入/输出点数，由输入/输出点数选择PLC的型号，分配输入/输出通道；接着设计系统的控制方式，由系统的控制方案设计出控制流程图；最后，完成程序设计的硬件连接和程序设计。

10.2.1 牵引机控制系统概述

如图10-16所示，水平连铸牵引机控制系统由系统的控制装置、电动机、减速机、压轮、牵引轮、机座等组成。

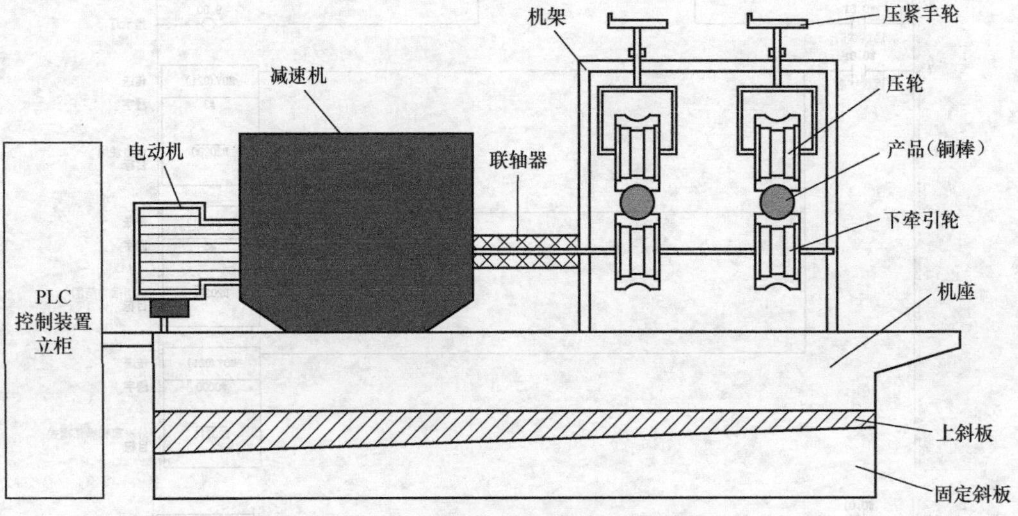

图10-16 水平连铸牵引机控制系统结构示意图

牵引机是水平连铸技术的关键设备之一，必须实现精确并可重复的运动，而且将这些运动丝毫不走样地传递给铸坯，因此它的工作特性直接影响连铸的工艺水平，并影响连铸坯的产品质量。

水平连铸对牵引系统有两个方面的要求：工艺要求和设备要求。这两个要求具体叙述如下。

① 工艺要求。从浇注开始，随着三重点（分离环、铜套、坯壳的交点）温度的上升，延时*n*s后开始起铸；开拉之后，在较短的时间内要过渡到正常的高速拉坯。整个起铸过程必须拉速平稳，保证高拉速，得到尽可能多的平均拉速，以获得表面和内部质量均较好的铸坯。

另外，为了减少拉坯阻力，获得稳定可靠的结晶器，初期坯壳是尤为重要的。

② 设备要求。设备系统必须能够准确无误地执行工艺设计的牵引动作，实时调节牵引过程中各阶段拉坯工艺要求的工艺参数，对偏离工艺要求的牵引动作可以实现自动调整，反应迅速、灵敏和无误，特别是要确保牵引动作的再现性和多辊驱动的同步性。

水平连铸牵引机控制系统的工作原理是：在开始时牵引机引锭杆堵住结晶器的出口，使铜水在结晶器内与引锭杆前端的引锭头凝结在一起。上牵引轮是被动轮，也叫压轮，起到压紧作用；下牵引轮作为主动轮与联轴器相连接，起到牵引作用。在保温炉结晶器中凝固成形的铸铜棒材，通过牵引轮的转动，靠摩擦力拉拔出来，铸坯向前运行。然后通过对下牵引轮的反推和牵引，以及反推牵引停顿凝固，制造出表面光滑、直径均匀的金属棒。根据水平连铸拉坯理论，牵引系统采用非连续的拉坯方式，具体的拉坯方式动作为推—停—拉—停，如图 10-17 所示。其中，设定每次反推时间为 t_1，推停时间为 t_2，引拉时间为 t_3，引停时间为 t_4。

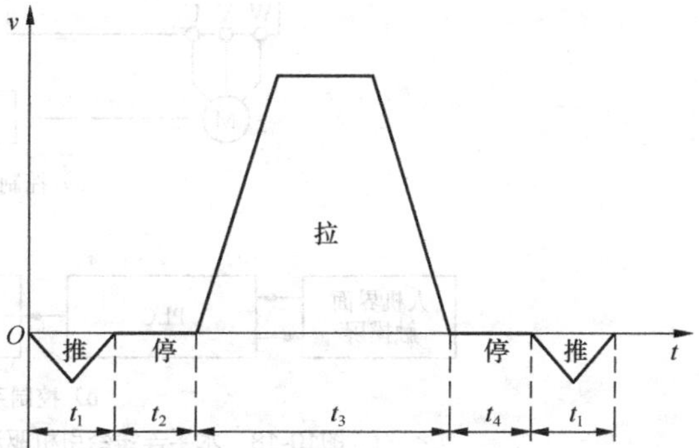

图10-17　牵引机实际牵引方式

根据铸铜凝固的特点及连铸生产的过程要求，牵引机拖动控制系统的功能可以归纳为以下两个方面。

1. 速度给定控制

① 平稳启动。按照要求的加速度启动，实现较为理想的启动工艺曲线。

② 正常稳定生产时拉拔速度 v=0.5～2.1m/min，在此范围内速度连续可调，以满足不同直径铸铁型材生产及不同生产率拉拔调整的要求。

③ 生产过程中拉拔运动平稳，拉拔步长基本恒定，避免生产中出现裂纹、疤皮等缺陷。

2. 拉停比及周期控制

① 拉停比 K 在 0～100%范围内连续可调，在 v、T 一定的条件下，K 决定步长的大小。

② 拉拔周期 T 在 2～30s 范围内连续可调，以适应不同材质、不同尺寸和形状铸铁型材的生产要求。

10.2.2 硬件选型及系统电路设计

从图 10-18 可以看出，水平连铸牵引机驱动控制系统采用的是开环控制方案。水平连铸牵引机伺服驱动控制系统的设备主要包括：PLC、变频器、电动机、减速机、牵引辊等。本例的控制任务并不复杂，但是系统的拉坯工艺为严格的顺序过程，可以采用顺序功能图法来设计梯形图。

1. PLC 控制部分的设计

PLC、信号输入元件（如按钮、传感器等）、输出执行器件（如电磁阀、接触器、电铃等）

和显示器件构成一个 PLC 控制系统，其中输入/输出接口电路依据其电气性质的不同又分为开关量、模拟量和数字量。PLC 控制系统的设计包括这些器件的选取和连接等。一个输入信号进入 PLC 后，在 PLC 内部可以被多处使用，而且可以获得其常开、常闭、延时等各种形式的触点，因此，信号输入器件只要有一个触点即可。对于输出器件而言，应尽量选取相同电源电压且工作电流较小的器件。

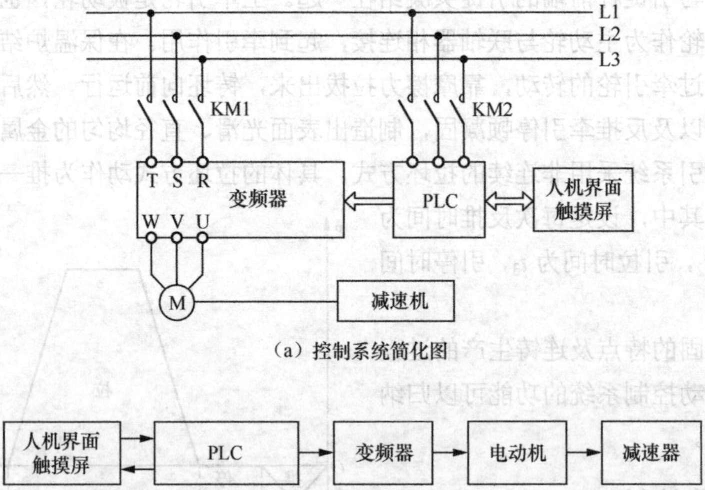

（a）控制系统简化图

（b）控制系统原理框图

图10-18　水平连铸牵引机驱动控制系统简化图及原理框图

① 输入信号包括以下几种。

按钮：启动、停止、正转、反转、急停、单行程，需要 6 个输入点。

工作方式选择开关：手动/自动需要 1 个输入点。

检测信号：开关电源检测需要 1 个输入点。

报警信号：故障报警需要 1 个输入点。

② 输出信号包括以下几种。

变频器控制：正转、反转，需要 2 个输出点。

频率输出信号：正转频率、反转频率，需 2 个输出点。

状态标志：变频器启动指示、报警指示、自动运行指示，需 3 个输出点。

因此，该系统共有 9 个输入点，7 个输出点，逻辑关系较为清楚，且输入/输出信号只有正转频率和反转频率输出为模拟量。应选用 PLC 中的小型机，同时考虑留有一定的裕量。选用欧姆龙 CP1H 型小型 PLC，它可以通过 USB 接口与上位机通信，采用梯形图配功能块的结构文本语言编程，多任务的编程模式，易于联网，拥有多路高速计数与多轴脉冲输出。选用 CP1H-XA40DR-A，其 CPU 单元的主要特点如下。

a. CPU 单元本体内置 24 个继电器输入点、16 个继电器输出点，可以实现 4 轴高速计数和 4 轴脉冲输出。

b. 通过 CPM1A 扩展系列的扩展输入/输出单元，CP1H 整体最多可以扩展至 320 个输入/输出点。

c. 通过 CPM1A 扩展系列的扩展单元，可以实现功能扩展（如位移传感器输入等）。

d．通过安装选件板，可以实现 RS232 通信或者 RS422/485 通信（用于连接 PT、条形码阅读器、变频器等）。

e．通过扩展 CJ 系列高功能单元，可以向上位或者下位扩展通信功能。

f．内置了模拟量电压/电流输入 4 点和模拟电压/电流输出 2 点。

此 PLC 输入/输出单元的具体规格是：输入点包括 0 通道 0.00～0.11 位共 12 点 ，1 通道 1.00～1.11 位共 12 点，如图 10-19 所示；输出点包括 100 通道 100.00～100.07 位共 8 点，101 通道 101.00～101.07 位共 8 点，如图 10-20 所示。此外，对于 XA 型的 CP1H 类型 PLC，其模拟量输出单元的主要功能是将指定的数字量（二进制）转化为标准的电压信号（−10～10V、0～5V、0～10V 或 1～5V）或电流信号（0～20mA、4～20mA）。图 10-21 是模拟量输出单元端子台的外形图，各引脚定义如表 10-10 所示。图 10-22 为 XA 型模拟量输出单元的工作原理。

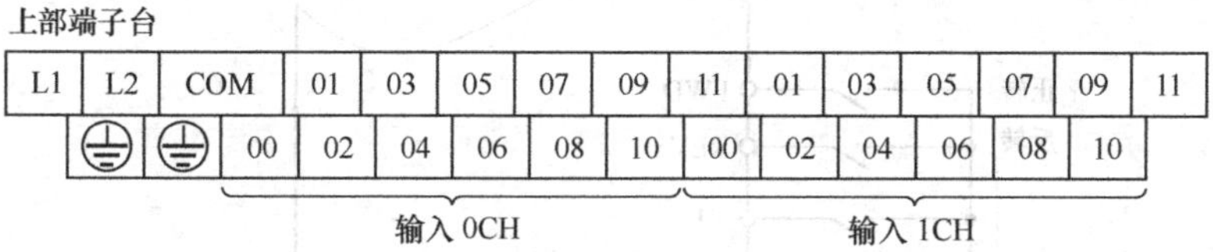

图10-19　XA型通用输入端子台示意图

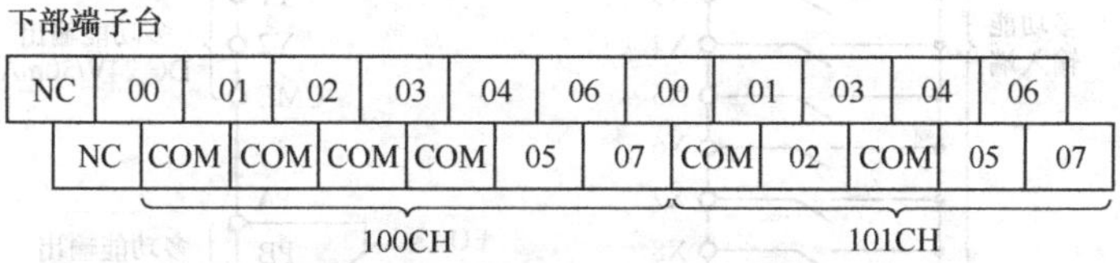

图10-20　XA型通用输出端子台示意图

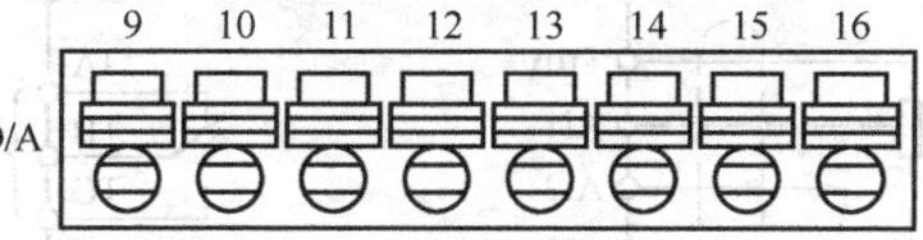

图10-21　XA型模拟量输出单元端子台

表 10-10　XA 型模拟量输出单元引脚定义

引脚	代号	备注
9	V OUT0	第 0 路模拟量电压输出（接正极）
10	I OUT0	第 0 路模拟量电流输出（接正极）
11	COM0	第 0 路模拟量输出公共端（接负极）
12	V OUT1	第 1 路模拟量电压输出（接正极）
13	I OUT1	第 1 路模拟量电流输出（接正极）
14	COM1	第 1 路模拟量输出公共端（接负极）
15	AG	模拟 0V
16	AG	模拟 0V

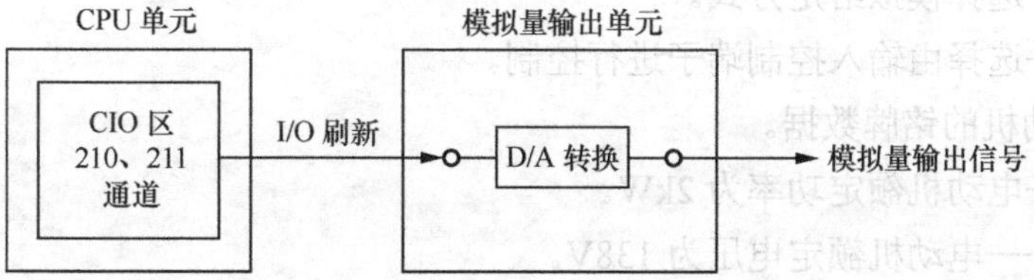

图10-22　XA型模拟量输出单元工作原理图

2. 变频器的设计

（1）变频器的选型和预置

选择变频器时首先必须充分认识到使用变频调速的目的，并考虑变频调速系统应用的场合和产品特性的具体情况，而且要从容量、输出电压、输出频率、保护结构、*U*/*f*（电压/频率）模式等方面综合考虑，从而选出满足要求的机型。

基于以上所述，所选变频器为艾默生 TD3000 系列变频器，输入端的标志为 R、S、T，接电源进线；输出端的标志为 U、V、W，接电动机；外接频率给定端 AI1、AI3 为 0～±10V 的电压信号给定端；AI2 为 0～10V 电压信号或 0～20mA 电流信号给定端；FWD 为正转控制端，REV 为反转控制端。图 10-23 为 TD3000 系列变频器的部分控制电路。

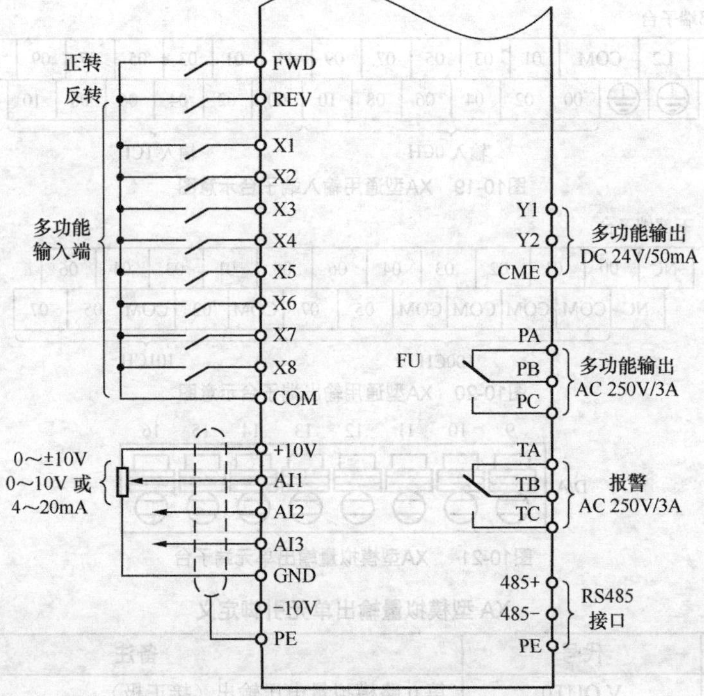

图10-23 TD3000系列变频器的部分控制电路

变频器的输入信号包括运行/停止、正转/反转、微动等数字量输入信号。变频器通常利用继电器触点或晶体管集电极开路形式与上位机连接，并得到这些运行信号。

为了使变频器按照预先设计的方式工作，要对其预置如下几个方面的功能。

① 控制方式的预置。

F0.02=0——选择无反馈矢量控制方式。

F0.03=5——选择模拟给定方式。

F0.05=1——选择由输入控制端子进行控制。

② 输入电动机的铭牌数据。

F1.01=2——电动机额定功率为 2kW。

F1.02=138——电动机额定电压为 138V。

F1.03=8——电动机额定电流为 8A。

F1.05=960——电动机额定转速为 960r/min。

③ 预置电动机的自动测试功能。

F1.09=1——允许自动测试。

F1.10=1——选择通过 RUN（运行）键进行自动测试的功能。

④ 升降速功能预置。

F2.05=1——选择 S 形升、降速方式，这是为了减缓拉坯过程中速度的变换，防止加速度过大对铸铜造成不利的影响。

F0.10=5.0——升速时间选择 5s。

F0.11=5.0——降速时间选择 5s。

（2）PLC 与变频器的连线

因为变频器在运行中会产生较强的电磁干扰，为保证 PLC 不因为变频器主电路断路器及开关器件等产生的噪声而出现故障，将变频器与 PLC 相连接时应该注意以下几个方面。

① 同一操作柜中同时安装有变频器和 PLC 时，应尽可能隔离开与变频器有关的电线和与 PLC 有关的电线。

② 当提供的电源稳定性不佳时，在 PLC 的电源模块及输入/输出模块的电源线上接入噪声滤波器和降低噪声的专用变压器等，以保证 PLC 获得可靠、稳定的供电电源。另外，为确保系统的稳健性，在变频器一侧有必要采取相应的措施。

③ 按规定的接线标准和接地条件对 PLC 进行接地屏蔽处理，同时应注意避免使 PLC 和变频器使用共同的接地线，且在接地时对二者进行隔离处理。

④ 为提高抗噪声干扰的水平，建议在电气连接复杂的环境中使用屏蔽线和双绞线。

在此，只对 PLC 和变频器进行简单的连线，完成本例中系统要求的基本功能，参照部分以上的原则，将选用的 CP1H-XA40DR-A 和 TD3000 变频器连接。设计系统的连接示意图如图 10-24 所示。

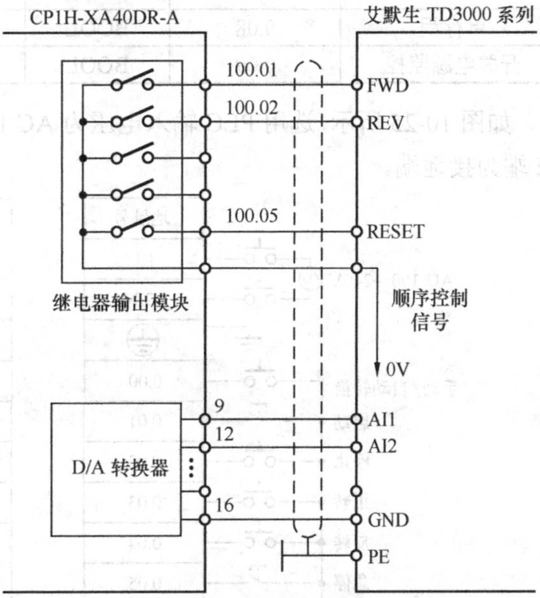

图10-24　PLC与变频器的连线图

10.2.3　PLC 程序设计

CX-Programming（简写为 CX-P）是欧姆龙公司开发的，适用于 C 系列 PLC 的梯形图编程软件，在 Windows 系统环境中运行，可实现梯形图的编程、监视、控制等功能。本例使用 7.3 版本的 CX-P 作为开发软件，在离线状态下编程。

CX-P 7.3 提供了结构化编程、多任务程序开发的新方法，可以一人同时编写、调试多个

PLC 的程序，也可以多个人同时编写、调试同一个 PLC 的多个任务的程序。它具有远程编程和监控功能，上位机可以通过被连接的 PLC 访问本地网络或远程网络的 PLC，也可以通过 Modem 利用电话线访问远程 PLC。

PLC 的工作原理是接收并处理来自按钮、传感器和限位开关等设备或元件传送来的输入信号，然后输出信号控制外部设备（如继电器、电动机控制器、指示灯、报警等），以达到系统设计的目的。CP1H-XA40DR-A 的具体输入/输出点如表 10-11 所示。

表 10-11　输入/输出点配置表

输入点			输出点		
功能注释	地址编号	数据类型	功能注释	地址编号	数据类型
手动/自动转换	0.00	BOOL	变频器启动	100.00	BOOL
启动	0.01	BOOL	正转	100.01	BOOL
停止	0.02	BOOL	反转	100.02	BOOL
正转	0.03	BOOL	自动运行指示	100.03	BOOL
反转	0.04	BOOL	声光报警	100.04	BOOL
急停	0.05	BOOL	变频器复位	110.05	BOOL
复位	0.06	BOOL	正转频率控制	9	—
报警	0.07	BOOL	反转频率控制	12	—
单行程	0.08	BOOL			
开关电源监控	0.09	BOOL			

如图 10-25 所示，选用 PLC 输入电压为 AC 100～240V，L1 和 L2/N 分别接 220V 交流电，PE 端为接地端。

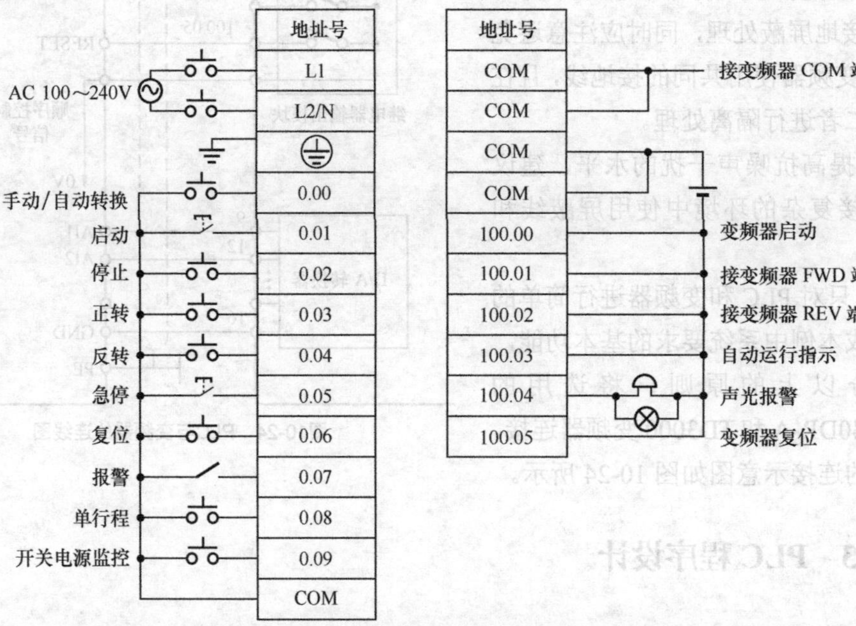

图10-25　PLC输入/输出端接线图

铸铜水平连铸是一个典型的顺序控制系统，牵引机的两对相互平行的辊筒将型材以一定的牵引周期从保温炉中拉出，然后按照设定的牵引方式循环牵引。根据工艺过程的要求，绘制出的控制系统状态转移图，如图 10-26 所示。

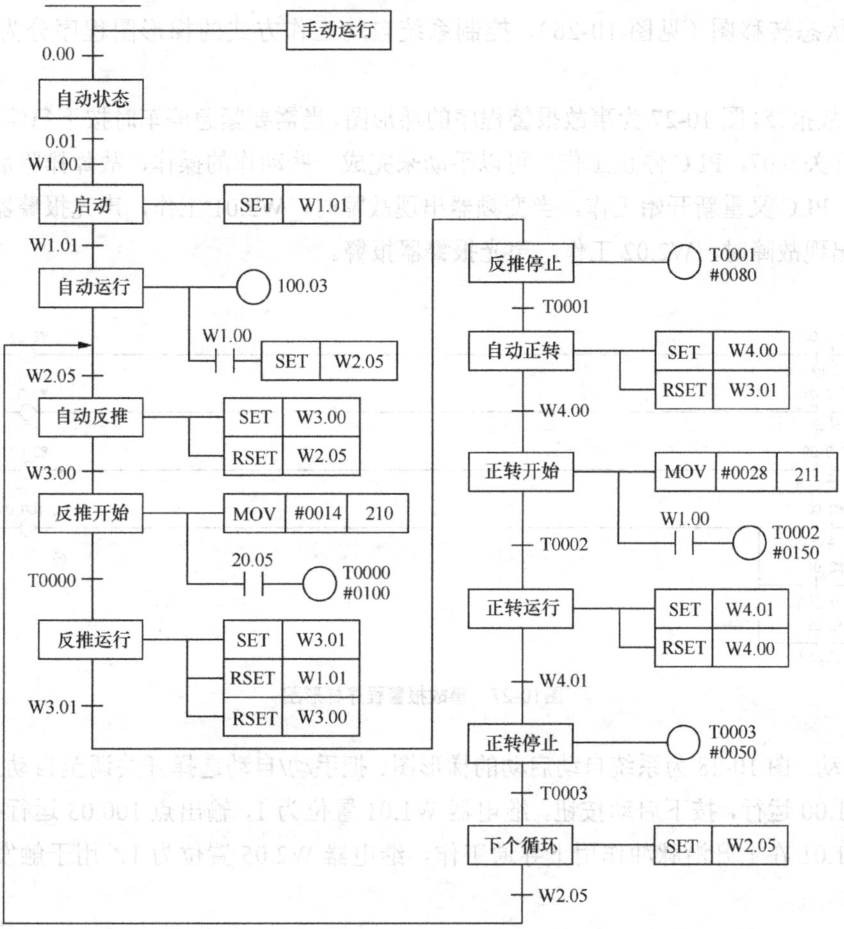

图10-26　系统状态转移图

在图 10-26 中，首先将自动/手动转换开关切换到自动运行状态，接着按下启动按钮置输入节点 0.01 为 ON，反转继电器 W1.01 动作，电动机启动，开始反推牵引，持续时间为 T_1，当达到设定的反推时间后，反推停止，继电器 W3.01 动作，电动机停止且持续时间 T_2；反推停止时间满足要求后，正转继电器 W4.00 动作，电动机开始正转牵引，时间为 T_3，当达到 T_3 时，正转停止，继电器 W4.01 动作，电动机停止，时间为 T_4。引停阶段结束后，下一个循环继电器 W2.05 动作，进入新的牵引周期。如果牵引过程中按下暂停按钮，则牵引机直接停止工作；如果牵引过程中出现事故报警，则声光报警器报警，牵引机亦停止工作。

表 10-12 为编程中引用到的工作位。

表 10-12　　牵引机控制系统内存表

工作位	含义	工作位	含义
W1.00	自动状态标志	W3.00	自动反推开始标志
W1.01	启动运行标志	W3.01	自动反推运行保持
W2.00	急停标志	W4.00	自动正转开始标志
W2.01	报警标志	W4.01	自动正转运行保持
W2.02	电源监测标志	W5.00	单行程标志
W2.05	自动反转触发		

根据状态转移图（见图10-26），控制系统自动工作方式的梯形图程序分为以下6个部分。

① 事故报警。图10-27为事故报警程序的梯形图。当需要紧急停车时按下急停按钮0.05、声光报警开关0.07，PLC停止工作，可以手动来完成一些动作的操作，故障排除后按下复位按钮0.06，PLC又重新开始工作。当变频器出现故障时，W2.01工作，声光报警器报警；当开关电源出现故障时，W2.02工作，声光报警器报警。

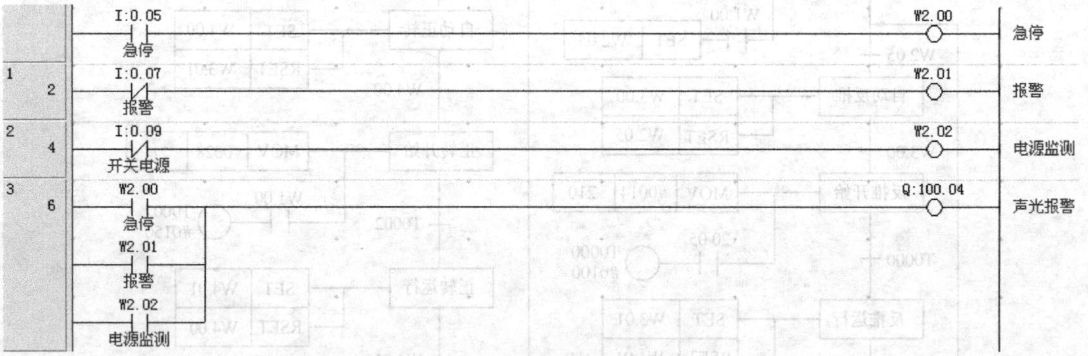

图10-27　事故报警程序梯形图

② 启动。图10-28为系统自动启动的梯形图。把手动/自动选择开关调至自动工作状态，继电器W1.00运行，按下启动按钮，继电器W1.01置位为1，输出点100.03运行指示灯亮，继电器W1.01在上升沿脉冲作用下导通工作，继电器W2.05置位为1，用于触发自动反转动作。

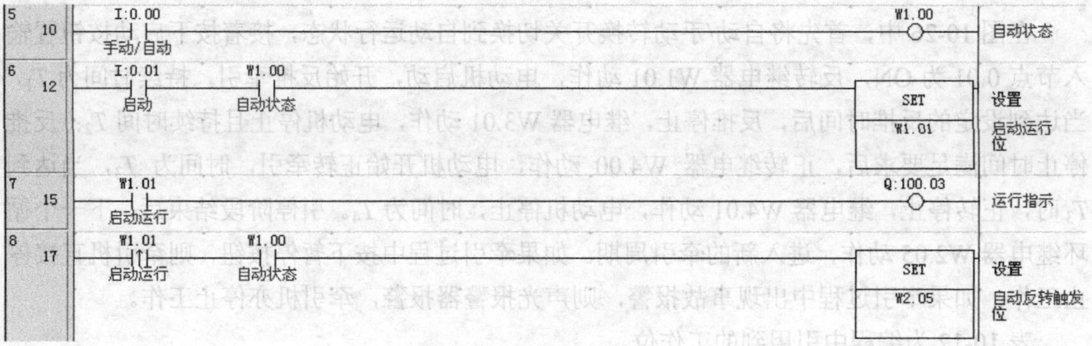

图10-28　自动启动梯形图

③ 反转。图10-29为反转运动的梯形图。继电器W2.05在上升沿脉冲作用下导通，继电器W3.00置位为1，变频器启动且内部反转电路接通，反转速度由PLC的模拟电压输出0进入变频器内部指定频率，电动机开始反转，反转时间T0000可以任意设定。当到达给定时间时发出信号，继电器W3.01开始动作，反推动作停止。

④ 推停。图10-30为推停运动的梯形图。反转动作结束后，反推停止时间由T0001设定，当时间达到设定时间时发出信号，推停阶段结束，然后自动正转继电器W4.00置位为1，同时复位推停继电器W3.01，为下一步开始正转做好准备。

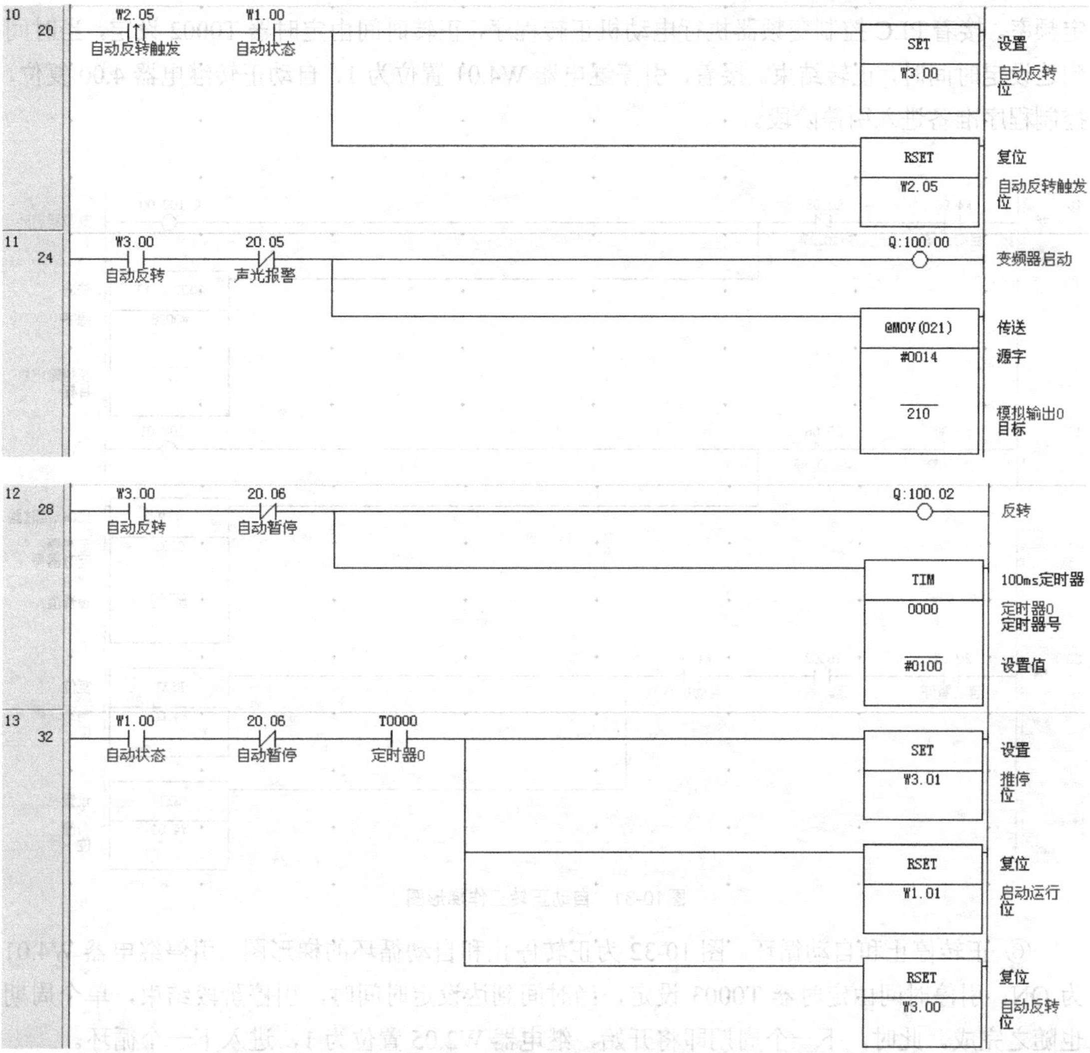

图10-29　自动反转工作梯形图

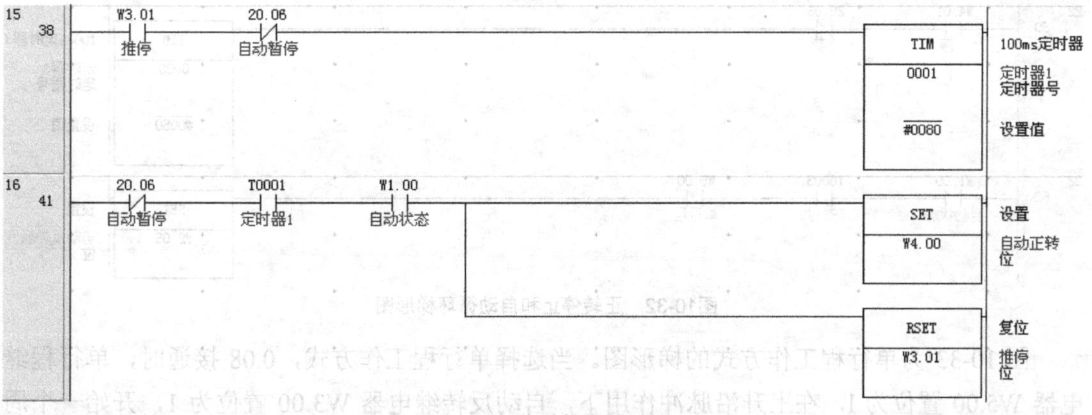

图10-30　自动推停梯形图

⑤ 正转。图 10-31 为正转运动的梯形图。声光报警继电器 20.05 常闭，反转推停动作结束后，自动正转继电器 W4.00 为 ON，正转速度由 PLC 的模拟电压输出 1 进入变频器内部指

定频率，接着PLC控制变频器执行电动机正转程序，正转时间由定时器T0002设定，当时间到达设定时间时，正转结束。接着，引停继电器W4.01置位为1，自动正转继电器4.00复位，控制程序准备进入引停阶段。

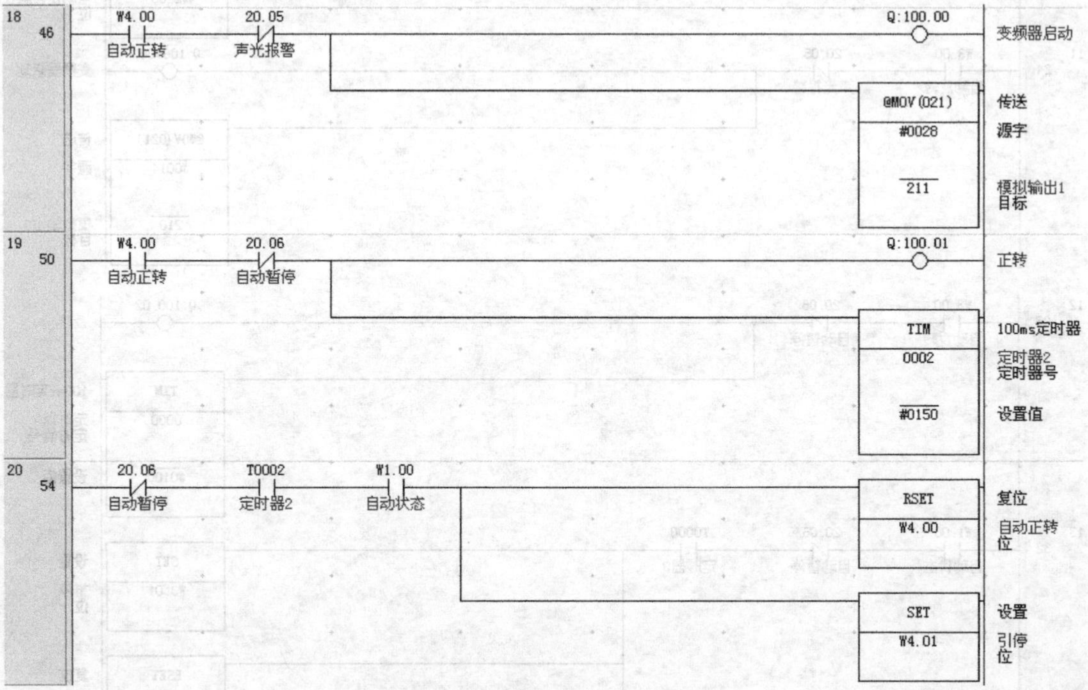

图10-31　自动正转工作梯形图

⑥ 正转停止和自动循环。图10-32为正转停止和自动循环的梯形图。引停继电器W4.01为ON，引停时间由定时器T0003设定，当时间到达设定时间时，引停阶段结束，单个周期也随之完成。此时，下一个周期即将开始，继电器W2.05置位为1，进入下一个循环。

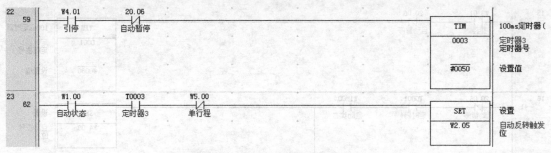

图10-32　正转停止和自动循环梯形图

图10-33为单行程工作方式的梯形图。当选择单行程工作方式，0.08接通时，单行程继电器W5.00置位为1，在上升沿脉冲作用下，自动反转继电器W3.00置位为1，开始一个周期的牵引机动作，和连续工作方式一样，顺序完成反推、推停、引拉、拉停动作，直到继电器W5.00复位为0时，电动机停止，一个周期的动作结束。或者按下0.02停止按钮使程序结束。如需继续工作，还需再按一下启动按钮才能继续。

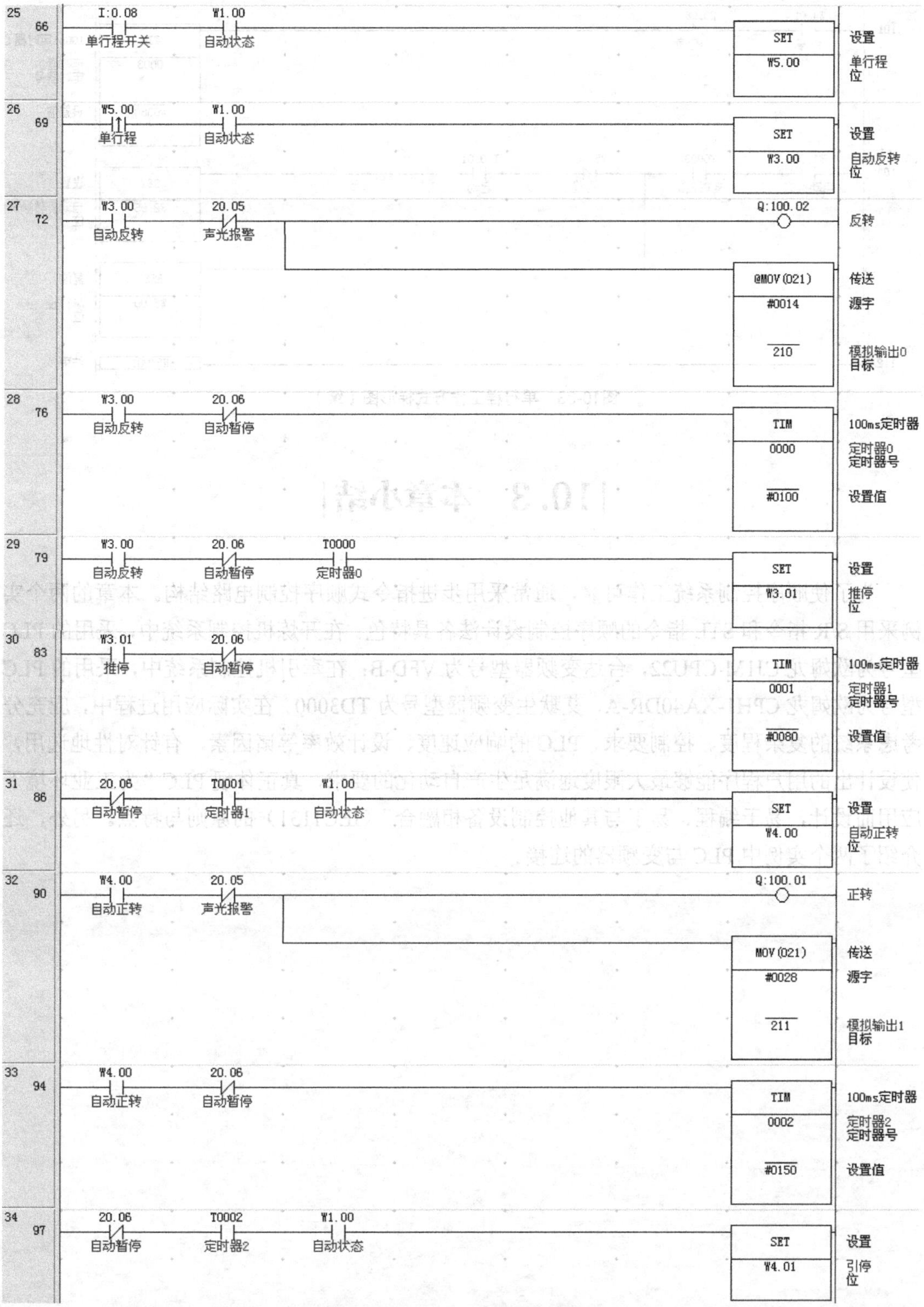

图10-33　单行程工作方式梯形图

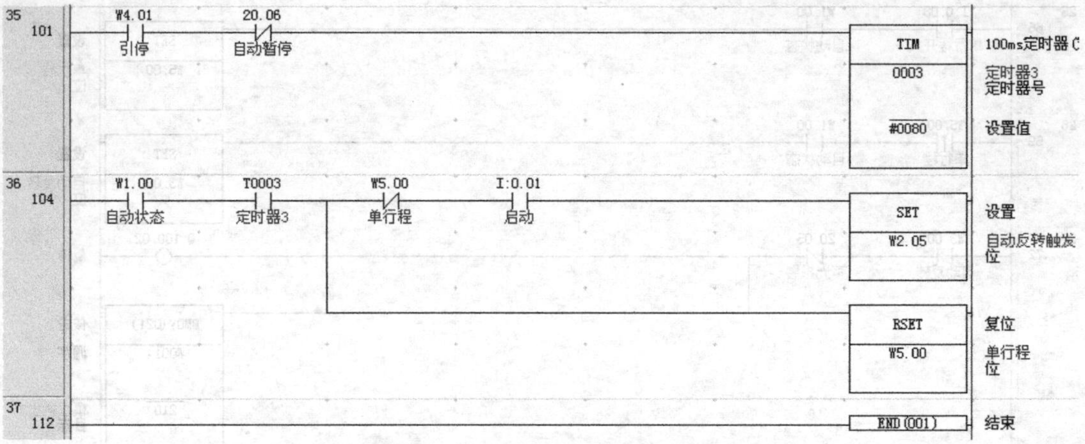

图10-33 单行程工作方式梯形图（续）

10.3 本章小结

为了使顺序控制系统工作可靠，通常采用步进指令式顺序控制电路结构。本章的两个实例采用 S/R 指令和 STL 指令的顺序控制设计法各具特色。在开炼机控制系统中，采用的 PLC 型号为欧姆龙 CJ1M-CPU22，台达变频器型号为 VFD-B；在牵引机控制系统中，采用的 PLC 型号为欧姆龙 CPH1-XA40DR-A，艾默生变频器型号为 TD3000。在实际应用过程中，应充分考虑系统的复杂程度、控制要求、PLC 的响应速度、设计效率等诸因素，有针对性地选用，使设计出的用户程序能够最大限度地满足生产自动化的要求，真正体现 PLC“为工业环境下应用而设计，易于编程、易于与其他控制设备相融合”（IEC1131）的原则与特点。另外，还介绍了两个实例中 PLC 与变频器的连接。

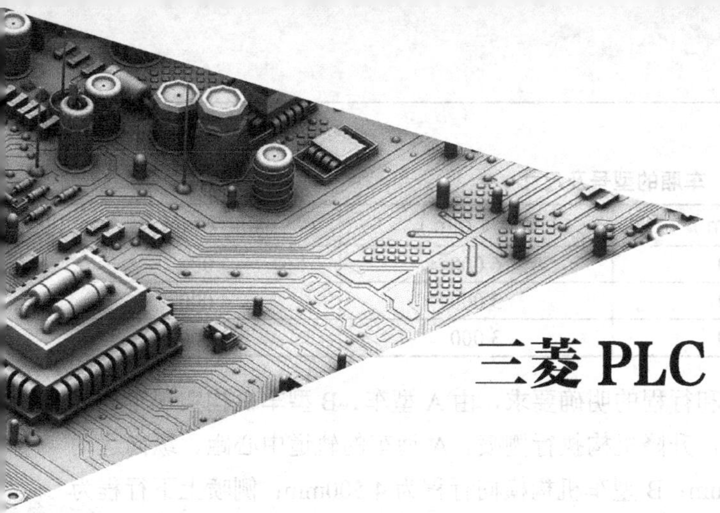

第 11 章 三菱 PLC 与变频器工程实例

随着 PLC 产品性能的不断提高，PLC 在模拟量控制领域得到越来越多的应用。本章将介绍三菱 PLC 与变频器模拟量控制的工程实例，通过系统概述、硬件选型及系统电路设计、PLC 程序设计等方面来说明如何实现 PLC 的控制系统开发设计。从控制系统需求分析出发，本章还详细介绍基于 PLC 的控制方案形成、控制系统开发中的硬件选择和软件开发。读者通过本章的学习，可以掌握基于 PLC 的模拟量控制及其在工程上的应用。

11.1 自动喷涂控制系统设计

随着交通运输业的发展，运输工具越来越多，运输工具喷漆加工的要求越来越多。由于人工喷涂工作效率低、喷涂成本高，而自动喷涂工作效率高、用人数量少且喷涂质量高，因此，自动喷涂加工是必然的发展趋势。本系统以返修的车厢设计喷涂机为例，讲述 PLC 控制系统的开发过程，使读者对运用 PLC 开发控制系统建立基本概念，熟悉 PLC 控制系统的开发流程。

11.1.1 自动喷涂控制系统概述

该系统的主要功能是自动完成对 A 型车、B 型车、C 型车等各型车表面的喷涂工作，能完成车厢内外表面、底部和前后端面、内外侧面的自动喷涂。

3 种车型的车厢外形如图 11-1 所示，车厢的型号及尺寸如表 11-1 所示。从表中可以看出，3 组参数中的最大值分别为：长 17 000mm，宽 3 000mm，高 4 000mm。

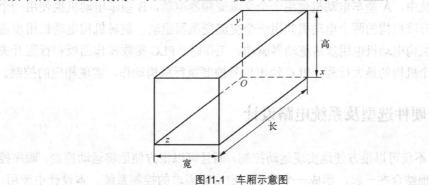

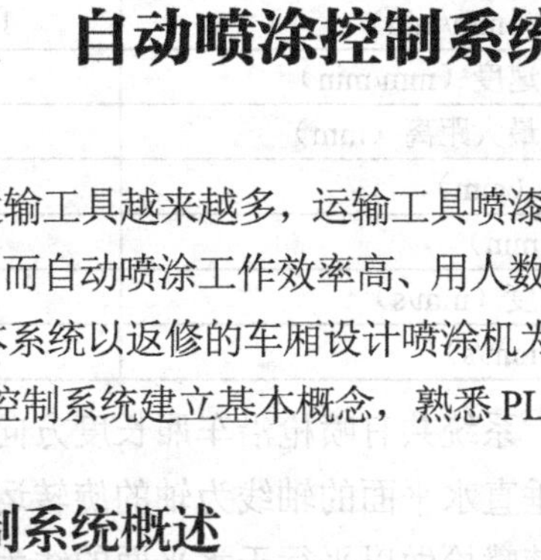

图11-1 车厢示意图

表 11-1 车厢的型号及尺寸

车厢类型	长度（mm）	宽度（mm）	高度（mm）
A 型车	13 500	6 000	3 000
B 型车	16 000	3 000	4 000
C 型车	17 000	3 000	4 600

技术任务书提出了对喷涂机结构和行程的明确要求，由 A 型车、B 型车机构实现车厢长度方向、车厢宽度方向的喷涂的运动，升降机构执行侧喷。A 型车的轨道中心距、纵向运动的最大距离分别为 6 000mm、21 600mm；B 型车机构横向行程为 4 500mm；侧喷上下行程为 3 000mm；在喷涂过程中，需要喷漆内外各 4 个侧面，使用一个旋转机构来切换 8 个待喷侧面间的喷涂，使用俯仰机构来切换侧面和底面之间的喷漆。由于喷漆室的高度有限，为了减小整个装置的占用空间，升降机构采用天线拉杆式结构。在驱动方式上使用 PLC 控制的调速防爆电动机，可手动和自动操作。综合以上分析并结合技术要求，系统应达到的要求如表 11-2 所示。

表 11-2 系统应达到的技术要求

编号	喷涂项目	参数	备注
1	轨道中心距（mm）	6 000	
2	A 型车移动速度（mm/min）	1 000～5 000	可调
3	A 型车回程最大速度（mm/min）	7 200	
4	A 型车纵向移动最大距离（mm）	21 600	
5	B 型车横向行程（mm）	4 500	
6	侧喷上下行程（mm）	3 000	
7	升降机构升降速度（mm/s）	200～1 500	可调
8	喷枪移动速度（mm/s）	200～1 500	可调

通过上面的分析可以得知，系统共有喷枪沿车厢长度方向的移动、喷枪沿车厢宽度方向的移动、旋转机构使喷枪做以垂直水平面的轴线为轴的旋转运动、升降机构使喷枪做车厢高度方向的上下运动、俯仰机构使喷枪做以平行于水平面的线为轴线的旋转运动 5 个自由度方向的运动。其中，喷枪沿车厢长度方向的移动、喷枪沿车厢宽度方向的移动和车厢高度方向的上下运动由三相交流异步电动机驱动，而喷枪的两种旋转运动则由步进电动机驱动。

由于步进电动机价格较高，因此，A 型车机构、B 型车机构和升降机构使用交流变频调速结构，通过改变电动机定子供电频率以改变同步转速来实现调速。

在控制系统中，A 型车电动机使用一个交流变频器驱动，B 型车电动机也使用一个交流变频器驱动，升降机构的两个电动机共用一个交流变频器驱动，旋转机构电动机用步进驱动器驱动，俯仰机构电动机也用步进驱动器驱动。工作时，PLC 接收操作面板和行程开关输入工作过程中各个机构的最大行程，PLC 输出信号控制执行机构动作，实现相应的控制。

11.1.2 硬件选型及系统电路设计

使用 PLC 不仅可以很方便地实现运动控制，而且可以很方便地将运动控制、顺序控制和逻辑控制有机地结合在一起，形成一个满足一定实际需求的控制系统。本设计中使用 FX_{2N}

系列的 PLC 作为核心处理器。

1. 硬件系统结构图

货车表面喷涂机具有两种调整方式，分别为自动加工方式和手动调整方式。变频器控制三相交流异步电动机驱动 A 型车、B 型车和升降机构的运动。其中升降运动使用两个三相交流异步电动机，旋转运动和俯仰运动采用了步进电动机驱动。

如图 11-2 所示，PLC 工作时 PC 作为上位机。PLC 控制系统主要包括：PLC 主控单元、步进驱动器、交流变频器、操作面板等。PLC 接收由控制面板传来的操作信号或行程开关输入的位置信号，经过程序中预先设置的参数和坐标的计算，装置的下一个动作被计算出来，相应电动机的启停和转动方向被确定。系统工作时，可使用操作面板上的按钮进行操作，PLC 接收到操作面板上和行程开关的信号后，输出端输出信号驱动电动机等执行单元设备，从而决定机械部分的运动。

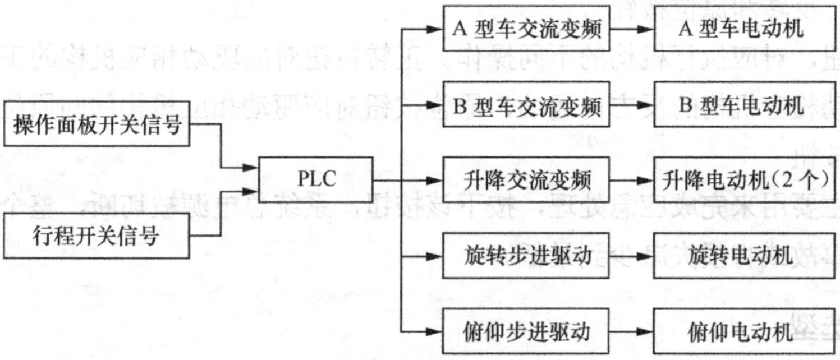

图11-2　PLC的控制示意图

2. 操作面板设计

为了实现操作面板上的按钮、旋钮的功能，控制系统设置了相应的程序和代码。同时为了表明设备的工作状态，操作面板上还设置了几个指示灯，以指示设备的工作状态。接下来介绍操作面板上的按钮、旋钮及相应的控制功能。

（1）电源开关

电源开关主要用来接通电路，给整个控制系统的用电设备供电。当准备好油漆和待喷车厢后，按下电源开关，PLC、控制柜风扇、控制柜照明灯等带电设备上电，电源指示灯亮，整个控制系统处于带电状态。

（2）选择工作方式

从上面的分析可以得知，本控制系统有两种工作方式，分别是手动方式和自动方式。这两种方式是通过工作方式旋钮来选择的。当旋钮旋到手动方式下，控制系统按照程序设定，选择不同的机构、运动方向和运动速度；当旋钮旋到自动方式下，控制系统按照程序设定，进入自动运行状态，不需要工作人员参与，自动连续喷涂车厢的 9 个面。

（3）选择车型

对于同一型号的车，可能存在尺寸、大小不尽相同的情形。选择车型旋钮可使操作者针对不同的车型设置不同的参数，从而实现不同车型的喷涂。

（4）选择机构

该旋钮在上面讲述选择工作方式旋钮时已经有所涉及，在自动执行喷涂操作之前，选择执行机构，调整设备，及时检查机器中存在的问题，保证A型车、B型车、升降、旋转和俯仰机构运行的可靠性。

（5）喷枪开关

喷枪开关主要用来开启、关闭喷枪的喷漆，通常在调整设备状态时使用。

（6）自动启动/停止按钮

设备调整好后，按下启动按钮控制系统便开始工作，按照预先的程序实施喷涂操作；按下停止按钮，正在工作的电动机断电并停止工作，中断喷涂操作。

（7）速度选择拨盘

在喷涂过程中，位置跨度比较大，提高运动速度，可以提高效率，减少时间；位置跨度较小时，减小速度可提高位置精度。为了适应速度的变化需求，面板上设计了速度选择拨盘。

（8）正转、反转和原位按钮

不同的按钮，对应执行机构的不同操作。正转按钮对应驱动相应机构的正方向运动，反转按钮对应驱动相应机构的反方向运动，原位按钮对应驱动相应机构的回原位运动。

（9）急停按钮

急停按钮主要用来完成应急处理，按下该按钮，系统总电源被切断，整个控制系统停止工作，可避免事故或将损失减少到最低。

3. PLC选型

本系统PLC选择三菱公司的FX2N-128MT，该型号的PLC输入点、输出点各为64个。根据控制要求的需要，利用该型号PLC提供的输入继电器X、输出继电器Y、辅助继电器M、状态器S、计数器C等软元件，编写梯形图语言程序，实施各种控制。

经过上面对被控对象的工作过程分析，可以总结出控制系统的输出与输入设备及输出与输入信号的个数和类型。

（1）42个输入信号

控制面板上有28个输入设备，其中9个对应交流变频器的速度选择，行程开关提供14个输入信号。

（2）24个输出信号

其中有4个控制信号灯，另有4个信号控制旋转和俯仰步进驱动器，15个信号分别控制A型车、B型车、升降变频器的运行/停止和正/反转，以及调节变频器的速度因子；其他信号见PLC的接线图，如图11-3所示。

4. 变频系统选型

根据上述分析，本系统选用松下BFV系列变频器，对不同的喷漆材料和工作状态进行各种变速处理。该系列变频器主要包括接线端子和操作面板两大部分，操作面板用来进行内部控制方式的各种操作和设置各种参数，接线端子则与电动机、外部控制信号相连。图11-4为A型车机构上使用的BFV000152D变频器的接线。系统工作时，Y10的接通和关闭对应变频器的运行和停止，Y11 的关闭和接通对应变频器的正转和反转状态。PLC 的输出继电器 Y12～Y14 控制变频器的 SW1～SW3 三个开关信号，通过 SW1～SW3 的不同组合，选择 8 种频率，从而对电动机实施 8 个速度段的运行控制。

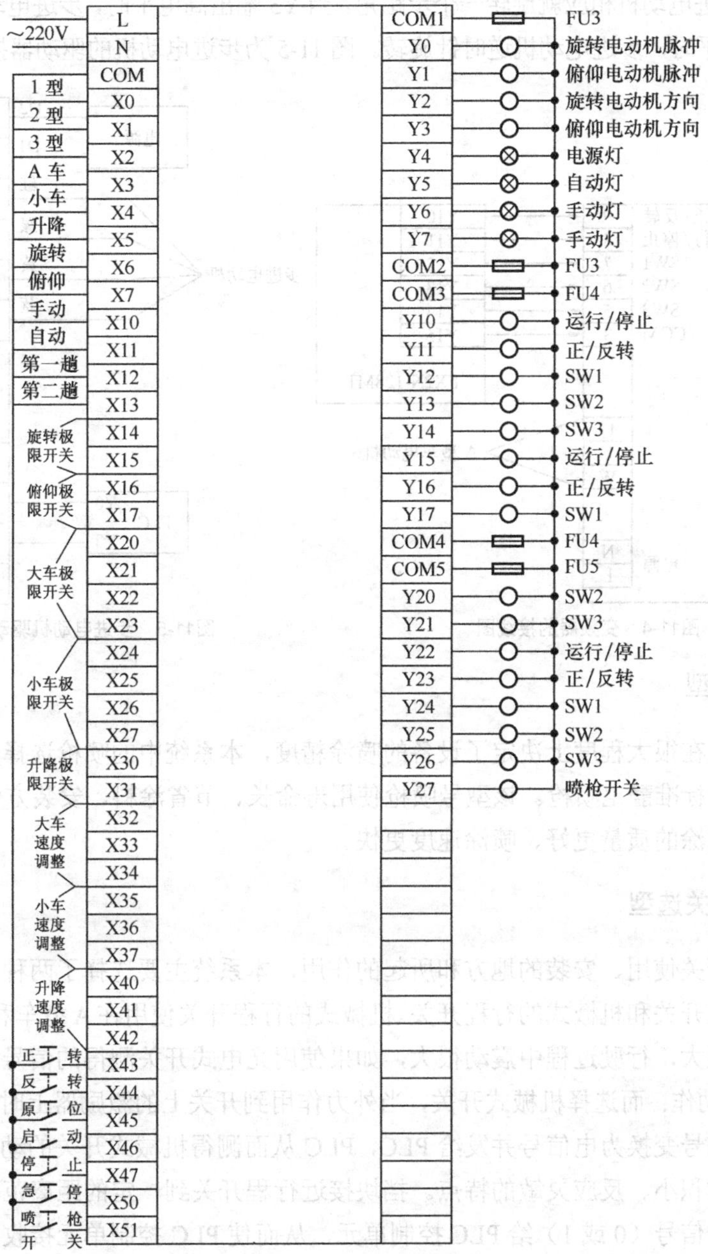

图11-3 FX2N-128MT接线图

5. 步进电动机及其驱动系统

步进电动机把电脉冲信号转换为角位移信号，输入一个脉冲，步进电动机转过一定角度，角位移正比于施加的脉冲数，电动机的角速度正比于脉冲频率。步进电动机的控制转化为对脉冲频率和方向的控制。PLC 发出的走步脉冲越多，步进电动机的转速越高；PLC 发出的走步脉冲越少，步进电动机的转速越低。所以，通过控制 PLC 的脉冲频率能够控制步进电动机的转速。在本系统中，使用 PLC 来控制步进电动机，PLC 产生两路信号，分别是端子 Y0 输出的步进脉冲信号和端子 Y3 输出的方向电平信号。当端子 Y0 输出一个脉冲信号时，步进电动机驱动器接收该脉冲信号，步进电动机相应就旋转一个步距角。当 Y3 输出高电平时，步进电动机顺时针旋转；当 Y3 输出低电平时，步进电动机逆时针旋转。图 11-5 为步进电动机的驱动器接线图。

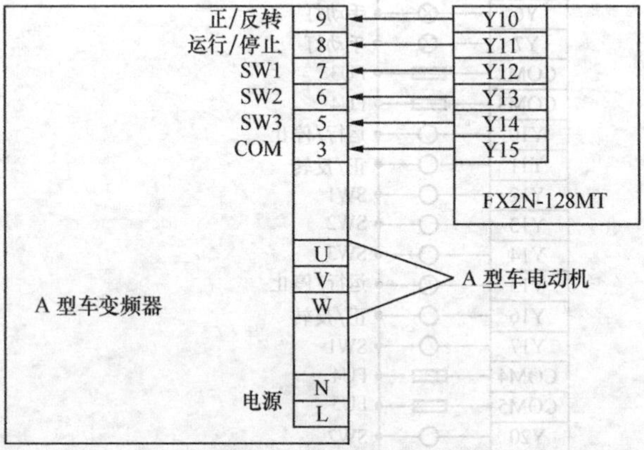

图11-4 变频器的接线图

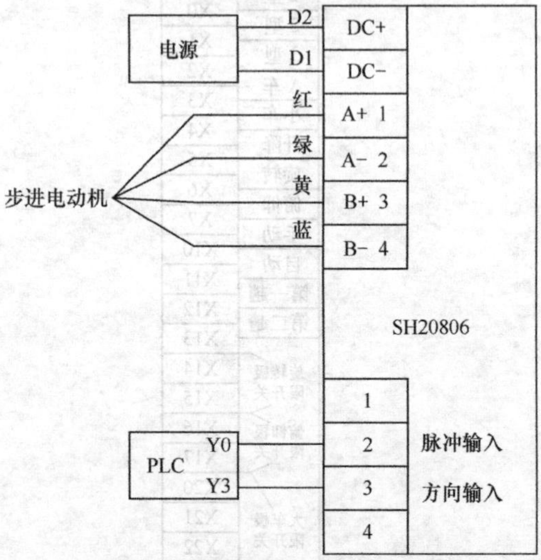

图11-5 步进电动机驱动器的接线图

6. 喷枪选型

喷枪的喷幅在很大程度上决定了设备的喷涂精度，本系统中的喷枪选择美国 Graco 公司的 PRO XS 自动标准静电喷枪。该型号喷枪使用寿命长、节省涂料、安装方便，与 HVLP 相比，静电喷枪喷涂的质量更好、喷涂速度更快。

7. 行程开关选型

根据行程开关使用、安装的地方和所起的作用，本系统主要选择了两种行程开关，分别是光电式的行程开关和机械式的行程开关。机械式的行程开关使用在 A 型车和 B 型车机构中，这两种车体积很大，行驶过程中震动很大，如果使用光电式开关测得的信号误差较大，可能导致 PLC 的误动作；而选择机械式开关，当外力作用到开关上的激励器上时，激励器发生移位后才把机械信号变换为电信号并发给 PLC，PLC 从而测得机械式开关的动作信号。光电式接近开关具有体积小、反应灵敏的特点。挡块接近行程开关到一定的距离范围内时，行程开关就会发出一个信号（0 或 1）给 PLC 控制单元，从而使 PLC 控制单元接收到行程开关的开关信号。如果使用光电式接近开关，在 A 型车和 B 型车机构行驶过程中的震动会使行程开关不断发出开关信号给 PLC 控制单元，容易导致 PLC 的误动作。

11.1.3 PLC 程序设计

软件系统是控制系统的重要组成部分，主要包括程序结构及流程、相关程序的说明。接下来首先介绍程序结构及流程，使读者了解控制系统的整体结构；然后介绍具体的程序代码对应的功能。

1. 程序结构及程序流程

从上面的分析可以看出，该控制系统应该具备两种工作方式，分别是自动方式、手动方式。该控制系统不具备自动识别车型并自动执行相应喷涂程序的功能，针对不同的车型、不同尺寸的同型号车，使用手动操作方式。因为使用自动识别车型技术，不仅会增加程序的复杂度，而且会使整个控制系统的成本非常高，况且机器在加工喷涂的过程中需要有人监控其运行状况，因此增加了手动方式。当遇到同一型号、不同尺寸的车时，可以使用手动方式下的参数设置功能，设置车厢的外形参数、尺寸参数，从而使自动加工程序按照相应的型号、尺寸，执行相应的 9 个面的喷涂流程，完成喷涂工作。图 11-6 为在本项目中能够实现的喷涂机功能的程序结构框图。

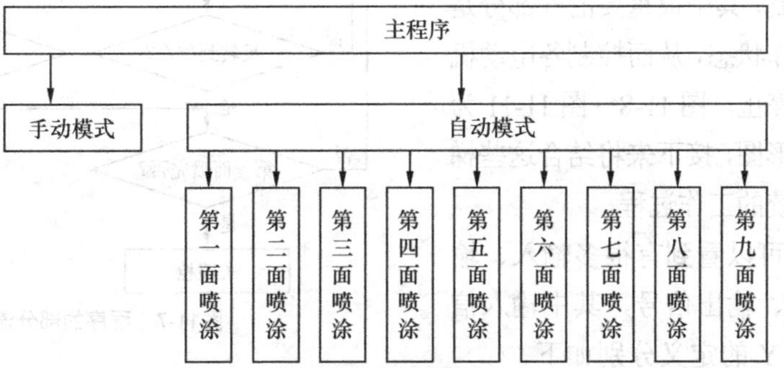

图11-6　程序结构框图

从上面对喷枪喷涂路线的分析可以得知，因为控制系统设计中大量使用到循环结构。所以需要使用大量的 SRL 指令，这相当于给货车车厢表面喷涂时，喷完一个面接着再喷另一面。图 11-7 为部分程序流程图，主要用来说明车厢 4 个外表面中的第一个面的喷涂过程。接下来将详细分析该流程图，结合该流程图讲解车厢 4 个外表面中的第一个面的喷涂过程。

车厢的 xOz 面（见图 11-1）具有两个面，设定两个外表面中的任何一个为喷涂工作开始的第一面，并作为这个面上开始喷涂的起点。检测到设备中的各机构到达原位后，A 型车、B 型车和升降机启动，使它们分别到达第一面的工作起点，打开喷枪，升降机构下降一次。总下降的次数是根据喷枪的喷幅和车厢的高度确定的。接下来根据 A 型车的位置与喷涂起点的位置关系确定 A 型车机构的运动方向，当 A 型车机构在起点位置的前方时，A 型车机构反向运行，此时如果 A 型车的当前坐标值大于起点坐标，A 型车反向运行不到位，需要继续反向运行；当 A 型车机构在起点位置时，A 型车机构正向运行，此时若 A 型车的当前坐标值小于 A 型车总行程，表示 A 型车正向运行不到位，需要继续正向运行。当 A 型车机构正向或反向运动到位后，需要判断车厢的第一面是否喷涂完成，若喷涂完成，则关闭喷枪；若喷涂未完成，则使升降机构再做一次下降运动，循环进行前面的动作直到第一面喷完。

执行完第一面上的喷涂操作，接下来执行坐标系 yOz 上的第二面的喷涂。启动旋转机构，旋转机构逆时针旋转 90°。如果各执行机构到达第二面的喷涂起点，打开喷枪，开始喷涂第二面。具体的喷涂过程与上面的过程类似，唯一有差别的是该面上运动的主体是 B 型车机构和升降机构，而不是A型车，A型车不再参与运动。以此类推，使用同样的原理实施其他侧面的转换、喷涂。

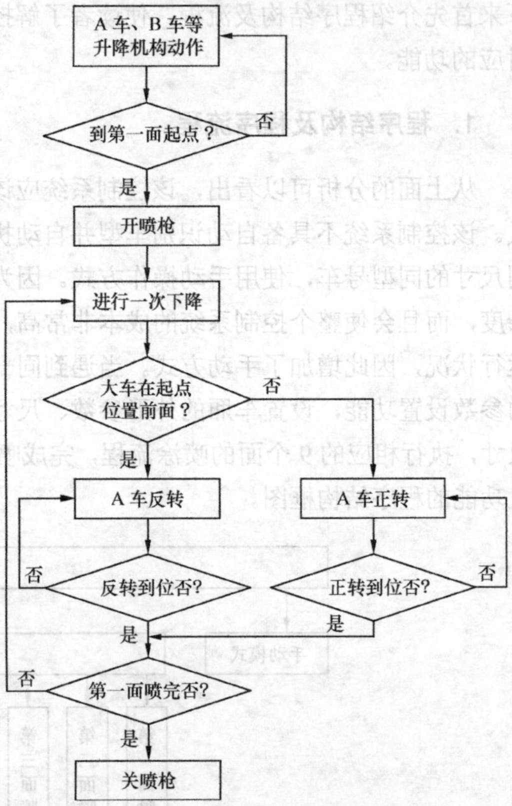

图11-7 程序的部分流程图

2. 程序说明

从PLC的硬件接线图中可以看出，PLC的硬件接线图中使用到X、Y接线端子，这里的X、Y接线端子分别是指PLC的输入和输出继电器。除了使用到输入和输出继电器，程序中还用到很多辅助继电器和计数器、状态器S、定时器T、数据寄存器（D、V、Z等）、计数器C、常数K和H；PLC梯形图程序的编制，其中很重要的一部分是设置继电器的工作状态，从而控制各电动机的启动、运行和停止。图11-8～图11-11为本系统的部分梯形图，接下来将结合这些梯形图详细介绍系统的工作过程。

从梯形图中可以看到有很多输入、输出寄存器，输入、输出信号，其中输入信号X、输出信号Y的定义分别如下。

① X004表示轴选择旋钮选中A型车机构。

② X005表示轴选择旋钮选中B型车机构。

③ X006表示轴选择旋钮选中升降机构。

④ X007表示轴选择旋钮选中旋转机构。

⑤ X014表示旋转机构顺时针旋转时的极限开关输入信号。

⑥ X015表示旋转机构逆时针旋转时的极限开关输入信号。

⑦ X016表示俯仰机构水平极限开关输入信号。

⑧ X017表示俯仰机构垂直极限开关输入信号。

⑨ X020表示A型车机构负极限开关输入信号。

⑩ X022表示工作方式选择手动。

⑪ X023表示A型车机构正极限开关输入信号。

⑫ X024表示B型车机构后极限开关输入信号。

⑬ X027表示B型车机构前极限开关输入信号。

⑭ X030表示升降机构下极限开关输入信号。

⑮ X031表示升降机构上极限开关输入信号。

⑯ X043表示正向按钮输出信号。

⑰ X044表示反向按钮输出信号。

⑱ Y007表示手动指示灯输出信号。

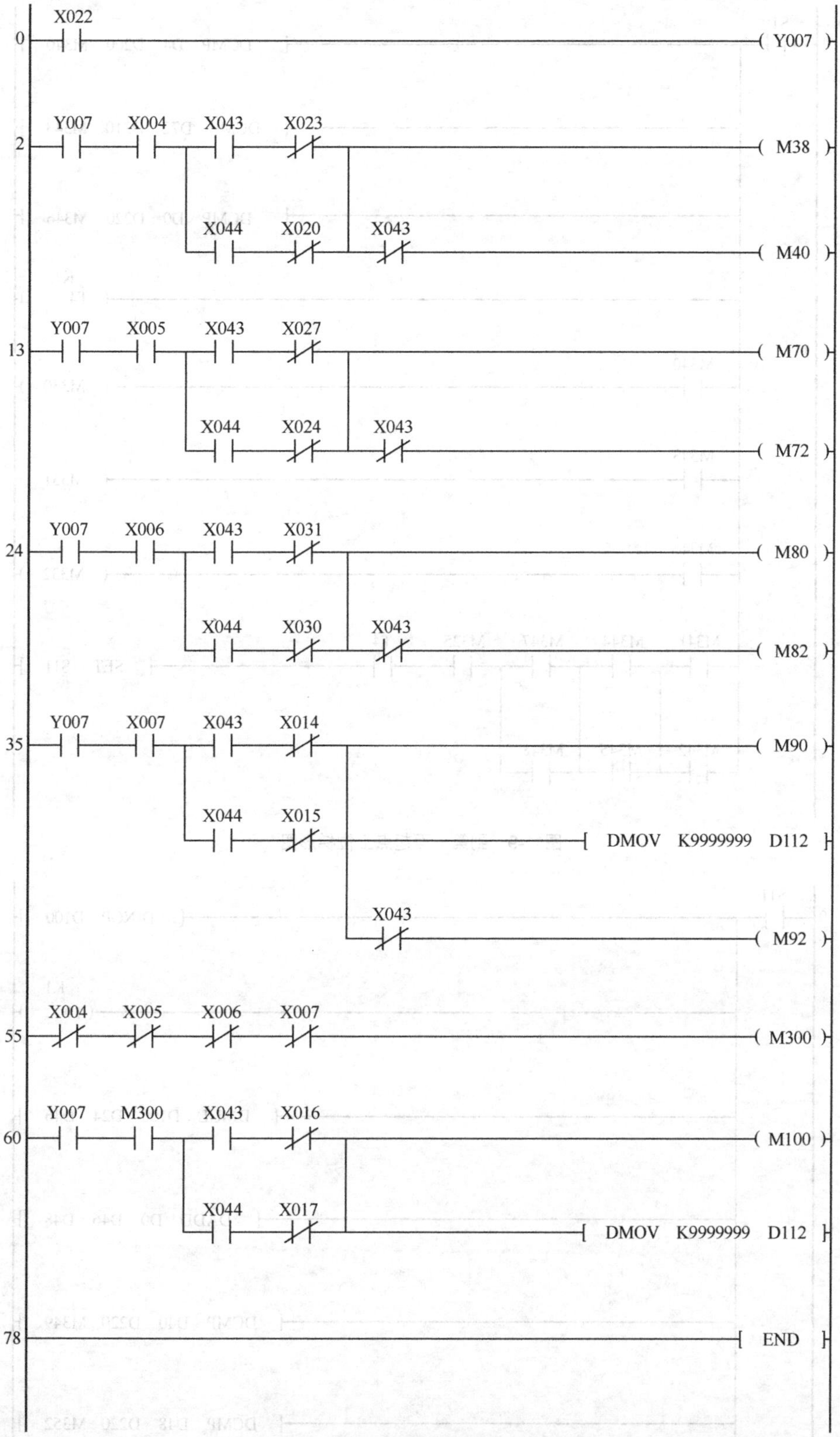

图11-8　手动时机构选择部分的梯形图

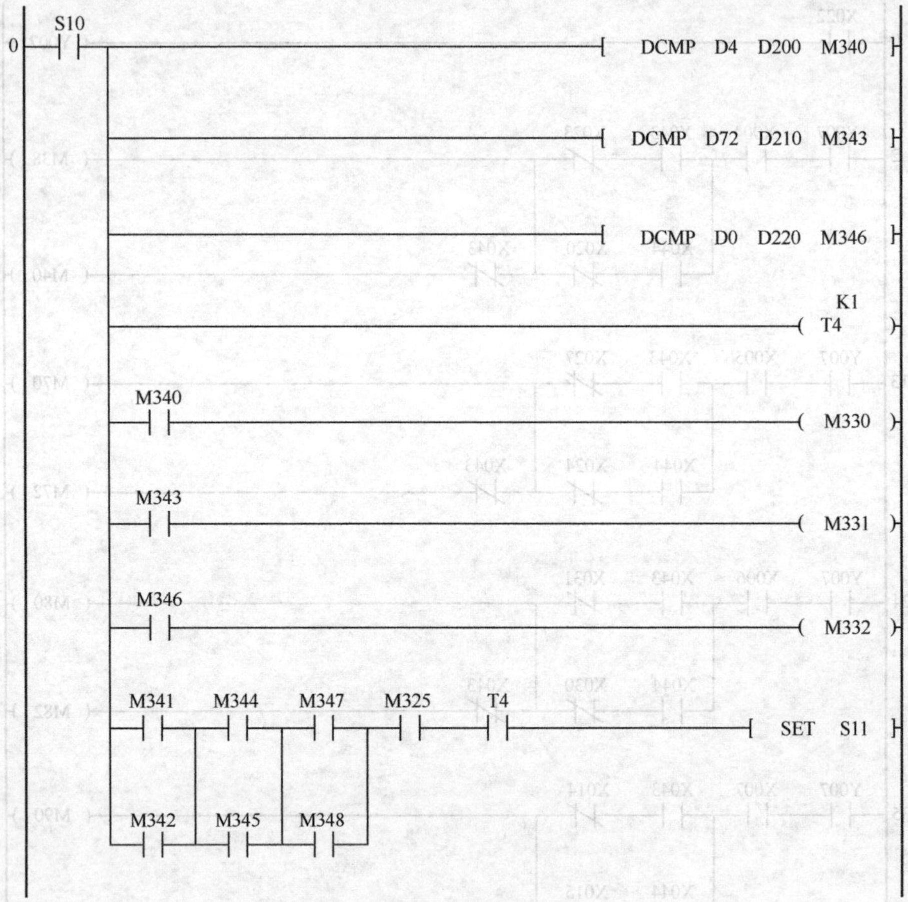

图11-9 到第一面起点工位梯形图

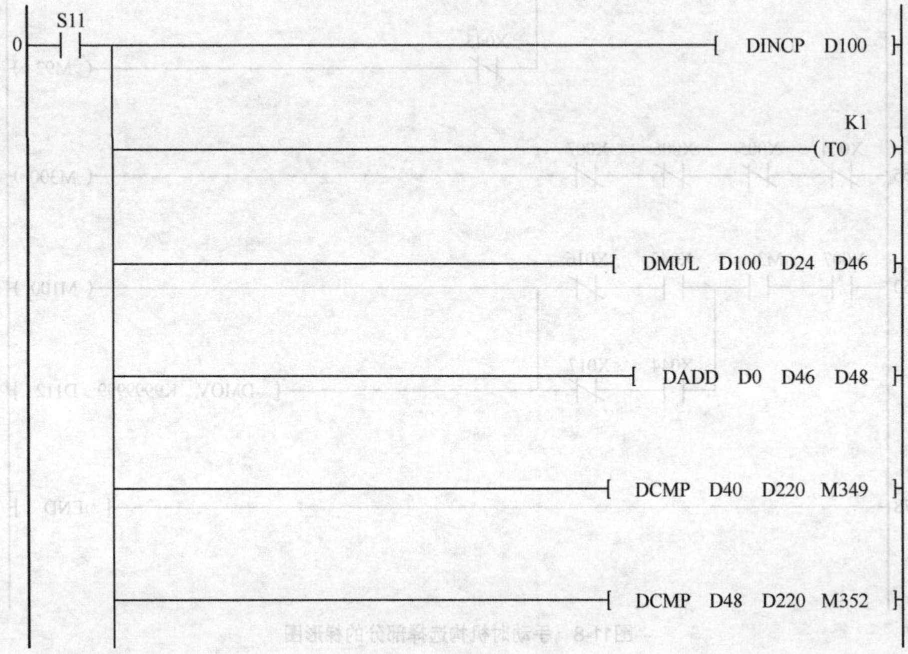

图11-10 下降工位梯形图

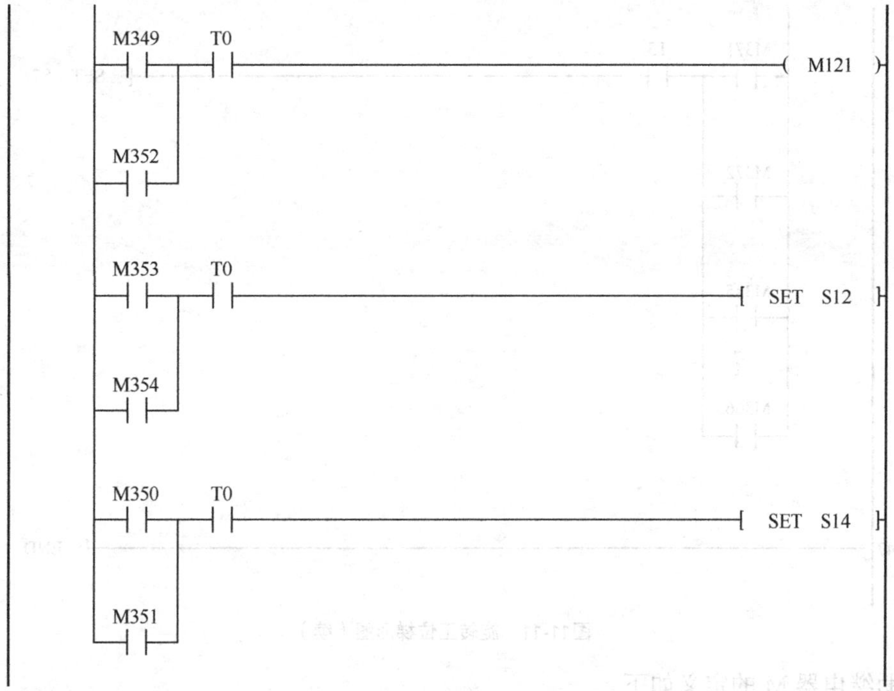

图11-10　下降工位梯形图（续）

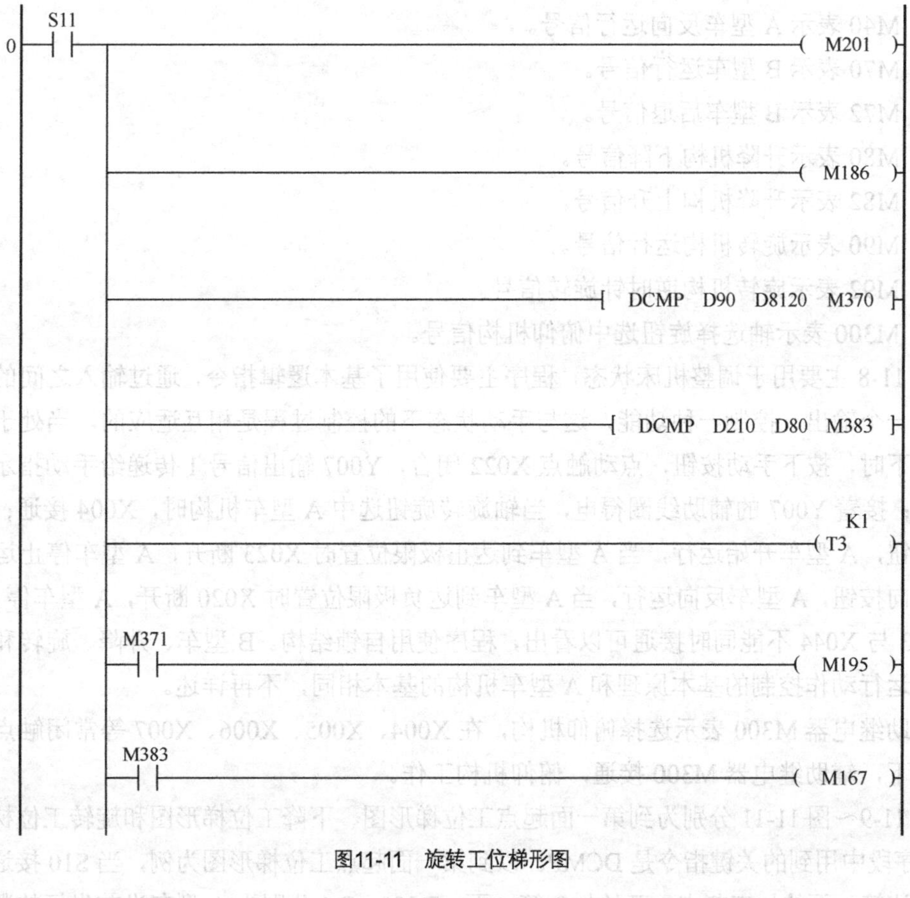

图11-11　旋转工位梯形图

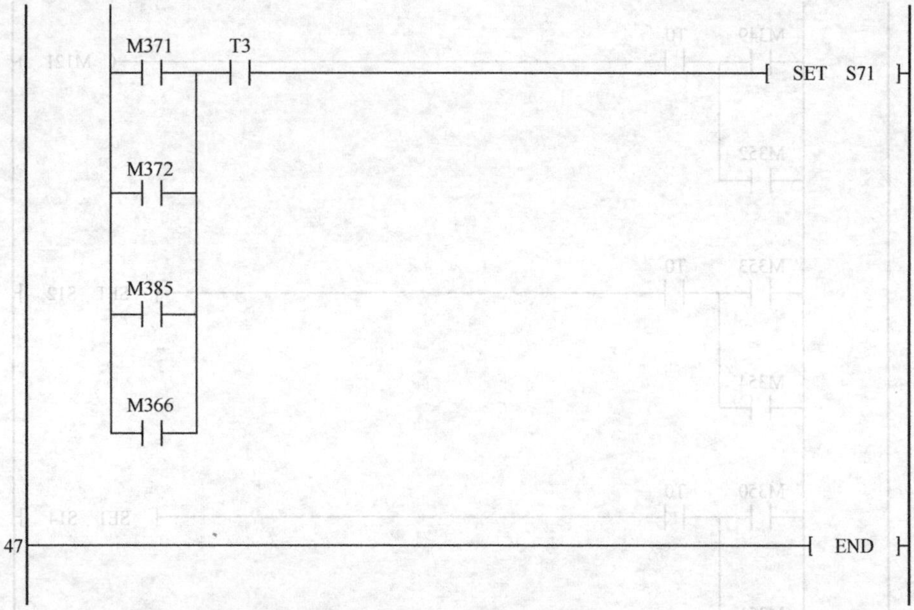

图11-11 旋转工位梯形图（续）

辅助继电器 M 的定义如下。

① M38 表示 A 型车正向运行信号。

② M40 表示 A 型车反向运行信号。

③ M70 表示 B 型车运行信号。

④ M72 表示 B 型车后退信号。

⑤ M80 表示升降机构下降信号。

⑥ M82 表示升降机构上升信号。

⑦ M90 表示旋转机构运行信号。

⑧ M92 表示旋转机构逆时针旋转信号。

⑨ M300 表示轴选择旋钮选中俯仰机构信号。

图 11-8 主要用于调整机床状态，程序主要使用了基本逻辑指令，通过输入之间的逻辑组合得到一个输出，控制一种功能，这与手动状态下的控制过程是相互适应的。当处于机床调整状态下时，按下手动按钮，点动触点 X022 闭合，Y007 输出信号 1 传递给手动指示灯，指示灯亮；接着 Y007 的辅助线圈得电，当轴旋转旋钮选中 A 型车机构时，X004 接通；若按下正向按钮，A 型车开始运行，当 A 型车到达正极限位置时 X023 断开，A 型车停止运动；若按下反向按钮，A 型车反向运行，当 A 型车到达负极限位置时 X020 断开，A 型车停止运动。从 X043 与 X044 不能同时接通可以看出，程序使用自锁结构。B 型车、升降、旋转和俯仰等机构的运行动作控制的基本原理和 A 型车机构的基本相同，不再详述。

辅助继电器 M300 表示选择俯仰机构，在 X004、X005、X006、X007 等常闭触点均闭合的情况下，辅助继电器 M300 接通，俯仰机构工作。

图 11-9～图 11-11 分别为到第一面起点工位梯形图、下降工位梯形图和旋转工位梯形图，3 个程序段中用到的关键指令是 DCMP。以到第一面起点工位梯形图为例，当 S10 接通时，各机构到达第一面的加工起点，开始加工第一面。D200、D4 分别为 A 型车当前坐标的数据寄存

器、A 型车起点坐标的数据寄存器。使用 DCMP 指令比较 D4 与 D200 中的数值，D4 的数值大于 D200 的数值时，M340 接通，辅助继电器 M330 接通，A 型车正向运行；D4 的数值小于或等于 D200 中的数值时，M341、M342 接通，A 型车机构已到达喷涂起点。以此类推，可以使用同样的比较方法比较 B 型车和升降机构的坐标，确定是否到达喷涂起点；如果 3 个机构都到达喷涂起点，且 M325 和计时器 T4 接通，则设置状态寄存器 S11 为 1。

另外，从图 11-9 可以看出，本段程序中还用到了数据寄存器 D，此处的数据寄存器 D 主要用来存储旋转机构的位置值和常数 K。

下降工位和旋转工位也是通过比较指令比较给出机构所在的坐标，以确定是否到达系统要求的位置。注意，各机构的坐标获取方法不尽相同，交流电动机驱动 A 型车、B 型车和升降机构，使用编码盘和信号开关获得各个机构的当前坐标；旋转机构和俯仰机构的坐标确定则通过步进电动机脉冲数对应的电动机转速、位移来进行。

11.2　变频调速恒压供水系统

城市中各类小区的供水系统是小区众多基础设施中的一个重要组成部分。小区供水系统的运行情况直接影响到小区住户的正常工作和生活，其供水的可靠性、稳定性、经济性与小区居民的生活息息相关。由于传统的小区供水方式具有各自不同的缺陷，如恒速泵加压供水方式无法及时反应供水管网的压力，水泵的增减都依赖人工手工操作，供水机组运行效率低、耗电量大，电动机硬启动易产生水锤效应等缺点，传统供水系统的工作性能直接影响到小区居民的正常生活。为了提高供水系统的工作性能，保障小区居民的正常供水，越来越多的供水系统逐渐采取基于变频器和 PLC 的控制结构。本例根据用户对供水系统的要求，详细分析小区供水系统的组成及工作原理，分析系统的控制要求，设计出了基于变频器和 PLC 的变频调速恒压供水系统。

本节重点阐述变频调速恒压供水系统的构成及其工作原理，讲解系统硬件选择及 PLC 程序的设计、变频器功能预置。系统由 1 台变频器拖动 3 台水泵变频启动运行，由 PLC 控制切换，由压力传感器检测管网压力，根据压力大小进行 PID 控制，调整变频器的输出频率，进而改变水泵电动机转速，实现在保持管网压力恒定的条件下调节流量大小的目的。

本系统抗干扰能力强，系统可靠性高，且 PLC 产品呈系列化和模块化，用户可灵活组成各种要求和规格不同的控制系统。同时，由于 PLC 和上位机具有良好的通信功能，此系统可方便地与其他系统进行通信和数据交换。当改变控制要求时，利用编程软件很容易修改和下载程序。

11.2.1　变频调速恒压供水系统概述

变频调速恒压供水系统是指在用户端用水量的可变性可以忽略的前提下，既要满足系统中各用户对用水量的要求，又要避免电动机空转导致的电能浪费，始终保持管网中的水压基本稳定的供水系统。它具有高效节能、投入小、效率高、配置灵活、自动化程度高、功能齐全、安全可靠、运行合理的特点，不仅能实现水泵的软启动和软停止，而且可以有效减弱水锤效应，操作简单，省时省力。变频调速恒压供水系统的这些优点和其构成是密切相关的，下面概要讲述变频调速恒压供水系统的结构组成。

1. 系统的主要结构及组成

水泵拖动机组、供水管道、水泵机组的控制单元以及信号检测环节（如测量泵水压力等测量环节）构成生活小区供水系统，如图 11-12 所示。供水系统中的压力传感器、压力变送器构成信号检测环节，变频器、恒压控制单元组成水泵机组的控制单元。在图 11-12 中，液位检测机构把测量的水箱水位信号送入变频控制柜，经过 PLC 程序的运算处理，输出运行与停止控制信号，控制水泵启动与停止工况的转换。

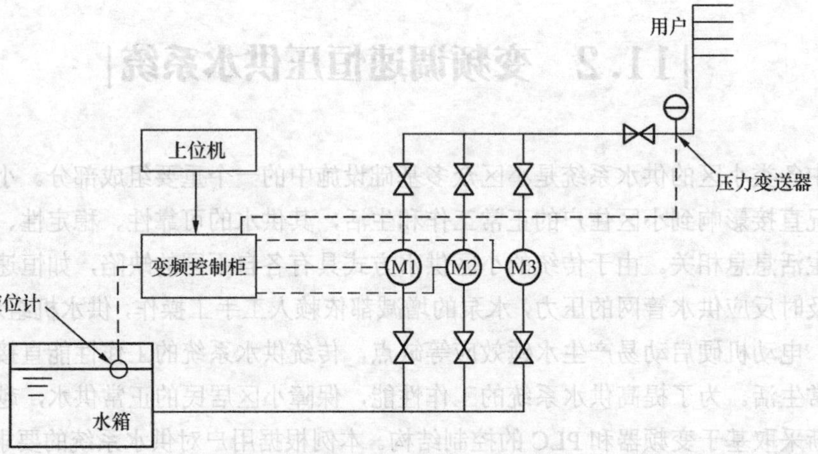

图11-12 生活小区供水系统示意图

蓄水池中的水被工作的水泵抽出，在消耗电能的水泵的作用下，被抽到管道中的水具有动能和势能，从而蓄水池中的水被上扬至一定的高度，在供水管道的引导下，生活小区的居民就可以获得所需的生活用水。在该过程中，管网处的水压信号通过安装在总水管上的压力测量环节测得，测得的压力值被压力变送器转换为标准的电信号，在 PLC 的 A/D 转换模块的转换下，模拟的压力信号被转化为数字压力信号，经过 PLC 内部 PID 程序的运算处理后，PLC 的 D/A 转换模块把运算结果的数字量转化为模拟量，送至变频器频率控制端，从而调整变频器频率、改变电动机的转速、调整管网流量、维持水压恒定。为了进一步提高小区供水系统的控制灵活性、操作的方便性，本系统在变频器及 PLC 控制的基础上增加了上位监控程序。上位机与 PLC 进行通信，显示压力数值，控制系统启/停，设定及修改压力值，同时显示系统运行状态，记录系统的历史数据。

系统各部分的主要作用及工作原理如下。

（1）信号检测环节

信号检测环节主要由蓄水池液位检测、管网压力检测与反馈环节构成。安装在蓄水池中的浮球液位传感器实现蓄水池液位检测。液位正常时，水泵机组处于工作状态；水压不足、液面过低时，系统实施保护，以防止电动机空转而损坏。安装在用户总管的压力传感器实现管网压力检测，实时测量参考点的水压，检测管网出水压力，并将其转换为 4～20mA 的电信号。管网压力信号是恒压供水系统控制的关键参数。由于检测的信号是模拟的电信号，PLC 只能进行二进制运算，所以，必须由 A/D 转换模块转化为数字量，才能使用 PLC 内部的 CPU 进行运算，与程序中的设定值比较，参与 PID 运算，输出变频器频率设定端的值，改变变频器的输出频率，从而保持水压恒定。因此，在选择 PLC 时，需要考虑 PLC 的 A/D 转换模块的可扩展性。

（2）水泵机组

系统由 3 台水泵电动机和 1 个机组组成。M1、M2、M3 既可以变频运行，又可以工频恒速运行，可以组成变频循环运行方式。在系统运行过程中，首先启动一台水泵作为变速泵，当水压发生变化且变频器输出频率达到 50Hz 时，若供水量仍不能达到用水要求，该泵退出变频状态，转入工频，启动另外一台泵变频运行，以此类推，构成“一拖三”的运行方式。另一台小泵电动机始终运行在恒速模式下，考虑到在系统用水量很低（如夜间）时，减小系统功耗及噪声，可以停止所有的主泵，用该泵为系统供水。采用上述的变频循环+附属小泵的方式有以下优点。

① 系统的经济性好。这是因为，系统中虽然有 3 台水泵电动机，但每次工作中只有一台水泵电动机变频运行，所以系统只需一台变频器，而且变频器功率不大，因此系统的成本很低，经济性好。

② 供水系统的可扩展性强。供水系统的增容或减容不需更换水泵型号，只需添减水泵数量，并适当修改相应的控制程序即可。

③ 系统适用于不同场合，因为使用几个小泵代替大功率水泵，具有很大的灵活性。

④ 系统具有节能效应。当系统用水量不大时，并非所有水泵都运行，只有部分水泵运行，即可满足供水量的要求，所以，可以提高水泵的运行寿命，减小水泵电动机的功耗，达到节能的目的。

（3）电气控制系统

电气控制系统主要由 PLC 环节、变频器环节和电控设备环节组成，这些环节一般安装在控制柜中，形成一个电气控制柜。

① 变频器环节。电动机的转速控制主要由变频器来实现，变频器接收 PLC 的 D/A 转换模块输出的数据，它是改变输出的频率来实现水泵电动机的转速控制。

② PLC 环节。它是整个控制系统的核心部分。它接收、采集系统传来的压力、液位、报警等信号，使用相关的程序处理、运算，输出相应的控制信号；接收人机接口和通信接口的数据信息，通过分析这些数据，控制变频调速器、接触器等电气元件。

③ 电控设备环节。主要由低压断路器、接触器、保护继电器、转换开关和按钮组成。低压断路器用于接通电源，接触器用于实现变频运行与工频运行，转换开关可以实现手动、自动控制的切换。

（4）上位监控计算机

为了使操作者与系统能够进行信息交流，显示系统运行状态，实现对系统的操作，设计了上位机监控软件。操作者通过监控计算机，可以根据系统需求很方便地对压力设定值进行设定、修改，改变控制方式，并可以便捷地操作系统启停，切换系统的控制方式。另外，历史数据可以让操作者了解系统的历史曲线及数据，掌握系统的总体运行情况。

2. 系统工作原理

系统中有 3 台工作电动机 M1、M2、M3，它们既可以变频运行，又可以工频恒速运行，可以组成变频循环运行模式。下面介绍系统自动变频循环运行模式、系统自动工频运行模式及两种运行模式的切换。

（1）小区供水系统的自动变频循环运行模式

水压变送器可以敏锐地检测到用户用水量的变化，当系统变频全自动运行时，水压变送器反馈的电信号会发生变化，此时应根据恒压供水系统的控制要求——维持系统水压力恒定、满足用户用水量需求，增减工作的水泵。工作水泵的电动机切换过程如下。

① 当 1#水泵电动机变频运行时，由于用户用水量增加，管道上的压力变送器检测到管网压力下降，PLC 的 A/D 转换模块输入端采集到的管道水压力模拟量信号也减小。减小的管道水压力信号参与 PLC 内部程序运算，通过 PID 控制策略，PLC 的 D/A 转换模块的输出量增加，即增加变频器频率给定端的电信号的输入值，使变频器输出频率增加，1#水泵电动机的转速增加，增大 1#泵的供水量，直到与管网中的需水量平衡，管网水压随之上升，最后必须达到设定值，从而实现既要维持管网中水压力的恒定，又能满足需水量要求的控制任务。

若在 1#水泵的电动机频率尚未达到 50Hz、管道上压力变送器检测到整个管网的水压已经达到设定值时，仍然只运行 1#水泵的电动机，则必须使 1#水泵的电动机运行于较高的频率。

若 1#水泵电动机的频率达到 50Hz、管网水压仍然低于设定值时，切换水泵。1#水泵电动机退出变频状态，转入工频；2#水泵电动机变频启动，通过变频器改变管网中的流量，调整管网水力压力，直到管网水压上升到设定值。

若 2#水泵电动机频率达到 50Hz，管网水压仍未达到设定值，则 2#水泵的电动机也转为工频，而变频启动 3#水泵的电动机。

若 3#水泵电动机频率达到 50Hz，管网水压仍未达到设定值，则系统将根据“先开先停”的原则减泵，即系统首先使 1#水泵电动机停止运行，系统进入水压的闭环控制，使压力重新达到设定值。若仅停掉一台水泵，压力仍不能达到设定值，接着停止 2#水泵电动机，再次进入水压的闭环控制，使压力重新达到设定值。

② 以上分析的是一个循环的用水量增加又减小，电动机的切换过程。第二个过程将仍然根据“先开先停”的原则，即用水量增加时将按“3#泵变频—3#泵工频、2#泵变频—3#、2#泵工频—1#泵变频”的顺序切换。

③ 若系统仅剩一台电动机变频运行，即使频率达到下限值供水流量，仍大于用水流量，即管网水压仍偏高，则这时将使最后一台主泵也停止运行，启动恒速附属小泵，表明系统已进入夜间微小用水阶段。

（2）小区供水系统的自动工频运行模式

如果变频器发生故障，不能正常工作，系统供水的备用方案是水泵采用自动工频运行模式运转，此时水泵电动机的启动通过软启动器来实现，供水系统的水压在此条件下不能够实现恒压，只能维持在一个规定的区间内波动。设 1#泵起初在工频状态下运行，管道上的压力变送器把采集到的水压信号送给 PLC，通过 PLC 内部程序的比较运算，如果管道的水压力在设定的控制区间内，系统状态不变；若管道的水压力超出PLC程序中设定的控制区间，则改变系统的状态；管道的水压力如果超过水压力控制区间上限，则切除一个泵；低于水压力控制区间的下限，则工频启动一个泵，系统重新建立对管道水压力信号的采样、监控。如此循环扫描、启停水泵电动机，直至管道中的水压力维持在一个水压力控制区间范围之内。由此可以看出，在该运行模式下，水泵电动机不是工作在工频运行状态，就是在停止状态，只有两种工作状态。如果系统发生故障，则转入故障处理程序。如果发生变频器不能正常工作的故障，则如上所述转入工频运行模式；如果其中一台水泵发生故障，则切除该泵，其他水泵正常运行；如果有其他报警信号（如水位不足），则转入报警处理程序。

（3）自动变频循环运行模式与自动工频运行模式的切换

由上叙述可知，恒压供水系统有两种工作模式，我们已经熟悉了供水系统在这两种模式下的工作原理及流程。接下来讲述由变频运行模式切换到工频运行模式或者由工频运行模式切换到变频运行模式的工作原理及流程。

在两种工况切换过程中，如果发生水泵电动机从变频运行模式转换至工频运行模式的情形，由于不同工作模式下电源的工作频率及相位不相同，因此，切换前后电源的频率及相位可能不一致性，这会导致切换时产生瞬时大电流。例如，原来运行的是1#水泵电动机，1#电动机切换至工频，变频启动2#电动机，在该过程中，系统中存在由变频运行直接转工频运行的切换。切换前后电动机频率一致、相位不一致将会产生大电流，电流的大小不仅与切换前后的频率及相位有关，而且具有随机性，有时甚至会远远超过电动机的额定电流，如果发生这种情形，断路器会跳闸，严重时电动机有可能被损坏。因此，在设计过程中，应该充分考虑这一因素，采取相应的保护措施，有效减小切换过程中的过电流大小。为了有效减小水泵电动机从变频运行模式转换至工频运行模式过程中产生的过电流，本例中使用锁相环控制技术。

图11-13为变频电源与工频电源的锁相同步切换结构。变频器、电压互感器、*U/f*变换电路构成一个回路，该回路主要用来测量变频器输出电压信号的频率和相位；工频电网、电压互感器、*U/f*变换电路形成另一个回路，这一回路主要用来测量工频电网输出电压信号的频率和相位。变频器输出电压信号的频率和相位和工频电网输出电压信号的频率和相位送入锁相环CD4046，在锁相环CD4046中完成频率、相位的比较。在图11-13中，工频电源的线电压经过电压互感器和*U/f*变换器的变换，转化为频率为f_1的脉冲信号，输入锁相环中的CD4046；变频器输出的线电压经过电压互感器和*U/f*变换，转换成频率为f_0的脉冲信号，输入锁相环CD4046。在锁相环CD4046中，以频率f_1为基准，比较f_0、f_1二者的频率和相位，CD4046输出一个正比于频率和相位差的电压信号，该电压信号经过低通滤波器的滤波、放大输入变频器，实现对变频器输出频率的控制。通过该电路，可保证变频器输出的电压信号和来自工频电网的电压信号频率相同、相位相等，减小工况切换产生的冲击电流大小，为同步切换提供条件。

当恒压供水系统处于工作状态，用户用水量增加，变频器输出频率达到50Hz仍不能满足用户用水需求时，供水系统进入同步切换状态，锁相环电路工作，变频器输出信号紧跟工频输入信号，两电源频率相同、相位相差较小时，CD4046进入锁定，输出高电平，该控制信号送入PLC，PLC发出切换运行模式的控制命令，操作低压电器，水泵电动机实现变频工作模式到工频工作模式的无冲击电流切换。

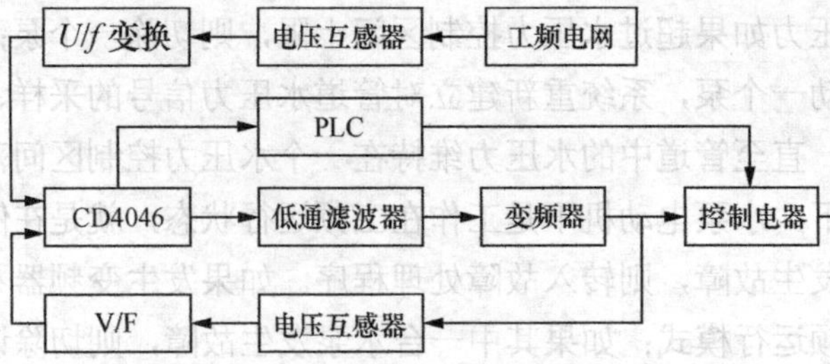

图11-13　变频与工频同步切换示意图

根据上述供水系统的两种工作模式、不同工作模式的切换过程，恒压供水系统的总体控制原理详见图 11-14。

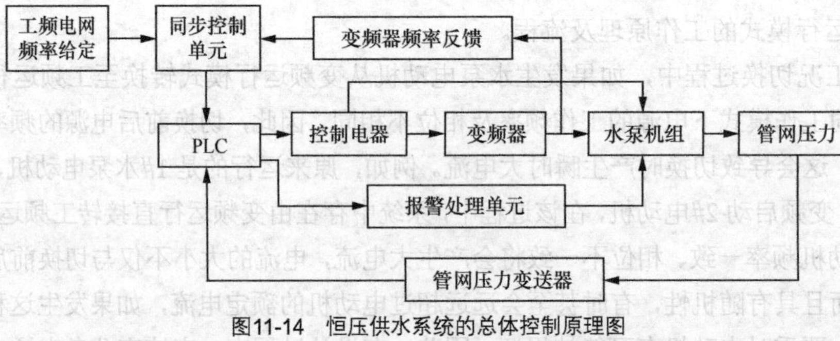

图11-14　恒压供水系统的总体控制原理图

系统使用 YTZ-150 带电接点式的水压传感器将检测到的压力信号转换成与之相应的 0～10V 内的标准电信号，并反馈给 PLC 的 A/D 转换模块。在 PLC 处理程序中，该压力反馈值与程序中的压力设定值比较，形成压力偏差信号，该偏差信号经过 PLC 内部的 PID 运算处理程序后，计算出相应的控制信号，经过 PLC 的 D/A 转换模块，控制信号被转换为标准的 0～10V 电压控制信号，输出至变频器的频率控制端，变频器依据该信号调整输出频率，改变电动机转速，调节压力管道的压力值，从而实现管网的压力闭环调节。

在从变频器输出的电信号频率达到 50Hz，并且维持时间达到 5s 的情况下，如果此时管网压力传感器测量出的管道水压力仍然小于设定的压力值，PLC 控制器通过转换单元驱动对应的输出继电器动作，继电器触点接通同步控制单元，同步控制单元工作，锁定工频电网和变频器的输出频率。当频率锁定后，工频电源和变频电源相位相差较小，为电动机的变频运行和工频运行工况切换创造条件，PLC 输出相应的控制信号，使对应的电动机动作，变频器当前拖动的电动机从变频转换至工频，启动下一台电动机变频运行，实现同步切换。当变频器发生故障，不能正常运行时，变频器故障检测信号送入 PLC，控制单元切除 PLC 与变频系统的连接，变频器不再控制水泵电动机的启动、停止，系统中的水泵电动机通过降压启动或软启动器的方式启动，启动后只能运转在工频工况。当管网压力大于电接点压力表压力上、下限时，电接点压力表分别输出开关信号，通过 PLC 两个输入端子，这两个开关信号进入 PLC；变频器的极限输出频率检测信号也通过 PLC 的输入端子送入 PLC，通过运行 PLC 程序，控制水泵电动机的变频与工频切换，以及工频工作泵的切除。

11.2.2　硬件选型及系统电路设计

通过上面对恒压供水系统的工作原理及工作流程的分析，可以总结出基于 PLC 和变频器的恒压供水系统的硬件需求，画出各硬件环节之间的联系结构图，如图 11-15 所示。基于 PLC 和变频器的恒压供水系统的硬件需求及硬件功能需求总结如下。

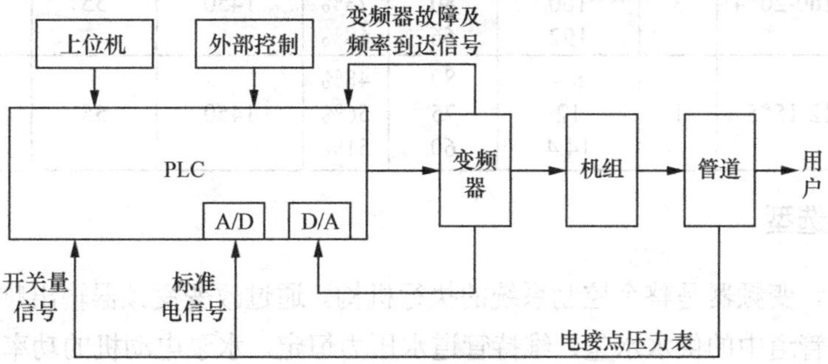

图11-15　恒压供水系统硬件框图

① 选择的 PLC 应包含 A/D、D/A 转换特殊功能模块，以便检测、输出模拟量信号（如管网中的压力信号）。

② 水池液位传感器、管网压力表，完成对蓄水池液位的测量、监控。

③ 控制所需低压电器及电气控制柜，整合控制器与控制电路，形成一个整体。

④ 变频器接收 PLC 的 PID 运算输出的频率信号，调整水泵电动机的频率，改变管道中的水流量，直接改变管道中的水压力。

⑤ 水泵机组主要由水泵和电动机构成。

⑥ 软启动器负责在变频器切除的工况下，水泵运行于工频工况时水泵电动机的软启动。

下面将逐一讲解主要控制模块、测量模块的选型过程及相关的技术指标。

1. 水泵机组选型

一般而言，水泵机组选型的基本原则：一是要确保机组平稳运行；二是要保证机组能高效地运行，水泵机组能发挥最高的运行效率，水泵电动机能取得较好的节能效应，这就要求选择的泵型必须与系统用水量的变化幅度相匹配。本系统研究的小区生活用水具体要求如下。

① 由多台水泵机组实现供水，流量范围为 $600m^3/h$，扬程为 60m 左右，出水口水压大小为 0.4MPa。

② 设置一台小泵作为辅助泵，用于小流量时供水；供水压力要求恒定，尤其在换泵时波动要小。

③ 系统应能自动可靠运行，同时应具备手动操作功能，以方便检修和其他应急操作；各主泵均能可靠地软启动；具有完善的保护和报警功能，系统整体上应具备较高的经济运行性能。

根据系统的以上要求，可以确定出总流量范围、扬程大小，确定供水系统的设计流量和设计供水压力（水泵扬程）；考虑到用水量类型为连续型低流量变化型，确定采用 3 台上海熊猫机械（集团）有限公司生产的 SFL 系列主水泵机组和 1 台 SFL 辅助泵机组，具体型号及主要性能参数如表 11-3 所示。

表 11-3　　水泵型号及主要性能参数

类型	型号	数量	主要性能参数						
			流量（m^3/h）	扬程（m）	效率	转速（r/min）	电动机功率（kW）	气蚀余量（m）	进出口径（mm）
主泵机组	150SFL160-20*4	3	112 160 192	88 80 66	66% 73% 68%	1450	55	2.9 3.6 3.8	150
辅助泵	50SFL12-15*5	1	8.4 12 14.4	80 75 60	48% 56% 51%	1450	55	2.1 2.6 2.9	50

2. 变频器选型

在本系统中，变频器是整个控制系统的执行机构。通过改变变频器输出频率，可以调节电动机转速，改变管道中的供水水量，维持管道水压力恒定。水泵电动机的功率和电流是变频器选择中应该考虑的重要因素。在选择系统所用的变频器型号前，首先要确定变频器的容量。确定变频器容量的方法是，依据与变频器相配的电动机额定功率和额定电流来计算出变频器容量，当一台变频器驱动一台电动机连续运转时，变频器容量应同时满足式（11-1）～式（11-3）。

$$P_{CN} \geqslant k \times P_M / \eta \times \cos\varphi (\mathrm{kV \cdot A}) \tag{11-1}$$

$$P_{CN} \geqslant k \times \sqrt{3} \times U_M \times I_M \times 10^{-3} (\mathrm{kV \cdot A}) \tag{11-2}$$

$$I_{CN} \geqslant k \times I_M (\mathrm{A}) \tag{11-3}$$

式中：P_M——负载所要求的电动机输出功率；

η——电动机效率（常取值在 0.85 以上）；

$\cos\varphi$——电动机的功率因数；

U_M——电动机电压（V）；

I_M——电动机工频电源时电流（A）；

k——电流波形修正系数；

P_{CN}——变频器的额定容量（kV·A）；

I_{CN}——变频器的额定电流（A）。

由于本系统具备监控功能，所以变频器应具有和上位机通信的功能。现在的变频器一般具有通信功能及相应的控制软件，可以很方便地用 PC 监控变频器的运行状态及控制变频器。根据本系统水泵电动机功率，选择深圳市康沃电气技术有限公司生产的 CVF-P2 系列风机、泵专用变频器，选定型号为 CVF-P2-4T0370 的变频器作为本系统所用变频器。图 11-16 为 CVF-P2 系列变频器的型号说明。

3. PLC 选型

PLC 是整个变频恒压供水控制系统的核心，它负责采集系统所有模拟量输入信号、启/停开关类型控制信号及系统自动反馈的控制信号（如报警、压力等），运用 PLC 程序，使所有动作器件（如中间继电器、电磁阀线圈、变频器）按照预定规律动作，实现系统的控制任务，在完成恒压控制任务之外，还能实现对外数据通信功能。因此，合理选择适当的 PLC 对整个系统的可靠性、控制方便性有重要的影响。目前市场上的 PLC 厂家和 PLC 型号众多，不同生产厂商的不同型号的 PLC 具有不同的技术参数、性能指标及指令系统。在选择 PLC 时，首先要根据设计的系统需求，考虑所需的 PLC 指令的执行速度、指令丰富程度、内存空间、通信接口及协议、输出电路形式、带扩展模块的能力和编程软件的方便与否等多方面因素。本系统中，鉴于三菱 FX_{2N} 系列 PLC 产品体积小、速度快（每步运算速度仅 0.08μs）、性能优越、成本低、扩展单元及特殊功能模块较多、扩展灵活（主机输入/输出点数最多可达 256 点）等优点，另外，三菱 PLC 在现场应用广泛、指令通俗易懂、掌握较容易，本系统选用三菱的 FX_{2N} 系列 PLC。图 11-17 为 FX_{2N} 系列 PLC 的型号说明。

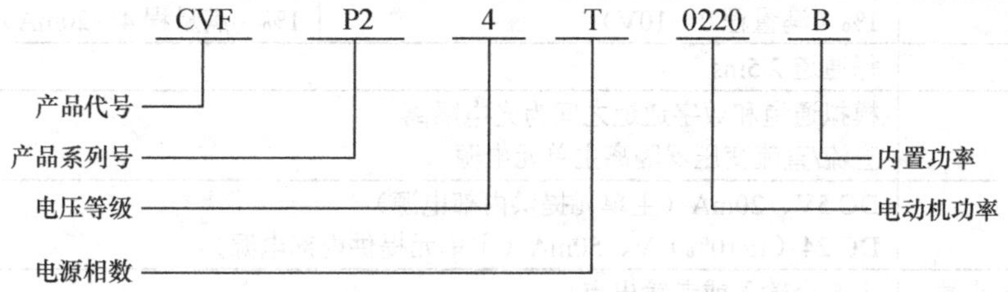

图11-16　康沃系列变频器型号说明

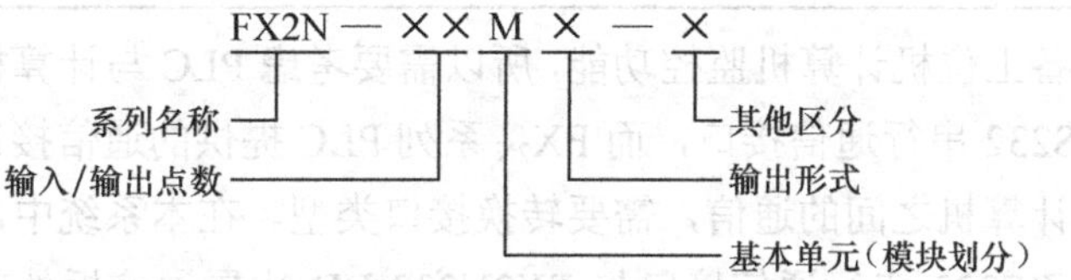

图11-17　FX2N系列PLC型号说明

一般而言，PLC 的输出有继电器、晶体管、晶闸管 3 种形式，不同的输出形式对应不同的电源输出性能及负载能力。继电器输出形式用 R 表示，输出回路有负载回路交、直流都可用的干接点，每点负载能力为 2A；与继电器输出形式相比，晶体管输出电路无干接点，只能用于直流负载，每点的负载能力为 0.5A；与晶体管输出电路相比，晶闸管输出形式能用于交流负载，每点负载能力为 0.3A。由于本系统负载大多为低压电器线圈或直接送入变频器的输入控制端或频率控制端，输入/输出信号较少，小型 FX_{2N}-32MR 完全可以满足输入/输出点数的需求；另外由于系统中需求模拟量输入、输出，需要添加扩展 D/A 转换模块、A/D 转换模块。表 11-4 为部分 FX_{2N} 系列 PLC 模拟量模块的技术指标，本例选择的模拟量输入模块是两通道模拟量输入的 FX_{2N}-2AD 模块。考虑到 PLC 的带负载能力，PLC 的输出不直接控制接触器的线圈，而采用电压等级较低、更安全的 24V 中间继电器（ZJ3-B）直接与 PLC 的输出相连；而使用中间继电器触点的通断信号直接控制接触器或电磁阀线圈的电流信号。输入回路采用光电隔离器实现光电隔离，抗干扰强、可靠性高。以下为 FX_{2N} 系列 PLC 的一些技术性能指标。

① 电源电压范围较大，AC 100～240V，频率 50/60Hz。

② 开关量输入回路采用内部 24V 电源，方便、安全。

③ 存储器容量最大为 16KB，可选用存储卡盒。

④ 有 RIJN 输入端，可实现远程控制 PLC 的停止与运行。

⑤ 继电器输出外部电源为 AC 250V 以下、DC 30V 以下。输出分组，可根据负载电源要求选用不同组的输出继电器。

⑥ 备有 24V 电源端，当使用传感器输入时，可直接作为电源使用。

⑦ 程序可实现口令保护。

⑧ 紧急情况可使用应用指令实现中断优先处理。

表 11-4　　模拟量模块的技术指标

项目	输入电压	输入电流
模拟量	0～10V 或 0～5V（输入电阻 200kΩ） 绝对最大量程：-0.5～15V	4～20mA（输入电阻 250Ω） 绝对最大量程：-2～60mA
数字量输出位数	12bit	
分辨率	2.5mV（10V/4 000）	4μA［(20～4）/4 000］
总体精度	1%（满量程 0～10V）	1%（满量程 4～20mA）
转换速度	每通道 2.5ms	
隔离	模拟通道和数字通道之间为光电隔离 直流/直流变压器隔离主单元电源	
电源规格	DC 5V、20mA（主单元提供内部电源） DC 24（1±10%）V、50mA（主单元提供内部电源）	
占用的输入输出点数	占 8 个输入或者输出点	
适用的控制器	FX_{0N}、FX_{2N}、FX_{2NC}	

因为本系统具备上位机计算机监控功能，所以需要考虑 PLC 与计算机之间的通信接口电路。计算机提供 RS232 串行通信接口，而 FX_{2N} 系列 PLC 提供的通信接口为 RS422，要实现 FX_{2N} 系列 PLC 与计算机之间的通信，需要转换接口类型。在本系统中，使用专用的通信电缆，连接计算机的 RS232 串行通信接口与 FX2N232-BD 内置通信板外部接口，实现 RS422 至 RS232 的转换，通信电缆的通信距离长达 50m，完全可以满足现场要求。

4. 软启动器模块

因为在正常情况下，每台电动机都是通过变频器启动的，启动电流小，对电网和设备冲击都很小，所以对设备损害很小。但是，当变频器出现故障，系统必须保证供水时，系统以全工频的方式运行。所以，工频运行控制是保证系统供水必不可少的部分。但工频供水时，不能保证恒压供水。工频控制时，由于电动机功率较大，如果采用直接启动，冲击电流较大，很容易烧坏电动机。所以，不能采用直接启动方式，必须采用降压启动或软启动方式启动。本系统使用软启动器启动工频运行方式下的水泵电动机。因此，需要在每个工频回路接入软启动器。

5. 电接点压力表模块

在本系统中，安装在管网上的水压传感器是获取管网压力信号的一个关键部件，其精度直接关系到控制的性能。在本系统中，选用 YTZ-150 型带电接点式的水压传感器，其水压检测范围为 0～1MPa，检测精度为±0.01MPa，输出电压为 0～10V，即该传感器将 0～1MPa 范围的压力信号转换成 0～10V 的电信号，通过 FX2N-2AD 模块输入 FX2N，参与 PID 运算，并在上位显示为采集到的压力。与碳膜式的传感器相比，该传感器可靠性好、价格便宜，还可以设定上、下限水压力值，上、下限压力值分别设在给定压力值上下附近，与给定压力略有偏差；当测量的管网压力处于设定的压力上、下限位置时，传感器输出开关信号，通过两个输入端点输入 FX2N；FX2N 综合采集到的管网压力上、下限开关信号和变频器的极限输出频率信号，执行

PLC 指令，控制泵的变频运行与工频运行切换，以及工频工作泵的切除、投入。

当系统中只有一台水泵电动机变频运行，且运行频率已达到频率下限，而管道中的水压力仍然达到或超过设定水压的上限时，安装于管道上的电接点压力表输出数字量信号给 PLC，同时输出报警信号，PLC 执行相应的程序，使系统停止工作，电动机停止运转。

另外，蓄水池的水位也应该维持在一定的范围内，因为如果停止给用户供水或系统检修时，必须同时停止市政管网的水注入水池，否则蓄水池的水溢出或无水。所以，应该检测水池的水位。在本系统中，使用浮球式水位液位开关。若市政管网停止供水，水池水位降低，降低到水池水位下限时，液位开关信号送入 PLC，通过程序停止所有水泵电动机，防止水池无水，电动机空转。

6. 隔离变压器、低压电器、控制柜模块

在本系统中，主要的控制设备 PLC 及控制执行机构的变频器安装在同一控制柜时，变频器的运行可能对 PLC 产生干扰，因此，PLC 要采取抗干扰措施。由于 PLC 输出控制的负载大部分为电感性线圈，所以在输出继电器断电的情况下，负载线圈中会突然产生过电压，为防止过电压对 PLC 输出接口电路的破坏，负载必须配置相应的过电压保护电路。同时，为了防止电源对 PLC 产生干扰，通过隔离变压器给 PLC 供电。保证电动机正常工作的压电设备和变频器、PLC 一起安装在电气控制柜中，控制柜必须良好接地。

7. 主电路设计

图 11-18 为 3 台水泵循环变频运行方式的主电路接线。三相电源经低压断路器、接触器 KM10 触点接至变频器的 R、S、T 输入端，变频器的输出端 U、V、W 通过接触器 KM4 的触点接至 1#电动机，通过接触器 KM5 的触点接至 2#电动机，通过接触器 KM6 的触点接至 3#电动机。3 台水泵电动机共享一台变频器，接触器 KM4～KM6 的触点不能同时闭合，但可以同时断开（工频运行方式下）。当电动机工频运行时，连接至变频器的接触器 KM5 及变频器输出端的接触器 KM4、KM6、KM10 断开，接通工频运行的接触器 KM1～KM3 触点。图 11-18 中共有 4 台电动机，即 1#～4#。其中，1#～3#电动机既可以工频运行，也可以变频运行，所以，1#～3#电动机均连接至变频器的输出端；4#电动机只运行在工频状态，所以不经过变频器。因为在变频运行方式下，每次只有一台电动机变频运行，从触点角度来看，同一时刻只有一台电动机连接到变频器，即接触器 KM4～KM6 的触点只有一个闭合。闭合的触点对应的电动机有两种运行模式，可以是变频运行模式，也可以是变频运行模式切换到工频运行模式，断开触点对应的水泵电动机根据实际需要决定是否工频运行。主电路中的低压断路器除连接电源外，还需要短路保护，每台电动机的过载保护由相应的热继电器（FR1～FR4）实现。

变频器的输出端绝对不允许直接连接电源，故变频和工频两个回路不能够同时接通，必须经过接触器的触点。当电动机接通工频回路时，变频回路接触器的触点必须先行断开；例如，要使 1#电动机从变频工况切换到工频工况，接触器 KM4 的触点首先断开，接触器 KM1 的触点才能闭合；同样从工频转为变频时，也必须先将工频接触器断开，才允许接通变频器输出端接触器。为监控电动机负载运行情况，主回路的电流大小可以通过电流互感器和变送器将 4～20mA 电流信号送至上位机来显示，同时可以通过转换开关接电压表显示线电压。初

始运行时，必须观察电动机的转向，使之符合要求。如果转向相反，则可以改变电源的相序来获得正确的转向。系统启动、运行和停止的操作不能通过直接断开或者接通主电路（如直接使断路器或接触器断开）方式实现，而必须通过变频器或软启动器实现启动或停止。为提高变频器的功率因数，必须在电路中接入电抗器。当采用手动控制时，必须采用自耦变压器降压启动或软启动的方式以降低电流，本系统采用软启动器，各电动机均配置一个软启动器。由于整个系统都采用自动控制，故阀门的开启也采用电磁阀的通断电实现，由 PLC 实现控制。

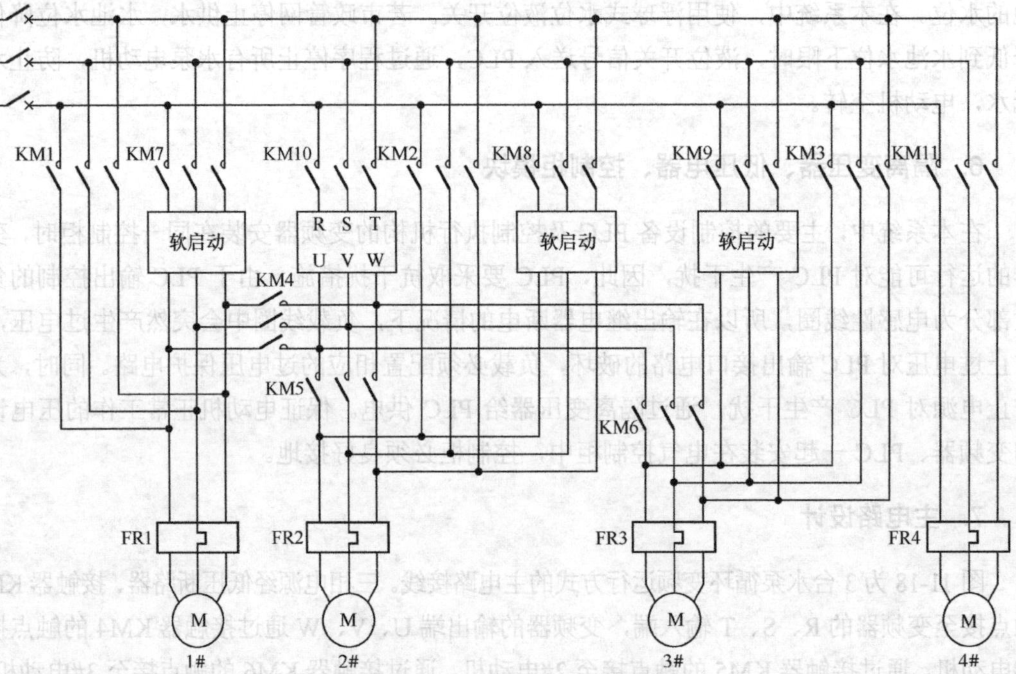

图11-18　恒压调频供水系统主控电路

8. 控制电路设计

PLC 是系统实现恒压供水的主体控制设备，以 PLC 为核心的控制电路设计的合理性直接关系到整个系统的运行性能，PLC 程序的可靠性直接关系到系统运行的稳定性。首先讲解以 PLC 为核心的控制电路设计。

在控制电路的设计中，首先需要考虑弱电和强电之间的隔离问题。本系统中，所有的电动机、接触器都是按照 PLC 的程序逻辑来动作的。为安全起见，本系统中引入输出中间环节，即 PLC 输出端口并不是直接和交流接触器连接，而是 PLC 输出继电器驱动中间继电器去控制接触器线圈的得电/失电，进而控制电动机或者阀门的动作。

由于本系统中的 PLC 采用继电器输出接口电路形式，PLC 输出控制的大部分负载是接触器线圈、电磁阀线圈。当电磁线圈吸合时，产生较大的电流，每路最大输出电流为 2A。如果使用 PLC 的输出接点直接驱动接触器线圈负载，可能出现 PLC 输出不能直接带动负载的情况，因此必须增加驱动电路。驱动电路可以使用固态继电器或中间继电器驱动，与之相配的还需添加相应的保护电路和浪涌吸收电路。

另外，在 PLC 输出端口和交流接触器之间引入中间继电器，实现系统中的强电和弱电之间的隔离，保护系统，延长系统的使用寿命，增强系统工作的可靠性。由于中间继电器属于电感性负载，故必须并联 RC 阻容吸收电路（交流）或续流二极管（直流）实现过电压保护，防止输出电路断开时产生很高的感应电动势或浪涌电流，对 PLC 输出接点及内部电源产生冲击。另外，虽然 PLC 是专门为工业环境设计的控制装置，一般不需要采取特殊措施即可用于工业环境，但在较强的电磁场下工作，PLC 仍然会受到干扰，因此 PLC 应远离干扰源，如大功率晶闸管装置、大功率动力设备等。本系统控制柜与水泵一般较远，但应注意变频器会对 PLC 产生较强的干扰，两者应保持一定距离。PLC 的供电电源应采用带屏蔽层的隔离变压器供电，屏蔽层和 PLC 浮动地端子接地，采取独立接地方式，不与其他设备串接接地。

严格的互锁也是保证系统安全、可靠运行的关键因素，控制电路之中应设计电路之间的互锁。本系统有 3 台变频电动机和 1 台恒速泵电动机。恒速泵电动机用于夜间少量供水时，故当 3 台主电动机运行时，恒速泵电动机应该处于停止状态，因此两者应互锁。每台变频主电动机既有工频运行，又有变频运行，工频与变频电源绝对不允许同时接通，故两者必须严格互锁。除了在程序中实现互锁外，在外部电路中也应采用电气互锁。

另外，系统还应考虑必要的指示，如电动机运行状态（变频、工频、停止）的显示、故障报警信号指示、阀门状态显示等。为了节省 PLC 的输出端口，在电路中充分利用 PLC 输出端口的中间继电器的常开触点的断开和闭合，控制状态指示灯的亮和熄灭；同时电气控制柜上也应设置相应的指示灯指示，指示当前系统的工作状态；上位机上也应能显示这些信号的状态指示。图 11-19 为 PLC 外部接线，图 11-20 和图 11-21 分别为输入接口、输出接口电路。

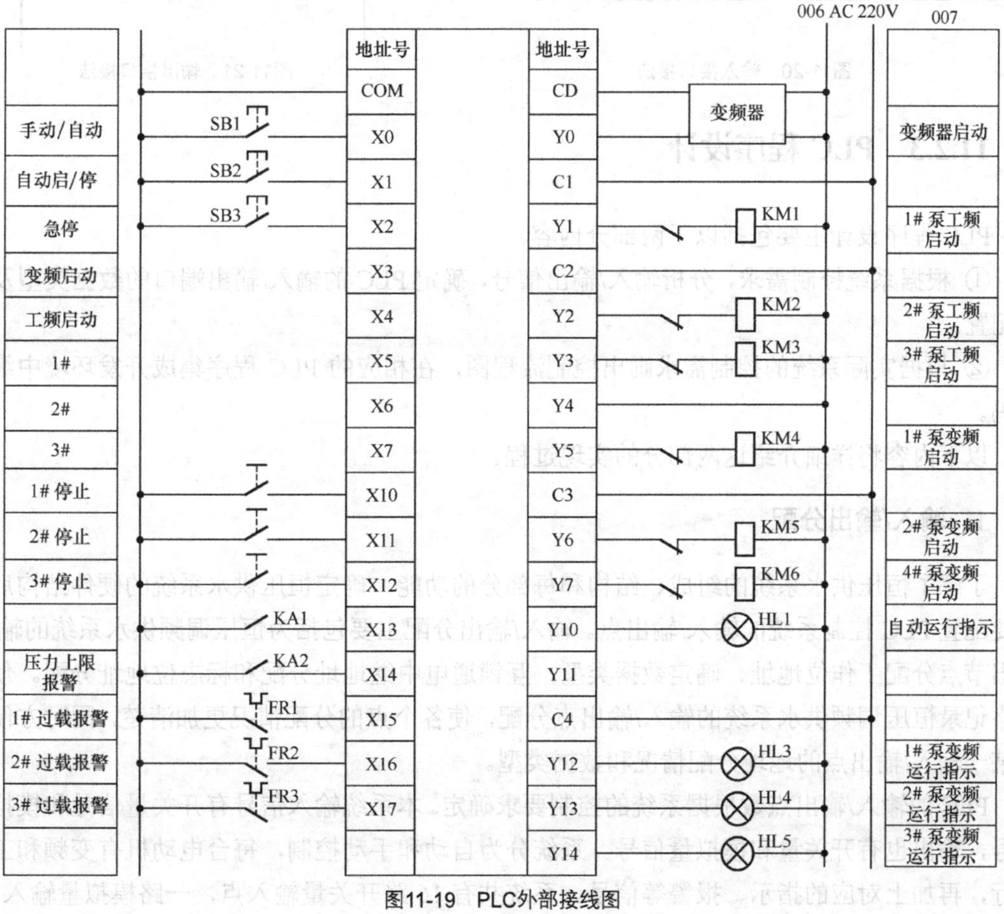

图11-19 PLC外部接线图

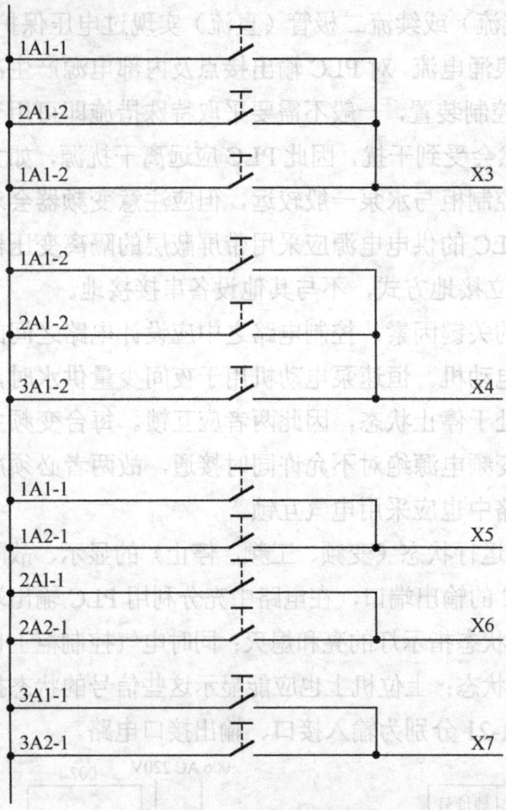

图11-20 输入接口接法

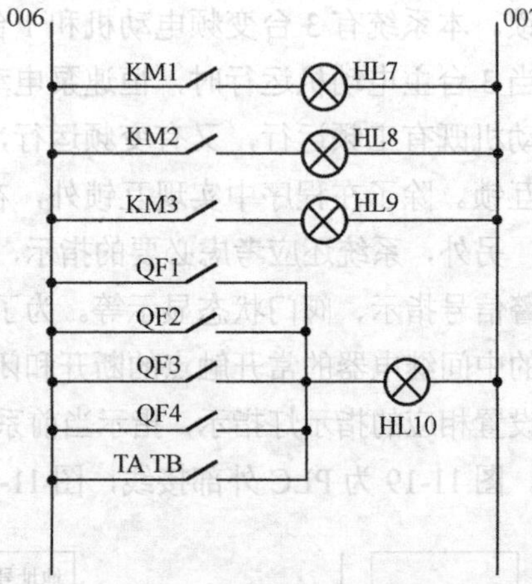

图11-21 输出接口接法

11.2.3 PLC 程序设计

PLC 程序设计主要包括以下两部分内容。

① 根据系统控制需求，分析输入/输出信号，确定 PLC 的输入/输出端口的数据类型及端口配置。

② 根据实际系统的控制需求画出控制流程图，在相应的 PLC 程序集成开发环境中编写代码。

以下内容将详细介绍这两部分的实现过程。

1．输入/输出分配

了解了恒压供水系统的组成、结构和每部分的功能，确定恒压供水系统的硬件结构后，需要配置 PLC 控制系统的输入/输出点。输入/输出分配主要包括为恒压调频供水系统的输入/输出节点分配工作位地址、确定数据类型，互锁通电中继地址分配和标志位地址分配。使用表格记录恒压调频供水系统的输入/输出点分配，使各个点的分配情况更加清楚，同时方便查找某一输入/输出点的地址分配情况和数据类型。

PLC 的输入/输出点数根据系统的控制要求确定。本系统输入信号有开关量信号和模拟量信号，输出也有开关量和模拟量信号。系统分为自动和手动控制，每台电动机有变频和工频运行，再加上对应的指示、报警等信号。系统共有 16 路开关量输入点，一路模拟量输入点，

23 路输出点，一路模拟量输出信号。输入/输出点含义及地址分配如表 11-5 所示。

表 11-5　　　　　　　　恒压供水系统 PLC 输入/输出点配置表

输入点			输出点		
功能注释	地址编号	数据类型	功能注释	地址编号	数据类型
手动/自动	X0	BOOL	变频器启动	Y0	BOOL
自动启动	X1	BOOL	1#泵工频启动	Y1	BOOL
急停	X2	BOOL	2#泵工频启动	Y2	BOOL
变频启动	X3	BOOL	3#泵工频启动	Y3	BOOL
工频启动	X4	BOOL	1#泵变频启动	Y5	BOOL
1#泵手动启动	X5	BOOL	2#泵变频启动	Y6	BOOL
2#泵手动启动	X6	BOOL	3#泵变频启动	Y7	BOOL
3#泵手动启动	X7	BOOL	自动运行指示	Y10	BOOL
1#泵手动停止	X10	BOOL	1#泵变频运行指示	Y12	BOOL
2#泵手动停止	X11	BOOL	2#泵变频运行指示	Y13	BOOL
3#泵手动停止	X12	BOOL	3#泵变频运行指示	Y14	BOOL
50Hz 满负荷报警	X13	BOOL			
压力上限报警	X14	BOOL			
1#泵过载信号	X15	BOOL			
2#泵过载信号	X16	BOOL			
3#泵过载信号	X17	BOOL			

（1）PLC 输入信号

① 为保证供水的不间断性，变频调速恒压供水要求有手动和自动控制方式。当变频器出现故障时，采用手动方式，软启动电动机实现工频下供水。手动和自动控制采用选择开关实现，此信号为开关量信号，被送入 PLC。

② 启/停控制信号送入 PLC，控制系统正常启/停。

③ 电接点压力表上、下限开关量信号输入 PLC 中，作为控制电动机停止及变频与工频转换的条件。

④ 电接点压力表的标准电信号送入 PLC 的 A/D 转换模块，参与 PLC 内部 PID 运算，经 D/A 转换，输出模拟量信号控制变频器输出频率，通过 PLC 与上位机通信送给上位机，显示管网压力。

⑤ 过载保护信号。

（2）PLC 输出信号

① 控制 3 台主电动机变频与工频运行的接触器及附属小泵的电源接触器，控制每个水泵阀门的开关及市政水管的阀门开关。

② 3 个输出端点，控制 3 台主电动机工频软启动。

③ 显示电动机停止、变频、工频运行工况。每台电动机发生故障时，由同一个蜂鸣器报警，由 3 个不同指示灯指示。

另外 PLC 外置 RUN 端由外部电路控制接通断开，以实现 PLC 运行的远程控制，而不需要直接在 PLC 上拨动 STOP-RUN 开关。

输入端子 X0 外接了一个按钮 SB1，可以实现系统中水泵的手动启动选择；输入端子 X1

外接了按钮 SB2，可以实现系统中水泵的自动启动选择。

2. PLC 程序设计

PLC 的编程语言分为梯形图、语句表和功能块图 3 种。在三菱公司提供的集成开发环境中使用梯形图语言开发本系统程序，编译后，通过 PC/PPI 通信电缆把程序下载到 PLC，调试成功后，即可实现 PLC 程序的开发。本书的重点是 PLC 与变频器的应用，对于 PC 程序的开发，此处不详细介绍，可根据需要使用 VB 或 VC 开发。下面介绍 PLC 程序的开发过程。

（1）程序开发环境

三菱公司针对 FX 系列、A 系列、Q 系列等 PLC 推出集成开发环境 GX Developer Version8.52E，方便用户开发相应的 PLC 程序。GX Developer 集成开发环境包含 FX_{3U} 系列产品二次开发的软件工具，支持程序在线调试、工程项目管理、梯形图编程、指令编程、功能图编程，可运行于 Windows 9X/Windows 2000/Windows XP 平台，此处使用 GX Developer Version8.52E 集成开发环境设计、调试、开发 PLC 程序。GX Developer Version8.52E 软件包可从三菱公司网站上下载。

对于没有 PLC 处理器的用户，GX Developer Version8.52E 提供了离线仿真功能，即不需要 PLC 也可以运行程序。读者在编写代码的过程中，可以启动仿真按钮，并且可以通过软件元件测试来强制一些输入条件 ON，完成程序的调试。详细的使用方法读者可以参考讲解 GX Developer Version8.52E 功能的手册。

（2）系统运行主程序

如图 11-22 所示，系统主程序运行时，首先要进行一系列的初始化工作，并使扩展模块（通信模块、A/D 转换模块）、上位机、变频器等设备与 PLC 的数据传输正常。在系统运行过程中要及时检测故障，以防止设备损坏和意外发生。出现故障时，要在上位机实时显示，并报警，方便工作人员操作、维修人员维修，有利于排除系统故障、快速恢复正常工作。在无故障情况下，系统自动启动后，进行恒压控制，在上位机上显示设定压力和实际压力。

（3）系统初始化程序

在系统开始工作时，首先要配置一些寄存器，完成整个系统的初始化。在初始化过程中，需要检测系统各个部分的当前工作状态，如初始化模拟量（管网压力、电动机频率）数据，对模拟量数据赋予一定的初值。

（4）故障检测

故障检测是保证系统安全、可靠运行的一个重要环节。如图 11-23 所示，本系统的自控系统检测的量主要有：原水池液位、变频器故障、水泵故障、压力传感器断线故障、水泵出水压力脱离正常范围等信号。

（5）数字 PID 子程序

在系统中，数字 PID 程序通过调节水泵的转速，维持系统压力的恒定。在主程序初始化过程中，读取系统的压力设定值，通过子程序获取 A/D 转换模块采集的当前管网实际水压值，将采集的压力值与压力设定值相减，得到当前误差量 $e(k)$，运用 PID 控制策略计算控制增量 $\Delta u(k)$，通过 PLC 与变频器的通信，该增量对应的控制信号控制变频器的频率，调节水泵电动机的转速，改变管网中的流量，维持管网中的水压恒定。图 11-24 为数字 PID 子程序的流程。

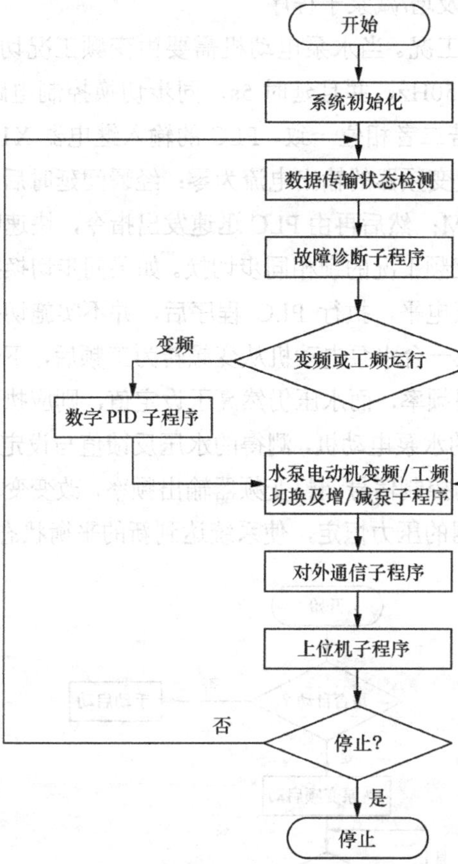

图11-22　主程序流程图

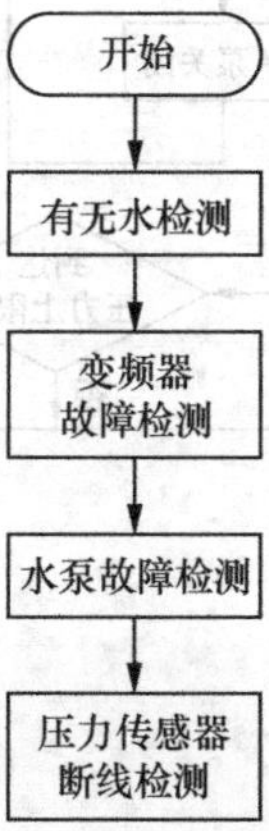

图11-23　故障检测子程序

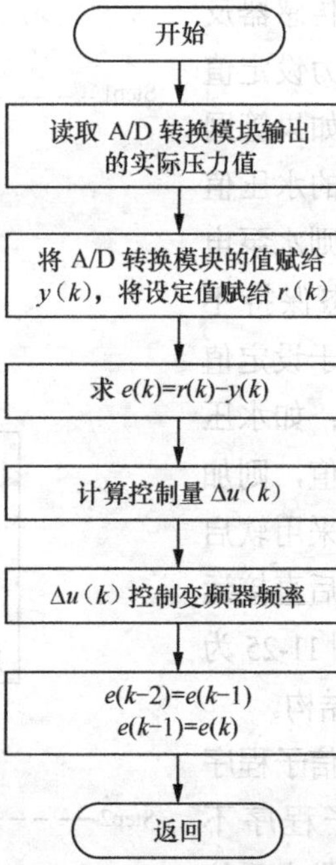

图11-24　数字PID子程序流程

（6）水泵电动机变频/工频切换及增/减泵子程序

电动机变频启动后运行于变频工况。当水泵电动机需要由变频工况切换到工频工况时，切换流程是：变频器输出频率达到 50Hz，并且延时 5s，同步切换控制电路不断检测工频电源的相位和变频输出电源的相位；若二者相位一致，PLC 的输入继电器 X14 动作，PLC 执行一系列动作，切断变频器的输出，使变频器的输出电流为零；经瞬间延时后，迅速切断变频器的接触器和变频器控制端子 FWD-CM；然后再由 PLC 迅速发出指令，快速吸合工频接触器，完成水泵电动机从变频运行工况至工频工况的锁相同步切换。如果同步切换控制电路检测到两个相位不一致，则同步控制器输出低电平，执行 PLC 程序后，并不实施切换动作，从而保证变频器和水泵电动机安全运行。当上一台水泵电动机从变频转为工频后，下一台电动机自动变频启动。反之，若变频器已达到下限频率，而水压仍然高于设定值，则应执行减泵操作，通过执行 PLC 程序，切除一台工频运行的水泵电动机，测得的水压反馈值与设定值比较，执行 PLC 中的 PID 子程序，与水压误差相应的控制信号调整变频器输出频率，改变变频运行电动机的转速，调节管网中的水流量，维持管网的压力恒定，使系统达到新的平衡状态。

系统转入全工频运行程序后，PLC 控制程序通过控制中间继电器的动作来控制相应的接触器，通过主回路的软启动器软启动水泵电动机。此程序不能实现恒压供水，只能保证水压在一定范围内。程序根据管网压力传感器反馈的水压值与压力设定值范围进行比较，如果管网压力传感器反馈的水压值在设定范围内，则水泵电动机的运行状态保持不变；如果水压大于设定值最大值，则减泵；如水压低于设定值最小值，则加泵。所有的泵都采用软启动器启动，启动后直接运行于工频状态。图 11-25 为本子程序的整体结构。

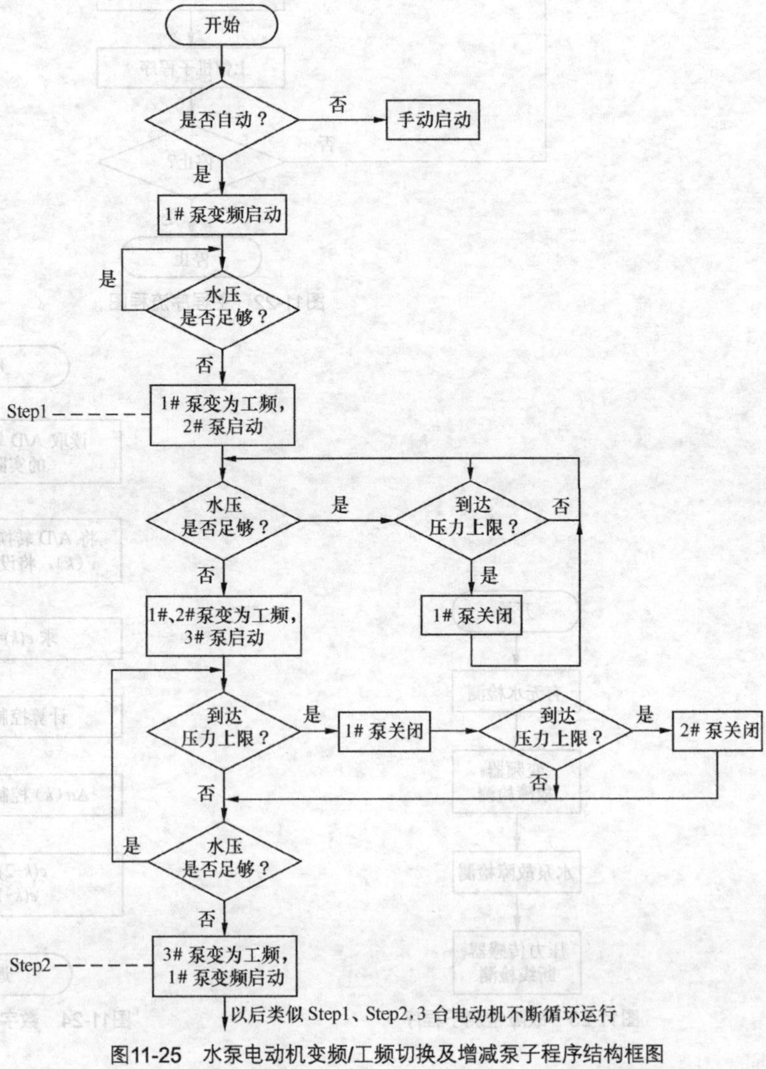

图11-25　水泵电动机变频/工频切换及增减泵子程序结构框图

（7）对外通信子程序

对外通信子程序不是每个变频恒压供水系统必需的。当该系统作为另一个控制系统的子系统时，它需要和上一级系统建立通信，进行数据交换，以便上一级系统对它进行监控和管理，这时需要编写对外通信子程序。通信时，可以采用有线方式，也可以采用无线方式。该子程序采用定时中断的方式来调用。对外通信子程序的流程如图 11-26 所示。

（8）部分 PLC 程序

本系统开始运行后，有自动和手动两个状态可供用户选择。如果 X000 的按钮没有按下，则系统进入手动运行状态，常闭触点 X000 接通，开始执行主控指令 MC 到 MCR 之间的指令。

手动运行时，由于 1#～3# 3 台水泵各自有两种工作方式：变频和工频，总共有 6 种工作状态可以通过手动来选择，因此有 6 条梯形图语句。如果选择 1#水泵变频启动，只需按下按钮 1A1 即可，如图 11-27 所示。由于采用联动开关，此时 X003 和 X005 同时得电，X003、X005 常开触点闭合，中间继电器 M100 得电，并且实现自锁，M100 的常开触点闭合，输出继电器 Y005 得电，控制 l#水泵变频启动，同时输出继电器 Y012 得电，1#变频器工作指示灯 HL3 亮。

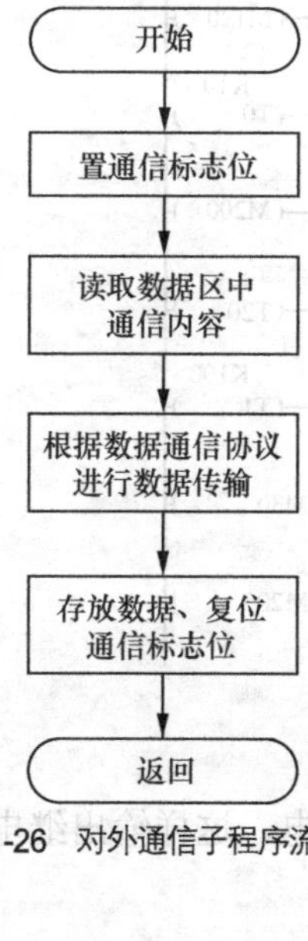

图11-26　对外通信子程序流程图

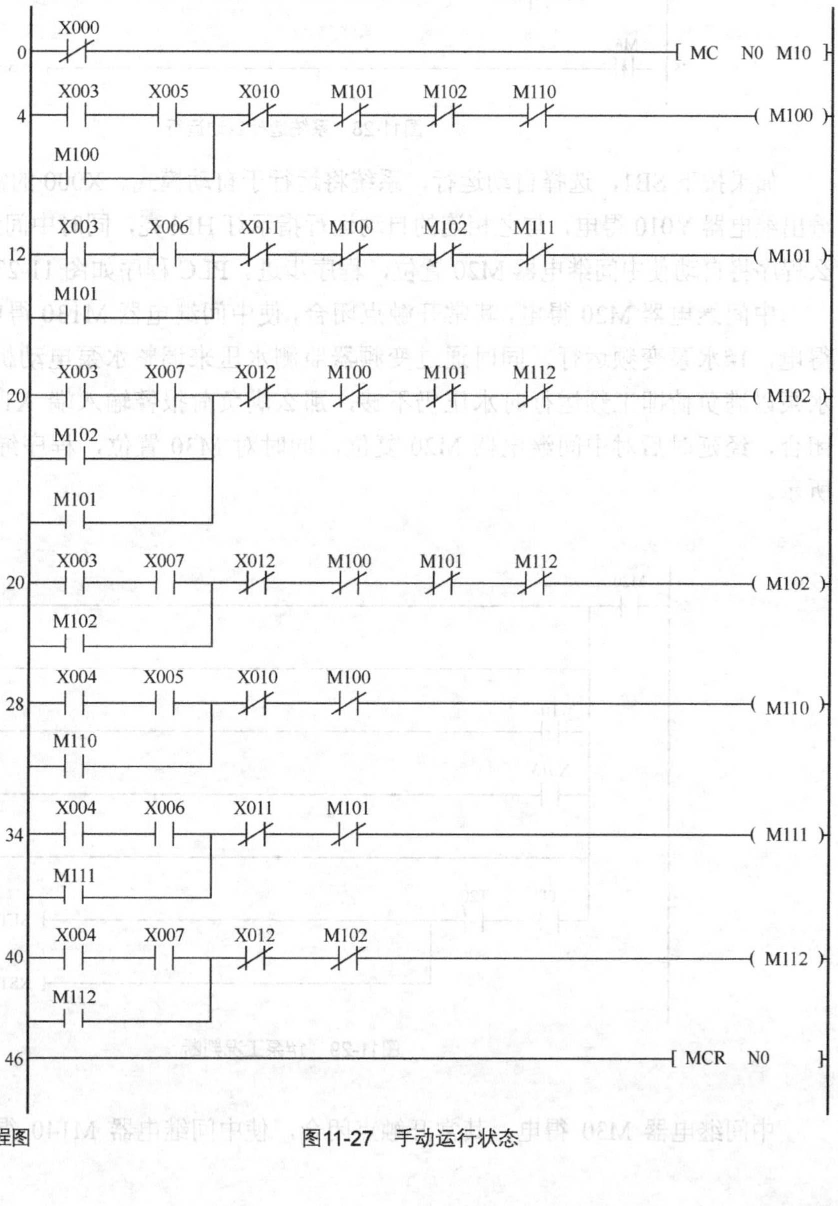

图11-27　手动运行状态

如果选择 2#水泵变频启动，只需按下按钮 1A2 即可（见图 11-27）。由于采用联动开关，所以此时 X003 和 X004 同时得电，X003、X004 常开触点闭合，中间继电器 M101 得电，并且实现自锁，M101 的常开触点闭合，输出继电器 Y006 得电，控制 2#水泵变频启动，同时输出继电器 Y013 得电，2#变频器工作指示灯 HL4 亮。

变频启动 3#水泵与上述两种情况相似，由于采用联动开关，所以此时 X3 和 X7 同时得电，X003、X007 常开触点闭合，中间继电器 M102 得电，并且实现自锁，M102 的常开触点闭合，输出继电器 Y007 得电，控制 3#水泵变频启动，同时输出继电器 Y014 得电，3#变频器工作指示灯 HL5 亮。该过程参考图 11-28。

图11-28 系统选择自动运行

如果按下 SB1，选择自动运行，系统将运行于自动模式。X000 的常开触点变常闭触点，输出继电器 Y010 得电，与之相连的自动运行指示灯 HL1 亮，同时中间继电器 M60 得电，那么程序将自动使中间继电器 M20 置位，程序步进。PLC 程序如图 11-28 所示。

中间继电器 M20 得电，其常开触点闭合，使中间继电器 M130 得电，输出继电器 Y005 得电，1#水泵变频运行，同时通过变频器监测水压来调整水泵电动机的频率，如果当 1#水泵以满负荷即工频运行时水压仍不够，那么满负荷报警输入端 X13 得电，其常开触点闭合，经延时后对中间继电器 M20 复位，同时对 M30 置位，程序继续步进，如图 11-29 所示。

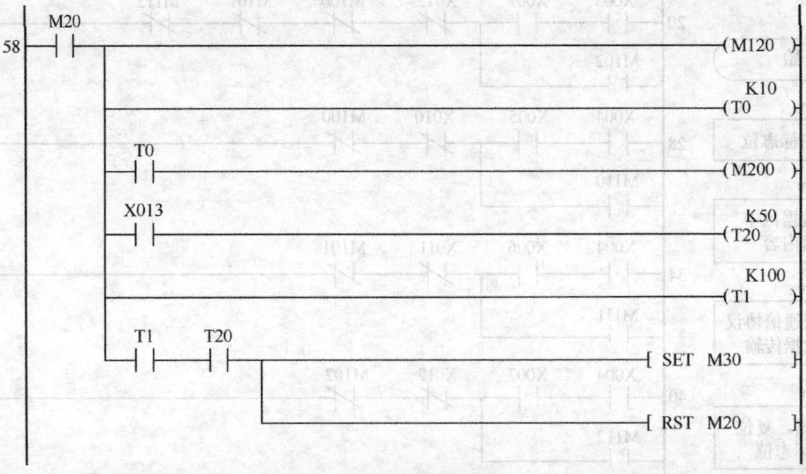

图11-29 1#泵工况判断

中间继电器 M30 得电，其常开触点闭合，使中间继电器 M140 得电，这样输出继电器

Y001 得电，1#水泵转为工频运行，经过 T2、T3 定时器延时后，中间继电器 M131 得电，使输出继电器 Y006 得电，2#水泵变频启动，同时 Y013 得电，与之相连的 2#水泵变频运行指示灯 HL4 亮。此时仍不断监测水压，当水压达到压力上限时，与之相连的输入端 X014 得电，其常开触点闭合，中间继电器 M90 得电自锁，1#水泵停止运行，只留 2#水泵变频运行。如果“1#工频运行+2#变频运行”水压仍然不够，同样 X013 得电，经 T21 定时器延时后对 M40 置位，同时对 M30 复位，程序步进。详细的 PLC 程序如图 11-30 所示。

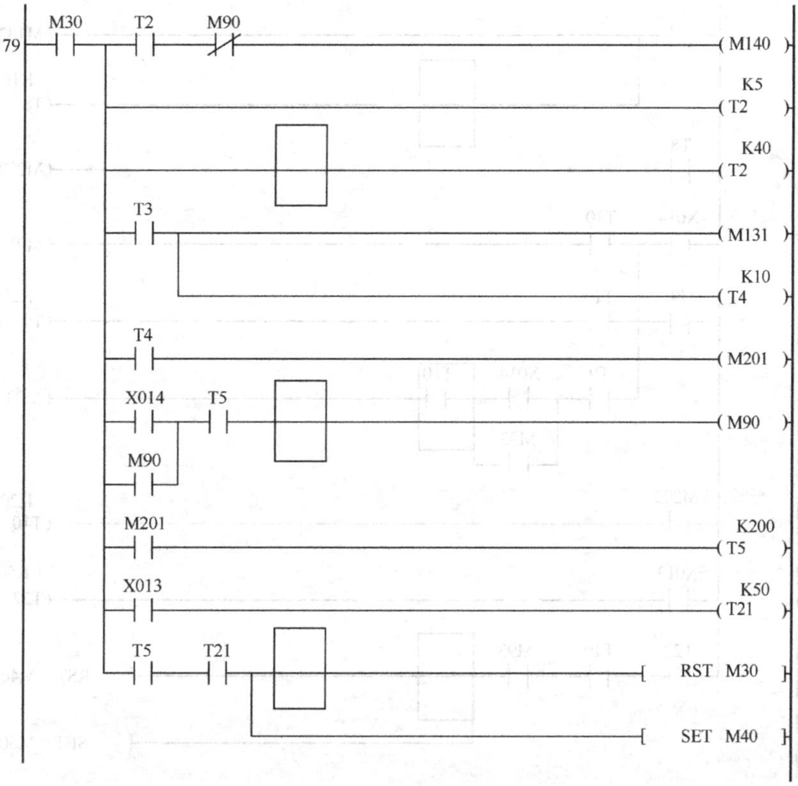

图11-30 1#、2#泵工况选择

中间继电器 M40 得电，其常开触点闭合，使中间继电器 M141 得电，这样输出继电器 Y001 得电，1#水泵工频运行，若水压不够，经延时后，中间继电器 M142 得电，输出继电器 Y002 得电，2#水泵也转入工频运行，若水压还不够，经延时后，中间继电器 M132 得电，使输出继电器 Y007 和 Y014 得电，3#水泵变频启动，其变频工作指示灯 HL5 亮。在选择水泵时通过选取合适的电动机容量，保证 3 台水泵同时运行时水压一定足够，因此不会出现 3 台同时运行水压不够的情况。如果水压达到压力上限，则 X014 得电，先通过中间继电器 M91 得电，从而使中间继电器 M141 断电，输出继电器 Y001 断电，关闭 1#水泵。经延时后，如果水压仍然达到压力上限，再使中间继电器 M93 得电，使中间继电器 M142 断电，输出继电器 Y002 断电，关闭 2#水泵，只留 3#水泵变频运行。如果水压再次不够，则经延时后对 M40 复位，同时对 M50 置位，程序步进。PLC 程序如图 11-31 所示。

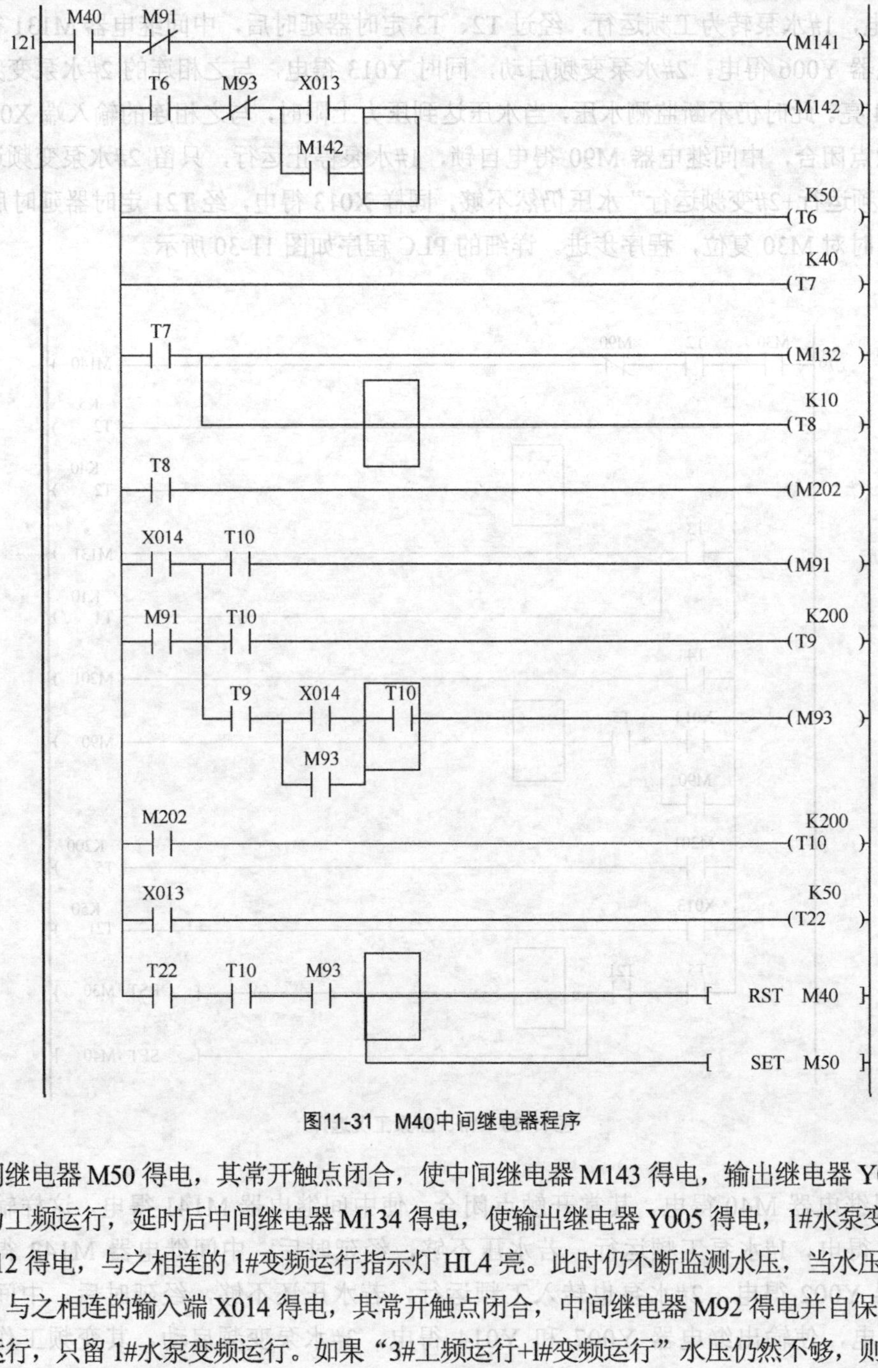

图11-31 M40中间继电器程序

中间继电器 M50 得电，其常开触点闭合，使中间继电器 M143 得电，输出继电器 Y003 得电，3#水泵为工频运行，延时后中间继电器 M134 得电，使输出继电器 Y005 得电，1#水泵变频启动，同时 Y012 得电，与之相连的 1#变频运行指示灯 HL4 亮。此时仍不断监测水压，当水压达到压力上限时，与之相连的输入端 X014 得电，其常开触点闭合，中间继电器 M92 得电并自保，使 3#水泵停止运行，只留 1#水泵变频运行。如果“3#工频运行+1#变频运行”水压仍然不够，则同样 X13 得电，经延时后对 M50 置位，同时对 M61 复位，程序步进。PLC 程序如图 11-32 所示。

中间继电器 M61 得电，其常开触点闭合，使中间继电器 M146 得电，这样输出继电器 Y003 得电，3#水泵工频运行，若水压不够，经延时后，中间继电器 M147 和输出继电器 Y001 得电，1#水泵也转入工频运行，若水压还不够，经延时后，中间继电器 M148 得电，使输出继电器 Y006 和 Y013 得电，2#水泵变频启动并且其指示灯 HL4 亮。如果水压达到压力上限，X014 得电，先通过中间继电器 M95 得电，从而使中间继电器 M146 和输出继电器 Y003 断电，关闭 3#水泵。经延时后如果水压仍然达到压力上限，再使中间继电器 M94、中间继电器 M147

和输出继电器 Y001 断电，关闭 1#水泵，只留 2#水泵变频运行。如果水压再次不够，经延时后对 M61 复位，同时对 M62 置位，程序步进。PLC 程序如图 11-33 所示。

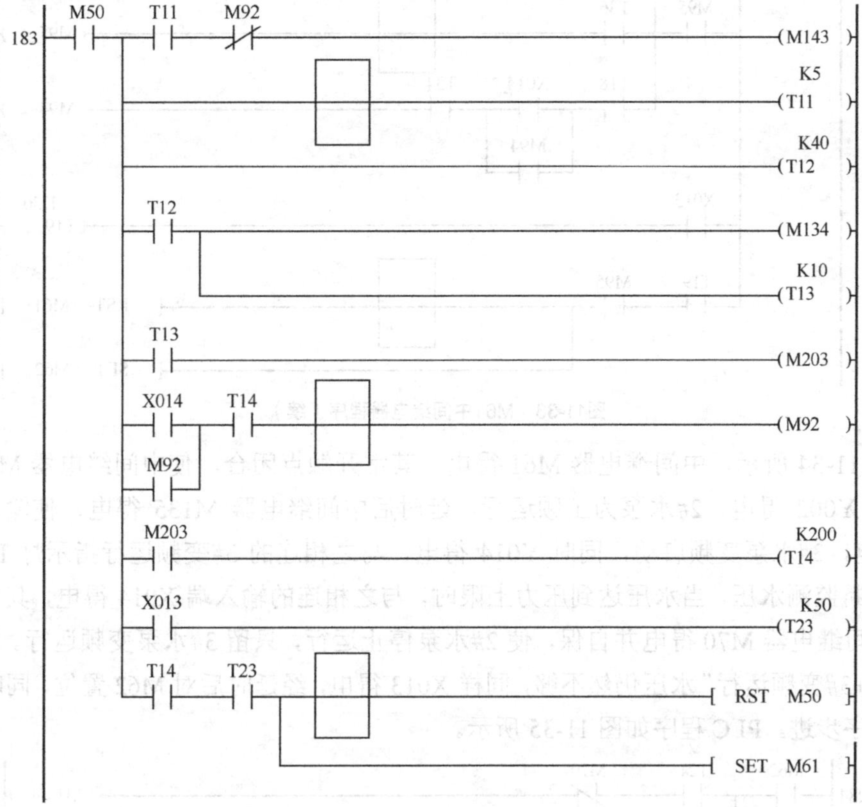

图11-32　M50中间继电器程序

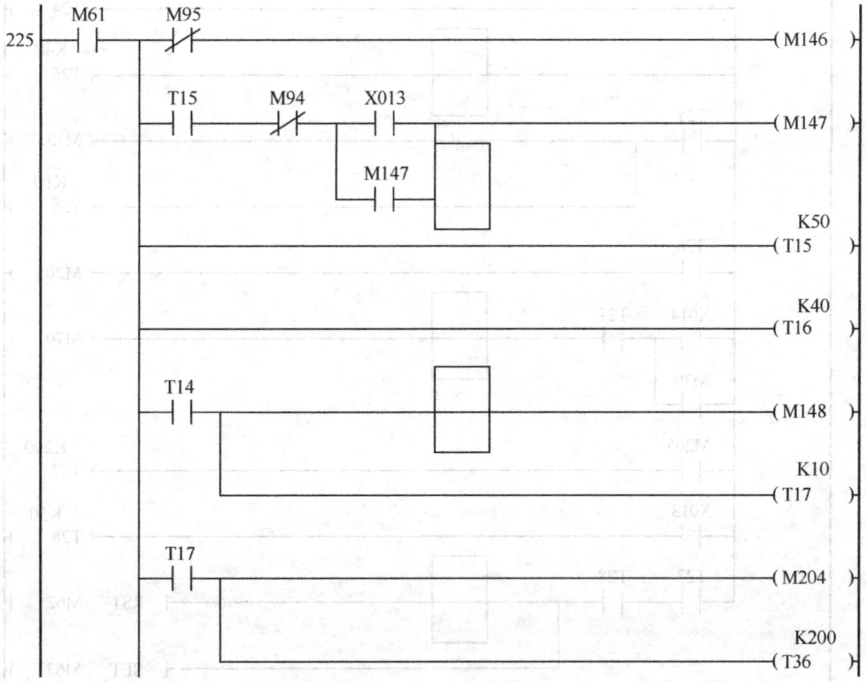

图11-33　M61中间继电器程序

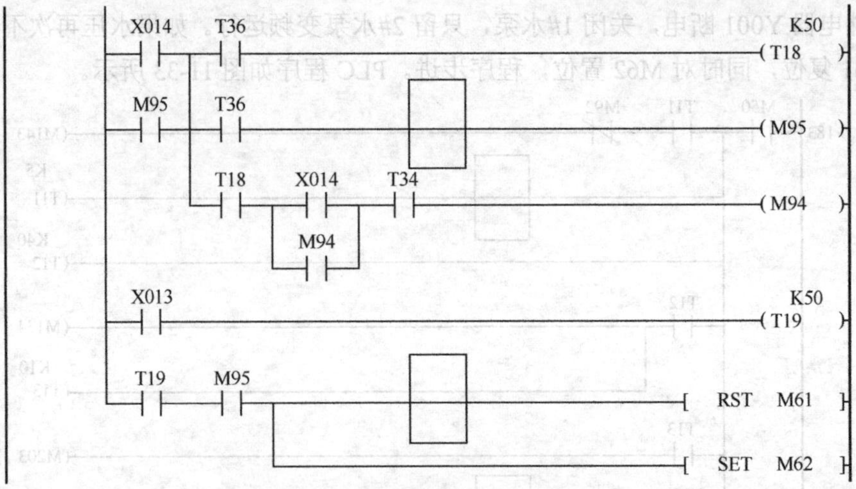

图11-33　M61中间继电器程序（续）

如图 11-34 所示，中间继电器 M61 得电，其常开触点闭合，使中间继电器 M160 和输出继电器 Y002 得电，2#水泵为工频运行，延时后中间继电器 M135 得电，使输出继电器 Y007 得电，3#水泵变频启动，同时 Y014 得电，与之相连的 3#变频运行指示灯 HL4 亮。此时仍不断监测水压，当水压达到压力上限时，与之相连的输入端 X014 得电，其常开触点闭合，中间继电器 M70 得电并自保，使 2#水泵停止运行，只留 3#水泵变频运行。如果“2#工频运行+3#变频运行”水压仍然不够，同样 X013 得电，经延时后对 M62 置位，同时对 M63 复位，程序步进。PLC 程序如图 11-35 所示。

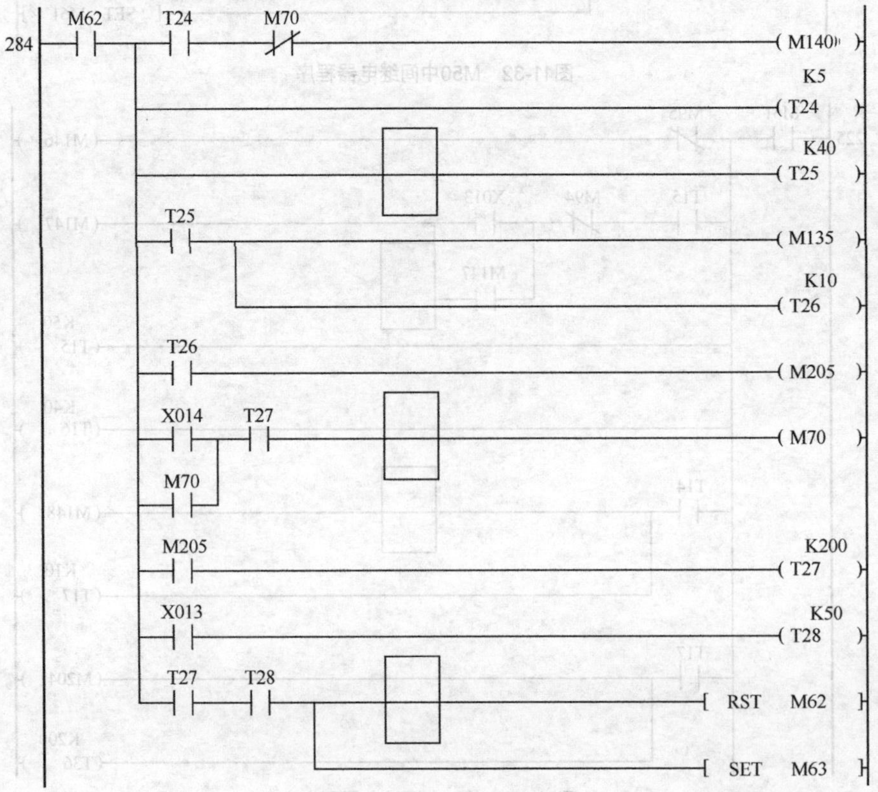

图11-34　M62中间继电器程序

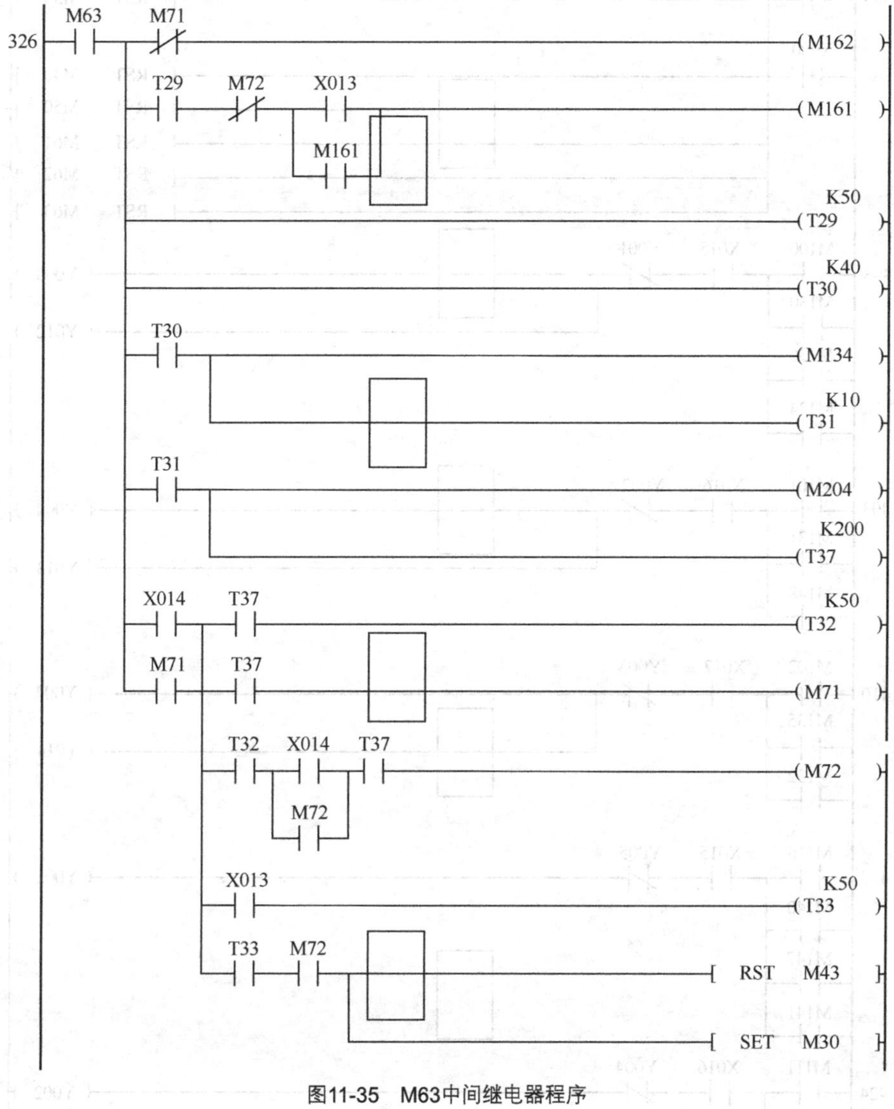

图11-35　M63中间继电器程序

中间继电器 M63 得电，其常开触点闭合，使中间继电器 M162 得电，这样输出继电器 Y002 得电，2#水泵工频运行，若水压不够，经延时后，中间继电器 M161 和输出继电器 Y003 得电，3#水泵也转入工频运行，若水压还不够，经延时后，中间继电器 M136 得电，使输出继电器 Y005 和 Y012 得电，1#水泵变频启动并且其指示灯 HL3 亮。如果水压达到压力上限，X014 得电，先通过中间继电器 M71 得电，从而使中间继电器 M162 和输出继电器 Y002 断电，关闭 2#水泵。经延时后如果水压仍然达到压力上限，再使中间继电器 M72 得电，使中间继电器 M161 和输出继电器 Y003 断电，关闭 3#水泵，只留 1#水泵变频运行。如果水压再次不够，经延时后对 M62 复位，同时对 M63 置位，程序步进。PLC 程序如图 11-36 所示。

至此程序又回到自动运行刚开始的情况，之后将不断循环运行。如果按下急停按钮 SB3，中间继电器 M30、M40、M50、M61、M62、M63 都将复位，所有的水泵都会停止运行。

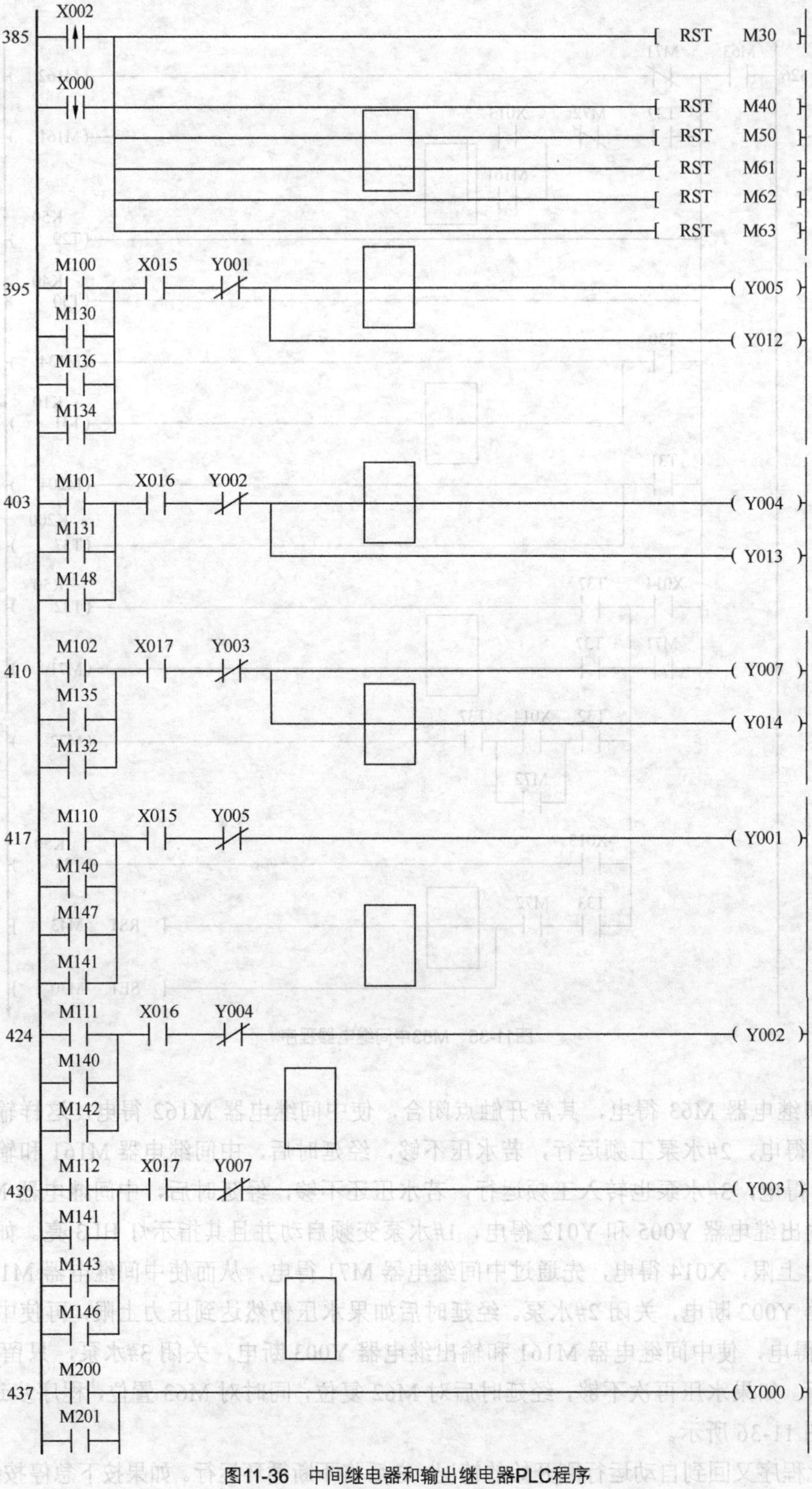

图11-36　中间继电器和输出继电器PLC程序

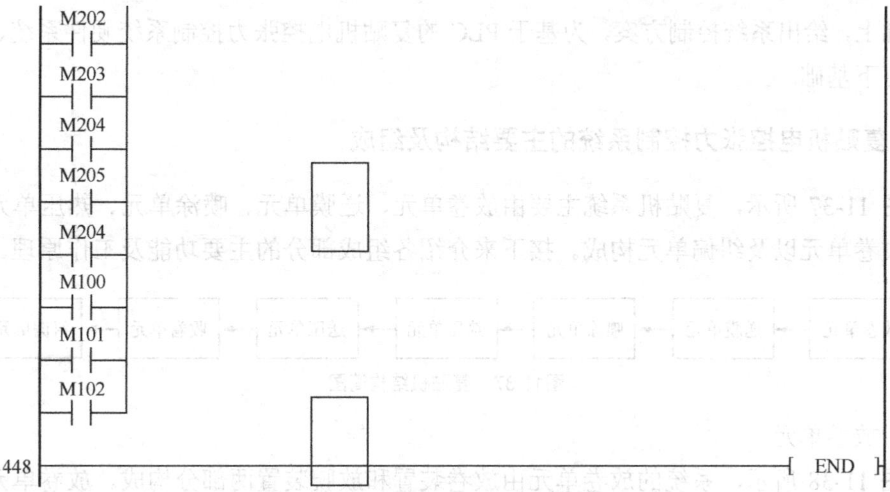

图11-36　中间继电器和输出继电器PLC程序（续）

11.3　基于 PLC 的复贴机电控张力控制系统设计

随着材料技术的不断发展，人们创造出越来越多具有特殊功能的布料，功能化复贴布料就是其中的一种。人们根据需求，在不同的布料上贴上具有特殊功能的高科技薄膜材料，生产出不同用途的新型功能化纺织布料。例如，利用薄膜复贴方法开发出的防特殊病毒的医用防护服、防护口罩。复贴工艺过程是一个复杂、时变的非线性过程，其中一个重要环节是张力控制，张力控制性能的好坏直接影响复贴布料的质量。本节在介绍复贴机收卷张力控制系统原理及其结构的基础上，分析张力控制系统的需求，提出复贴机收卷张力控制系统的控制思想及控制方案，讲解基于 PID 及其参数整定算法和开关控制规律的控制策略，阐述系统硬件选择及 PLC 程序的设计、变频器功能预置，从控制系统硬件设计角度和软件设计角度分析复贴机卷绕张力控制系统的设计及实现。

本系统采用以 PLC 为控制器，以交流变频电动机为执行元件的张力闭环控制方案，系统抗干扰能力强、可靠性高、稳定性好、反应速度快、控制精度较高。读者通过本节的学习，可以熟悉基于 PLC 的复贴机电控张力控制系统的硬件选择及配置，了解 PLC 控制系统软件开发过程，深化对 PLC 的理解和掌握。

11.3.1　PLC 复贴机电控张力控制系统概述

复贴机是一个典型的复杂非线性系统，张力控制是其中的重点和难点。一定的张力可防止复合布料面料在复合过程中起皱，收卷时合适的张力可保持复合面料的复合效果。但是，张力过大会造成面料的纬向和经向丝线变形过大，影响复合后面料的质量；张力过小达不到面料复合的效果，影响复合面料的质量。适当的走料张力应该使面料不产生飘动，不产生纵向褶皱或拉断。所以，张力控制是复贴机控制中的重点和难点。

接下来讲述复贴机电控张力控制系统的主要结构及控制原理，在熟悉系统结构及控制需求的基础上，给出系统控制方案，为基于 PLC 的复贴机电控张力控制系统硬件系统、软件系统设计打下基础。

1. 复贴机电控张力控制系统的主要结构及组成

如图 11-37 所示，复贴机系统主要由放卷单元、送膜单元、喷涂单元、热压单元、送压元件、收卷单元以及纠偏单元构成。接下来介绍各组成部分的主要功能及工作原理。

图11-37 复贴机结构简图

（1）放卷单元

如图 11-38 所示，系统的放卷单元由放卷装置和放膜装置两部分构成。放卷单元采用被动放卷的形式，具体工作过程是，主轴电动机带动面料做开卷运动，磁粉制动器对放卷辊产生制动力，拉紧面料，使面料产生张力。随着放卷辊卷径的减小，面料张力逐渐增大，如果不加调节，过大的张力可能拉断面料。所以，通过检测摆杆角度变化来测量张力，把测得的摆杆角度值反馈给控制器，通过控制磁粉制动器的输入电压，维持放卷面料的张力值在设定值附近，使面料质量满足要求。为了防止面料或薄膜跑偏，在放卷部分装设纠偏装置。

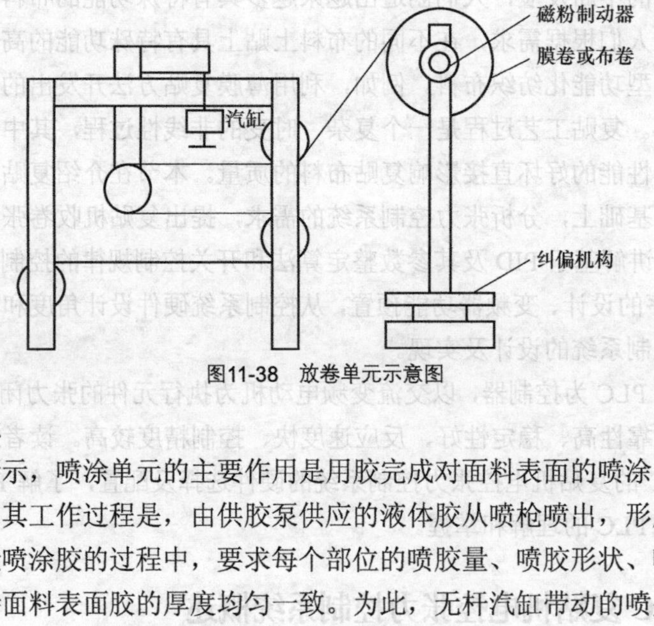

图11-38 放卷单元示意图

（2）喷涂单元

如图 11-39 所示，喷涂单元的主要作用是用胶完成对面料表面的喷涂，使面料表面增加一层均匀的胶膜；其工作过程是，由供胶泵供应的液体胶从喷枪喷出，形成雾化状的胶，粘在面料上。在喷枪喷涂胶的过程中，要求每个部位的喷胶量、喷胶形状、喷胶位置稳定，不能间断喷胶，维持面料表面胶的厚度均匀一致。为此，无杆汽缸带动的喷头应该独立稳定，同时工作协调一致，才有可能降低废品率，提高产品质量。

（3）热压单元

如图 11-40 所示，热压单元的主要作用是将喷涂到面料上的黏合剂烘干，使黏合剂和基布黏合得更加牢固。由于胶中含有大量的水分，因此涂胶后的面料含有大量水分，如果自然冷却，势必延长了粘贴时间。为了提高粘贴的紧密性和减少粘贴时间，使用热压单元对经过喷胶处理的基布烘干处理，粘贴了黏合剂的基布经过热压单元的高温干燥之后，基布和黏合剂之间的复贴效果得以提高。此外，热压单元还设置有热风循环系统和排潮装置，干燥的热风输入风道，均匀地吹向布面，加速熔胶所含水分的蒸发，提高面料的粘贴效果，加速面料的水分蒸发。

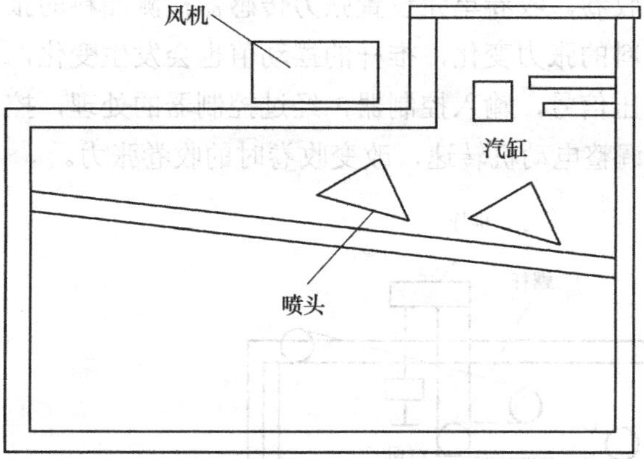

图11-39　喷涂单元示意图

图11-40　热压单方示意图

（4）送压单元

如图 11-41 所示，为了使面料与薄膜黏合得更牢固，送压单元将经过烘干处理的复合面料压实。送压单元的主要部件是压辊，在汽缸驱动下，压辊加压与抬起，以适应不同涂层工艺的要求。

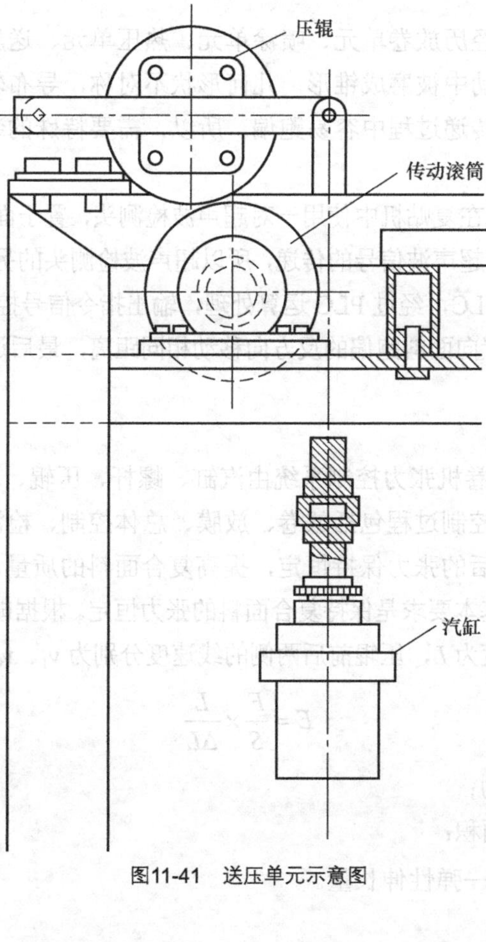

图11-41　送压单元示意图

(5) 收卷单元

如图 11-42 所示，在制作一些轻、薄、软的材料时，由于这些材料强度很低、弹性很大，为防止拉伸过程中被损坏，常采用主动收卷。收卷单元设置张力传感器检测面料的张力，并反馈给控制器。另外，由于被复贴面料的张力变化，推杆的摆动值也会发生变化，使用角位移传感器测量摆动的角度，转为电压信号，输入控制器，经过控制器的处理，控制器输出指令信号控制变频器，通过变频器调整电动机转速，改变收卷时的收卷张力。

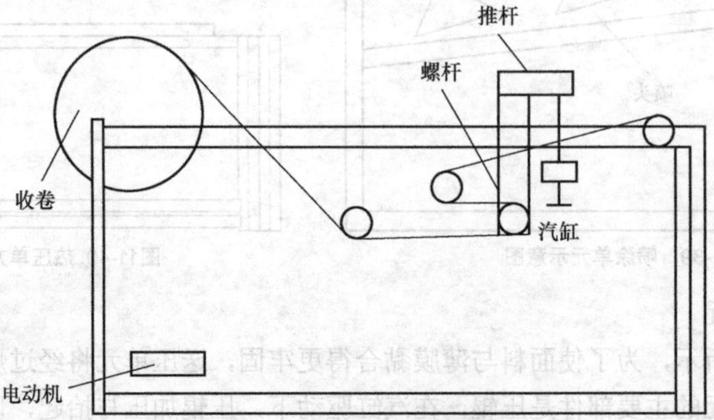

图11-42　收卷单元机械示意图

(6) 纠偏单元

面料在传递过程中，经历放卷单元、喷涂单元、热压单元、送压单元、收卷单元，机构较多，由于导布辊长期运动中被磨成锥形，几何形状不对称，导布辊轴向不平行，面料所受到的张力不均匀，面料在传递过程中容易跑偏。所以，需要特殊的装置对面料进行纠偏，使面料张力均匀。

其中一个纠偏方法是，在复贴机中使用一对超声波检测头，置于面料的两侧边缘。当面料跑偏时，由于面料挡住了一端超声波信号的传递，所以超声波检测头的另一端接收不到信号，光电检测头将信号的变化送给 PLC，经过 PLC 运算处理，输出指令信号控制纠偏电动机转动，带动滚珠丝杠旋转，使纠偏装置向面料跑偏的反方向移动相同距离，最后达到面料边缘两侧对齐。

2. 控制原理

如图 11-43 所示，收卷机张力控制系统由汽缸、螺杆、压辊、变频电机、变频器、PLC 等设备组成。收卷机张力控制过程包括放卷、放膜、总体控制、检测等。张力控制的目的就是控制复贴面料在复贴前后的张力保持恒定，提高复合面料的质量。

收卷机构控制系统的基本要求是保持复合面料的张力恒定。根据胡克定律，压辊与卷绕辊两个传动点之间的加工物长度为 L，压辊前后两侧的线速度分别为 v_1、v_0，加工物的弹性模量为

$$E = \frac{F}{S} \times \frac{L}{\Delta L} \tag{11-4}$$

式中：F——加工物的张力；

S——加工物的截面积；

$\Delta L = \int (v_1 - v_0)\mathrm{d}t$——弹性伸长量。

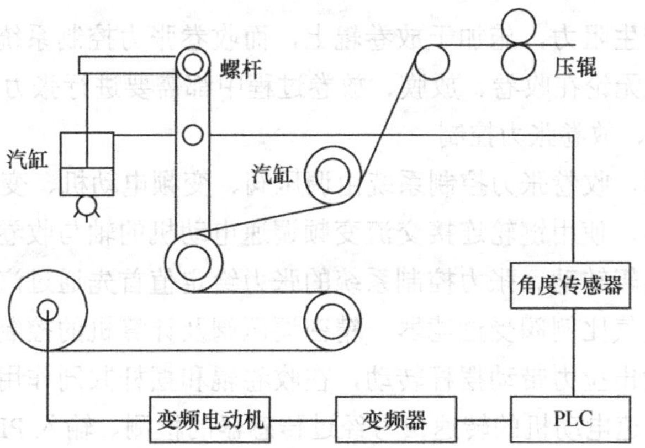

图11-43　收卷机张力控制系统示意图

则加工物的张力为：

$$F = \frac{E \times S \times \Delta L}{L} \int (v_1 - v_0)\mathrm{d}t \qquad (11\text{-}5)$$

式（11-5）表明张力调节是一个积分环节，当复合后面料拉伸后，由于面料的弹性伸长，面料绷紧，建立起张力。复合后面料中的张力与两传动单元的速度差有密切关系，传动单元的速度差保持恒定，则复合面料张力保持恒定；传动单元转速差变化，直接引起复合面料张力的变化，因此面料张力的控制转化为传动单元转速差的控制。

3. 系统控制方案设计

复贴机的张力控制是复贴机控制系统设计的关键。张力控制系统的设计首先要确定张力控制的方法，即采用直接张力控制或间接张力控制，接着要选择实现张力控制的方法，即张力控制的驱动方式，同时根据实际需求设计出适当的控制器，从而形成系统的控制方案。

（1）张力控制策略

从工艺的角度分类，张力控制可以分为间接张力控制和直接张力控制两种形式。所谓间接张力控制，就是控制传动系统间接控制张力。传动系统的控制一般采用最大力矩控制或恒功率控制方式。间接张力控制可以满足一般张力控制要求，适用要求不高的场合。与间接张力控制系统相比，直接张力控制系统则使用张力传感器测量张力值，把测得的张力值送给处理器，经过处理器中预先控制策略的运算，控制器输出控制信号，驱动执行机构做出相应的调整，维持张力在恒定值附近。直接张力控制系统适用于高精度、高速度的张力控制系统。

（2）张力控制系统的驱动形式

张力控制系统的驱动是整个控制系统的重要组成部分，执行控制器的控制信号；张力控制系统中的驱动分为表面驱动和中心驱动两种。表面驱动是依靠驱动辊或皮带与面料之间的摩擦，使用驱动辊或皮带带动复贴面料产生驱动力。这种驱动方式结构简单，复贴面料的线速度和张力不随卷绕辊的变化而变化，同时在传动过程中，驱动辊或皮带对面料产生正压力和摩擦力，不适于面料的卷绕加工。与表面驱动不同的是中心驱动，在卷绕辊的中心轴线上设置驱动装置，复贴面料的线速度和张力随卷绕辊半径的变化而变化；中心驱动使用磁粉制动器产生阻力，施加于放卷辊上，而收卷张力控制系统的交流电动机产生收卷张力。综上所述，无论在收卷、放膜、放卷过程中都需要进行张力控制。

（3）收卷、放膜、放卷张力控制

如图 11-44 所示，收卷张力控制系统由调压阀、变频电动机、变频器、PLC 等组成。在本收卷控制系统中，使用链轮连接交流变频调速电动机的轴与收卷辊，交流变频调速电动机的旋转带动收卷辊转动。张力控制系统的张力给定值首先通过汽缸设定系统设定，在汽缸设定系统中，电气比例阀受过滤器、精密调压阀及计算机的控制。空气经过电气比例阀到达汽缸，汽缸输出拉力带动摆杆转动，在收卷辊和摆杆共同作用下，复合后的面料产生收卷运动。变频调速电动机的转速信号经过传感器的检测，输入 PLC 控制器，经过 PLC 控制器的运算处理，变频器接收到 PLC 输入的电压信号，从而使变频调速电动机的转速得到控制。本系统选择三菱公司的 FX3U-48MR 型号 PLC 作为控制器。

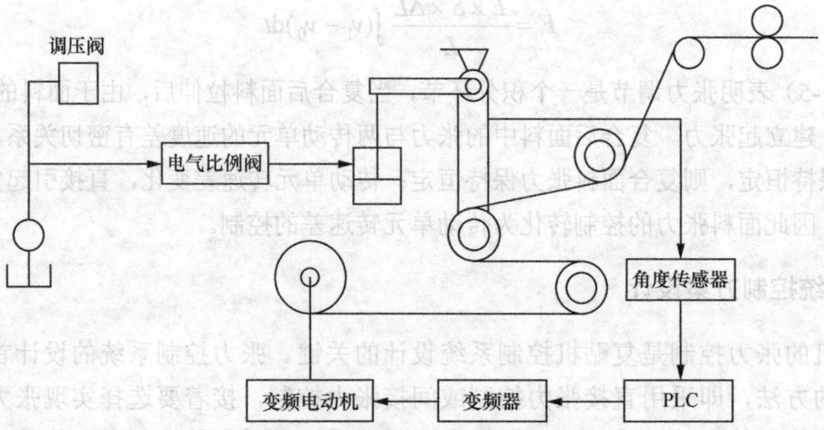

图11-44　收卷张力系统的组成

在汽缸设定系统中，使用气动设定技术，结构简单，安装、维护简单，成本低，输出力及工作速度容易调节。与液压和电气方式相比，汽缸动作速度快。但是由于空气容易泄漏，所以要求汽缸的密封性要好。

如图 11-45 所示，复贴机的放膜、放卷采用摆杆检测张力，经过 A/D 转换后，张力值输入 PLC，与张力设定值比较，形成误差。PLC 输出的控制信号经过 D/A 转换后形成模拟量，输出 0～10A 的电流给张力控制器，张力控制器输出 0～10V 电压信号。磁粉制动器收到该控制信号，驱动放卷辊动作，从而调整放卷张力，而摆杆电位计检测磁粉驱动器的张力信号。如此形成一个闭环系统，实现放膜、放卷张力恒定控制，放膜、放卷控制方案相同。

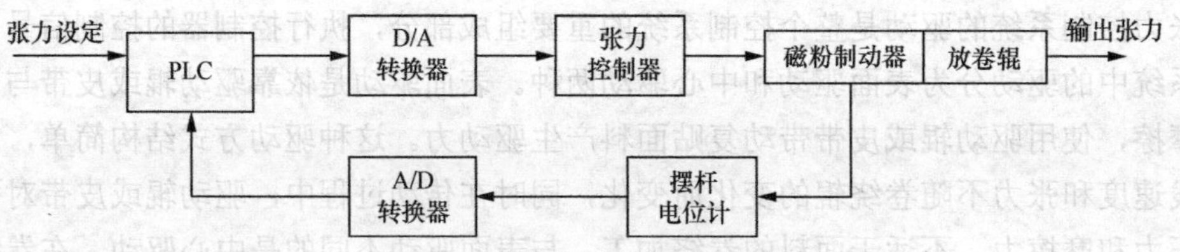

图11-45　放卷张力控制系统原理图

11.3.2 电路设计及硬件选型

11.3.2.1 电路设计

主控回路是复贴机自动控制系统中的主要组成部分，主要用来对电动机在硬件上实施控制，主控回路的电路图如图 11-46～图 11-48 所示。三相电源经过低压断路器输入变频器的电源输入端 R、S、T，变频器的 U、V、W 端子和电动机相连接。其中，4 台变频器和 M1～M4 电动机相连接，三相交流异步电动机 M5 则不受变频器控制。M1～M5 这 5 台电动机中，M1 是收卷电动机，M2 是主轴电动机，M3 和 M4 分别是放卷、放膜纠偏电动机，M5 是风机电动机。每一台变频器均受 PLC 的控制，使用日本三菱公司的变频器对电动机 M1～M4 进行控制，使电动机能够正、反向转动。PLC 控制器的输出端子 Y0～Y7 分别输入控制信号给变频器，变频器的 STF 和 STR 端子接收 PLC 的指令信号，U、V、W 输出端子对电动机 M1～M4 的转向进行控制，控制器输入端 X17、X20、X21 和 X22 分别连接 4 个变频器的异常报警端子 A 和公共端子 C，变频器通过串行通信接口 RS485 与 PLC 传送数据。

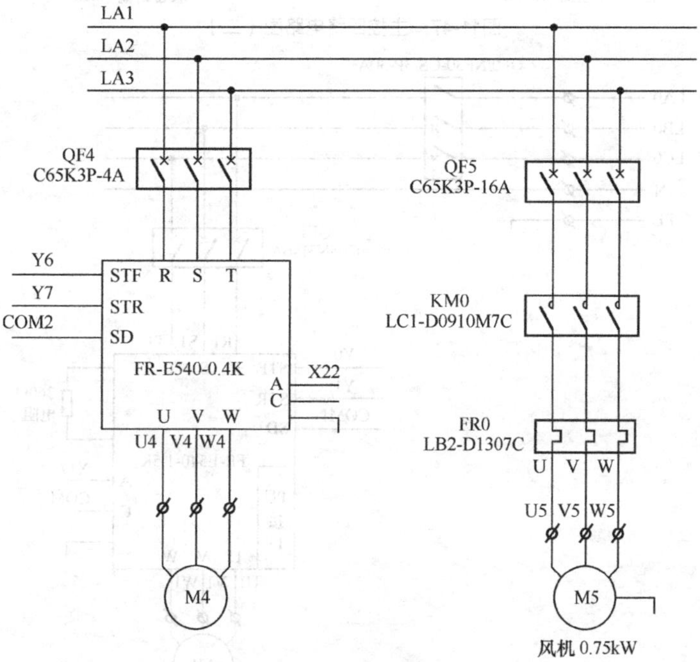

图11-46 主控回路电路图（一）

1. 控制回路电源设计

控制回路电源电路如图 11-49 所示。控制系统各种设备的工作都缺少不了可靠的电源，电源回路的设计是复贴机自动控制系统设计中的一个重要组成部分。FX3U 的主机连接 24V 交流电源，开关电源 S-100-24 供给电气比例阀、显示屏及电磁阀所需的 24V 直流电源，S-35-12 开关电源供给张力控制器所需的 0～10V 直流电源。为提供备用，控制柜中接入 220V 电源插座。

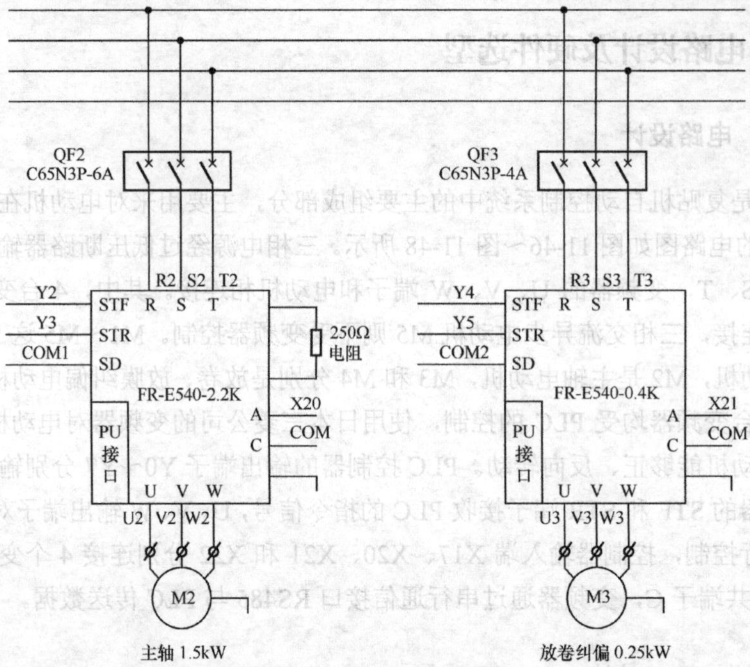

图11-47　主控回路电路图（二）

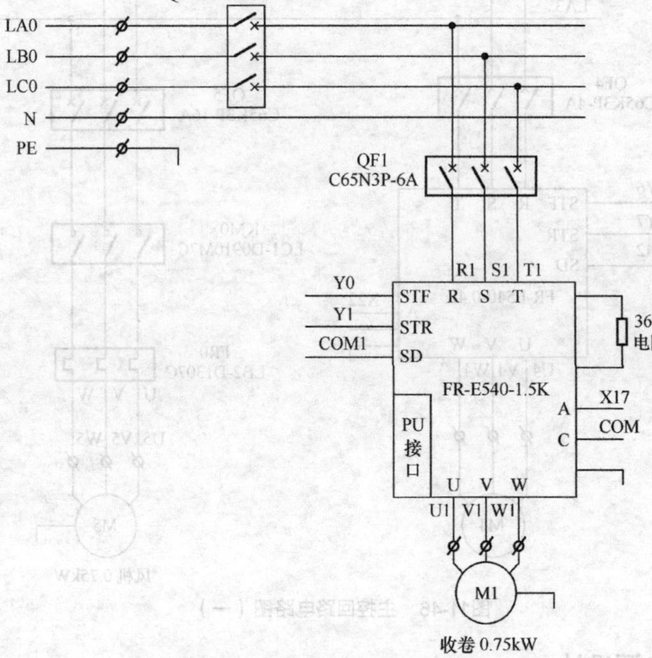

图11-48　主控回路电路图（三）

2. PLC 输入和输出回路设计

PLC 的输入回路接线如图 11-50 所示，FX3U 共有 24 个输入端子，这里的输入点数包括编码器、超声波检测及变频器报警等信号。PLC 输出回路接线如图 11-51 所示，FX3U 共有 24 个输出端子，输出点数包括电动机的正/反转、压合部分的电磁阀、放卷和放膜部分电磁阀输出控制等信号。

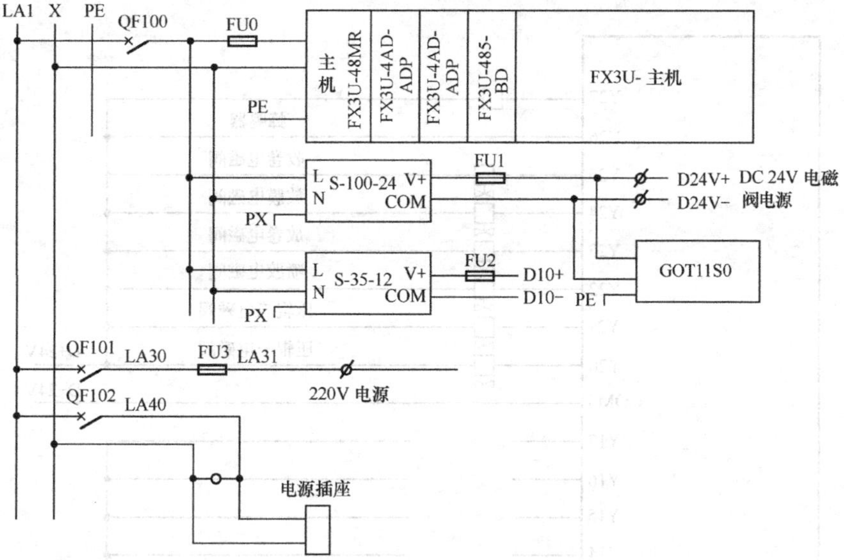

图11-49　控制回路电源电路

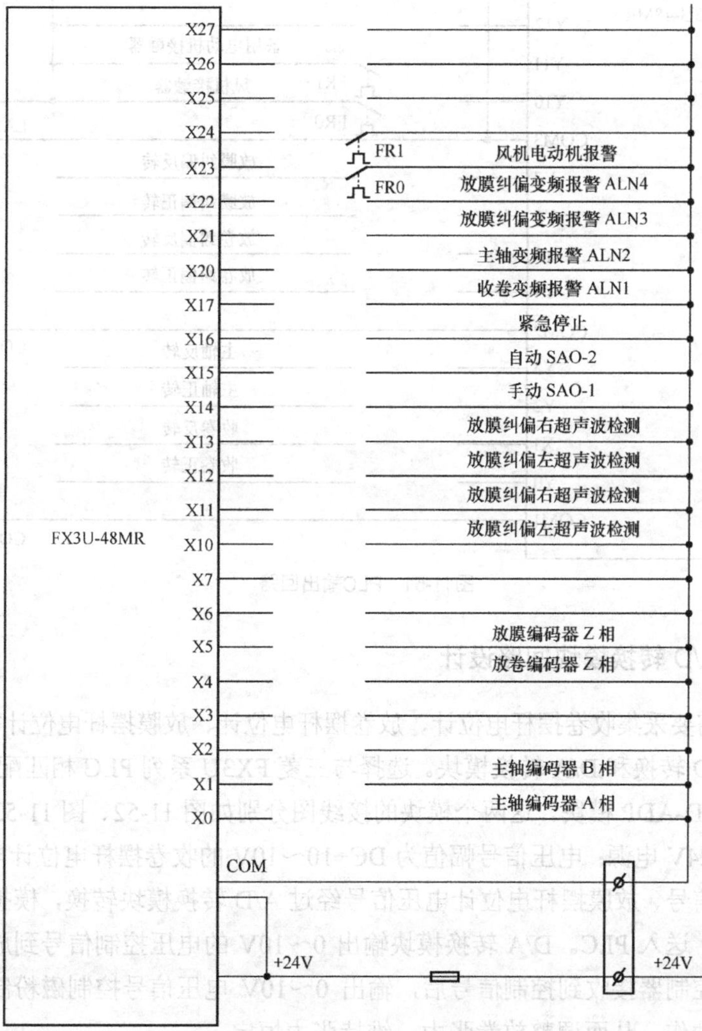

图11-50　PLC输入回路接线

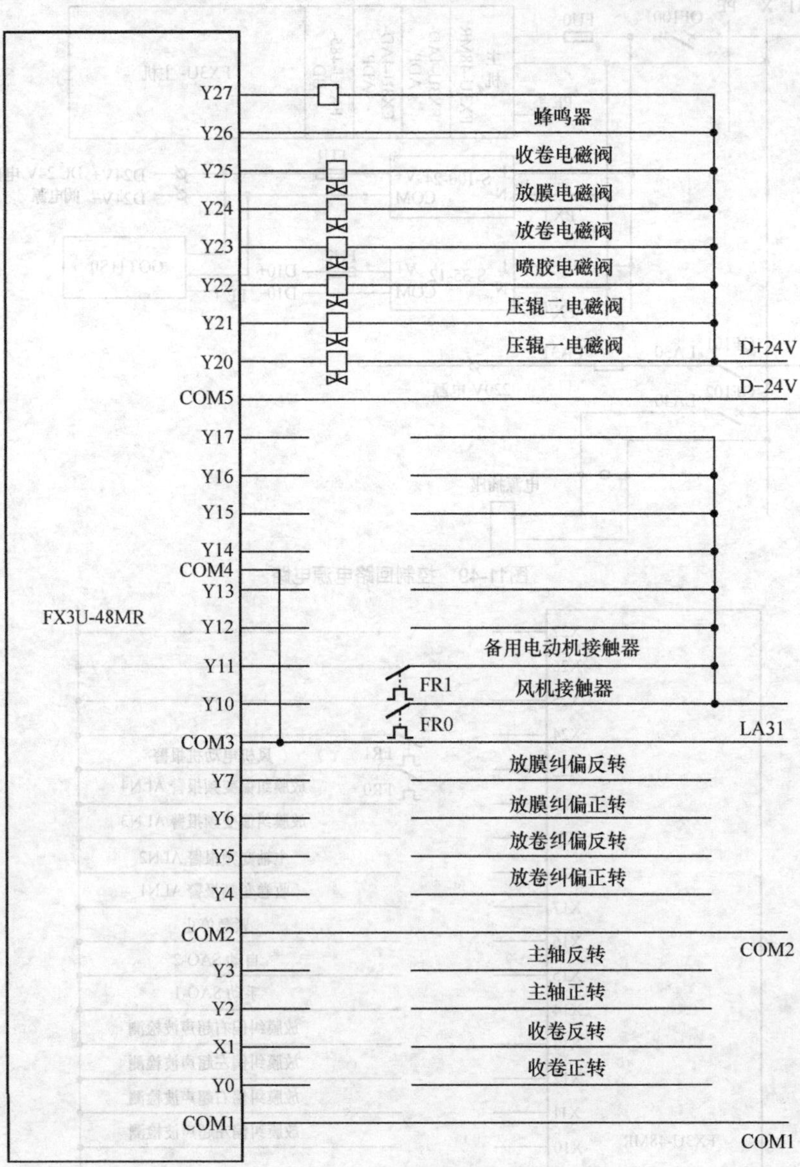

图11-51 PLC输出回路

3. D/A 和 A/D 转换模块回路设计

因为系统中需要采集收卷摆杆电位计、放卷摆杆电位计、放膜摆杆电位计等的模拟信号，所以需要选择 A/D 转换和 D/A 转换模块。选择与三菱 FX3U 系列 PLC 相匹配的 FX3U-4DA-ADP 和 FX3U-4AD-ADP 模块。这两个模块的接线图分别如图 11-52、图 11-53 所示。两个模块都接 DC−24～24V 电源；电压信号幅值为 DC−10～10V 的收卷摆杆电位计电压信号、放卷摆杆电位计电压信号、放膜摆杆电位计电压信号经过 A/D 转换模块转换，模拟的电压信号被转换为数字信号，送入 PLC。D/A 转换模块输出 0～10V 的电压控制信号到放膜、放卷的张力控制器，张力控制器接收到控制信号后，输出 0～10V 电压信号控制磁粉制动器，磁粉制动器驱动放卷辊动作，从而调整放卷张力，维持张力恒定。

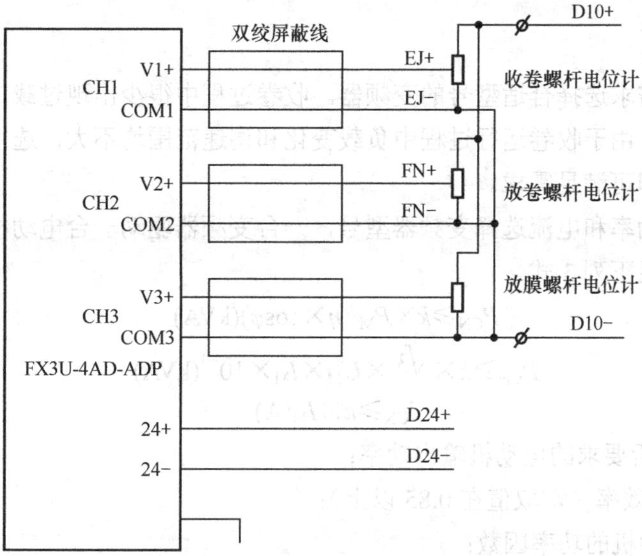

图11-52　FX3U-4AD-ADP模块接线图

11.3.2.2　硬件选型

1．PLC 模块

PLC 由于其可靠性高、使用方便和适用范围广等优点在控制领域得到广泛应用。针对本系统中控制量较多，既有数字量又有模拟量、控制复杂的特点，整个系统的控制选用 PLC 来完成，本系统选用日本三菱公司的 FX3U-48MR 型 PLC。

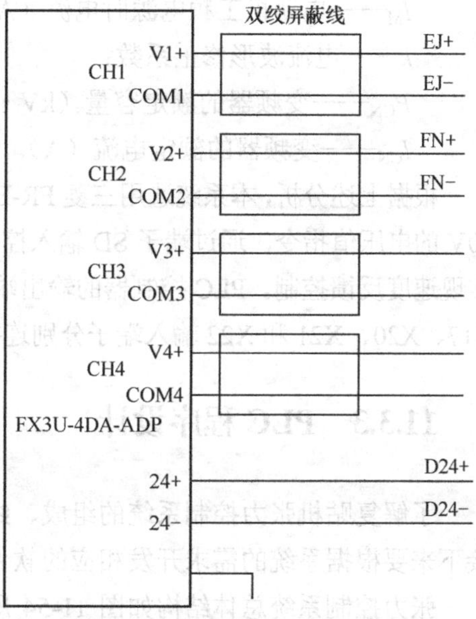

图11-53　FX3U-4DA-ADP模块接线图

FX3U-48MR 型 PLC 是日本三菱公司推出的最新小型机产品，输入点数为 24，输出为 24，输入/输出点数最大可扩展到 384。其内置 64KB 大容量的 RAM。PLC 运行时，CPU 对一条基本指令的处理时间只要 0.065μs，实现了系列中应用指令的高速处理；相比其他系列大幅增加了数据寄存器等软元件数量，充实了浮点运算功能，强化了基本指令（具备了 209 种应用指令），实现了最高速度达 115.2kbit/s 的高速通信；具备输入/输出模拟量特殊适配器扩展功能。它不仅完成逻辑控制、顺序控制、模拟量控制、位置控制、高速计数等功能，还能做数据检索、数据排列、三角函数运算、平方根运算、浮点数运算、PID 运算等更为复杂的数据处理。FX3U-48MR 具有容量大、运行速度快、指令功能完善的特点，满足对复贴机的控制要求。

在 FX3U-48MR 型 PLC 基本单元上，可连接扩展单元、扩展模块以及各种功能的特殊单元、特殊模块，还可以在基本单元左侧接口上连接一台功能扩展板，完成与各种外部设备的通信，实现模拟量设定功能。

2. 变频器模块

首先，要根据需求选择合适型号的变频器。收卷过程中很少出现过载，故变频器的容量只需与电动机相符。由于收卷运行过程中负载变化和调速范围均不大，选用只有 *U*/*f* 控制方式的通用型变频器即可满足需求。

根据电动机的功率和电流选择变频器型号，一台变频器驱动一台电动机连续运转时，变频器容量应同时满足下列 3 式。

$$P_{CN} \geqslant k \times P_M/(\eta \times \cos\varphi)(kVA) \qquad (11\text{-}6)$$

$$P_{CN} \geqslant k \times \sqrt{3} \times U_M \times I_M \times 10^{-3}(kVA) \qquad (11\text{-}7)$$

$$I_{CN} \geqslant k \times I_M(A) \qquad (11\text{-}8)$$

式中：P_M——负载所要求的电动机输出功率；

η——电动机效率（常取值在 0.85 以上）；

$\cos\varphi$——电动机的功率因数；

U_M——电动机电压（V）；

I_M——电动机工频电源时电流（A）；

k——电流波形修正系数；

P_{CN}——变频器的额定容量（kV・A）；

I_{CN}——变频器的额定电流（A）。

根据上述分析，本系统选用三菱 FR-E540-1.5K 型变频器，使用 *U*/*f* 控制方式。这里使用 0～10V 的电压值指令，通过端子 SD 输入控制器中，变频器与 PLC 之间使用外接 PU 接口连接，实现速度反馈控制。PLC 控制器的输出端子 Y0～Y7 分别连接变频器端的 STF 和 STR 端子，X17、X20、X21 和 X22 输入端子分别连接 4 个变频器的异常报警端子 A 和公共端子 C。

11.3.3 PLC 程序设计

了解复贴机张力控制系统的组成、结构和每部分的功能，确定控制系统的硬件结构后，接下来要根据系统的需求开发相应的软件。

张力控制系统总体结构如图 11-54 所示。软件部分是整个收卷张力控制系统的重要组成部分，本系统以三菱 FX3U-48MR 型的 PLC 作为控制核心，建立了模拟量输入/输出模块、数字量输入/输出模块、PID 调节模块、通信程序模块等。

如图 11-55 所示。系统软件的开发使用梯形图编程语言，实现程序的初始化，过程参数的采集（如摆杆电位计检测、张力值检测），张力值的计算、存储、显示、打印、张力值 PID 控制、故障报警等功能。

1. 系统输入/输出配置

进行软件开发之前，一项重要任务是配置 PLC 控制系统的输入/输出点。输入/输出分配主要是分配系统的输入/输出节点工作位地址、确定数据类型、分配互锁通电中继地址和标志位地址。

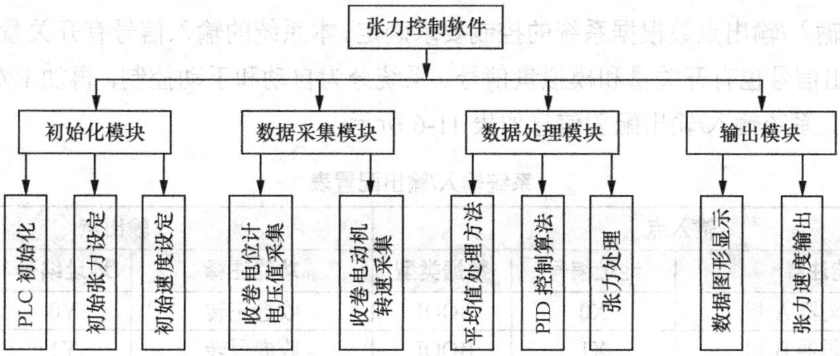

图11-54　张力控制系统总体结构

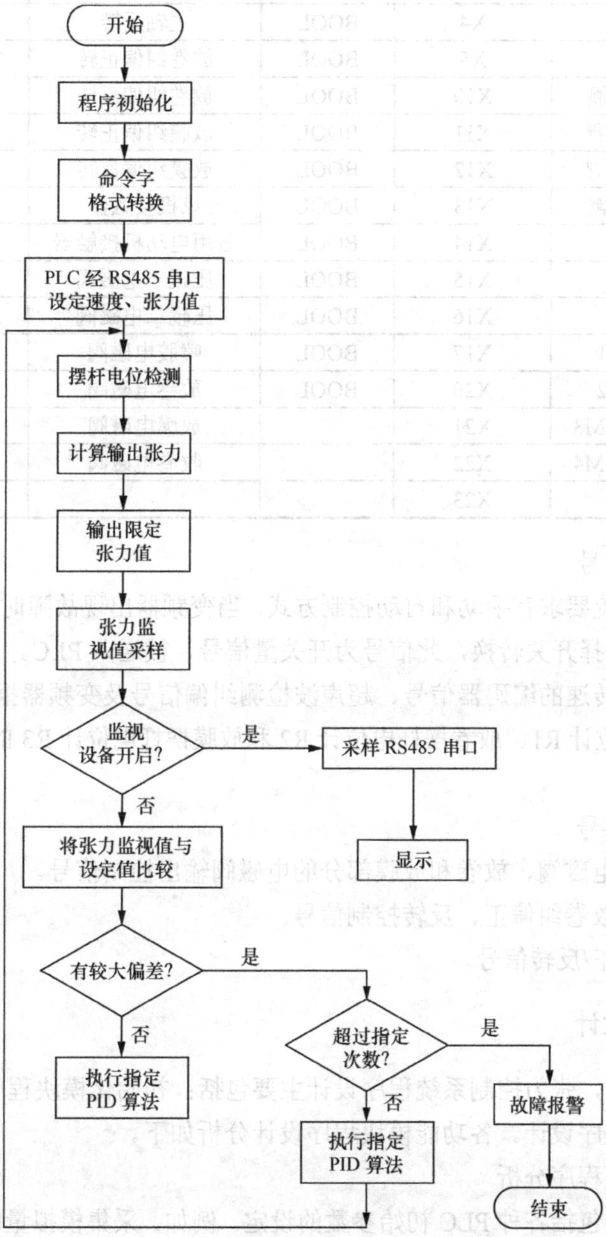

图11-55　张力控制系统软件程序设计流程图

PLC 的输入/输出点数根据系统的控制要求确定。本系统的输入信号有开关量信号和模拟量信号，输出信号也有开关量和模拟量信号。系统分为自动和手动控制，再加上对应的指示、报警等信号。系统输入/输出配置信息如表 11-6 所示。

表 11-6　　系统输入/输出配置表

输入点			输出点		
功能注释	地址编号	数据类型	功能注释	地址编号	数据类型
主轴编码器 A 相	X0	BOOL	收卷正转	Y0	BOOL
主轴编码器 B 相	X1	BOOL	收卷反转	Y1	BOOL
收卷编码器 Z 相	X3	BOOL	主轴正转	Y2	BOOL
放卷编码器 Z 相	X4	BOOL	主轴反转	Y3	BOOL
放膜编码器 Z 相	X5	BOOL	放卷纠偏正转	Y4	BOOL
放卷纠偏左超声波检测	X10	BOOL	放卷纠偏反转	Y5	BOOL
放卷纠偏右超声波检测	X11	BOOL	放膜纠偏正转	Y6	BOOL
放膜纠偏左超声波检测	X12	BOOL	放膜纠偏反转	Y7	BOOL
放膜纠偏右超声波检测	X13	BOOL	风机接触器	Y10	BOOL
手动 SA0-1	X14	BOOL	备用电动机接触器	Y11	BOOL
手动 SA0-2	X15	BOOL	压辊一电磁阀	Y20	BOOL
紧急停止 SB0	X16	BOOL	压辊二电磁阀	Y21	
收卷变频报警 ALM1	X17	BOOL	喷胶电磁阀	Y22	
主轴变频报警 ALM2	X20	BOOL	放卷电磁阀	Y23	
放卷纠偏变频报警 ALM3	X21		放膜电磁阀	Y24	
放膜纠偏变频报警 ALM4	X22		收卷电磁阀		
风机电动机报警	X23				

（1）PLC 输入信号

① 张力控制系统要求有手动和自动控制方式，当变频器出现故障时，采用手动方式。手动和自动控制采用选择开关转换，此信号为开关量信号，被送入 PLC。

② 测量电动机转速的编码器信号、超声波检测纠偏信号及变频器报警信号。

③ 收卷摆杆电位计 R1、放卷摆杆电位计 R2 和放膜摆杆电位计 R3 的模拟 DC −10～10V 的电压信号。

（2）PLC 输出信号

① 压合部分的电磁阀、放卷和放膜部分的电磁阀输出控制信号。

② 放膜纠偏、放卷纠偏正、反转控制信号。

③ 主轴、收卷正/反转信号。

2. PLC 程序设计

从图 11-55 可知，张力控制系统程序设计主要包括：初始化模块程序设计、数据采集模块和数据处理模块程序设计。各功能模块程序设计分析如下。

（1）初始化模块程序分析

初始化程序主要包括各种 PLC 初始参数的设定。例如，采集模拟量时，采集通道的选择以及相关寄存器的赋值。还包括数据处理模块计算时用到的一些常数的设置，如初始张力值的设置、初始主轴电动机转速的设定、收卷电动机转速的设定。

（2）数据采集模块程序设计

数据采集模块主要使用三菱公司的 FX3U-4AD 转换模块采集收卷摆杆电位计电压信号、放卷摆杆电位计电压信号、放膜摆杆电位计的模拟电压信号，根据张力控制的要求，设置模拟量的采集量程为−10～10V。使用梯形图语言编写与硬件接口对应的采集程序，从结果寄存器中获取采集的数据，并进行简单的转换，为数据处理模块做好准备。

（3）数据处理模块设计分析

数据处理程序主要用来处理采样数据的平均值、实现 PID 控制策略、摆杆电位计的反馈检测及旋转编码器检测电动机转速。

由于系统的运行环境中存在各种各样的干扰，模拟量输入模块采集到的信号包含各种噪声干扰，如果不对噪声进行处理，就会影响计算的精确度。程序中使用防脉冲干扰平均值滤波方法，对采集的数据进行处理。

另外，张力控制系统中除了正常收卷过程之外，还有可能出现一些异常情况。一旦出现张力异常变化现象，立即中止此时的数据采集程序，停止收卷，并由蜂鸣器发出警报，提示用户进行处理，处理完毕后重新工作。

（4）输出模块

输出模块将 PLC 输出的数字量转化成标准的电压或电流模拟量信号，经过 PLC 的输入/输出刷新，模拟量数据放到输入/输出总线接口，输出到输入/输出继电器或内部继电器指定通道，经过光耦隔离传送到各输出电路的存储区，经过 D/A 转换向外输出电流或电压信号。

（5）串行通信技术

数据的通信可分为并行通信和串行通信两种方式。并行通信传输数据快，但并行通信的一个致命缺点是传输的二进制的位数决定传输线的根数。位数越多，需要传输线的根数越多，远距离传输时，增加了线路的复杂度和成本，此外，还容易产生电压衰减和信号互相干扰等问题。串行通信适用于远距离传输并且对速度要求不高的场合，随着串行通信技术的发展，串行通信的传输速度可达到 Mbit/s 数量级，分布式工业控制中普遍采用串行通信方式。

（6）三菱 FX3U 系列 PLC 的通信协议

大多三菱 FX3U 系列 PLC 采用串行通信方式传送数据，常用的串行通信接口有 RS232C、RS422 和 RS485。本控制系统采用的接口是 RS422，使用半双工通信方式，使用一对差分信号，采用差动接收和平衡发送传输数据，通信速率达到 10Mbit/s 以上，抑制共模干扰能力较强，输出阻抗低且无接地回路，图

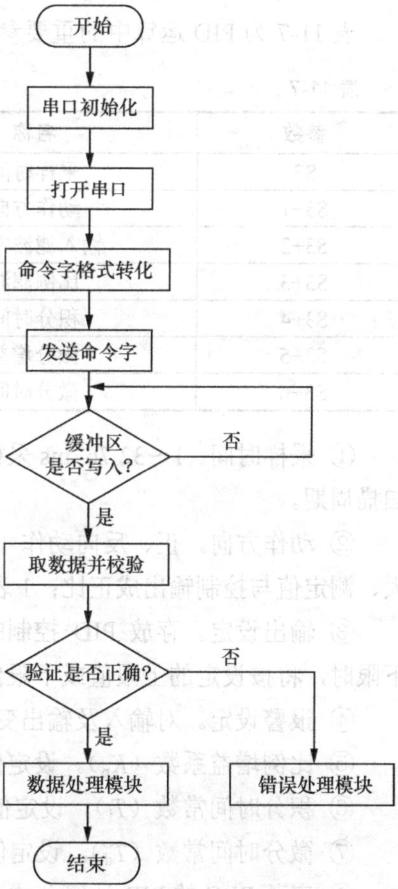

图11-56　串行通信程序框图

11-56 给出了串行通信程序框图。

（7）积分分离 PID 控制策略

复贴面料在卷绕的封头和结尾处变化范围大，使得复贴面料张力在短时间内与设定值之间产生很大的偏差，当系统采用 PID 控制器时，PID 控制器的积分积累作用，会引起系统较大超调量甚至振荡。为了避免这一问题，张力控制系统采用积分分离控制方法对复贴面料张力进行闭环控制，即当被控制量与设定值的偏差较大时，取消积分作用，避免积分环节增大超调量，减弱系统的稳定性。当被控制量接近设定值时，加入积分作用，以便消除静差，提高控制精度。

使用 PLC 实现积分分离 PID 控制算法。如图 11-57 所示，三菱公司的 FX3U-48MR 型 PLC 不仅可以实现 PID 控制，而且可以自整定参数，设定输出值上、下限。

FNC88 PID	S1	S2	S3	D

图11-57　FX3U-48MR型PLC指令格式

指令格式中：

S1——目标值，即收卷张力设定值；

S2——测定值或实际值；

S3——PID 参数存储区的首地址，参数区共 25 字；

D——执行 PID 指令计算后得到的控制输出。

表 11-7 为 PID 运算中的重要参数，具体介绍如下。

表 11-7　PID 运算中的重要参数

参数	名称	参数	名称
S3	采样时间	S3+7～S3+19	PID 运算的内部处理占用
S3+1	动作方向	S3+20	输入变化量报警上限设定
S3+2	输入滤波常数	S3+21	输入变化量报警下限设定
S3+3	比例滤波	S3+22	输出变化量上限设定
S3+4	积分时间	S3+23	输出变化量下限设定
S3+5	微分增益	S3+24	报警输出
S3+6	微分时间		

① 采样时间。1～32 767ms 采样时间是指 PID 相邻两次计算的间隔时间，不能小于一个扫描周期。

② 动作方向。正、反向动作（控制）可由 S3+1（ACT）的位设定。0 表示正动作、增大、测定值与控制输出成正比；1 表示反动作、增大、测定值与控制输出成反比。

③ 输出设定。存放 PID 控制的计算结果，输出值可以设限，当计算值大于上限或小于下限时，将按设定的上限值或下限值输出。

④ 报警设定。对输入及输出变化太大可设定报警。

⑤ 比例增益系数（K_p）。设定值的范围为 1%～32 767%。

⑥ 积分时间常数（T_i）。设定值的范围为 0～32 767，设定值乘以 0.1 为实际值。

⑦ 微分时间常数（T_d）。设定值的范围为 0～32 767，设定值乘以 0.1 为实际值。

⑧ 三菱 PLC 的 PID 计算公式为

$$u(k)=k_{\mathrm{p}}\left\{\left[error(k)-error(k-1)\right]+\frac{T}{T_{\mathrm{i}}}error(k)+D_n\right\}$$

$$D_n=\frac{T_{\mathrm{d}}}{T+\alpha_{\mathrm{d}}T_{\mathrm{d}}}(-2\times V_{n-1}+V_n+V_{n-2})+\frac{\alpha_{\mathrm{d}}T_{\mathrm{d}}}{T+\alpha_{\mathrm{d}}T_{\mathrm{d}}}\times D_{n-1} \quad (11\text{-}9)$$

式中：T——采样周期；

α_{d}——微分增益；

V_n——本次采样时的测定值（滤波后）；

V_{n-1}——1 个周期前的测定值；

V_{n-2}——2 个周期前的测定值（滤波后）；

D_n——本次微分项；

D_{n-1}——1 个周期前的微分项。

本张力控制系统用 PLC 的梯形图语言编制（见图 11-58），积分分离算法可表示为

$$u(k)=k_{\mathrm{p}}*error(k)+\beta*k_{\mathrm{i}}*\sum_{j=0}^{k}error(j)*T+k_{\mathrm{d}}\left[error(k)-error(k-1)\right]/T \quad (11\text{-}10)$$

式中：T——采样时间；

β——积分项的开关系数，计算式为

$$\beta=\begin{cases}1 & |error(k)|\leqslant\varepsilon\\0 & |error(k)|>\varepsilon\end{cases} \quad (11\text{-}11)$$

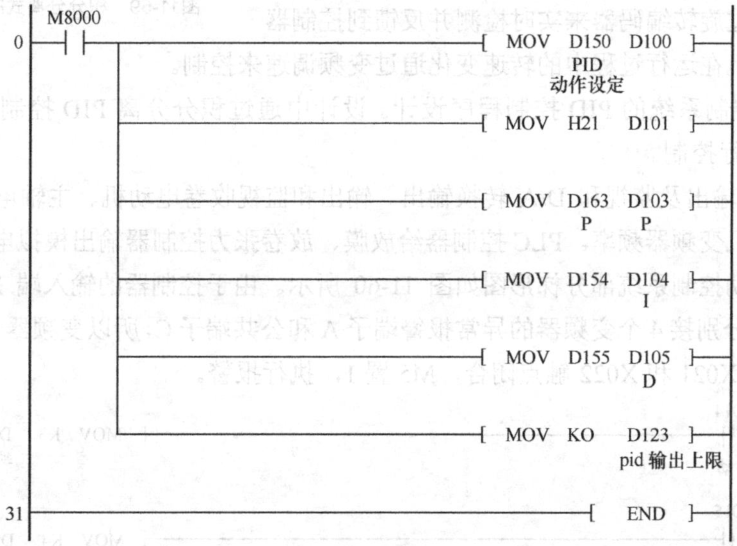

图11-58 PID梯形图

采用积分分离 PID 控制算法时的具体实现如下。

① 根据交流电动机的特性，人为设定张力门限阈值

$$\varepsilon=0.06*F \quad (11\text{-}12)$$

② 将实际工作中张力的偏差与张力门限阈值ε比较，当$|error(k)|>\varepsilon$时，采用 PD 控制，在 PLC 的控制程序中选择积分时间常数为极大值，即取 T_{i} 值为 32 767 可避免产生过大的超调，又使张力系统有较快的响应，PD 控制算法为

$$u(k) = k_p \{error(k) + \frac{T_d}{T}[error(k) - error(k-1)]\} \quad (11\text{-}13)$$

③ 当$|error(k)| \leqslant \varepsilon$时，采用 PID 控制，以保证控制系统精度。图 11-59 为积分分离式 PID 算法流程图。

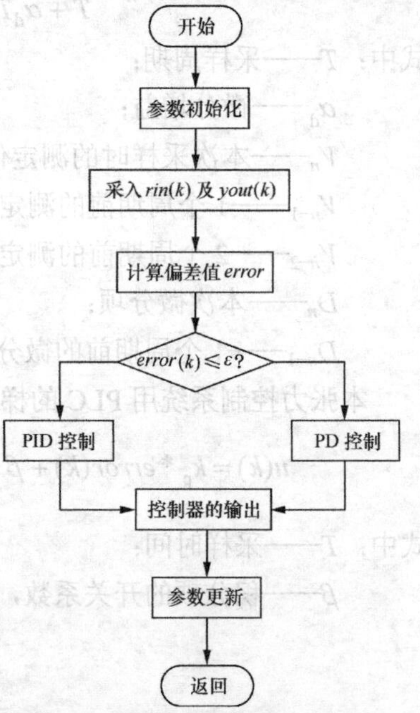

图11-59　积分分离式PID算法流程图

（8）电气控制部分的程序设计

PLC 采用梯形图符号编写程序，整个控制系统除了完成收卷张力系统的控制外，还要完成复贴机整机的控制，需要把整个系统连接起来，成为一个有机整体。

① 报警程序设计。复贴机的收卷电动机、主轴电动机及放膜、放卷纠偏电动机均采用变频器控制，变频器在工作过程中因保护功能动作而输出停止信号，停止信号引起报警装置报警，这样便于检查变频器的维修及恢复正常工作。

② 摆杆电位计模拟量采集程序设计。收卷、放膜和放卷的张力检测均使用摆杆电位计来完成，张力变化引起摆杆的角度变化，变化值经电位计变为电压值的模拟信号，A/D 转换模块采集到的模拟量经平均值处理方式后反馈给 PLC 控制器。

③ 主轴电动机转速的检测和设定程序设计。主轴电动机的转速通过旋转编码器来实时检测并反馈到控制器中，主轴电动机在运行过程中的转速变化通过变频调速来控制。

④ 收卷控制系统的 PID 控制程序设计。设计中通过积分分离 PID 控制算法对收卷张力控制系统进行控制。

⑤ 变频器输出及监视和 D/A 转换输出。输出和监视收卷电动机、主轴电动机及放膜、放卷纠偏电动机变频器频率。PLC 控制器给放膜、放卷张力控制器输出模拟电压量。

复贴机自动控制系统部分梯形图如图 11-60 所示。由于控制器的输入端 X017、X020、X021 和 X022 分别接 4 个变频器的异常报警端子 A 和公共端子 C，所以变频器一旦发生异常，X017、X020、X021 和 X022 触点闭合，M5 置 1，执行报警。

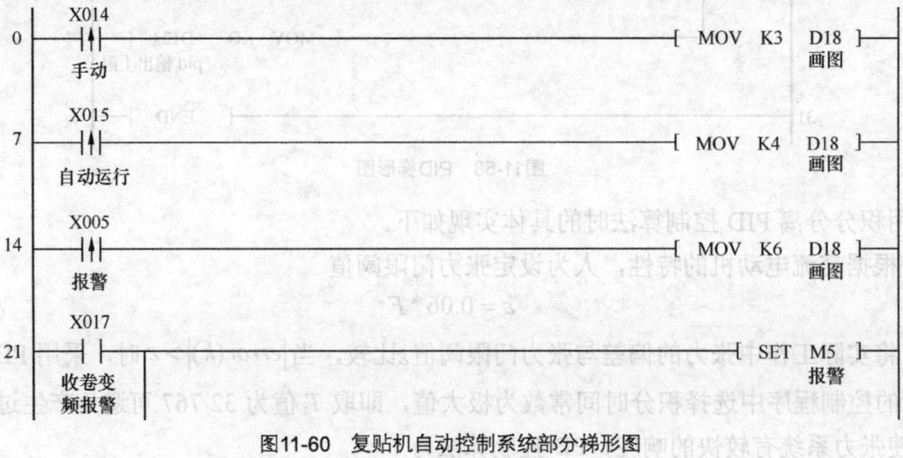

图11-60　复贴机自动控制系统部分梯形图

图11-60　复贴机自动控制系统部分梯形图（续）

如图 11-61 所示，该段程序主要用来实现摆杆电位计模拟量采集，使用摆杆电位计实现对收卷、放膜和放卷的张力检测，张力变化引起摆杆的角度变化，变化值经电位计变为电压值的模拟信号，A/D 转换模块采集到的模拟量经平均值处理方式后输入给 PLC 控制器。

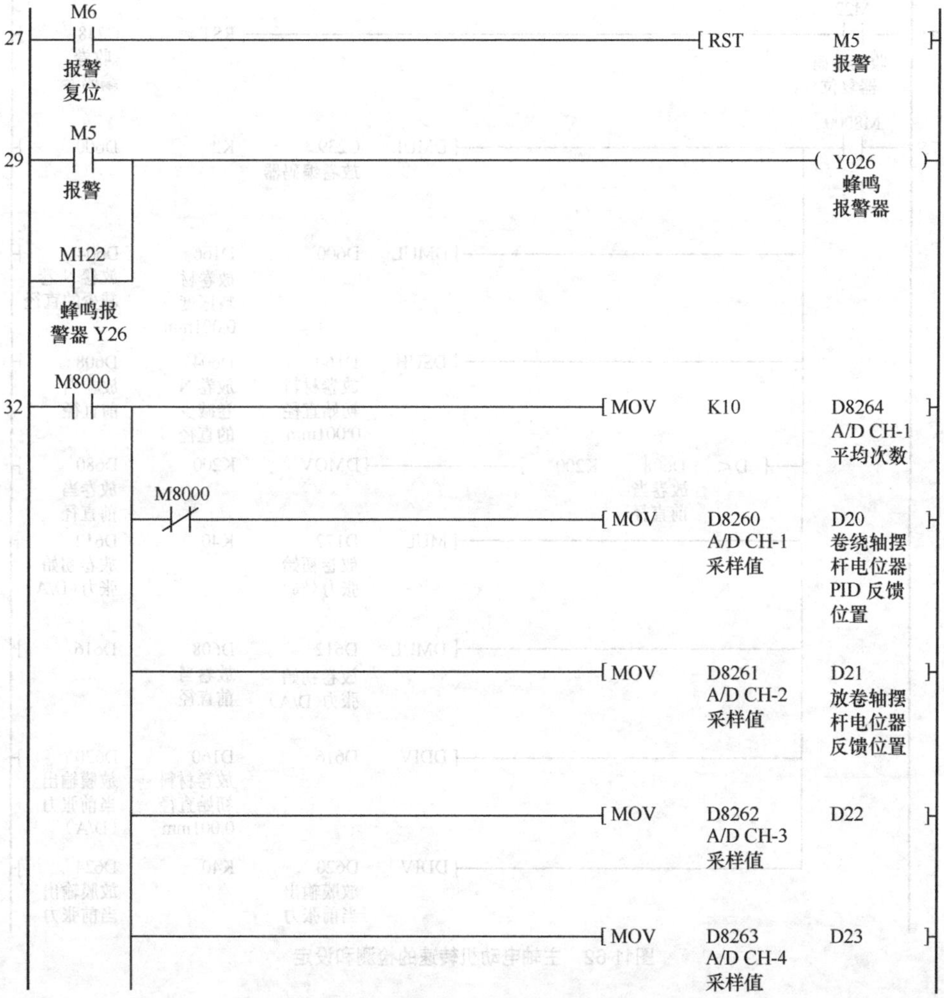

图11-61　摆杆电位计模拟量采集梯形图

主轴电动机转速的测定和设定梯形图如图 11-62～图 11-64 所示。该段程序主要实现主轴电动机转速的检测和设定，通过旋转编码器实时检测主轴电动机转速，反馈到控制器中的 C238～C240，并在人机界面显示；主轴电动机在运行过程中的转速变化通过变频调速来控制，实现对主轴加速、减速、主轴正转、卷绕正转和放膜张力的控制。

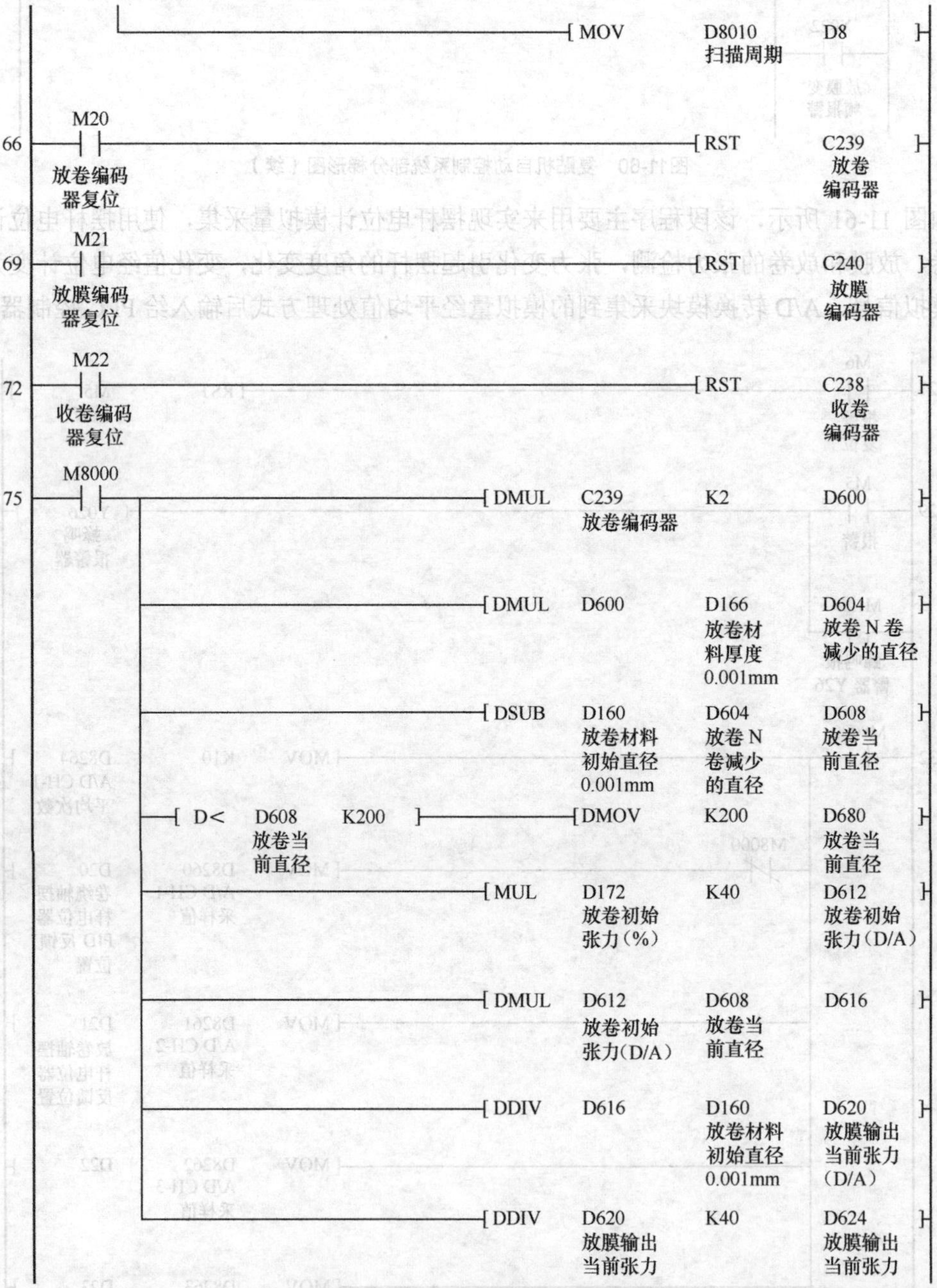

图11-62　主轴电动机转速的检测和设定

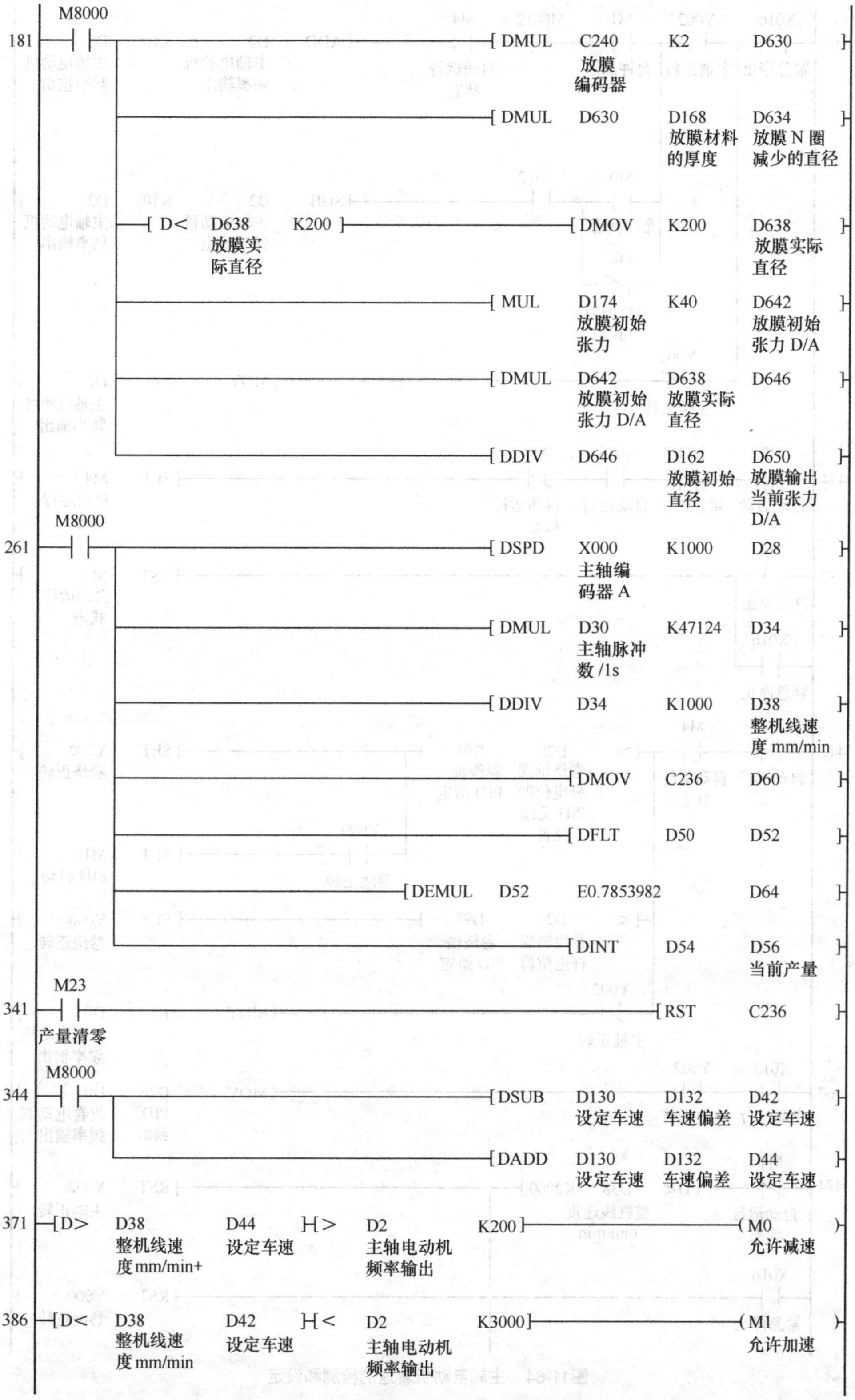
M8000
181
DMUL C240 K2 D630
放膜编码器
DMUL D630 D168 D634
放膜材料的厚度
放膜 N 圈减少的直径
D< D638 K200
放膜实际直径
DMOV K200 D638
放膜实际直径
MUL D174 K40 D642
放膜初始张力
放膜初始张力 D/A
DMUL D642 D638 D646
放膜初始张力 D/A
放膜实际直径
DDIV D646 D162 D650
放膜初始直径
放膜输出当前张力 D/A
M8000
261
DSPD X000 K1000 D28
主轴编码器 A
DMUL D30 K47124 D34
主轴脉冲数 /1s
DDIV D34 K1000 D38
整机线速度 mm/min
DMOV C236 D60
DFLT D50 D52
DEMUL D52 E0.7853982 D64
DINT D54 D56
当前产量
M23
341
RST C236
产量清零
M8000
344
DSUB D130 D132 D42
设定车速 车速偏差 设定车速
DADD D130 D132 D44
设定车速 车速偏差 设定车速
371
D> D38 D44 > D2 K200
整机线速度mm/min+
设定车速
主轴电动机频率输出
M0
允许减速
386
D< D38 D42 < D2 K3000
整机线速度mm/min
设定车速
主轴电动机频率输出
M1
允许加速

图11-63　主轴电动机转速的检测和设定

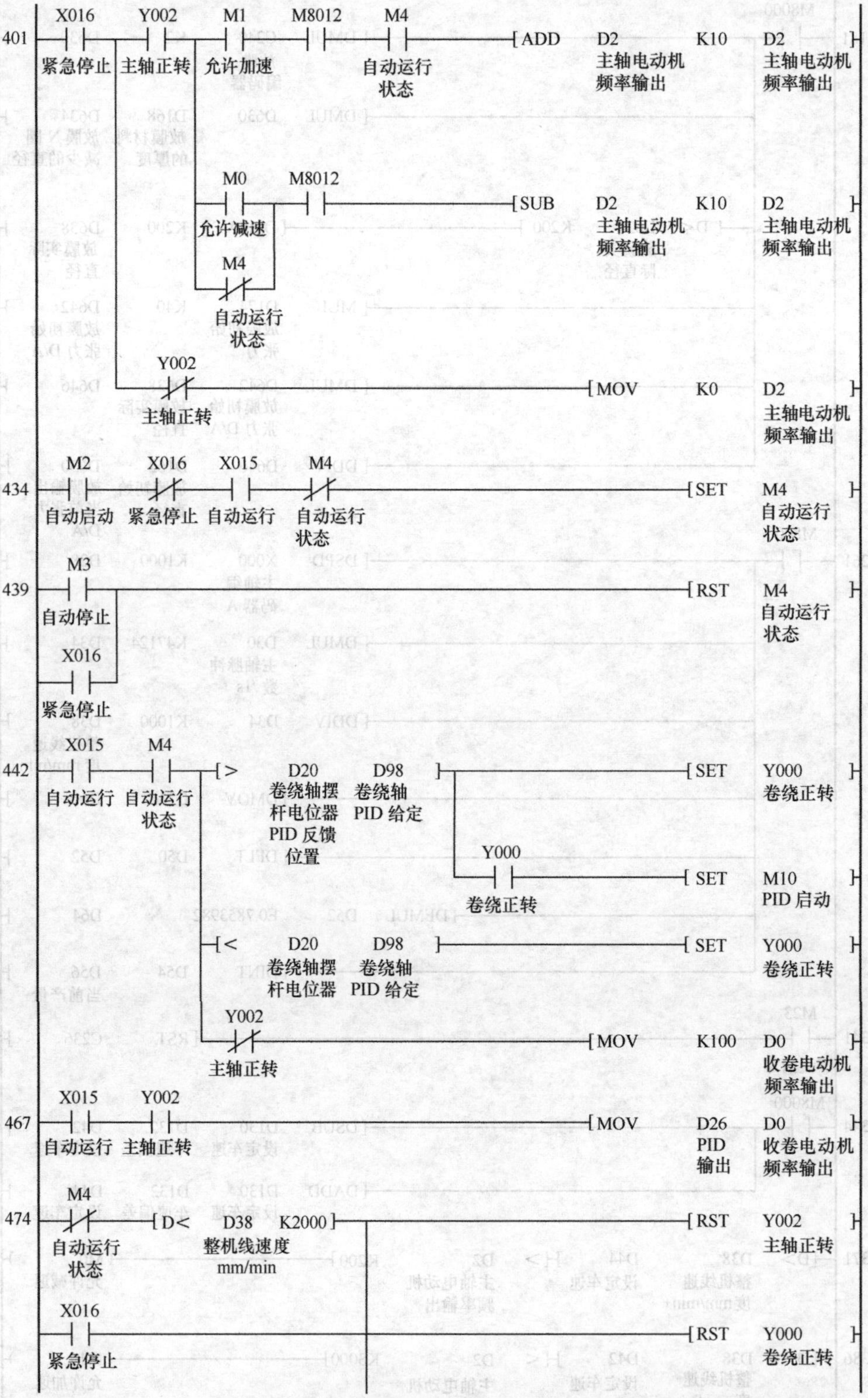

图11-64　主轴电动机转速的检测和设定

本例中通过积分分离 PID 控制算法对收卷张力控制系统进行控制。如图 11-65 所示，该段代码主要用来实现 PID 控制。M10 软继电器复位，M10 常开触点闭合，执行 PID 控制指令；

卷绕轴摆杆电位器反馈信号输入 D20，通过在 D98 中设定 PID 参数，执行 PID 控制。

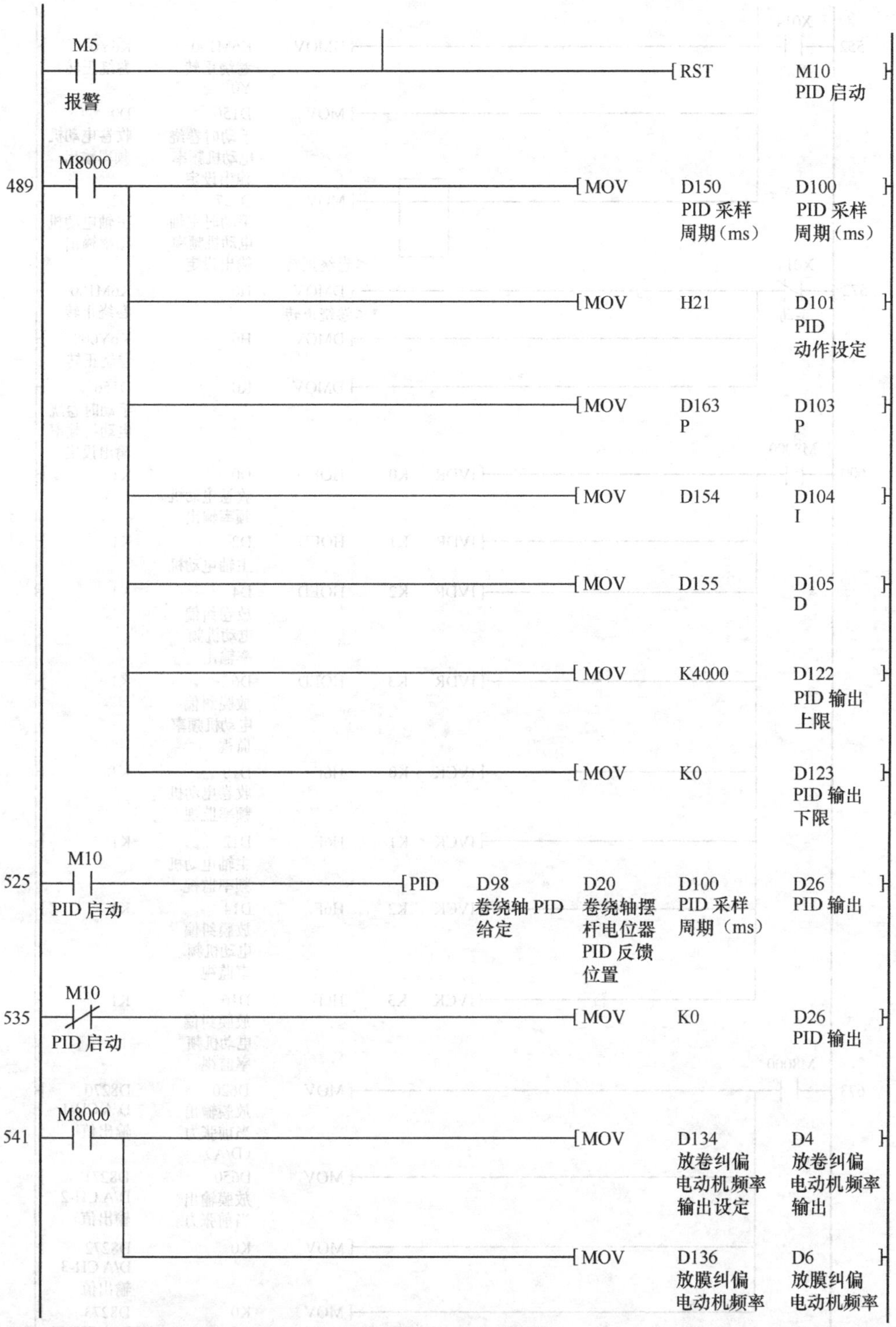

图11-65　主PID控制

频率输出及频率监视梯形图如图 11-66 所示。这段代码主要实现收卷机电动机、主轴电动机及放膜、放卷纠偏电动机变频器的频率输出及频率监视，通过执行本段代码，PLC 控制器输出模拟电压量控制放膜、放卷张力控制器的动作。

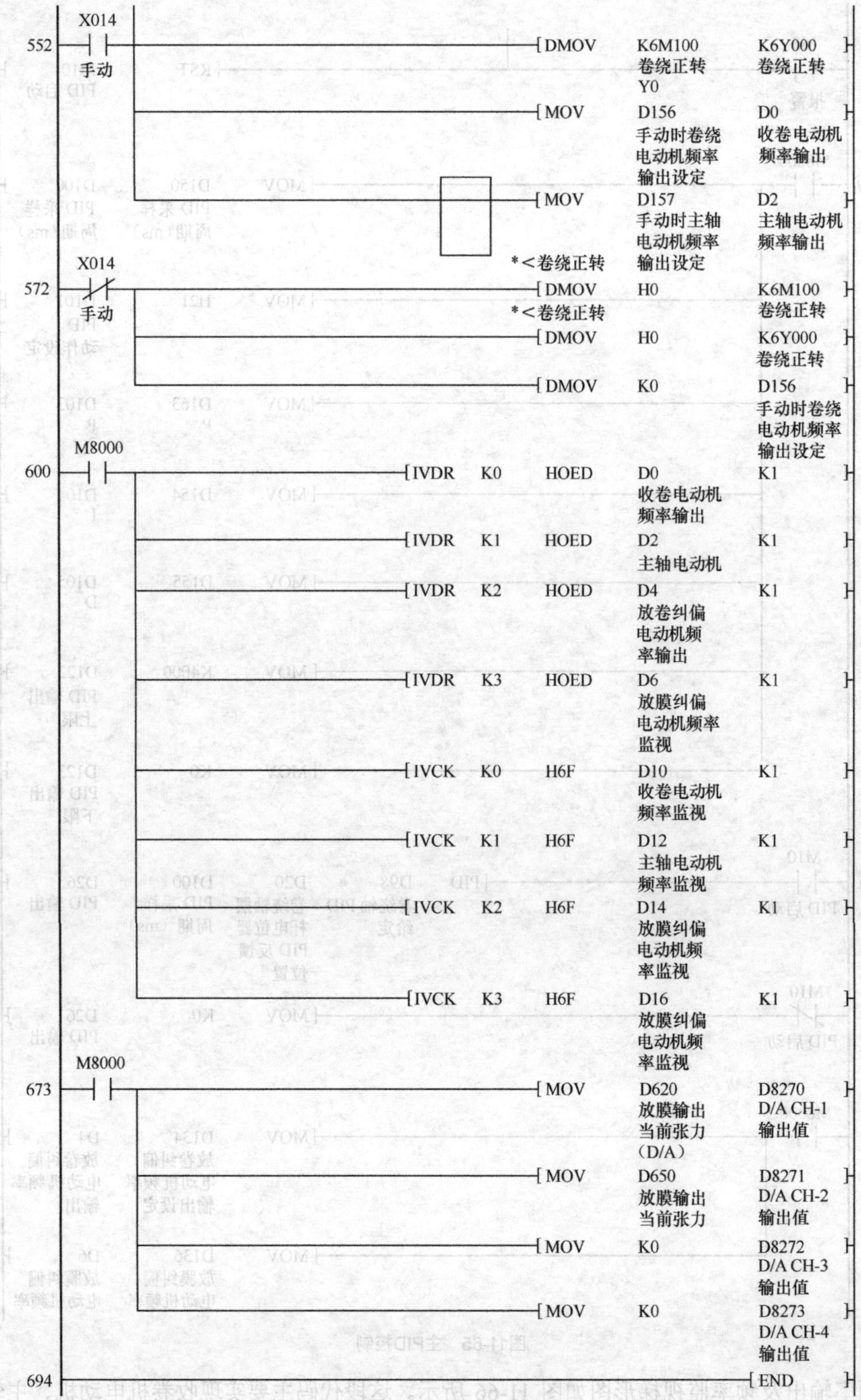
X014
552
手动
DMOV K6M100 卷绕正转 Y0 K6Y000 卷绕正转
MOV D156 手动时卷绕电动机频率输出设定 D0 收卷电动机频率输出
MOV D157 手动时主轴电动机频率输出设定 D2 主轴电动机频率输出
*<卷绕正转
X014
572
手动
DMOV H0 K6M100 卷绕正转
*<卷绕正转
DMOV H0 K6Y000 卷绕正转
DMOV K0 D156 手动时卷绕电动机频率输出设定
M8000
600
IVDR K0 HOED D0 收卷电动机频率输出 K1
IVDR K1 HOED D2 主轴电动机 K1
IVDR K2 HOED D4 放卷纠偏电动机频率输出 K1
IVDR K3 HOED D6 放膜纠偏电动机频率监视 K1
IVCK K0 H6F D10 收卷电动机频率监视 K1
IVCK K1 H6F D12 主轴电动机频率监视 K1
IVCK K2 H6F D14 放膜纠偏电动机频率监视 K1
IVCK K3 H6F D16 放膜纠偏电动机频率监视 K1
M8000
673
MOV D620 放膜输出当前张力（D/A） D8270 D/A CH-1 输出值
MOV D650 放膜输出当前张力 D8271 D/A CH-2 输出值
MOV K0 D8272 D/A CH-3 输出值
MOV K0 D8273 D/A CH-4 输出值
694
END

图11-66 频率输出及频率监视

|11.4　本章小结|

本章主要以三菱系列 PLC 的模拟量模块为例，讲解了目前市场上三菱 PLC 模拟扩展模块的主要产品系列及模拟模块的共同特征。以变频恒压供水、自动喷涂、复贴机张力控制系统的开发为例详细介绍了运用 PLC 实现拟量控制的方法。分别分析了控制系统的需求，根据系统需求给出系统的运动控制方案。在此基础上，详细介绍了控制系统开发中的硬件选型和软件系统开发。

变频恒压供水系统选择了 FX2N-32MR 型 PLC 和康沃的 CVF-P2 变频器；自动喷涂控制系统选择了 FX2N-128MT 型 PLC 和松下的 BFV 变频器；复贴机张力控制系统选择了 FX3U-48MR 型 PLC 和三菱的 FR-E540-1.5K 变频器。每个实例的选型都比较具有代表性，并详细介绍了相关硬件的技术参数，对读者在实际的工程项目有很强的借鉴作用。实例不仅结合模拟量控制的理论知识，还根据实际对象需求，加入了模块接口图、表格、电路图和梯形图，使读者掌握如何运用 PLC 开展工程实践设计。

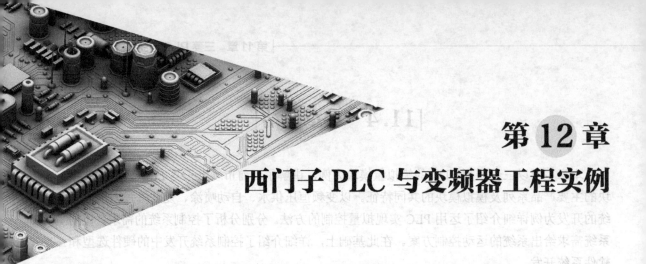

第 12 章 西门子 PLC 与变频器工程实例

实际生产中对自动化设备的控制精度、响应性能的要求越来越高，而且随着迅速发展的自动化控制技术的不断成熟，实际生产中各种高精确、高速定位控制方式得到越来越广泛的应用。本书前面的章节已经详细介绍了 PLC 与变频器的技术基础，也结合一些简单实例讲解了 PLC 的各种控制功能及实现。本章深入浅出地讲解如何利用西门子 PLC 与变频器来完成挤出机控制系统、造纸机传动调速系统的设计与应用。首先介绍各种工业控制的需求分析，再根据生产需求选择硬件及设计控制系统电路，最后给出相关的程序。读者通过本章的学习，可以学习到综合运用 PLC 与变频器开发、设计控制系统的方法，加深对 PLC 与变频器联合运用的理解。

|12.1　挤出机控制系统设计|

塑料管材不仅与人们的日常生活密切相关，而且在工业、农业、建筑业等领域有着广泛的应用。挤出机对塑料管材的生产具有重大影响。传统的塑料管材生产大多数是基于继电器的控制电路，由于基于继电器的挤出机生产系统存在一些缺点，如安全可靠性不够高、生产效率低、工人的劳动强度大，因此高自动化性能的挤出机生产系统越来越受欢迎。随着 PLC、变频器等控制器生产制造技术的成熟，价格越来越能被客户所接受，PLC 及变频器在挤出机中的应用越来越广泛，挤出机生产过程的自动化水平越来越高。本节在分析管材的挤出工艺及原理的基础上，提出基于 PLC 和变频器的管材挤出设备的控制方案，介绍基于 PID 控制策略的管材挤出设备的温度控制方法、变频器的功能预置方法、系统硬件选择及 PLC 程序的设计，并设计基于 PLC 和变频器的管材挤出设备控制系统。

通过本节的学习，读者可以熟悉针对具体工程需求运用 PLC 开发控制系统的流程、PLC 控制系统的硬件设计及硬件选型过程，练习满足一定控制要求的 PLC 程序开发步骤。

12.1.1　挤出机系统概述

本小节首先概括介绍挤出机生产系统的主要结构及各部分功能，分析管材生产过程中的挤出工艺及原理，使读者熟悉 PLC 在管料生产中应用的工程背景，接着介绍挤出机生产中的温度控制系统，使读者明确 PLC 控制的任务，最后讲解 PLC 控制系统的硬件电路设计及软件程序开发。

1. 系统的主要结构及组成

挤出生产线主要由主机和辅机两大部分组成，这两部分统称为挤出机组。主机部分构成比较固定，一般由挤压系统、传动系统、加热冷却系统和控制系统 4 部分组成；辅机部分的类型较多，不同的挤出制品具有不同的组成，总体来说，包括机头、冷却和定型装置、牵引装置、切割装置和卷取装置。

如图 12-1 所示，管材挤出机生产线主要由一系列的主机、辅机设备及测量与控制仪器组成。它的主要功能是利用主机、辅机设备把热塑性塑料制成半成品，固体状态的聚合物被生产线上的挤出机转变成易于成型的塑性状态，然后从一定截面形状的挤出机头中挤出。物料挤出时温度较高，由于重力的作用，容易变形，所以需要用定径套定径操作和冷却。管材经过定径套之后，尚未充分冷却，必须加设冷却水槽或喷淋箱，同时为了克服管材在冷却定型过程中产生的摩擦力，用牵引装置使管材以均匀的速度引出，以调节管子壁厚，获得最终要求的管材。当牵引装置送出冷却定型后的管子达到规定的长度后，切割装置将管子切断，然后作为半成品或成品堆放，卷起包装好。

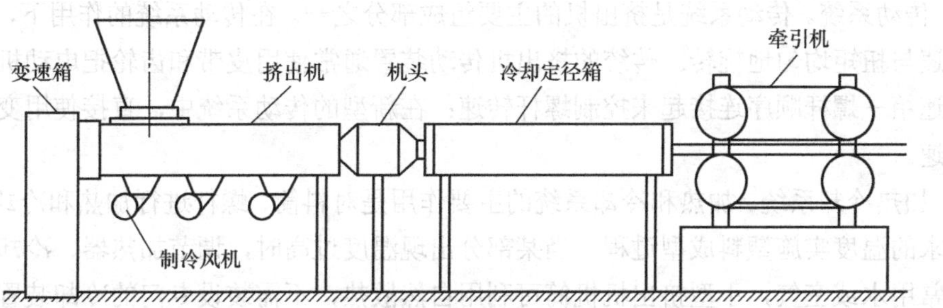

图12-1　管材挤出机生产线主要组成部分示意图

上面介绍了管料生产线的工作过程，接下来重点介绍挤出机的工作过程。挤出机挤出塑料时，主要依靠挤出机的螺杆，不同段的螺杆作用不同。挤出机工作时，塑料从料斗进入料筒后，通过螺杆的旋转，螺杆的加料段压实和输送固态的塑料，塑料被输送到挤出机螺杆的压缩段。由于挤出机螺槽的面积逐渐变小，进入压缩段的塑料，在压缩段的螺杆作用下，经过滤网、分流板和机头的阻力压缩，物料承受更大的压力，塑料在这一段被进一步压实。同时料筒对物料实施加热，螺杆、料筒对物料内摩擦加热，塑料逐渐升温，开始熔融，在压缩段处，全部物料熔融为黏流态并形成很高的压力。在螺杆的旋转下，熔化的塑料继续向前传递，进入均化段的塑料被进一步塑化和均化，螺杆最后将物料定量、定压地挤入机头，经过机头的成型部件——口模，熔化状态的物料很容易被制作成具有一定截面的几何形状和尺寸的塑料管材，再通过冷却定型、切割等工序就得到成型制品。下面介绍物料传递过程中的主要设备。

（1）主机

如图 12-2 所示，主机部分主要包括 4 部分：挤压系统、传动系统、加热冷却系统和控制系统。

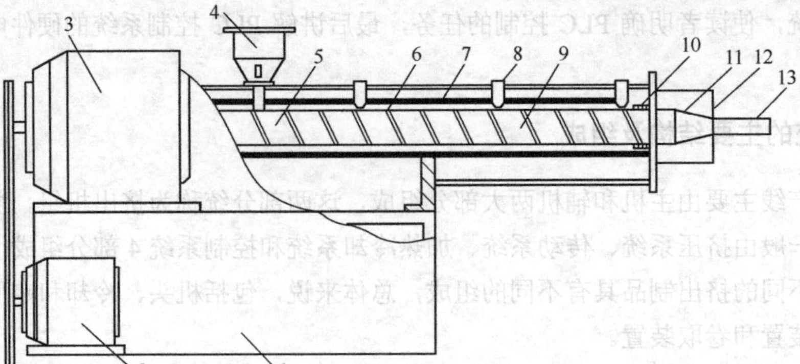

图12-2 主机结构示意图

1—机座；2—电动机；3—传动装置；4—料斗；5—料斗冷却区；6—料筒；7—料筒加热器；8—热电偶测温点；9—螺杆；10—过滤网及多孔板；11—机头加热器；12—机头；13—挤出物

① 挤压系统。主要由加料装置、螺杆和料筒组成。加料装置主要由两部分组成：料斗和上料部分，其主要作用是将粉状、粒状及带状料的物料稳定地输送给挤出机，物料经过料筒的加热和螺杆旋转的剪切后被熔化，经过挤压和熔化的物料被螺杆连续定量、定温地挤出机头。料斗一般为圆锥形、圆柱—圆锥形等对称形状，其侧面开有视窗以观察料位，底部有开合门，控制和调节加料量。

② 传动系统。传动系统是挤出机的主要组成部分之一。在传动系统的作用下，螺杆按所需的转速与扭矩均匀地旋转。传统的挤出机传动装置通常使用皮带和齿轮把电动机—变速装置—减速箱—螺杆顺序连接起来控制螺杆转速；在新型的传动系统中，直接使用变频器控制螺杆转速。

③ 加热冷却系统。加热和冷却系统的主要作用是对料筒、螺杆进行加热和冷却，保证按工艺要求的温度实施塑料成型过程。当某部分出现温度过高时，调节加热器、冷却装置。机筒冷却常用水或空气，小型挤出机机筒可利用自然散热，不需装设专门的冷却装置。料斗区应进行冷却，防止物料因温度高而变黏变软，以致结块，堵塞加料口。

④ 控制系统。控制系统直接影响制品的质量、产量和生产的安全性，传统的挤出机控制系统采用温度控制仪表测量和控制温度；采用直流电动机调速，以手动的方式控制速度。手动控制操作强度大、效率低、安全可靠性较低，较先进的挤出生产线实行全线自动化控制，本例以温度控制为目标，使用PLC作为控制器设计自动控制温度的挤出机控制系统。

（2）挤出机螺杆

如图12-3所示，从功能上，挤出机螺杆可以分为3段：加料段、压缩段和均化段。

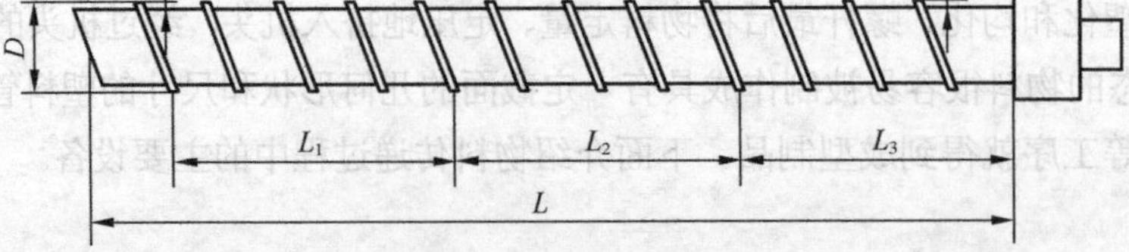

图12-3 螺杆结构示意图

S—螺纹螺距；h_1—加料段螺纹深度；h_2—均化段螺纹深度；D—外直径；
L_1、L_2、L_3—加料段、压缩段和均化段；L—螺杆有效长度

① 加料段。其作用是迅速输送料斗加进的塑料切片。该段螺槽容积一般不变，塑料处于固态。通常螺槽没有被物料完全填满，添满的程度与物料的形状、干湿程度、加料装置等有关。

② 压缩段（塑化段）。主要作用是压实、塑化加料段输送过来的松散料，并排出夹带来的空气。该段螺槽容积逐渐变小或突然变小，塑料在这一段逐渐由固体状态转化为熔融状态，成为连续的黏流体，输送到均化段。

③ 均化段（计量段）。主要作用是把压缩段送来的熔融物料进一步塑化均匀，并定量、定压地从机头均匀挤出管料。

（3）辅机部分

机头以后的部分称为辅机，辅机部分一般包括：机头、冷却和定型装置、牵引装置、切割装置和卷取装置。下面简单介绍各辅机部分。

① 机头。机头的主要作用是进一步加热已塑化的物料，保证物料呈塑性状态，同时施加一定的压力，使通过的熔融塑料获得一定的几何截面和尺寸。常见的机头有直通式、直角式和旁侧式3种。无论是哪种形式的机头，一般均需在其与挤出机衔接处加设多孔板和过滤网，以增加料流阻力，滤出杂质，防止未塑化的物料进入机头，使制品密实。

② 定型装置。从口模中挤出的塑料仍处于熔融状态，具有较高的温度，因此需要进行定型（在此主要是定径）和冷却；否则，由于牵引、自身重等作用管子会变形。另外，定型装置起着精整制品的作用，使其不仅形状尺寸稳定、准确，而且表面平滑、光泽好。

③ 冷却装置。从定型装置出来的管子并没有完全冷却至室温，需继续在冷却装置中冷却，一般采用冷却水槽和喷淋式水箱两种冷却方式。

④ 牵引装置。其主要作用是提供一定的牵引力和牵引速度，以克服从机头口模挤出时的管材摩擦力，使管子匀速地从冷却装置引出，在一定程度上调节管子的壁厚，减少管子在径向上的收缩。由于牵引装置的速度波动直接导致制品的尺寸波动，因此牵引装置对于挤出成型起着重要作用。

⑤ 切割装置。其作用是将挤出的管材截短至规定的长度。

⑥ 卷取装置。其主要作用是将管材绕成卷，使制品排布整齐。

2. 挤出机的温度控制原理

由上面对挤出机工作流程的介绍可知，固态形式的物料被添加到挤出机中，在挤出机的加热和挤压下，物料被熔化，经过口模和冷却装置的作用，被制成一定截面的管材。相关研究发现提高挤出温度，可增加包覆电缆的包覆层在环境应力作用下的开裂强度，挤出过程的温度决定挤出制品的拉伸强度，一定的挤出温度对应挤出制品的最大拉伸强度。随着挤出产量的增加，挤出温度和压力波动急剧加大，加大挤出机的长径比，会提高对材料的均匀塑化作用；挤出过程中塑料熔体温度的变化必然引起熔体黏度的变化，导致挤出压力和流率波动，机头中温度波动1℃，可引起3%的流率波动，使挤出制品在外观质量和内在强度方面都受到影响。

由上述可知，非常有必要通过合理的控制手段和方法，获得精确的挤出机工艺温度。挤出机温度的控制部位一般分为机筒温度控制与模头温度控制两大部分，模头温度直接影响产品的表面光亮度，机筒温度影响产品的内在塑化效果，两者原理一样，起主要作用的是机筒温度控制。

机筒温度控制加热有 3 种方法：电加热、流体加热和蒸汽加热。最常见的加热形式是电加热，电加热具有清洁、易于维护、成本低、效率高等显著优点，同时适用于较大的温度区间。通常沿挤出机机筒分段设置电加热器，小型挤出机通常为 2～4 段，较大型挤出机为 5～10 段。在大多数情况下，各段单独控制，因而能控制挤出机机筒壁的温度分布。具体的温度分布方式取决于特定的聚合物和操作，可能是均匀分布，也可能是递减分布、递增分布或者混合分布。

电阻加热器根据电流通过导体产生一定热量的原理，采用外加云母片绝缘并密封装于柔性钢片套中的电阻丝作为电热圈。这类电热器结构紧凑、成本低，但也易碎，不太可靠而且功率密度有限，电热器的效率及其寿命在很大程度上取决于整个接触面上电热器和料筒间接触的良好程度。蒸汽加热的主要问题是温度梯度较大。在导热性低的物料中，需要大的温度梯度使物料升温。如果聚合物的导热性差，外部加热升高聚合物温度需要较长时间，并牵涉大的温度梯度，在金属和聚合物的界面会出现局部高温。

与加热相对应的是挤出操作中不可避免地出现挤出机冷却。挤出机的冷却降低了挤出过程的能量转换效率，因而应尽可能减少冷却。机筒使用风机冷却，机头通过空气进行散热冷却。以其中的一路为例，图 12-4 为温度的闭环控制方法。

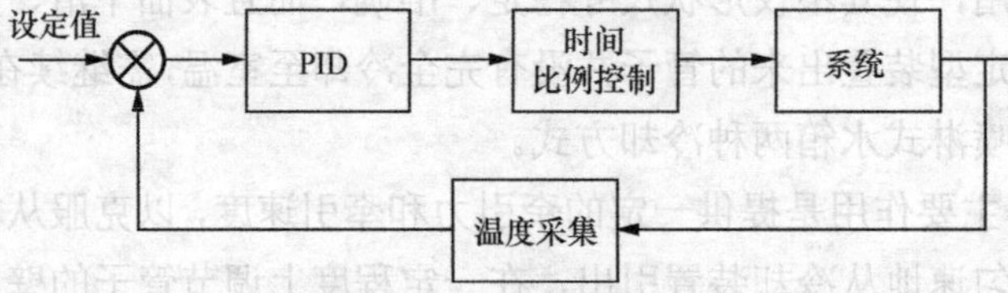

图12-4　温度的闭环控制方法

大部分挤出机温控仪表都采用 PID 算法。通过综合比较环节，测量的温度和设定的温度比较，形成温度偏差，通过 PID 控制策略，调整加热器，从而维持机头温度和料筒温度在设定值附近。使用 PID 的温度控制策略，控制精度有很大的提高，虽然存在超调，但是稳态精度可以达到±1℃。挤出机温度控制的原理如图 12-5 所示。

在实际系统中，使用温度传感器 1～8 测量出机筒温度信号和机头温度信号，通过模拟量输入模块的 A/D 转换，连续的温度信号被转换为离散化的数字信号，送入 PLC 控制器的 PID 控制模块，通过 PLC 给定指令的运算输出相应的数字信号，驱动继电器，实现对机筒和机头温度的控制。

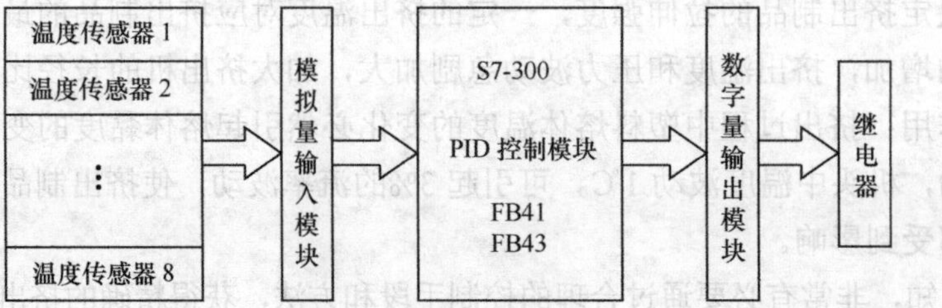

图12-5　挤出机温度控制

3. PID 温度控制策略

挤出过程有很多可变因素对生产率和最终制品的质量有很大影响，如料筒轴线方向各点温度分布、螺杆的温度、机头各点温度、加料段冷却水套的温度、加热物料本身的温度、冷却定径装置的温度、机头压力、螺杆的轴向力、螺杆速度及牵引速度等。因此必须对上述因素进行有效控制，以使挤出过程得以进行，获得高质量的产品。而在这些因素中，有的是相互联系、相互制约的，对它们的控制调节相当复杂，所以，有必要研究温度控制策略。

挤出机的动态行为从很大程度上取决于挤出机温度控制系统。准确的温控是获得高精度制品的前提，塑料挤出机采取的是对料筒和机头加热的方法。料筒和机头的温度与塑料制品的质量关系密切，温度高时，塑料制品容易降解，成型性差；温度低时，塑料制品外观不光洁，没有光泽。在挤出领域应用较广泛的控制策略是经典的 PID 控制策略，较新的控制策略如推理控制、自适应控制、模糊控制等应用较少。在本系统中，控制对象传递函数具有 $K\times\exp(-\tau)/(1+T\times s)$ 的形式，纯滞后的时间较长，控制性能要求较高。而 PID 控制策略具有结构简单、稳健性强、易于实现和适用面广等优点，是一种较优的控制算法。它涉及的算法和控制结构简单，适用于工程应用背景，此外，PID 控制方案结构灵活，不仅可以用常规的 PID 调节，而且可根据系统的要求，采用各种 PID 的变种（如 PI 控制、PD 控制、不完全微分控制、积分分离式 PID 控制、带死区的 PID 控制、变速积分 PID 控制、比例 PID 控制等）。

PID 控制器的原理如图 12-6 所示。在模拟调节系统中，根据给定值与测量输出值比较得到偏差 $e(t)$，偏差经过比例（P）、积分（I）、微分（D）的运算，通过线性组合构成控制量对被控对象施加控制。

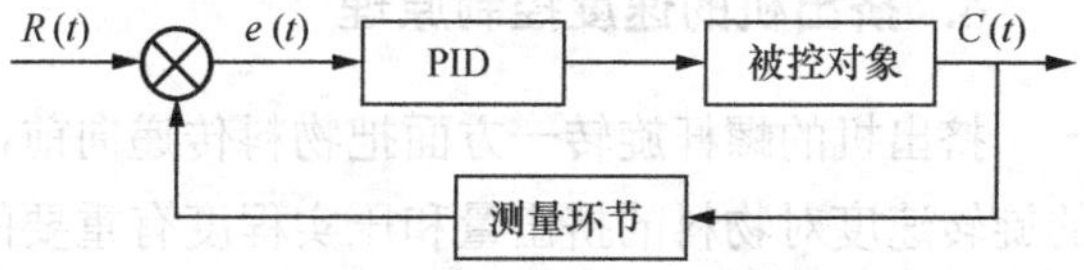

图12-6　PID控制器的原理图

在模拟系统中，PID 控制规律的表达式为

$$u(t)=K_{\mathrm{p}}\left[e(t)+\frac{1}{T_{\mathrm{i}}}\int_0^t e(\tau)\mathrm{d}\tau+T_{\mathrm{i}}\times\frac{\mathrm{d}e(t)}{\mathrm{d}t}\right] \tag{12-1}$$

使用传递函数表示为

$$G(s)=K_{\mathrm{p}}\left(1+\frac{1}{T_{\mathrm{i}}s}+T_{\mathrm{d}}s\right) \tag{12-2}$$

式中：$e(t)$——PID 控制器的输入信号；

$u(t)$——控制器输出信号；

K_{p}——比例系数；

T_{i}——积分系数；

T_{d}——微分系数。

比例环节即时成比例地反映控制系统的偏差信号 $e(t)$，偏差一旦产生，控制器立即产生控制作用以减少误差。比例调节的显著特点就是有差调节，即被调量不可能与设定值准确相等，它们之间一定有偏差。

积分环节主要用于消除静差，提高系统的无差度。积分作用的强弱取决于积分时间常数 T_{i}，T_{i} 越大，积分作用越弱，反之则越强。积分对系统控制有一定的滞后作用，积分作用过强，会造成系统超调增大，甚至引起振荡。

微分环节能反应偏差信号的变化趋势，并能在偏差信号值变得太大之前，在系统中加入一个有效的早期修正信号，从而加快系统的动作速度，减少调节时间，改善控制对象的品质，增强系统的稳定性。

使用 PID 控制策略的一个重要方面是 PID 调节器的参数整定。比例控制参数 K_p 加大，系统的动作灵敏，响应速度加快，衰减振荡次数增多，调节时间加长。当 K_p 太大时，系统会趋于不稳，但 K_p 太小又会使系统的响应动作缓慢。K_p 的选择以输出响应产生一次衰减振荡为佳。在系统稳定的情况下，加大 K_p 可以减小稳态误差，但不能消除稳态误差。

积分控制参数 T_i 通常使系统的稳定性下降。T_i 偏小振荡次数较多，甚至系统将不稳定；T_i 太大系统的动态性能变差；当 T_i 合适时，过渡过程特性比较理想。对稳态误差的影响：积分控制参数 T_i 的作用有助于消除系统的稳态误差，提高系统的控制精度。但若 T_i 太大，积分作用太弱，不能减少稳态误差。

微分控制参数 T_d 经常与比例控制或积分控制联合作用，构成 PD 控制或 PID 控制。微分控制可以改善动态特性，如超调量减少、调节时间缩短，允许加大比例控制，使稳态误差减小，提高控制精度。综合起来，不同的控制规律各有特点，对于相同的控制对象，不同的控制规律有不同的控制效果。

4. 挤出机的速度控制原理

挤出机的螺杆旋转一方面把物料传递向前，另一方面不断挤压物料，使物料压实。螺杆的旋转速度对物料的挤出量和压实程度有重要的影响。物料类型的改变、产量的变化或者挤出机的开/停动作均要求螺杆转速随时改变。例如，在挤出机开动时，由于塑料温度低、黏度高，为防止机头压力过大，要求螺杆在较低的转速下启动，然后逐步向工作速度平滑上升。在停车时，为了将机筒内剩余的塑料逐步挤出，并保护螺杆不致损坏，要求逐渐减速再停车。因此，需要随时调整电动机转速。

驱动螺杆旋转的电动机的速度直接影响生产量，生产量确定下来后，牵引速度也就确定了。切割机的速度根据牵引速度的变化及时准确地跟踪变化，与牵引速度达到同步，当管子达到预设长度时，完成切割动作，恢复原位，重复动作。牵引电动机的速度采用变频调速方式，使用 PLC 对变频器直接控制。转速控制原理图如图 12-7 所示；图 12-8 为挤出机温度、速度控制系统的控制对象及控制任务之间的关系。

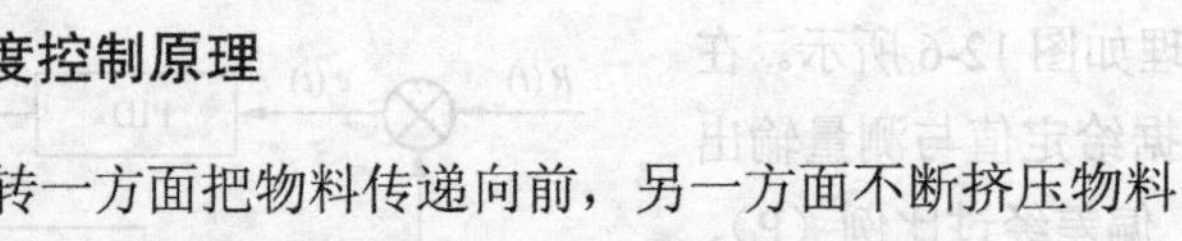

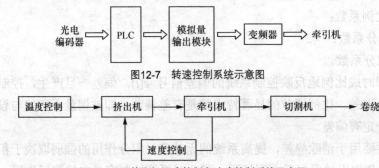

图12-7 转速控制系统示意图

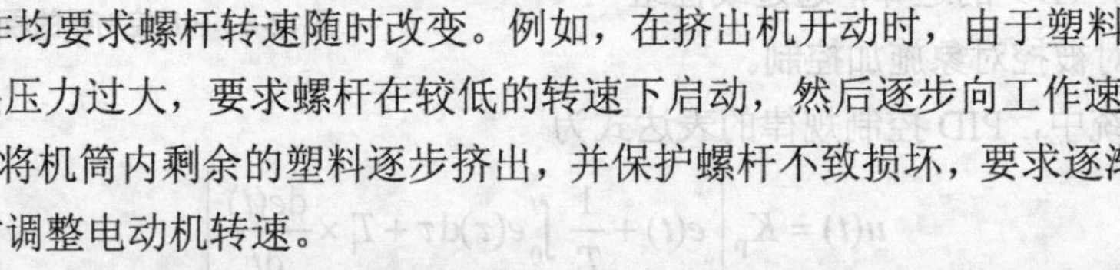

图12-8 挤出机温度控制和速度控制系统示意图

12.1.2　硬件选型及系统电路设计

在 11.1.1 节讲述挤出机基本结构及工作原理的基础上，本小节分析挤出机控制需求，确定基于 PLC 的挤出机控制系统构成，并根据控制需求选择 PLC、变频器、模拟量输入模块等器件，设计出 PLC 控制系统的硬件结构。

1. PLC 模块

PLC 由于其技术的不断成熟，性价比越来越高，同时由于其可靠性高、使用方便，在工业控制领域得到越来越广泛的应用。本系统的温度、速度控制也选用 PLC 来完成。PLC 作为温度控制系统的核心，一方面使用 A/D 转换模块把模拟的温度信号转化为数字信号，完成机筒和机头温度的采集；另一方面，根据 PID 控制策略，对机筒和机头的温度实施控制，输出控制信号，驱动所有动作元件（如中间继电器、电磁阀线圈、变频器）动作，使机筒和机头的温度维持在设定温度附近。

本系统选用西门子公司的 S7 系列 PLC S7-300。S7-300 是西门子公司在 1995 年推出的一种模块化结构的 PLC，属于模块化的中小型 PLC 系统，能满足中等性能要求的应用。使用 S7-300 的接口模块（IM）连接主机架（CR）和扩展机架（ER），可以实现多机架配置，通过分布式的主机架和两个扩展机架可以操作多达 32 个模块。中央处理单元（CPU）集成有 Profibus-DP 和 MPI 通信接口，多点接口（MPI）用于同时连接编程器、PC 和人机界面等。与其他 PLC 相比，该型号 PLC 具有以下特点。

① 模块相互独立。电源模块、CPU 模块、模拟量输入/输出模块、开关量输入/输出模块在结构上相互独立。用户可根据具体的应用要求，选择合适的模块，安装在固定的机架上，构成一个完整的 PLC 应用系统。

② 功能强大的指令集。S7-300 的指令内容包括位逻辑指令、计数器、定时器、复杂数学运算指令、PID 指令、字符串指令、时钟指令、通信指令以及和智能模块配合的专用指令。

③ 快速。S7 系列 PLC 指令处理周期短，循环时间少，指令处理快速，功能强大的 CPU 只需 0.3ms 就可以处理 1 024 个二进制语句，在文字处理方面同样表现出色，同时其高速计数器、高速中断器可以分别响应过程事件。

④ 通用。高性能模块和 6 种 CPU 适用于任意场合，模块可扩至 3 个扩展机架。

⑤ 集成。全部模块化，运行可靠，操作方便。S7 系列 PLC 可用于扩展各种性能，脉冲输出可控制步进电动机和直流电动机，丰富的指令集可以快速方便地解决复杂的任务。

⑥ S7 系列 PLC 具有点对点接口（PPI），可连接编程设备、操作员界面和串行设备接口，具有用户友好的 Step7 编程软件和功能极强的编程器，编程方便。

（1）CPU 模块

本例使用 S7-314IFM 型 CPU，根据输入和输出点数需要配置 1 个 DI16×DC 24V 数字量模块，1 个 D032×DC 24V/0.5A 数字量模块，4 个 AI8×12bit 模拟量模块，2 个 AO4×12bit 模拟量模块。该 CPU 是一个集成有数字/模拟量输入/输出的紧凑型 CPU。它完成运行状态参数的实时监测，实时进行逻辑判断，计算所需的加热功率。

根据挤出工艺要求，本温控系统要求实现 8 回路温度控制，4 路用于料筒加热，4 路用于机头加热。根据实际要求，模拟量输入模块SM331通道按2路一组划分，可实现8回路温度信号采集。CPU采用CPU-314IFM，开关量输出模块选用SM322，可满足8回路加热及四回路冷却控制要求。表12-1给出了CPU-314IFM输入/输出的具体配置参数。

表12-1　　CPU-314IFM输入/输出

输入/输出	地址	说明
20个数字量输入	124.0～126.3	
16个数字量输出	124.0～125	±24V
4个模拟量输入	128～135	±10V或20mA
1个模拟量输出	128～129	±10V或20mA

（2）电源模块

电源模块选用PS307：5A（6ES7 307-1EA00-0AA0）。电源模块的技术性能指标如下。

① 输出电流5A，输出电压为DC 24V。

② 短路和断路保护。

③ 与单相交流电源连接（额定输出电压AC 120/230V，50/60Hz）。

④ 全隔离符合EN60950。

⑤ 可用作负载电源。

PS307：5A的结构框图如图12-9所示，其技术参数如表12-2所示。

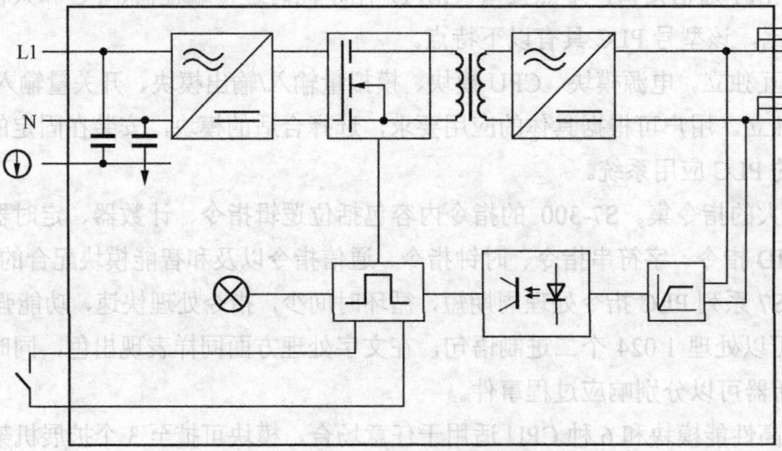

图12-9　PS307：5A结构框图

表12-2　　PS 307：5A（6ES7 307-IEA00-0AA0）的技术参数

尺寸重量	
尺寸 $W\times H\times D$（mm）	80×125×120
重量	大约740g
输入参数	
输入电压额定值	AC 120/230V
电源频率额定值	50Hz或60Hz
允许电源频率	47Hz或63Hz
额定输入电流	
120V时	2A

续表

额定输入电流	
230V 时	1A
冲击电流（25℃时）	45A
I^2t（冲击电流时）	1.2
输出参数	
输出电压额定值	DC 24V
允许电压范围	24（1±5%）V，断路保护
斜坡上升时间	最多 2.5s
输出电流额定值	5A，不支持并连接线
短路保护	1.1～1.3
残留纹波	最大 150mV
电器参数	
安全等级符合 IEC536	使用保护性导体
隔离额定值	
额定隔离电压（24V 到 L1）	AC 250V
测试电压	DC 2800V
安全隔离	SELV 电路
电源故障缓冲（93V 或 187V 时）	最少 20ms
效率	87%
功耗	138W
功率损耗	通常为 18W
诊断："输出电压工作"显示	绿色 LED

2. 变频器模块

根据挤出机自动生产线流程可知，管料的均匀度受挤出机转速影响很大。为了使挤出机能适应各种加工情况，同时能适应各种工况的切换，生产中对挤出机速度有两方面的要求：第一，要能实现无级调速；第二，应有一定的调速范围。转速范围直接影响到挤出机所能加工的物料和制品的种类、生产率、功率消耗、制品质量、设备成本、操作方便与否等。因此，转速范围选多大，应根据加工工艺要求及使用机器的场合而定。为了达到这两项要求，越来越多的挤出机采用变频器来调整变频器电动机的转速。在本系统中，变频器属于执行机构，变频器接收 PLC 输入的控制信号，改变输出的信号频率，实现对电动机转速的调节，从而改变螺杆的旋转速度。

首先，根据需求选择合适型号的变频器。一般而言，变频器型号的选择必须根据电动机的功率和电流进行。在一台变频器驱动一台电动机连续运转时，变频器容量应同时满足：

$$P_{CN} \geqslant k \times P_M/(\eta \times \cos\varphi)(\text{kV}\cdot\text{A}) \quad (12\text{-}3)$$

$$P_{CN} \geqslant k \times \sqrt{3} \times U_M \times I_M \times 10^{-3}(\text{kV}\cdot\text{A}) \quad (12\text{-}4)$$

$$I_{CN} \geqslant k \times I_M(\text{A}) \quad (12\text{-}5)$$

式中：P_M——负载所要求的电动机输出功率；

η——电动机效率（通常取值在 0.85 以上）；

$\cos\varphi$——电动机的功率因数；

U_M——电动机电压（V）；

I_M——电动机工频电源时电流（A）；

k——电流波形修正系数；

P_{CN}——变频器的额定容量（kV・A）；

I_{CN}——变频器的额定电流（A）。

根据本系统的要求，选用台达 VFD-B 系列交流电动机驱动器，主机型号为 VFD450B43A，端子接线如图 12-10 所示。

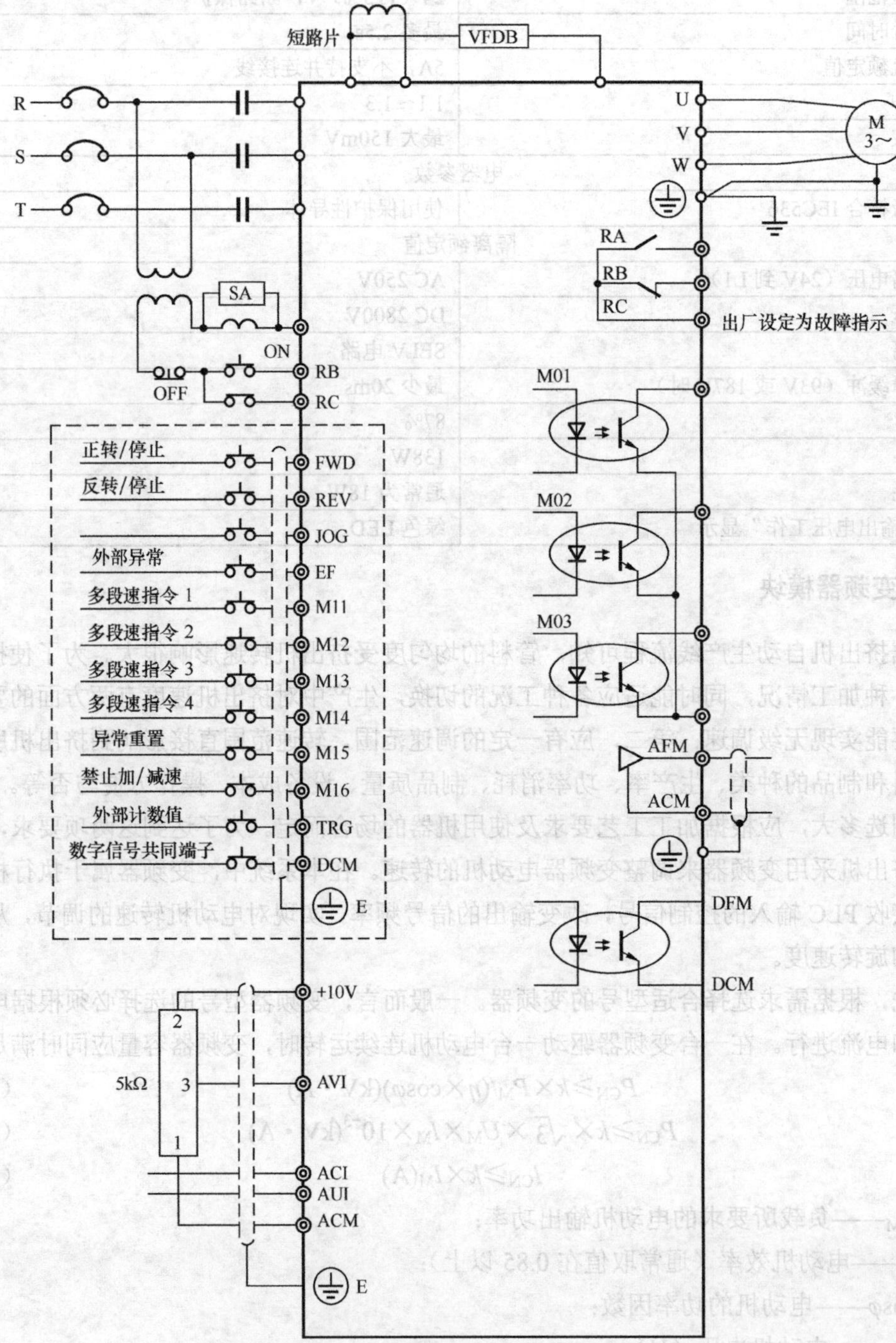

图12-10　VFD450B43A系列变频器端子接线图

该系列变频器适用于以下条件。

① 电动机功率：45kW 或 60 马力（HP）。

② 额定输出容量：69.3kV・A。

③ 额定输出电流：91A。

④ 最大输出电压：三相输出对应电压。

⑤ 输出频率范围：0.1～400Hz。

⑥ 载波频率：1～9kHz。

⑦ 输入电流：90A。

⑧ 允许输入电压变动范围：三相 380～480V。

⑨ 允许电源电压变动±10%。

⑩ 允许电源频率变动±5%。

⑪ 冷却方式：强制风冷。

⑫ 重量：36kg。

辅机型号为 VFD150B43A，适用于以下条件。

① 电动机功率：15kW。

② 额定输出容量：24.4kV・A。

③ 额定输出电流：32A。

④ 最大输出电压：三相输出对应电压。

⑤ 输出频率范围：0.1～400Hz。

⑥ 载波频率：1～15kHz。

⑦ 输入电流：32A。

⑧ 允许输入电压变动范围：三相 380～480V。

⑨ 允许电源电压变动±10%。

⑩ 允许电源频率变动±5%。

⑪ 冷却方式：强制风冷。

⑫ 重量：13kg。

VFD150B43A 的部分参数如表 12-3 所示。

表 12-3　　VFD150B43A 部分参数

参数代号	参数功能	参数设定	注释
01-00	最高操作频率设定	50.0	频率为 50Hz
01-01	电动机额定频率设定	50.0	频率为 50Hz
01-09	第一加速时间	10.0	加速时间为 10s
02-10	第一减速时间	10.0	减速时间为 10s
02-00	频率来源设定	01	出外端子 AVI 输入模拟信号 DC 0～10V 控制
02-01	运转指令设定	01	出外端子操作键盘 STOP 键有效
02-02	电动机停车方式	00	以减速制动方式停止
02-04	电动机运转方向	01	禁止反转

3. 测温点的选择

温度测量的准确与否对温度控制起重要作用。准确的测量温度一方面和测温点的选取有关，另一方面和测温装置的选择相关，此处重点介绍测温点的选择方法。挤出机的料筒是一块很厚的金属板，测温点只能布置在料筒的内外壁；如果布置在外壁，由于料筒太厚，势必会产生很大的温度误差；为了更加真实地反映料筒内物料的温度，测温点应该靠近料筒的内表面。取测温点的径向位置为距离料筒内表面 1/2 厚度处，测温点的轴向位置选择在每一加热区段中部。

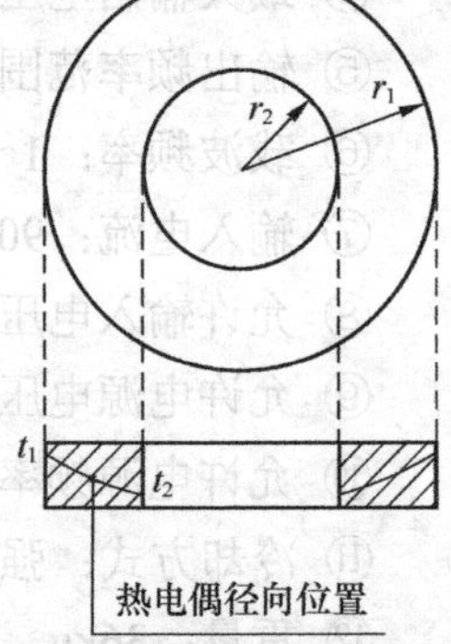

图12-11　稳定导热时料筒内温度场分布

这样布置测温点，各个温控点测量的温度仅是料筒、机头及口模接近内壁处测温点的温度，并非物料的实际温度。当料筒、机头、口模等温控点外加热器加热时，物料温度实际上低于显示温度；当料筒、机头、口模等温控点外加热器停止加热时，物料温度则可能等于或高于显示温度。为了更精确地测得温度，从传热学的角度推导出料筒筒壁温度的分布，如图 12-11 所示。

设某一时刻料筒处于稳定导热状态，料筒内、外半径分别为 r_1、r_2，料筒内、外表面分别为恒定的温度 t_1、t_2（$t_1>t_2$）时，由于料筒长径比较大，沿轴向导热暂时忽略不计，因此温度仅沿半径方向变化，此时料筒温度场分布简化为一维稳态温度场。

$$t=(t_1-t_2)\frac{\ln\frac{r}{r^2}}{\ln\frac{r_1}{r_2}}+t_2 \tag{12-6}$$

式中：t_1、t_2——料筒外径、内径温度；

r_1、r_2——料筒外径、内径。

从式（12-6）可以看出料筒温度分布为对数曲线。挤出温度控制的主体是物料温度。式（12-5）明确了物料温度与显示温度在不同挤出工况下的对应关系，为挤出机温度的精确控制提供了可靠依据。

4. 测温装置

（1）传感器的选型原则

测温装置的选择也是温度测量中的重要组成环节。由于温度不能直接测量，只能借助于温度传感器与被测温物体之间的热交换，间接测量被测温物体的温度，所以，要精确测量料筒的温度，还应该选择合适的温度传感器。合适的温度传感器必须满足如下一些条件。

① 在测量范围内温度特性曲线要达到精度要求。

② 为了将它用于电子线路的检测装置，要具有检测便捷和易于处理的特性。

③ 测量装置的偏移特性越小越好，互换性要好。

④ 对温度以外的物理量不敏感。

⑤ 体积要小，安装要方便、安全，维修、更换方便等。

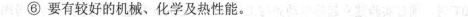

⑥ 要有较好的机械、化学及热性能。

（2）传感器的分类

目前，温度传感器按照感温元件是否与被测介质接触可以分成接触式与非接触式两大类。接触式温度传感器有热电偶、热电阻等，利用其产生的热电动势或电阻随温度变化的特性来测量物体的温度。这类温度传感器结构简单、工作可靠、精度高、稳定性好且价格低廉。非接触式温度传感器根据物体的热辐射能量是随温度的变化而变化的原理，主要有光电高温传感器、红外辐射温度传感器、光纤高温传感器等。当选择合适的接收检测装置时，便可测得被测对象发生的热辐射能量并且转换成可测量的各种信号，实现温度的测量。在诸多温度传感器中，在工业上最常用的是电阻测温装置、热电偶测温装置和红外线测温装置。各种测温装置的性能比较如表 12-4 所示。

表 12-4　　各种测温传感器的性能比较

测温方法	热电偶测温装置	电阻测温装置	热敏电阻
再现性	1～8℃	0.03～0.05℃	0.1～1℃
灵敏性	0.01～0.05mV/℃	0.2～10Ω/℃	100～1 000Ω/℃
稳定性	1 年中 1～2℃	5 年中< 0.1%	1 年中 0.1～3℃
互换性	–250～2 000℃	–250～1 000℃	–100～280℃
信号输出	0～60mV	1～6V	1～3V
最小尺寸	25μm 直径	3mm 直径	0.4mm 直径
线性	优	优	差
响应时间	好	良	好
点感测	优	良	优
面感测	差	优	差
成本	低	高	低
特点	最经济，最宽范围	最准确，非常稳定	最灵敏

由表 12-4 可以看出，热敏电阻的性能要比热电偶好一些。但是，性能优良的热敏电阻成本比较高，而热电偶的性能虽然稍差，但能够满足挤出机温度控制系统的要求，并且它成本低、经济实用，所以本例选择热电偶测量各点的温度。

（3）热电偶的特点

热电偶由热电偶本身（传感器）和必要的安装与连接件两部分组成，主要利用不同材料的导温能力不同，感应出不同的电动势，存在的电动势在闭合回路中产生电流，从而为温度测量提供依据。热电偶的两个接点，一个称工作端（测量端或热端），测温时将它置于被测介质中；另一个称自由端（参考端或冷端）。如果热端和一个高温物体相接触，冷端和一个低温物体相接触，则在两端之间将产生一个电压或热电动势。生成热电动势的幅值取决于热端和冷端之间的温度差，还取决于热电偶使用的材料组合。因为热电偶总是测量温度差，为了确定测量端的温度，自由端应该在参考端点处保持已知的温度。

本系统选用热电动势大、线性好、稳定性好且价廉的 K 型（镍铬—镍硅）热电偶，虽然在整个测温范围内，热电偶并非随温度线性变化，但由于模拟量输入模块选用 SM331 已经对输入的数据进行了线性化处理，因此消除了由此产生的误差。

在实际测量中，热电动势与温度之间的关系是通过热电偶分度表来确定的。分度表在参考端温度为 0℃时，通过实验建立起热电动势与工作端温度之间的数值对应关系，当参考端温度不为 0℃时，会产生测量误差，需要采用冷端补偿的方法自动进行补偿。在 S7-300 中的模入模块中，可以用外部补偿或内部补偿的方式。

（1）外部补偿

外部补偿可以接上一个补偿盒，用补偿线来补偿参考接点处的温度波动效应，补偿盒有一个用于确定参考接点温度的桥路，热电偶的补偿导线端头的连接点构成参考端。如果实际温度偏离补偿温度，则改变温度敏感的桥臂电阻，产生正的或负的补偿电压，叠加在热电动势上。如果接到模拟量模块的输入或一个组热电偶共享一个参考接点，则应该采用图 12-12 所示的补偿方式。

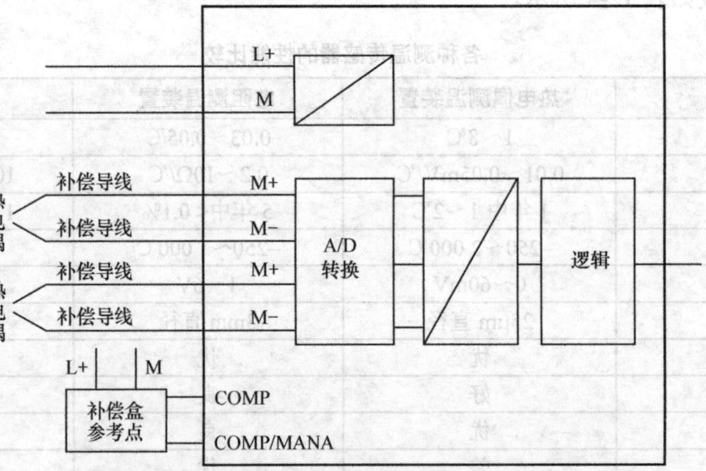

图12-12　采用外部补偿的热电偶接到带隔离的模拟量输入模块

（2）内部补偿

如图 12-13 所示，内部补偿时，应将参考接点连接到模拟量输入模块的端子上，每一个通道使用一种模拟量模块支持的热电偶类型，与其他通道使用哪一种类型无关。在本系统中，采用内部补偿的方式。

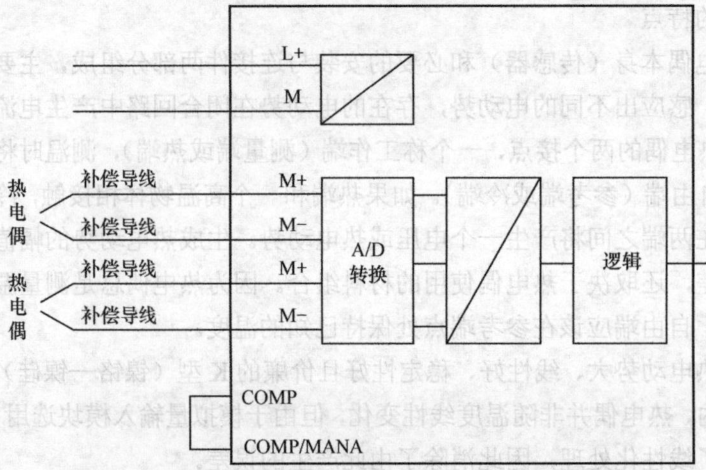

图12-13　采用内部补偿的热电偶接到带隔离的模拟量输入模块

5. 模拟量输入模块

对于 S7-300 的模拟输入通道来说，有两种不同的方法来设定它们的测量方法和测量范围。可以使用模拟量输入通道的接线方式来实现，也可以使用模拟量模块上的量程模块来实现。模拟量模块上的标记有 A、B、C、D 4 种位置，在本系统中，量程模块的标记位置设置为 A。CPU 处于 STOP 状态时，可以使用 STEP7 集成开发环境设定模拟量模块参数。当 CPU 从 STOP 转换到 RUN 方式之后，CPU 将这些参数传送到各个模拟量模块。另一种能改变某些参数的办法是用户程序中调用系统功能 SFC55～SFC57。

本系统中测量的是温度，选用模拟量输入模块 SM331，型号是 SM331 7KF01-0AB0。主要用来接收热电偶的温度信号，将模拟量信号转换为数字信号，并将数字信号送到 PLC 的控制单元，供 PLC 做出状态参数的逻辑判断。

SM331 采用积分方法将模拟量信号转换为数字信号，积分时间直接影响 A/D 转换的精度，积分时间越长，被测量的精度越高。SM331 有 4 挡积分时间可供选择，分别为 2.5ms、16.7ms、20ms、100ms，每一积分时间有一个最佳的噪声抑制频率，以上 4 种积分时间分别对应 400Hz、60Hz、50Hz、10Hz。为了抑制 50Hz 的工频及其谐波干扰，设计中选用 20ms 的积分时间，与之相对应的转换精度为 13 位，对于 K 型热电偶，温度分辨率为 0.1℃。其模块视图和方块图如图 12-14 所示。

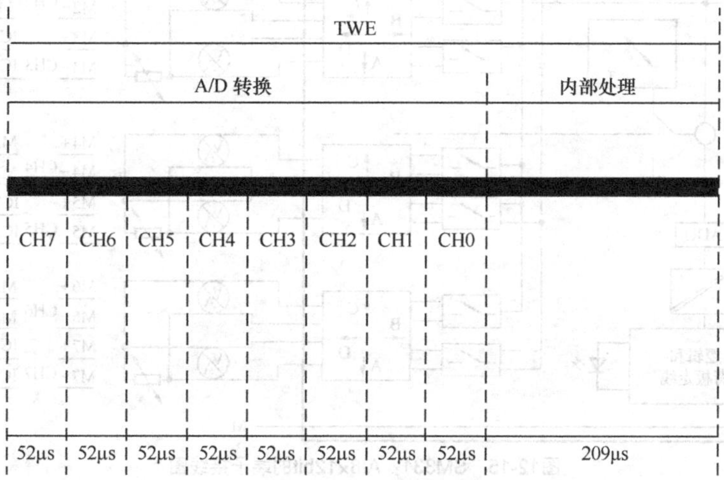

图12-14　SM331：AI8×12bit模块视图和方块图

该模拟量输入模块的模拟量输入是 8×12bit，有 8 个输入通道，4 组通道，按组设定测量的精度，测量方法也按通道组设定来选择温度测量。图 12-15 为 SM331：AI8×12bit 的端子接线图，各地址功能分配如表 12-5 所示。

表 12-5　SM331 地址功能分配表

地址	输入方式	功能说明	通道	通道组
PIW256	热电偶 1	料筒 1 区温度	通道 0	0
PIW258	热电偶 2	料筒 2 区温度	通道 1	
PIW260	热电偶 3	料筒 3 区温度	通道 2	1
PIW262	热电偶 4	料筒 4 区温度	通道 3	
PIW264	热电偶 5	机头 1 区温度	通道 4	2

续表

地址	输入方式	功能说明	通道	通道组
PIW266	热电偶 6	机头 2 区温度	通道 5	2
PIW268	热电偶 7	机头 3 区温度	通道 6	3
PIW270	热电偶 8	机头 4 区温度	通道 7	

模拟量输入模块可以测量电压、电流、电阻和温度。用于测量温度的热电偶类型可以是 E、N、J、K、L。由于选择了 K 型热电偶来测量温度，所以这里仅给出 K 型温度传感器的测量范围的测量值和数字化表示，如表 12-6 所示。

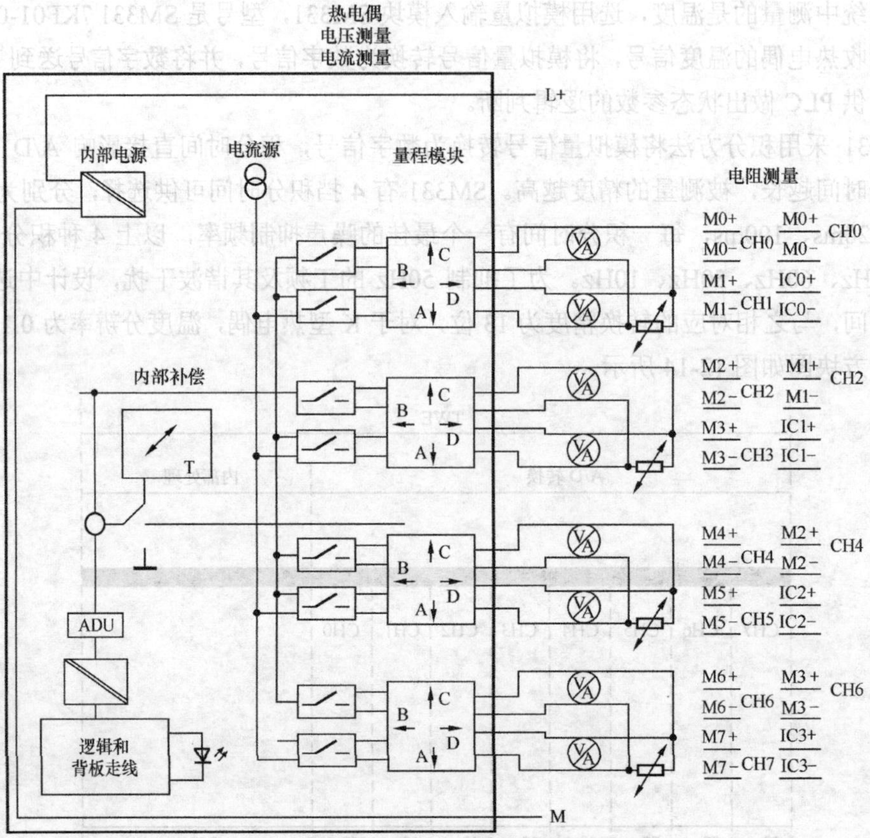

图12-15　SM331：AI8×12bit的端子接线图

表 12-6　　模拟量输入模块测量值的数字化表示（温度范围，K 型）

温度范围（℃）	十进制	十六进制	范围
>1 622	32 767	7FFFF	上溢
1 622 ⋮ 1 373	16 220 ⋮ 13 730	7FSC ⋮ 35A2	超出范围
1 372 ⋮ −270	1 372 ⋮ −270	3598 ⋮ F574	正常范围
<−270	<−270	< F574	小于范围

注：若接线不正确（如极性接反或输入开路）或者传感器在负值区出错（如热电偶类型不对），模拟量输入模块在低于 F0C5H 时发出下溢信号并输出 8000H。

6. 数字量输出模块

数字量输出模块选择 SM322，共有 16 个输出点，8 点为一组光电隔离。它接收 PLC 控制单元的指令，完成加热器驱动信号输出，通过中间继电器驱动加热器工作。表 12-7 为 SM322 的地址功能分配表。

表 12-7 SM322 地址功能分配表

地址	输出功能说明	地址	输出功能说明
Q8.0	机筒加热器 1	DB9.0	机头加热器 1
Q8.1	冷却风扇电动机 1	DB9.1	机头加热器 2
Q8.2	机筒加热器 2	DB9.2	机头加热器 3
Q8.3	冷却风扇电动机 2	DB9.3	机头加热器 4
Q8.4	机筒加热器 3	DB9.4	备用
Q8.5	冷却风扇电动机 3	DB9.5	备用
Q8.6	机筒加热器 4	DB9.6	备用
Q8.7	冷却风扇电动机 4	DB9.7	备用

SM322 DO32×DC 24V/0.5A 模块的属性如下。

① 32 点输出，电气隔离为 8 组。

② 输出电流为 0.5A。

③ 额定负载电压为 DC 24V。

④ 适用于电磁阀、直流接触器和信号灯。

SM322 DO32×DC 24V/0.5A 的结构原理如图 12-16 所示。SM322 DO32×DC 24V/0.5A 的技术参数如表 12-8 所示。

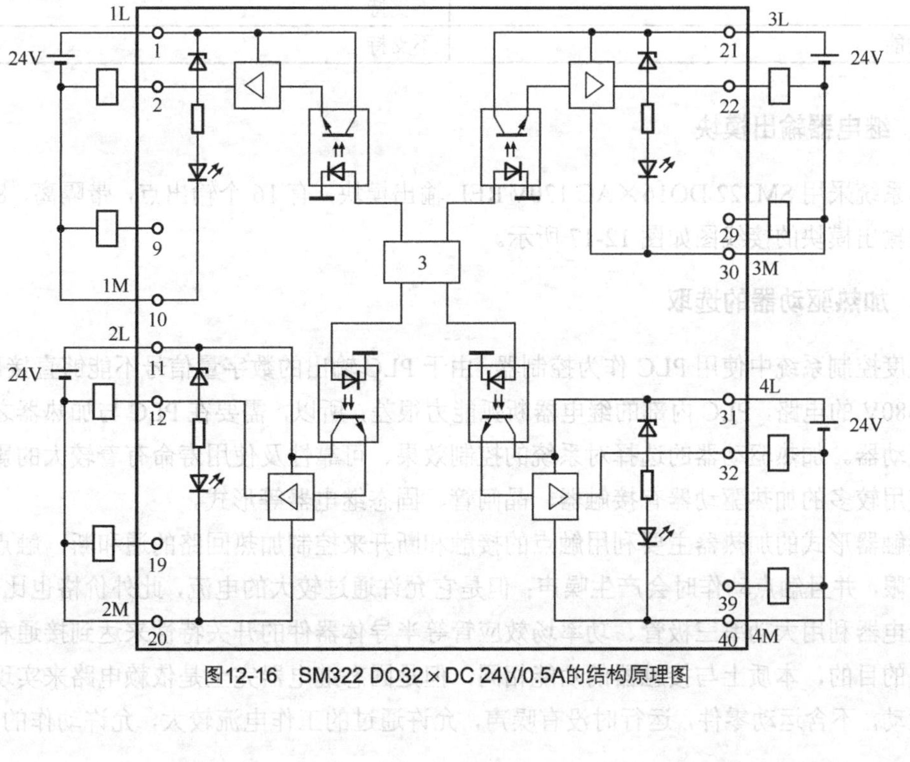

图12-16 SM322 DO32×DC 24V/0.5A的结构原理图

表 12-8 SM322：DO32×DC24V/0.5A 技术参数

尺寸、重量	
尺寸（$W×H×D$）（mm）	40×125×117
重量	大约 260g
模块特性数据	
支持同步模式	不支持
输出点数	32
电缆长度	
未屏蔽	最长 600m
屏蔽	最长 1 000m
电压、电流	
额定负载电压 L+	DC 24V
电气隔离	
通道之间	有
通道和背板总线之间	有
分成的组数	8
允许的电位差	
不同的电路之间	DC 75V/AC 60V
绝缘测试电压	DC 500V
电流消耗	
背板总线共线	最大 110mA
负载电压供电	最大 160mA
模块功率损耗	通常为 6.6W
状态、中断、诊断	
状态显示	每个通道的绿色 LED
中断	不支持
诊断功能	不支持

7. 继电器输出模块

本系统采用 SM322 DO16×AC 120V REL 输出模块，有 16 个输出点，带隔离，8 点为一组，该输出模块的接线图如图 12-17 所示。

8. 加热驱动器的选取

温度控制系统中使用 PLC 作为控制器，由于 PLC 输出的数字量信号不能够直接用于 AC 200～380V 的电路，PLC 内部的继电器断弧能力很差，所以，需要在 PLC 与加热器之间安装加热驱动器。加热驱动器的选择对系统的控制效果、可靠性及使用寿命有着较大的影响。目前，使用较多的加热驱动器有接触器、晶闸管、固态继电器等形式。

接触器形式的加热器主要利用触点的接触和断开来控制加热回路的通和断，触点的开合次数有限，并且触点动作时会产生噪声；但是它允许通过较大的电流，此外价格也比较便宜。固态继电器利用大功率三极管、功率场效应管等半导体器件的开关特性来达到接通和断开被控电路的目的，本质上与接触器的功能相同，但是固态继电器完全是依赖电路来实现，没有机械运动，不含运动零件，运行时没有噪声，允许通过的工作电流较大，允许动作的频率高，功耗较小，寿命长，但是电流过载时器件易损坏。晶闸管为连续电压控制型器件，根据温度控制器输出电压的变化，改变晶闸管导通角度，导致加热圈的端电压变化来控制发热器件的加温。晶闸管形式控制精度高、控制稳定，但它的价格较高。

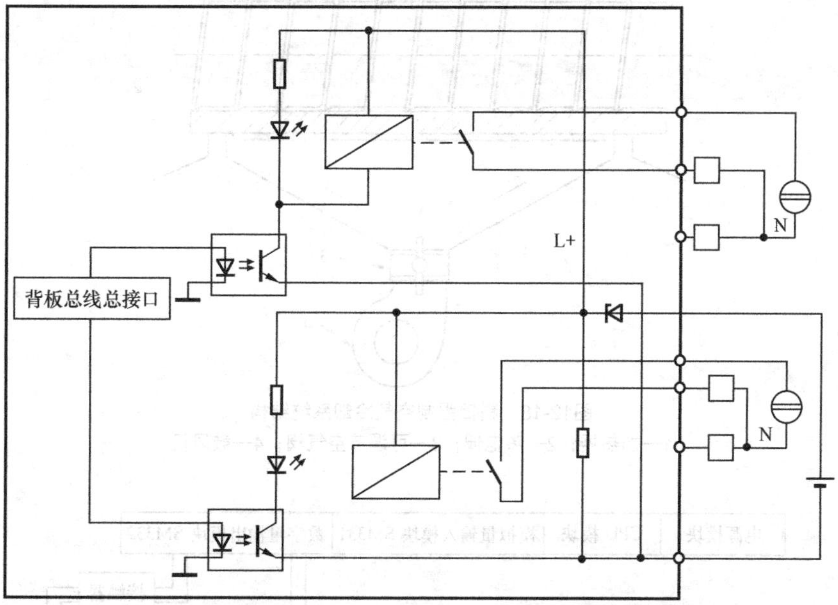

图12-17 SM322 DO16×AC 120V REL输出模块的端子接线图

在本例中，温度控制器的输出为数字量，输出方式为继电器输出，系统的驱动控制器件也应与之相匹配，驱动控制器件可以选择接触器或固态继电器，出于经济性考虑，设计中选取接触器驱动 220V 的加热器。

9. 冷却方式的选择

螺杆在旋转过程中，不断摩擦和挤压物料，导致物料产生大量的剪切摩擦热。当剪切摩擦热大于物料所需的热量时，料筒内物料的温度升高，如不及时排出过多的热量，就会影响塑化效果。因此，需要适时切断外加热源，避免内热和外热叠加作用，尽可能阻止物料温度升高。本例中，为每一冷却段配置一个单独的风机，当检测到料筒温度超高时，开启风扇对料筒进行强制冷却（如图 12-18 所示）。

10. 温控系统硬件系统整体分析

图 12-19 给出了料筒温控系统结构示意图。温控系统的运行分为两段，即挤出机主机启动前的预热升温段和主机运行过程中的恒温控制段。由于机筒壁很厚，挤出机在启动前需要预热，预热时间的长短取决于系统加热器提供的热量大小。加热器功率大，相应的升温时间就短，但是由于温度的迟缓性，此时很容易出现大的温度超调。因此必须采取合理的预热策略，改变加热功率，减小温度超调量。因为挤出机开启后，处于正常运行工况下，料筒的筒体各节需要维持在应有的温度设定值附近。所以，挤出机机筒的温度应采用分段独立控制，每节筒体均应配备带有加热和冷却装置的控制系统。

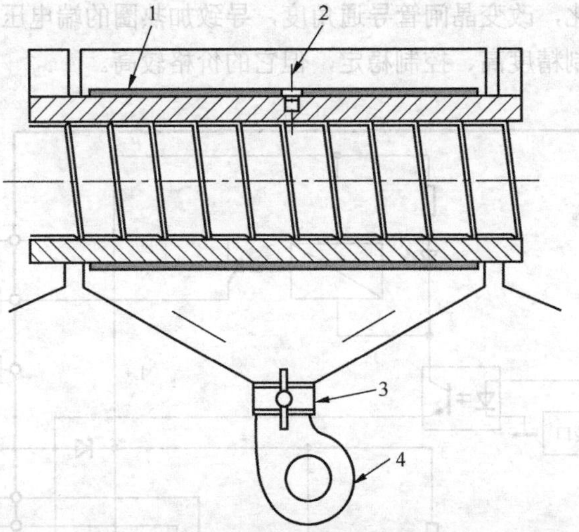

图12-18　料筒强制空气冷却系统结构
1—加热器；2—热电偶；3—可调节空气阀；4—鼓风机

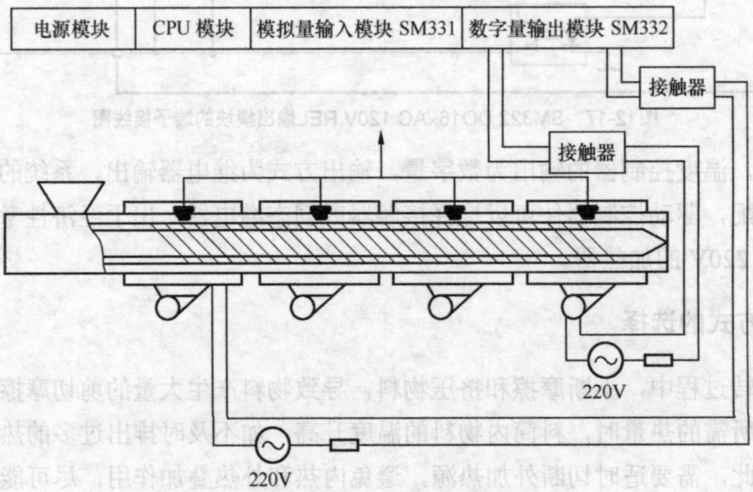

图12-19　料筒温控系统硬件结构

在本系统中，温度控制采用 PID 调温原理，在一个采样周期中，热电偶输出的温度信号经过模拟量输入模块 SM331，由 CPU 读入和与设定值比较，根据偏差的大小，再结合所给的 P、I、D 参数进行 PID 运算，并将 PID 运算结果转化为继电器在一个采样周期中的占空比，从而得到继电器在一个采样周期中的导通时间。通过控制继电器在采样周期中的导通时间，即可控制加热器的加热功率，达到调节温度的目的。

12.1.3　PLC 程序设计

软件部分是整个温控系统的重要组成部分，编程工具采用 STEP7。STEP7 是西门子 S7、C7、M7 系列 PLC 的编程工具，该软件包以块形式组织管理用户编写的程序和数据。STEP7 具有非常友好的用户界面，系统资源十分丰富，从硬件组态、通信定义到编程、测试、建档等都可以容易地实现。STEP7 为用户实施自动化工程提供不同的工具，有 SIMATIC 管理器、符号编辑器、硬件配置、通信及信息功能等，可提供语句表（STL）、梯形图（LAD）、功能块图（FBD）等 PLC 编程语言。STEP7 在 PC 上应用，必须配置 PC 适配器，PC 适配器实现计算机的串行口与 PLC 的 MPI 口连接，实现对 PLC 进行数据实时监控、修改、在线编辑等，可以方便地把程序下载到 PLC 中或从 PLC 中读出。

在用 STEP7 编程时，若选择线性程序设计方法，则把所有程序放在组织块 OB1 中即可，OB1 是 PLC 操作系统与用户程序间的接口，PLC 周期性地调用此块。若选择结构式程序设计方法，则通过组织块 OB1 调用其他块 [如功能块（FB）、数据块（DB）等]。

STEP7 的程序是一种结构化的程序，分为 4 种模块。

① 组织模块（OB）用于调用与管理后三种模块，它包括自动的循环程序 OB1、定时产生中断的程序 OB35。

② 程序模块（FB）用于实现简单逻辑控制任务。

③ 功能模块（FC）用于对较复杂的控制任务进行编程，以实现调用。

④ 数据模块（DB）存储程序运行所需的数据。

1. 输入/输出点配置

温控系统共有 12 个温度模拟量输入，21 个温度开关量输出。温度模拟量输入具体点数分配如表 12-9 所示。温度开关量输出如表 12-10 所示。电动机速度控制涉及 9 个开关量输入、8 个开关量输出、9 个模拟量输入、7 个模拟量输出。电动机控制开关量输入、输出如表 12-11、表 12-12 所示，电动机控制模拟量输入、输出如表 12-13、表 12-14 所示。

表 12-9　温度模拟量输入

名称	地址	注释
AIN1	PIW256	主机 1 区温度采集
AIN2	PIW258	主机 2 区温度采集
AIN3	PIW260	主机 3 区温度采集
AIN4	PIW262	主机 4 区温度采集
AIN5	PIW264	主机 5 区温度采集
AIN6	PIW266	主机过渡体区温度采集
AIN7	PIW268	主机机头区温度采集
AIN8	PIW270	辅机 1 区温度采集
AIN9	PIW272	辅机 2 区温度采集
AIN10	PIW274	辅机 3 区温度采集
AIN11	PIW276	辅机 4 区温度采集
AIN12	PIW278	辅机过渡体区温度采集

表 12-10　温度开关量输出

地址	名称	注释
OUT1	Q17.0	主机 1 区加热
OUT2	Q17.1	主机 2 区加热
OUT3	Q17.2	主机 3 区加热
OUT4	Q17.3	主机 4 区加热
OUT5	Q17.4	主机 5 区加热
OUT6	Q17.5	主机过渡体区加热
OUT7	Q17.6	主机机头区加热
OUT8	Q17.7	辅机 1 区加热
OUT9	Q18.0	辅机 2 区加热
OUT10	Q18.2	辅机 3 区加热
OUT11	Q18.3	辅机 4 区加热
OUT12	Q18.4	辅机过渡体区加热
OUT13	Q18.5	主机 1 区冷却
OUT14	Q18.6	主机 2 区冷却
OUT15	Q18.7	主机 3 区冷却
OUT16	Q19.0	主机 4 区冷却
OUT17	Q19.1	主机 5 区冷却
OUT18	Q19.2	辅机 1 区冷却
OUT19	Q19.3	辅机 2 区冷却
OUT20	Q19.4	辅机 3 区冷却
OUT21	Q19.5	辅机 4 区冷却

表 12-11　电动机控制开关量输入

地址	名称	注释
IN1	I125.0	整机急停
IN2	I125.1	断管保护
IN3	I125.2	切割电动机上限位
IN4	I125.3	切割电动机下限位
IN5	I125.4	布线电动机左限位
IN6	I125.5	布线电动机右限位
IN7	I125.6B	开门停止
IN8	I125.7	推拉门停止

表 12-12　电动机控制开关量输出

地址	名称	注释
OUT22	Q16.0	主机启动停止
OUT23	Q16.1	辅机启动停止
OUT24	Q16.2	真空泵启动停止
OUT25	Q16.3	牵引电动机启动停止
OUT26	Q16.4	卷取机 A 轴启动停止
OUT27	Q16.5	卷取机 B 轴启动停止

续表

地址	名称	注释
OUT28	Q16.6	布线电动机启动停止
OUT29	Q16.7	切割电动机启动停止
OUT30	Q16.8	翻转电动机启动停止

表 12-13　电动机控制模拟量输入

地址	名称	注释
AIN13	PIW280	主机转速采集
AIN14	PIW282	主机电压采集
AIN15	PIW284	主机电流采集
AIN16	PIW286	辅机转速采集
AIN17	PIW336	牵引电动机转速采集
AIN18	PIW338	卷取机 A 轴转速
AIN19	PIW340	卷取机 B 轴转速
AIN20	PIW342	切割电动机转速采集
AIN21	PIW344	翻转电动机转速采集

表 12-14　电动机控制模拟量输出

地址	名称	注释
AOUT1	PQW288	主机转速
AOUT2	PQW290	辅机转速
AOUT3	PQW292	牵引电动机转速
AOUT4	PQW294	卷取机 A 轴转速
AOUT5	PQW352	卷取机 B 轴转速
AOUT6	PQW354	切割电动机速度
AOUT7	PQW356	翻转电动机速度

2. PLC 程序设计

STEP7 的操作系统固化一些子程序，可以根据实际需要调用这些模块。在 PLC 程序设计中，使用 OB1、OB35、OB100 组织模块。OB1 组织模块相当于高级语言中的主函数，用于执行线性和结构化的程序。对于结构化的程序，OB1 调用所有的模块，OB1 可由操作系统自动循环调用。OB35 是一个循环中断程序，操作系统可每隔一定时间就产生中断运行，比 OB1 有更高的优先级，即 OB35 可以中断 OB1 的运行，处理自身程序，而中断的时间可在 STEP7 硬件组态中设定。在本例中，使用 OB35 实现对料筒实际温度的采样，进行 PID 计算，然后求得继电器接通时间，其循环中断时间设定为 18s。OB100 为启动初始化模块，每当 CPU 由停止状态转入运行状态时，操作系统都首先调用 OB100，当 OB100 运行结束后，操作系统调用 OB1。利用 OB100 先于 OB1 的特性，以 OB100 为主程序设置环境变量或参数（采样计数器清零并输入 PID 控制参数）。图 12-20～图 12-22 分别为 OB1、OB100、OB35 的程序流程图。

图 12-23 为部分温控的主要程序。结合流程图，程序通俗易懂，此处不再详细介绍。

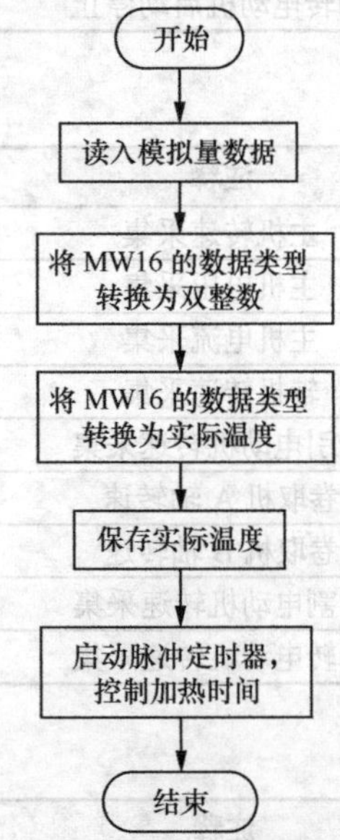

图12-20　OB1程序流程图

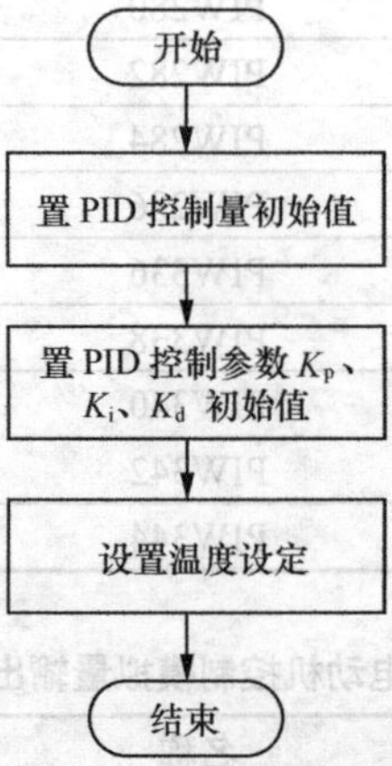

图12-21　OB100程序流程图

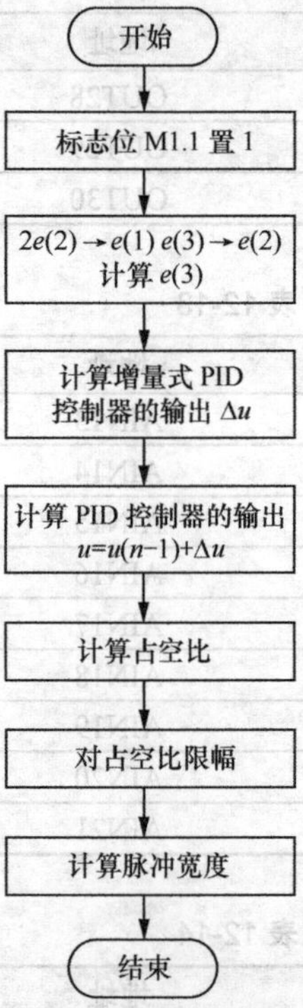

图12-22　OB35程序流程图

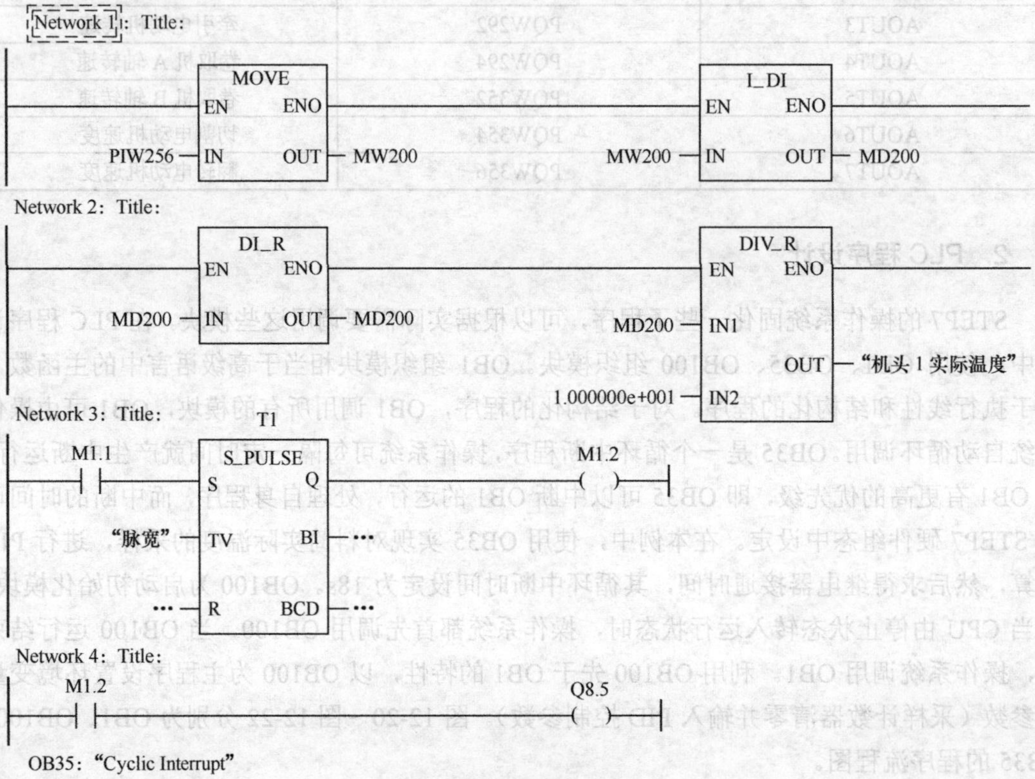

图12-23　部分温度控制程序

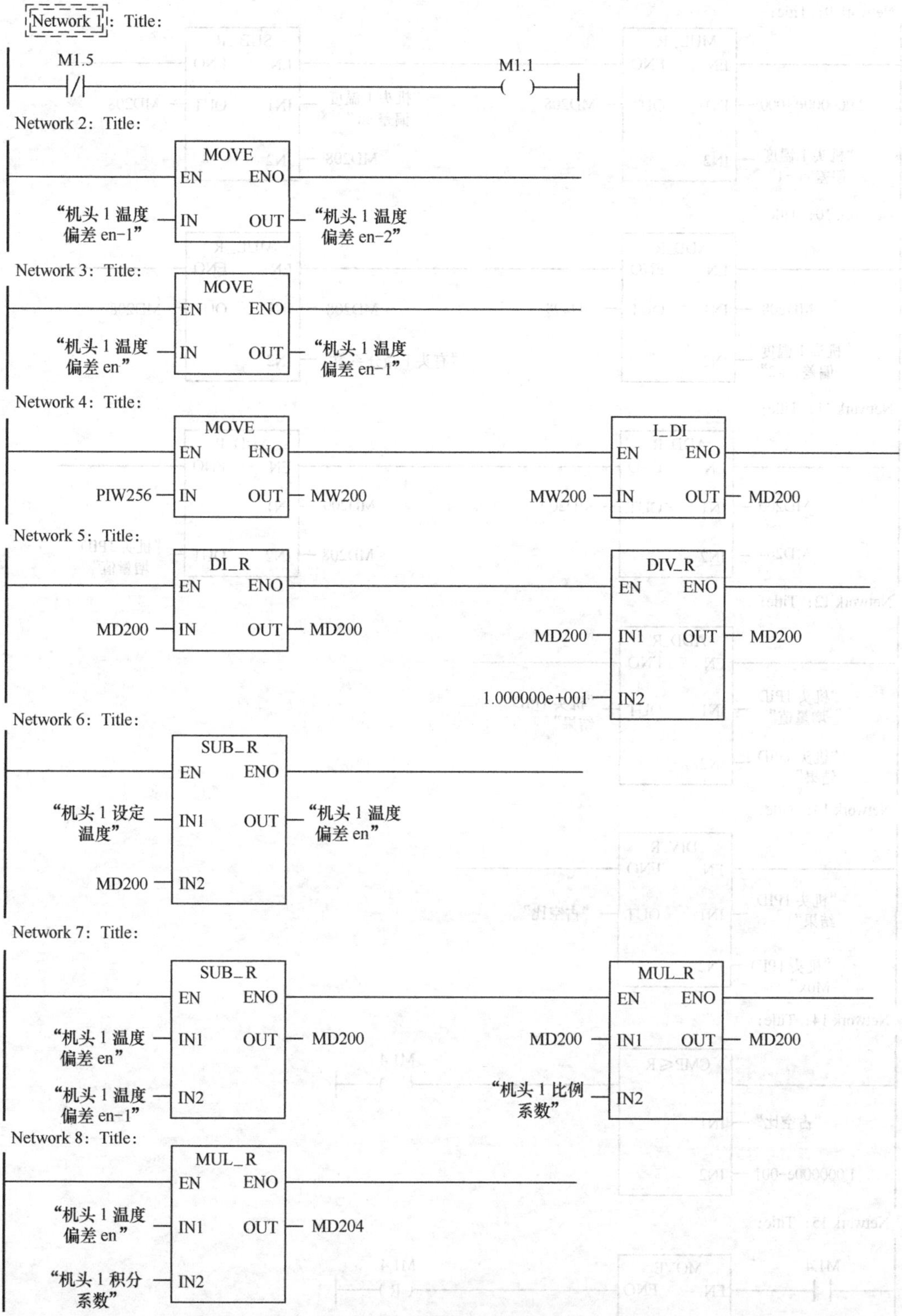

图12-23　部分温度控制程序（续）

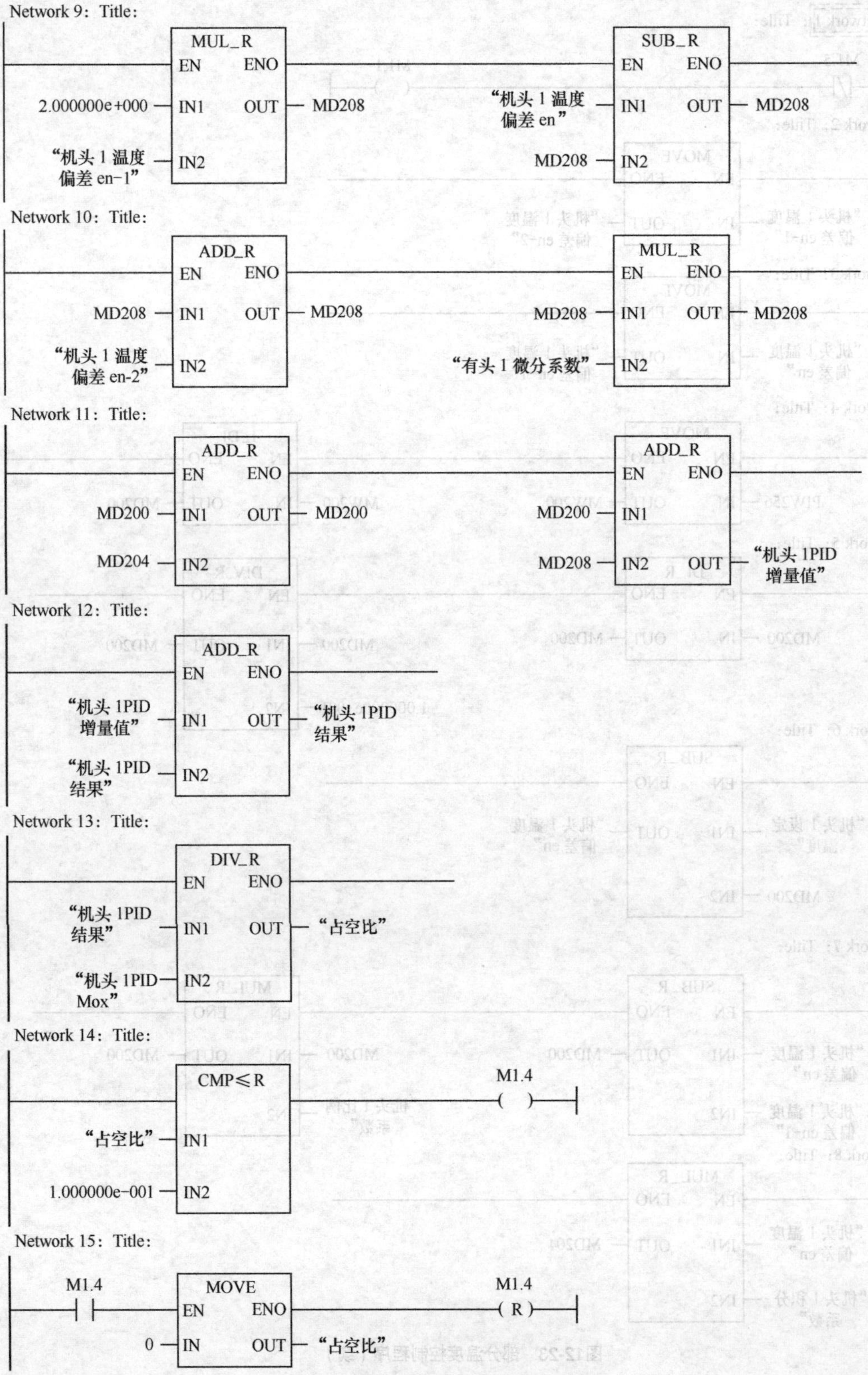

图12-23　部分温度控制程序（续）

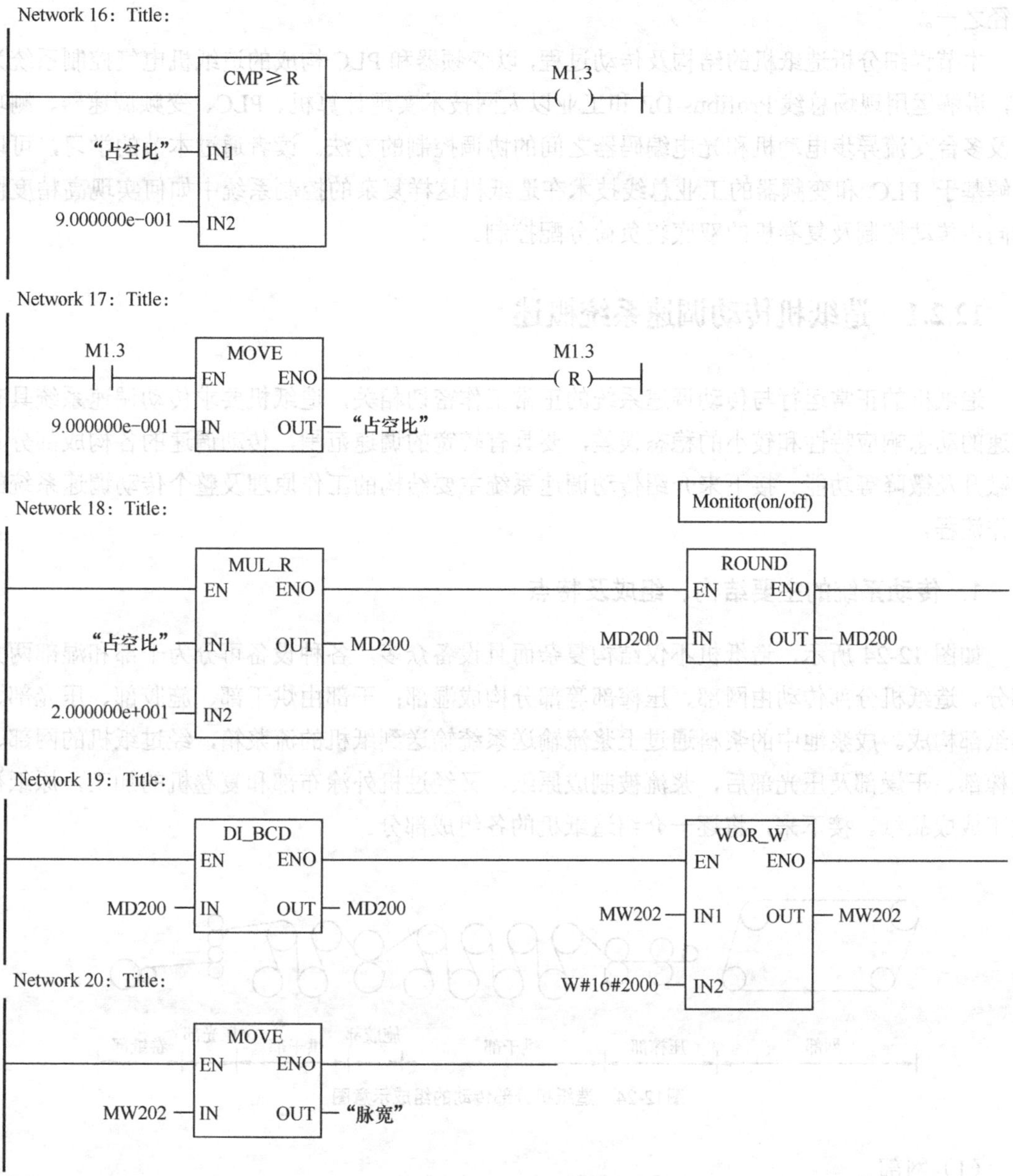

图12-23 部分温度控制程序（续）

12.2 基于现场总线的造纸机传动调速系统设计

纸是人们生活中不可缺少的消费品，虽然中国最早发明了造纸术，但是随着现代化工业的发展，我国的造纸技术落后于西方，究其原因是国外大型造纸机的高度自动化。造纸机作为造纸工程中的一个重要环节，直接影响着纸的产量与质量。造纸机的结构复杂，控制设备众多，运行过程中需要解决速度、张力、压力、负荷分配等控制问题。造纸机控制系统是一个复杂的多点传动控制系统，运用现场总线和工业以太网技术是协调造纸机整体控制性能的途径之一。

本节详细分析造纸机的结构及传动过程，以变频器和PLC构成的造纸机电气控制系统为例，讲解运用现场总线Profibus-DP和工业以太网技术实现计算机、PLC、变频调速器、测功机及多台交流异步电动机和光电编码器之间的协调控制的方法。读者通过本节的学习，可以了解基于 PLC 和变频器的工业总线技术在造纸机这样复杂的控制系统中如何实现高精度协调同步传动控制及复卷机的双底辊负荷分配控制。

12.2.1 造纸机传动调速系统概述

造纸机的正常运行与传动调速系统的正常工作密切相关，造纸机要求传动调速系统具有快速的动态响应特性和较小的稳态误差，要具有较宽的调速范围，传动调速的各构成部分具有微升及微降等功能。接下来介绍传动调速系统主要结构的工作原理及整个传动调速系统的工作流程。

1. 传动系统的主要结构、组成及特点

如图12-24所示，造纸机不仅结构复杂而且设备众多，各种设备可分为干部和湿部两大部分。造纸机分部传动由网部、压榨部等部分构成湿部；干部由烘干部、施胶部、压光部、卷纸部构成。成浆池中的浆料通过上浆流输送系统输送到纸机的流浆箱，经过纸机的网部、压榨部、干燥部及压光部后，浆流被制成原纸，又经过机外涂布部和复卷机的加工，原纸被加工成成品纸。接下来，将逐一介绍造纸机的各组成部分。

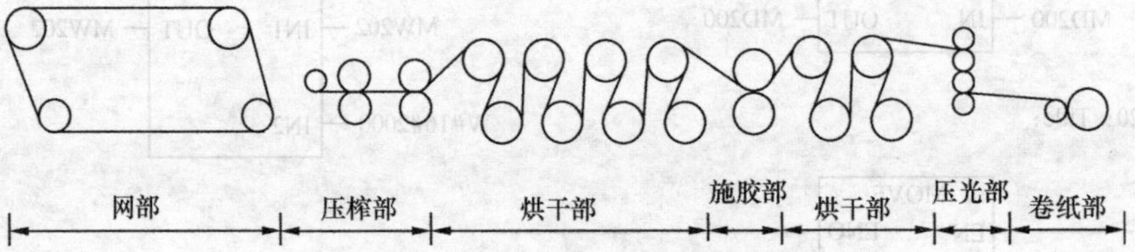

图12-24 造纸机分部传动的组成示意图

（1）网部

网部是造纸机的重要组成部分，通过过滤、抽吸等方式，网部脱去纸料中的绝大部分水分，把纸料加工成湿页纸；造纸机的网部一般可分为单长网、多长网（叠网）、夹网及普通圆网、压力圆网等类型。不同造纸机的网部具有不同的传动控制，其中，单长网网部的传动控制一般只存在一组负荷分配的传动点；多长网网部不仅具有各个长网分部内的负荷分配，还具有各长网间的速差要求。因此，对控制策略的要求更高，应该根据长网各部分的投入情况选择相应的控制策略。

各种网部的最高车速不同，其中普通单长网和混合型造纸机的车速有限制，因为它们的自由浆料表面会导致不稳定问题。这一问题在车速不是很高时不是很明显；当车速高到1 200～1 300m/min时，会产生相当大的定量波动，直接影响产品的质量。与普通单长网造

纸机相比，夹网纸机没有自由浆料面，不存在车速界限问题，不会因为车速过高影响产品质量。此外，夹网纸机的脱水能力很大，设备紧凑，网部长度的大大缩小使网部造纸机占地少，节约空间。

（2）压榨部

纸机压榨部具有沟纹压榨、真空压榨、大辊径压榨（一般为盲孔压榨）、靴形压榨及复合压榨等形式。在以前的窄压区的辊式压榨中，纸上承受的峰形压力过高，纸幅容易被压溃，因此，必须控制低的加压负荷。与辊式压榨相比，靴形压榨脱水能力大，压区宽度较宽（210～310mm），可以避免高的峰压，避免纸幅的压溃，因此，可以采用大的负荷，强化脱水功能。由于靴形压榨脱水能力大大提高，纸的水分每减少1%，湿纸幅的抗张强度就会提高7%，所以，靴形压榨可以增加纸的强度，改善造纸机的运行性，提高造纸机的效率。此外，靴形压榨还可以制造出比辊式压榨厚度更高的纸。因此，使用靴形压榨，可以使用廉价的纤维原料制造出与辊式压榨挺度相同的纸。

（3）干燥部

高速纸机中的干燥部是提高高速造纸机性能的重要环节。在造纸过程中，人们越来越希望提高车速，增强造纸机的脱水能力，但是干燥部前的开放引纸部分成为一种障碍；传统的造纸机压榨部到干燥部的传递通常是开式引纸，烘缸与烘缸之间的纸页往往也是开式引纸，而且纸页在烘缸之间是悬空的，只有在与烘缸接触部分才由缸毯支撑，造纸机快速运行时很容易发生断头。目前常在干燥部之前使用单层毛毯，对于高车速的造纸机，使用单层烘缸，并在两个烘缸之间设置直径很大的真空辊，增大烘缸上的包角，提高干燥率。由于新式造纸机在干燥部分用一整张缸毯来传送纸页，纸页在整个干燥部都由干毯或干网来支撑，不再需要靠纸幅的张力来维持纸页的稳定性，避免了断头、褶皱的可能性，提高了造纸机的运行性能，提高了纸的质量，使造纸机发生断头的机会大大减少，而且纸张的质量也会有所提高。

（4）涂布部

施胶部（或称涂布部）是现代纸机的重要部分，主要由涂布机完成。它的主要作用是在原纸或纸板表面定量涂上特定配比的涂料，提高纸页外观特性或使用特性。例如，经过涂布部处理后的铜版纸，纸页的适印性和外观效果大大提高。

为了提高造纸机的运行车速，涂布机的发展经历了各种形式，如气刀涂布器、刮刀涂布器、门辊涂布机、高速轻涂器、高速帘式涂布机，主要分为机内涂布机和机外涂布机两大类。施胶机的发展经历了普通施胶机、计量施胶机、高速计量施胶机。施胶机特别是涂布机的快速发展，对电气传动的要求日益增高。以六辊门辊涂布机为例，其传动点为6个，分别是涂布1辊、涂布2辊、内门辊1、内门辊2、外门辊1、外门辊2，这些辊体的直径小、质量及其惯量引起的阻力矩小，在门辊涂布机的工作过程中，为了降低纸页张力传递的影响，内门辊的工作状态处于发电状态与电动状态的动态过程中，导致纸页张力耦合作用表现得非常突出，简单的速度链结构和负荷分配无法很好地满足涂布过程的需要，一些设计中采用公共直流母线的结构来解决这个问题。

（5）压光部

压光部由压光机来实现。压光机主要用来整饰纸页特性，可分为两辊压光机、四辊压光机、超级压光机、软压光机等形式。四辊压光机只有 1 个传动点，该传动点上挂到纸机主传动点的速度链上，实现传动；两辊压光机的上下两辊需要进行负荷分配调节，包括进纸辊和退纸辊。在软压光机的控制环节中，需要负荷分配调节、可控中高油压控制；超级压光机的传动点一般为 3 个，低工作车速的传动点为 2 个。退纸辊的电动机正常工作时处于发电状态，其他两点在电动状态，因此采用公共直流母线的结构和张力控制相结合的方案能够很好地解决纸页张力耦合作用的问题。

（6）卷纸部

卷纸部主要由卷纸组成。现代大型高速卷纸机都带有辊库，可以自动换辊，并需具有张力控制、纸长显示等功能，其辅助控制部分的连锁和顺序等功能要实现机、电、液一体化。卷纸机旋转速度的变化规律计算公式如下。

$$n = \frac{60 \times v}{2\pi r_2} = \frac{60 \times v}{2\pi\sqrt{\frac{\delta v}{\pi}t + r_1^2}} \quad (12\text{-}7)$$

式中：n——卷纸机转速（r/min）；

v——纸幅的线速度（m/min）；

δ——纸的厚度（m）；

r_1、r_2——卷纸的初、终半径（m）。

由式（12-7）可以看出，在中心卷曲过程中，随着卷曲半径逐步增大，要保持卷纸机与前一分部的速比恒定关系，卷纸机的滚筒速度必须不断降低，同时又要保证纸幅的卷曲相对平稳，单纯的速度链关系是不够的，需要在该分部增加恒张力控制环节，确保纸页卷曲良好。因为在该处断纸的损失是最大的，影响是最坏的，因此要好好处理。综上所述，造纸机电气传动采用基于公共直流母线的控制结构，可较理想地满足造纸机机械各分部传动的需求，并能大大提高整个纸机系统的稳定性能和动态性能。

为了方便印刷或包装，生产出符合一定规格、一定紧度要求、径向硬度均匀分布的纸张，必须经复卷机的加工处理才得以完成。复卷机一般可分为上引纸复卷机、下引纸复卷机、专用复卷机等形式。为了达到复卷的效果和质量，一台较完善的复卷机需具备：电力驱动系统具有 S 形曲线升、降速特性，以使复卷机能够平稳启动；两支撑辊的转矩控制、压制滚的压曲恒定压力控制、纸页张力控制等功能，以生产出符合条件的优质纸卷。为提高复卷机的工作效率和自动化水平，必要的机、电、液、气一体化控制，圆切刀控制，动态补偿等也是需要的。基于以上控制要求，复卷机的控制系统可分为全直流控制系统、直流/交流控制系统、基于公共直流母线的全交流系统、综合投资和运行效能。

2. 控制原理及方案

由于造纸的工艺要求，因此造纸机的传动是一个复杂的控制系统：传动点多，几个传动带动一个负荷运动等。电气传动及其控制系统要满足造纸机械对电气传动的以下要求。

（1）速度总给定

以网部的驱网辊作为造纸机的第一个主传动点，以其速度给定作为整个造纸机的总给定，其他传动点的速度根据该传动点的速度改变而改变，并以此为基础根据造纸机的工艺流程建立速度链，速度给定通过在网部操作面板上的总给定画面设定。

（2）启、停控制

控制各个传动点的开、停车，只独立控制自己分部的传动组，不影响其他传动点的运动。为了减少对设备启动时的冲击，在启动过程中要求速度按照给定的速度上升曲线升速；同时速度环、电流环封锁信号取消，投入运行；当操作员按停止按钮时，设备可自由停车，也可按给定的下降曲线停车，到达零速后，速度环、电流环封锁，以防误动作。

（3）爬行/运行控制

造纸机需要进行爬行/运行控制时，爬行功能开关打到爬行位置，造纸机按爬行速度运转，爬行速度一般为 20～30m/min；当拉纸时，开关切换到拉纸运行位置，造纸机按给定的运行速度运转，此时纸机就会自动从爬行速度切换到运行速度。在爬行和运行速度之间变化时，系统按照一定的曲线时间动作。

（4）速差调整控制

根据工艺流程要求，各个分部之间的速度需要保持一定的速差，并且生产不同纸种时速差也有所不同，微升、微降就是用于对各个分部的速度进行微调，使得传动点前后之间的速差能满足生产工艺的要求。微调的范围一般设计在±10%～±15%（相对给定速度），在该范围内能满足绝大多数系统的要求，特殊的情况在现场可进行具体的调整。调整好以后的速差具有记忆功能，在下次开机时能自动调用上次停机时调整好的速差。

（5）点动（正向点动和反向点动）

因为在造纸机运行过程中，需要进行设备检修、清理断纸、套毛布或套引纸绳等处理，在这些情况下要求设备转动一定角度，所以设置点动运行。当按下点动按钮时，设备按点动速度运行；放开点动按钮时，设备停止运行。通常情况在正常启动状态下禁止使用（由软件自动封锁）。

（6）紧急停车

紧急停车主要用于要求处理突发事件而要求的全线停车。当按下紧急停车按钮时，造纸机全线停车且传动系统的总电源被切除，以保护设备和人身安全。

（7）力矩控制（负荷分配）

造纸机的网部、压榨部等处通常是一主多辅的传动组，即一台设备的负荷由多台电动机共同承担，在传动组间既要保证各个传动的速度稳定，还要保证各个传动分担的负荷均匀，这样才能保证整个传动组正常工作，否则就会发生被拖电动机工作于发电状态而造成直流回路电压升高，工作于电动状态的电动机由于负荷过载而烧坏变频器的情况。因此，需要根据传动组间的传动关系，设立一个主传动来控制速度，其余传动点作为辅助传动，对其进行负荷控制，各个传动点之间按照一定的比例分担负荷。

（8）点张（也称松弛）

在造纸机的某些开放引纸段，如施胶、压光、卷纸等部分，由于前后之间的距离较大，引纸时容易发生纸掉现象，通常的操作方法是通过微升后一个传动点的速度让纸拉直，然后再通过微降将速度调整回原来的速度。这样操作非常烦琐，且调整周期长，容易改变原来的同步关系，通过点张功能就能很好地解决这个问题。按住点张按钮时，让速度在原来的基础上快速提升，纸会迅速拉直；放开点张按钮时，速度快速回到原来的速度，这样既能方便引纸操作，又不改变原来的同步关系。

（9）张力控制

由于造纸机中含有机内涂布机，造纸机的烘缸部将分为两部分：即涂布前为预烘缸部，涂布后为后烘缸部。纸幅通过预烘缸部后，纸页的含水量已经接近成纸的含水量，这种干度的纸页伸缩率已经很小，失去了湿纸页具有较大弹性的特征，在这种情况下，预烘缸部的最后一组烘缸与涂布机之间的速差一旦出现微小的偏差，将会引起纸幅张力的较大变化，极容易产生断头现象。在后烘缸部与压光机之间的纸幅也存在同样的现象，这就需要对这些点的张力进行控制，以避免断纸造成的损失。

（10）辅机连锁控制

在造纸机的网部、压榨部、烘干部等处，具有各种辅机控制，不同的辅机要求不同的运行条件，实现相互的连锁。根据造纸机传动控制的要求，在设计造纸机的传动控制系统时，应该主要对造纸机的速度链、多辊传动的负荷分配以及多点的张力控制进行重点分析设计。

造纸机传动要求各分部的速度间要成比例调节，同时各分部的速度间能够以链式结构逐级后传。例如，10 个传动点的造纸机，第 1 点传动可作为全线速度设定；当第 1 点调速时，其余各点应随之按比例调速；而当中间某一点微调速度时，从该点起以后的各点速度应按比例变化，而该点以前的速度不变。直流传动过去普遍采用模拟速度链，中间任何一点调速都只改变比例系数且逐级后传。采用变频传动以后仍然可以采用这种速度链方式，变频器的模拟输入端作为频率给定。但是模拟电路在遇干扰或者现场环境不好时速度会波动，且模拟速度链的缺点还在于任何一点的温漂或变化都经速度链影响下一级。变频器是一种数字驱动装置，它和直流电压调速有本质的不同。如果频率设定准确的话，如通过面板设定频率，那么其速度给定值就是精确的，其最大误差为频率的最小分辨单位（一般为 0.01Hz），因此变频器可以通过数字方式设置给定值，以免去 A/D、D/A 转换造成的量化损失。

PLC 或工控机总线型的速度链结构如图 12-25 所示。其中现场控制信号主要有速度增加、速度减少、紧纸、松纸、爬行/运行及单动/联动等。系统由 PLC 或工控机对现场信号进行检测，实时计算出各传动点的车速，以总线形式把各传动点的车速发送给各驱动器。另外，系统还可以根据造纸机系统的要求，对多电动机拖动同一负载的传动系统实现自动负荷分配。

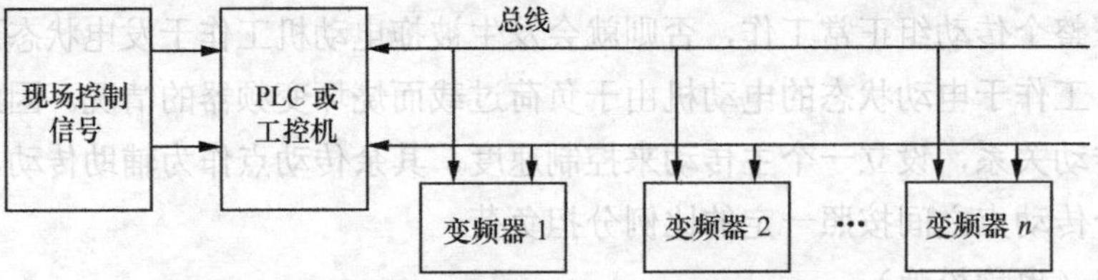

图12-25　PLC或工控机内部分配的速度链结构示意图

如图 12-26 所示，系统速度链结构采用二叉树数据结构算法，先对各传动点进行数学抽象，确定速度链中各传动点的编号，此编号应与变频器设定的地址一致，即任一传动点由 3 个数据（“父子兄”或“父子弟”）确定其在速度链中的位置，填入位置寄存器相应的数值，由此可构成满足该机正常工作的速度链结构。

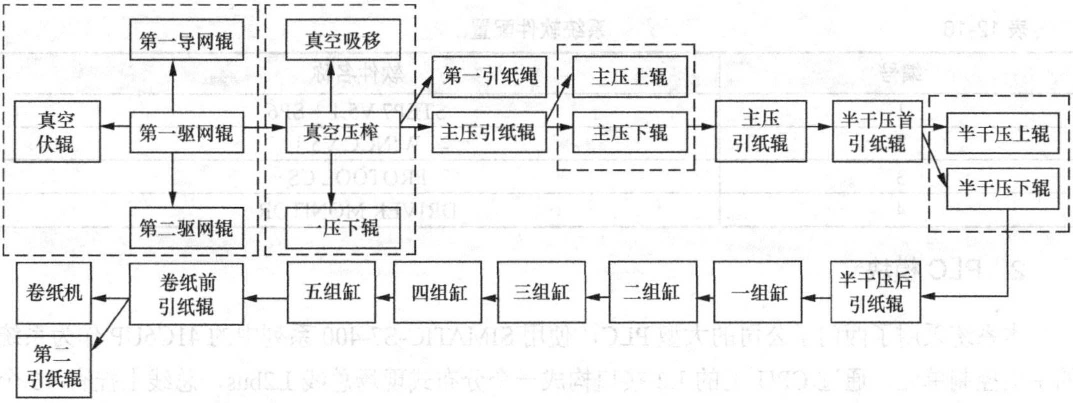

图12-26 系统速度链结构示意图

12.2.2 硬件选型及系统电路设计

前面介绍了造纸机控制系统结构及组成、造纸机控制系统工作原理及控制方案选择，接下来讲述造纸机控制系统各模块，如 PLC 模块、变频器模块、通信连接等模块的设计过程，实现控制系统的硬件设计。

1. 系统硬件配置及工作原理

根据造纸机的工作原理和控制需求，可以确定造纸机控制系统设计中需要使用的主要硬件模块及软件模块。表 12-15 和表 12-16 分别为造纸机控制系统设计中需求的硬件模块和软件模块。

表 12-15 系统硬件配置

编号	硬件名称
1	MM440 变频器
2	Profibus 接口面板
3	编码器反馈面板
4	PS207（5A）
5	CPU315-2DP
6	SM321 数字量输入模块
7	SM322 数字量输出模块
8	SM331 模拟量输入模块
9	SM332 模拟量输出模块
10	ET200 远程工作站
11	CP343-1 工业以太网模块
12	CP340 点对点模块
13	LAN 接头
14	PC/MPI 适配器
15	CP5611 MPI/DP 网卡
16	PS307（2A）
17	TP170B 触摸屏

表 12-16　　系统软件配置

编号	软件名称
1	STEP7 V5.1 + SP6
2	WINCC V5.1
3	PROTOOL CS
4	DRIVER MONITOR

2. PLC 模块

本系统采用了西门子公司的大型 PLC，使用 SIMATIC-S7-400 系列中的 41C6UP 作为系统的中央控制单元，通过 CPU 上的 L2 接口构成一个分布式现场总线 L2bus，总线上挂有 46 个欧姆龙公司的 MASTREDRIVER 全数字式变频驱动装置 6SE70 以及 2 个直流整流单元，分别驱动整个造纸机和浆泵的传动。另有一个 L2 总线模块 CP443-5 构成第二个 L2 总线，该总线上挂有 9 个现场图形操作面板 OP27 和控制柜上的 1 个 OP27，对整机的绝大多数操作指令通过操作人员对 OP27 进行操作，然后由 OP27 将操作参数通过 L2bus 送给 CPU 进行处理，CPU 将处理后的控制参数通过 L2-bus 送给 6SE70 驱动电动机。6SE70 又将状态参数通过 L2bus 返送给 CPU，CPU 再将整机的状态参数通过 L2bus 送到 OP27 上显示出来，而控制柜上的 OP27 则将与整机有关的连锁信号及故障信号显示出来。另外每一个 CPU 的 L2 总线上挂有远程电子终端 TE200M，它主要负责将外围的各种连锁信号送给 CPU 以及输出各种外围信号。

根据造纸机分部传动的分部数及控制点可灵活配置性，速度链控制系统选用 Omron 公司的 C200H-1D212 型 PLC，使用 PLC 控制升、降速按钮（开关量信号），并接入控制房内的 PLC 输入模块 C200H-1D212，然后经 CPU 按各分部速度的比例运算，最后由 D/A 转换模块 C200H-DA003 和 C200H-DA002 完成运算结果的输出，作为各分部传动点的速度给定。C200H-DA003 可输出 8 路 0～10V 的电压信号，分辨率为 1/4 000，最大转换时间为 1ms，无零漂，温漂极小，精度在 25℃时为满量程的 0.3%，抗干扰能力强。

3. 变频器模块

常规设计的交流电动机，通常都是在额定频率、额定电压下工作的。此时，轴上输出转矩、输出功率都可以达到额定值。在变频调速的情况下，供电频率是变化的，电动机的实际输出也会变化。由于变频器有一定的通用性，因此在与不同拖动场合的电动机配合时，必须合理选择容量。对于现场已使用或已选定的电动机，需要选配相应的变频器。

在一台变频器驱动一台电动机的情况下，变频器的容量选择要保证变频器的额定电流大于该电动机的额定电流，或者是变频器所适配的电动机功率大于当前该电动机的功率。按连续恒负载运转时所需的变频器容量（kVA）的计算式计算。

$$P_{CN} \geqslant k \times P_M/(\eta \times \cos\varphi)(\text{kVA}) \tag{12-8}$$

$$P_{CN} \geqslant k \times \sqrt{3} \times U_M \times I_M \times 10^{-3}(\text{kVA}) \tag{12-9}$$

$$I_{CN} \geqslant k \times I_M(\text{A}) \tag{12-10}$$

式中：P_M——负载所要求的电动机输出功率；

η——电动机效率（通常取值在 0.85 以上）；

$\cos\varphi$——电动机的功率因数；

U_M——电动机电压（V）；

I_M——电动机工频电源时的电流（A）；

k——电流波形修正系数；

P_{CN}——变频器的额定容量（kV・A）；

I_{CN}——变频器的额定电流（A）。

这 3 个式子是统一的，选择变频器容量时，应同时满足 3 个算式的关系，尤其变频器电流是一个较关键的量。按照上述变频器的选择办法并综合考虑，本系统选择西门子公司提供的 6SE70 系列变频器。西门子公司提供了 6SE70 系列变频器与该公司的标准电动机相匹配时的技术参数。表 12-17 为本系统的变频器和电动机选型参数，如果采用西门子公司的标准电动机，则可以按照这些技术参数选用电动机；如果不属于西门子公司的标准电动机，则需严格按照上式计算得到变频器容量。

表 12-17　　变频器和电动机选型参数

分部	编号	名称	电动机类型	额定功率(kW)	额定速度(r/min)	变频器类型	输出电流(A)	编码器
	0	冲浆泵	1LA6283-6	75.0	985	6SE7031-5TF60	146	无
网部	1	水印辊	1LA5206-6	18.5	975	6SE7023-4TC61	34	有
	2	真空伏辊	1LA6316-6	110.0	985	6SE7031-8TF60	186	有
	3	驱动辊	1LA6318-6	160.0	986	6SE7032-6TG60	260	有
压榨部	4	真空压榨辊	1LA6316-6	110.0	985	6SE7031-8TF60	186	有
	5	压榨第二压区	1LA6318-6	160.0	986	6SE7032-6TG60	260	有
	6	压榨第三压区	1LA6315-6	200.0	989	6SE7033-2TG60	315	有
	7	三压毯吸水辊	1LA5223-6	30.0	978	6SE7026-0TD61	59	有
	8	纸辊 1#	1LA7164-8	5.5	710	6SE7021-3TB61	13	无
	9	纸辊 2#	1LA7164-8	5.5	710	6SE7021-3TB61	13	无
	10	一组烘缸 1#缸	1LA5223-6	30.0	987	6SE7026-0TD61	59	有
	11	一组烘缸 3#缸	1LA6253-6	37.0	980	6SE7027-2TD61	72	有
	12	二组烘缸 6#缸	1LA6253-6	37.0	980	6SE7027-2TD61	72	有
	13	二组烘缸 7#缸	1LA6253-6	37.0	980	6SE7027-2TD61	72	有
前烘干部	14	三组烘缸 10#缸	1LA6253-6	37.0	980	6SE7027-2TD61	72	有
	15	三组烘缸 11#缸	1LA6253-6	37.0	980	6SE7027-2TD61	72	有
	16	四组烘缸 12#缸	1LA5253-6	30.0	980	6SE7026-0TD61	59	有
	17	四组烘缸 13#缸	1LA5253-6	30.0	980	6SE7026-0TD61	59	有
	18	五组烘缸 16#缸	1LA6253-6	37.0	980	6SE7027-2TD61	72	有
	19	五组烘缸 17#缸	1LA6253-6	37.0	980	6SE7027-2TD61	72	有
	20	纸辊 3#	1LA7164-8	5.5	710	6SE7021-3TB61	13	有
施胶部	21	舒展辊 1#	1LA7163-6	7.5	960	6SE7021-3TB61	13	无
	22	纸辊 4#	ILA7164-8	5.5	710	6SE7021-3TB61	13	有
	23	施胶压榨固定辊	ILA6283-6	55.0	982	6SE7031-0TE60	92	有
	24	施胶压榨活动辊	ILA6283-6	55.0	982	6SE7031-0TE60	922	有
	25	舒展辊 2#	ILA7163-6	7.5	960	6SE7021-3TB61	13	无
	26	舒展辊 3#	ILA7163-6	7.5	960	6SE7021-3TB61	13	无
	27	第六组 18#缸	ILA5223-6	30	978	6SE7026-0TD61	59	有

续表

分部	编号	名称	电动机类型	额定功率（kW）	额定速度（r/min）	变频器类型	输出电流（A）	编码器
后烘干部	28	第七组烘缸 19#缸	1LA5223-6	30.0	978	6SE7026-0TD61	59	有
	29	第八组烘缸 22#缸	1LA5223-6	37.0	980	6SE7027-2TD61	72	有
	30	第八组烘缸 23#缸	1LA5223-6	37.0	980	6SE7027-2TD61	72	有
压光部	31	纸辊 5#	1LA7164-8	5.5	710	6SE7021-3TB61	13	有
	32	纸辊 8#	1LA7164-8	5.5	710	6SE7021-3TB61	13	无
	33	舒展辊 4#	1LA7163-6	7.5	960	6SE7021-3TB61	13	无
	34	1#压光上辊	1LA6317-6	132.0	986	6SE7032-1TG60	210	有
	35	1#压光下辊	1LA6253-6	37.0	980	6SE7027-2TD61	72	有
	36	纸辊 6#	1LA7164-8	5.5	710	6SE7021-3TB61	13	无
	37	舒展辊 5#	1LA7163-6	7.5	960	6SE7021-3TB61	13	无
	38	2#压光下辊	1LA6317-6	132.0	986	6SE7032-1TG60	210	有
	39	2#压光上辊	1LA6253-6	132.0	980	6SE7027-2TD61	72	有
卷纸部	40	舒展辊 6#	1LA7163-6	7.5	960	6SE7021-3TB61	13	无
	41	卷纸缸	1LA6283-6	55.0	982	6SE7031-0TE60	92	有
	42	轴启动	1LA5186-6	15.0	970	6SE7022-6TC61	26	无
引纸绳	43	引纸绳 3#	1LA5186-6	15.0	970	6SE7023-4TC61	34	无
	44	引纸绳 2#	1LA5186-6	15.0	970	6SE7023-4TC61	34	无
	45	引纸绳 1#	1LA5186-6	15.0	970	6SE7023-4TC61	34	无

根据造纸机的运行特性及系统的功能，要对变频器进行相关的系统设定，下面介绍其中的一些主要设定。表 12-18 为变频器系统工厂参数设定，表 12-19 为变频器主板功能参数设定，变频器系统优化参数设定详见表 12-20，变频器与 PLC 控制器通信参数设定详见表 12-21，变频器功能参数设定详见表 12-22。

表 12-18　　工厂参数设定

参数编号	参数值	功能描述
P053	6	允许通过 PMU 和串行接口变更参数
P060	2	选择“固定设置”菜单
P366	0	具有 PMU 的标准设置
P970	0	启动参数复位

表 12-19　　主板功能参数设定

参数编号	参数值	功能描述
P060	4	选择“板子的设置”菜单
P918.1	5	Profibus 地址
P060	1	选择“参数设置”菜单

表 12-20　　变频器系统优化参数设定

参数编号	参数值	功能描述
P060	4	选择“板子的设置”菜单
P068	0	没有输出滤波器

续表

参数编号	参数值	功能描述
P071	540	装置输入电压（V）（DC 母线电压值）
P095	10	电动机类型：异步/同步电动机
P100	4	开/闭环控制类型：有测速机的速度控制
P101	400	输入电动机额定电压单位 V
P102		输入电动机额定电流单位 A
P103	0	电动机励磁电流自动计算
P104	0.87	输入电动机额定效率
P107	50	输入电动机额定频率单位 Hz
P108	988	输入电动机额定转速（r/min）
P113		电动机额定转矩
P114	1	大扭矩，齿轮传动，大惯量系统
P115	1	计算电动机模型“自动参数设置”
P130	11	电动机编码器为脉冲编码器
P151	1024	脉冲编码器每转的脉冲数
P339	3	无边缘调制系统
P340	2.5	脉冲频率（kHz）
P380	120	用于输出警告电动机过热的电动机温度
P381	150	用于输出故障电动机过热的电动机温度
P382	0	电动机冷却方式：自冷方式
P383	99	电动机发热时间常数（s）
P384.02	100%	电动机负载限制
P452	110	正向旋转时的最大频率或速度
P453	–110	反向旋转时的最大频率或速度
P060	1	回到参数菜单
P462.1	250	从静止加速到参考频率的时间
P463	0	加速时间的单位为 s
P464.1	250	从参考频率减速至静止的时间
P465	2	加速时间的单位为 h
P115	2	计算电动机模型，静止状态电动机辨识
P115	4	计算电动机模型，控制测量

表 12-21　　　　通信参数设定

参数编号	参数值	功能描述
P303	70	过滤器流量设定值
P344.1	3.0	模块幅值
P431.1	60	电动机给定器值上升时间
P432.1	60	电动机给定器值下升时间
P462.1	0	斜坡上升时间
P466.1	0	快速停止时间
P469.1	0	开始环绕时间
P470.1	0	停止环绕时间
P492.1	200	最大正转矩
P498.1	–200	最大负转矩

续表

参数编号	参数值	功能描述
P573.2	8	电动机给定器加速值
P574.2	9	电动机给定器减速值
P583.2	1	飞车重启动允许
P585.2	1	速度控制器允许
P734.3	24	输出转矩
P796.2	0.5	当速度为零时的公差值
P797.1	0.2	滞后参数值
P798.1	0.5	对比时间值

表 12-22 功能参数设定

参数编号	参数值	功能描述
P216	现场调	预控过滤器值
P221	现场调	过滤器速度设定值
P223	现场调	过滤器速度实际值
P235	现场调	速度控制器 K_p
P240	现场调	速度控制器 T_n

下面说明变频器配置需要注意的一些问题。本系统由两部分组成：一台用于烘缸等不需要电流逆变的电动机部分的整流器，通过直流母排直接供给本部分的每台变频器；另一部分是有一台整流逆变器，用于驱动需要电流逆变的电动机，如网部和压榨部电动机，通过直流母排直接供给每台变频器，每台电动机产生的逆变电流可以通过整流逆变器回馈。

电动机的变频器控制电气原理图如图 12-27 所示。为了便于监控变频器的运行状态并及时发现异常，设定了变频器的控制锁信号，并送到 PLC 的输入模块，以作为每台变频器的运行连锁信号。变频器的+L、–L 为输入端，直接连直流母排；输出端 U、V、W 则直接接到交流电动机上的驱动电动机。变频器的输出也为三相交流电，通过变频器内设定的参数自动调节，使得输出为某一相应设定频率的交流电。在电路系统中，为了保证正常运行安全，必须将设备可靠接地，因此，变频器的接地端也应可靠接地。

4. 通信连接

本系统通过 Profibus-DP 总线接口 CBP 连接，实现对变频器的控制等功能。Profibus 是由德国西门子公司提出的一种现场总线标准，现在已成为了国际性的开放式现场总线标准 EN50-170。

Profibus 根据应用特点分为 Profibus-DP、Profibus-fms、Profibus-pa 3 类。Profibus-DP 是一种经过优化的高速、廉价的通信连接，专为设备级分散输入/输出之间的通信设计，使用 Profibus-DP 模块可取代价格昂贵的数字或模拟信号线，用于分布式控制系统的高速数据传输；Profibus-fms 解决车间级通用性通信任务，提供大量的通信服务，完成中等传输速度的循环和非循环通信任务；Profibus-pa 专为过程自动化设计，采用标准的本质安全的传输技术，实现了 IEC1158-2 中规定的通信规程，用于对安全性要求高的场合及由总线供电的站点。

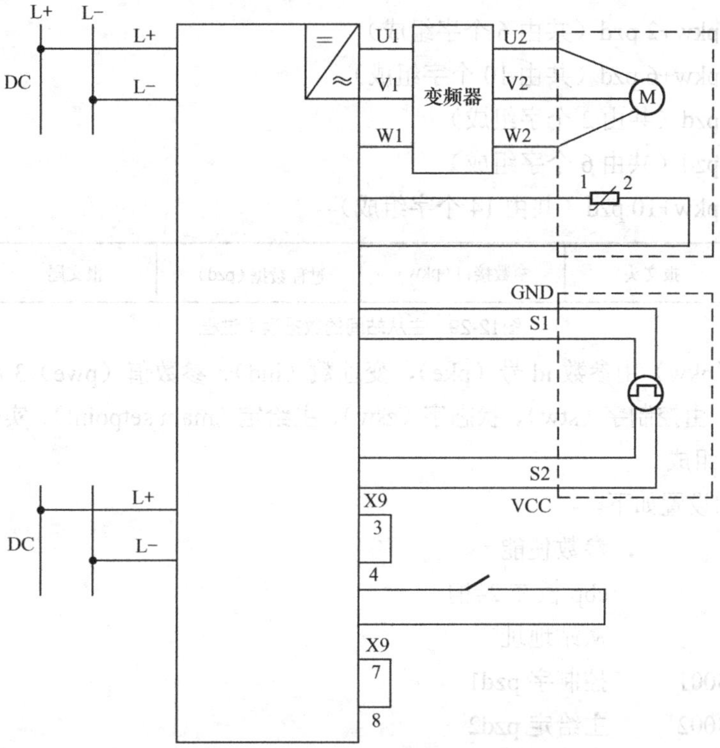

图12-27　电动机的变频器控制电气原理图

Profibus 是主从通信和令牌通信的结合，系统分为主站和从站，主站和从站之间靠主站的查询和从站的响应进行通信，主站和主站之间靠得到总线控制权（令牌）进行通信。主站为控制设备，一般是 PLC 和工控机；从站为外围设备，一般是输入/输出装置、阀门、驱动器和测量发送器。

传动装置通过 Profibus-DP 网与主站 PLC 的接口是经过通信模块 CBP 板来实现的，带有 DP 口的 S7-300/400 PLC 也可以通过 CPU 上的 DP 口来实现。采用 RS485 接口及支持 9.6kbit/s～12Mbit/s 比特率数据传输（数据传输过程如图 12-28 所示），其中数据的报文头尾主要是用来规定数据的功能码、传输长度、奇偶校验、发送应答等内容。如图 12-29 所示，主从站之间的数据读写过程核心部分就是参数接口（简称 pkw）和过程数据（简称 pzd）。pkw 和 pzd 共有 5 种结构形式，即 ppo1、ppo2、ppo3、ppo4、ppo5，其传输的字节长度及结构形式各不相同。在对 PLC 和变频器通信方式进行配置时要对 ppo 进行选择，每一种类型的结构形式如下。

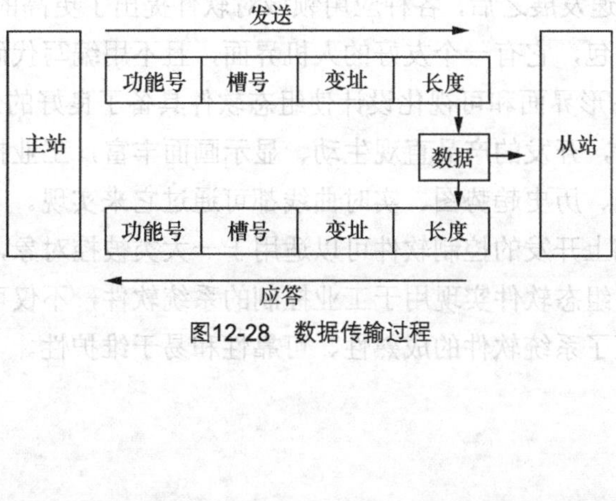

图12-28　数据传输过程

ppo1　4 pkw+2 pzd（共由 6 个字组成）

ppo2　4 pkw+6 pzd（共由 10 个字组成）

ppo3　2 pzd（共由 2 个字组成）

ppo4　6 pzd（共由 6 个字组成）

ppo5　4 pkw+10 pzd（共由 14 个字组成）

报文头	参数接口（pkw）	过程数据（pzd）	报文尾

图12-29　主从站间的数据读写过程

参数接口（pkw）由参数 id 号（pke）、变址数（ind）、参数值（pwe）3 部分组成。过程数据接口（pzd）由控制字（stw）、状态字（zsw）、主给定（main setpoint）、实际反馈值（main actual value）等组成。

传动参数的设置如下。

- p053 =3　参数使能
- p090 =1　cbp 板在 2#槽
- p918 =3　从站地址
- p554.1=3001　控制字 pzd1
- p443.1=3002　主给定 pzd2
- p694.1=968　状态字 pzd1
- p694.2=218　实际值 pzd2

为了便于监控变频器的运行状态并及时发现异常，设定了变频器的控制回路连锁信号，并送到 PLC 的输入模块，以作为每台变频器的运行连锁信号。

12.2.3　PLC 程序设计

上位机软件采用组态软件开发。系统要求工程师能够在上位机中直接启动和停止每台电动机，修改控制变频器中的参数，操作员可以观察每台电动机的运行情况，包括电动机的速度曲线、连锁信号或变频器的报警记录、每个传动点的速度设定值和速差等；操作站可以启动、停止或爬行每台电动机，可以设定每台电动机的速度、速差、荷分配百分比等。

根据以上要求，上位机软件使用组态软件开发，组态软件是工业控制系统软件开发的一个方向。计算机硬件飞速发展之后，各种应用领域对软件提出了更高的要求。所谓组态软件，即一组功能强大的软件包，它有一个友好的人机界面，且不用编写代码程序便可以使用自己需要的应用“软件”。图形界面和可视化设计使组态软件具备了良好的人机交互界面。组态软件开发时操作简易灵活，开发的产品直观生动、显示画面丰富，工业控制中的各种显示仪表控制表盘、回路调节图、历史趋势图、实时曲线都可通过它来实现。

在组态软件的基础上开发的控制软件可以适用于一大类被控对象，对于不同的对象只需改变底层驱动即可。用组态软件实现用于工业控制的系统软件，不仅可以大大提高系统软件的开发速度，而且保证了系统软件的成熟性、可靠性和易于维护性。

对于上位机中的组态软件采用西门子的 Wincc，对于现场操作界面的组态软件选用 Porotol。图 12-30 和图 12-31 分别给出了上位机中的组态软件模块和现场 OP27 组态软件模块。

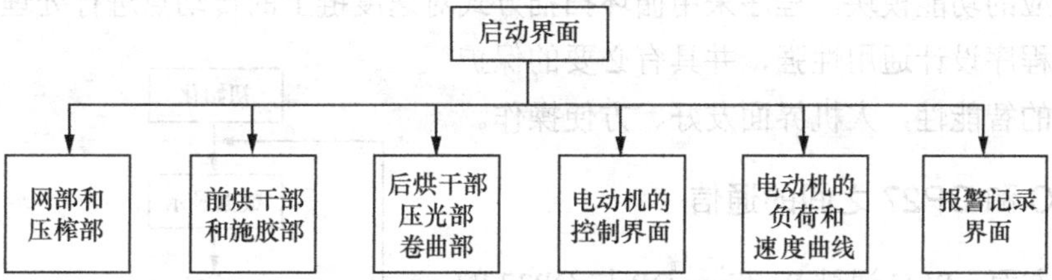

图12-30　上位机中的组态软件模块图

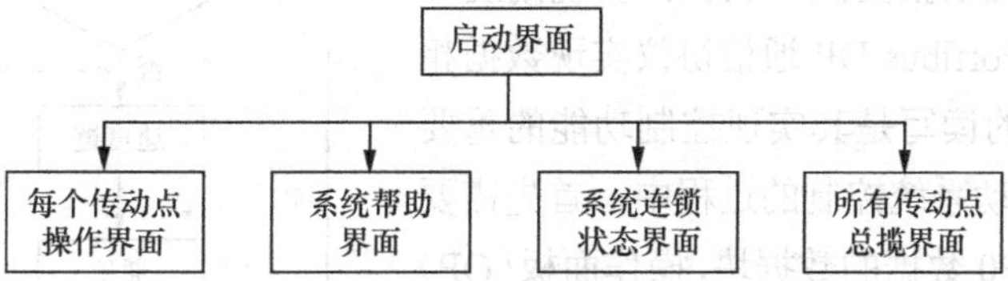

图12-31　现场OP27软件模块图

如图 12-32 所示，速度链模拟控制系统采用 Wincc 作为上位机监控软件和下位机 CPU315-2DP 通过工业以太网进行通信。另外，还采用了以太网计算机 TP170B 作为另一个监控上位机，通过 Profibus-DP 进行通信。为了保证控制的稳定性和防止干扰，采用了远程工作站 ET200，远程工作站也是通过 Profibus-DP 和 CPU315-2DP 进行通信的。为了使 CPU315-2DP 具有和其他总线相连接的功能，在 CPU315-2DP 上加上了点对点通信模块 CP340。

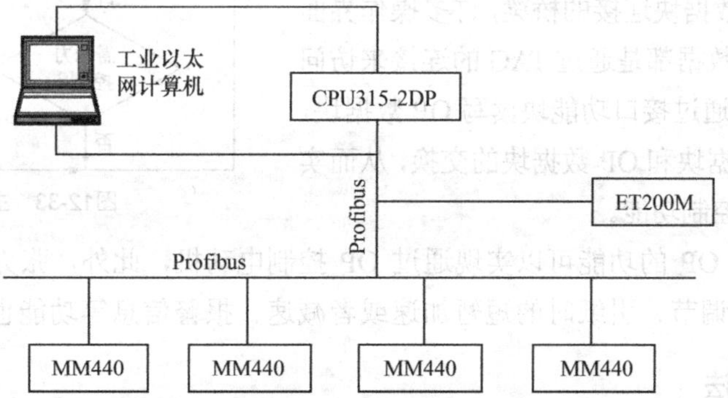

图12-32　速度链模拟控制系统仿真示意图

1. 输入/输出配置及程序

本系统共有 47 台电动机、3 个张力传感器、77 个连锁信号，共有 80 个输入/输出点（见表 12-23），它们构成了被控对象，电动机的启动在现场的操作面板上完成。

表 12-23　　I/P 点数数量表

输入/输出类型	模拟量输出（AO）	模拟量输入（AI）	数字量输出（DO）	数字量输入（DI）
信号类型	无	张力信号	连锁信号	连锁信号
数量	0	3	43	34
总计	80			

2. 程序主流程图

主程序流程图如图 12-33 所示。程序开发使用模块化结构设计各种功能以及子程序结构，适时调用相应的功能模块，程序采用循环扫描方式对速度链上的传动点进行处理，提高程序执行效率，程序设计通用性强，并具有必要的保护功能和一定的智能性，人机界面友好、方便操作。

3. PLC 和 OP27 之间的通信

在硬件方面，PLC 通过 Profibus-DP 与 OP27 的通信接口连接，实现数据交换。从软件实现角度，PLC 和 OP27 通过 Porfibus-DP 通信协议实现数据相互交换，对数据块的读写是其实现控制功能的重要方式。在 PLC 对传动系统控制的过程中，首先需要建立一个用于存放 P0 数据的数据块，操作面板（OP）可通过 Profibus-DP 对数据模块实现访问或者写入数据。OP 界面可使用 Protrol 编辑，OP 的功能键可通过 AREA POINTERS 来访问 OP 数据块，或者通过按键连接的 TAG 读写数据。使用启动功能键后，通过 OP 的接口模块和数据模块进行数据交换，接着 PLC 和变频器进行数据交换，启动电动机工作。TAG 是 OP 操作界面和数据块连接的桥梁，许多操作界面的输入数据和反馈数据都是通过 TAG 的连接来访问数据块，而 PLC 则通过接口功能块读写 OP 数据块，实现变频器背景数据块和 OP 数据块的交换，从而实现 OP 对变频器的控制功能。

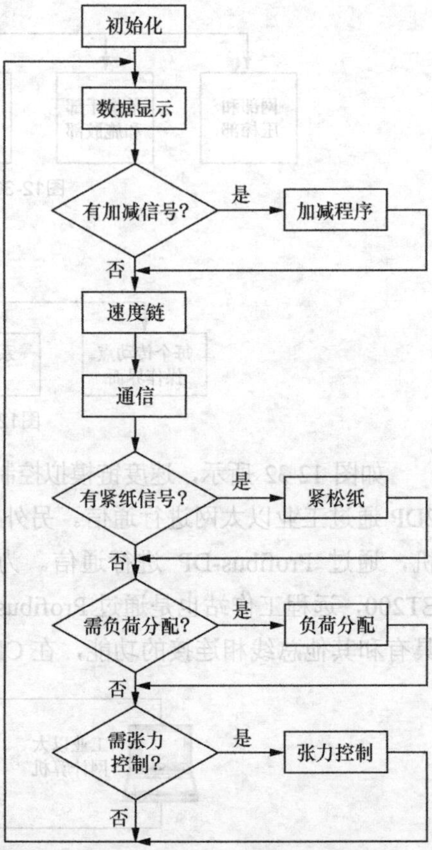

图12-33　主程序流程图

通过功能块和 OP 的功能可以实现通过 OP 控制电动机，此外，张力控制的参数调节、速差率调节、速度调节、引纸时的短暂加速或者减速、报警信息等功能也可通过 OP 实现。

4. 速度链算法

速度链的设计采用了调节变比的控制方法实现速度链功能，把纸机中的第一驱网辊作为速度链中的主节点，该点速度即造纸机的工作车速，调节其速度即调节整机车速，由 PLC 检测其他分部车速调节信号，通过操作屏上该部增减按钮的操作改变其速比，从而改变相应分部的车速。紧纸、松纸功能是通过 PLC 在对应的速度链上附加正或负的偏移量来实现的。

速度链控制结构示意图如图 12-34 所示。造纸机第一台变频器作为速度链中的主节点，即它的给定速度决定了整个造纸机的工作车速，调节其给定速度就调节了整个造纸机的车速。在 PLC 内，检测到车速调节信号时改变车速单元值，1 点处的速度即为第一台变频器的运行速度设定值，将其送第一台变频器执行，并送给第二台计算。第一分部的速度值乘以第二分部的变比 b_1/a 则为第二台变频器的给定值。若第二分部速度不满足运行要求，则说明第二分部变比不合适，可通过操作第二分部的加速、减速按钮调整，PLC 检测到按钮信号后调节 b_1 即调整了变比，使其适应生产要求，相当于在 PLC 内部有一个高精度的齿轮变速箱，可以任意无级调速。若正常生产中变比合适，某种原因需要用紧纸、松纸时，按下该分部的紧纸、松纸按钮，PLC 将对应在速度链上附加一个正或负的偏移量，实现紧纸、松纸功能。图 12-34 中的 2 点就包含了调速和紧纸、松纸等操作指令的速度值，将它送给第二台变频器执行，同时送下一级计算。以此类推，构成速度链控制系统。速度链的分支设计采用父子算法，可以构成任意分支的速度链结构。

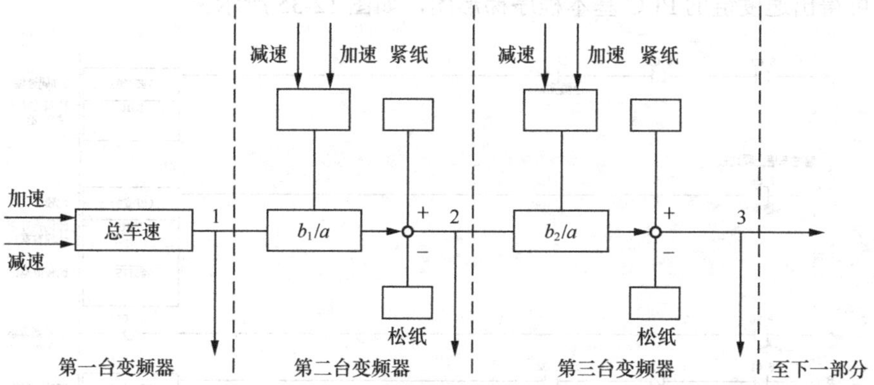

图12-34　速度链控制结构示意图

根据造纸机各分部的辊径、烘缸直径和各传动点减速机的减速比，可计算出各分部在同一线速度时电动机的转速，如果是采用变频器驱动，则忽略各电动机的转差率，可进一步算出其所需频率。

$$n=\frac{v}{D\pi}i \tag{12-11}$$

$$f=\frac{np}{60} \tag{12-12}$$

式中：n——电动机同步转速；

i——各传动点减速机减速比；

v——线速度（车速）；

f——电动机频率；

D——各传动点及烘缸直径；

p——电动机极对数。

如果造纸机为 16 个分部传动点，交流变频调速，电动机为 4 极电动机，最高车速为 300r/min，最低车速为 80r/min，造纸机各部分电动机转速 n 及频率 f 的计算如表 12-24 所示。

表 12-24　造纸机各部分转速

			v_1（80r/min）		v_2（300r/min）	
分部数	D	i	n	f	n	f
驱网辊	0.45	8	452.9	15.10	1698.5	56.62
一压下辊	0.75	12	407.6	13.59	1528.7	50.96
二压下辊	0.80	12	382.2	12.74	1433.1	47.77
⋮						
卷纸	0.9	14	396.3	13.21	1486.2	49.54

设定所有分部变频器给定 10V 时，变频器输出频率均为 60Hz，对应最大 D/A 数字量为 4 000，那么，对于总车速驱网辊分部的最大数字量就应为 3 775，最小数字量为 1 006。从表 12-23 可见，在同一车速时，电动机转速一压下辊是驱网辊的 90%，而二压下辊又是一压下辊的 94%，按分部传动造纸机的工艺要求，后一分部的微调量为前一分部的±5%即可。这样，一压下辊对于驱网辊的最大线速比为 0.9×1.05=0.945，最小线速比为 0.9×0.95=0.885；二压下辊对一压下辊最大线速比为 0.94×1.05=0.987，最小线速比为 0.94×0.95=0.893。根据这一算法，可得出速度链的 PLC 基本程序梯形图，如图 12-35 所示。

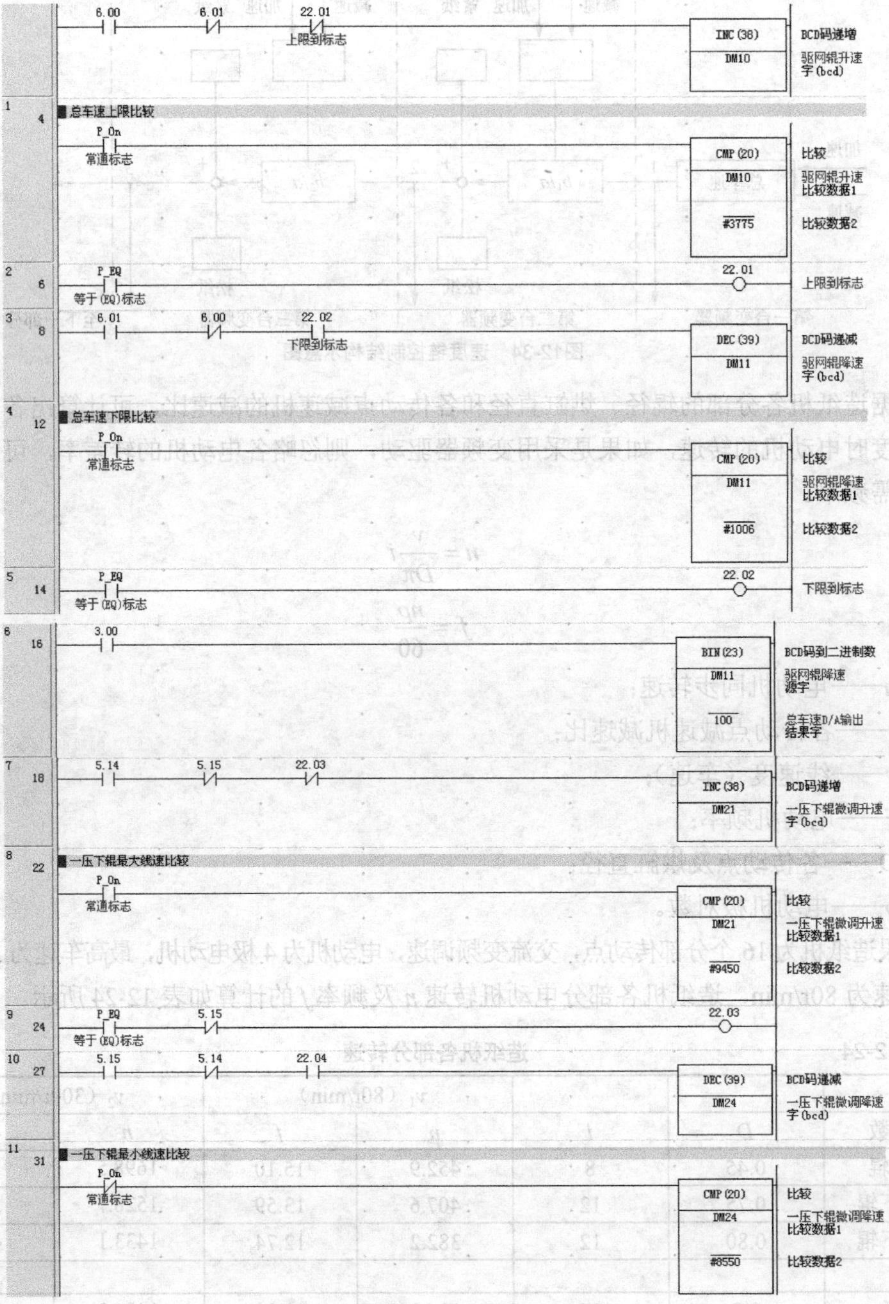

图12-35　速度链PLC基本程序梯形图

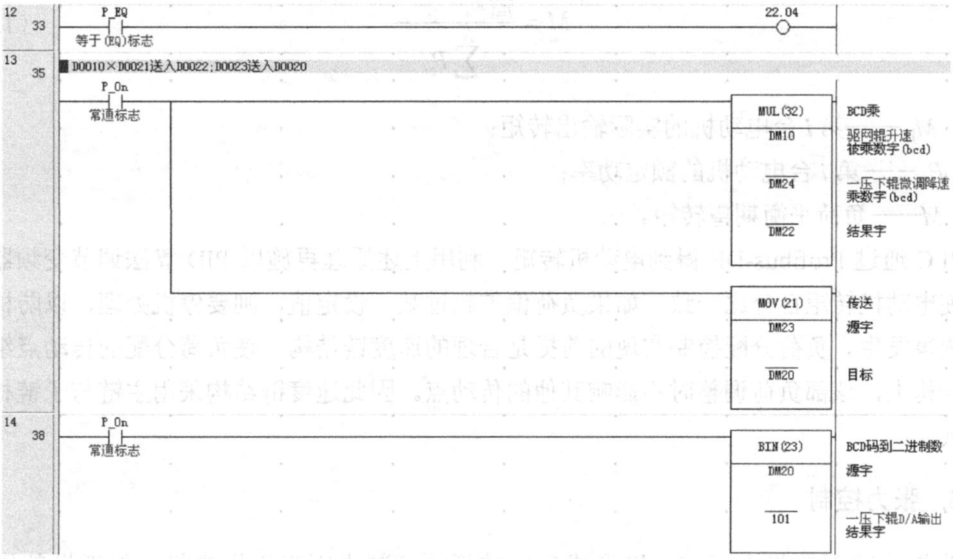

图12-35　速度链PLC基本程序梯形图（续）

驱网辊（总车速）的升降速，由按钮接入输入模块的00600、00601。按钮接通时，数据存储器 D0010 在 PLC 程序运行的每次扫描循环周期加 2 或减 2，并比较不超过最大数字量或最小数字量后，转换为二进制，由指定的 D/A 位输出，而且该 D0010 内的数字量作为后一分部的比例因子，后一分部的微调量也进行上下限比较控制，并乘以前一分部的比例因子，取其前 4 位送入另一存储器，转换为二进制由指定的 D/A 位输出。以此类推到最后一分部（卷纸）的输出，从而得出整个按比例运行、线速度同步的速度链 00514、00515 为一压下辊升降速按钮接入输入模块的输入点。

5. 负荷分配

在造纸机、印　机或其他传动系统中，只是电动机速度同步并不能满足实际系统的工作要求，实际系统还要求各传动点电动机负载率相同，即相同网部真空伏辊、第一驱网辊、第一导网辊和第二驱网辊、真空吸移辊、一压下辊和真空压榨、主压上辊和主压下辊、半干压上辊和半干压下辊，这些机械上有刚性或柔性连接的传动点间不仅要求速度同步，还要求负载率均衡，否则会造成有的传动点由于过载而过电流，而有的传动点由于被带动而过电压影响正常　纸，甚至可能　坏毛布、损坏变频器及机械设备，因此，各传动点之间需要负荷分配自动控制，见图 12-36 中　框内的部分。

负荷分配工作原理。以 K 压 3 点负荷分配为例，　设 P_{5e}、P_{6e}、P_{7e} 为 3 台电动机的额定功率，P_e 为额定总负载功率，$P_e=P_{5e}+P_{6e}+P_{7e}$。P 为实际总负载功率，P_5、P_6、P_7 为电动机实际负载功率，则 $P=P_5+P_6+P_7$。系统工作要求 $P_5=P\times P_{5e}/P_e$，$P_6=P\times P_{6e}/P_e$，$P_7=P\times P_{7e}/P_e$，3 个值相差≤2%。由于电动机功率是一个间接控制量，实际控制以电动机定子转矩代替电动机功率进行计算，PLC 采样各分部电动机的转矩，并计算每一组的总负荷转矩，根据总负荷转矩计算负载平衡时的期望转矩值。平均负荷转矩的计算公式为

$$M = \frac{\sum_{i=1}^{N} P_{ei} \times M_{Li}}{\sum_{i=1}^{N} P_{ei}} \tag{12-13}$$

式中：M_{Li}——第 i 台电动机的实际输出转矩；

P_{ei}——第 i 台电动机的额定功率；

M——负荷平衡期望转矩。

PLC 通过 Profibus-DP 得到电动机转矩，利用上述原理再施以 PID 算法调节变频器的输出，使电动机转矩百分比一致；如果负荷偏差超过某一设定值，则要停机处理，以防机械、电气损害发生。负荷分配控制实现的前提是合理的速度链结构，使负荷分配的传动点组处于子链结构上，该部负荷调整时不影响其他的传动点。因此速度链结构采用主链与子链相结合的形式。

6. 张力控制

为维持网部的张力恒定，以形成良好的纸页，减少因半干压光机、卷纸机部位纸页干度大其伸缩率较小而易断头的现象，并提高工作效率，减少对纸页的损害，在这 3 个分部加装张力传感器。张力传感器将张力信号送入 PLC，由 PLC 采用 PID 算法进行控制，并带有速度限幅功能，防止断纸时出现飞车损坏机械设备。图 12-36 为直接张力控制原理。

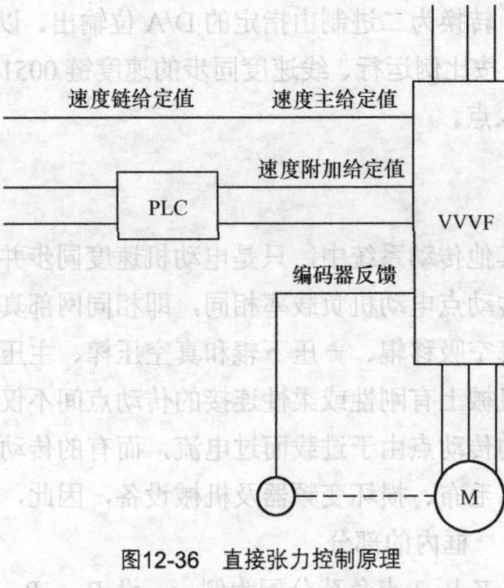

图12-36　直接张力控制原理

如图 12-37 所示，在张力控制子程序中，张力实际值和张力设定值都换算为百分比的形式，根据控制经验值，其超调范围一般可设定为 5%。PLC 每个程序周期采样张力寄存器单元的数值，将实际值与设定值进行比较，实际值超调将调用加减子程序，进行速比求和后，再调用速度链子程序，使各个传动点的速度趋于同步，从而达到控制纸幅张力恒定的目的。

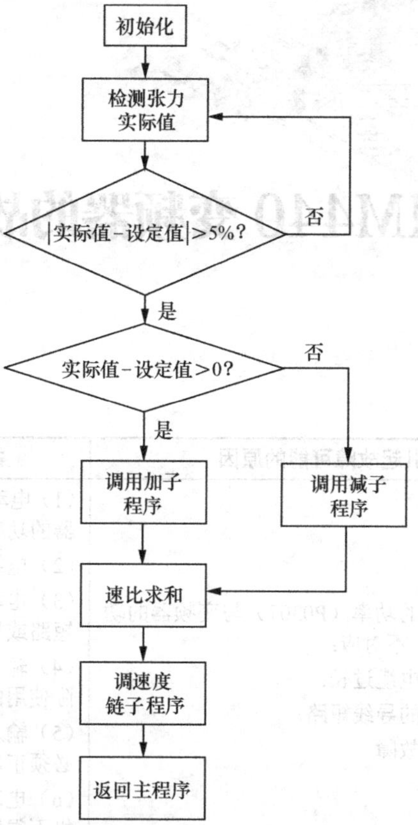

图12-37　张力控制子程序

12.3　本章小结

本章讲解了西门子 PLC 与变频器在不同工业领域中的应用，以及 PLC 及变频器在挤出机控制系统及造纸机传动调速系统中的应用。首先，讲解各系统的结构及各部分的功能，接着分析了系统的控制需求，根据控制需求设计系统的硬件控制电路及进行软件开发。

挤出机控制系统选择了 S7-300 系列 PLC 和台达的 VFD-B 变频器；造纸机传动调速系统选择了 S7-400 系列 PLC 和西门子的 6SE70 系列变频器。为了使读者充分理解各工程实例的 PLC 与变频器的控制系统设计，本章特别加入了模块接口图、表格、电路图和指令表。特别是 PLC 与变频器配合使用，各种硬件接线图可供读者在开发自己的工程实例过程中借鉴和参考。本章实例丰富、重点突出，适合广大初学者及工程设计人员学习参考。

附录 1

MM440 变频器的故障信息及排除

故障代码及含义	引起故障可能的原因	故障诊断和应采取的措施
F0001 过电流	（1）电动机的功率（P0307）与变频器的功率（P0206）不对应； （2）电动机电缆过长； （3）电动机的导线短路； （4）有接地故障	（1）电动机的功率（P0307）必须与变频器的功率（P0206）相对应； （2）电缆长度不得超过运行的最大值； （3）电动机的电缆盒电动机内部不得有短路或接地故障； （4）输入变频器的电动机参数必须与实际使用的电动机参数相对应； （5）输入变频器的定子电阻值（P0350）必须正确无误； （6）电动机的冷却风道必须通畅，电动机不得过载，增加斜坡时间或减少“提升”的数值
F0002 过电压	（1）禁止直流回路电压控制器（P1240=0）； （2）直流回路的电压（r0026）超过了跳闸电平（P2172）； （3）由于供电电源电压过高，或者电动机处于再生制动方式下引起过电压； （4）斜坡下降过快，或者电动机由大惯量负责带动旋转而处于再生制动状态下	（1）电源电压（P1240）必须在变频器铭牌规定的范围以内； （2）直流回路电压控制器必须有效（P2172），而且正确进行了参数化； （3）斜坡下降时间（P1121）必须与负载的惯量相匹配； （4）要求的制动功率必须在规定的限定值以内。负载的惯量越大，需要的斜坡时间越长；外形尺寸为 FX 和 GX 的变频器应接入制动电阻
F0003 欠电压	（1）供电电源故障； （2）冲击负载超过了规定的限定值	（1）电源电压（P0210）必须在变频器铭牌规定的范围以内； （2）检查电源是否短时掉电或有瞬时的电压降低使能动态缓冲（P1240=2）
F0004 变频器过热	（1）冷却风量不足； （2）环境温度过高	（1）实际负载必须与工作/停止周期相适应； （2）变频器运行时，冷却风机必须正常运转； （3）调制脉冲的频率必须设定为默认值； （4）环境温度可能高于变频器的允许值。 故障值含义： P0946=1，整流器温度过高； P0949=2，运行环境温度过高； P0949=3，电控箱温度过高

续表

故障代码及含义	引起故障可能的原因	故障诊断和应采取的措施
F0005 变频器 I^2t 过热保护	（1）变频器过载； （2）工作/停止间隙周期时间不符合要求； （3）电动机功率（P0307）超过变频器的负载能力（P0206）	（1）负载的工作/停止间隙周期时间不得超过指定的允许值； （2）电动机功率（P0307）必须与变频器的功率（P0206）相匹配
F0011 电动机温度过高	电动机过载	（1）负载的工作/停止间隙周期必须正确； （2）电动机温度超限制（P0626～P0628）必须正确； （3）电动机温度报警电平（P0604）必须匹配，如果P0604=0或1，应继续检查：电动机的铭牌数据是否正确，正确的等值电路数据可以通过电动机数据自动检查（P1910=1）得到，电动机的重量是否合理，必要时加以修正；如果用户实际使用的电动机不是西门子生产的标准电动机，可以通过参数P0626、P0627、P0628修改标准过温值； 如果P0604=2，应继续检查：r0035中显示的温度值是否合理；温度传感器是否是KTY84（不支持其他型号的传感器）
F0012 变频器温度信号丢失	变频器（散热器）的温度传感器断线	检查温度传感器及其连接电缆是否正常
F0015 电动机温度信号丢失	电动机的温度传感器断线	电动机的温度传感器开路或短路。如果测到信号已经丢失，温度监控开关便切换为监控电动机的温度模式
F0020 电源断相	三相输入电源电压中的一相丢失（此时，变频器的脉冲依然运行输出，带负载）	检查输入电源各相的线路
F0021 接地故障	相电流总和超过变频器额定电流5%	检查接地线路
F0022 功率组件故障	以下情况将引起硬件故障（r0947=22 和 r0949=1）： （1）直流回路过流，即IGBT短路； （2）制动斩波器短路； （3）接地故障； （4）I/O板插入不正确，外形尺寸A至C（1）、（2）、（3）、（4）；外形尺寸D、E（1）、（2）、（4）；外形尺寸F（2）、（4）； 由于所有这些故障只指定了用功率组件一个信号来表示，不能确定实际上是哪一组出现了故障。对于外形尺寸FX和GX，当r0947=22和r0949=12、13或14时，应检测UCE故障	（1）检查直流回路（IGBT）是否短路； （2）制动斩波器是否短路； （3）接地是否故障； （4）I/O板是否正确插入
F0023 输出故障	输出断相	检查输出线路
F0024 整流器过热	（1）通风风量不足； （2）冷却风机没有运行； （3）环境温度过高	（1）变频器运行时冷却风机必须处于运行状态； （2）脉冲频率必须设定为默认值； （3）环境温度是否高于变频器许用值
F0030 冷却风机故障	风机故障	（1）在装有操作面板选件时，故障不能被屏蔽； （2）检查更换风机

续表

故障代码及含义	引起故障可能的原因	故障诊断和应采取的措施
F0035 在重试再启动后自动再启动故障	自动再启动次数超过了 P1211 的数值	确定再启动原因；排除频繁再启动故障
F0040 自动校准故障	变频器自检故障	全面检查变频器，如故障频繁出现，无法排除，则需要更换变频器
F0041 电动机参数自动校准故障	报警值=0：负载消失； 报警值=1：已达到电流限制； 报警值=2：定子电阻小于 0.1%或大于 100%； 报警值=3：转子电阻小于 0.1%或大于 500%； 报警值=4：定子电抗小于 50%或大于 100%； 报警值=5：电源电抗小于 50%或大于 100%； 报警值=6：转子时间常数小于 10ms 或大于 5s； 报警值=7：总漏抗小于 5%或大于 50%； 报警值=8：定子漏抗小于 25%或大于 50%； 报警值=9：转子漏感小于 25%或大于 50%； 报警值=20：IGBT 通态电压小于 0.5v 或大于 10v； 报警值=30：电流控制器达到电压限制值； 报警值=40：自动检测得到的数据自相矛盾，至少有一个自动检查数据错误	0：检查电动机是否与变频器正确连接； 1～40：检查电动机参数 P304～P311 是否正确；电动机的接线是否正确（星形或三角形）
F0042 速度控制优化功能故障	故障值=0：在规定时间内不能达到稳定速度； 故障值=1：读数不合乎逻辑	检查速度控制功能（P1960）是否故障
F0051 EEPROM 故障	出现参数存储的读/写错误	（1）进行工厂复位并重新参数化； （2）与客户支持部门或维修部门联系
F0052 功率组件故障	出现功率组件参数的读/写错误，或数据非法	与客户支持部门或维修部门联系
F0053 EEPROM I/O 故障	EEPROM 出现读/写错误，或数据非法	（1）检查数据； （2）更换 I/O 模块
F0053 I/O 板故障	（1）连接的 I/O 板不对； （2）I/O 板检测不到识别号	（1）检查数据； （2）更换 I/O 模块
F0060 Asic 超时故障	内部通信故障	（1）更换变频器； （2）与客户支持部门或维修部门联系
F0070 CB 设定值故障	在通信报文结束时，不能从 CB（通信板）得到设定值	检查通信板和通信对象
F0071 USS（BOP 链接）设定值故障	在通信报文结束时，不能从 USS（通信板）得到设定值	检查 USS 总站
F0072 USS（COMM 链接）设定值故障	在通信报文结束时，不能从 USS（通信板）得到设定值	检查 USS 总站
F0080 ADC 输入信号丢失故障	（1）断线； （2）信号超出设定值	（1）检查连线； （2）检查信号值
F0085 外部故障	由端子输入信号出发的外部故障	封锁触发故障的端子输入信号

续表

故障代码及含义	引起故障可能的原因	故障诊断和应采取的措施
F0090 编码器反馈信号丢失故障	从编码器来的信号丢失	（1）检查编码器的安装固定情况，设定P0400=0 并选择 SLVC 控制方式（P1300=20 或 22）； （2）如果装有编码器，则检查编码器的选型是否正确（P0400）； （3）检查编码器与变频器之间的连线； （4）检查编码器是否故障（P1300=0，在一定速度下运行，检查 r0061 中的编码反馈信号）； （5）增加编码器反馈信号丢失的门限值（P0492）
F0101 功率组件溢出故障	软件出错或处理器故障	运行自测程序，检查软件及处理器
F0221 PID 反馈信号过低故障	PID 反馈信号低于 P2268 设置的最小值	改变 P2268 的设置值或调整反馈增益系数
F0222 PID 反馈信号过高故障	PID 反馈信号超过 P2268 设置的最大值	改变 P2268 的设置值或调整反馈增益系数
F0450 BIST 测试故障	（1）部分功率部件的测试有故障； （2）部分控制板的测试有故障； （3）部分功能测试有故障； （4）上电检查时内部 RAM 有故障	（1）变频器允许，但有的功能不正常； （2）检查硬件，与客户支持部门或维修部门联系
F0452 传动带故障	负载状态表明传动带故障或机械故障	（1）驱动链是否有断裂、卡死等现象； （2）外接速度传感器是否正常； （3）如果采用转矩控制，以下参数是否正确：P2182（频率门限值 f1）、P2183（频率门限值 f2）、P2184（频率门限值 f3）、P2185（转矩上限值 1）、P2186（转矩下限值 1）、P2187（转矩上限值 2）、P2188（转矩下限值 2）、P2189（转矩上限值 3）、P2190（转矩下限值 3）、P2192（与允许偏差相应的延迟时间）

附录 2

MM440 变频器报警信息及排除

报警代码及含义	引起报警可能的原因	故障诊断及排除措施
A0501 电源限幅	（1）电动机的功率与变频器的功率不匹配； （2）电动机的连接导线太长； （3）接地故障	（1）电动机的功率（P0307）必须与变频器功率（P0206）相对应； （2）电缆的场地不得超过最大允许值
A0502 过电压限幅	超过了过电压限幅值，可能在斜坡下降时直流回路控制器无效（P1240=0）	（1）电源电压（P0210）必须在铭牌数据限定的数值以内； （2）禁止直流回路电压控制器（P1240=0），并正确设置参数； （3）斜坡下降时间（P1121）必须与负载的惯性相匹配； （4）制动功率必须在规定的限度以内
A0503 欠电压限幅	供电电源故障；电源电压（P0210）和直流回路电压（r0026）低于规定的限定值（P2172）	（1）电源电压（P0210）必须在铭牌数据限度的数值以内； （2）对应瞬时掉电或电压下降必须是不敏感的使能动态缓冲（P1240=2）
A0504 变频器过温	变频器散热器的温度（P0614）超过了报警值	（1）检查环境温度是否在规定的范围内； （2）负载状态和“工作/停止”周期是否恰当； （3）变频器运行时，风机必须投入使用； （4）脉冲频率（P1800）必须设定为默认值
A0505 变频器 I^2t 过温	变频器温度超过的限定值	（1）检查 “工作/停止”周期的工作时间是否在规定的范围内； （2）电动机的功率（P0307）必须与变频器的功率项匹配
A0506 变频器的“工作/停止”周期	散热器温度与 IGBT 的结温之差超过了报警限定值	检查“工作/停止”周期和冲击负载是否在规定的范围内
A0511 电动机 I^2t 过温	电动机过载；负载的“工作/停止”周期中工作时间过长	（1）负载的“工作/停止”周期是否正确； （2）电动机的过温参数（P0626～P0628）必须正确； （3）电动机的温度报警电平（P0604）必须匹配，如果 P0601=0 或 1，还需检查：铭牌数据是否正确；电动机参数自测时（P1910=0），等效活力数据是否正确；电动机的重量（P0344）是否正确，必要时加以修正；如果用户实际使用的电动机不是西门子生产的标准电动机，可以通过参数 P0626、P0627、P0628 修改标准过温值。如果 P0604=2，则应继续检查：r0035 中显示的温度值是否合理；温度传感器是否是 KTY84（不支持其他型号的传感器）

续表

报警代码及含义	引起报警可能的原因	故障诊断及排除措施
A0512 电动机温度信号丢失	电动机温度传感器断线	检查电动机温度传感器连接电缆，确认温度传感器工作正常
A0520 整流器过热	整流器的散热器温度超过限定值	（1）环境温度必须在需要范围内； （2）负载状态和“工作/停止”周期是否恰当； （3）变频器运行时，冷却风机必须正常运转
A0521 运行环境过热	环境温度超过限定值	（1）环境温度必须在需要范围内； （2）变频器运行时，冷却风机必须正常运转； （3）冷却风机的进出口不允许有任何遮挡
A0522 I^2C 读出超时	通过 I^2C 总线周期地读取 UCE 值和功率组件温度时发生故障	检查 I^2C 总线数据读取是否正常
A0523 输出故障	输出的一相断线	检查输出线路
A0535 制动电阻过热	制动电阻温度超过限定值	（1）增加“工作/停止”周期 P1237； （2）增加斜坡下降时间 P1121
A0541 电动机数据自动检测已激活	已选择电动机数据的自动检查功能（P1910）或检测正在进行	等待自动检测完成
A0542 速度控制优化已激活	已选择速度控制的优化功能（P1960）或优化正在进行	等待速度控制优化完成
A0590 编码器反馈信号丢失	编码器反馈信号已丢失，变频器自动切换至无传感器矢量控制方式运行	（1）检查编码器的安装是否正确，如果系统没有配置编码器，应设定 P0400=0，并选择 SLVC 运行方式（P1300=20 或 22）； （2）编码器的选型以及参数设置（P0400）是否正确； （3）检查编码器的连线； （4）检查编码器是否工作正常（选择 P1300=0，在一定速度下运行，检查 r0061 中的编码反馈信号）； （5）增加编码器反馈信号丢失的门限值（P0492）
A0910 直流回路最大电压 Vdc-max 控制器未激活	控制器不能把直流回路电压（r0026）保持在（P2172）规定的范围内： （1）电源电压（P0210）一直太高； （2）电动机由负载带动旋转，使电动机处于再生制动方式下运行； （3）在斜坡下降时，负载的惯量特别大	（1）输入电源电压（P0756）必须在规定范围内； （2）负载必须匹配
A0911 直流回路最大电压 Vdc-max 控制器已激活	斜坡下降时间将自动增加，从而自动将直流回路电压（r0026）保持在（P2172）规定的范围内	—
A0912 直流回路最小电压 Vdc-min 控制器已激活	直流回路电压（r0026）降低至最小运行电压（P2172）以下	（1）电动机的动能受到直流回路电压缓冲作用的吸收，从而使驱动装置减速； （2）短时的掉电并不一定会导致欠电压跳闸
A0920 ADC 参数设置不正确	ADC 参数不应设置为相同值。	（1）标记 0：参数设定为输出相同； （2）标记 1：参数设定为输入相同； （3）标记 2：参数设定为不符合 ADC 类型
A0921 DAC 参数设置不正确	DAC 参数不应设置为相同值。	（1）标记 0：参数设定为输出相同； （2）标记 1：参数设定为输入相同； （3）标记 2：参数设定为不符合 DAC 类型

续表

报警代码及含义	引起报警可能的原因	故障诊断及排除措施
A0922 变频器没有负载	变频器没带负载，有些功能不能正常工作	检查负载连线
A0923 同时请求正向和反向电动	同时存在向前和向后点动（P1055/ P1056）请求信号	将使 RFC 的输出频率稳定在当前值
A0952 传动带故障	负载状态表明传动带故障或机械故障	（1）驱动链是否有断裂、卡死等现象； （2）外接速度传感器是否正常； （3）如果采用转矩控制，以下参数是否正确：P2182（频率门限值 f1）、P2183（频率门限值 f2）、P2184（频率门限值 f3）、P2185（转矩上限值 1）、P2186（转矩下限值 1）、P2187（转矩上限值 2）、P2188（转矩下限值 2）、P2189（转矩上限值 3）、P2190（转矩下限值 3）、P2192（与允许偏差相应的延迟时间） （4）必要时采取润滑措施

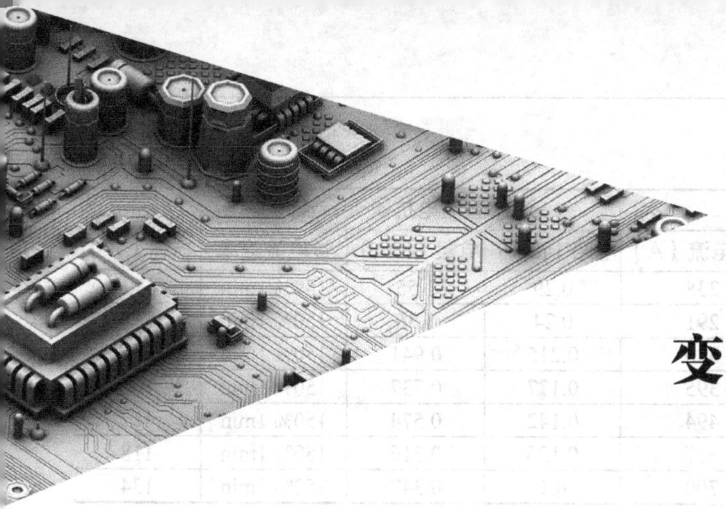

附录 3 变频器常用附件选型

（1）交流电抗器基本规格

电源电压及容量	适用电动机容量（kW）	变频器容量（kW）	选配电抗器			
			额定电流（A）	每相电抗（Ω）	线圈电感（mH）	功耗（W）
电源 380V、容量 500kVA 以上或大于变频器容量 10 倍	0.75	0.75	2.5	1.196	6.1	10
	1.5	1.5	3.7	1.159	3.69	11
	2.2	2.2	5.5	0.851	2.71	14
	4.0	4.0	9.0	0.512	1.63	17
	5.5	5.5	13	0.349	1.11	22
	7.5	7.5	18	0.256	0.814	27
	11	11	24	0.1825	0.581	40
	15	15	30	0.1392	0.443	46
	18.5	18.5	39	0.1140	0.363	57
	22	22	45	0.0958	0.305	62
	30	30	100	0.0417	0.0273	38.9
	37	37	100	0.0417	0.0273	55.7
	45	45	135	0.0308	0.00161	50.2
	55	55	135	0.0308	0.00161	70.7
	75	75	160	0.0258	0.00161	65.3
	90	90	250	0.0167	0.00161	65.3
	100	100	250	0.0167	0.000523	42.2
	132	132	270	0.0208	0.000741	60.3
	160	160	561	0.0100	0.000236	119
	200	200	561	0.0100	0.000236	90.4
	220	220	561	0.0100	0.000236	107
	280	280	825	0.000667	0.000144	108

（2）直流电抗器基本规格

电源电压（V）	电动机功率（kW）	变频器容量（kW）	直流电抗器				
			额定电流（A）	电感（mH）	电阻（mΩ）	过电流速率	损耗（W）
380	30	30	80	0.86	9.84	150% 1min	16.2
	37	37	100	0.70	5.60	150% 1min	37.7
	45	45	120	0.58	4.03	150% 1min	42.8
	55	55	146	0.47	3..10	150% 1min	48.4
	75	75	200	0.35	2.38	150% 1min	58.0

续表

电源电压（V）	电动机功率（kW）	变频器容量（kW）	直流电抗器				
			额定电流（A）	电感（mH）	电阻（mΩ）	过电流速率	损耗（W）
380	90	90	238	0.29	1.55	150% 1min	68.0
	110	110	291	0.24	1.36	150% 1min	83.0
	132	132	326	0.215	0.941	150% 1min	81.3
	160	160	395	0.177	0.737	150% 1min	92.9
	200	200	494	0.142	0.574	150% 1min	112
	220	220	557	0.126	0.516	150% 1min	118
	280	280	700	0.1	0.347	150% 1min	134

（3）电源匹配电感器特性

电源电压（V）	适用电动机（kW）	变频器容量（kW）	匹配用电感				备注
			额定电流（A）	50Hz时每相电抗（Ω）	线圈每相电阻（Ω）	损耗（W）	
380	30	30	100	0.0417	0.00273	38.9	① 电源变压容量>10倍变频器容量 ② 电源电压不平衡率超过3% ③ 接有功率因数自动补偿器及晶闸管装置 这3条中任一条满足时，都需装电源匹配电感器
	37	37	100	0.0417	0.00273	55.7	
	55	55	135	0.0308	0.00161	50.2	
	75	75	160	0.0308	0.00161	65.3	
	90	90	250	0.0167	0.000523	42.2	
	110	110	250	0.0167	0.000523	60.3	
	132	132	270	0.0208	0.000741	119	
	160	160	561	0.0100	0.000236	56.4	

（4）电源滤波器选择

电压（V）	变频器容量（kW）	滤波器型号	相数	额定电压（V）	额定电流（A）	耐压等级（V）	降压（V）	重量（kg）
220	0.2 0.75	F1-T/5/250	3	250	5	2 500	≤1.5	0.5
	3.7	F1-T/11/250			11			0.6
	1.5 7.5	F1-T/17/250			17			0.6
	5.5 7.5	FI-T/33/250			33			0.8
	11	F1-T/46/250			46			2.9
	15	F1-T/58/250			58			3.5
	18.5	F1-T/73/250			73			4.4
	22	F1-T/86/250			86			5.0
400	0.4 3.7	F1-T/9/500	3	500	9	4 000	≤1.5	0.6
	5.5	F1-T/13/500			13			0.6
	7.5	F1-T/24/500			24			0.8
	11							0.8
	15	F1-T/29/500			29			2.3
	18.5	F1-T/37/500			37			2.7
	22	F1-T/43/500			43			2.9

（5）制动单元电阻选择

电压	变频器				可选				恒转矩	连续制动（100%）转换算法		重复制动（周期 100s 以上）		二次方转矩	连续制动（100%）转换算法		重复制动（周期 100s 以上）	
	恒转矩		二次方转矩		DB 单元		DB 电阻器											
	电动机电压 (kV)	变频器容量 (kW)	电动机电压(kV)	变频器容量 (kW)	型号	数量	型号	数量	最大制动转矩	制动时间 (s)	放电能力 (kW)	使用率	平均损失 (kW)	最大制动转矩	制动时间(s)	放电能力 (kW·s)	使用率	平均损失 (kW)
200V 系列	0.2	0.2	—	—	—			1	150%	90	9	37%DE	0.037	—	—	—	—	—
	0.4	0.4			—		DB3-008-2	1		15	9	22%DE	0.044					
	0.75	0.75			—			1		45	17	18%DE	0.068					
	1.5	1.5			—		DB3-037-2			45	34	10%DE	0.075					
	2.2	2.2			—			1		30	33	7%DE	0.077					
	3.7	3.7			—		DB3.7-2	1		20	37	5%DE	0.093					
	5.5	5.5	7.5	7.5	—		DB3-055-2	1		20	55	5%DE	0.138	100%	15	55	3.5%DE	0.138
	7.5	7.5	11	11	—		DB3-075-2	1		10	37	5%DE	0.188		7	37	3.5%DE	0.188
	11	11	7.5	7.5	BU3-185-2	1	DB11-2	1		10	55	5%DE	0.275		7	55	3.5%DE	0.275
	15	15	18.5	18.5		1	DB15-2	1		10	75	5%DE	0.375		8	75	4%DE	0.375
	18.5	18.5	22	22		1	DB18.5-2	1		10	92	5%DE	0.463		8	92	4%DE	0.463
	22	22	30	30	BU3-220-2	1	DB22-2	1		8	88	5%DE	0.55		6	88	3.5%DE	0.55
	30	30	37	37	BU30-2B		DBH030-2A	1	100%	10	150	10%DE	1.5	75%	8	150	8%DE	1.5
	37	37	45	45	BU55-2B	1	DBH037-2A	1		10	185	10%DE	1.85		8	185	8%DE	1.85
	45	45	55	55	—	1	DBH045-2A	1	—	10	225	10%DE	2.25	—	8	225	8%DE	2.25
	55	55	75	75		1	DBH055-2A	1		10	175	10%DE	2.75		7	175	7%DE	2.75

续表

电压	变频器				可选				恒转矩	连续制动（100%）转换算法		重复制动（周期 100s 以上）		二次方转矩	连续制动（100%）转换算法		重复制动（周期 100s 以上）	
	恒转矩		二次方转矩		DB 单元		DB 电阻器											
	电动机电压(kV)	变频器容量(kW)	电动机电压(kV)	变频器容量(kW)	型号	数量	型号	数量	最大制动转矩	制动时间(s)	放电能力(kW)	使用率	平均损失(kW)	最大制动转矩	制动时间(s)	放电能力(kW·s)	使用率	平均损失(kW)
200V 系列	75	75	90	90	BU75-2B	1	DBH037-2A	2	—	10	3.5	10%DE	3.75	—	8	375	8%DE	3.75
	90	90	110	110	BU55-2B	2	DBH045-2A	2		10	450	10%DE	4.5		8	450	8%DE	4.5
400V 系列	0.4	0.4			—			1		45	8	22%DE	0.044					
	0.75	0.75			—		DB3-008-4	1		45	17	10%DE	0.038					
	1.5	1.5	—	—	—			1		45	34	10%DE	0.075	—	—	—	—	—
	2.2	2.2			—		DB3-037-4	11		30	33	7%DE	0.077					
	3.7	3.7			—		DB3.7-4	1		20	37	5%DE	0.093					
	5.5	5.5	7.5	7.5	—		DB3-055-4	1	150%	20	55	5%DE	0.138		15	55	3.5%DE	0.138
	7.5	7.5	11	11	—		DB3-075-4	1		10	38	5%DE	0.188		7	38	3.5%DE	0.188
	11	11	15	15	BU3-220-4	1	DB11-4	1		10	55	5%DE	0.275	100%	7	55	3.5%DE	0.275
	15	15	18.5	18.5		1	DB15-4			10	75	5%DE	0.375		8	75	4%DE	0.375
	18.5	18.5	22	22	BU3-220-4	1	DB18.5-4			10	93	5%DE	0.463		8	93	4%DE	0.463
	22	22	30	30		1	DB22-4			8	88	5%DE	0.55		6	88	38%DE	0.55
	30	30	37	37	BU37-4B	1	DBH030-4		100%	10	150	10%DE	1.5	75%	8	150	8%DE	1.5
	37	37	45	45		1	DBH037-4			10	185	10%DE	1.85		8	185	8%DE	1.85

附录 4
变频器典型应用电路

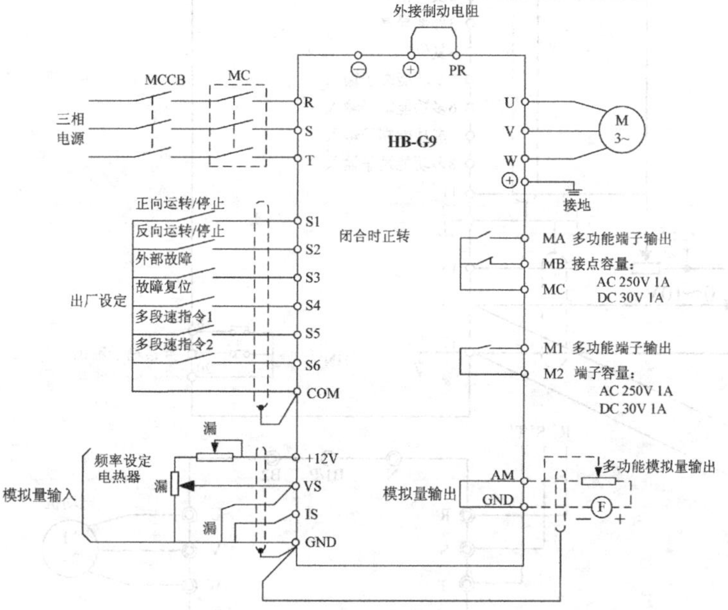

备注：
1. 加装MC（电磁接触器）主要用于设置故障再启动或掉电再启动；
2. 故障输出的MB端子应接入接触器MC的控制回路。

附图4-1 HB-11kW及以下G9系列变频器的连接图

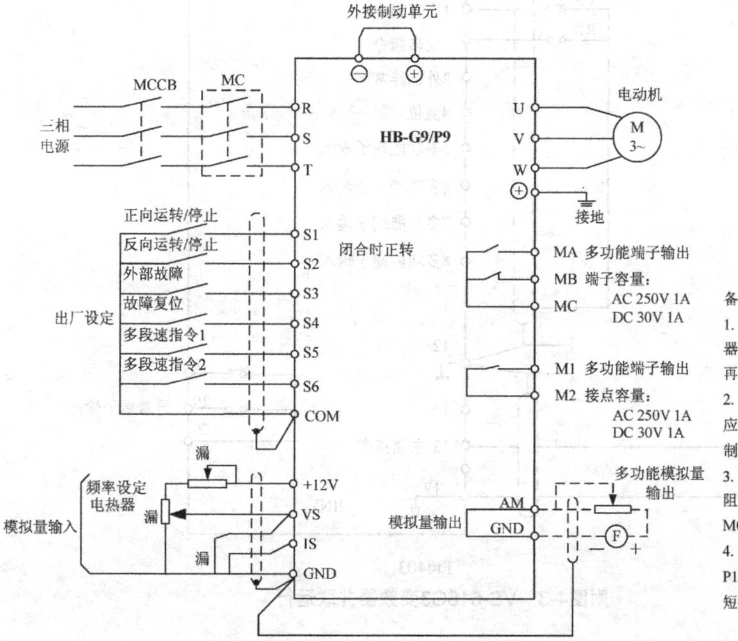

备注：
1. 加装MC（电磁接触器）主要用于设置故障再启动或掉电再启动；
2. 故障输出的MB端子应接入接触器MC的控制回路；
3. 外接制动单元的电阻过热保护亦应接入MC的控制回路；
4. 15～30kW系列端子P1、P出厂时已用铜排短接。

附图4-2 HB-11kW及以上G9系列变频器的连接图

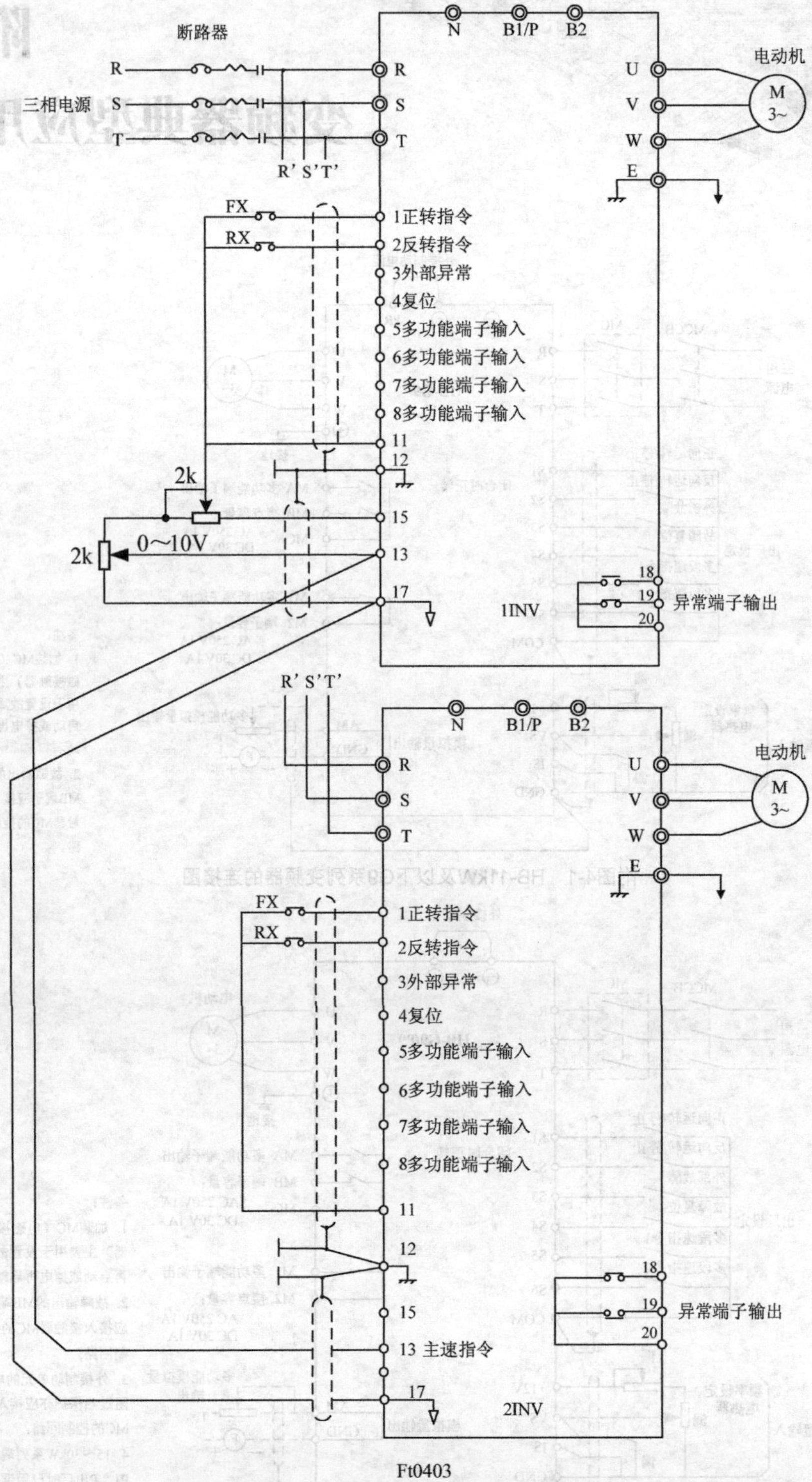

附图4-3　VS-616G3变频器并联运行

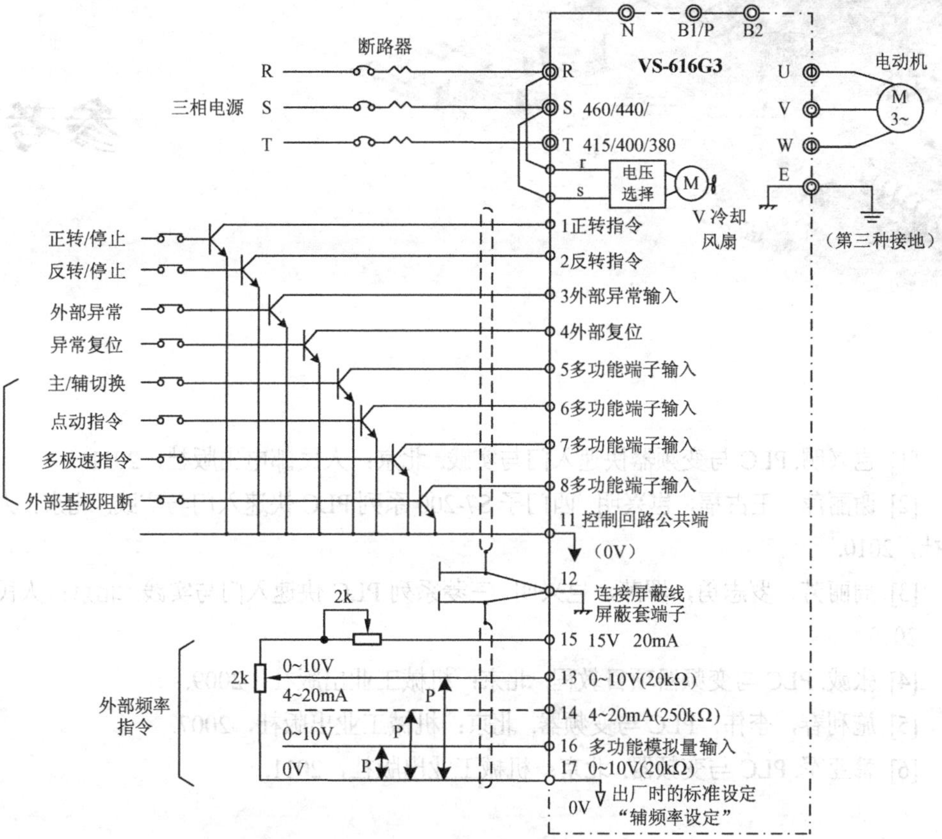

附图4-4　VS-616G3变频器与PLC配合运行

参考文献

[1] 岂兴明. PLC 与变频器快速入门与实践. 北京：人民邮电出版社，2011.

[2] 谢丽萍，王占福，岂兴明. 西门子 S7-200 系列 PLC 快速入门与实践. 北京：人民邮电出版社，2010.

[3] 周丽芳，罗志勇，罗萍，岂兴明. 三菱系列 PLC 快速入门与实践. 北京：人民邮电出版社，2010.

[4] 张威. PLC 与变频器项目教程. 北京：机械工业出版社，2009.

[5] 施利春，李伟. PLC 与变频器. 北京：机械工业出版社，2007.

[6] 韩亚军. PLC 与变频器. 北京：机械工业出版社，2011.